T0254167

Mechanik

Torsten Fließbach

Mechanik

Lehrbuch zur Theoretischen Physik I

8. Auflage

Torsten Fließbach
Universität Siegen
Siegen, Deutschland

ISBN 978-3-662-61602-4 ISBN 978-3-662-61603-1 (eBook)
https://doi.org/10.1007/978-3-662-61603-1

Die Deutsche Nationalbibliothek verzeichnet diese Publikation in der Deutschen Nationalbibliografie; detaillierte bibliografische Daten sind im Internet über http://dnb.d-nb.de abrufbar.

Planung/Lektorat: Lisa Edelhäuser
Springer Spektrum ist ein Imprint der eingetragenen Gesellschaft Springer-Verlag GmbH, DE und ist ein Teil von Springer Nature.
Die Anschrift der Gesellschaft ist: Heidelberger Platz 3, 14197 Berlin, Germany

Vorwort

Das vorliegende Buch ist Teil einer Vorlesungsausarbeitung [1,2,3,4] des Zyklus Theoretische Physik I bis IV. Es gibt den Stoff meiner Vorlesung Theoretische Physik I über die Mechanik Physik wieder. Diese Vorlesung häufig für die Physikstudenten im 3. Semester angeboten.

Die Darstellung bewegt sich auf dem durchschnittlichen Niveau einer Kursvorlesung in Theoretischer Physik. Der Zugang ist eher intuitiv anstelle von deduktiv; formale Ableitungen und Beweise werden ohne besondere mathematische Akribie durchgeführt.

In enger Anlehnung an den Text, teilweise aber auch zu dessen Fortführung und Ergänzung werden über 80 Übungsaufgaben gestellt. Diese Aufgaben erfüllen ihren Zweck nur dann, wenn sie vom Studenten möglichst eigenständig bearbeitet werden. Diese Arbeit sollte unbedingt vor der Lektüre der Musterlösungen liegen, die im *Arbeitsbuch zur Theoretischen Physik* [5] angeboten werden. Neben den Lösungen enthält das Arbeitsbuch ein kompaktes Repetitorium des Stoffs der Lehrbücher [1,2,3,4].

Der Umfang des vorliegenden Buchs geht in einigen Teilen etwas über den Stoff hinaus, der während eines Semesters in einem Physikstudium üblicherweise an deutschen Universitäten behandelt wird. Der Stoff ist in Kapitel gegliedert, die im Durchschnitt etwa einer Vorlesungsdoppelstunde entsprechen. Natürlich bauen verschiedene Kapitel aufeinander auf. Es wurde aber versucht, die einzelnen Kapitel so zu gestalten, dass sie jeweils möglichst abgeschlossen sind. Damit wird einerseits eine Auswahl von Kapiteln für einen bestimmten Kurs (etwa in einem Bachelor-Studiengang) erleichtert, in dem der Stoff stärker begrenzt werden soll. Zum anderen kann der Student leichter die Kapitel nachlesen, die für ihn von Interesse sind.

Es gibt viele gute Darstellungen der Mechanik, die sich für ein vertiefendes Studium eignen. Ich gebe hier nur einige wenige Bücher an, die ich selbst bevorzugt zu Rate gezogen habe und die gelegentlich im Text zitiert werden. Als Standardwerk möchte ich zunächst die *Klassische Mechanik* von Goldstein [6] hervorheben. Für die einführenden Kapitel wurde ein ähnlicher Zugang gewählt wie die *Theoretische Mechanik* von Stephani und Kluge [7]. Schließlich sei noch der Band 1 des Lehrgangs von Landau-Lifschitz [8] erwähnt. Für die relativistische Mechanik benutze ich bevorzugt die einleitenden Kapitel von Weinbergs Buch [9] über die Allgemeine Relativitätstheorie.

Gegenüber der vorhergehenden Auflage dieses Buchs wurden einige Fehler beseitigt, an zahlreichen Stellen wurden kleinere Ergänzungen und Verbesserungen vorgenommen. Neu hinzugekommen ist der Anhang A mit dem Titel *Newtonsche*

Kraft und Minkowskikraft. Inhaltlich geht es um die Frage der richtigen Relation zwischen der Newtonschen Kraft und der Minkowskikraft. Hierfür findet man in der Literatur unterschiedliche Angaben. Der Anhang gibt die formale Ableitung der korrekten Relation wieder und diskutiert die praktische und logische Relevanz der differierenden Angaben.

Bei zahlreichen Lesern der früheren Auflagen bedanke ich mich für wertvolle Hinweise. Fehlermeldungen, Bemerkungen und Hinweise sind jederzeit willkommen, etwa über den Kontaktlink auf meiner Homepage `www2.uni-siegen.de/~flieba/`. Auf dieser Homepage finden sich auch eventuelle Korrekturlisten.

Mai 2020 Torsten Fließbach

Literaturangaben

[1] T. Fließbach, *Mechanik*, 8. Auflage, Springer Spektrum, Heidelberg 2020 (dieses Buch)

[2] T. Fließbach, *Elektrodynamik*, 6. Auflage, Springer Spektrum, Heidelberg 2012

[3] T. Fließbach, *Quantenmechanik*, 6. Auflage, Springer Spektrum, Heidelberg 2018

[4] T. Fließbach, *Statistische Physik*, 6. Auflage, Springer Spektrum, Heidelberg 2018

[5] T. Fließbach und H. Walliser, *Arbeitsbuch zur Theoretischen Physik – Repetitorium und Übungsbuch*, 3. Auflage, Spektrum Akademischer Verlag, Heidelberg 2012

[6] H. Goldstein, *Klassische Mechanik*, 11. Auflage, Aula Verlag, Wiebelsheim 1991

[7] H. Stephani, G. Kluge, *Theoretische Mechanik*, Spektrum Akademischer Verlag, Heidelberg 1995

[8] L. D. Landau, E. M. Lifschitz, *Lehrbuch der theoretischen Physik*, Band I, *Mechanik*, 14. Auflage, Deutsch (Harri), Frankfurt am Main 1997

[9] S. Weinberg, *Gravitation and Cosmology*, John Wiley & Sons, New York 1972

Inhaltsverzeichnis

Einleitung

Die Mechanik untersucht die Gesetzmäßigkeiten, nach denen die Bewegung materieller Körper verläuft. Unter Bewegung versteht man die Änderung des Ortes als Funktion der Zeit. Die Bewegung erfolgt unter dem Einfluss von Kräften, die in der Mechanik als bekannt vorausgesetzt werden.

Im vorigen Jahrhundert war die Meinung verbreitet, dass physikalische Vorgänge erst dann verstanden sind, wenn sie mechanisch erklärt werden können (mechanistisches Weltbild). So kann etwa die Wärme auf die ungeordnete Bewegung der Atome zurückgeführt werden. Heute wissen wir, dass diese Reduktion für viele Phänomene (Elektromagnetismus, Quanteneffekte) nicht möglich ist.

Der größte Teil dieses Buches beschäftigt sich mit zu Massenpunkten idealisierten Körpern und mit Systemen von Massenpunkten. Teil I stellt die Mechanik solcher Systeme auf der Basis von Newtons Axiomen dar; dabei werden die grundlegenden Konzepte wie Massenpunkt, Bahnkurve, Bezugs- und Koordinatensystem, Ort und Zeit, Impuls, Drehimpuls, kinetische und potenzielle Energie eingeführt und diskutiert. Eine zentrale Stellung nimmt die Formulierung der Mechanik im Rahmen des Lagrangeformalismus (Teil II) ein. Der relativ ausführliche Teil III über Variationsprinzipien führt schließlich zu einer allgemeinen Darstellung des Zusammenhangs zwischen Symmetrien und Erhaltungsgrößen des Systems (Noethertheorem). Die anschließenden Teile IV – VI untersuchen die wichtigsten Anwendungsbereiche, und zwar die Bewegung im Zentralpotenzial, die Dynamik eines starren Körpers und harmonische Schwingungen.

Der alternative Hamiltonsche Formalismus (Teil VII) spielt für Anwendungen eine untergeordnete Rolle. Er wird aber bei der Einführung der Quantenmechanik benötigt; außerdem ist er der Ausgangspunkt für die Diskussion der Beziehungen zwischen Mechanik und Quantenmechanik. Neben den erwähnten Anwendungen umfasst die Mechanik die großen Gebiete der Elastomechanik (etwa Saitenschwingung, Balkenbiegung) und der Hydrodynamik. Diese Gebiete enthalten genügend Stoff für eigene Vorlesungen; in Teil VIII werden nur die einfachsten Grundgleichungen vorgestellt. Als weiterführende Ergänzung stellt Kapitel 33 einen Zusammenhang her zwischen dem Lagrangeformalismus der Punktmechanik und dem in anderen Feldtheorien.

Der letzte Teil IX gibt eine (gemessen am Gesamtumfang) relativ ausführliche Einführung in die Spezielle Relativitätstheorie. In der resultierenden relativistischen Mechanik werden unter anderem die Erzeugung schwerer Teilchen und das Zwillingsparadoxon diskutiert.

T. Fließbach, *Mechanik*, https://doi.org/10.1007/978-3-662-61603-1_1

I Elementare Newtonsche Mechanik

1 Bahnkurve

Die Bahnkurve eines Massenpunkts ist ein zentraler Begriff in der Mechanik, vergleichbar etwa mit dem elektromagnetischen Feld in der Elektrodynamik oder der Wellenfunktion in der Quantenmechanik. In diesem Kapitel führen wir die Bahnkurve und eine Reihe damit zusammenhängender Begriffe (Massenpunkt, Bezugssystem, Raum und Zeit) ein und erläutern sie.

Dieses Kapitel beschränkt sich auf die Kinematik, also auf die bloße Beschreibung der Bewegung eines Massenpunkts. Ab dem nächsten Kapitel befassen wir uns mit der Dynamik, also mit der Untersuchung der physikalischen Gesetze, nach denen diese Bewegung abläuft.

Die Bewegung eines Körpers können wir nur als Bewegung relativ zu etwas anderem beschreiben, etwa relativ zu uns selbst oder relativ zu anderen Gegenständen. Gäbe es außer dem betrachteten Körper nichts anderes, so könnten wir seine Bewegung nicht wahrnehmen oder beschreiben. Vorzugsweise werden wir zunächst bestimmte Gegenstände als Bezugspunkte zur Beschreibung der Bewegung wählen (und nicht uns selbst), damit die Bewegung unabhängig vom speziellen Beobachter beschrieben wird. Ein naheliegendes *Bezugssystem* (BS) ist der Laborraum oder auch der Hörsaal. In einem solchen BS führen wir Ortskoordinaten ein (etwa die Abstände x, y, z von den Wänden eines quaderförmigen Raums), die geeignet sind, alle interessierenden Punkte des Raums zu benennen. In dem Bezugssystem soll außerdem die Zeit t durch eine geeignete Uhr angezeigt werden; wir bezeichnen t als Zeitkoordinate. Ein Bezugssystem mit bestimmten Koordinaten nennen wir *Koordinatensystem* (KS).

Die Bewegungsgesetze werden von der Wahl des Bezugssystems abhängen. Beispielsweise funktioniert Billard im Hörsaal anders als auf einem Karussell, es unterliegt also anderen Bewegungsgesetzen. Für die Formulierung dieser Gesetze (Kapitel 2) muss das BS daher spezifiziert werden.

Wir betrachten nun einen *Massenpunkt*. Ein Massenpunkt ist ein Körper, für dessen Bewegung nur sein Ort relevant oder von Interesse ist. In diesem Sinn wird seine Bewegung vollständig beschrieben durch die Angabe des Ortes $\boldsymbol{r}$ zu jeder Zeit t, das heißt durch die *Bahnkurve*

$$\boldsymbol{r}(t) = x(t)\,\boldsymbol{e}_x + y(t)\,\boldsymbol{e}_y + z(t)\,\boldsymbol{e}_z \tag{1.1}$$

T. Fließbach, *Mechanik*, https://doi.org/10.1007/978-3-662-61603-1_2

Folgende Objekte könnten zum Beispiel als Massenpunkte betrachtet werden: Teilchen (wie Elektronen oder Protonen) in einem Streuvorgang, Atome in einem Gas, Billardkugeln, Planeten im Sonnensystem, Galaxien in Galaxiehaufen. Alle diese Objekte sind tatsächlich ausgedehnt. Die Modellvorstellung „Massenpunkt" ist eine Idealisierung, die annimmt, dass die Bahnkurve ohne Berücksichtigung der anderen Freiheitsgrade behandelt werden kann; dabei bezieht sich $\boldsymbol{r}$ auf den Schwerpunkt des Körpers. So kann für die Berechnung der Erdbahn um die Sonne in sehr guter Näherung von der Erddrehung (und allen anderen Vorgängen auf der Erde) abgesehen werden. Dagegen kann die Drehung einer Billardkugel wesentlichen Einfluss auf die Bahn haben; die Anwendung des Modells Massenpunkt kann also auch fehlerhaft sein. Im Allgemeinen wird eine notwendige Voraussetzung für die Behandlung als Massenpunkt sein, dass die Größe des Körpers klein gegenüber den anderen relevanten Abmessungen des Systems ist; so ist der Radius der Erde klein gegenüber den Halbachsen ihrer Bahnellipse. In diesem Sinn ist die Verwendung des Begriffs „Punkt" in Massenpunkt zu verstehen.

Bereits in die vertraute Beschreibung (1.1) einer Bahnkurve gehen eine Reihe nichttrivialer Voraussetzungen ein. Insbesondere muss ein Bezugssystem mit kartesischen Koordinaten und einer Zeitkoordinate festgelegt sein; die konkrete Angabe von x, y, z und t setzt die Definition der Längen- und Zeitmessung voraus. Die Zeitmessung wird im Folgenden diskutiert; eine Messvorschrift für die Länge setzen wir voraus. Kartesische Koordinaten implizieren, dass unser dreidimensionaler Raum eben ist; diese physikalische Annahme über die Struktur unseres Raums wird anschließend diskutiert.

Zeitmessung

Die Definition der Zeit erfolgt durch die Festlegung eines Verfahrens zur Messung der Zeitkoordinate t durch eine Uhr. Eine Uhr ist ein Instrument, das die Periodenzahl eines periodischen, kontinuierlichen Vorgangs anzeigt. Als periodischen Vorgang könnte man zum Beispiel wählen:

- Pulsschlag des amerikanischen Präsidenten
- Pendeluhr
- Erdrotation (Tag-Nacht-Periode)
- Atomfrequenz

Als Zeiteinheit wird ein Vielfaches einer bestimmten Periode definiert, zum Beispiel eine Sekunde als der 86400ste Teil einer Tag-Nacht-Periode oder als das 9 191 631 770fache der Periodendauer des Übergangs zwischen den beiden Hyperfeinstrukturniveaus des Grundzustands von Cäsium 133.

Die Gesetze für die Bahnkurve $\boldsymbol{r}(t)$ und andere physikalische Gesetze werden von der Definition von t abhängen. Wir werden diejenige Zeitdefinition als die beste vorziehen, für die die physikalischen Gesetze am einfachsten sind. Daher ist die

Zeitdefinition „Pulsschlag" nur für sehr grobe Betrachtungen brauchbar; andernfalls werden die Gesetze hier kompliziert, da der Pulsschlag komplexen Einflüssen unterliegt. Tatsächlich wird es für jede Zeitdefinition Abweichungen von der (hypothetischen) idealen Zeit durch Störungen geben:

- Pulsschlag: komplexe nichtphysikalische Effekte
- Pendeluhr: Rückkopplung, Temperatur
- Erdrotation: Reibung durch Ebbe und Flut
- Atomfrequenz: Gravitationsfeld der Erde

Die Zeitmessung unterliegt daher fortgesetzten Verfeinerungen: So impliziert die Zeitdefinition über die Abfolge von Tag und Nacht zwangsläufig, dass die Winkelgeschwindigkeit der Erddrehung konstant ist. Aus der darauf aufbauenden Physik kann man aber abschätzen, dass die Erde sich nicht wirklich gleichmäßig dreht; denn die Reibung durch Ebbe und Flut führt zu einem Drehmoment und damit zu einer Änderung des Drehimpulses. Diese Änderung ist beobachtbar: Der berechnete Ort der Sonnenfinsternis am 14. Januar des Jahres 484 ist um 30° in Ost-Westrichtung gegenüber dem beobachteten Ort verschoben. Dies bedeutet eine Korrektur von etwa zwei Stunden in 1500 Jahren. Wir werden daraufhin die Zeitmessung nicht mehr *exakt* an Tag und Nacht binden, da dies zur Folge hätte, dass zum Beispiel Lichtgeschwindigkeit und Atomfrequenzen nicht konstant wären, sondern (geringfügig) von den Auswirkungen von Ebbe und Flut abhängen. Dies wäre unzweckmäßig, da dann die physikalischen Gesetze unnötig kompliziert wären.

Die aktuelle Zeitdefinition erfolgt über Atomfrequenzen. Dabei wird der bekannte Einfluss des Gravitationsfelds der Erde berücksichtigt. Wie bei jeder solchen Festlegung ist es möglich, dass es noch andere, unbekannte Störungen gibt, die bei gesteigerter Messgenauigkeit eine Änderung der Zeitdefinition erfordern. Das Beispiel mit der Tag- und Nachtzeit zeigt, dass solche Effekte gefunden werden können, auch wenn man die Zeit zunächst durch derart gestörte Vorgänge definiert. Physiker beschreiben ein solches Vorgehen gern mit der Redewendung „man kann mit schmutzigem Wasser Geschirr waschen".

Euklidischer Raum

Eine weitere Annahme in (1.1) ist durch die Verwendung eines kartesischen Koordinatensystems (KS) gegeben: Ein solches KS existiert nur im *euklidischen* oder *ebenen Raum*. Der Gegensatz dazu ist ein gekrümmter Raum, der dadurch definiert ist, dass in ihm keine kartesischen Koordinaten möglich sind; ein Beispiel hierfür ist der zweidimensionale Raum der Kugeloberfläche. Im euklidischen Raum kann man anstelle von kartesischen Koordinaten auch gekrümmte Koordinaten (wie Kugelkoordinaten) verwenden; dies ändert nichts an der Eigenschaft „eben" dieses Raums.

Gauß (1777 – 1855) hat die Winkelsumme des Dreiecks Inselsberg-Brocken-Hohenhagen gemessen und 180° erhalten. Damit verifizierte er experimentell, dass unser dreidimensionaler Raum auf der Längenskala von etwa 100 km euklidisch ist. Die primäre Absicht von Gauß dürfte dabei allerdings nicht die Überprüfung der Euklidizität unseres Raums gewesen sein (wie vielfach berichtet wird) sondern die Landvermessung. Gauß war sich aber der Möglichkeit eines nichteuklidischen Raums bewusst.

Die Messung durch Gauß setzte voraus, dass sich Lichtstrahlen geradlinig fortpflanzen. Lichtstrahlen werden tatsächlich im Gravitationsfeld abgelenkt; und zwar um 1.75 Bogensekunden für am Sonnenrand vorbeistreifendes Licht. In der bevorzugten physikalischen Beschreibung dieses Phänomens werden Lichtstrahlen durch Geraden in einem allgemeineren Raum beschrieben; dann ist dieser Raum aber gekrümmt. Diese Krümmung ist sehr klein (etwa 10^{-6} am Sonnenrand und 10^{-9} an der Erdoberfläche). In einem gekrümmten Raum kann man *lokal* kartesische Koordinaten verwenden; dies sieht man etwa am Beispiel der Kugeloberfläche.

Im Folgenden setzen wir einen euklidischen Raum voraus.

Koordinaten

Wir diskutieren die Darstellung der Bahnkurve sowie die Berechnung der Geschwindigkeit und Beschleunigung für verschiedene Koordinaten. In (1.1) wurde der Ortsvektor $\boldsymbol{r}$ durch seine kartesischen Komponenten x, y und z ausgedrückt; die Basisvektoren des KS wurden mit $\boldsymbol{e}_x$, $\boldsymbol{e}_y$ und $\boldsymbol{e}_z$ bezeichnet. Setzt man die Basisvektoren als gegeben voraus, so kann der Vektor $\boldsymbol{r}$ durch seine Komponenten *dargestellt* werden:

$$\boldsymbol{r} = x\,\boldsymbol{e}_x + y\,\boldsymbol{e}_y + z\,\boldsymbol{e}_z := \begin{pmatrix} x \\ y \\ z \end{pmatrix} = R \tag{1.2}$$

Wir verwenden das Zeichen „:=“ für „dargestellt durch“. Den Spaltenvektor bezeichnen wir mit R. Der Vektor $\boldsymbol{r}$ ist nicht gleich dem Spaltenvektor R. Dies sieht man auch daran, dass in einem gedrehten KS$'$ derselbe Vektor $\boldsymbol{r}$ durch einen anderen Spaltenvektor dargestellt wird:

$$\boldsymbol{r} = x'\boldsymbol{e}'_x + y'\boldsymbol{e}'_y + z'\boldsymbol{e}'_z := \begin{pmatrix} x' \\ y' \\ z' \end{pmatrix} = R' \tag{1.3}$$

Die Spaltenvektoren R und R' sind Darstellungen, die sich auf zwei verschiedene Koordinatensysteme (mit $\boldsymbol{e}_x$, $\boldsymbol{e}_y$, $\boldsymbol{e}_z$ oder $\boldsymbol{e}'_x$, $\boldsymbol{e}'_y$, $\boldsymbol{e}'_z$) beziehen (siehe auch Abbildung 21.1). Häufig verzichtet man allerdings darauf, den Unterschied zwischen Gleichheit und Darstellung in der Notation wiederzugeben.

Das Skalarprodukt $\boldsymbol{r} \cdot \boldsymbol{r}$ kann als Matrixprodukt geschrieben werden:

$$\boldsymbol{r} \cdot \boldsymbol{r} = \boldsymbol{r}^2 = R^{\mathrm{T}} R = x^2 + y^2 + z^2 \tag{1.4}$$

Dabei ist R^{T} („R-transponiert“) gleich dem Zeilenvektor (x, y, z).

Neben (1.1) können wir auch andere Darstellungen der Bahnkurve $\boldsymbol{r}(t)$ betrachten, etwa

$$\boldsymbol{r}(t) := \begin{cases} x(\lambda),\ y(\lambda),\ z(\lambda),\ t(\lambda) & \text{(Parameterdarstellung)} \\ \rho(t),\ \varphi(t),\ z(t) & \text{(Zylinderkoordinaten)} \\ r(t),\ \theta(t),\ \phi(t) & \text{(Kugelkoordinaten)} \end{cases} \tag{1.5}$$

Geschwindigkeit und Beschleunigung

Wir definieren die *Geschwindigkeit* eines Massenpunkts durch

$$\boldsymbol{v}(t) = \dot{\boldsymbol{r}}(t) = \frac{d\boldsymbol{r}}{dt} = \lim_{t' \to t} \frac{\boldsymbol{r}(t) - \boldsymbol{r}(t')}{t - t'} = \dot{x}(t)\, \boldsymbol{e}_x + \dot{y}(t)\, \boldsymbol{e}_y + \dot{z}(t)\, \boldsymbol{e}_z \tag{1.6}$$

und die *Beschleunigung* durch

$$\boldsymbol{a}(t) = \ddot{\boldsymbol{r}}(t) = \ddot{x}(t)\, \boldsymbol{e}_x + \ddot{y}(t)\, \boldsymbol{e}_y + \ddot{z}(t)\, \boldsymbol{e}_z \tag{1.7}$$

Bei der Berechnung der Zeitableitungen wird verwendet, dass die Basisvektoren $\boldsymbol{e}_x$, $\boldsymbol{e}_y$ und $\boldsymbol{e}_z$ zeitunabhängig sind. Im Gegensatz dazu hängen die Basisvektoren bei krummlinigen Koordinaten vom Ort ab, und damit für die Bewegung eines Teilchens effektiv von der Zeit. Wir untersuchen diese Besonderheiten am Beispiel von ebenen Polarkoordinaten für die zweidimensionale Bewegung eines Teilchens.

Die Polarkoordinaten sind durch

$$x = x(\rho, \varphi) = \rho\, \cos\varphi, \qquad y = y(\rho, \varphi) = \rho\, \sin\varphi \tag{1.8}$$

definiert. Wir führen die Einheitsvektoren $\boldsymbol{e}_\rho$ und $\boldsymbol{e}_\varphi$, die in Richtung der Änderung von $\boldsymbol{r}$ bei der Änderung $\rho \to \rho + d\rho$ oder $\varphi \to \varphi + d\varphi$ zeigen, Abbildung 1.1. Das orthogonale Paar $(\boldsymbol{e}_\rho,\ \boldsymbol{e}_\varphi)$ ist gegenüber $(\boldsymbol{e}_x,\ \boldsymbol{e}_y)$ um den Winkel φ gedreht. Daher gilt

$$\begin{aligned} \boldsymbol{e}_\rho &= \cos\varphi\, \boldsymbol{e}_x + \sin\varphi\, \boldsymbol{e}_y \\ \boldsymbol{e}_\varphi &= -\sin\varphi\, \boldsymbol{e}_x + \cos\varphi\, \boldsymbol{e}_y \end{aligned} \tag{1.9}$$

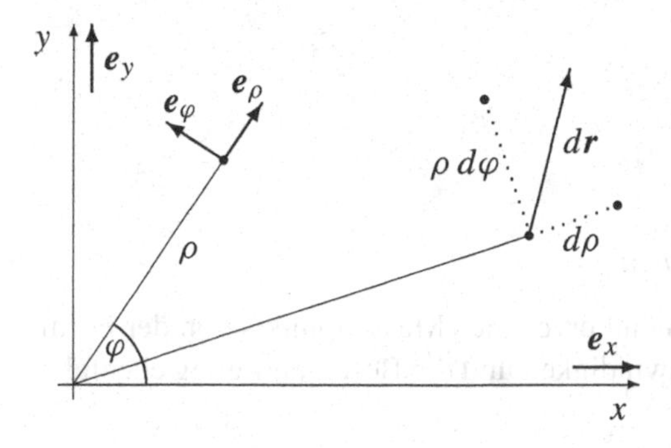

Abbildung 1.1 In Polarkoordinaten hängt die Richtung der Basisvektoren vom betrachteten Ort ab. Das Wegelement $d\boldsymbol{r} = d\rho\, \boldsymbol{e}_\rho + \rho\, d\varphi\, \boldsymbol{e}_\varphi$ kann nach diesen Basisvektoren zerlegt werden.

Längs einer Bahnkurve mit $\rho(t)$ und $\varphi(t)$ erhalten wir hieraus die Zeitableitungen

$$\begin{aligned} \dot{\boldsymbol{e}}_\rho &= -\sin\varphi\,\dot{\varphi}\,\boldsymbol{e}_x + \cos\varphi\,\dot{\varphi}\,\boldsymbol{e}_y = \dot{\varphi}\,\boldsymbol{e}_\varphi \\ \dot{\boldsymbol{e}}_\varphi &= -\cos\varphi\,\dot{\varphi}\,\boldsymbol{e}_x - \sin\varphi\,\dot{\varphi}\,\boldsymbol{e}_y = -\dot{\varphi}\,\boldsymbol{e}_\rho \end{aligned} \tag{1.10}$$

Damit können wir aus dem Bahnvektor

$$\boldsymbol{r}(t) = \rho(t)\,\boldsymbol{e}_\rho(t) \tag{1.11}$$

die Geschwindigkeit berechnen:

$$\boldsymbol{v} = \frac{d\boldsymbol{r}}{dt} = \dot{\rho}\,\boldsymbol{e}_\rho + \rho\,\dot{\boldsymbol{e}}_\rho = \dot{\rho}\,\boldsymbol{e}_\rho + \rho\,\dot{\varphi}\,\boldsymbol{e}_\varphi \tag{1.12}$$

Alternativ hierzu lesen wir aus Abbildung 1.1 das infinitesimale Wegelement $d\boldsymbol{r}$ ab:

$$d\boldsymbol{r} = d\rho\;\boldsymbol{e}_\rho + \rho\,d\varphi\;\boldsymbol{e}_\varphi \tag{1.13}$$

Auch hieraus folgt (1.12). Wir differenzieren noch einmal (1.12), wobei wir (1.10) berücksichtigen. Dies ergibt die Beschleunigung:

$$\boldsymbol{a}(t) = \ddot{\boldsymbol{r}} = \frac{d\boldsymbol{v}}{dt} = \left(\ddot{\rho} - \rho\,\dot{\varphi}^2\right)\boldsymbol{e}_\rho + \left(\rho\,\ddot{\varphi} + 2\dot{\rho}\,\dot{\varphi}\right)\boldsymbol{e}_\varphi \tag{1.14}$$

Aufgaben

1.1 Beschleunigung in Kugelkoordinaten

In Kugelkoordinaten (r, θ, ϕ) ist die Bahnkurve eines Massenpunkts von der Form $\boldsymbol{r}(t) = r(t)\,\boldsymbol{e}_r(t)$. Geben Sie die Geschwindigkeit und die Beschleunigung ebenfalls in Kugelkoordinaten an.

2 Newtons Axiome

Als Grundgesetze der Mechanik werden die Newtonschen Axiome eingeführt. Das 2. Newtonsche Axiom ist eine Differenzialgleichung für die Bahnkurve eines Massenpunkts. Es bestimmt die Dynamik, also die Zeitabhängigkeit der Bewegung.

Alle physikalischen Theorien gehen von gewissen unbewiesenen, grundlegenden Gesetzen aus. Diese entstehen als Verallgemeinerung von (endlich vielen) Beobachtungen. Sie sollten von möglichst einfacher Form sein und es gestatten, eine möglichst große Klasse von Phänomenen zu beschreiben oder vorherzusagen. Diese allgemeinen Gesetze werden *Naturgesetze* genannt. Die Beschreibung von Phänomenen durch diese Gesetze ist in der Physik gleichbedeutend mit ihrer *Erklärung*. Ein Naturgesetz impliziert unendlich viele Vorhersagen. Die Bestätigung von Vorhersagen *verifiziert* das Gesetz, kann es aber nicht beweisen (da die Bestätigung nur in endlich vielen Fällen erfolgen kann). Ein einmal aufgestelltes Naturgesetz kann aber durch eine einzige Beobachtung oder ein einziges Experiment widerlegt (*falsifiziert*) werden.

In der Mechanik können Newtons Axiome (mit einigen Ergänzungen) als Naturgesetze aufgefasst werden. Später werden wir noch alternative Formulierungen der Grundgesetze, insbesondere den Lagrangeformalismus, kennenlernen.

In seinem Werk *Philosophiae Naturalis Principia Mathematica* formulierte Isaac Newton 1687 drei Axiome. Newtons 1. Axiom (auch lex prima genannt) bezieht sich auf die Bezugssysteme (BS):

1. Axiom:	Es gibt BS, in denen die kräftefreie Bewegung durch $\dot{\boldsymbol{r}}(t) = \boldsymbol{v} = \text{const.}$ beschrieben wird.	(2.1)

Die so spezifizierten, bevorzugten BS heißen *Inertialsysteme* (IS). Am Beispiel eines Beobachters auf einem Karussell macht man sich klar, dass eine Aussage wie (2.1) zwangsläufig vom BS abhängt; man denke etwa an den Versuch, auf einem Karussell Billard zu spielen. Experimentell stellt man fest, dass IS solche BS sind, die gegenüber dem Fixsternhimmel ruhen, oder die sich relativ zu den Fixsternen mit konstanter Geschwindigkeit bewegen.

In allen Gebieten der Physik formuliert man Gesetze, die ein Bezugssystem voraussetzen. Dabei spielen die IS eine hervorgehobene Rolle; so gelten etwa die Maxwellgleichungen nur in IS. Man kann die Gesetze aber auch in anderen BS formulieren. Sie haben dann jedoch im Allgemeinen eine andere und kompliziertere Form; in den Bewegungsgesetzen der Mechanik treten zum Beispiel zusätzliche

Trägheitskräfte auf. Die IS sind dadurch ausgezeichnet, dass in ihnen die physikalischen Gesetze besonders *einfach* sind. Speziell ist wegen (2.1) Billard im Hörsaal einfacher als auf dem Karussell. Auf die Auszeichnung der IS und die Komplikationen in anderen Bezugssystemen gehen wir in Kapitel 5 und 6 noch näher ein.

Gleichung (2.1) besagt, dass die gleichförmige Bewegung (oder Ruhe) ein Zustand ist, in dem der Körper verharrt. So durchquert zum Beispiel ein Komet weitab von anderen Massen den Weltraum mit konstanter Geschwindigkeit. Im Bereich der alltäglichen Erfahrung kann die gleichförmige Bewegung nur näherungsweise beobachtet werden, da praktisch immer Reibungskräfte vorhanden sind.

Ohne Kräfte bewegen sich Körper gleichförmig (1. Axiom). Kräfte führen dagegen zu einer nicht gleichförmigen Bewegung. Der Begriff Kraft wird zunächst der Alltagssprache (Muskelkraft, Federkraft, Schwerkraft) entnommen; später wird er durch eine Messvorschrift präzisiert. Newtons 2. Axiom (auch lex secunda genannt) beschreibt die Bewegung unter dem Einfluss einer Kraft:

$$\boxed{\text{2. Axiom:} \qquad \frac{d\boldsymbol{p}}{dt} = \boldsymbol{F} \qquad \text{im IS}} \tag{2.2}$$

Dabei ist der Impuls $\boldsymbol{p}$ das Produkt aus der Masse m und der Geschwindigkeit:

$$\boldsymbol{p} = m\,\boldsymbol{v} \tag{2.3}$$

Fast immer haben wir es mit konstanter Masse zu tun (außer etwa bei der Bewegungsgleichung für eine Rakete), so dass das 2. Axiom auch als

$$m\,\ddot{\boldsymbol{r}} = \boldsymbol{F} \qquad \text{(2. Axiom)} \tag{2.4}$$

geschrieben werden kann. Hierdurch wird die Masse als eine dem betrachteten Körper zugeordnete Eigenschaft eingeführt. Newtons 2. Axiom beinhaltet folgende Definitionen und Aussagen:

1. Definition der Masse

2. Definition der Kraft

3. Physikalische Aussage über die Bahnbewegung

Wir erläutern zunächst, in welcher Weise das 2. Axiom die Masse und Kraft als Messgrößen definiert. Dabei gehen wir davon aus, dass Länge und Zeit bereits definiert sind. Damit ist insbesondere die Beschleunigung $\boldsymbol{a} = \ddot{\boldsymbol{r}}$ eine messbare Größe.

Wir betrachten eine bestimmte, in ihrer Größe unbekannte Kraft (zum Beispiel eine Federkraft) und zwei Körper 1 und 2. Wir messen die Beschleunigungen a_1 und a_2, die durch die unbekannte Kraft hervorgerufen werden. Nach (2.4) ist das Verhältnis m_1/m_2 durch a_2/a_1 gegeben; damit ist m_1/m_2 als Messgröße festgelegt. Wir definieren nun willkürlich die Masse eines bestimmten Körpers als 1 Masseneinheit; dabei wird implizit vorausgesetzt, dass die Eigenschaft Masse eine unveränderliche Eigenschaft des Körpers ist. Der Name der Masseneinheit ist ebenso willkürlich wie die Wahl des Referenzkörpers; bekanntlich wählt man das Kilogramm (kg) als Masseneinheit. Hierdurch und durch die Messvorschrift für m_1/m_2 ist dann die Masse jedes Körpers als Messgröße definiert.

Nachdem die Masse und die Beschleunigung Messgrößen sind, legt (2.4) die Kraft als Messgröße fest. Die Einheit der Kraft ist

$$1\,\mathrm{kg}\,\frac{\mathrm{m}}{\mathrm{s}^2} = 1\,\mathrm{N} = 1\,\mathrm{Newton} \tag{2.5}$$

Wir halten fest: Die Messung von Massen und Kräften erfolgt auf der Grundlage des 2. Axioms.

Nach dem 2. Axiom ist die Masse ein Maß für den Widerstand, den ein Körper der Änderung seiner Geschwindigkeit entgegensetzt. Je größer m ist, umso kleiner ist – bei gegebener Kraft – die Änderung der Geschwindigkeit. Die Größe m heißt daher auch *träge Masse*.

Ein anderer Begriff ist die *schwere Masse*, die proportional zur Stärke der Gravitationskraft auf einen Körper ist; diese schwere Masse wird experimentell durch eine Kraftmessung festgelegt. In dieser Form eingeführt, ist die schwere Masse als Eigenschaft eines Körpers mit der Ladung vergleichbar; die Ladung ist durch die Stärke der Kraft auf einen Körper in einem elektromagnetischen Feld bestimmt. So wie die Ladung könnte die schwere Masse eine von der trägen Masse unabhängige Eigenschaft eines Körpers sein. Experimentell stellt sich aber heraus, dass das Verhältnis von träger zu schwerer Masse immer gleich groß ist (mit einer relativen Genauigkeit bis zu 10^{-12}). Daher führt man keine neue Messgröße „schwere Masse“ ein; vielmehr verzichtet man in den Gleichungen zumeist auf eine Unterscheidung und setzt beide Massen gleich m. Im Rahmen der Newtonschen Mechanik und Gravitationstheorie ist die Gleichheit von träger und schwerer Masse zufällig. Dagegen nimmt sie die Allgemeine Relativitätstheorie zum zentralen Ausgangspunkt (Kapitel 6).

Das 2. Axiom ist nicht nur eine Definitionsgleichung für die Masse und die Kraft. Vielmehr ist es auch ein physikalisches Gesetz über die Dynamik; es beinhaltet physikalische Aussagen. Zum Beispiel ergibt sich bei konstanter Kraft die nichttriviale Aussage $x \propto t^2$ für eine eindimensionale Bewegung. Diese Aussage kann durch Messung überprüft werden; damit wird das 2. Axiom verifiziert oder falsifiziert. Die aus dem 2. Axiom folgenden Aussagen werden durch Experimente bestätigt, solange die vorkommenden Geschwindigkeiten klein gegenüber der Lichtgeschwindigkeit c sind.

Für mit c vergleichbare Geschwindigkeiten sind die Aussagen des 2. Axioms (wie etwa $x \propto t^2$ für konstante Kraft) aber falsch. Damit ist das Gesetz im Prinzip falsifiziert und daher zu verwerfen. Da das 2. Axiom aber in weiten Bereichen korrekte Vorhersagen macht, geht man nicht soweit. Vielmehr versieht man das 2. Axiom mit der Einschränkung, dass es nur auf Geschwindigkeiten anzuwenden ist, die klein gegenüber der Lichtgeschwindigkeit sind.

Newtons 3. Axiom (auch lex tertia genannt) lautet: Der Kraft, mit der die Umgebung auf einen Massenpunkt wirkt, entspricht stets eine gleich große, entgegen-

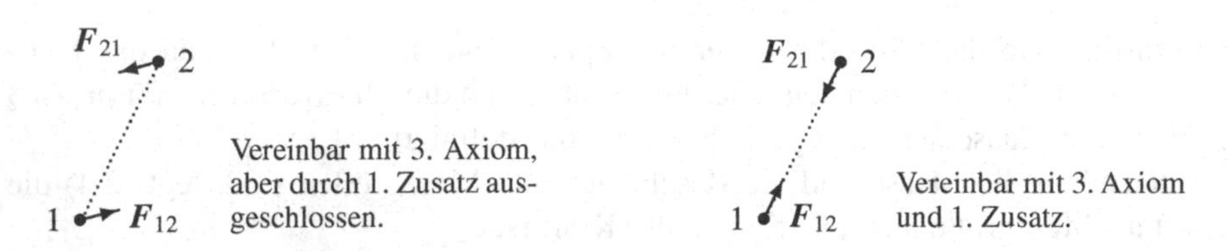

Abbildung 2.1 Die Kräfte zwischen zwei Massenpunkten müssen nach dem 3. Axiom entgegengesetzt gleich groß sein. Zusätzlich beschränken wir uns auf Kräfte, die parallel (oder antiparallel) zum Relativvektor sind.

gesetzte Kraft, mit der der Massenpunkt auf seine Umgebung wirkt, oder

$$\text{3. Axiom:} \quad \boldsymbol{F}_{\text{actio}} = -\boldsymbol{F}_{\text{reactio}} \tag{2.6}$$

Dies bedeutet konkret für die Kräfte, die zwei Massenpunkte aufeinander ausüben (Abbildung 2.1),

$$\boldsymbol{F}_{12} = -\boldsymbol{F}_{21} \qquad \text{(3. Axiom)} \tag{2.7}$$

Die Aussage (2.6) gilt im allgemeineren Sinn in allen Teilen der Physik: Jede Wirkung, die die Umgebung auf einen Körper ausübt, ruft eine entsprechende Gegenwirkung hervor.

Die Axiome werden auch als Newtons Gesetze (oder lex prima, secunda und tertia) bezeichnet. Sie sind keine Axiome in dem Sinn, dass aus ihnen alle Aussagen der Theorie folgen; insofern kann man die Bezeichnung als „Axiome“ auch kritisieren.

Für einige Ableitungen in einem System von Massenpunkten benötigen wir Annahmen über die auftretenden Kräfte, die wir als 1. und 2. Zusatz bezeichnen. Im ersten Zusatz nehmen wir an, dass die Kräfte, die zwei Massenpunkte aufeinander ausüben (Abbildung 2.1), in Richtung der Verbindungslinie wirken, also

$$(\boldsymbol{r}_1 - \boldsymbol{r}_2) \times \boldsymbol{F}_{12} = 0 \qquad \text{(1. Zusatz)} \tag{2.8}$$

Der 2. Zusatz lautet: Wirken mehrere Kräfte $\boldsymbol{F}_i$ auf einen Massenpunkt, so ist die Gesamtkraft $\boldsymbol{F}$ die Summe der Einzelkräfte

$$\boldsymbol{F} = \sum_i \boldsymbol{F}_i \qquad \text{(2. Zusatz)} \tag{2.9}$$

Dies wird auch als Superpositionsprinzip der Kräfte bezeichnet.

Die beiden Zusätze sind zum Beispiel für die Newtonschen Gravitationskräfte zwischen massiven Teilchen oder für die Coulombkräfte zwischen geladenen Teilchen erfüllt. Sie stellen jedoch eine Einschränkung an die zugelassenen Kräfte dar und sind von weniger grundlegender Bedeutung als die Axiome selbst. Ein Gegenbeispiel zum 1. Zusatz sind die magnetischen Kräfte zwischen bewegten Ladungen; hierzu sei auf die Diskussion im Anschluss an (4.15) verwiesen. In einem Medium können nichtlineare elektromagnetische Feldeffekte auftreten; dann würde der 2. Zusatz nicht für die Coulombkräfte zwischen geladenen Teilchen in diesem Medium gelten.

Anwendungen

Wir werden uns in der Mechanik durchweg auf Kräfte beschränken, die nur von dem Ort und der Geschwindigkeit des Teilchens und von der Zeit abhängen,

$$\boldsymbol{F} = \boldsymbol{F}(\boldsymbol{r}(t),\, \dot{\boldsymbol{r}}(t),\, t) \tag{2.10}$$

Wir schließen damit zum Beispiel aus, dass $\boldsymbol{F}$ von der Beschleunigung, von höheren Ableitungen oder von der Bewegung des Teilchens zu früheren Zeiten abhängt. Geschwindigkeitsabhängige Kräfte sind zum Beispiel die Reibungskraft oder die Lorentzkraft.

Bei der Lösung von Problemen mit Hilfe der Newtonschen Axiome treten typischerweise folgende Schritte auf:

1. Aufstellen des Kraftgesetzes.
2. Mathematische Lösung der Differenzialgleichung:

$$m\,\ddot{\boldsymbol{r}}(t) = \boldsymbol{F}(\boldsymbol{r}(t),\, \dot{\boldsymbol{r}}(t),\, t) \tag{2.11}$$

3. Bestimmung der Integrationskonstanten der Lösung: Sie werden durch die Anfangsbedingungen für Ort und Geschwindigkeit zu einer bestimmten Zeit (etwa $\boldsymbol{r}(0)$ und $\dot{\boldsymbol{r}}(0)$) festgelegt.
4. Diskussion der Lösung: Die Lösung könnte graphisch dargestellt werden, oder es könnte die Frage nach Erhaltungsgrößen (etwa der Energie) untersucht werden.

Gegenüber dem so definierten Problem sind viele Verallgemeinerungen möglich. Insbesondere treten oft anstelle der Koordinaten x, y und z allgemeinere Koordinaten q_i (mit $i = 1, 2, \ldots, f$). Die Dynamik solcher Systeme (also ihr zeitabhängiges Verhalten) wird dann durch die Funktionen $q_i(t)$ beschrieben. Für diese Funktionen sind die (2.11) entsprechenden Bewegungsgleichungen aufzustellen und zu lösen.

Eindimensionale Bewegung

Als Spezialisierung von (2.11) kommt insbesondere die Beschränkung auf zwei oder eine Dimension, oder ein einfacher Ansatz für die Kraft in Frage. Wir betrachten zunächst die Spezialisierung auf eine Dimension,

$$m\,\ddot{x}(t) = F(x(t),\, \dot{x}(t),\, t) \tag{2.12}$$

Die Lösung folgender spezieller Bewegungsgleichungen sollte dem Leser vertraut sein:

$$\text{Keine Kräfte:} \qquad m\ddot{x} = 0 \tag{2.13}$$

$$\text{Homogenes Schwerefeld:} \qquad m\ddot{x} = -mg \tag{2.14}$$

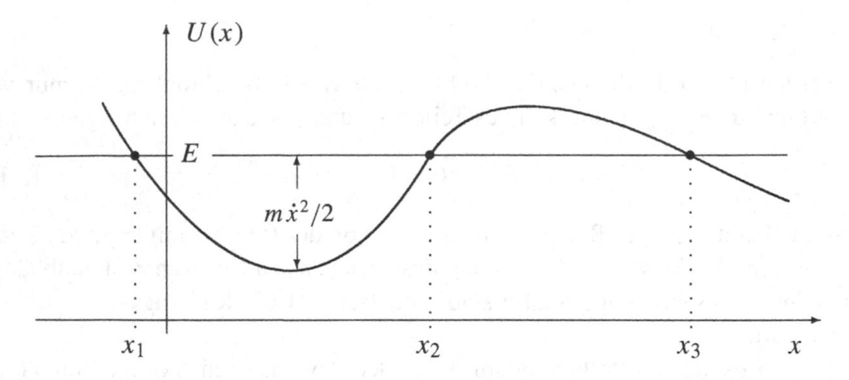

Abbildung 2.2 Die eindimensionale Bewegung in einem Potenzial $U(x)$ kann mit Hilfe des Energieerhaltungssatzes, $E = m\dot{x}^2/2 + U(x) = \text{const.}$, graphisch diskutiert werden. Der Abstand zwischen $U(x)$ und der Horizontalen bei E gibt die kinetische Energie $m\dot{x}^2/2$ an.

$$\text{Schwerefeld mit Reibung:} \qquad m\ddot{x} = -mg - \gamma\dot{x} \tag{2.15}$$

$$\text{Freie gedämpfte Schwingung:} \qquad m\ddot{x} = -kx - 2m\lambda\dot{x} \tag{2.16}$$

$$\text{Erzwungene Schwingung:} \qquad \ddot{x} + \omega_0^2\, x + 2\lambda\dot{x} = f\,\cos(\omega t) \tag{2.17}$$

Der letzte Fall wird in Kapitel 24 noch einmal ausführlich behandelt.

Wir untersuchen die Lösung für eine Kraft, die nur vom Ort abhängt:

$$m\,\ddot{x}(t) = F(x(t)) \tag{2.18}$$

Multiplizieren wir beide Seiten mit $\dot{x}(t)$, so lässt sich die entstehende Gleichung in der Form

$$\frac{m}{2}\,\frac{d}{dt}\,\dot{x}(t)^2 = -\frac{d}{dt}\,U(x(t)) \tag{2.19}$$

mit dem *Potenzial*

$$U(x) = -\int dx\ F(x) + \text{const.} \tag{2.20}$$

schreiben; es gilt $F(x) = -U'(x)$. Die Größe $U(x)$ wird auch die potenzielle Energie genannt. Die Konstante in (2.20) ist für (2.19) ohne Bedeutung. Die Integration von (2.19) ergibt

$$\frac{m}{2}\,\dot{x}(t)^2 = E - U(x(t)) \tag{2.21}$$

Die Integrationskonstante E ist die Summe aus der potenziellen Energie U und aus der kinetischen Energie $m\dot{x}^2/2$; diese Begriffe werden im nächsten Kapitel noch näher diskutiert. Wegen (2.20) ist E nur bis auf eine additive Konstante festgelegt. Wir lösen (2.21) nach $\dot{x} = dx/dt$ auf und erhalten

$$dt = \frac{dx}{\sqrt{2[E - U(x)]/m}} \tag{2.22}$$

Die Integration dieser Gleichung ergibt

$$t - t_0 = \int_{x_0}^{x} \frac{dx'}{\sqrt{2[E - U(x')]/m}} \tag{2.23}$$

Die Anfangsbedingungen für $x(t_0)$ und $\dot{x}(t_0)$ legen die beiden Integrationskonstanten E und x_0 fest. Die Lösung (2.23) bestimmt $t = t(x)$ und damit implizit die gesuchte Funktion $x = x(t)$.

In speziellen Fällen, wie etwa dem Oszillator mit $U(x) = kx^2/2$, kann das Integral (2.23) analytisch gelöst werden. In jedem Fall lässt sich die Lösung aber qualitativ anhand des Graphen von $U(x)$ diskutieren (Abbildung 2.2): Der vertikale Abstand zwischen $U(x)$ und der Horizontalen E gibt $m\dot{x}^2/2$ an. Wählt man noch eine Bewegungsrichtung ($\dot{x} > 0$ oder $\dot{x} < 0$) aus, so kann die Änderung von $\dot{x}^2$ aus der des vertikalen Abstands abgelesen werden. Nähert man sich einem Schnittpunkt von $U(x)$ mit der Horizontalen E, so geht dort $\dot{x} \to 0$. Diese Punkte werden Umkehrpunkte genannt, da sich dort die Bewegungsrichtung umkehrt. Verläuft die Bewegung zwischen zwei Umkehrpunkten ($x_1 \leq x \leq x_2$ in Abbildung 2.2), so ergibt sich eine Schwingung mit der Periode T:

$$T = 2 \int_{x_1}^{x_2} \frac{dx}{\sqrt{2[E - U(x)]/m}} \tag{2.24}$$

Dagegen ist der Bereich $x_2 < x < x_3$ in Abbildung 2.2 unzugänglich. An den Stellen x_0 mit $dU/dx = 0$ hat (2.18) die statische Lösung $x = x_0$; nach (2.21) muss hierfür $E = U(x_0)$ gelten. Diese Gleichgewichtslösung ist bei einem Minimum des Potenzials stabil, bei einem Maximum aber labil.

Die hier auftretenden Strukturen (Integration zu einer Differenzialgleichung 1. Ordnung wegen Energieerhaltung, graphische Diskussion der Lösung) werden uns später bei allgemeineren Problemen wiederholt begegnen.

Aufgaben

2.1 Abstürzender Satellit

Ein Erdsatellit (Masse m) bewegt sich unter dem Einfluss der Gravitationskraft und einer Reibungskraft:

$$\boldsymbol{F} = \boldsymbol{F}_{\text{grav}} + \boldsymbol{F}_{\text{diss}} = -m\,\frac{\alpha}{r^2}\,\boldsymbol{e}_r - m\,\gamma(r)\,\boldsymbol{v}$$

Dabei ist r der Abstand zum Erdmittelpunkt, $\alpha = GM$ mit der Erdmasse M und $\gamma(r) > 0$. Stellen Sie mit Hilfe der Ergebnisse aus Aufgabe 1.1 die Bewegungsgleichungen in Kugelkoordinaten (r, θ, ϕ) auf. Wie müssen $\gamma(r)$, β und ϵ gewählt werden, damit

$$r(t) = r_0\big(1-\beta t\big)^{2/3}, \quad \theta(t) = -\frac{1}{\epsilon}\,\ln\big(1-\beta t\big)^{2/3}, \quad \phi(t) = \text{const.} \tag{2.25}$$

die Bewegungsgleichungen löst? Welche Form hat die Bahnkurve? Bestimmen Sie den Betrag der Geschwindigkeit $|\boldsymbol{v}|$ als Funktion von r.

2.2 Regentropfen im Schwerefeld

Ein kugelförmiger Wassertropfen (Radius R, Volumen V, Masse m) fällt in der mit Wasserdampf gesättigten Atmosphäre senkrecht nach unten. Auf ihn wirken die Schwerkraft und eine Reibungskraft,

$$F = F_{\text{grav}} + F_{\text{diss}} = m\,g - \lambda\,R^2 v \qquad (\lambda > 0)$$

Der Wassertropfen startet mit der Geschwindigkeit $v(0) = 0$. Durch Kondensation wächst das Volumen des Wassertropfens proportional zu seiner Oberfläche an; Radius und Masse des Tropfens sind also zeitabhängig. Stellen Sie die Bewegungsgleichung auf, und integrieren Sie sie, indem Sie R anstelle der Zeit t als unabhängige Variable einführen.

2.3 Schwingungsperiode eines anharmonischen Oszillators

Ein Körper der Masse m bewege sich im Potenzial

$$U(x) = \frac{f}{2}\,x^2 + \alpha\,x^4$$

Berechnen Sie die Periode T der Schwingung für den leicht anharmonischen Fall (für $\alpha E \ll f^2$, wobei E die Energie ist).

Anleitung: Verwenden Sie die Substitution $\sin^2\varphi = U(x)/E$ und drücken Sie x und dx in Abhängigkeit von φ bis zur 1. Ordnung in α aus.

2.4 Einfluss der Zeitdefinition auf die Bewegungsgleichung

In einem Inertialsystem werde durch eine ungenaue Uhr die Zeit T definiert; für T setze man einen bestimmten Zusammenhang $T = T(t)$ zur (wahren) IS-Zeit t an. Mit dieser Uhr misst man für die kräftefreie, eindimensionale Bewegung eines Körpers $d^2x/dT^2 = a_0 = F/m$ im Gegensatz zu Newtons Axiomen. Dies demonstriert die Abhängigkeit physikalischer Gesetze von der Zeitdefinition.

Bestimmen Sie die scheinbare Kraft F. Für eine konkrete Uhr mit schwächer werdender Feder gelte speziell $T(t) = \lambda^{-1}\ \ln(1 + \lambda t)$. Was ergibt sich dann für die scheinbare Kraft F?

3 Erhaltungssätze

Erhaltungssätze spielen eine wichtige Rolle in der Physik; sie erleichtern oder ermöglichen überhaupt erst die Lösung von Problemen. Ausgehend von Newtons 2. Axiom untersuchen wir die Erhaltungssätze für den Impuls, den Drehimpuls und die Energie. Dabei werden grundlegende Begriffe wie Drehimpuls, Arbeit, kinetische und potenzielle Energie, konservative und dissipative Kräfte eingeführt.

Impulserhaltung

Wirkt auf ein Teilchen keine Kraft, so ist sein Impuls erhalten:

$$\boldsymbol{F} = 0 \quad \overset{(2.2)}{\longrightarrow} \quad \frac{d\boldsymbol{p}}{dt} = 0 \quad \longrightarrow \quad \boldsymbol{p} = \text{const.} \qquad \text{(Impulserhaltung)} \qquad (3.1)$$

Drehimpulserhaltung

Wir multiplizieren die Newtonsche Bewegungsgleichung (2.4) für die Bahnkurve $\boldsymbol{r}(t)$ eines Massenpunkts vektoriell mit $\boldsymbol{r}(t)$:

$$m\, \boldsymbol{r}(t) \times \ddot{\boldsymbol{r}}(t) = \boldsymbol{r}(t) \times \boldsymbol{F} \qquad (3.2)$$

Wir definieren den *Drehimpuls* $\boldsymbol{\ell}$ des Teilchens durch

$$\boldsymbol{\ell} = \boldsymbol{r}(t) \times \boldsymbol{p}(t) = \boldsymbol{r} \times (m\dot{\boldsymbol{r}}) \qquad (3.3)$$

und das auf das Teilchen wirkende *Drehmoment* $\boldsymbol{M}$ durch

$$\boldsymbol{M} = \boldsymbol{r} \times \boldsymbol{F} \qquad (3.4)$$

Beide Größen, der Drehimpuls und das Drehmoment, beziehen sich auf den Ursprung des gewählten Inertialsystems; bei einer Verschiebung des IS ändern sich $\boldsymbol{\ell}$ und $\boldsymbol{M}$ im Gegensatz zu $\boldsymbol{p}$ oder $\boldsymbol{F}$.

Wegen $\dot{\boldsymbol{r}} \times \dot{\boldsymbol{r}} = 0$ ist $d\boldsymbol{\ell}/dt$ gleich der linken Seite von (3.2). Damit wird (3.2) zur Bewegungsgleichung für den Drehimpuls:

$$\boxed{\frac{d\boldsymbol{\ell}}{dt} = \boldsymbol{M}} \qquad (3.5)$$

Die zeitliche Änderung des Drehimpulses ist also gleich dem Drehmoment. Hieraus ergibt sich der Drehimpulserhaltungssatz: Wenn das Drehmoment verschwindet, dann ist der Drehimpuls erhalten:

$$\boldsymbol{M} = 0 \quad \longrightarrow \quad \frac{d\boldsymbol{\ell}}{dt} = 0 \quad \longrightarrow \quad \boldsymbol{\ell} = \text{const.} \qquad \text{(Drehimpulserhaltung)} \qquad (3.6)$$

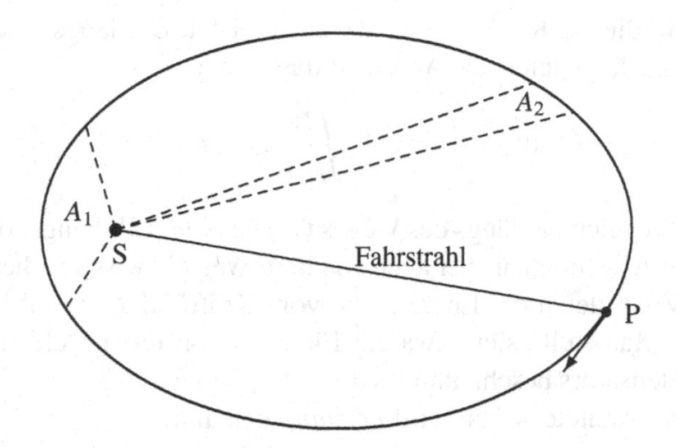

Abbildung 3.1 Ein Planet P umrundet einen Stern S unter dem Einfluss der Gravitationskraft, also einer Zentralkraft. Wegen $\ell = m\,\rho^2\,\dot\varphi = \text{const.}$ ist $\dot\varphi$ umso größer, je kleiner ρ ist. In gleichen Zeitintervallen überstreicht der Fahrstrahl $\overline{\text{SP}}$ gleiche Flächen, zum Beispiel $A_1 = A_2$ in der Abbildung. Dieser Sachverhalt wird als Flächensatz bezeichnet.

Zentralkraft

Für $\boldsymbol{F} \neq 0$ ist $\boldsymbol{M} = \boldsymbol{r} \times \boldsymbol{F}$ nur dann gleich null, wenn $\boldsymbol{F}$ parallel zu $\boldsymbol{r}$ ist. Die Kraft muss also in Richtung zum Zentrum des Bezugssystems wirken (oder entgegengesetzt dazu). Für ein Teilchen, das sich unter dem Einfluss einer solchen *Zentralkraft* bewegt, ist der Drehimpuls erhalten:

$$\boldsymbol{F} \parallel \pm\boldsymbol{r} \quad\longrightarrow\quad \boldsymbol{M} = 0 \quad\longrightarrow\quad \boldsymbol{\ell} = \text{const.} \qquad \text{(Zentralkraft)} \tag{3.7}$$

Wegen $\boldsymbol{\ell} = \text{const.}$ können wir die z-Achse des IS, in dem wir die Bewegungsgleichungen betrachten, in Richtung von $\boldsymbol{\ell}$ legen, also

$$\boldsymbol{\ell} = \ell\,\boldsymbol{e}_z = m\,(\boldsymbol{r} \times \dot{\boldsymbol{r}}) \tag{3.8}$$

Damit liegen $\boldsymbol{r}$ und $\dot{\boldsymbol{r}}$ in der x-y-Ebene. Für ebene Polarkoordinaten erhalten wir mit (1.11) und (1.12)

$$\frac{\ell}{m} = \rho^2\,\dot\varphi = 2\,\frac{dA}{dt} = \text{const.} \tag{3.9}$$

Dies ist der sogenannte *Flächensatz* (Abbildung 3.1): Die vom Fahrstrahl pro Zeitintervall dt überstrichene Fläche $dA = \rho^2\, d\varphi/2$ ist konstant.

Energieerhaltung

Arbeit

Ein Teilchen bewege sich unter dem Einfluss einer äußeren Kraft von $\boldsymbol{r}$ nach $\boldsymbol{r} + d\boldsymbol{r}$. Dann bezeichnen wir das Skalarprodukt

$$dW = \boldsymbol{F} \cdot d\boldsymbol{r} \tag{3.10}$$

als die *Arbeit* dW, die die Kraft an dem Teilchen leistet. Die längs eines endlichen Weges C von $\boldsymbol{r}_1$ nach $\boldsymbol{r}_2$ geleistete Arbeit ist dann

$$W = \int_C dW = \int_{\boldsymbol{r}_1,\,C}^{\boldsymbol{r}_2} d\boldsymbol{r} \cdot \boldsymbol{F} \tag{3.11}$$

Dabei ist $d\boldsymbol{r}$ das Wegelement längs des Weges C. Die Arbeit W hängt vom Anfangs- und Endpunkt, im Allgemeinen aber auch von dem Weg C zwischen diesen Punkten ab. Die Arbeit W ist gleich der Energie, die vom Kraftfeld $\boldsymbol{F}(\boldsymbol{r})$ auf das Teilchen übertragen wird. Man stelle sich etwa ein Elektron vor, das im elektrischen Feld eines Plattenkondensators beschleunigt wird.

Die pro Zeit verrichtete Arbeit wird *Leistung* genannt,

$$P = \frac{dW}{dt} = \frac{\boldsymbol{F} \cdot d\boldsymbol{r}}{dt} = \boldsymbol{F} \cdot \dot{\boldsymbol{r}} \tag{3.12}$$

Die Arbeit wird in den Energieeinheiten

$$\text{Joule} = \text{J} = \text{N m} = \frac{\text{kg m}^2}{\text{s}^2} \tag{3.13}$$

gemessen. Die Leistung wird in Watt ($\text{W} = \text{J/s}$) gemessen.

Kinetische und potenzielle Energie

Wir multiplizieren die Newtonsche Bewegungsgleichung skalar mit $\dot{\boldsymbol{r}}$:

$$m\,\ddot{\boldsymbol{r}} \cdot \dot{\boldsymbol{r}} = \boldsymbol{F} \cdot \dot{\boldsymbol{r}} \tag{3.14}$$

Dies können wir in der Form

$$\frac{d}{dt}\,\frac{m\,\dot{\boldsymbol{r}}^2}{2} = \boldsymbol{F} \cdot \dot{\boldsymbol{r}} = P \tag{3.15}$$

schreiben. Nun ist P die an das System übertragene Leistung. Die zu- oder abgeführte Energie ändert die Geschwindigkeit des Teilchens. Daher identifizieren wir

$$T = \frac{m}{2}\,\dot{\boldsymbol{r}}^2 \tag{3.16}$$

als die *kinetische Energie* des Teilchens (im betrachteten IS), also die mit der Bewegung verbundene Energie. Diese Form der kinetischen Energie folgt, wie hier gezeigt wurde, aus dem 2. Axiom.

Wir teilen nun die Kraft in einen *konservativen* und einen *dissipativen* Anteil auf:

$$\boldsymbol{F} = \boldsymbol{F}_{\text{kons}} + \boldsymbol{F}_{\text{diss}} \tag{3.17}$$

Diese Aufteilung wird dadurch definiert, dass $\boldsymbol{F}_{\text{kons}}$ alle Anteile enthält, die sich in der Form

$$\boldsymbol{F}_{\text{kons}} \cdot \dot{\boldsymbol{r}} = -\frac{dU(\boldsymbol{r})}{dt} \tag{3.18}$$

schreiben lassen. Wir sagen, die Kraft $\boldsymbol{F}_{\text{kons}}$ besitzt ein *Potenzial* $U(\boldsymbol{r})$. Als Beispiel betrachten wir (2.15), $m\ddot{x} = -mg - \gamma\dot{x}$. Hierfür kann $F_{\text{kons}} = -mg$ als $-dU(x)/dx$ mit dem Potenzial $U = mgx$ geschrieben werden. Für $F_{\text{diss}} = -\gamma\dot{x}$ ist dies dagegen nicht möglich, weil $F_{\text{diss}}\dot{x}$ quadratisch in $\dot{x}$ ist, während $dU(x)/dt$ linear in $\dot{x}$ ist.

Wir setzen (3.17) und (3.18) in (3.15) ein:

$$\boxed{\frac{d}{dt}\left(\frac{m\,\dot{\boldsymbol{r}}^2}{2} + U(\boldsymbol{r})\right) = \boldsymbol{F}_{\text{diss}} \cdot \dot{\boldsymbol{r}}} \tag{3.19}$$

Daraus ergibt sich der Energieerhaltungssatz, der kurz *Energiesatz* genannt wird:

$$\text{Kräfte konservativ} \quad \longrightarrow \quad \frac{m\,\dot{\boldsymbol{r}}^2}{2} + U(\boldsymbol{r}) = E = \text{const.} \tag{3.20}$$

Im konservativen Kraftfeld ist also die Summe aus kinetischer Energie und U erhalten. Die in (3.18) eingeführte Funktion $U(\boldsymbol{r})$ ist eine Energie und erhält den Namen *potenzielle Energie* oder auch *Potenzial*. Der Erhaltungssatz (3.20) begründet auch Bezeichnung *konservativ* – im Sinn von (Energie) *erhaltend* – für die Kraft (3.18).

Dissipative Kräfte führen zu einer Umwandlung von mechanischer Energie $(T + U)$ des betrachteten Teilchens in andere Energieformen. Dies kann einmal Dissipation im engeren Sinn bedeuten, also Umwandlung in Wärmeenergie; dies geschieht etwa durch Reibungskräfte. Zum anderen können dadurch auch zeitabhängige Kräfte beschrieben werden, die einen Austausch von Energie mit der Umgebung bewirken.

Potenzial

Wir untersuchen die Bestimmung des Potenzials aus einer gegebenen konservativen Kraft. Dazu führen wir die Zeitableitung des Potenzials $U(\boldsymbol{r}) = U(x, y, z)$ in (3.18) aus:

$$\boldsymbol{F}_{\text{kons}} \cdot \dot{\boldsymbol{r}} = -\frac{\partial U}{\partial x}\frac{dx}{dt} - \frac{\partial U}{\partial y}\frac{dy}{dt} - \frac{\partial U}{\partial z}\frac{dz}{dt} = -\dot{\boldsymbol{r}} \cdot \operatorname{grad} U \tag{3.21}$$

Hieraus folgt für $\boldsymbol{F}_{\text{kons}}$ die Form

$$\boldsymbol{F}_{\text{kons}} = -\operatorname{grad} U(\boldsymbol{r}) + \dot{\boldsymbol{r}} \times \boldsymbol{B}(\boldsymbol{r}, t) \tag{3.22}$$

Dabei ist $\boldsymbol{B}$ ein beliebiges Vektorfeld. Das Standardbeispiel für den zweiten Term ist die Kraft $(q/c)\,\dot{\boldsymbol{r}} \times \boldsymbol{B}$ auf ein geladenes Teilchen im Magnetfeld $\boldsymbol{B}(\boldsymbol{r}, t)$. Diese Kraft ist konservativ, weil sie die Energie erhält; sie erfüllt die Bedingung (3.18) mit $U = \text{const}$.

Im Folgenden beschränken wir uns auf den Fall

$$\boldsymbol{F} = -\operatorname{grad} U(\boldsymbol{r}) \qquad \text{(konservative Kraft)} \tag{3.23}$$

und schreiben den Index „kons" nicht mehr mit an. Notwendige und hinreichende Bedingung dafür, dass eine gegebene Kraft $\boldsymbol{F}(\boldsymbol{r})$ in dieser Form geschrieben werden kann, ist das Verschwinden der Rotation von $\boldsymbol{F}$,

$$\operatorname{rot} \boldsymbol{F}(\boldsymbol{r}) = 0 \quad \longleftrightarrow \quad \boldsymbol{F}(\boldsymbol{r}) = -\operatorname{grad} U(\boldsymbol{r}) \tag{3.24}$$

Für eine ausführliche Darstellung der Vektoroperationen und der Begründung von (3.24) sei auf die ersten drei Kapitel meiner Elektrodynamik [2] verwiesen. Für die Schlussrichtung $\leftarrow$ berechnet man die Rotation der Kraft $\boldsymbol{F} = -\operatorname{grad} U$, etwa

$$\boldsymbol{e}_x \cdot \operatorname{rot} \boldsymbol{F}(\boldsymbol{r}) = \frac{\partial F_z}{\partial y} - \frac{\partial F_y}{\partial z} = -\frac{\partial^2 U}{\partial y\, \partial z} + \frac{\partial^2 U}{\partial z\, \partial y} = 0 \tag{3.25}$$

Für die Schlussrichtung $\rightarrow$ betrachtet man zwei unabhängige Wege C_a und C_b, die beide von $\boldsymbol{r}_0$ nach $\boldsymbol{r}$ führen. Nun ist die Integraldifferenz $\int_{C_a} - \int_{C_b}$ über $\boldsymbol{F} \cdot d\boldsymbol{r}'$ gleich dem geschlossenen Integral $\oint \boldsymbol{F} \cdot d\boldsymbol{r}'$, das nach dem Stokesschen Satz in das Integral $\int d\boldsymbol{A} \cdot \operatorname{rot} \boldsymbol{F}$ über die eingeschlossene Fläche umgewandelt werden kann. Da dieses Integral nach Voraussetzung verschwindet, folgt

$$W = \int_{\boldsymbol{r}_0,\, C_a}^{\boldsymbol{r}} d\boldsymbol{r}' \cdot \boldsymbol{F} = \int_{\boldsymbol{r}_0,\, C_b}^{\boldsymbol{r}} d\boldsymbol{r}' \cdot \boldsymbol{F} \tag{3.26}$$

Wegen dieser Wegunabhängigkeit (die aus $\operatorname{rot} \boldsymbol{F} = 0$ folgt) ist die Arbeit W eine Funktion von $\boldsymbol{r}$. Das Potenzial $U(\boldsymbol{r})$ kann nun als die Arbeit $-W$ bestimmt werden, die man aufbringen muss, um das Teilchen gegen die Kraft $\boldsymbol{F}$ zum Punkt $\boldsymbol{r}$ zu bringen:

$$U(\boldsymbol{r}) - U(\boldsymbol{r}_0) = -W = -\int_{\boldsymbol{r}_0}^{\boldsymbol{r}} d\boldsymbol{r}' \cdot \boldsymbol{F}(\boldsymbol{r}') \tag{3.27}$$

Für das so bestimmte Potenzial gilt $\operatorname{grad} U(\boldsymbol{r}) = -\boldsymbol{F}$. Der Ausgangs- oder Bezugspunkt $\boldsymbol{r}_0$ ist dabei beliebig; das Potenzial ist nur bis auf eine Konstante (hier $U(\boldsymbol{r}_0)$) festgelegt.

Für die Berechnung des Potenzials aus gegebener Kraft können wir nun einen beliebigen Weg wählen (Abbildung 3.2). Für den Weg

$$C_1 :\; x_0\,,\, y_0\,,\, z_0 \;\overset{dy=dz=0}{\longrightarrow}\; x\,,\, y_0\,,\, z_0 \;\overset{dx=dz=0}{\longrightarrow}\; x,\; y,\; z_0 \;\overset{dx=dy=0}{\longrightarrow}\; x\,,\, y\,,\, z \tag{3.28}$$

erhalten wir

$$\begin{aligned} U(\boldsymbol{r}) - U(\boldsymbol{r}_0) \;&=\; -\int_{x_0}^{x} dx'\; F_x(x', y_0, z_0) - \int_{y_0}^{y} dy'\; F_y(x, y', z_0) \\ &\quad\; -\int_{z_0}^{z} dz'\; F_z(x, y, z') \end{aligned} \tag{3.29}$$

Hierdurch ist das Potenzial $U(\boldsymbol{r})$ bis auf eine Konstante bestimmt. Eine Konstante im Potenzial ist ohne physikalische Bedeutung.

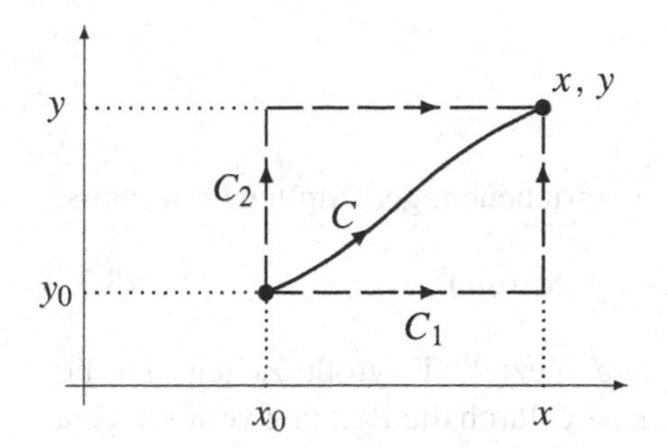

Abbildung 3.2 Aus einer Kraft der Form $\boldsymbol{F} = -\operatorname{grad} U(\boldsymbol{r})$ erhält man über das Integral $-\int d\boldsymbol{r} \cdot \boldsymbol{F}$ die Potenzialdifferenz $U(x, y, z) - U(x_0, y_0, z_0)$. Das Ergebnis ist unabhängig vom gewählten Weg C. In der zweidimensionalen Abbildung sind die besonders einfachen Wege C_1 und C_2 eingezeichnet.

Wir haben in diesem Kapitel die Erhaltungssätze in ihrer einfachsten Form angegeben; sie werden uns in allgemeineren Formulierungen (Kapitel 9, 11 und 15) wieder begegnen. Die Erhaltungssätze stellen für die Bahn $\boldsymbol{r}(t)$ des Teilchens Differenzialgleichungen 1. Ordnung dar, im Gegensatz dazu sind die Bewegungsgleichungen Differenzialgleichungen 2. Ordnung. Die Erhaltungssätze heißen daher auch *erste Integrale der Bewegung*.

Aufgaben

3.1 Erzwungene Schwingungen

Bestimmen Sie die allgemeine Lösung des angetriebenen, gedämpften Oszillators

$$\ddot{x} + \omega_0^2\, x + 2\lambda \dot{x} = f\,\cos(\omega t) \tag{3.30}$$

mit $0 < \lambda < \omega_0$. Betrachten Sie die Lösung speziell für große Zeiten, und berechnen Sie die zeitlich gemittelte Leistung P, die durch die Reibung verloren geht. Drücken Sie P im Fall $\epsilon = \omega - \omega_0 \ll \omega_0$ und $\lambda \ll \omega_0$ durch f, ϵ und λ aus.

3.2 Weg(un)abhängigkeit der Arbeit

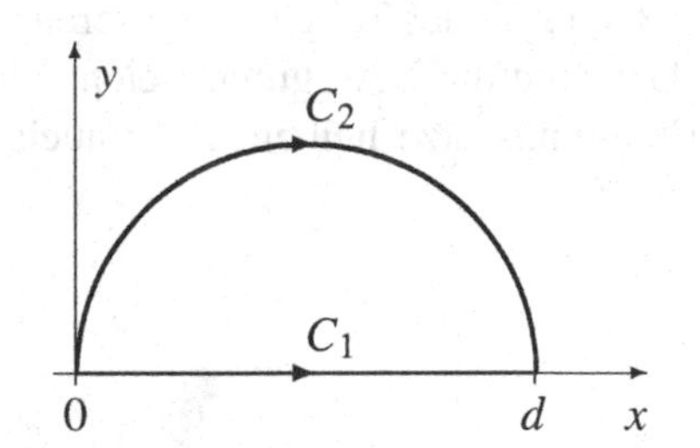

Das Wegintegral

$$W = \int_C dW = \int_{\boldsymbol{r}_1,\,C}^{\boldsymbol{r}_2} d\boldsymbol{r} \cdot \boldsymbol{F}(\boldsymbol{r})$$

soll für die Federkraft $\boldsymbol{F} = -k\,\boldsymbol{r}$ und verschiedene Wege berechnet werden.

Als Wege sollen eine Gerade C_1 und ein Halbkreis C_2 (Radius $d/2$) betrachtet werden, und zwar mit dem Anfangspunkt $(x, y, z) = (0, 0, 0)$ und dem Endpunkt $(d, 0, 0)$. Welche Arbeit A muss geleistet werden, um ein Teilchen von $\boldsymbol{r}_1$ nach $\boldsymbol{r}_2$ zu verschieben?

3.3 Freier Fall mit Reibung

Für eine Kugel, die sich in einer zähen Flüssigkeit im Schwerefeld bewegt, gelte die Bewegungsgleichung

$$m\ddot{z} = -mg - \gamma\dot{z} \tag{3.31}$$

Lösen Sie diese Gleichung für eine anfangs bei $z = 0$ ruhende Kugel. Überprüfen Sie mit dieser Lösung die Energiebilanzgleichung (3.19).

3.4 Förderband – Energiebilanz

Auf ein horizontales Förderband, das sich mit der konstanten Geschwindigkeit v_0 bewegt, fällt aus einem Trichter Materie mit der Rate $R = dm/dt$ = Masse/Zeit. Die Materie kommt auf dem Förderband zur Ruhe und wird mit v_0 weitertransportiert. Mit welcher Kraft F muss das Förderband angetrieben werden, um die Impulsänderung der aufgenommenen Materie zu bewirken? Vergleichen Sie die Leistung P des Förderbands mit der Rate dT/dt, mit der kinetische Energie T auf die Materie übertragen wird. Sind die auftretenden Kräfte konservativ?

4 System von Massenpunkten

Wir verallgemeinern die bisherigen Untersuchungen auf ein System aus N Massenpunkten. Dabei bestimmen wir die Zeitableitung des Impulses, des Drehimpulses und der Energie des Systems.

Die Bahn des ν-ten Massenpunkts sei $\boldsymbol{r}_\nu(t)$, seine Masse m_ν und die auf ihn wirkende Kraft $\boldsymbol{F}_\nu$. Für jeden der N Massenpunkte gilt Newtons 2. Axiom,

$$m_\nu \ddot{\boldsymbol{r}}_\nu(t) = \boldsymbol{F}_\nu \qquad (\nu = 1, \ldots, N) \tag{4.1}$$

Bei den Kräften unterscheiden wir zwischen *inneren* und *äußeren* Kräften. Die inneren Kräfte sind diejenigen, die die Massenpunkte des Systems aufeinander ausüben; für geladene Teilchen könnten dies zum Beispiel Coulombkräfte sein. Dabei beschränken wir uns auf Zweikörperkräfte. Das bedeutet, dass die von m_μ auf m_ν wirkende Kraft $\boldsymbol{F}_{\nu\mu}$ nur von den Koordinaten von m_ν und m_μ abhängt (und nicht etwa von den Koordinaten anderer Teilchen). Die *äußeren* Kräfte $\boldsymbol{F}_\nu^{(a)}$ seien diejenigen Kräfte, die von außen auf das System wirken, zum Beispiel die Schwerkräfte auf die einzelnen Massenpunkte oder die durch ein äußeres elektromagnetisches Feld hervorgerufenen Kräfte. Mit dieser Aufteilung wird (4.1) zu

$$m_\nu \ddot{\boldsymbol{r}}_\nu = \boldsymbol{F}_\nu = \boldsymbol{F}_\nu^{(a)} + \sum_{\mu=1,\,\mu\neq\nu}^{N} \boldsymbol{F}_{\nu\mu} \tag{4.2}$$

Impuls

Wir definieren den Ortsvektor $\boldsymbol{R}$ des *Schwerpunkts* der Massenpunkte durch

$$\boldsymbol{R} = \frac{1}{M} \sum_{\nu=1}^{N} m_\nu \boldsymbol{r}_\nu \tag{4.3}$$

Dabei ist

$$M = \sum_{\nu=1}^{N} m_\nu \tag{4.4}$$

die Gesamtmasse des Systems. Die Bewegungsgleichung für den Schwerpunkt erhalten wir, indem wir (4.2) über ν summieren:

$$\sum_{\nu=1}^{N} m_\nu \ddot{\boldsymbol{r}}_\nu = M\ddot{\boldsymbol{R}} = \sum_{\nu=1}^{N} \sum_{\mu=1,\,\mu\neq\nu}^{N} \boldsymbol{F}_{\nu\mu} + \sum_{\nu=1}^{N} \boldsymbol{F}_\nu^{(a)} = \sum_{\nu=1}^{N} \boldsymbol{F}_\nu^{(a)} \tag{4.5}$$

Wegen Newtons 3. Axiom (2.7) fallen hier die inneren Kräfte heraus. Formal kann man dies sehen, indem man die Indizes umbenennt, die Reihenfolge der Summation vertauscht und das 3. Axiom benutzt:

$$\sum_{\nu,\,\mu,\,\nu\neq\mu} \boldsymbol{F}_{\nu\mu} \stackrel{(\nu\leftrightarrow\mu)}{=} \sum_{\mu,\,\nu,\,\mu\neq\nu} \boldsymbol{F}_{\mu\nu} = \sum_{\nu,\,\mu,\,\nu\neq\mu} \boldsymbol{F}_{\mu\nu} \stackrel{(3.\text{Axiom})}{=} -\sum_{\nu,\,\mu,\,\nu\neq\mu} \boldsymbol{F}_{\nu\mu} \tag{4.6}$$

Da diese Summe gleich der negativen Summe ist, muss sie verschwinden; dies wurde in (4.5) benutzt. Aus (4.5) folgt der *Schwerpunktsatz*: Der Schwerpunkt eines Systems bewegt sich so, als ob die Masse in ihm vereinigt ist und als ob die Summe der äußeren Kräfte auf ihn wirkt:

$$\boxed{M\ddot{\boldsymbol{R}} = \sum_{\nu=1}^{N} \boldsymbol{F}_\nu^{(a)} = \boldsymbol{F}} \tag{4.7}$$

Die inneren Kräfte sind also ohne Einfluss auf die Bewegung des Schwerpunkts. Diese Aussage kann man etwas salopp so formulieren: Man kann sich nicht am eigenen Schopf aus dem Sumpf ziehen.

Der Schwerpunktsatz rechtfertigt im nachhinein die Idealisierung tatsächlicher Körper als Massenpunkte: Sofern die inneren Bewegungen eines Körpers (etwa Rotationen, Vibrationen) nicht von Interesse sind, können wir einen Körper als Massenpunkt behandeln, für den Newtons 2. Axiom in der Form (4.7) gilt.

Unter einem *abgeschlossenen System* versteht man ein System, das keine Wechselwirkungen mit Vorgängen außerhalb des Systems hat. Praktisch genügt es, dass diese Wechselwirkungen hinreichend klein sind. Für ein abgeschlossenes System aus N Massenpunkten gibt es keine äußeren Kräfte, also $\boldsymbol{F}_\nu^{(a)} = 0$. Damit ist der Schwerpunktimpuls $\boldsymbol{P}$ für ein abgeschlossenes System erhalten:

$$\text{Abgeschlossenes System:} \qquad \boldsymbol{P} = M\dot{\boldsymbol{R}} = \text{const.} \tag{4.8}$$

Für die Beschreibung der Bewegung der Massenpunkte wird man dann vorzugsweise das Inertialsystem benutzen, in dem der Schwerpunkt ruht.

Drehimpuls

Analog zum Vorgehen in Kapitel 3 leiten wir aus den Bewegungsgleichungen die Gleichung für die zeitliche Änderung des Drehimpulses ab.

Wir multiplizieren (4.1) vektoriell mit $\boldsymbol{r}_\nu$ und summieren über ν:

$$\sum_{\nu=1}^{N} \boldsymbol{r}_\nu \times m_\nu \ddot{\boldsymbol{r}}_\nu = \sum_{\nu=1}^{N} \boldsymbol{r}_\nu \times \boldsymbol{F}_\nu \tag{4.9}$$

Dies wird zu

$$\frac{d}{dt} \sum_{\nu=1}^{N} m_\nu \left(\boldsymbol{r}_\nu \times \dot{\boldsymbol{r}}_\nu\right) = \sum_{\nu=1}^{N} \boldsymbol{r}_\nu \times \boldsymbol{F}_\nu^{(a)} + \sum_{\nu=1}^{N} \boldsymbol{r}_\nu \times \sum_{\mu,\,\mu\neq\nu} \boldsymbol{F}_{\nu\mu} \tag{4.10}$$

Auf der linken Seite identifizieren wir

$$\boldsymbol{L} = \sum_{\nu=1}^{N} m_\nu \, (\boldsymbol{r}_\nu \times \dot{\boldsymbol{r}}_\nu) = \sum_{\nu=1}^{N} \boldsymbol{\ell}_\nu \tag{4.11}$$

als Gesamtdrehimpuls des Systems. Er bezieht sich, ebenso wie die Einzeldrehimpulse $\boldsymbol{\ell}_\nu$, auf den Ursprung des verwendeten IS. Wir betrachten den letzten Term in (4.10):

$$\sum_{\nu,\,\mu,\,\mu\neq\nu}^{N} \boldsymbol{r}_\nu \times \boldsymbol{F}_{\nu\mu} \overset{(\nu\leftrightarrow\mu)}{=} \sum_{\nu,\,\mu,\,\mu\neq\nu}^{N} \boldsymbol{r}_\mu \times \boldsymbol{F}_{\mu\nu} \overset{(3.\text{Axiom})}{=} -\sum_{\nu,\,\mu,\,\mu\neq\nu}^{N} \boldsymbol{r}_\mu \times \boldsymbol{F}_{\nu\mu} \tag{4.12}$$

Mit Hilfe des 1. Zusatzes erhalten wir

$$\sum_{\nu,\,\mu,\,\nu\neq\mu}^{N} \boldsymbol{r}_\nu \times \boldsymbol{F}_{\nu\mu} \overset{(4.12)}{=} \frac{1}{2} \sum_{\nu,\,\mu,\,\nu\neq\mu}^{N} (\boldsymbol{r}_\nu - \boldsymbol{r}_\mu) \times \boldsymbol{F}_{\nu\mu} \overset{(2.8)}{=} 0 \tag{4.13}$$

Die inneren Kräfte ergeben also kein resultierendes Drehmoment; sie können den Gesamtdrehimpuls des Systems nicht ändern.

Mit (4.13) wird (4.10) zu

$$\boxed{\frac{d\boldsymbol{L}}{dt} = \sum_{\nu=1}^{N} \boldsymbol{r}_\nu \times \boldsymbol{F}_\nu^{(a)} = \boldsymbol{M}} \tag{4.14}$$

Die zeitliche Änderung des Gesamtdrehimpulses ist also gleich dem Gesamtdrehmoment der äußeren Kräfte. Diese Gleichung wird in Teil V auf den starren Körper angewandt.

Für verschwindendes Gesamtdrehmoment folgt aus (4.14) die Erhaltung des Gesamtdrehimpulses. Insbesondere gilt

$$\text{Abgeschlossenes System:} \qquad \boldsymbol{L} = \text{const.} \tag{4.15}$$

Bei der Ableitung dieser Aussage haben wir den 1. Zusatz (2.8) verwendet. Die Bedingung (2.8) gilt zum Beispiel nicht für die magnetischen Kräfte zwischen bewegten, geladenen Teilchen. Im abgeschlossenen System ist der Gesamtdrehimpuls aber auch in diesem Fall erhalten; denn dieser Erhaltungssatz folgt aus einer sehr allgemeinen Voraussetzung (Isotropie des Raums). In einem System aus bewegten geladenen Teilchen enthält das elektromagnetische Feld zwangsläufig ebenfalls Drehimpuls. Die Drehimpulserhaltung gilt dann in der Form $\boldsymbol{L} = \boldsymbol{L}_{\text{Masse}} + \boldsymbol{L}_{\text{Feld}} =$ const., wobei $\boldsymbol{L}_{\text{Masse}}$ der in (4.11) betrachtete Drehimpuls und $\boldsymbol{L}_{\text{Feld}}$ der Drehimpuls des elektromagnetischen Felds ist.

Energie

Analog zum Vorgehen in Kapitel 3 leiten wir aus den Bewegungsgleichungen die Gleichung für die zeitliche Änderung der Energie ab. Wir multiplizieren (4.2) skalar mit $\dot{\boldsymbol{r}}_\nu$ und summieren über ν:

$$\sum_{\nu=1}^{N} m_\nu \ddot{\boldsymbol{r}}_\nu \cdot \dot{\boldsymbol{r}}_\nu = \sum_{\nu=1}^{N} \boldsymbol{F}_\nu \cdot \dot{\boldsymbol{r}}_\nu \tag{4.16}$$

Die linke Seite ist die Zeitableitung der kinetischen Energie

$$T = \sum_{\nu=1}^{N} \frac{m_\nu}{2}\, \dot{\boldsymbol{r}}_\nu^{\,2} \tag{4.17}$$

Wir teilen die Kräfte wieder in konservative und dissipative Kräfte auf,

$$\boldsymbol{F}_\nu = \boldsymbol{F}_{\nu,\,\mathrm{kons}} + \boldsymbol{F}_{\nu,\,\mathrm{diss}} \tag{4.18}$$

Dabei ist $\boldsymbol{F}_{\nu,\,\mathrm{kons}}$ der Anteil, für den ein Potenzial U existiert, so dass

$$\sum_{\nu=1}^{N} \boldsymbol{F}_{\nu,\,\mathrm{kons}} \cdot \dot{\boldsymbol{r}}_\nu = -\,\frac{dU(\boldsymbol{r}_1, \boldsymbol{r}_2, \ldots, \boldsymbol{r}_N)}{dt} = -\sum_{\nu=1}^{N} \frac{\partial U}{\partial \boldsymbol{r}_\nu} \cdot \dot{\boldsymbol{r}}_\nu \tag{4.19}$$

Unter der partiellen Ableitung nach dem Vektor $\boldsymbol{r}_\nu := (x_\nu,\, y_\nu,\, z_\nu)$ verstehen wir

$$\frac{\partial U(\boldsymbol{r}_1, \ldots, \boldsymbol{r}_N)}{\partial \boldsymbol{r}_\nu} = \frac{\partial U}{\partial x_\nu}\, \boldsymbol{e}_x + \frac{\partial U}{\partial y_\nu}\, \boldsymbol{e}_y + \frac{\partial U}{\partial z_\nu}\, \boldsymbol{e}_z \tag{4.20}$$

Für eine Funktion $U(\boldsymbol{r})$, die nur von einem Vektor $\boldsymbol{r}$ abhängt, wird dies zu $\operatorname{grad} U$. Wir beschränken uns auf den Fall, dass (4.19) durch

$$\boldsymbol{F}_{\nu,\,\mathrm{kons}} = -\,\frac{\partial U(\boldsymbol{r}_1, \boldsymbol{r}_2, \ldots, \boldsymbol{r}_N)}{\partial \boldsymbol{r}_\nu} \tag{4.21}$$

gelöst wird. Dann wird (4.16) zu

$$\boxed{\frac{d}{dt}\big(T + U\big) = \sum_{\nu=1}^{N} \boldsymbol{F}_{\nu,\,\mathrm{diss}} \cdot \dot{\boldsymbol{r}}_\nu} \tag{4.22}$$

In Abwesenheit dissipativer Kräfte gilt der Energiesatz:

$$\text{Kräfte konservativ:} \qquad T + U = E = \text{const.} \tag{4.23}$$

Nach (4.8) und (4.15) könnte man an dieser Stelle die Aussage erwarten, dass die Energie im abgeschlossenen System erhalten ist. Dies gilt aber nicht für die Größe $T + U$, wenn es dissipative innere Kräfte gibt. Der Energiesatz in der Form

$$\text{Abgeschlossenes System:} \quad E = T + U + \text{andere Energieformen} = \text{const.} \tag{4.24}$$

setzt nämlich voraus, dass *alle* Energiebeiträge berücksichtigt werden. So wäre etwa die Wärmeenergie zu berücksichtigen, die über Reibungskräfte erzeugt wird.

Bestimmung der Potenziale

Wir diskutieren die Bestimmung des Potenzials U in (4.21) aus gegebenen konservativen Kräften; dabei lassen wir im Folgenden den Index „kons" weg, also $\boldsymbol{F}_{\nu,\text{kons}} = \boldsymbol{F}_\nu$. Für die angenommene Aufteilung in innere und äußere Kräfte wird (4.21) zu

$$\begin{aligned} \boldsymbol{F}_\nu &= \boldsymbol{F}_\nu^{(a)}(\boldsymbol{r}_\nu) + \sum_{\mu,\,\mu\neq\nu} \boldsymbol{F}_{\nu\mu}(\boldsymbol{r}_\nu, \boldsymbol{r}_\mu) \\ &= -\frac{\partial U^{(a)}(\boldsymbol{r}_1, \boldsymbol{r}_2, \ldots, \boldsymbol{r}_N)}{\partial \boldsymbol{r}_\nu} - \frac{\partial U^{(i)}(\boldsymbol{r}_1, \boldsymbol{r}_2, \ldots, \boldsymbol{r}_N)}{\partial \boldsymbol{r}_\nu} \end{aligned} \tag{4.25}$$

Das Potenzial $U^{(a)}$ soll die äußeren Kräfte ergeben, das Potenzial $U^{(i)}$ die inneren. Die Kräfte zwischen den Teilchen seien Zweikörperkräfte, die nur von den Positionen der beiden Körper abhängen, nicht aber von der Position anderer (dritter) Körper. Dann lassen sich die Potenziale in folgender Form schreiben:

$$U^{(a)} = \sum_{\nu=1}^{N} U_\nu(\boldsymbol{r}_\nu) \quad \text{und} \quad U^{(i)} = \sum_{\nu=2}^{N} \sum_{\mu=1}^{\nu-1} U_{\nu\mu}(\boldsymbol{r}_\nu, \boldsymbol{r}_\mu) \tag{4.26}$$

Aus

$$\boldsymbol{F}_\nu^{(a)}(\boldsymbol{r}) = -\operatorname{grad} U_\nu(\boldsymbol{r}) \tag{4.27}$$

folgt die gewünschte Relation $\boldsymbol{F}_\nu^{(a)}(\boldsymbol{r}_\nu) = -\partial U^{(\mathrm{a})}/\partial \boldsymbol{r}_\nu$. Die Beziehung (4.27) ist von der Form (3.23); das Potenzial $U_\nu(\boldsymbol{r})$ kann daher wie in (3.29) aus der Kraft $\boldsymbol{F}_\nu^{(a)}$ berechnet werden.

Für die inneren Kräfte $\boldsymbol{F}_{\nu\mu}$ muss nach dem 3. Axiom

$$\boldsymbol{F}_{\nu\mu}(\boldsymbol{r}_\nu, \boldsymbol{r}_\mu) = -\boldsymbol{F}_{\mu\nu}(\boldsymbol{r}_\nu, \boldsymbol{r}_\mu) \tag{4.28}$$

gelten, also

$$-\frac{\partial U_{\nu\mu}(\boldsymbol{r}_\nu, \boldsymbol{r}_\mu)}{\partial \boldsymbol{r}_\nu} = \frac{\partial U_{\nu\mu}(\boldsymbol{r}_\nu, \boldsymbol{r}_\mu)}{\partial \boldsymbol{r}_\mu} \tag{4.29}$$

Das Potenzial $U_{\nu\mu}$ kann daher nur von der Differenz $\boldsymbol{r}_\nu - \boldsymbol{r}_\mu$ abhängen. Außerdem kann es nur von skalaren Größen abhängen, also von $\boldsymbol{a} \cdot (\boldsymbol{r}_\nu - \boldsymbol{r}_\mu)$ (mit einem vorgegebenen Vektor $\boldsymbol{a}$) oder von $(\boldsymbol{r}_\nu - \boldsymbol{r}_\mu)^2$. Eine Abhängigkeit von $\boldsymbol{a} \cdot (\boldsymbol{r}_\nu - \boldsymbol{r}_\mu)$ ergäbe Kräfte $F_{\nu\mu}$, die parallel zum Vektor $\pm\boldsymbol{a}$ sind. Solche Kräfte werden durch den ersten Zusatz (2.8) ausgeschlossen. Damit gilt

$$U_{\nu\mu} = U_{\nu\mu}(|\boldsymbol{r}_\nu - \boldsymbol{r}_\mu|) \tag{4.30}$$

Hierfür ist $\boldsymbol{F}_{\nu\mu}$ parallel zu $\pm(\boldsymbol{r}_\nu - \boldsymbol{r}_\mu)$ wie in Abbildung 2.1 rechts. Wir betrachten nun ein bestimmtes Indexpaar und verwenden $\boldsymbol{r} = \boldsymbol{r}_\nu - \boldsymbol{r}_\mu$. Dann gilt

$$\boldsymbol{F}_{\nu\mu}(\boldsymbol{r}) = -\operatorname{grad} U_{\nu\mu}(|\boldsymbol{r}|) = -\operatorname{grad} U_{\nu\mu}(r) \tag{4.31}$$

und

$$\boldsymbol{F}_{\nu\mu}(\boldsymbol{r}) = F_{\nu\mu}(r)\,\boldsymbol{e}_r \tag{4.32}$$

Aus

$$F_{\nu\mu}(r) = -\frac{dU_{\nu\mu}(r)}{dr} \tag{4.33}$$

kann das Potenzial $U_{\nu\mu}(r)$ durch eine einfache Integration bestimmt werden. Die gesamte potenzielle Energie ist dann

$$U(\boldsymbol{r}_1, \boldsymbol{r}_2, \ldots, \boldsymbol{r}_N) = \sum_{\nu=1}^{N} U_\nu(\boldsymbol{r}_\nu) + \sum_{\nu=2}^{N}\sum_{\mu=1}^{\nu-1} U_{\nu\mu}(|\boldsymbol{r}_\nu - \boldsymbol{r}_\mu|) \tag{4.34}$$

Da der Beitrag $U_{\nu\mu}$ sowohl $\boldsymbol{F}_{\nu\mu}$ wie auch $\boldsymbol{F}_{\mu\nu}$ bestimmt, tritt jedes Indexpaar $(\nu\mu)$ nur einmal auf; der Term mit $\nu = \mu$ fehlt dabei. Wegen $U_{\nu\mu} = U_{\mu\nu}$ könnte man auch eine unbeschränkte Doppelsumme in (4.34) verwenden, wenn man einen Faktor $1/2$ hinzufügt und $U_{\nu\nu} = 0$ setzt.

Als Beispiel betrachten wir Teilchen mit den Ladungen q_ν im homogenen Schwerefeld an der Erdoberfläche (Erdbeschleunigung $\boldsymbol{g} = -g\,\boldsymbol{e}_z$):

$$U(\boldsymbol{r}_1, \ldots, \boldsymbol{r}_N) = \sum_{\nu=1}^{N} m_\nu\, g\, z_\nu + \sum_{\nu=2}^{N}\sum_{\mu=1}^{\nu-1} \frac{q_\nu\, q_\mu}{|\boldsymbol{r}_\nu - \boldsymbol{r}_\mu|} \tag{4.35}$$

Anstelle des Schwerefelds könnte man auch ein elektrostatisches Feld mit dem Potenzial $\Phi(\boldsymbol{r})$ betrachten:

$$U(\boldsymbol{r}_1, \ldots, \boldsymbol{r}_N) = \sum_{\nu=1}^{N} q_\nu\, \Phi(\boldsymbol{r}_\nu) + \sum_{\nu=2}^{N}\sum_{\mu=1}^{\nu-1} \frac{q_\nu\, q_\mu}{|\boldsymbol{r}_\nu - \boldsymbol{r}_\mu|} \tag{4.36}$$

Hierbei sind magnetische Kräfte nicht berücksichtigt. Dies kann ein gute Näherung sein, da magnetische Kräfte relativ zu den Coulombkräften von der Größe $v_\nu v_\mu / c^2$ sind (v_ν und v_μ bezeichnen die Geschwindigkeiten der Teilchen, und c ist die Lichtgeschwindigkeit).

Aufgaben

4.1 Potenzial für Coulombkraft

Wir betrachten Teilchen mit den Ladungen q_ν. Die Kraft, die das Teilchen μ auf das Teilchen ν ausübt, ist

$$\boldsymbol{F}_{\nu\mu} = \frac{q_\nu\, q_\mu\, (\boldsymbol{r}_\nu - \boldsymbol{r}_\mu)}{|\boldsymbol{r}_\nu - \boldsymbol{r}_\mu|^3}$$

Zeigen Sie $\operatorname{rot}_\nu \boldsymbol{F}_{\nu\mu} = 0$. Bestimmen Sie den zugehörigen Potenzialbeitrag $U_{\nu\mu}$.

5 Inertialsysteme

Newtons 1. Axiom führt die Inertialsysteme (IS) als bevorzugte Bezugssysteme ein; die Gültigkeit des zentralen 2. Axioms ist ausdrücklich auf IS beschränkt. Wir diskutieren die Auszeichnung der IS und die Gleichwertigkeit verschiedener IS. Die Galileitransformationen führen von einem IS zu einem anderen IS′. Im nächsten Kapitel untersuchen wir die Modifikationen, die sich für Nicht-Inertialsysteme ergeben.

Bezugssysteme (BS) können durch das Labor eines Experimentators realisiert werden; wir werden etwa einen Laborraum auf der Erde, ein Satellitenlabor oder ein Karussell betrachten. Um Raumpunkte in dem Bezugssystem zu benennen, führt man Koordinaten ein. Verschiedene Zeitpunkte werden durch eine Zeitkoordinate t benannt; dies könnte die Zeit sein, die eine bestimmte Uhr anzeigt. Ein BS mit bestimmten Orts- und Zeitkoordinaten nennen wir Koordinatensystem (KS).

Newtons Axiome gelten in den BS, die bezüglich des Fixsternhimmels ruhen, oder die sich relativ dazu mit konstanter Geschwindigkeit bewegen. Diese BS werden Inertialsysteme (IS) genannt. Für diese Systeme gilt das *Relativitätsprinzip* von Galilei: *Alle IS sind gleichwertig*. Dies bedeutet, dass physikalische Vorgänge in allen IS in gleicher Weise ablaufen. Formal heißt das, dass die grundlegenden Gesetze in allen IS die gleiche Form haben. In Nicht-IS haben die grundlegenden Gesetze dagegen eine andere Form; die Bewegungsgleichungen für Massenpunkte werden durch Trägheitskräfte modifiziert (Kapitel 6).

Zum Zusammenhang zwischen den Inertialsystemen und dem Fixsternhimmel mache man folgendes Experiment: Am Abend schaue man mit locker entspannten Armen die Sterne an. Dann drehe man sich um die eigene Achse, vollführe also eine Pirouette. Dies führt zu folgenden experimentellen Feststellungen:

1. Es gibt ein bevorzugtes BS, in dem die Arme locker nach unten hängen und in dem der Versuchsperson nicht schwindlig wird. Dieses BS ist damit experimentell gegenüber den rotierenden BS ausgezeichnet.

2. Im bevorzugten BS ruhen die Sterne.

Aus der zweiten Feststellung ergibt sich die Frage, ob die Sterne *zufällig* in dem bevorzugten BS ruhen, oder ob nicht vielmehr die Sterne dieses bevorzugte BS (also das IS) bestimmen. Die Behauptung, dass die Massenverteilung im Universum die Inertialsysteme festlegt, heißt *Mach-Prinzip*. Dieser Zusammenhang kann im Rahmen der Allgemeinen Relativitätstheorie untersucht werden.

Galileitransformation

Newtons Axiome sind im Sinn von Galilei relativistische Gesetze; sie haben in allen IS dieselbe Form. Hieraus bestimmen wir die Transformationen zwischen verschiedenen IS.

Wir betrachten ein IS mit den kartesischen Koordinaten x_1, x_2, x_3 und der Zeitkoordinate t. Einen Punkt in diesem KS bezeichnen wir als *Ereignis*:

$$\text{Ereignis:} \quad (x_1,\ x_2,\ x_3,\ t) \tag{5.1}$$

Konkret kann ein Ereignis dadurch gegeben sein, dass zu einer bestimmten Zeit an einer bestimmten Stelle etwas passiert, zum Beispiel der Zusammenstoß zweier punktförmiger Teilchen. Koordinatensysteme haben den Zweck, Ereignissen Namen zu geben; der Name besteht aus konkreten Koordinatenwerten.

In einem anderen IS′ hat dasselbe Ereignis andere Koordinatenwerte x_1', x_2', x_3' und t'. Da es sich um dasselbe Ereignis handelt, müssen die gestrichenen und die ungestrichenen Koordinaten in bestimmter Weise zusammenhängen. Dieser Zusammenhang ist die gesuchte Galileitransformation.

In der Newtonschen Mechanik geht man davon aus, dass die von einer Uhr angezeigte Zeit unabhängig von deren Bewegung ist. Dies wird durch die Beobachtung bestätigt – allerdings nur für Geschwindigkeiten, die klein gegenüber der Lichtgeschwindigkeit sind. Dann kann man in beliebigen BS dieselbe (absolute) Zeit verwenden, also insbesondere auch $t' = t$ für IS und IS′. Lässt man verschiedene Zeitnullpunkte zu, dann wird dies zu

$$t' = t - t_0 \tag{5.2}$$

Eine konstante Verschiebung um t_0 ist wegen $dt' = dt$ ohne Einfluss auf Newtons Axiome.

Eine Bahnkurve $x_1(t),\ x_2(t),\ x_3(t)$ ist eine Folge von Ereignissen; zu jeder Zeit t befindet sich der betrachtete Massenpunkt an einem bestimmten Ort (x_1, x_2, x_3). Beim Übergang von IS zu IS′ wird das Ereignis (x_i, t) zu (x_i', t') und entsprechend die Bahnkurve $x_i(t)$ zu $x_i'(t')$; dabei steht i für 1, 2 und 3. Wir untersuchen diese Transformation für das 1. Axiom,

$$m\,\ddot{x}_i(t) = 0 \qquad \text{in IS} \tag{5.3}$$

Wir betrachten dazu ein Bezugssystem KS′ (Abbildung 5.1), dessen Ursprung bei $\boldsymbol{d}(t) = \sum d_i(t)\,\boldsymbol{e}_i$ liegt. Die Achsen von IS und KS′ seien parallel; beide Systeme haben die gleichen Basisvektoren $\boldsymbol{e}_i$. Ob KS′ ein Inertialsystem ist, wird von $\boldsymbol{d}(t)$ abhängen; wir lassen dies zunächst offen. Der Ortsvektor eines bestimmten Massenpunkts P sei $\boldsymbol{r} = \sum x_i\,\boldsymbol{e}_i$ in IS und $\boldsymbol{r}' = \sum x_i'\,\boldsymbol{e}_i$ in KS′. Es gilt

$$\boldsymbol{r}(t) = \boldsymbol{r}'(t) + \boldsymbol{d}(t) \quad \text{oder} \quad x_i(t) = x_i'(t) + d_i(t) \tag{5.4}$$

Wir setzen dies in die gültige Gleichung (5.3) ein:

$$m\,\ddot{x}_i'(t) = -m\,\ddot{d}_i(t) \qquad \text{in KS}' \tag{5.5}$$

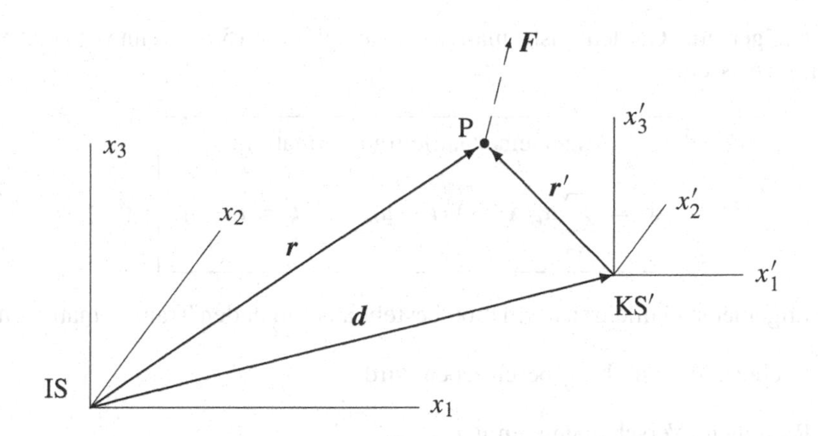

Abbildung 5.1 Es werden ein IS und ein anderes Bezugssystem KS′ betrachtet, deren Ursprünge durch den zeitabhängigen Vektor $\boldsymbol{d}(t)$ verbunden sind. Gesucht ist die Transformation für die Bahnkurve eines Massenpunkts P.

Nun ist KS′ genau dann ein IS′, wenn (5.5) wieder die Form des 1. Newtonschen Axioms hat, also

$$m\,\ddot{x}_i'(t') = 0 \qquad \text{in IS}' \tag{5.6}$$

Wegen $dt = dt'$ konnten wir t' durch t ersetzen. Damit (5.5) und (5.6) übereinstimmen, muss

$$\ddot{d}_i(t) = 0\,, \qquad \text{also} \quad d_i(t) = v_i\,t + a_i \tag{5.7}$$

gelten. Dies bedeutet, dass sich IS′ gegenüber IS mit *konstanter* Geschwindigkeit $\boldsymbol{v} = \sum v_i\,\boldsymbol{e}_i$ bewegen kann; darüberhinaus kann IS′ noch um einen konstanten Vektor $\boldsymbol{a} = \sum a_i\,\boldsymbol{e}_i$ verschoben sein. Aus (5.2), (5.4) und (5.7) folgt für die Transformation zwischen IS und IS′:

$$x_i' = x_i - v_i\,t - a_i\,, \qquad t' = t - t_0 \tag{5.8}$$

Dies ist eine *Galileitransformation.* Die Anwendung einer solchen Transformation auf (5.3) führt zur gleichen Form (5.6); das Bewegungsgesetz ist *forminvariant* oder *kovariant* unter Galileitransformationen. Galileis Relativitätsprinzip postuliert diese Kovarianz für alle grundlegenden Gesetze.

Wir haben bisher eine beliebige Bewegung des Ursprungs von KS′ betrachtet (Abbildung 5.1). Darüberhinaus können die Achsen von KS′ noch gegenüber IS verdreht sein. Zeitabhängige Winkel zwischen den Koordinatenachsen von IS und KS′ würden aber zu Zusatztermen (Kapitel 6) führen; das heißt KS′ wäre kein IS. Zulässig ist daher nur eine relative Drehung der Koordinatenachsen um *konstante* Winkel. Eine solche Drehung wird durch die orthogonale Transformation $x_i' = \sum_j \alpha_{ij}\,x_j$ beschrieben (mit $\alpha\,\alpha^{\mathrm{T}} = 1$). Multipliziert man $m\,\ddot{x}_j = 0$ von links mit α_{ij} und summiert über j, so erhält man $m\,\ddot{x}_i' = 0$. Die Form des 1. Axioms bleibt erhalten; ein gedrehtes IS ist wieder ein IS.

Die allgemeine Galileitransformation erhalten wir aus (5.8), wenn wir noch eine Drehung zulassen:

Allgemeine Galileitransformation:

$$x_i' = \sum_{j=1}^{3} \alpha_{ij}\, x_j - v_i\, t - a_i\,, \qquad t' = t - t_0 \tag{5.9}$$

Diese allgemeine Galileitransformation besteht aus folgenden Transformationen:

1. Drehung, die durch α_{ij} beschrieben wird
2. Räumliche Verschiebung um $v_i\, t$
3. Räumliche Verschiebung um a_i
4. Zeitliche Verschiebung um t_0

Die Galileitransformation hängt damit von 10 Parametern ab: Die Drehung wird durch 3 Winkel (etwa durch die Eulerwinkel, siehe Teil V) festgelegt; dazu kommen die 7 Größen v_i, a_i und t_0. In diesem Zusammenhang sind die v_i Parameter der Transformation, nicht aber die Geschwindigkeit $\dot{x}_i$ des Teilchens

Zwei sukzessive Galileitransformationen von IS zu IS′ und von IS′ zu IS″ führen wieder zu einem Inertialsystem IS″, sie definieren eine neue Galileitransformation (von IS zu IS″). Zu jeder Transformation (von IS zu IS′) gibt es eine inverse Transformation (von IS′ zu IS); die triviale Transformation von IS zu IS ist ebenfalls eine Galileitransformation. Die Galileitransformationen bilden damit eine Gruppe, die *Galileigruppe* genannt wird.

Bei der Diskussion der Galileitransformation steht meist die Relativbewegung zwischen IS und IS′ im Vordergrund. Hierfür beschränkt man sich oft auf eine spezielle Galileitransformation, die von nur einem Parameter abhängt:

Spezielle Galileitransformation:

$$x' = x - v\,t, \quad y' = y, \quad z' = z, \quad t' = t \tag{5.10}$$

Wir untersuchen noch die Transformation der Geschwindigkeiten. Aus (5.9) folgt

$$dx_i' = \sum_{j=1}^{3} \alpha_{ij}\, dx_j - v_i\, dt\,, \qquad dt' = dt \tag{5.11}$$

Hieraus erhalten wir

$$\dot{x}_i'(t') = \frac{dx_i'}{dt'} = \frac{dx_i'}{dt} = \sum_{j=1}^{3} \alpha_{ij}\, \dot{x}_j(t) - v_i \tag{5.12}$$

Durch eine weitere Differenziation erhält man

$$\ddot{x}_j'(t') = \sum_{i=1}^{3} \alpha_{ij}\, \ddot{x}_i(t) \qquad (5.13)$$

Hieran kann man noch einmal nachprüfen, dass das 1. Axiom kovariant unter der allgemeinen Galileitransformation ist:

$$m\, \ddot{x}_i(t) = 0 \quad \overset{(5.13)}{\longleftrightarrow} \quad m\, \ddot{x}_j'(t') = 0 \qquad (5.14)$$

2. Axiom

Wir betrachten das Verhalten des 2. Axioms unter einer Galileitransformation. Mit der Schreibweise $\boldsymbol{F} = \sum_i F_i\, \boldsymbol{e}_i$ setzen wir (wie bereits bisher) voraus, dass die Kraft ein Vektor ist. Das bedeutet, dass sich die Komponenten F_i bei einer Drehung so wie die x_i transformieren, also $F_j' = \sum_j \alpha_{ji}\, F_i$. Wir multiplizieren daher beide Seiten des 2. Axioms $m\ddot{x}_i = F_i$ mit α_{ji} und summieren über i. Damit erhalten wir

$$m\, \ddot{x}_i(t) = F_i(x, \dot{x}, t) \quad \text{transformiert zu} \quad m\, \ddot{x}_j'(t') = F_j'(x', \dot{x}', t') \qquad (5.15)$$

Gleichzeitig führen wir die Galileitransformation in den Argumenten der Kraft durch; wir beschränken uns dabei auf die in (2.11) angegebenen (häufig vorkommenden) Argumente der Kraft. Konkret sind die ungestrichenen Argumente in $F_i(x, \dot{x}, t)$ gemäß (5.9) durch die gestrichenen zu ersetzen. Dabei stehen x für (x_1, x_2, x_3) und $\dot{x}$ für $(\dot{x}_1, \dot{x}_2, \dot{x}_3)$.

Der Strich bei F_j' bedeutet nun zweierlei: Zum einen beziehen sich die Komponenten dieser Kraft nun auf die gedrehten Koordinatenachsen. Zum anderen sind $F_i(...)$ und $F_i'(...)$ im Allgemeinen *verschiedene* Funktionen ihrer Argumente (wegen der Transformation eben dieser Argumente). Als einfaches Beispiel unterwerfen wir die Funktion $f(x) = x$ der speziellen Galileitransformation (5.10). Dann ist $f(x) = x = x' + v\,t = x' + v\,t' = g(x', t')$. Offensichtlich ist $f(x)$ eine andere Funktion der Argumente als $g(x', t')$, auch wenn $f = g$ gilt. Dieser Unterschied ist in (5.15) durch den (unscheinbaren) Strich nur angedeutet; denn – wie in der Physik üblich – führen wir keinen neuen Buchstaben ein. Die Kraft wird vielmehr immer durch den Buchstaben F (force) gekennzeichnet.

Nach der Galileitransformation haben die Newtonschen Axiome dieselbe Form (linker und rechter Teil von (5.15)); sie sind forminvariant oder *kovariant*. Unter bestimmten Umständen hängen die Kräfte F_i und F_i' aber darüberhinaus in derselben Weise von ihren Argumenten ab. Dann sind die Newtonschen Gesetze *invariant* unter Galileitransformationen. Wir erläutern diese Unterscheidung anhand von Beispielen.

Als erstes setzen wir eine Galileitransformation in die übliche Reibungskraft ein:

$$\boldsymbol{F}(\dot{\boldsymbol{r}}) = -\gamma\, \dot{\boldsymbol{r}} = -\gamma\, (\dot{\boldsymbol{r}}' + \boldsymbol{v}) = \boldsymbol{F}'(\dot{\boldsymbol{r}}') \qquad (5.16)$$

Die neue Kraft ist eine andere Funktion des Arguments als die alte; denn $\boldsymbol{F}'(\dot{\boldsymbol{r}}') \neq -\gamma\, \dot{\boldsymbol{r}}'$. Da $\boldsymbol{F}$ und $\boldsymbol{F}'$ unterschiedliche Funktionen sind, ist das Bewegungsgesetz nicht invariant unter Galileitransformationen. In diesem Fall sind die beiden Inertialsysteme nicht gleichwertig. Es gibt vielmehr ein bevorzugtes Inertialsystem, nämlich dasjenige, in dem das die Reibung verursachende Medium ruht (in diesem IS gilt dann $\boldsymbol{F} = -\gamma\, \dot{\boldsymbol{r}}$).

Andere Beispiele für nichtinvariante Kräfte sind orts- und zeitabhängige äußere Kräfte, denn sie ändern sich im Allgemeinen bei Orts- oder Zeitverschiebungen. Eine äußere Kraft kann auch eine Vorzugsrichtung haben (zum Beispiel das Schwerefeld an der Erdoberfläche), dann ist die Invarianz unter Drehungen verletzt.

Nun zu einem Beispiel mit einer invarianten Kraft. Ein Planet (Masse m_1) hat unter dem Einfluss der Sonne (Masse m_2) die Bewegungsgleichung

$$m_1\, \ddot{\boldsymbol{r}}_1 = -G\, m_1\, m_2\, \frac{\boldsymbol{r}_1 - \boldsymbol{r}_2}{|\boldsymbol{r}_1 - \boldsymbol{r}_2|^3} \tag{5.17}$$

Hieraus wird unter einer Galileitransformation (dabei ist (5.9) sowohl für $\boldsymbol{r}_1$ wie für $\boldsymbol{r}_2$ auszuführen):

$$m_1\, \ddot{\boldsymbol{r}}'_1 = -G\, m_1\, m_2\, \frac{\boldsymbol{r}'_1 - \boldsymbol{r}'_2}{|\boldsymbol{r}'_1 - \boldsymbol{r}'_2|^3} \tag{5.18}$$

Die räumlichen und zeitlichen Verschiebungen heben sich in den Differenzen auf der rechten Seite jeweils auf.

Man beachte, dass in jedem Fall $\boldsymbol{F} = \boldsymbol{F}'$ gilt. Dies folgt einfach daraus, dass wir eine Galileitransformation in die Gleichung $m\ddot{\boldsymbol{r}} = \boldsymbol{F}$ einsetzen, und dass für diese Transformation $\ddot{\boldsymbol{r}} = \ddot{\boldsymbol{r}}'$ gilt. Da die Kräfte jeweils von denselben Argumenttypen abhängen, nämlich $\boldsymbol{F}(\boldsymbol{r}, \dot{\boldsymbol{r}}, t)$ und $\boldsymbol{F}'(\boldsymbol{r}, \dot{\boldsymbol{r}}', t')$, sind die Bewegungsgleichungen immer kovariant (von derselben Form). Sie sind aber nur dann invariant, wenn $\boldsymbol{F}$ und $\boldsymbol{F}'$ darüberhinaus in derselben Weise von ihren Argumenten abhängen.

Passive und aktive Transformation

Die Galileitransformation kann (i) zwei Inertialsysteme oder (ii) zwei physikalische Systeme miteinander verbinden:

(i) *Passive Transformation*: Wir betrachten *ein* physikalisches System von *zwei* verschiedenen Bezugssystemen IS und IS′ aus. Die Vorgänge im System werden von den Experimentatoren in IS und IS′ durch Gesetze der gleichen Form beschrieben (*Kovarianz*, synonym zu Forminvarianz). So wenden beide Experimentatoren Newtons Axiome an; dabei verknüpft die Galileitransformation die Koordinaten, die ein bestimmtes Ereignis in IS und IS′ hat.

(ii) *Aktive Transformation*: Innerhalb *eines* Bezugssystems IS betrachten wir *zwei* physikalische Systeme, die durch eine Galileitransformation auseinander hervorgehen. Auch hier werden die Vorgänge in beiden Systemen durch Gesetze der gleichen Form beschrieben (Kovarianz). Die Vorgänge laufen in den beiden Systemen aber im Allgemeinen verschieden ab, da sich die äußeren Kräfte bei der Transformation ändern.

Speziell für *abgeschlossene* Systeme sind die Bewegungsgesetze nicht nur kovariant, sondern darüberhinaus *invariant* unter Galileitransformationen (nächster Abschnitt). In diesem Fall laufen die Vorgänge in beiden Systemen in gleicher Weise ab.

Das Einsetzen einer Galileitransformation in die Newtonschen Axiome ist zunächst ein formaler Schritt, der durch die Transformationsgleichungen (5.9) festgelegt ist. Dieser Schritt kann zwei ganz unterschiedliche Bedeutungen haben: Zum einen können zwei Beobachter (jeweils in IS oder IS$'$ ruhend) dasselbe physikalische System betrachten. Dann ist klar, dass sie denselben physikalischen Vorgang beschreiben, sie verwenden dazu lediglich unterschiedliche Koordinaten (die jeweiligen Standardkoordinaten von IS und IS$'$). Zum anderen kann ein IS-Beobachter zwei verschiedene physikalische Systeme betrachten, nämlich ein zunächst gegebenes, und dann dasjenige, das sich hieraus durch die (aktive) Galileitransformation (etwa durch Drehung oder Verschiebung) ergibt. Im Allgemeinen werden die physikalischen Vorgänge in den beiden Systemen unterschiedlich verlaufen. Verlaufen sie jedoch gleich, dann liegt eine Symmetrie (Invarianz unter der Galileitransformation) vor.

Wir haben die Galileitransformationen unter dem ersten (passiven) Gesichtspunkt eingeführt. Im Folgenden wird der zweite (aktive) Gesichtspunkt näher erläutert. Wir kennzeichnen eine aktive Transformation durch einen Stern als Index:

$$x_i \;\to\; x_i^* = \sum_{k=1}^{3} \alpha_{ik}\, x_k - v_i\, t - a_i, \qquad t \;\to\; t^* = t - t_0 \tag{5.19}$$

Hier sind x_i, t und x_i^*, t^* Koordinaten *im gleichen* IS; sie bezeichnen etwa die Position eines Massenpunkts und eines zweiten dazu verschobenen. Setzen wir nun die Transformation (5.10) in Newtons Axiome ein, so erhalten wir wie in (5.15) die Bewegungsgesetze für die beiden Massenpunkte:

$$m\, \ddot{x}_i(t) = F_i(x, \dot{x}, t) \quad \text{transformiert zu} \quad m\, \ddot{x}_i^*(t^*) = F_i^*(x^*, \dot{x}^*, t^*) \tag{5.20}$$

Die Bewegung verläuft in beiden Fällen nur dann in derselben Weise, wenn die Kräfte $F_i(x, \dot{x}, t)$ und $F_i^*(x^*, \dot{x}^*, t^*)$ in derselben Weise von ihren Argumenten abhängen. Wie die Diskussion im letzten Abschnitt zeigt, ist dies eine nichttriviale Bedingung. Sie ist zum Beispiel für Reibungskräfte nicht erfüllt, und im Allgemeinen auch nicht für äußere Kräfte. Die Bedingung gilt dagegen für die Gravitationskräfte in (5.17) und (5.18).

Invarianz der Newtonschen Axiome

Ein System ohne Wechselwirkung mit der Umgebung bezeichnen wir als *abgeschlossen*. Für ein abgeschlossenes System aus Massenpunkten (Kapitel 4) verschwinden die äußeren Kräfte. Die inneren Kräfte sollen konservativ sein und sich gemäß (4.30) durch Potenziale darstellen lassen. Dann sind die Kräfte von der Form

$$\boldsymbol{F}_\nu = - \sum_{\mu,\,\mu \neq \nu}^{N} \frac{\partial U_{\nu\mu}(|\boldsymbol{r}_\nu - \boldsymbol{r}_\mu|)}{\partial \boldsymbol{r}_\nu} \qquad (\nu = 1, 2, \ldots, N) \tag{5.21}$$

Der Abstand $|\boldsymbol{r}_\nu - \boldsymbol{r}_\mu|$ ist invariant unter den Verschiebungen und Drehungen einer Galileitransformation. Wegen

$$U(|\boldsymbol{r}_\nu^* - \boldsymbol{r}_\mu^*|) = U(|\boldsymbol{r}_\nu - \boldsymbol{r}_\mu|) \tag{5.22}$$

hängen dann $\boldsymbol{F}_\nu^*$ und $\boldsymbol{F}_\nu$ in derselben Weise von ihren Argumenten ab. Die Bewegungsgleichungen sind daher invariant, und die tatsächliche Bewegung verläuft in beiden Systemen in gleicher Weise.

Für abgeschlossene Systeme bedeutet die *Invarianz* der Bewegungsgleichungen unter Galileitransformationen, dass die Bewegung im verschobenen oder gedrehten System in gleicher Weise abläuft. So würde zum Beispiel unser Sonnensystem auch in einer Entfernung von 10^8 Lichtjahren in gleicher Weise funktionieren; dabei vernachlässigen wir äußere Kräfte wie das Gravitationsfeld unserer Galaxie (Milchstraße). Die Invarianz der Bewegungsgesetze bedeutet auch, dass unser Sonnensystem morgen oder in 10^8 Jahren genauso funktioniert, oder im gedrehten Zustand, oder mit einer beliebigen Geschwindigkeit relativ zum jetzigen Zustand. Die tatsächliche Bewegung hängt dabei von den jeweiligen Anfangsbedingungen ab. Die zeitliche Translationsinvarianz bedeutet nicht, dass die tatsächliche Bewegung unseres Sonnensystems in 10^8 Jahren überhaupt noch irgendeine Ähnlichkeit mit der jetzigen Situation hat. Es wird lediglich behauptet, dass alle Vorgänge in 10^8 Jahren bei gleichen Anfangsbedingungen so wie jetzt ablaufen würden.

Als Gegenbeispiel betrachten wir eine waagerechte Billardplatte und eine etwas gekippte Billardplatte. Diese beiden Systeme sind durch eine aktive Galileitransformation (Drehung) miteinander verbunden. Da es eine äußere Kraft (Schwerkraft) gibt, handelt es sich nicht um ein abgeschlossenes System. Für beide Systeme können aber Newtons Axiome verwendet werden (wegen der Kovarianz). Die tatsächliche Bewegung (das Billardspiel) läuft aber sehr unterschiedlich ab, weil das äußere Kraftfeld (Schwerefeld) nicht drehinvariant ist; die Kräfte in den beiden Systemen sind verschieden. Ein dreidimensionales Billard im Inneren eines Quaders im Weltraum ist dagegen *invariant* unter der Drehung; die tatsächliche Bewegung verläuft im gedrehten System genauso wie im nichtgedrehten.

Die hier diskutierte Unabhängigkeit vom Ort, der Orientierung, der Zeit und der Relativgeschwindigkeit sind Konsequenzen der Invarianz der Newtonschen Axiome (für abgeschlossene Systeme) unter allgemeinen Galileitransformationen. Es sei daran erinnert, dass diese Axiome nicht abgeleitet sondern lediglich postuliert wurden. Tatsächliche Beobachtungen stehen (von hohen Geschwindigkeiten abgesehen) in Übereinstimmung mit den Axiomen und der dadurch beschriebenen Unabhängigkeit von Ort, Orientierung, Zeit und Relativgeschwindigkeit.

Für die Untersuchung der Galileiinvarianz und ihre Konsequenzen (Erhaltungsgrößen) ist der noch einzuführende Lagrangeformalismus viel besser geeignet als die Newtonschen Bewegungsgleichungen. Die hier begonnene Diskussion der Galileiinvarianz und ihrer Konsequenzen (Erhaltungsgrößen) wird daher erst in Kapitel 11 fortgesetzt.

Gültigkeit der Galileitransformation

Eine Front einer elektromagnetischen Welle bewege sich in IS mit der Lichtgeschwindigkeit $\dot{x} = c$ in x-Richtung. Wir betrachten nun dieselbe Welle von IS′ aus. Nach der Galileitransformation hat die Wellenfront in IS′ eine andere Geschwindigkeit:

$$\frac{dx}{dt} = c \quad \xrightarrow[\text{Galileitransformation}]{x' = x - vt',\ t' = t} \quad \frac{dx'}{dt'} = c - v \tag{5.23}$$

Im Gegensatz hierzu ergeben die Maxwellgleichungen immer die Geschwindigkeit c für eine Wellenfront; denn dieses c ist ein Parameter der Maxwellgleichungen. Die Maxwellgleichungen sind daher nicht kovariant unter der Galileitransformation.

Aus diesen Feststellungen ergeben sich die folgenden beiden Möglichkeiten:

1. Die Maxwellgleichungen gelten nicht in allen IS. Sie sind nichtrelativistisch und damit keine grundlegenden Gleichungen im Sinn des Relativitätsprinzips von Galilei.

   Dies ist ein durchaus plausibler Standpunkt: So gibt es etwa für andere Wellen (wie Wasser- oder Schallwellen) ein bevorzugtes IS, nämlich das IS, in dem das wellentragende Medium (etwa Wasser oder Luft) ruht. Unter Schallgeschwindigkeit versteht man gerade die Ausbreitungsgeschwindigkeit in diesem bevorzugten IS. Maxwell selbst nahm die Existenz eines Mediums an, in dem sich Licht ausbreitet; dieses postulierte Medium wird Äther genannt. Die Maxwellgleichungen sollten dann nur in dem IS gelten, das relativ zum Äther ruht.

2. Die Maxwellgleichungen gelten in allen IS. Dann kann die Galileitransformation aber nicht die richtige Transformation zwischen verschiedenen IS sein.

   Gäbe es den Äther als lichttragendes Medium, so müssten sich je nach IS unterschiedliche Lichtgeschwindigkeiten messen lassen. Überraschenderweise misst man aber in verschiedenen IS die gleiche Lichtgeschwindigkeit c. Daher musste das Konzept des Äthers aufgegeben werden. Einstein formulierte das Relativitätsprinzip „Alle IS sind gleichwertig“ neu: Die grundlegenden Gesetze *inklusive* der Maxwellgleichungen sind von gleicher Form in allen IS. Danach können die Galileitransformationen nicht mehr die (exakt) richtigen Transformationen zwischen Inertialsystemen sein. Sie werden vielmehr durch die Lorentztransformationen (Teil IX) ersetzt. Dies impliziert dann auch, dass Newtons Axiome nicht exakt richtig sind. Die Galileitransformationen und Newtons Axiome bleiben jedoch im Grenzfall kleiner Geschwindigkeiten ($v \ll c$) gültig.

6 Beschleunigte Bezugssysteme

Die Inertialsysteme (IS) sind dadurch ausgezeichnet, dass in ihnen Newtons Axiome gelten. Nicht-Inertialsysteme sind Bezugssysteme (BS), die relativ zu einem IS beschleunigt sind. In beschleunigten Bezugssystemen gelten die Newtonschen Axiome nicht. Wir bestimmen die Zusatzterme in den Bewegungsgleichungen für ein linear beschleunigtes BS und ein rotierendes BS.

Linear beschleunigtes Bezugssystem

Wir beziehen uns wieder auf Abbildung 5.1 mit den beiden Bezugssystemen IS und KS′. Wir setzen gleichen Uhrengang ($t' = t$) in IS und KS′ voraus. Der Ursprung von KS′ sei jetzt relativ zu IS konstant ($\boldsymbol{a} = \text{const.}$) beschleunigt, also

$$\boldsymbol{d}(t) = \frac{\boldsymbol{a}\, t^2}{2} \tag{6.1}$$

Damit lautet die Transformation (5.4)

$$\boldsymbol{r}(t) = \boldsymbol{r}'(t) + \frac{\boldsymbol{a}\, t^2}{2} \tag{6.2}$$

Aus dem in IS gültigen 1. Axiom folgt die Bewegungsgleichung für ein kräftefreies Teilchen in KS′:

$$m\, \ddot{\boldsymbol{r}}(t) = 0 \quad \text{in IS} \qquad \stackrel{(6.2)}{\longrightarrow} \qquad m\, \ddot{\boldsymbol{r}}'(t') = -m\, \boldsymbol{a} \quad \text{in KS}' \tag{6.3}$$

Der Zusatzterm auf der rechten Seite bedeutet, dass Newtons 1. Axiom in KS′ nicht gilt. Dieser Zusatzterm entspricht einem konstanten Kraftfeld $\boldsymbol{F} = -m\, \boldsymbol{a}$, wenn wir die Bewegungsgleichung in KS′ mit der Form des 2. Axioms vergleichen. Da diese Kräfte ihren Ursprung in dem Trägheitsterm $m\, \ddot{\boldsymbol{r}}$ haben, heißen solche Kräfte *Trägheitskräfte*. Gelegentlich werden sie auch Scheinkräfte genannt, weil sie in IS nicht auftreten. Im beschleunigten System sind die Trägheitskräfte aber reale Kräfte; zum Beispiel spürt ein Passagier solche Kräfte, wenn sein Fahrzeug beschleunigt wird.

Es ist bemerkenswert, dass die Trägheitskräfte in gleicher Weise auftreten wie Gravitationskräfte. So gilt zum Beispiel für einen Massenpunkt im homogenen Schwerefeld an der Erdoberfläche

$$m\, \ddot{\boldsymbol{r}} = m\, \boldsymbol{g} \tag{6.4}$$

Die Transformation (6.2) führt zu

$$m\,\ddot{\boldsymbol{r}}' = m\,(\boldsymbol{g} - \boldsymbol{a}) \qquad \text{in KS}' \tag{6.5}$$

Falls wir einen *frei fallenden Fahrstuhl* als KS′ wählen, also $\boldsymbol{a} = \boldsymbol{g}$, so finden wir in KS′ die gleichen Bewegungsgleichungen wie ohne Gravitation in IS. Durch Übergang in ein frei fallendes BS werden die Gravitationskräfte also eliminiert. Voraussetzung hierfür ist, dass träge und schwere Masse gleich sind: Die *träge* Masse $m_{\rm t}$ ist die durch Newtons Axiome definierte Masse. Die *schwere* Masse $m_{\rm s}$ ist die Proportionalitätskonstante, die die Kraft auf einen Körper in einem Schwerefeld bestimmt. Daher lautet (6.4) zunächst

$$m_{\rm t}\,\ddot{\boldsymbol{r}} = m_{\rm s}\,\boldsymbol{g} \tag{6.6}$$

Eine Transformation in das System des frei fallenden Fahrstuhls ($\boldsymbol{a} = \boldsymbol{g}$) führt dann zu

$$m_{\rm t}\,\ddot{\boldsymbol{r}}' = (m_{\rm s} - m_{\rm t})\,\boldsymbol{g} \stackrel{!}{=} 0 \qquad \text{in KS}' \tag{6.7}$$

Die Möglichkeit der Elimination der Gravitationskräfte aus der Bewegungsgleichung beruht also auf der Gleichheit von träger und schwerer Masse. Die schwere Masse könnte, wie etwa die Ladung, eine von der trägen Masse unabhängige Eigenschaft sein. Experimentell stellt man jedoch fest, dass beide Massen immer zueinander proportional sind; bei geeignetem Maßsystem sind sie dann gleich. Dies wurde in (6.4) stillschweigend vorausgesetzt.

Das Einsteinsche Äquivalenzprinzip geht von der Gleichheit der trägen und schweren Masse, und in der Folge von der Äquivalenz von Trägheits- und Gravitationskräften aus. Hieraus entwickelte Einstein eine relativistische Theorie der Gravitation, die *Allgemeine Relativitätstheorie*. Der prinzipielle Gedankengang ist folgender: In einem lokalen, frei fallenden BS laufen *alle* Vorgänge (nicht nur die mechanischen) so ab wie bei Abwesenheit von Gravitation. Ein solches BS kann etwa durch ein Satellitenlabor realisiert werden. In diesem Satellitenlabor gelten dann die bekannten Gesetze *ohne* Gravitation, insbesondere die Gesetze der Speziellen Relativitätstheorie (Teil IX). Die relativistischen Gesetze *mit* Gravitation erhält man nun durch die Transformation vom Satellitenlabor zum betrachteten BS, etwa dem Labor auf der Erde. Die Transformation zwischen diesen beiden BS ist eine Transformation zwischen relativ zueinander beschleunigten Systemen. Ausgehend von einem Gesetz ohne Gravitation (wie $m\,\ddot{\boldsymbol{r}}' = 0$, (6.7)) gelangt man durch die Transformation zu dem entsprechenden Gesetz mit Gravitation (wie $m\ddot{\boldsymbol{r}} = m\,\boldsymbol{g}$, (6.4)). Im Unterschied zu den hier betrachteten Gleichungen sind die Beschleunigungen im realen Gravitationsfeld ortsabhängig; verschiedene Satellitenlabors haben unterschiedliche Beschleunigungen relativ zu einem Punkt auf der Erde. Außerdem werden relativistische Gleichungen betrachtet.

Rotierendes Bezugssystem

Von besonderem Interesse sind rotierende Bezugssysteme, zum einen weil die Erde selbst ein solches BS darstellt, zum anderen weil es bei der Behandlung der Kreiselbewegung (Teil V) benutzt wird. In Abbildung 6.1 ist ein rotierendes KS′ mit den Koordinaten x', y', z' skizziert, das gegenüber einem IS (Koordinaten x, y, z) mit der Winkelgeschwindigkeit

$$\boldsymbol{\omega} = \frac{d\boldsymbol{\varphi}}{dt} \tag{6.8}$$

rotiert. Die Vektoren $\boldsymbol{\omega}$ und $d\boldsymbol{\varphi}$ zeigen in Richtung der Drehachse; $|d\boldsymbol{\varphi}|$ ist der Winkel, um den KS′ während dt gedreht wird.

Wir betrachten zunächst einen Vektor $\boldsymbol{G}$, der von KS′ aus gesehen zeitunabhängig ist; in KS′ hat der Vektor eine konstante Länge und bildet konstante Winkel mit den Koordinatenachsen. Aus Abbildung 6.1 sehen wir, dass für die Änderung dieses Vektors aufgrund der Rotation (Index „rot") von KS′ gilt: $|d\boldsymbol{G}_{\text{rot}}| = |\boldsymbol{G}|\,|d\boldsymbol{\varphi}|\,\sin\theta$, $d\boldsymbol{G}_{\text{rot}} \perp \boldsymbol{\omega}$ und $d\boldsymbol{G}_{\text{rot}} \perp \boldsymbol{G}$. Hieraus folgt

$$d\boldsymbol{G}_{\text{rot}} = d\boldsymbol{\varphi} \times \boldsymbol{G} = (\boldsymbol{\omega}\,dt) \times \boldsymbol{G} \tag{6.9}$$

Wir betrachten nun einen beliebigen Vektor $\boldsymbol{G}(t)$. In KS′ ändere er sich während dt um $d\boldsymbol{G}_{\text{KS}'}$. Dann ist die Änderung von $\boldsymbol{G}$ in IS gleich

$$d\boldsymbol{G}_{\text{IS}} = d\boldsymbol{G}_{\text{KS}'} + d\boldsymbol{G}_{\text{rot}} \tag{6.10}$$

Hieraus erhalten wir für die Zeitableitung von $\boldsymbol{G}$ die Beziehung

$$\left(\frac{d\boldsymbol{G}}{dt}\right)_{\text{IS}} = \left(\frac{d\boldsymbol{G}}{dt}\right)_{\text{KS}'} + \boldsymbol{\omega} \times \boldsymbol{G} \tag{6.11}$$

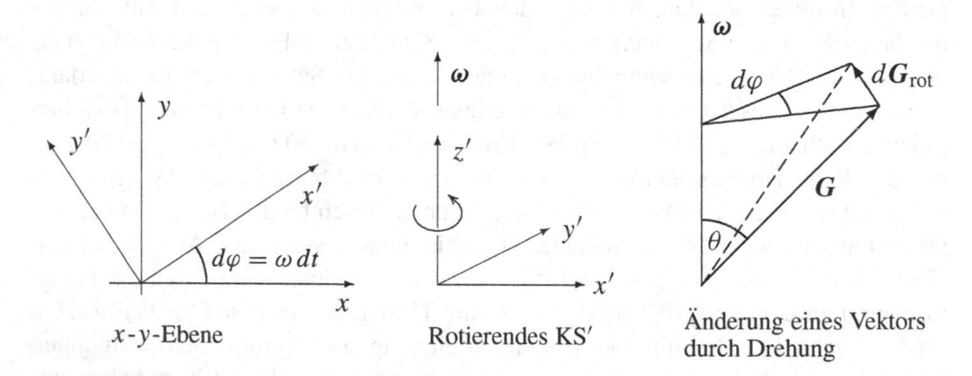

Abbildung 6.1 Es wird ein rotierendes KS′ betrachtet, das sich gegenüber einem IS mit der Winkelgeschwindigkeit ω um die z-Achse dreht. Im rechten Teil ist die Änderung eines Vektors bei einer infinitesimalen Drehung dargestellt.

Ort und Geschwindigkeit

Der Ortsvektor eines Massenpunkts kann nach den Basisvektoren $\boldsymbol{e}_i$ von IS oder den Basisvektoren $\boldsymbol{e}'_i(t)$ des rotierenden KS′ entwickelt werden:

$$\boldsymbol{r} = \sum_{i=1}^{3} x_i(t)\, \boldsymbol{e}_i = \sum_{i=1}^{3} x'_i(t)\, \boldsymbol{e}'_i(t) = \boldsymbol{r}' \tag{6.12}$$

Da IS und KS′ denselben Ursprung haben, gilt $\boldsymbol{r} = \boldsymbol{r}'$. Die angegebene Zeitabhängigkeit bezieht sich auf das Inertialsystem. Die Basisvektoren $\boldsymbol{e}'_i(t)$ von KS′ hängen daher von t ab, die Basisvektoren $\boldsymbol{e}_i$ von IS dagegen nicht.

Wir berechnen nun die Geschwindigkeit:

$$\dot{\boldsymbol{r}} = \frac{d\boldsymbol{r}}{dt} = \sum_{i=1}^{3} \frac{dx'_i}{dt}\, \boldsymbol{e}'_i + \sum_{i=1}^{3} x'_i\, \frac{d\boldsymbol{e}'_i}{dt} = \dot{\boldsymbol{r}}' + \boldsymbol{\omega} \times \boldsymbol{r}' \tag{6.13}$$

Der erste Term

$$\dot{\boldsymbol{r}}' = \sum_{i=1}^{3} \frac{dx'_i}{dt}\, \boldsymbol{e}'_i \tag{6.14}$$

ist die Änderung des Ortsvektors relativ zu KS′, also gleich $(d\boldsymbol{r}/dt)_{\text{KS}'}$. Im zweiten Term wurde $(d\boldsymbol{e}'_i/dt) = (d\boldsymbol{e}'_i/dt)_{\text{rot}} = \boldsymbol{\omega} \times \boldsymbol{e}'_i$ verwendet. Die beiden Terme in (6.13) entsprechen denen in (6.11).

Bewegungsgleichung

Wir bestimmen die Bewegungsgleichung eines kräftefreien Massenpunkts in KS′. Dabei beschränken wir uns auf eine Rotation mit konstanter Winkelgeschwindigkeit

$$\boldsymbol{\omega} = \text{const.} \tag{6.15}$$

Wir setzen voraus, dass die Uhren in IS und KS′ gleich gehen, also $t' = t$.

Wir wenden nun (6.11) auf den Geschwindigkeitsvektor an, also auf $\dot{\boldsymbol{r}} = \dot{\boldsymbol{r}}' + \boldsymbol{\omega} \times \boldsymbol{r}'$:

$$\left(\frac{d\dot{\boldsymbol{r}}}{dt}\right)_{\text{IS}} = \left(\frac{d(\dot{\boldsymbol{r}}' + \boldsymbol{\omega} \times \boldsymbol{r}')}{dt}\right)_{\text{KS}'} + \boldsymbol{\omega} \times \big(\dot{\boldsymbol{r}}' + \boldsymbol{\omega} \times \boldsymbol{r}'\big) \tag{6.16}$$

Analog zur Notation (6.14) führen wir die Beschleunigung in KS′ ein:

$$\ddot{\boldsymbol{r}}' = \sum_{i=1}^{3} \frac{d^2 x'_i}{dt^2}\, \boldsymbol{e}'_i = \sum_{i=1}^{3} \frac{d^2 x'_i}{dt'^2}\, \boldsymbol{e}'_i \tag{6.17}$$

Damit wird (6.16) zu

$$\ddot{\boldsymbol{r}} = \ddot{\boldsymbol{r}}' + 2\,(\boldsymbol{\omega} \times \dot{\boldsymbol{r}}') + \boldsymbol{\omega} \times (\boldsymbol{\omega} \times \boldsymbol{r}') \tag{6.18}$$

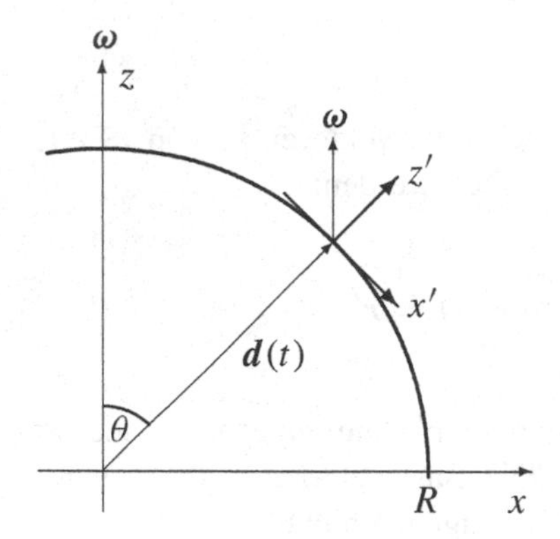

Abbildung 6.2 Die Erde (Zentrum bei $x = y = z = 0$) dreht sich mit der Winkelgeschwindigkeit $\boldsymbol{\omega}$ um die z-Achse. Der Kreis mit dem Radius R deutet die Erdoberfläche an. Ein Laborsystem auf der Erdoberfläche ist ein beschleunigtes Bezugssystem KS′ mit den Koordinaten x', y', z'; die x'-Achse zeige nach Süden. Der Ursprung von KS′ bewegt sich auf einem Kreis mit dem Radius $R \sin\theta$ um die z-Achse. Außerdem rotiert KS′ mit der Winkelgeschwindigkeit $\boldsymbol{\omega}$.

Für ein kräftefreies Teilchen gilt im IS das 1. Axiom

$$m\ddot{\boldsymbol{r}} = \left(\frac{d^2\boldsymbol{r}}{dt^2}\right)_{\text{IS}} = 0 \qquad \text{in IS} \tag{6.19}$$

Aus den letzten beiden Gleichungen folgt

Kräftefreies Teilchen im rotierenden System:

$$m\ddot{\boldsymbol{r}}' = -2m\left(\boldsymbol{\omega}\times\dot{\boldsymbol{r}}'\right) - m\,\boldsymbol{\omega}\times\left(\boldsymbol{\omega}\times\boldsymbol{r}'\right) \tag{6.20}$$

Die Trägheitskräfte auf der rechten Seite werden als *Corioliskraft* und *Zentrifugalkraft* bezeichnet. Die Corioliskraft ist proportional zu ω und zur Geschwindigkeit des betrachteten Massenpunkts. Sie steht senkrecht zur Bewegungsrichtung; auf einem Karussell ist es schwierig, geradeaus zu gehen. Die Zentrifugalkraft ist proportional zu ω^2 und zum Abstand des Massenpunkts von der Drehachse. Sie zeigt von der Drehachse weg; auf einem schnell rotierenden Karussell muss man sich festhalten, um nicht nach außen wegzugleiten.

Wenn man die Transformation (6.18) in das 2. Axiom einsetzt, dann treten die Corioliskraft und Zentrifugalkraft zu den Kräften auf der rechten Seite hinzu. Aus der gültigen Gleichung (2. Axiom) in IS erhält man so die gültige Gleichung im beschleunigten System. Die neue Gleichung wird nicht als 2. Axiom bezeichnet; denn für die Kraft $\boldsymbol{F}$ auf der rechten Seite von (2.2) sind keine Beschleunigungskräfte zugelassen.

Labor auf der Erde

Ein Labor auf der Erdoberfläche ist ein beschleunigtes Bezugssystem KS′, Abbildung 6.2. Der Schwerpunkt der Erde sei der Ursprung eines (näherungsweisen) Inertialsystems. Den Vektor vom Ursprung dieses IS zum Ursprung von KS′ bezeichnen wir mit $\boldsymbol{d}(t)$. Aufgrund der Erdrotation bewegt sich der Ursprung von KS′ auf einem Kreis senkrecht zu $\boldsymbol{\omega}$ mit dem Radius $R\sin\theta$. Die Zentrifugalkraft zeigt dann in Richtung $\boldsymbol{e}_x = \boldsymbol{e}_{x'} \cos\theta + \boldsymbol{e}_{z'} \sin\theta$ (senkrecht zur Drehachse $\boldsymbol{\omega}$, siehe Abbildung 6.2), und die Beschleunigung zeigt damit in Richtung $-\boldsymbol{e}_x$. Der Betrag der Beschleunigung ist $\omega^2 R \sin\theta$. Damit erhalten wir

$$\ddot{\boldsymbol{d}}(t) = -\,\omega^2 R \sin\theta \left(\boldsymbol{e}'_x \cos\theta + \boldsymbol{e}'_z \sin\theta\right) \tag{6.21}$$

Zusätzlich zur dieser Kreisbewegung dreht sich KS′ um eine Achse parallel zu $\boldsymbol{\omega}$ durch seinen Ursprung, und zwar genau um eine volle Drehung, wenn die Erde sich einmal um sich selbst dreht. Die Winkelgeschwindigkeit von KS′ ist also gleich derjenigen der Erde, $\boldsymbol{\omega} = \omega\, \boldsymbol{e}_z$. Die Kombination der auftretenden Trägheitskräfte ergibt

$$m\,\ddot{\boldsymbol{r}}' = \boldsymbol{F}' + m\,\boldsymbol{g}_{\mathrm{S}} - m\,\ddot{\boldsymbol{d}} - 2m\left(\boldsymbol{\omega} \times \dot{\boldsymbol{r}}'\right) - m\,\boldsymbol{\omega} \times \left(\boldsymbol{\omega} \times \boldsymbol{r}'\right) \tag{6.22}$$

Die Nicht-Trägheitskräfte bestehen aus der Schwerkraft $m\,\boldsymbol{g}_{\mathrm{S}}$ und sonstigen Kräften $\boldsymbol{F}'$. Die Bewegung von KS′ wurde aufgeteilt in eine Kreisbewegung des Ursprungs plus einer Drehung. Dadurch wurde die Zentrifugalkraft in die Terme $-m\,\ddot{\boldsymbol{d}}$ und $-m\,\boldsymbol{\omega} \times (\boldsymbol{\omega} \times \boldsymbol{r}')$ aufgeteilt. Für $\theta = \pi/2$ ergibt der erste Term das vertraute Resultat $m\,\omega^2 R\, \boldsymbol{e}'_z$. Für lokale Vorgänge (in der Nähe des Ursprungs von KS′) ist der zweite Term dann relativ klein.

Die Form eines rotierenden Flüssigkeitsballs stellt sich unter der Wirkung der Gravitation $m\,\boldsymbol{g}_{\mathrm{S}}$ und der Zentrifugalkraft $-m\,\ddot{\boldsymbol{d}}$ gerade so ein, dass die Gesamtkraft $m\boldsymbol{g}_{\mathrm{S}} - m\,\ddot{\boldsymbol{d}}$ senkrecht zur Oberfläche steht. (Andernfalls gäbe es Restkräfte, die in Richtung einer Verschiebung an der Oberfläche wirken). Die Abplattung der Erde entspricht näherungsweise dieser Einstellung. Die resultierende Kraft steht daher senkrecht zur Erdoberfläche:

$$\boldsymbol{g}_{\mathrm{S}} - \ddot{\boldsymbol{d}} \;\approx\; -g\, \boldsymbol{e}'_z \tag{6.23}$$

Hierbei ist g die effektive (breitenabhängige) Erdbeschleunigung, und $\boldsymbol{e}'_z$ ist die Richtung des Lots auf die abgeplattete Erde. Da die Abplattung der Erde klein ist (der Zahlenwert ist in (23.17) angegeben), sind die Winkelabweichungen von der Kugelgestalt gering. Für die anderen Kräfte in (6.22) können wir diese Winkelkorrekturen vernachlässigen.

Die Zentrifugalkraft aufgrund der Erdrotation führt zu den Beiträgen $-m\ddot{\boldsymbol{d}}$ und $-m\,\boldsymbol{\omega} \times (\boldsymbol{\omega} \times \boldsymbol{r}')$. Der erste Beitrag wird in die effektive Erdbeschleunigung absorbiert, (6.23). Der zweite Beitrag kann wegen der relativ kleinen Winkelgeschwindigkeit $\omega = 2\pi/\mathrm{Tag}$ meist gegenüber der Corioliskraft in (6.22) vernachlässigt werden. Die formale Bedingung hierfür ist $\omega \ll v/\ell$, wobei $\ell \sim |\boldsymbol{r}'|$ und $v \sim |\dot{\boldsymbol{r}}'|$.

Mit den angegebenen Näherungen wird (6.22) zu

$$m\,\ddot{\boldsymbol{r}}' = \boldsymbol{F}' - m\,g\,\boldsymbol{e}'_z - 2m\left(\boldsymbol{\omega} \times \dot{\boldsymbol{r}}'\right) \tag{6.24}$$

Dabei ist $\boldsymbol{\omega} = \omega\,\boldsymbol{e}_z = \omega\,(\cos\theta\,\boldsymbol{e}'_z - \sin\theta\,\boldsymbol{e}'_x)$. Für horizontale Bewegung in der Nähe des Erdbodens ($z' \approx 0$), also etwa für Winde, erhalten wir hieraus

$$\begin{aligned} m\,\ddot{x}' &= F'_x + 2m\omega\,\dot{y}' \cos\theta \\ m\,\ddot{y}' &= F'_y - 2m\omega\,\dot{x}' \cos\theta \end{aligned} \tag{6.25}$$

Für $\theta < \pi/2$ führt eine Geschwindigkeit $\dot{x}' > 0$ zu einer Kraft in $-y'$-Richtung, und eine Geschwindigkeit $\dot{y}' > 0$ zu einer Kraft in x'-Richtung. Daher wird eine Bewegung auf der Nordhalbkugel ($\theta < \pi/2$) nach rechts abgelenkt. Für $\theta > \pi/2$ (Südhalbkugel) ist der Cosinus negativ und die Bewegung wird nach links abgelenkt. Ein Beispiel ist die Drehrichtung der Winde bei einem Tief (auf der Nordhalbkugel entgegen dem Uhrzeigersinn) oder einem Hoch (auf der Nordhalbkugel im Uhrzeigersinn).

Die Trägheitskräfte in (6.25) sind gerade die Corioliskräfte für eine Rotation um die z'-Achse mit der effektiven Frequenz

$$\boldsymbol{\omega}_{\text{eff}} = \omega \cos\theta \, \boldsymbol{e}'_z \tag{6.26}$$

Die Bewegung verläuft daher wie auf einem Karussell, das sich mit der Frequenz $\boldsymbol{\omega}_{\text{eff}}$ dreht; diese Frequenz hängt von der geographischen Breite $\pi/2 - \theta$ ab.

Die kleinen, horizontalen Auslenkungen eines (Foucault-) Pendels (Masse M, Länge L) können durch (6.25) beschrieben werden; dabei sind die rücktreibenden Kräfte $F'_x = -M\,g\,x'/L$ und $F'_y = -M\,g\,y'/L$. Wegen (6.26) dreht sich die Schwingungsebene des Foucaultschen Pendels mit $-\omega_{\text{eff}}$ relativ zum Erdboden.

Am Beispiel des Foucaultschen Pendels wird auch klar, dass die Beschreibung der Bewegung im beschleunigten System komplizierter ist. Im Inertialsystem ist die Schwingungsebene eines Foucaultschen Pendel am Nordpol einfach konstant, und die Erdoberfläche dreht sich relativ hierzu einmal im 24 Stunden. In KS$'$ müssen dagegen die Bewegungsgleichungen (6.25) gelöst werden, um die (an sich triviale) Drehung der Pendelebene (einmal in 24 Stunden) zu beschreiben.

Schlussbemerkung

Die Tatsache, dass Newtons Axiome nicht im beschleunigten BS gelten, schließt solche BS nicht aus. Es ist eine Frage der Zweckmäßigkeit, ob wir ein Problem in einem IS oder in einem anderen KS$'$ behandeln. Der Vorteil des IS liegt in der Einfachheit der Bewegungsgleichungen. Ein rotierendes BS kommt insbesondere dann in Frage, wenn es dem tatsächlichen Beobachtungssystem (etwa dem Labor auf rotierender Erde) entspricht, oder wenn andere Größen in ihm einfacher sind als im IS (wie der Trägheitstensor eines rotierenden Körpers, Teil V).

Aufgaben

6.1 Corioliskraft beim freien Fall

Auf einem Platz in Mitteleuropa (mit der geographischen Breite $\varphi_0 = 50^\circ$) steht ein Turm der Höhe $H = 200\,\mathrm{m}$. Der ebene Platz stelle die x'-y'-Ebene, der Turm die z'-Achse von KS′ dar. Wegen der Erddrehung ist KS′ ein rotierendes System (in dem die ω^2-Terme vernachlässigbar klein sind). Berechnen Sie in KS′, wieweit ein vom Turm frei fallender Körper (Anfangsgeschwindigkeit null) neben der Lotrechten aufschlägt. Verifizieren Sie das Ergebnis, indem Sie den freien Fall in einem Inertialsystem behandeln.

II Lagrangeformalismus

7 Lagrangegleichungen 1. Art

Der Lagrangeformalismus (Teil II) ist eine elegante und einfache Methode zur Aufstellung der Bewegungsgleichungen. In diesem Kapitel werden die Newtonschen Axiome zu den Lagrangegleichungen 1. Art verallgemeinert. Diese Verallgemeinerung ist notwendig, um Probleme mit Zwangsbedingungen behandeln zu können.

Zwangsbedingungen

Für viele Probleme sind Newtons Axiome nicht unmittelbar anwendbar. Als Beispiel betrachten wir das in Abbildung 7.1 skizzierte ebene Pendel. Der Massenpunkt wird durch einen Faden (oder eine Stange) der Länge l auf einer Kreisbahn gehalten. Die Beschränkung der Bahn $\boldsymbol{r}(t) := (x, y, z)$ kann durch folgende *Zwangsbedingungen* ausgedrückt werden:

$$z = 0, \qquad x^2 + y^2 - l^2 = 0 \tag{7.1}$$

Der Faden übt eine Kraft $\boldsymbol{Z}$ auf den Massenpunkt aus, die als *Zwangskraft* bezeichnet wird. Damit lautet Newtons 2. Axiom

$$m\,\ddot{\boldsymbol{r}} = \boldsymbol{F} + \boldsymbol{Z} \tag{7.2}$$

Das Problem besteht nun darin, dass wir zwar die Zwangsbedingung (7.1), nicht aber die Zwangskraft $\boldsymbol{Z}$ in (7.2) kennen. Die Zwangskraft kann im Allgemeinen auch nicht direkt angegeben werden, da sie von der tatsächlichen Bewegung abhängt.

In diesem Kapitel geben wir ein Verfahren an, durch das die Zwangskräfte bestimmt werden können. Dies führt zu den Lagrangegleichungen 1. Art. Ist man an den Zwangskräften selbst nicht interessiert, so kann man die Zwangsbedingungen durch Einführung geeigneter Koordinaten eliminieren; dies ergibt die Lagrangegleichungen 2. Art (Kapitel 9). Für das ebene Pendel ist der Winkel φ eine solche verallgemeinerte Koordinate; die Lagrangegleichungen 2. Art reduzieren sich dann auf eine Bewegungsgleichung für $\varphi(t)$.

T. Fließbach, *Mechanik*, https://doi.org/10.1007/978-3-662-61603-1_3

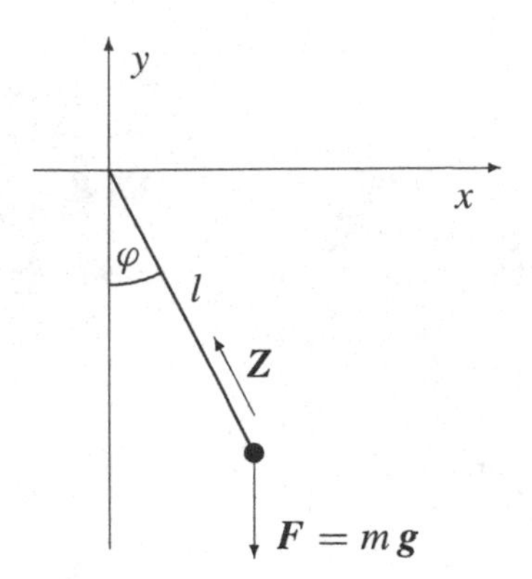

Abbildung 7.1 Das ebene Pendel: Auf die Masse m wirkt die Schwerkraft $\boldsymbol{F}$ und eine durch den Faden ausgeübte unbekannte Zwangskraft $\boldsymbol{Z}$.

Wir formulieren das durch (7.1) und (7.2) vorgestellte Problem zunächst etwas allgemeiner. Dazu schreiben wir die Zwangsbedingungen in der Form

$$g_1(\boldsymbol{r}, t) = 0\,, \quad g_2(\boldsymbol{r}, t) = 0 \qquad \text{(holonome Zwangsbedingung)} \tag{7.3}$$

Für ein Teilchen kann es eine oder zwei solche Bedingungen geben; drei unabhängige Bedingungen würden dagegen alle drei Koordinaten x, y und z festlegen, also keine Bewegung mehr erlauben. Geometrisch stellt eine Bedingung im Allgemeinen eine Fläche dar; man kann sich $g(x, y, z) = 0$ etwa nach $z = z_g(x, y)$ aufgelöst vorstellen. Ein einfaches Beispiel ist die Bewegung auf einem horizontalen Tisch, Abbildung 7.2. Hierfür lautet die Zwangsbedingung

$$g(\boldsymbol{r}, t) = z = 0 \tag{7.4}$$

Durch eine der Bedingungen (7.3) wird die Bewegung des Teilchens auf eine Fläche eingeschränkt. Zwei Bedingungen schränken die Bewegung dann auf den Schnitt von zwei Flächen, also auf eine Kurve ein. In (7.1) stellt $g_2 = z = 0$ eine Ebene (die Bildebene in Abbildung 7.1) dar, und $g_1 = x^2 + y^2 - l^2$ einen Kreiszylinder. Der Schnitt dieser beiden Flächen ist der Kreis in der Bildebene, auf dem sich die Masse bewegen kann.

Für mehrere Teilchen wird (7.3) zu

$$g_\alpha(\boldsymbol{r}_1, \boldsymbol{r}_2, \ldots, \boldsymbol{r}_N, t) = 0\,, \qquad (\alpha = 1, 2, \ldots, R) \tag{7.5}$$

Die mögliche Anzahl R der Bedingungen ist durch $R \leq 3N - 1$ begrenzt.

Zwangsbedingungen der Art (7.3) – (7.5) heißen *holonom*, alle anderen Bedingungen werden *nichtholonom* genannt. Eine nichtholonome Bedingung ist zum Beispiel die Bedingung $r \leq R$, die die Bewegung auf das Innere einer Kugel mit dem Radius R beschränkt. Auch eine Bedingung, die sich nur mit Hilfe der Geschwindigkeiten ausdrücken lässt, ist nichtholonom.

Wir betrachten im Folgenden nur holonome Bedingungen. Dabei wird in (7.3) zugelassen, dass die Zwangsbedingung explizit von der Zeit t abhängt. Zum Beispiel könnte die Fadenlänge des Pendels in Abbildung 7.1 zeitabhängig sein; dazu

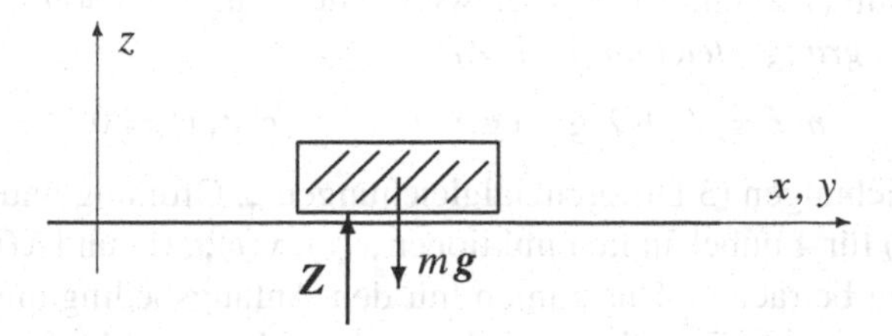

Abbildung 7.2 Ein einfaches Beispiel für eine Zwangsbedingung ist das Gleiten auf einem horizontalen Tisch. Da der betrachtete Körper keine Bewegung in z-Richtung ausführt, müssen die resultierenden Kräfte in diese Richtung verschwinden. Daher gilt für die Zwangskraft $\boldsymbol{Z} = -m\boldsymbol{g}$.

stelle man sich vor, dass der Faden bei $x = y = 0$ durch eine kleine Öse geführt werde. Wenn man dann in vorgegebener Weise auf der anderen Seite der Öse an dem Faden zieht, dann lautet die Zwangsbedingung

$$g(\boldsymbol{r}, t) = x^2 + y^2 - l(t)^2 = 0 \tag{7.6}$$

Die Richtung der Zwangskraft wird dabei nicht geändert; ein Faden kann ja nur in Zugrichtung Kräfte ausüben. Zeitabhängige Bedingungen heißen auch rheonom im Gegensatz zu skleronomen (zeitunabhängigen) Bedingungen.

Zwangskräfte

Am Beispiel des ebenen Pendels macht man sich leicht klar, dass die Zwangskraft von der tatsächlichen Bewegung abhängt: Sie muss zum einen die Komponente der Schwerkraft in Fadenrichtung kompensieren und zum anderen der Zentrifugalkraft ($ml\dot{\varphi}^2$) entgegenwirken. In besonders einfachen Fällen (wie in Abbildung 7.2) kann die Zwangskraft auch von der Bewegung unabhängig sein. In allen Fällen legt die Zwangsbedingung aber die *Richtung* der Zwangskraft fest. Indem wir dies ausnützen, gelangen wir zu einem Lösungsweg für (7.2) und verwandte Probleme.

Wenn ein Teilchen durch eine holonome Zwangsbedingung auf eine Fläche beschränkt wird, so bedeutet dies keine Einschränkung oder Beeinflussung für die Bewegung innerhalb der Fläche. Die Zwangskraft hat daher keine Komponente tangential zur Fläche, sie muss vielmehr orthogonal zur Fläche stehen:

$$g(\boldsymbol{r}, t) = 0 \quad \longrightarrow \quad \boldsymbol{Z} \parallel \operatorname{grad} g(\boldsymbol{r}, t) \tag{7.7}$$

Dies erlaubt folgenden Ansatz für die Zwangskraft

$$\boldsymbol{Z}(\boldsymbol{r}, t) = \lambda(t) \operatorname{grad} g(\boldsymbol{r}, t) \tag{7.8}$$

Dabei ist $\lambda(t)$ eine unbekannte Funktion, die wegen der Zeitabhängigkeit von $g(\boldsymbol{r}, t)$ und der Abhängigkeit von der tatsächlichen Bewegung von der Zeit abhängt.

Setzen wir (7.8) in (7.2) ein, so erhalten wir für den Fall einer holonomen Zwangsbedingung die *Lagrangegleichungen 1. Art*:

$$m\,\ddot{\boldsymbol{r}} = \boldsymbol{F} + \lambda\ \text{grad}\, g(\boldsymbol{r}, t)\,, \qquad g(\boldsymbol{r}, t) = 0 \tag{7.9}$$

Dies sind 4 Gleichungen (3 Differenzialgleichungen 2. Ordnung und eine algebraische Gleichung) für 4 unbekannte Funktionen $x(t)$, $y(t)$, $z(t)$ und $\lambda(t)$; die Kraft $\boldsymbol{F}$ wird als gegeben betrachtet. Zusammen mit den Anfangsbedingungen reichen sie aus, um die unbekannten Funktionen zu bestimmen. In Kapitel 8 wird ein systematisches Lösungsverfahren angegeben.

Wir betrachten nun zwei Bedingungen (7.3) für ein Teilchen. Wir setzen für jede Zwangsbedingung eine Zwangskraft der Form (7.8) an und addieren die beiden Kräfte:

$$\left.\begin{array}{l} g_1(\boldsymbol{r}, t) = 0 \\ g_2(\boldsymbol{r}, t) = 0 \end{array}\right\} \;\rightarrow\; \boldsymbol{Z}(\boldsymbol{r}, t) = \lambda_1(t)\ \text{grad}\, g_1(\boldsymbol{r}, t) + \lambda_2(t)\ \text{grad}\, g_2(\boldsymbol{r}, t) \tag{7.10}$$

Dabei sind $\lambda_1(t)$ und $\lambda_2(t)$ zwei unbekannte Funktionen. Die Begründung für diese Form der Zwangskraft ist folgende: Die beiden Zwangsbedingungen legen eine Kurve fest; die Bewegung des Teilchens ist also auf eine Kurve beschränkt. Dann wirkt die Zwangskraft nicht in Richtung der Kurve, also nicht in Richtung des Tangentenvektors an der betrachteten Stelle. Nun bilden grad g_1 und grad g_2 zwei unabhängige Basisvektoren, die senkrecht zur Kurve stehen; denn grad g_α steht senkrecht zur Fläche $g_\alpha = 0$, in der die Kurve liegt. Damit ist (7.10) ein allgemeiner Ansatz für eine beliebige Kraft, die senkrecht auf der Kurve steht. Mit (7.10) wird (7.2) zu den Lagrangegleichungen 1. Art:

$$m\,\ddot{\boldsymbol{r}} = \boldsymbol{F} + \sum_{\alpha=1}^{2} \lambda_\alpha(t)\ \text{grad}\, g_\alpha(\boldsymbol{r}, t)\,, \qquad g_\alpha(\boldsymbol{r}, t) = 0 \tag{7.11}$$

Dies sind 5 Gleichungen (3 Differenzialgleichungen 2. Ordnung und 2 algebraische Gleichungen) für 5 unbekannte Funktionen $x(t)$, $y(t)$, $z(t)$, $\lambda_1(t)$ und $\lambda_2(t)$.

Allgemeiner Fall

Wir schreiben die Lagrangegleichungen (7.11) für kartesische Koordinaten an, die wir mit $(x_1, x_2, x_3) = (x, y, z)$ durchnummerieren:

$$\begin{array}{c} m\,\ddot{x}_n = F_n + \displaystyle\sum_{\alpha=1}^{2} \lambda_\alpha(t)\, \frac{\partial g_\alpha(x_1, x_2, x_3, t)}{\partial x_n} \qquad (n = 1, 2, 3) \\ g_\alpha(x_1, x_2, x_3, t) = 0 \qquad (\alpha = 1, 2) \end{array} \tag{7.12}$$

Wir verallgemeinern dies auf den Fall von $\nu = 1, \ldots, N$ Teilchen, die den Zwangsbedingungen (7.5) unterliegen. Die kartesischen Koordinaten der N Teilchen bezeichnen wir mit

$$x_n = x_{3\nu+j-3} = \boldsymbol{r}_\nu \cdot \boldsymbol{e}_j \qquad (\nu = 1,\ldots, N, \quad j = 1, 2, 3, \quad n = 1,\ldots, 3N) \tag{7.13}$$

Damit wird zum Beispiel der Ortsvektor $\boldsymbol{r}_3$ des dritten Massenpunkts durch die Komponenten x_7, x_8 und x_9 dargestellt. Die Masse des ν-ten Massenpunkts tritt als Koeffizient von $\ddot{x}_n$ mit $n = 3\nu - 2, 3\nu - 1$ und 3ν auf; diese Masse bezeichnen wir daher mit $m_{3\nu-2} = m_{3\nu-1} = m_{3\nu}$. Damit lautet die Verallgemeinerung von (7.12)

Lagrangegleichungen 1.Art:

$$m_n \ddot{x}_n = F_n + \sum_{\alpha=1}^{R} \lambda_\alpha(t)\, \frac{\partial g_\alpha(x_1, ..., x_{3N}, t)}{\partial x_n} \qquad (n = 1, 2, ..., 3N) \tag{7.14}$$

$$g_\alpha(x_1, \ldots, x_{3N}, t) = 0 \qquad (\alpha = 1, 2, ..., R)$$

Dies sind $3N + R$ Gleichungen ($3N$ Differenzialgleichungen 2. Ordnung und R algebraische Gleichungen) für $3N + R$ unbekannte Funktionen $x_n(t)$ und $\lambda_\alpha(t)$. Die Kräfte F_n werden wie in Newtons 2. Axiom als gegeben angenommen. Die Form (7.14) setzt kartesische Koordinaten voraus. Für andere Koordinaten wäre die zugehörige Koordinatentransformation in (7.14) einzusetzen.

Wir diskutieren die Bedeutung der Verallgemeinerung (7.14) für zwei Teilchen und eine Zwangsbedingung $g(\boldsymbol{r}_1, \boldsymbol{r}_2, t) = 0$. Aus (7.14) folgen die auf die Teilchen 1 und 2 wirkenden Zwangskräfte $\boldsymbol{Z}_1$ und $\boldsymbol{Z}_2$:

$$\boldsymbol{Z}_1 = \lambda(t)\, \frac{\partial g(\boldsymbol{r}_1, \boldsymbol{r}_2, t)}{\partial \boldsymbol{r}_1}, \qquad \boldsymbol{Z}_2 = \lambda(t)\, \frac{\partial g(\boldsymbol{r}_1, \boldsymbol{r}_2, t)}{\partial \boldsymbol{r}_2} \tag{7.15}$$

Die partiellen Ableitungen sind wie in (4.20) definiert. Da es sich um *eine* Zwangsbedingung handelt, tritt nur eine einzige Funktion $\lambda(t)$ auf. Anschaulich wird dies anhand folgender Beispiele klar:

1. Die Zwangsbedingung hängt tatsächlich nur von einer Koordinate ab, etwa $g(\boldsymbol{r}_1, \boldsymbol{r}_2, t) = g(\boldsymbol{r}_1, t) = 0$. Dann ist $\boldsymbol{Z}_1 = \lambda(t)\, \text{grad}_1\, g(\boldsymbol{r}_1, t)$ (wie in (7.8)) und $\boldsymbol{Z}_2 = 0$.
2. Die Zwangsbedingung wirkt unmittelbar zwischen den beiden Teilchen. So könnte zum Beispiel durch

$$g(\boldsymbol{r}_1, \boldsymbol{r}_2, t) = g(|\boldsymbol{r}_1 - \boldsymbol{r}_2|) = |\boldsymbol{r}_1 - \boldsymbol{r}_2| - l = 0 \tag{7.16}$$

der Abstand der Teilchen festgelegt sein. Man betrachte dazu Abbildung 2.1 mit einer masselosen Stange zwischen den beiden Massenpunkten. In diesem Fall ist die Gleichheit der λ's wegen des 3. Axioms notwendig, denn

$$\boldsymbol{Z}_1 = -\boldsymbol{Z}_2 \ \text{ erfordert } \ \lambda_1 = \lambda_2 \ \text{ in } \ \boldsymbol{Z}_i = \lambda_i\, \text{grad}_i\, g \tag{7.17}$$

Wegen der Abhängigkeit von $|\boldsymbol{r}_1 - \boldsymbol{r}_2|$ sind die Gradienten entgegengesetzt gleich groß.

Die beiden Beispiele können mit der Aufteilung in äußere (erster Fall) und innere (zweiter Fall) Kräfte verglichen werden, die wir in Kapitel 4 eingeführt haben. Eine gegebene Zwangsbedingung kann aber auch eine Kombination dieser Fälle sein, denn die beiden Bedingungen $g_1 = 0$ und $g_2 = 0$ können immer durch zwei unabhängige Linearkombinationen $a\,g_1 + b\,g_2 = 0$ ersetzt werden. Dies ändert nichts am Satz der Gleichungen (7.14).

Die Form der Zwangskräfte wurde hier anhand von Beispielen plausibel gemacht. Die Lagrangegleichungen 1. Art stellen eine nichttriviale Verallgemeinerung der Newtonschen Axiome dar. Wie die Axiome selbst sind sie Grundgesetze, die nicht bewiesen, sondern nur verifiziert oder falsifiziert werden können.

D'Alembert-Prinzip

Unser Vorgehen weicht hier und in Kapitel 9 von dem in vergleichbaren Darstellungen ab; zur Orientierung des Lesers sei dies kurz erläutert. Üblicherweise werden zunächst „virtuelle Verrückungen" $\delta\boldsymbol{r}$ (oder allgemeiner $\delta\boldsymbol{r}_i$) eingeführt; dies sind infinitesimale Änderungen des Ortsvektors $\boldsymbol{r}$, die zu einem bestimmten Zeitpunkt mit den Zwangsbedingungen verträglich sind. Anstelle der Aussage $\boldsymbol{Z} \parallel \operatorname{grad} g$ tritt das „Prinzip der virtuellen Arbeit" $\boldsymbol{Z}\cdot\delta\boldsymbol{r} = 0$, oder allgemeiner $\sum \boldsymbol{Z}_i \cdot \delta\boldsymbol{r}_i = 0$. Die Projektion der Bewegungsgleichungen auf die virtuellen Verrückungen eliminiert die Zwangskräfte und führt so zum *d'Alembert-Prinzip* $\sum(m_i\,\ddot{\boldsymbol{r}}_i - \boldsymbol{F}_i)\cdot\delta\boldsymbol{r}_i = 0$. Aus diesem Prinzip können dann die Lagrangegleichungen 1. und 2. Art abgeleitet werden.

Diese Prinzipien (Prinzip der virtuellen Arbeit, d'Alembert-Prinzip) haben ihre besondere Bedeutung in der historischen Entwicklung der Mechanik. Die Verallgemeinerung der Newtonschen Axiome zu den Lagrangegleichungen kann jedoch (wie hier und in Kapitel 9) direkter und einfacher erfolgen.

Erhaltungsgrößen

Wir diskutieren die Frage der Impuls-, Drehimpuls- und Energieerhaltung im Fall von Zwangsbedingungen. Die möglichen Aussagen sind dadurch begrenzt, dass die Zwangskräfte zunächst meist unbekannt sind. Zwangsbedingungen verletzen zudem oft die den Erhaltungssätzen zugrundeliegenden Symmetrien (Kapitel 11).

Für einen Massenpunkt gelten

$$\frac{d}{dt}\,(m\,\dot{\boldsymbol{r}}) = \boldsymbol{F} + \boldsymbol{Z} \tag{7.18}$$

und

$$\frac{d\boldsymbol{\ell}}{dt} = \frac{d}{dt}\,(m\,\boldsymbol{r}\times\dot{\boldsymbol{r}}) = \boldsymbol{r}\times(\boldsymbol{F}+\boldsymbol{Z}) \tag{7.19}$$

Beim Verschwinden der rechten Seite führen diese Gleichungen zur Impuls- und Drehimpulserhaltung. So ist zum Beispiel für die Bewegung auf der horizontalen

Tischplatte wegen $\boldsymbol{Z} = -\boldsymbol{F}$ der Impuls erhalten. Wie in Kapitel 4 kann die Diskussion leicht auf ein System aus N Massenpunkten übertragen werden.

Zur Diskussion der Energieerhaltung multiplizieren wir die Bewegungsgleichungen in (7.14) mit $\dot{x}_n$ und summieren über n. Wir verwenden

$$\sum_{n=1}^{3N} m_n\, \ddot{x}_n\, \dot{x}_n = \frac{d}{dt} \sum_{n=1}^{3N} \frac{m_n}{2}\, \dot{x}_n^{\,2} = \frac{d}{dt}\, T \tag{7.20}$$

und setzen konservative Kräfte F_n voraus:

$$\sum_{n=1}^{3N} F_n\, \dot{x}_n = -\sum_{n=1}^{3N} \frac{\partial U}{\partial x_n}\, \dot{x}_n = -\frac{d}{dt}\, U(x_1, ..., x_{3N}) \tag{7.21}$$

Damit erhalten wir aus (7.14)

$$\frac{d}{dt}\,(T + U) = \sum_{\alpha=1}^{R} \sum_{n=1}^{3N} \lambda_\alpha\, \frac{\partial g_\alpha}{\partial x_n}\, \dot{x}_n \tag{7.22}$$

Die Lösung $x_n(t)$ muss die Zwangsbedingungen $g_\alpha(x_1, ..., x_{3N}, t) = 0$ erfüllen. Dann muss auch die totale Zeitableitung der Bedingung $g_\alpha = 0$ verschwinden:

$$\sum_{n=1}^{3N} \frac{\partial g_\alpha}{\partial x_n}\, \dot{x}_n + \frac{\partial g_\alpha}{\partial t} = 0 \tag{7.23}$$

Die Kombination der letzten beiden Gleichungen ergibt

$$\frac{d}{dt}\,\big(T + U\big) = -\sum_{\alpha=1}^{R} \lambda_\alpha\, \frac{\partial g_\alpha}{\partial t} \tag{7.24}$$

Damit gilt der Energiesatz in der Form:

$$\left.\begin{array}{l}\text{Kräfte konservativ und Zwangs-}\\ \text{bedingungen zeitunabhängig}\end{array}\right\} \longrightarrow\ T + U = \text{const.} \tag{7.25}$$

Für das ebene Pendel in Figur 7.1 gilt dieser Erhaltungssatz, weil die Schwerkraft konservativ ist und weil (7.1) nicht explizit von der Zeit abhängt. Würde man dagegen die Fadenlänge zeitabhängig ändern (7.6), so würde dies dem System von außen Energie zu- oder abführen; hierdurch kann man das Pendel etwa zu Schwingungen anregen.

8 Anwendungen I

Wir geben das allgemeine Verfahren zur Lösung der Lagrangegleichungen 1. Art an. Dieses Verfahren wird auf folgende Beispiele angewendet: Die schiefe Ebene, den Massenpunkt auf der rotierenden Stange und die Atwoodsche Fallmaschine.

Allgemeines Vorgehen

Die Lagrangegleichungen 1. Art lauten:

$$\begin{aligned} m_n\,\ddot{x}_n &= F_n + \sum_{\alpha=1}^{R} \lambda_\alpha\,\frac{\partial g_\alpha(x_1,\ldots,x_{3N},t)}{\partial x_n} \qquad (n = 1, 2, \ldots, 3N) \\ g_\alpha(x_1,\ldots,x_{3N},t) &= 0 \qquad (\alpha = 1, 2, \ldots, R) \end{aligned} \tag{8.1}$$

Ihre Anwendung auf konkrete Probleme kann man in folgende Schritte gliedern:

1. Formulierung der Zwangsbedingungen
2. Aufstellung der Lagrangegleichungen
3. Elimination der λ_α
4. Lösung der Bewegungsgleichungen
5. Bestimmung der Integrationskonstanten
6. Bestimmung der Zwangskräfte.

Hieran schließt sich eine eventuelle Diskussion der Lösung (graphische Darstellung der Lösung, physikalische Bedeutung der Zwangskräfte, Erhaltungsgrößen) an.

Die Punkte 1 und 2 wurden im letzten Kapitel in Beispielen und allgemein untersucht. Im dritten Schritt werden die λ_α als Funktion der (noch unbekannten) x_n und $\dot{x}_n$ ausgedrückt und in die Bewegungsgleichungen eingesetzt. Die resultierenden Bewegungsgleichungen sind dann zu lösen (Punkt 4 und 5). Die Zwangskräfte (Punkt 6) können aus den λ_α aus Punkt 3, den g_α und der tatsächlichen Lösung $x_n(t)$ bestimmt werden.

Das Verfahren zur Elimination der λ_α ist folgendes: Man bildet die zweifache totale Zeitableitung der Zwangsbedingungen:

$$\frac{d^2 g_\alpha}{dt^2} = 0 \quad \longrightarrow \quad \sum_{n=1}^{3N} \frac{\partial g_\alpha}{\partial x_n}\,\ddot{x}_n = G_\alpha(x, \dot{x}, t) \qquad (\alpha = 1, \ldots, R) \tag{8.2}$$

Wesentlich hieran ist, dass die zweiten Ableitungen $\ddot{x}_n$ nur linear vorkommen. Alle anderen Terme werden zu $G_\alpha(x, \dot{x}, t)$ zusammengefasst. Sie hängen nur von

$$x = (x_1, ..., x_{3N}), \qquad \dot{x} = (\dot{x}_1, ..., \dot{x}_{3N}) \tag{8.3}$$

und t ab; diese Kurznotation für die Argumente werden wir im Folgenden häufig verwenden. Für die $\ddot{x}_n$ in (8.2) setzen wir nun die Bewegungsgleichungen, also die erste Zeile von (8.1) ein:

$$\sum_{n=1}^{3N} \frac{\partial g_\alpha(x, t)}{\partial x_n} \frac{1}{m_n} \left(F_n(x, \dot{x}, t) + \sum_{\beta=1}^{R} \lambda_\beta \frac{\partial g_\beta}{\partial x_n} \right) = G_\alpha(x, \dot{x}, t) \tag{8.4}$$

Hierbei haben wir in der Notation angegeben, dass auch die gegebenen Kräfte F_n von x, $\dot{x}$ und t abhängen können. Wie man sieht, ist (8.4) ein *lineares, inhomogenes Gleichungssystem* für die unbekannten Größen λ_α; die Koeffizienten können von x, $\dot{x}$ und t (nicht aber von $\ddot{x}$) abhängen. Die Anzahl R der Gleichungen ist gleich derjenigen der Unbekannten, so dass wir daraus die λ_α in der Form

$$\lambda_\alpha = \lambda_\alpha(x, \dot{x}, t) \qquad (\alpha = 1, ..., R) \tag{8.5}$$

bestimmen können. Die eigentliche Lösung $\lambda_\alpha(t)$ ergibt sich hieraus später durch Einsetzen der Lösung $x_n(t)$. Die λ_α aus (8.5) bestimmen die Zwangskräfte:

$$Z_n = \sum_{\alpha=1}^{R} \lambda_\alpha(x, \dot{x}, t) \, \frac{\partial g_\alpha(x, t)}{\partial x_n} \tag{8.6}$$

In den Bewegungsgleichungen

$$m \, \ddot{x}_n = F_n(x, \dot{x}, t) + Z_n(x, \dot{x}, t) \tag{8.7}$$

stehen jetzt auf der rechten Seite *bekannte* Funktionen von x, $\dot{x}$ und t. Damit ist das Problem auf eine Form gebracht, die wir bereits im Rahmen der Newtonschen Mechanik (Teil I) betrachtet haben. Der Lösung (Punkt 4) der Bewegungsgleichungen (8.7) stehen daher keine grundsätzlich neuen Probleme entgegen. Die Integrationskonstanten werden durch die Anfangsbedingungen *und* die Zwangsbedingungen festgelegt. Durch Einsetzen dieser Lösung in (8.6) können die Zwangskräfte $Z_n(t) = Z_n(x(t), \dot{x}(t), t)$ berechnet werden (Punkt 6).

Wir wenden das angegebene Lösungsverfahren auf drei Beispiele an.

Schiefe Ebene

Wir betrachten das reibungsfreie Gleiten eines Körpers auf einer schiefen Ebene, Abbildung 8.1. Die Lösung dieser sehr einfachen Aufgabe kann natürlich direkt ohne den hier aufgestellten Formalismus erfolgen. In diesem Beispiel können wir jedoch bei größtmöglicher Einfachheit den systematischen Weg bei der Lösung der Lagrangegleichungen 1. Art studieren.

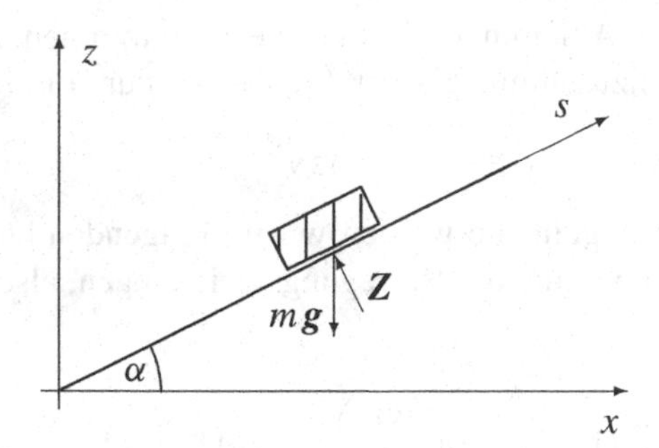

Abbildung 8.1 Ein Körper gleitet im Schwerefeld reibungsfrei auf einer schiefen Ebene.

Formulierung der Zwangsbedingungen:

$$g_1(\boldsymbol{r},t) = x\,\sin\alpha - z\cos\alpha = 0\,, \qquad g_2(\boldsymbol{r},t) = y = 0 \tag{8.8}$$

Lagrangegleichungen 1. Art: Wir schreiben die Gleichungen

$$m\,\ddot{\boldsymbol{r}} = -m\,g\,\boldsymbol{e}_z + \lambda_1\,\mathrm{grad}\,g_1 + \lambda_2\,\mathrm{grad}\,g_2 \tag{8.9}$$

zweckmäßig in Komponenten an:

$$m\,\ddot{x} = \lambda_1\,\sin\alpha\,, \qquad m\,\ddot{y} = \lambda_2\,, \qquad m\,\ddot{z} = -\lambda_1\,\cos\alpha - m\,g \tag{8.10}$$

Elimination von λ_1 *und* λ_2: Das zweimalige Differenzieren von (8.8) ergibt

$$\ddot{x}\,\sin\alpha - \ddot{z}\,\cos\alpha = 0 \quad \text{und} \quad \ddot{y} = 0 \tag{8.11}$$

Nach dem angegebenen Verfahren sind hierin die zweiten Ableitungen aus (8.10) einzusetzen:

$$\lambda_1\,\sin^2\alpha + \lambda_1\,\cos^2\alpha + m\,g\,\cos\alpha = 0\,, \qquad \lambda_2 = 0 \tag{8.12}$$

Dies ergibt

$$\lambda_1 = -m\,g\,\cos\alpha\,, \qquad \lambda_2 = 0 \tag{8.13}$$

Hier sind λ_1 und λ_2 also Konstanten; im Allgemeinen liefert dieses Verfahren die λ_α lediglich als Funktionen von x, y, z, $\dot{x}$, $\dot{y}$, $\dot{z}$ und t. Wir setzen die λ_α in die Bewegungsgleichungen (8.10) ein,

$$m\,\ddot{x} = -m\,g\,\sin\alpha\,\cos\alpha\,, \quad m\,\ddot{y} = 0\,, \quad m\,\ddot{z} = -m\,g\,\sin^2\alpha \tag{8.14}$$

Lösung der Bewegungsgleichung: Die allgemeine Lösung von (8.14) lautet

$$\begin{aligned} x(t) &= -\frac{1}{2}\,g\,t^2\,\sin\alpha\,\cos\alpha \;+\; a_1\,t + a_2 \\ y(t) &= \qquad\qquad\qquad\qquad\quad b_1\,t + b_2 \\ z(t) &= -\frac{1}{2}\,g\,t^2\,\sin^2\alpha \qquad\quad +\; c_1\,t + c_2 \end{aligned} \tag{8.15}$$

Bestimmung der Integrationskonstanten: Die Integrationskonstanten sind so zu bestimmen, dass die Zwangsbedingungen und die Anfangsbedingungen erfüllt sind. Wir berücksichtigen zunächst die Zwangsbedingungen (8.8),

$$(a_1 \sin\alpha - c_1 \cos\alpha)\, t + (a_2 \sin\alpha - c_2 \cos\alpha) = 0\,, \qquad b_1\, t + b_2 = 0 \tag{8.16}$$

Da dies für beliebige Werte von t erfüllt sein muss, gilt

$$\begin{aligned} a_1 \sin\alpha - c_1 \cos\alpha &= 0\,, \qquad b_1 = 0 \\ a_2 \sin\alpha - c_2 \cos\alpha &= 0\,, \qquad b_2 = 0 \end{aligned} \tag{8.17}$$

Damit sind nur noch zwei der ursprünglich sechs Konstanten in (8.15) offen. Durch

$$\begin{aligned} a_1 &= v_0 \cos\alpha\,, \qquad c_1 = v_0 \sin\alpha \\ a_2 &= s_0 \cos\alpha\,, \qquad c_2 = s_0 \sin\alpha \end{aligned} \tag{8.18}$$

wird (8.17) gelöst; für die beiden noch offenen Konstanten haben wir die Größen s_0 und v_0 eingeführt. Die allgemeine, mit den Zwangsbedingungen verträgliche Lösung lautet somit

$$\left.\begin{aligned} x(t) &= s(t) \cos\alpha \\ y(t) &= 0 \\ z(t) &= s(t) \sin\alpha \end{aligned}\right\} \quad \text{mit} \quad s(t) = -\frac{1}{2}\, g\, t^2 \sin\alpha + v_0\, t + s_0 \tag{8.19}$$

Die beiden verbliebenen Integrationskonstanten können durch Anfangsbedingungen festgelegt werden.
Bestimmung der Zwangskraft: In

$$\boldsymbol{Z} = \lambda_1 \,\mathrm{grad}\, g_1 + \lambda_2 \,\mathrm{grad}\, g_2 \tag{8.20}$$

setzen wir die λ_α aus (8.13), die g_α aus (8.8) und die Lösung $\boldsymbol{r}(t)$ ein. Dies ergibt

$$\boldsymbol{Z} = -m\, g \sin\alpha \cos\alpha\; \boldsymbol{e}_x + m\, g \cos^2\alpha\; \boldsymbol{e}_z\,, \qquad |\boldsymbol{Z}| = m\, g \cos\alpha \tag{8.21}$$

Diese Zwangskraft kompensiert gerade die zur schiefen Ebene senkrechte Komponente der Schwerkraft.
Diskussion der Lösung: Das Teilchen bewegt sich längs der in Abbildung 8.1 eingezeichneten s-Achse mit $s(t) = -g\, t^2 \sin\alpha/2 + v_0\, t + s_0$. Dies entspricht der Bewegungsgleichung

$$m\, \ddot{s}(t) = -m\, g \sin\alpha \tag{8.22}$$

die man folgendermaßen verstehen kann: Man denkt sich die Kraft $\boldsymbol{F} = m\,\boldsymbol{g}$ zerlegt in eine Komponente senkrecht zur schiefen Ebene (Betrag $m\, g \cos\alpha$) und eine Komponente parallel dazu (Betrag $m\, g \sin\alpha$). Die senkrechte Komponente wird durch die Zwangskraft $\lambda_1 \,\mathrm{grad}\, g_1$ aufgehoben. Die parallele Komponente führt zur Bewegung gemäß (8.22).

Die Kraft $\boldsymbol{F} = m\,\boldsymbol{g}$ ist konservativ; sie ergibt sich aus dem Potenzial $U = m\,g\,z$. Außerdem sind die Zwangsbedingungen (8.8) zeitunabhängig. Daher gilt Energieerhaltung:

$$T + U = \frac{m}{2}\,\dot{\boldsymbol{r}}^2 + m\,g\,z = \frac{m}{2}\,\dot{s}^2 + m\,g\,s\,\sin\alpha = \text{const.} \tag{8.23}$$

Diese Differenzialgleichung 1. Ordnung könnte bei der Lösung verwendet werden; bei der Formulierung mit $s(t)$ kann sie die Bewegungsgleichung vollständig ersetzen.

Beschränkung auf eine Ebene

Bei der Beschränkung auf eine Ebene (etwa $z = 0$ in (7.1) oder Abbildung 7.2) kompensiert die Zwangskraft gerade die zur Ebene senkrechte Komponente der sonstigen Kräfte. In diesem Fall kann die Bewegung in dieser Richtung (also in z-Richtung bei der Zwangsbedingung $z = 0$) von vornherein außer Betracht bleiben. Wir zeigen dies formal für den allgemeinen Fall (8.1). Für ein bestimmtes n gelte die Zwangsbedingung

$$g_1(x_1,\ldots, x_{3N}, t) = x_n - a = 0 \tag{8.24}$$

Wir bezeichnen diese Bedingung willkürlich als die erste. Dann gilt für dieses n die Bewegungsgleichung

$$m_n\,\ddot{x}_n = F_n + \lambda_1 + \sum_{\alpha=2}^{R} \lambda_\alpha\,\frac{\partial g_\alpha}{\partial x_n} \tag{8.25}$$

Zweimaliges Differenzieren der Bedingung (8.24) ergibt $\ddot{x}_n = 0$. Hierin sind die Bewegungsgleichungen (8.25) einzusetzen:

$$0 = F_n + \lambda_1 + \sum_{\alpha=2}^{R} \lambda_\alpha\,\frac{\partial g_\alpha}{\partial x_n} \tag{8.26}$$

Nach dem allgemeinen Verfahren sind die hieraus zu bestimmenden λ_α in (8.25) einzusetzen. Dies ergibt

$$m_n\,\ddot{x}_n = 0 \quad\to\quad x_n = A + B\,t \tag{8.27}$$

Die Konstanten der Lösung sind in Übereinstimmung mit der Zwangsbedingung zu bestimmen, also $A = a$ und $B = 0$.

Da λ_1 in den anderen Bewegungsgleichungen nicht auftritt, kann das Verfahren dadurch abgekürzt werden, dass man die Koordinate x_n von vornherein weglässt: Bei einer Zwangsbedingung der Art $x_n = \text{const.}$ betrachtet man nur die $3N - 1$ Bewegungsgleichungen für die $x_{n'\neq n}(t)$ und die $R-1$ anderen Zwangsbedingungen. Dies gilt entsprechend, wenn es mehrere Zwangsbedingungen der Art $x_n = \text{const.}$ gibt.

Massenpunkt auf rotierender Stange

Wir betrachten einen Massenpunkt, der sich längs einer Stange bewegen kann (Abbildung 8.2); man stelle sich etwa eine Kugel mit einer Bohrung vor, in die die Stange passt. Die Stange rotiere mit einer konstanten Winkelgeschwindigkeit ω. Außer den dadurch bedingten Zwangskräften sollen keine anderen Kräfte wirken; insbesondere soll die Masse reibungsfrei auf der Stange gleiten.

Wie im letzten Abschnitt diskutiert, können wir die Gleichung für die z-Bewegung von vornherein ignorieren. Wir betrachten daher nur noch die Bewegung für $x(t)$ und $y(t)$ mit der einen Zwangsbedingung

$$g = \arctan \frac{y}{x} - \omega t = \varphi - \omega t = 0 \tag{8.28}$$

Die gegebene Anordnung legt es nahe, durch $x = \rho \cos\varphi$ und $y = \rho \sin\varphi$ Polarkoordinaten einzuführen. Die Lagrangegleichungen 1. Art schreiben wir in der Form (7.9) an

$$m\,\ddot{\boldsymbol{r}} = \lambda \operatorname{grad} g \tag{8.29}$$

Der Bahnvektor liegt in der x-y-Ebene, $\boldsymbol{r} = x(t)\,\boldsymbol{e}_x + y(t)\,\boldsymbol{e}_y = \rho(t)\,\boldsymbol{e}_\rho$. Mit dem Gradientenoperator in Polarkoordinaten

$$\operatorname{grad} = \boldsymbol{e}_\rho \frac{\partial}{\partial\rho} + \boldsymbol{e}_\varphi \frac{1}{\rho}\frac{\partial}{\partial\varphi} \tag{8.30}$$

können wir die rechte Seite von (8.29) auswerten. Für den Bahnvektor $\boldsymbol{r}$ ist die Beschleunigung $\ddot{\boldsymbol{r}}$ durch (1.14) gegeben. Damit lauten die beiden Komponenten von (8.29)

$$m\,\ddot{\rho} - m\,\rho\,\dot{\varphi}^2 = 0\,, \qquad m\,\rho\,\ddot{\varphi} + 2m\,\dot{\rho}\,\dot{\varphi} = \frac{\lambda}{\rho} \tag{8.31}$$

Wir differenzieren die Zwangsbedingung (8.28) zweimal nach der Zeit,

$$\frac{d^2 g}{dt^2} = \ddot{\varphi} = 0 \tag{8.32}$$

Hierin setzen wir $\ddot{\varphi}$ aus den Bewegungsgleichungen ein und erhalten

$$\lambda = 2m\,\rho\,\dot{\rho}\,\dot{\varphi} = \lambda(\rho, \dot{\rho}, \dot{\varphi}) \tag{8.33}$$

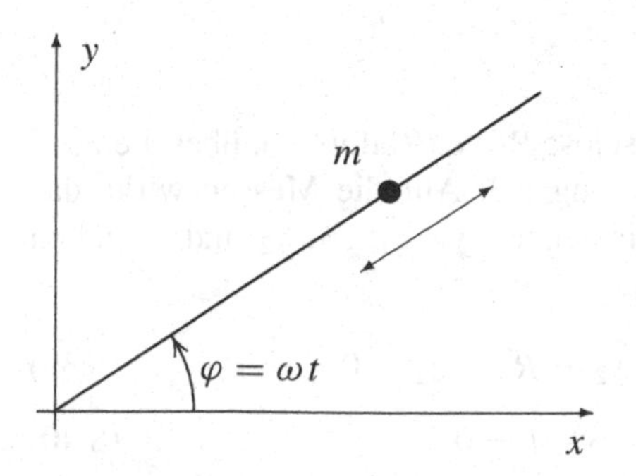

Abbildung 8.2 Ein Massenpunkt bewege sich längs einer Stange, die mit vorgegebener Winkelgeschwindigkeit ω rotiert.

Dies ist noch nicht die Lösung $\lambda(t)$, sondern lediglich die funktionale Abhängigkeit von λ von den Koordinaten und Geschwindigkeiten. Wir setzen dieses λ in die Bewegungsgleichungen (8.31) ein,

$$m\ddot{\rho} - m\rho\dot{\varphi}^2 = 0\,, \qquad m\rho\ddot{\varphi} = 0 \tag{8.34}$$

Wir merken an, dass $\rho(t) = 0$ eine triviale (instabile) Lösung dieser Bewegungsgleichung ist. Für $\rho \neq 0$ wird die zweite Gleichung zu $\ddot{\varphi} = 0$. Ihre Integration ergibt $\varphi = At + B$. Die Integrationskonstanten sind so festzulegen, dass die Zwangsbedingungen erfüllt sind, also

$$\varphi(t) = \omega t \tag{8.35}$$

Dies folgt auch direkt aus der Zwangsbedingung. Die verbleibende Differenzialgleichung lautet

$$\ddot{\rho}(t) - \omega^2 \rho(t) = 0 \tag{8.36}$$

Dieses Ergebnis kann als eindimensionale Bewegung in ρ-Richtung unter dem Einfluss der Zentrifugalkraft $F_\rho = m\,\omega^2\rho$ verstanden werden.

Die Bewegungsgleichung (8.36) ist eine lineare homogene Differenzialgleichung mit konstanten Koeffizienten. Der Lösungsansatz lautet daher $\rho(t) \propto \exp(\kappa\, t)$. Dies führt zu $\kappa^2 - \omega^2 = 0$ und zur allgemeinen Lösung

$$\rho(t) = A\,\exp(\omega t) + B\,\exp(-\omega t) \tag{8.37}$$

Die Konstanten A und B werden durch die Anfangsbedingungen festgelegt. Im Allgemeinen wird die Masse mit exponentiell wachsender Geschwindigkeit nach außen weggeschleudert. Dies gilt nur dann nicht, wenn die Anfangsbedingungen gerade so gewählt werden, dass $\rho(t) = B\,\exp(-\omega t)$.

Wir berechnen noch die Zwangskraft:

$$\boldsymbol{Z} = \lambda\,\operatorname{grad} g = 2m\,\dot{\rho}\,\omega\,\boldsymbol{e}_\varphi = 2m\,\omega^2\,\boldsymbol{e}_\varphi\big[A\,\exp(\omega t) - B\,\exp(-\omega t)\big] \tag{8.38}$$

Auf die Stange wirkt die entgegengesetzte Kraft $-\boldsymbol{Z}$. Für $A \neq 0$ wächst $|\boldsymbol{Z}|$ exponentiell an. Eine reale Stange wird sich daher verbiegen und brechen.

Die Energie $E = T = m\,\dot{\boldsymbol{r}}^2/2$ ist nicht erhalten, weil die Zwangsbedingung explizit von der Zeit abhängt.

Atwoodsche Fallmaschine

Als letztes Beispiel betrachten wir eine masselose Rolle (Radius R), über die zwei Massen miteinander verbunden sind, Abbildung 8.3. Auf die Massen wirke das Schwerefeld. Für die 6 kartesischen Koordinaten x_1, y_1, z_1, x_2, y_2 und z_2 gelten 5 Zwangsbedingungen:

$$y_1 = -R\,, \quad z_1 = 0\,, \quad y_2 = R\,, \quad z_2 = 0 \tag{8.39}$$

$$g(x_1, x_2) = x_1 + x_2 - l = 0 \tag{8.40}$$

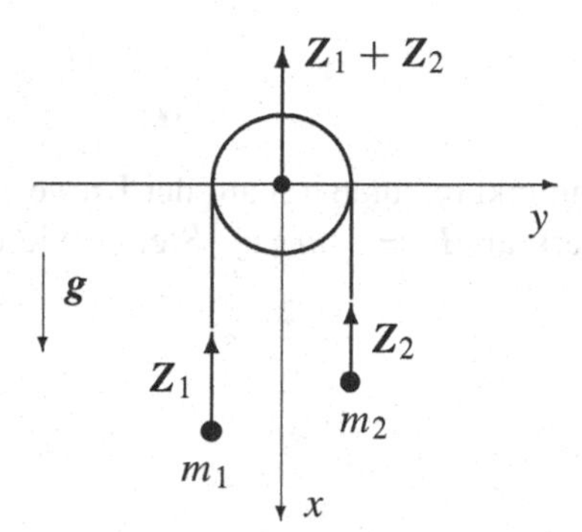

Abbildung 8.3 Atwoodsche Fallmaschine: Zwei Massen im Schwerefeld sind über ein Seil miteinander verbunden.

Dabei ist $l = L - \pi R$ durch die Seillänge L festgelegt. Die ersten vier Bedingungen ergeben verschwindende Zwangskräfte und triviale Lösungen der Bewegungsgleichungen. Wir betrachten daher nur die Bewegungsgleichungen für x_1 und x_2 mit der Zwangsbedingung (8.40):

$$m_1 \ddot{x}_1 = m_1 g + \lambda \,, \qquad m_2 \ddot{x}_2 = m_2 g + \lambda \tag{8.41}$$

Die zweimalige Differenziation der Zwangsbedingung (8.40) ergibt $\ddot{x}_1 + \ddot{x}_2 = 0$. Hierin setzen wir die Bewegungsgleichungen (8.41) ein:

$$g + \frac{\lambda}{m_1} + g + \frac{\lambda}{m_2} = 0 \,, \qquad \lambda = -2g \, \frac{m_1 m_2}{m_1 + m_2} \tag{8.42}$$

Die Zwangskräfte auf die beiden Massen sind gleich, $\boldsymbol{Z}_1 = \boldsymbol{Z}_2 = \lambda \, \boldsymbol{e}_x$. Die Achse der Welle muss dann die Kraft $\boldsymbol{Z}_1 + \boldsymbol{Z}_2$ aufnehmen. Für $m_1 = m_2 = m$ ist $\boldsymbol{Z}_1 + \boldsymbol{Z}_2 = -2m\,\boldsymbol{g}$ gleich dem Gewicht der beiden Massen. Für $m_1 \neq m_2$ ist die Kraft auf die Welle dagegen kleiner als $(m_1 + m_2)\,\boldsymbol{g}$, weil ein Teil der Gewichtskräfte zur Beschleunigung der Massen dient. Wir setzen λ aus (8.42) in (8.41) ein:

$$(m_1 + m_2)\,\ddot{x}_1 = (m_1 - m_2)\,g \tag{8.43}$$

Die Lösung dieser Gleichung lautet

$$x_1(t) = \frac{m_1 - m_2}{m_1 + m_2} \, \frac{g\,t^2}{2} + c_1 t + c_2 \tag{8.44}$$

Die Summe der Massen geht als träge Masse ein, die Differenz als schwere Masse. Die Energie $E = T + U = m_1 \dot{x}_1^2/2 + m_2 \dot{x}_2^2/2 - m_1 g x_1 - m_2 g x_2$ ist konstant, weil die Kräfte konservativ sind und weil die Zwangsbedingung nicht explizit von der Zeit abhängt.

Aufgaben

8.1 Massenpunkt auf Kurve im Schwerefeld

In der vertikalen z-x-Ebene gleitet ein Massenpunkt reibungsfrei auf der Kurve $z = f(x)$. Auf den Massenpunkt wirkt die Schwerkraft $\boldsymbol{F} = -m\,g\,\boldsymbol{e}_z$. Stellen Sie die Lagrangegleichungen 1. Art auf.

8.2 Massenpunkt auf Kugeloberfläche

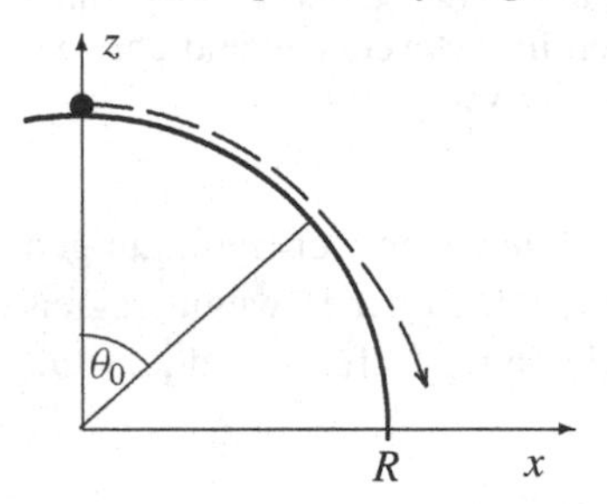

Ein Massenpunkt liegt im Schwerefeld auf dem obersten Punkt einer Kugel. Er beginnt dort reibungsfrei herunter zu gleiten. An welcher Stelle hebt er von der Kugel ab? Verwenden Sie den Energieerhaltungssatz.

8.3 Hantel auf konzentrischen Kreisen

Zwei Massenpunkte ($m_1 = m_2 = m$) können sich reibungsfrei auf zwei konzentrischen Kreisen (Radien r und R) bewegen. Die beiden Massenpunkte sind durch eine masselose Stange der Länge L verbunden; es gelte $R - r < L < R + r$. Auf die Massen wirke die Erdbeschleunigung $\boldsymbol{g} = -g\,\boldsymbol{e}_y$.

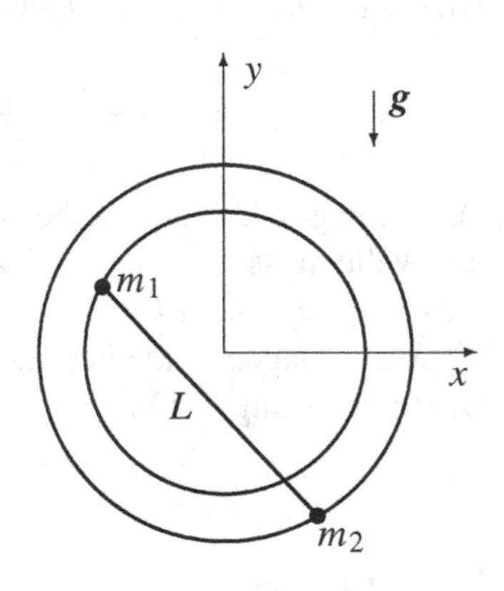

Stellen Sie die Lagrangegleichungen 1. Art auf. Bestimmen Sie die Gleichgewichtslage der Massen zum einen aus den Lagrangegleichungen und zum anderen aus der Bedingung $U_{\text{pot}} = m\,g\,(y_1 + y_2) =$ minimal.

8.4 Beschleunigte schiefe Ebene

Ein Massenpunkt gleitet reibungsfrei auf einer schiefen Ebene, die in x-Richtung beschleunigt wird, $s(t) = a\,t^2/2$. Die Neigung α der schiefen Ebene ist konstant. Stellen Sie die Zwangsbedingung und die Lagrangegleichungen 1. Art auf. Lösen Sie die Bewegungsgleichungen und bestimmen Sie die Zwangskräfte.

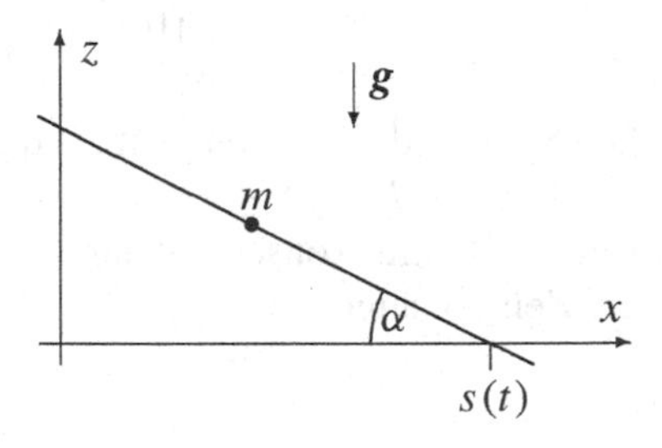

9 Lagrangegleichungen 2. Art

Vielfach ist man an der Berechnung der Zwangskräfte nicht interessiert. Dann ist es wesentlich bequemer, eine Formulierung zu wählen, bei der die Zwangskräfte aus den Bewegungsgleichungen eliminiert werden. Dies führt zu den Lagrangegleichungen 2. Art.

Verallgemeinerte Koordinaten

Wir gehen von den Lagrangegleichungen 1. Art für N Massenpunkte aus,

$$\begin{aligned} m_n\, \ddot{x}_n &= F_n + \sum_{\alpha=1}^{R} \lambda_\alpha\, \frac{\partial g_\alpha(x_1, \ldots, x_{3N}, t)}{\partial x_n} \qquad (n = 1, 2, \ldots, 3N) \\ g_\alpha(x_1, \ldots, x_{3N}, t) &= 0 \qquad (\alpha = 1, 2, \ldots, R) \end{aligned} \tag{9.1}$$

Bei R Zwangsbedingungen sind nur

$$f = 3N - R \qquad \text{(Anzahl der Freiheitsgrade)} \tag{9.2}$$

der $3N$ kartesischen Koordinaten voneinander unabhängig. Wir nennen dies die Anzahl der *Freiheitsgrade* des Systems, denn durch Angabe von f Zahlen kann die momentane räumliche Lage des Systems aus N Massenpunkten festgelegt werden. Der entscheidende Schritt besteht nun in der Wahl von f geeigneten *verallgemeinerten Koordinaten*

$$q_1,\, q_2,\, \ldots,\, q_f \qquad \text{(verallgemeinerte Koordinaten)} \tag{9.3}$$

Synonym hierzu wird auch die Bezeichnung *generalisierte* Koordinaten verwendet. Die Wahl der neuen Koordinaten ist so zu treffen, dass die q_i die Lage aller Massenpunkte festlegen,

$$x_n = x_n(q_1, q_2, \ldots, q_f, t) \qquad (n = 1, 2, \ldots, 3N) \tag{9.4}$$

und dass die Zwangsbedingungen für *beliebige Werte der* q_i erfüllt sind:

$$g_\alpha(x_1(q_1, .., q_f, t), \ldots, x_{3N}(q_1, .., q_f, t), t) \equiv 0 \qquad \text{für beliebige } q_i \tag{9.5}$$

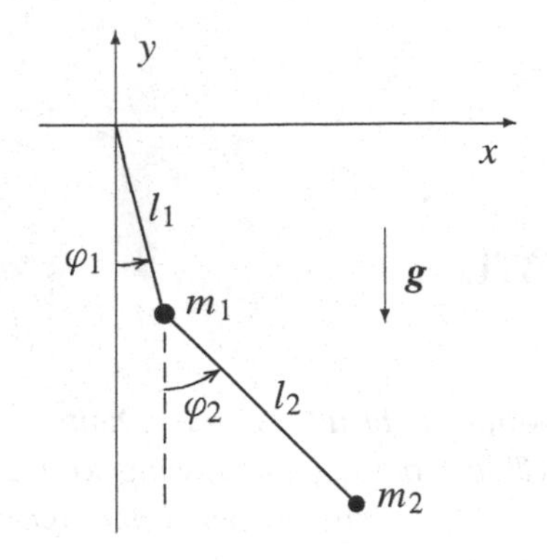

Abbildung 9.1 Für das ebene Doppelpendel werden die Winkel φ_1 und φ_2 als generalisierte Koordinaten eingeführt.

Wir geben einige Beispiele an:

- Für das ebene Pendel mit variabler Länge $l(t)$ wählen wir den Winkel φ als verallgemeinerte Koordinate (Abbildung 7.1). Die verallgemeinerte Koordinate φ legt alle drei kartesischen Koordinaten fest:

$$\begin{aligned} x &= x(\varphi, t) = l(t) \sin\varphi \\ y &= y(\varphi, t) = -l(t) \cos\varphi\,, \\ z &= z(\varphi, t) = 0 \end{aligned} \tag{9.6}$$

  Die Zwangsbedingungen (7.1) sind hierdurch automatisch erfüllt. So gilt insbesondere

$$\begin{aligned} g(x(\varphi, t),\, y(\varphi, t),\, z(\varphi, t), t) &= x(\varphi, t)^2 + y(\varphi, t)^2 - l(t)^2 \\ &= l^2 \cos^2\varphi + l^2 \sin^2\varphi - l^2 \equiv 0 \end{aligned} \tag{9.7}$$

  Die Zwangsbedingungen sind für jeden Wert von φ erfüllt; sie stellen keine Einschränkung für die φ-Bewegung dar.

- Ein Massenpunkt bewegt sich auf einer Kugeloberfläche (Radius R). Die Bahn unterliegt daher der Zwangsbedingung

$$g(x, y, z) = x^2 + y^2 + z^2 - R^2 = 0 \tag{9.8}$$

  Als verallgemeinerte Koordinaten wählen wir die Winkel θ und ϕ:

$$\begin{aligned} x &= x(\theta, \phi) = R \sin\theta \cos\phi \\ y &= y(\theta, \phi) = R \sin\theta \sin\phi \\ z &= z(\theta, \phi) = R \cos\theta \end{aligned} \tag{9.9}$$

  Hier ist R ein Parameter und keine Koordinate. Wieder ist die Zwangsbedingung (9.8) für beliebige Werte von θ und ϕ erfüllt.

- Für das ebene Doppelpendel, Abbildung 9.1, wählen wir als verallgemeinerte Koordinaten die Winkel φ_1 und φ_2:

$$\begin{aligned} x_1 &= l_1 \sin\varphi_1 & x_2 &= l_1 \sin\varphi_1 + l_2 \sin\varphi_2 \\ y_1 &= -l_1 \cos\varphi_1 & y_2 &= -l_1 \cos\varphi_1 - l_2 \cos\varphi_2 \\ z_1 &= 0 & z_2 &= 0 \end{aligned} \tag{9.10}$$

Es ist klar, dass damit die (hier nicht explizit angeschriebenen) Zwangsbedingungen erfüllt sind.

Elimination der Zwangskräfte

Die verallgemeinerten Koordinaten wurden so gewählt, dass die Zwangsbedingungen für sie keine Einschränkung darstellen. Daher unterliegt die $q_i(t)$-Bewegung keinen Zwangskräften; dies zeigt auch die folgende formale Ableitung.

Die g_α in (9.5) hängen nicht von den q_i ab; denn die Bedingungen $g_\alpha = 0$ sind ja für beliebige q_i-Werte erfüllt. Als Beispiel hierzu betrachte man die φ-Abhängigkeit von g in (9.7). Die Unabhängigkeit von q_i bedeutet, dass die totale Ableitung der g_α in (9.5) nach den q_i verschwindet:

$$\frac{dg_\alpha}{dq_k} = 0\,, \quad \text{also} \quad \sum_{n=1}^{3N} \frac{\partial g_\alpha}{\partial x_n}\,\frac{\partial x_n}{\partial q_k} = 0 \qquad (k = 1, 2, \ldots, f) \tag{9.11}$$

Hiermit eliminieren wir die Zwangskräfte: Wir multiplizieren (9.1) mit $\partial x_n/\partial q_k$ und summieren über n. Dies ergibt

$$\boxed{\sum_{n=1}^{3N} m_n\, \ddot{x}_n\, \frac{\partial x_n}{\partial q_k} = \sum_{n=1}^{3N} F_n\, \frac{\partial x_n}{\partial q_k} \qquad (k = 1, 2, \ldots, f)} \tag{9.12}$$

In diesen Gleichungen steht x_n für $x_n(q_1, q_2, \ldots, q_f, t)$; dies gilt auch für die Argumente von $F_n = F_n(x, \dot{x}, t)$. Diese Gleichungen stellen daher f Bewegungsgleichungen für die f Funktionen $q_k(t)$ dar. Zwangskräfte treten hierin nicht mehr auf; es müssen auch keine Zwangsbedingungen mehr berücksichtigt werden.

Lagrangefunktion

Wir bringen (9.12) in eine Form, die für praktische Anwendungen besonders gut geeignet ist. Die resultierenden Gleichungen sind die Lagrangegleichungen 2. Art.

Für die Argumente von Funktionen verwenden wir die Kurznotation

$$\begin{aligned} x &= (x_1, \ldots, x_{3N}), & \dot{x} &= (\dot{x}_1, \ldots, \dot{x}_{3N}) \\ q &= (q_1, \ldots, q_f), & \dot{q} &= (\dot{q}_1, \ldots, \dot{q}_f) \end{aligned} \tag{9.13}$$

Die $\dot{q}_i$ werden als *verallgemeinerte* (oder generalisierte) Geschwindigkeit bezeichnet. Wir leiten die Transformationsgleichungen (9.4)

$$x_n = x_n(q, t) = x_n(q_1, q_2,.., q_f, t) \qquad (n = 1, 2, \ldots, 3N) \tag{9.14}$$

nach der Zeit ab,

$$\dot{x}_n = \frac{d}{dt}\, x_n(q, t) = \sum_{k=1}^{f} \frac{\partial x_n(q, t)}{\partial q_k}\, \dot{q}_k + \frac{\partial x_n(q, t)}{\partial t} = \dot{x}_n(q, \dot{q}, t) \tag{9.15}$$

Hierdurch wird $\dot{x}_n$ als Funktion von q, $\dot{q}$ und t definiert. Für diese Funktion gilt

$$\frac{\partial \dot{x}_n(q, \dot{q}, t)}{\partial \dot{q}_k} = \frac{\partial x_n(q, t)}{\partial q_k} \tag{9.16}$$

Aus Newtons Axiomen folgte die Form der kinetischen Energie in kartesischen Koordinaten:

$$T = T(\dot{x}) = \sum_{n=1}^{3N} \frac{m_n}{2}\, \dot{x}_n^{\,2} \tag{9.17}$$

Hierin setzen wir $\dot{x}_n(q, \dot{q}, t)$ aus (9.15) ein:

$$T = T(q, \dot{q}, t) = \sum_{i,k=1}^{f} m_{ik}(q, t)\, \dot{q}_i\, \dot{q}_k + \sum_{k=1}^{f} b_k(q, t)\, \dot{q}_k + c(q, t) \tag{9.18}$$

Da $\dot{x}_n$ linear in den $\dot{q}_k$ ist, ist die kinetische Energie maximal quadratisch in den $\dot{q}_k$. Die sich beim Einsetzen ergebenden Koeffizienten haben wir mit $m_{ik}(q, t)$, $b_k(q, t)$ und $c(q, t)$ bezeichnet; dabei wird $m_{ik} = m_{ki}$ gesetzt. Durch (9.18) ist die kinetische Energie als Funktion der q und $\dot{q}$ gegeben.

Die Größen T in (9.17) und (9.18) sind *verschiedene Funktionen* der Argumente; vom mathematischen Standpunkt aus sollte man daher verschiedene Symbole (etwa T und T^*) benutzen. Da T aber *dieselbe physikalische Größe* bezeichnet (die kinetische Energie), verwendet man in der Physik üblicherweise denselben Buchstaben. Wir stellen hier durch die Notation, $T(\dot{x})$ oder $T(q, \dot{q}, t)$, klar, welche mathematische Funktion gemeint ist.

Wenn die $x_n(q, t)$ *nicht* explizit von der Zeit abhängen, wird (9.15) zu $\dot{x}_n = \sum_k (\partial x_n/\partial q_k)\, \dot{q}_k$. Damit reduziert sich (9.18) auf

$$T = T(q, \dot{q}) = \sum_{i,k=1}^{f} m_{ik}(q)\, \dot{q}_i\, \dot{q}_k \qquad (\text{falls } \partial x_n/\partial t = 0) \tag{9.19}$$

Die folgenden Ableitungen setzen diese spezielle Form nicht voraus. Aus $T = \sum_n m_n\, \dot{x}_n^2/2$ folgen

$$\frac{\partial T(q, \dot{q}, t)}{\partial q_k} = \sum_{n=1}^{3N} m_n\, \dot{x}_n\, \frac{\partial \dot{x}_n}{\partial q_k} \tag{9.20}$$

und

$$\frac{\partial T(q,\dot q,t)}{\partial \dot q_k} = \sum_{n=1}^{3N} m_n\,\dot x_n\,\frac{\partial \dot x_n}{\partial \dot q_k} \overset{(9.16)}{=} \sum_{n=1}^{3N} m_n\,\dot x_n\,\frac{\partial x_n}{\partial q_k} \tag{9.21}$$

Wir leiten (9.21) nach der Zeit ab:

$$\frac{d}{dt}\,\frac{\partial T}{\partial \dot q_k} = \sum_{n=1}^{3N} m_n\,\ddot x_n\,\frac{\partial x_n}{\partial q_k} + \sum_{n=1}^{3N} m_n\,\dot x_n\,\frac{\partial \dot x_n}{\partial q_k} \tag{9.22}$$

Im letzten Term haben wir d/dt und $\partial/\partial q_k$ vertauscht, was lediglich die Vertauschbarkeit der partiellen Ableitungen voraussetzt:

$$\frac{d}{dt}\,\frac{\partial x_n}{\partial q_k} = \sum_{l=1}^{f} \frac{\partial^2 x_n}{\partial q_l\,\partial q_k}\,\dot q_l + \frac{\partial^2 x_n}{\partial t\,\partial q_k} = \frac{\partial}{\partial q_k}\left(\sum_{l=1}^{f} \frac{\partial x_n}{\partial q_l}\,\dot q_l + \frac{\partial x_n}{\partial t}\right) = \frac{\partial}{\partial q_k}\,\frac{dx_n}{dt} \tag{9.23}$$

Durch

$$Q_k = \sum_{n=1}^{3N} F_n\,\frac{\partial x_n}{\partial q_k} \tag{9.24}$$

definieren wir die *verallgemeinerten Kräfte* Q_k. Wir setzen nun (9.22) mit (9.20) und (9.24) in die Bewegungsgleichungen (9.12) ein:

$$\frac{d}{dt}\left(\frac{\partial T}{\partial \dot q_k}\right) - \frac{\partial T}{\partial q_k} = Q_k \qquad (k = 1, 2 ..., f) \tag{9.25}$$

Wir beschränken uns zunächst auf Kräfte F_n, die durch ein Potenzial dargestellt werden können:

$$F_n = -\frac{\partial U(x)}{\partial x_n} \tag{9.26}$$

In $U(x)$ setzen wir die Transformation $x_n = x_n(q,t)$ ein und erhalten

$$U(q,t) = U(q_1, ..., q_f, t) = U(x_1(q,t), ..., x_n(q,t)) \tag{9.27}$$

Die Verwendung desselben Buchstabens U für die verschiedenen Funktionen $U(x)$ und $U(q,t)$ erfolgt im selben Sinn wie bei der kinetischen Energie T. Die verallgemeinerten Kräfte können nun als Ableitung von $U(q,t)$ geschrieben werden:

$$Q_k = \sum_{n=1}^{3N} F_n\,\frac{\partial x_n}{\partial q_k} = -\sum_{n=1}^{3N} \frac{\partial U(x)}{\partial x_n}\,\frac{\partial x_n}{\partial q_k} = -\frac{\partial U(q,t)}{\partial q_k} \tag{9.28}$$

Diese Relation macht die Bezeichnung „verallgemeinerte Kraft“ plausibel. Unter Berücksichtigung von $\partial U/\partial \dot q_k = 0$ können wir (9.25) in

$$\frac{d}{dt}\,\frac{\partial (T-U)}{\partial \dot q_k} = \frac{\partial (T-U)}{\partial q_k} \tag{9.29}$$

umformen. Für geschwindigkeitsabhängige Potenziale ist (9.29) äquivalent zu (9.25), falls

$$Q_k = -\frac{\partial U(q, \dot{q}, t)}{\partial q_k} + \frac{d}{dt}\,\frac{\partial U(q, \dot{q}, t)}{\partial \dot{q}_k} \tag{9.30}$$

Für $U = U(q, t)$ reduziert sich dies auf die bereits bekannte Form.

Wir führen nun die *Lagrangefunktion* $\mathcal{L}$ der nichtrelativistischen Mechanik ein,

$$\boxed{\mathcal{L}(q, \dot{q}, t) = T(q, \dot{q}, t) - U(q, t) \qquad \text{Lagrangefunktion}} \tag{9.31}$$

Sie wird als Differenz der kinetischen und potenziellen Energie definiert, wobei T und U als Funktionen der verallgemeinerten Koordinaten anzuschreiben sind. Da man verschiedene verallgemeinerte Koordinaten für ein bestimmtes System einführen kann, liegt die Funktion $\mathcal{L}(q, \dot{q}, t)$ nicht eindeutig fest. Wie wir später sehen werden, sind auch Zusatzterme zu $\mathcal{L}$ möglich, die die Bewegungsgleichungen nicht ändern. Insofern ist $\mathcal{L}$ eine theoretische Größe. Im Gegensatz dazu sind die kinetische Energie und die potenzielle Energie (bis auf eine Konstante) physikalische, also messbare Größen. Mit der Lagrangefunktion $\mathcal{L}$ erhalten die Gleichungen (9.29) ihre endgültige Gestalt:

Lagrangegleichungen 2. Art:

$$\boxed{\frac{d}{dt}\,\frac{\partial \mathcal{L}(q, \dot{q}, t)}{\partial \dot{q}_k} = \frac{\partial \mathcal{L}(q, \dot{q}, t)}{\partial q_k} \qquad (k = 1, \ldots, f)} \tag{9.32}$$

Diese Gleichungen stellen ein System von f Differenzialgleichungen 2. Ordnung für die (verallgemeinerten) Bahnkurven $q_k(t)$ dar. Die Lagrangegleichungen 2. Art sind die bevorzugten Gleichungen zur Lösung von Problemen der Mechanik. Dies hat eine Reihe von Gründen:

1. Im Vergleich zu den Lagrangegleichungen 1. Art haben wir es mit nur $f = 3N - R$ anstelle von $3N + R$ Gleichungen zu tun. Dies ist eine Vereinfachung, bei der wir allerdings auf die Berechnung der Zwangskräfte verzichten.

2. Für komplexe Systeme ist die Aufstellung der Lagrangefunktion *viel einfacher* als die Aufstellung der Bewegungsgleichungen selbst. Dies liegt vor allem daran, dass die Lagrangefunktion eine einzige *skalare* Größe ist. Es ist im Allgemeinen viel einfacher, diese Größe aufzustellen als die Bewegungsgleichungen.

3. Die Lagrangefunktion ist im Allgemeinen eine besonders einfache Funktion der in Frage kommenden Variablen. Dies ist ein wichtiger Gesichtspunkt, wenn man neue physikalische Theorien (insbesondere Feldtheorien) entwickeln will.

System und Systemzustand

Den Teil der Welt, den wir beschreiben wollen, nennen wir *System*. Dies kann zum Beispiel ein Doppelpendel, das Sonnensystem oder ein Wasserstoffatom sein. Im Rahmen der (Punkt-) Mechanik beschränken wir uns auf Systeme aus Massenpunkten.

Ein solches System bezieht sich immer auf einen extrem kleinen Ausschnitt der Wirklichkeit. Wenn wir etwa die Bahn der Erde untersuchen, lassen wir ihre Eigendrehung und alle sonstigen Vorgänge auf der Erde außer acht. Das System „Sonne – Erde" wird dann durch das Modellsystem „Massenpunkt im Gravitationspotenzial" beschrieben. Dieses Beispiel zeigt, dass mit „extrem kleiner Ausschnitt" nicht unbedingt die räumliche Ausdehnung gemeint ist; vielmehr werden nur wenige Freiheitsgrade explizit behandelt. Das betrachtete System muss nicht abgeschlossen sein; der Einfluss der Umgebung kann über vorgegebene Kräfte berücksichtigt werden.

Welche Freiheitsgrade man explizit behandeln will, ist eine Frage der Zweckmäßigkeit, der rechnerischen Möglichkeiten und der verfolgten Ziele. Ein mechanisches (Modell-) System wird jedenfalls durch die Wahl der verallgemeinerten Koordinaten und durch die Angabe der Lagrangefunktion definiert.

Die Lagrangegleichungen 2. Art sind Differenzialgleichungen 2. Ordnung für die Koordinaten $q_1(t), \ldots, q_f(t)$. Die Lösung wird durch Anfangsbedingungen festgelegt, also $2f$ Werte für $q_i(0)$ und $\dot{q}_i(0)$. Diese Werte legen den *Systemzustand* zur Zeit $t = 0$ fest. Die Lagrangegleichungen bestimmen dann den Systemzustand zu späteren Zeiten, also die $2f$ Werte $q_1, \ldots, q_f$ und $\dot{q}_1, \ldots, \dot{q}_f$ zur Zeit t.

Die Bemerkungen über physikalische Systeme gelten allgemein, die über den Systemzustand für alle mechanischen Systeme (mit Modifikationen für kontinuierliche Medien, Teil VIII).

Erhaltungsgrößen

Die Lagrangefunktion $\mathcal{L}(q_1, \ldots, q_f, \dot{q}_1, \ldots, \dot{q}_f, t)$ kann von den verallgemeinerten Koordinaten und Geschwindigkeiten und von der Zeit abhängen. In speziellen Fällen kann $\mathcal{L}$ von einer oder mehreren Koordinaten oder von der Zeit unabhängig sein; wir untersuchen hierfür die Konsequenzen. Der Fall, dass $\mathcal{L}$ von einem bestimmten $\dot{q}_k$ unabhängig ist, ist ohne Interesse; denn dann gäbe es für diesen Freiheitsgrad keine Dynamik.

Energieerhaltung

Unter Verwendung der Bewegungsgleichungen berechnen wir die Zeitableitungen von $\sum(\partial\mathcal{L}/\partial\dot{q}_k)\,\dot{q}_k$ und von $\mathcal{L}$:

$$\frac{d}{dt}\sum_{k=1}^{f}\frac{\partial\mathcal{L}}{\partial\dot{q}_k}\,\dot{q}_k = \sum_{k=1}^{f}\dot{q}_k\,\frac{d}{dt}\frac{\partial\mathcal{L}}{\partial\dot{q}_k} + \sum_{k=1}^{f}\frac{\partial\mathcal{L}}{\partial\dot{q}_k}\,\ddot{q}_k = \sum_{k=1}^{f}\frac{\partial\mathcal{L}}{\partial q_k}\,\dot{q}_k + \sum_{k=1}^{f}\frac{\partial\mathcal{L}}{\partial\dot{q}_k}\,\ddot{q}_k \qquad (9.33)$$

$$\frac{d\mathcal{L}}{dt} = \sum_{k=1}^{f} \frac{\partial \mathcal{L}}{\partial q_k}\, \dot{q}_k + \sum_{k=1}^{f} \frac{\partial \mathcal{L}}{\partial \dot{q}_k}\, \ddot{q}_k + \frac{\partial \mathcal{L}}{\partial t} \tag{9.34}$$

Aus den letzten beiden Gleichungen erhalten wir

$$\frac{d}{dt}\left(\sum_{k=1}^{f} \frac{\partial \mathcal{L}}{\partial \dot{q}_k}\, \dot{q}_k - \mathcal{L} \right) = -\,\frac{\partial \mathcal{L}}{\partial t} \tag{9.35}$$

Hieraus folgt der Erhaltungssatz:

$$\frac{\partial \mathcal{L}}{\partial t} = 0 \quad \longrightarrow \quad \sum_{k=1}^{f} \frac{\partial \mathcal{L}}{\partial \dot{q}_k}\, \dot{q}_k - \mathcal{L} = \text{const.} \tag{9.36}$$

Wenn Zwangsbedingungen nicht explizit von der Zeit abhängen, dann gilt dies auch für (9.4), $x_n = x_n(q)$, und die kinetische Energie ist von der Form (9.19), $T = \sum m_{ik}(q)\, \dot{q}_i\, \dot{q}_k$. Wenn außerdem $U = U(q,t)$ nicht von den Geschwindigkeiten abhängt, gilt

$$\sum_{k=1}^{f} \frac{\partial \mathcal{L}}{\partial \dot{q}_k}\, \dot{q}_k = \sum_{k=1}^{f} \frac{\partial T(q,\dot{q})}{\partial \dot{q}_k}\, \dot{q}_k = 2\, T(q,\dot{q}) \qquad \begin{pmatrix} x_n = x_n(q) \\ U = U(q,t) \end{pmatrix} \tag{9.37}$$

Dann wird der Erhaltungssatz (9.36) zum *Energieerhaltungssatz*:

$$\left.\begin{array}{r} \partial\mathcal{L}/\partial t = 0 \\ x_n = x_n(q) \end{array}\right\} \quad \longrightarrow \quad E = T + U = \text{const.} \tag{9.38}$$

Durch $\partial\mathcal{L}/\partial t = 0$ wird $U = U(q,t)$ auf $U = U(q)$ eingeschränkt.

Zyklische Koordinate

Falls eine verallgemeinerte Koordinate q_k nicht explizit in der Lagrangefunktion vorkommt,

$$\frac{\partial \mathcal{L}}{\partial q_k} = 0 \tag{9.39}$$

nennt man diese Koordinate *zyklisch.* Aus den Lagrangegleichungen folgt dann sofort, dass der zugehörige *verallgemeinerte Impuls* p_k,

$$p_k = \frac{\partial \mathcal{L}}{\partial \dot{q}_k} \qquad \text{(verallgemeinerter Impuls)} \tag{9.40}$$

erhalten ist:

$$\frac{\partial \mathcal{L}}{\partial q_k} = 0 \quad \longrightarrow \quad p_k = \text{const.} \tag{9.41}$$

Ein triviales Beispiel hierfür ist das freie Teilchen: Die Lagrangefunktion $\mathcal{L} = T = m\dot{\boldsymbol{r}}^2/2$ hängt nicht von $\boldsymbol{r}$ ab, daher ist der Impuls $\boldsymbol{p} = m\,\dot{\boldsymbol{r}}$ zeitlich konstant.

Erhaltungssätze wie (9.36), (9.38) oder (9.41) sind von der Form $Q(\dot{x}, x, t) =$ const. Sie stellen damit Differenzialgleichungen 1. Ordnung dar, also erste Integrale der Bewegungsgleichungen. Sie können die Lösung eines Problems wesentlich erleichtern.

Elektromagnetische Kräfte

Bei der Ableitung der Lagrangegleichungen 2. Art haben wir ein Potenzial der Form $U(q, t)$ angenommen. Damit sind elektromagnetische und Reibungskräfte zunächst ausgeschlossen. Wir untersuchen jetzt, wie diese Kräfte im Rahmen der Lagrangegleichungen 2. Art behandelt werden können.

Nach (9.30) können wir auch ein Potenzial $U(q, \dot{q}, t)$ zulassen, wenn die Kräfte Q_k durch

$$Q_k = -\frac{\partial U}{\partial q_k} + \frac{d}{dt}\frac{\partial U}{\partial \dot{q}_k} \tag{9.42}$$

dargestellt werden. Diese Verallgemeinerung von $Q_k = -\partial U/\partial q_k$ genügt, um elektromagnetische Kräfte mit einzuschließen.

Die elektromagnetischen Felder $\boldsymbol{E}$ und $\boldsymbol{B}$ können durch das skalare und das Vektorpotenzial, Φ und $\boldsymbol{A}$, ausgedrückt werden:

$$\boldsymbol{E}(\boldsymbol{r}, t) = -\text{grad}\, \Phi(\boldsymbol{r}, t) - \frac{1}{c}\frac{\partial \boldsymbol{A}(\boldsymbol{r}, t)}{\partial t} \tag{9.43}$$

$$\boldsymbol{B}(\boldsymbol{r}, t) = \text{rot}\, \boldsymbol{A}(\boldsymbol{r}, t) \tag{9.44}$$

Für das Potenzial

$$U(\boldsymbol{r}, \dot{\boldsymbol{r}}, t) = q\, \Phi(\boldsymbol{r}, t) - \frac{q}{c}\, \boldsymbol{A}(\boldsymbol{r}, t) \cdot \dot{\boldsymbol{r}} \tag{9.45}$$

ergeben sich die Kräfte (9.42) zu (Aufgabe 9.3):

$$\boldsymbol{F} = \boldsymbol{F}(\boldsymbol{r}, \dot{\boldsymbol{r}}, t) = \sum_{k=1}^{3} Q_k\, \boldsymbol{e}_k = q\left(\boldsymbol{E}(\boldsymbol{r}, t) + \frac{1}{c}\, \dot{\boldsymbol{r}} \times \boldsymbol{B}(\boldsymbol{r}, t)\right) \tag{9.46}$$

Hierbei sind die q_k die kartesischen Koordinaten x_1, x_2 und x_3 des Ortsvektors $\boldsymbol{r} = \sum x_i\, \boldsymbol{e}_i$. Das Ergebnis ist die bekannte Lorentzkraft, die in der Elektrodynamik näher untersucht und begründet wird. Die (nichtrelativistische) Lagrangefunktion für ein geladenes Teilchen im elektromagnetischen Feld lautet damit:

$$\boxed{\mathcal{L}(\dot{\boldsymbol{r}}, \boldsymbol{r}, t) = \frac{m}{2}\, \dot{\boldsymbol{r}}^2 - q\, \Phi(\boldsymbol{r}, t) + \frac{q}{c}\, \dot{\boldsymbol{r}} \cdot \boldsymbol{A}(\boldsymbol{r}, t)} \tag{9.47}$$

Reibungskräfte

Für eine realistische Beschreibung mechanischer Probleme kann die Einführung von Reibungskräften sinnvoll sein. In kartesischen Koordinaten können solche Kräfte häufig durch den Ansatz

$$F_{\text{diss},n} = -\gamma_n\, \dot{x}_n \tag{9.48}$$

beschrieben werden. Diesen Kräften kann kein Potenzial zugeordnet werden. Wir müssen daher zunächst zu (9.12) zurückgehen. Dort eingesetzt, führt (9.48) zu den verallgemeinerten, dissipativen Kräften

$$Q_{\text{diss},k} = \sum_{n=1}^{3N} F_{\text{diss},n} \, \frac{\partial x_n}{\partial q_k} \tag{9.49}$$

Diese Kräfte sind auf der rechten Seite von (9.25) hinzuzufügen. Ein wesentlicher Vorteil der Lagrangefunktion ist, dass das System durch eine einzige skalare Funktion $\mathcal{L}(q, \dot{q}, t)$ beschrieben werden kann. Unter Zulassung eines Zusatzterms in den Lagrangegleichungen können wir eine entsprechende skalare Funktion auch für die Reibungskräfte konstruieren. Wir definieren die *Rayleighsche Dissipationsfunktion* D durch

$$D(\dot{x}) = \sum_{n=1}^{3N} \frac{\gamma_n}{2} \, \dot{x}_n^2 \quad \text{und} \quad D(q, \dot{q}, t) = \sum_{n=1}^{3N} \frac{\gamma_n}{2} \, \big[\dot{x}_n(q, \dot{q}, t)\big]^2 \tag{9.50}$$

Die Funktion $D(q, \dot{q}, t)$ erhält man durch Einsetzen von (9.15) in $D(\dot{x})$. Mit (9.48) und (9.50) können wir die verallgemeinerte Kraft $Q_{\text{diss},k}$ durch D ausdrücken:

$$Q_{\text{diss},k} = -\sum_{n=1}^{3N} \frac{\partial D}{\partial \dot{x}_n} \frac{\partial x_n}{\partial q_k} \overset{(9.16)}{=} -\sum_{n=1}^{3N} \frac{\partial D}{\partial \dot{x}_n} \frac{\partial \dot{x}_n}{\partial \dot{q}_k} = -\frac{\partial D(q, \dot{q}, t)}{\partial \dot{q}_k} \tag{9.51}$$

Durch die modifizierten Lagrangegleichungen

$$\frac{d}{dt} \frac{\partial \mathcal{L}}{\partial \dot{q}_i} - \frac{\partial \mathcal{L}}{\partial q_i} + \frac{\partial D}{\partial \dot{q}_i} = 0 \tag{9.52}$$

können nun die Reibungskräfte berücksichtigt werden.

Nach (3.19) ist $-\boldsymbol{F}_{\text{diss}} \cdot \dot{\boldsymbol{r}}$ gleich der von einem Teilchen abgegebenen Leistung. Für die Reibungskraft $\boldsymbol{F}_{\text{diss}} = -\gamma \, \dot{\boldsymbol{r}}$ wird dies zu $\gamma \, \dot{\boldsymbol{r}}^2$. In diesem Fall ist die Rayleighsche Dissipationsfunktion gleich der halben vom System gegen die Reibung abgegebenen Leistung.

Aufgaben

9.1 Bewegung in kugelsymmetrischem Potenzial

Die Bewegung eines Teilchens in einem kugelsymmetrischen Potenzial U soll mit Kugelkoordinaten beschrieben werden, also $q_1 = r,\, q_2 = \theta,\, q_3 = \phi$ und $U = U(r, t)$. Stellen Sie die Lagrangefunktion auf, und geben Sie eventuell vorhandene zyklische Koordinaten und die zugehörigen Erhaltungsgrößen an.

9.2 Form der kinetischen Energie

Die kinetische Energie sei von der Form $T = T(q, \dot{q}) = \sum_{i,k} m_{ik}(q)\, \dot{q}_i\, \dot{q}_k$ mit $m_{ik} = m_{ki}$. Zeigen Sie $\sum_n \dot{q}_n\, (\partial T / \partial \dot{q}_n) = 2T$.

9.3 Teilchen im elektromagnetischen Feld

Stellen Sie die Lagrangegleichungen für die Lagrangefunktion

$$\mathcal{L}(\boldsymbol{r}, \dot{\boldsymbol{r}}, t) = \frac{m}{2}\, \dot{\boldsymbol{r}}^2 - q\, \Phi(\boldsymbol{r}, t) + \frac{q}{c}\, \dot{\boldsymbol{r}} \cdot \boldsymbol{A}(\boldsymbol{r}, t)$$

auf. Bringen Sie diese Gleichungen in die Form $m\, \ddot{\boldsymbol{r}} = \boldsymbol{F}$ und zeigen Sie

$$\boldsymbol{F} = q \left(\boldsymbol{E} + \frac{\dot{\boldsymbol{r}}}{c} \times \boldsymbol{B} \right) \tag{9.53}$$

Verwenden Sie dabei $\boldsymbol{E} = -\mathrm{grad}\, \Phi - (\partial \boldsymbol{A} / \partial t)/c$ und $\boldsymbol{B} = \mathrm{rot}\, \boldsymbol{A}$.

Durch $\boldsymbol{E} = E_0\, \boldsymbol{e}_z$ und $\boldsymbol{B} = B_0\, \boldsymbol{e}_z$ ist ein homogenes, konstantes elektromagnetisches Feld gegeben. Berechnen und diskutieren Sie die Bahnkurve eines Teilchens (Masse m, Ladung q) für die Anfangsbedingungen $\boldsymbol{r}(0) = 0$ und $\dot{\boldsymbol{r}}(0) = v_0\, \boldsymbol{e}_x$.

10 Anwendungen II

Wir wenden die Lagrangegleichungen 2. Art auf alle Beispiele (schiefe Ebene, Massenpunkt auf der rotierenden Stange, Atwoodsche Fallmaschine) an, für die wir die Lagrangegleichungen 1. Art gelöst haben. Anhand des Doppelpendels und der krummlinigen Koordinaten wird demonstriert, dass der „Umweg" über die Lagrangefunktion viel einfacher ist als das direkte Aufstellen der Bewegungsgleichungen. Schließlich untersuchen wir die Lagrangegleichungen 2. Art noch für ein neues Beispiel (Massenpunkt auf einem Kreiszylinder).

Die Lagrangegleichungen 2. Art lauten:

$$\frac{d}{dt}\,\frac{\partial \mathcal{L}(q,\dot{q},t)}{\partial \dot{q}_k} = \frac{\partial \mathcal{L}(q,\dot{q},t)}{\partial q_k}, \qquad (k = 1, \ldots, f) \tag{10.1}$$

Ihre Anwendung auf konkrete Probleme kann man in folgende Schritte gliedern:

1. Wahl der verallgemeinerten Koordinaten $q = (q_1, \ldots, q_f)$ und Angabe der Transformation $x_n = x_n(q, t)$ zu kartesischen Koordinaten
2. Bestimmung der Lagrangefunktion $\mathcal{L}(q, \dot{q}, t)$
3. Aufstellung der Bewegungsgleichungen
4. Bestimmung von Erhaltungsgrößen
5. Lösung der Bewegungsgleichungen, eventuell unter Verwendung von Erhaltungsgrößen
6. Bestimmung der Integrationskonstanten
7. Diskussion der Lösung.

Wir betrachten zunächst die drei bereits in Kapitel 8 untersuchten Beispiele; da wir hier die Lösung bereits kennen und diskutiert haben, erfolgt dies in relativ knapper Form. Danach heben wir die Vorteile der jetzigen Formulierung am Beispiel des Doppelpendels und für krummlinige Koordinaten hervor. Schließlich behandeln wir systematisch und ausführlich ein neues Beispiel.

Schiefe Ebene

Für die schiefe Ebene, Abbildung 8.1, wählen wir die Weglänge s als verallgemeinerte Koordinate. Dann lautet die Transformation zu kartesischen Koordinaten

$$x = x(s) = s\,\cos\alpha, \quad y = y(s) = 0, \quad z = z(s) = s\,\sin\alpha \tag{10.2}$$

Aus $T = m\big(\dot{x}^2 + \dot{y}^2 + \dot{z}^2\big)/2$ und $U = m\,g\,z$ folgt

$$\mathcal{L}(s, \dot{s}) = T - U = \frac{m}{2}\,\dot{s}^2 - m\,g\,s\,\sin\alpha \tag{10.3}$$

Die Lagrangegleichung

$$m\,\ddot{s}(t) = -m\,g\,\sin\alpha \tag{10.4}$$

ist leicht zu integrieren:

$$s(t) = -\frac{g}{2}\,t^2\,\sin\alpha + v_0\,t + s_0 \tag{10.5}$$

Da weder $\mathcal{L}$ noch die Transformationen (10.2) explizit von der Zeit abhängen, ist die Energie erhalten:

$$E = T + U = \frac{m}{2}\,\dot{s}(t)^2 + m\,g\,s(t)\,\sin\alpha = \text{const.} \tag{10.6}$$

Da die Lagrangegleichung (10.4) trivial zu integrieren ist, bietet dieser Erhaltungssatz hier keinen praktischen Vorteil für die Lösung.

Massenpunkt auf rotierender Stange

Für den Massenpunkt auf der rotierenden Stange, Abbildung 8.2, wählen wir den Abstand ρ zum Zentrum als verallgemeinerte Koordinate. Dann gilt

$$x = x(\rho, t) = \rho\,\cos(\omega t)\,, \quad y = y(\rho, t) = \rho\,\sin(\omega t)\,, \quad z = 0 \tag{10.7}$$

Aus $\mathcal{L} = T = m\big(\dot{x}^2 + \dot{y}^2 + \dot{z}^2\big)/2$ und $U = 0$ erhalten wir

$$\mathcal{L}(\rho, \dot{\rho}) = T - U = \frac{m}{2}\,\big(\dot{\rho}^2 + \omega^2\rho^2\big) \tag{10.8}$$

Dies führt zur Bewegungsgleichung

$$\ddot{\rho}(t) = \omega^2\,\rho(t) \tag{10.9}$$

Die Aufstellung der Lagrangegleichungen 2. Art ist wesentlich einfacher als die der Lagrangegleichungen 1. Art (Kapitel 8). Die Lösung von (10.9) wurde in (8.37) angegeben.

Wegen $\partial\mathcal{L}/\partial t = 0$ gilt der Erhaltungssatz (9.36)

$$\frac{\partial\mathcal{L}}{\partial\dot{\rho}}\,\dot{\rho} - \mathcal{L} = \frac{m}{2}\,\big(\dot{\rho}^2 - \omega^2\rho^2\big) = \text{const.} \tag{10.10}$$

Wegen $\partial x_n/\partial t \neq 0$ ist dies nicht gleich der Energie. Die Energie

$$E = T + U = T = \frac{m}{2}\left(\dot{\rho}^2 + \omega^2\rho^2\right) \neq \text{const.} \tag{10.11}$$

ist trotz $\partial \mathcal{L}/\partial t = 0$ nicht erhalten. Die Erhaltungsgröße (10.10) könnte jedoch in Analogie zum Energiesatz in der Form $T_\rho + U_{\text{eff}} = \text{const.}$ geschrieben werden, wobei wir das effektive Potenzial

$$U_{\text{eff}}(\rho) = -\frac{m}{2}\,\omega^2\rho^2 \quad \text{und} \quad T_\rho = \frac{m}{2}\,\dot{\rho}^2 \tag{10.12}$$

eingeführt haben. Der Beitrag U_{eff} ist ein Teil der kinetischen Energie (in IS). Für einen mitrotierenden Beobachter, der nur die ρ-Bewegung sieht, erscheint er dagegen wie die potenzielle Energie eines äußeren Kraftfelds.

Atwoodsche Fallmaschine

Die Atwoodsche Fallmaschine, Abbildung 8.3, ist ein System mit einem Freiheitsgrad q. Als verallgemeinerte Koordinate wählen wir $q = x_1$. Dann ist die Transformation zu den kartesischen Koordinaten durch

$$x_1 = q\,, \quad x_2 = l - q\,, \quad y_1 = -R\,, \quad y_2 = R\,, \quad z_1 = z_2 = 0 \tag{10.13}$$

gegeben. Die kinetische Energie lautet

$$T = \frac{1}{2}\left(m_1\,\dot{x_1}^2 + m_2\,\dot{x_2}^2\right) = \frac{1}{2}\,(m_1 + m_2)\,\dot{q}^2 \tag{10.14}$$

Die potenzielle Energie ist

$$U = -m_1\,g\,x_1 - m_2\,g\,x_2 = g\,(m_2 - m_1)\,q + \text{const.} \tag{10.15}$$

Die Konstante fällt in den Bewegungsgleichungen weg und kann daher gestrichen werden. Somit ist

$$\mathcal{L}(q, \dot{q}) = \frac{m_1 + m_2}{2}\,\dot{q}^2 - g\,(m_2 - m_1)\,q \tag{10.16}$$

Hieraus folgen die Lagrangegleichungen

$$(m_1 + m_2)\,\ddot{q}(t) = (m_1 - m_2)\,g \tag{10.17}$$

in Übereinstimmung mit (8.43).

Doppelpendel

In den drei bisher diskutierten Beispielen könnte man die Bewegungsgleichungen für die verallgemeinerten Koordinaten auch direkt aufstellen. Im nächsten Beispiel, dem Doppelpendel in Abbildung 9.1, zeigt sich, dass der „Umweg" über die Lagrangefunktion eine wesentliche *Vereinfachung* mit sich bringt.

In (9.10) haben wir die Winkel φ_1 und φ_2 als geeignete verallgemeinerte Koordinaten des Doppelpendels eingeführt:

$$\begin{aligned} x_1 &= l_1 \sin\varphi_1 & x_2 &= l_1 \sin\varphi_1 + l_2 \sin\varphi_2 \\ y_1 &= -l_1 \cos\varphi_1 & y_2 &= -l_1 \cos\varphi_1 - l_2 \cos\varphi_2 \\ z_1 &= 0 & z_2 &= 0 \end{aligned} \tag{10.18}$$

Daraus folgt die kinetische Energie,

$$\begin{aligned} T &= \frac{m_1}{2}\left(\dot{x}_1^2 + \dot{y}_1^2 + \dot{z}_1^2\right) + \frac{m_2}{2}\left(\dot{x}_2^2 + \dot{y}_2^2 + \dot{z}_2^2\right) = \\ &= \frac{m_1}{2}\, l_1^2\, \dot{\varphi}_1^2 + \frac{m_2}{2}\left[\, l_1^2\, \dot{\varphi}_1^2 + l_2^2\, \dot{\varphi}_2^2 + 2\, l_1\, l_2 \cos(\varphi_1 - \varphi_2)\, \dot{\varphi}_1\, \dot{\varphi}_2 \right] \end{aligned} \tag{10.19}$$

Zusammen mit der potenziellen Energie $U = m_1 g\, y_1 + m_2 g\, y_2$ erhalten wir

$$\begin{aligned} \mathcal{L} &= \frac{m_1 + m_2}{2}\, l_1^2\, \dot{\varphi}_1^2 + \frac{m_2}{2}\, l_2^2\, \dot{\varphi}_2^2 + m_2\, l_1\, l_2\, \dot{\varphi}_1\, \dot{\varphi}_2 \cos(\varphi_1 - \varphi_2) \\ &\quad + (m_1 + m_2)\, g\, l_1 \cos\varphi_1 + m_2\, g\, l_2 \cos\varphi_2 \end{aligned} \tag{10.20}$$

Hiermit können die Bewegungsgleichungen (10.1) angeschrieben werden. Eine direkte Aufstellung der Bewegungsgleichungen für $\varphi_1(t)$ und $\varphi_2(t)$ ist in diesem Fall bereits schwierig (dazu betrachte man etwa die $\dot{\varphi}_1\, \dot{\varphi}_2$–Terme). Unser Vorgehen besteht dagegen aus einfachen Schritten: Die Wahl der Koordinaten (10.18) ist naheliegend und einfach, die Schritte zu (10.20) und den Bewegungsgleichungen sind eindeutig festgelegt. Geht man nun etwa zum Dreifachpendel über, so ist der hier aufgezeigte Weg ohne weiteres übertragbar (mit etwas Fleiß, aber ohne neue Geistesblitze). Dies gilt nicht für eine direkte Konstruktion der Bewegungsgleichungen aus Newtons Axiomen.

Für kleine Schwingungen des Doppelpendels sollen die Bewegungsgleichungen in Aufgabe 10.1 gelöst werden.

Krummlinige Koordinaten

Die Bewegungsgleichung eines Massenpunkts soll in *krummlinigen Koordinaten* aufgestellt werden. Diese Aufgabe lässt sich am einfachsten mit Hilfe der Lagrangefunktion lösen.

Als verallgemeinerte Koordinaten wählen wir die gewünschten krummlinigen Koordinaten (etwa Zylinder- oder Kugelkoordinaten). In diesem Fall ist (9.4) einfach die Transformation zwischen den kartesischen und den krummlinigen Koordinaten. Die Anzahl der kartesischen Koordinaten ist gleich derjenigen der verallgemeinerten (krummlinigen) Koordinaten; denn es gibt keine Zwangsbedingung. Die Transformation zu beliebigen krummlinigen Koordinaten ist von der Form:

$$x_n = x_n(q_1, .., q_N)\,, \qquad n = 1, ..., N \tag{10.21}$$

Dann ist

$$dx_n = \sum_{k=1}^{N} \frac{\partial x_n}{\partial q_k}\, dq_k \tag{10.22}$$

und

$$ds^2 = \sum_{n=1}^{N} (dx_n)^2 = \sum_{n=1}^{N} \sum_{i,k=1}^{N} \frac{\partial x_n}{\partial q_i} \frac{\partial x_n}{\partial q_k}\, dq_i\, dq_k = \sum_{i,k=1}^{N} g_{ik}(q)\, dq_i\, dq_k \tag{10.23}$$

Dabei haben wir die Funktionen $g_{ik}(q) = \sum_n (\partial x_n/\partial q_i)\,(\partial x_n/\partial q_k)$ eingeführt. Das *Wegelement ds* bestimmt die Abstände zwischen verschiedenen Punkten des Raums, also die *Metrik* des Raums. Die Gesamtheit der Größen g_{ik} heißt daher auch metrischer Tensor; der Begriff Tensor wird dabei allerdings in einem anderen Sinn als in Teil V verwendet.

Wir betrachten nun speziell *ein* Teilchen, also $N = 3$ und $(x_1, x_2, x_3) = (x, y, z)$. Wir beschränken uns ferner auf *orthogonale* Koordinaten, die dadurch definiert sind, dass der metrische Tensor von der Form $g_{ik} = h_i(q)^2\, \delta_{ik}$ ist. Zu diesen Koordinaten gehören unter anderen die kartesischen Koordinaten, Kugelkoordinaten, Zylinderkoordinaten, elliptische oder hyperbolische Koordinaten. Für die ersten drei Beispiele lautet das Quadrat des Wegelements:

$$ds^2 = \sum_{i,k=1}^{3} g_{ik}(q)\, dq_i\, dq_k = \begin{cases} dx^2 + dy^2 + dz^2 & \text{(Kartes. K.)} \\ d\rho^2 + \rho^2\, d\varphi^2 + dz^2 & \text{(Zylinder-K.)} \\ dr^2 + r^2\, d\theta^2 + r^2 \sin^2\theta\, d\phi^2 & \text{(Kugel-K.)} \end{cases} \tag{10.24}$$

Die Lagrangefunktion $\mathcal{L}$ eines freien Teilchens folgt aus

$$\mathcal{L}(q, \dot{q}) = T(q, \dot{q}) = \frac{m}{2} \sum_{n=1}^{3} \left(\frac{dx_n}{dt}\right)^2 = \frac{m}{2} \sum_{i,k=1}^{3} g_{ik}(q)\, \dot{q}_i\, \dot{q}_k \tag{10.25}$$

Für die in (10.24) aufgeführten Fälle wird dies zu

$$\mathcal{L}(q, \dot{q}) = \begin{cases} \dfrac{m}{2}\left(\dot{x}^2 + \dot{y}^2 + \dot{z}^2\right) & \text{(Kartesische Koord.)} \\ \dfrac{m}{2}\left(\dot{\rho}^2 + \rho^2\, \dot{\varphi}^2 + \dot{z}^2\right) & \text{(Zylinderkoordinaten)} \\ \dfrac{m}{2}\left(\dot{r}^2 + r^2\, \dot{\theta}^2 + r^2 \sin^2\theta\, \dot{\phi}^2\right) & \text{(Kugelkoordinaten)} \end{cases} \tag{10.26}$$

Die Bewegungsgleichungen folgen aus

$$\frac{d}{dt}\frac{\partial \mathcal{L}}{\partial \dot{q}_k} = \frac{\partial \mathcal{L}}{\partial q_k} \tag{10.27}$$

Das hier angegebene Verfahren ist viel einfacher als etwa die Ableitung (1.8)–(1.14) für Polarkoordinaten. Bei der direkten Aufstellung der Bewegungsgleichung muss die Ortsabhängigkeit der Basisvektoren berücksichtigt werden. Dagegen ist die Lagrangefunktion die skalare kinetische Energie, die (für beliebige Koordinaten) leicht zu bestimmen ist.

Massenpunkt auf einem Kreiskegel

Wir betrachten einen Massenpunkt, der sich im Schwerefeld reibungsfrei auf einem Kreiskegel bewegt, Abbildung 10.1. Dies kann man sich etwa durch eine kleine Kugel realisiert denken, die im Inneren eines kegelförmigen Trichters rollt; dabei wird die Rotationsenergie der Kugel vernachlässigt. Für dieses neue Beispiel geben wir ausführlich alle Schritte bis zur Lösung an, die zu Beginn dieses Kapitels angegeben wurden.

Wahl der verallgemeinerten Koordinaten: Das System unterliegt der Zwangsbedingung

$$g(x, y, z) = x^2 + y^2 - z^2 \tan^2\alpha = 0 \tag{10.28}$$

Bei einer Zwangsbedingung und drei kartesischen Koordinaten sind zwei verallgemeinerte Koordinaten zu wählen. In Frage kommen etwa

$$(x, y), \quad (x, z), \quad (r, \phi), \quad (\rho, \phi) \quad \text{oder} \quad (z, \phi) \tag{10.29}$$

Besonders geeignet sind solche verallgemeinerten Koordinaten, die der Symmetrie des Systems angepasst sind. In unserem Fall ist dies die Koordinate ϕ, da das Problem symmetrisch bezüglich Rotationen um die z-Achse ist. Als zweite Koordinate

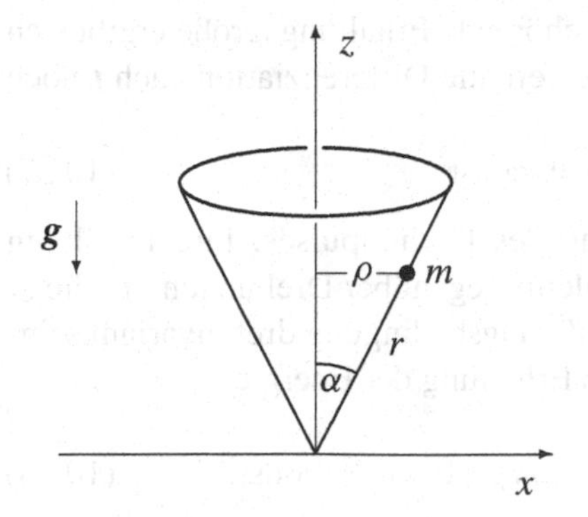

Abbildung 10.1 Im Schwerefeld gleitet ein Teilchen reibungsfrei auf einem Kreiskegel.

wählen wir r; gleichermaßen geeignet wären ρ oder z. Damit lautet die Transformation zu kartesischen Koordinaten

$$\begin{aligned} x &= x(r,\phi) = r\,\sin\alpha\,\cos\phi \\ y &= y(r,\phi) = r\,\sin\alpha\,\sin\phi \\ z &= z(r,\phi) = r\,\cos\alpha \end{aligned} \tag{10.30}$$

Man beachte, dass α ein Parameter und keine Koordinate ist.
Bestimmung der Lagrangefunktion: Aus den Transformationsgleichungen folgt

$$\begin{aligned} \dot{x} &= \dot{x}(r,\phi,\dot{r},\dot{\phi}) = \dot{r}\,\sin\alpha\,\cos\phi - r\,\sin\alpha\,\sin\phi\,\dot{\phi} \\ \dot{y} &= \dot{y}(r,\phi,\dot{r},\dot{\phi}) = \dot{r}\,\sin\alpha\,\sin\phi + r\,\sin\alpha\,\cos\phi\,\dot{\phi} \\ \dot{z} &= \dot{z}(\dot{r}) = \dot{r}\,\cos\alpha \end{aligned} \tag{10.31}$$

Die kinetische und die potenzielle Energie sind als Funktionen der verallgemeinerten Koordinaten anzuschreiben:

$$T = \frac{m}{2}\left(\dot{x}^2+\dot{y}^2+\dot{z}^2\right) = \frac{m}{2}\left(\dot{r}^2 + r^2\,\dot{\phi}^2\,\sin^2\alpha\right) \tag{10.32}$$

$$U = m\,g\,z = m\,g\,r\,\cos\alpha \tag{10.33}$$

Damit lautet die Lagrangefunktion

$$\mathcal{L}(r,\dot{r},\dot{\phi}) = T - U = \frac{m}{2}\left(\dot{r}^2 + r^2\,\dot{\phi}^2\,\sin^2\alpha\right) - m\,g\,r\,\cos\alpha \tag{10.34}$$

Aufstellung der Bewegungsgleichungen:

$$\frac{d}{dt}\frac{\partial\mathcal{L}}{\partial\dot{r}} - \frac{\partial\mathcal{L}}{\partial r} = m\,\ddot{r} - m\,r\,\dot{\phi}^2\,\sin^2\alpha + m\,g\,\cos\alpha = 0 \tag{10.35}$$

$$\frac{d}{dt}\frac{\partial\mathcal{L}}{\partial\dot{\phi}} - \frac{\partial\mathcal{L}}{\partial\phi} = \frac{d}{dt}\left(m\,r^2\,\dot{\phi}\,\sin^2\alpha\right) = 0 \tag{10.36}$$

Erhaltungsgrößen: Die Lagrangefunktion $\mathcal{L}(r,\dot{r},\dot{\phi})$ hängt weder von ϕ noch von t explizit ab. Die zur zyklischen Koordinate gehörende Erhaltungsgröße ergibt sich direkt aus der Bewegungsgleichung (10.36), sofern die Differenziation nach t noch nicht ausgeführt ist:

$$\ell = m\,r^2\,\dot{\phi}\,\sin^2\alpha = \text{const.} \tag{10.37}$$

Diese Erhaltungsgröße ist die z-Komponente des Drehimpulses. Ihre Erhaltung folgt aus der Invarianz des vorliegenden Problems gegenüber Drehungen um die z-Achse; hierfür müssen das Potenzial *und* die Zwangsbedingung drehinvariant sein.

Aus $\partial\mathcal{L}/\partial t = 0$ und $\partial x_n/\partial t = 0$ folgt die Erhaltung der Energie,

$$E = T + U = \frac{m}{2}\left(\dot{r}^2 + r^2\,\dot{\phi}^2\,\sin^2\alpha\right) + m\,g\,r\,\cos\alpha = \text{const.} \tag{10.38}$$

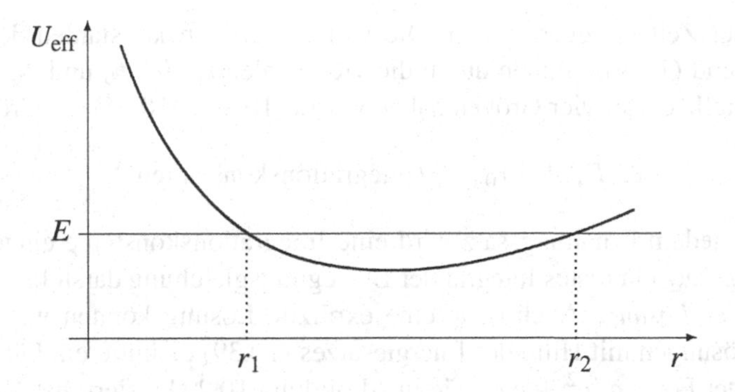

Abbildung 10.2 Graphische Diskussion der Bewegung des Teilchens auf dem Kreiskegel (Abbildung 10.1). Die Energie des Teilchens ist erhalten, $E = m\,\dot{r}^2/2 + U_{\text{eff}}(r) = \text{const.}$ Die Gleichung $E = U_{\text{eff}}(r)$ hat zwei Lösungen, r_1 und r_2. Die Energie $m\,\dot{r}^2/2 \geq 0$ ist gleich dem vertikalen Abstand zwischen der Horizontalen $E = \text{const.}$ und $U_{\text{eff}}(r)$. Das Teilchen oszilliert zwischen den Umkehrpunkten r_1 und r_2.

Lösung der Bewegungsgleichung: Jede Erhaltungsgröße stellt ein erstes Integral der Bewegungsgleichungen dar, kann also eine der Bewegungsgleichungen ersetzen. So ersetzt (10.37) trivialerweise (10.36). Mit (10.37) eliminieren wir $\dot{\phi}$ aus (10.38) und erhalten

$$E = \frac{m\,\dot{r}^2}{2} + U_{\text{eff}}(r)\,, \qquad U_{\text{eff}}(r) = \frac{\ell^2}{2m\,r^2\,\sin^2\!\alpha} + m\,g\,r\,\cos\alpha \tag{10.39}$$

Die beiden Gleichungen (10.37) und (10.39) sind Differenzialgleichungen 1. Ordnung. Sie können die Bewegungsgleichungen (10.35) und (10.36) (beides Differenzialgleichung 2. Ordnung) ersetzen.

Gleichung (10.39) ist äquivalent zu dem in (2.21) diskutierten Problem. Wie dort lösen wir nach $dr/dt = f(r)$ auf und integrieren gemäß $\int dt = \int dr/f(r)$,

$$\int_{t_0}^{t} dt' = t - t_0 = \int_{r_0}^{r} dr' \sqrt{\frac{m}{2[E - U_{\text{eff}}(r')]}} \tag{10.40}$$

Die Lösung des Integrals ist eine Funktion $t = t(r)$ oder, nach r aufgelöst, $r = r(t)$. Als elliptisches Integral kann (10.40) allerdings nicht elementar gelöst werden; es könnte aber numerisch gelöst werden. Aus der Lösung $r(t)$ ergibt sich dann auch $\phi(t)$ durch die Integration von (10.37):

$$\phi(t) - \phi_0 = \frac{\ell}{m\,\sin^2\!\alpha} \int_{t_0}^{t} \frac{dt'}{r(t')^2} \tag{10.41}$$

Integrationskonstanten: Für die vollständige Festlegung der Lösung müssen die vier Anfangsbedingungen

$$r(t_0) = r_0, \quad \dot{r}(t_0) = \dot{r}_0, \quad \phi(t_0) = \phi_0, \quad \dot{\phi}(t_0) = \dot{\phi}_0 \tag{10.42}$$

zu irgendeiner Zeit t_0 gegeben sein. Die vier Integrationskonstanten der Lösung von (10.35) und (10.36) können durch die vier Zahlen r_0, $\dot{r}_0$, ϕ_0 und $\dot{\phi}_0$ festgelegt werden. Anstelle dieser vier Größen haben wir in (10.40), (10.41) die Größen

$$\ell,\ E,\ \phi_0,\ r_0 \qquad \text{(Integrationskonstanten)} \tag{10.43}$$

gewählt. Mit jedem Erhaltungssatz wird eine Integrationskonstante eingeführt, da der Erhaltungssatz ein erstes Integral der Bewegungsgleichung darstellt.

Diskussion der Lösung: Auch ohne eine explizite Lösung können wir die Form möglicher Lösungen mit Hilfe des Energiesatzes (10.39) diskutieren. Für $\ell \neq 0$ ist $U_{\text{eff}}(r)$ von der Form $a/r^2 + b\,r$. Wie in Abbildung 10.2 skizziert, hat $U_{\text{eff}}(r)$ also ein Minimum und geht für $r \to 0$ und $r \to \infty$ gegen unendlich. Durch E und ℓ sind die beiden Umkehrpunkte r_1 und r_2 festgelegt, Abbildung 10.2. Die Lösung $r(t)$ oszilliert zwischen r_1 und r_2. Gleichzeitig erfolgt wegen $\dot{\phi} \neq 0$ eine Bewegung in ϕ-Richtung. Der Massenpunkt gleitet im Kegel auf einer Wellenlinie auf und ab, die durch die Kreise bei $z_1 = r_1 \cos\alpha$ und $z_2 = r_2 \cos\alpha$ begrenzt ist. Diese Wellenlinie ist im Allgemeinen nicht in sich geschlossen.

Aufgaben

10.1 Kleine Schwingungen des Doppelpendels

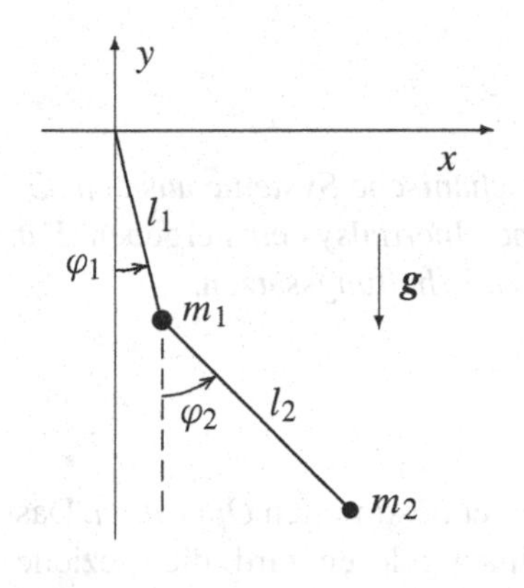

Formulieren Sie die Zwangsbedingungen für das ebene Doppelpendel, und führen Sie die Winkel φ_1 und φ_2 als generalisierte Koordinaten ein. Stellen Sie die Lagrangegleichungen auf. Beschränken Sie sich auf kleine Schwingungen und lösen Sie die Gleichungen mit dem Ansatz

$$\begin{pmatrix} \varphi_1(t) \\ \varphi_2(t) \end{pmatrix} = \begin{pmatrix} a_1 \\ a_2 \end{pmatrix} \exp(\mathrm{i}\omega t)$$

Diskutieren Sie die Lösung für die folgenden drei Fälle: (i) $m_1 \ll m_2$, (ii) $m_1 \gg m_2$ und (iii) $m_1 = m_2 = m,\ l_1 = l_2 = l$.

10.2 Hantel mit Reibungskraft

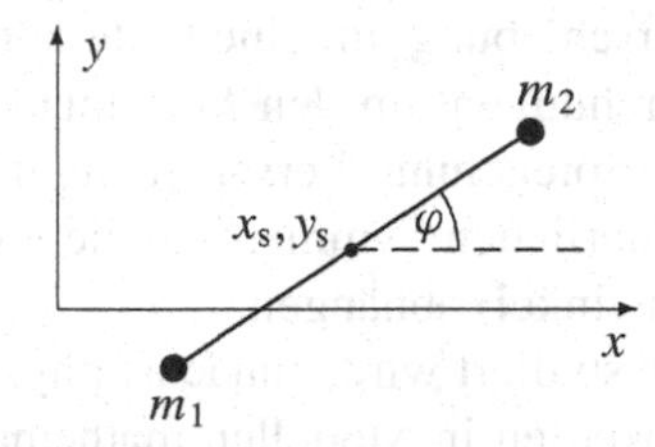

Zwei Punktmassen sind durch eine masselose Stange der Länge L starr zu einer Hantel verbunden und können sich in der x-y-Ebene bewegen. Beide Massen unterliegen einer Reibungskraft, die proportional zu ihrer Geschwindigkeit ist.

Stellen Sie die Lagrangefunktion auf. Verwenden Sie als verallgemeinerte Koordinaten q_k die Schwerpunktkoordinaten x_s, y_s der Hantel und den Winkel φ zwischen der Hantel und der x-Achse. Berechnen Sie die verallgemeinerten Reibungskräfte Q_k. Geben Sie die allgemeine Lösung der Bewegungsgleichungen an.

11 Raum-Zeit-Symmetrien

Wir untersuchen die Konsequenzen, die sich für mechanische Systeme aus den allgemeinen Symmetrien des Raums und der Zeit eines Inertialsystems ergeben. Für abgeschlossene Systeme führen diese Symmetrien zu Erhaltungssätzen.

Einführung

Unter *Symmetrie* versteht man die *Invarianz* unter einer bestimmten *Operation*. Das Wort „neben“ verändert sich nicht, wenn es von hinten gelesen wird; die spezielle Symmetrie dieses Wortes besteht in der Invarianz unter der Operation, die die Reihenfolge der Buchstaben umkehrt. Ein Schachbrett ist invariant unter der Operation „Vertauschung von hellen und dunklen Feldern, und Drehung um $\pi/2$“. Ein (unendlicher) Kristall ist invariant unter räumlicher Verschiebung um eine Gitterkonstante. Eine Kugel ist invariant unter beliebigen Drehungen um den Mittelpunkt. Man unterscheidet zwischen diskreten Symmetrien (Spiegelung, Verschiebung um eine Gitterkonstante, Drehung um $\pi/2$) und kontinuierlichen Symmetrien, die von einem kontinuierlichen Parameter (etwa einem Drehwinkel) abhängen.

In der Physik sind die Objekte, deren Symmetrie studiert wird, zunächst physikalische Systeme. Die Systeme und ihre Dynamik werden in Modellen mathematisch beschrieben. Die Symmetrie der Systeme sollte sich daher in den mathematischen Beziehungen oder Objekten (wie Bewegungsgleichung oder Lagrangefunktion) zeigen, die das System beschreiben. In Kapitel 5 haben wir untersucht, unter welchen Operationen (die dort Transformationen genannt wurden) Newtons 1. Axiom forminvariant ist. Dies führte zur allgemeinen Galileitransformation (5.9). In den letzten Kapiteln haben wir die Lagrangefunktion $\mathcal{L}$ eingeführt, die das betrachtete System charakterisiert; aus $\mathcal{L}$ folgen insbesondere die Bewegungsgleichungen. In diesem Kapitel untersuchen wir, wie sich die Lagrangefunktion unter aktiven Galileitransformationen verhält. Als Ergebnis erhalten wir die Aussage, dass aus jeder Invarianz der Lagrangefunktion (also aus jeder Symmetrie des Systems) ein Erhaltungssatz folgt.

Wir gehen von einem Inertialsystem (IS) mit den Koordinaten x_1, x_2, x_3 und t aus. Wir betrachten die Operation

$$x_i \to x_i^*\,, \qquad t \to t^* \tag{11.1}$$

wobei x_i^*, t^* und x_i, t durch eine Galileitransformation verknüpft sein sollen:

$$x_i^* = \sum_{j=1}^{3} \alpha_{ij}\, x_j - v_i\, t - a_i\,, \qquad t^* = t - t_0 \tag{11.2}$$

Wie bereits in Kapitel 5 diskutiert, kann eine Galileitransformation unter folgenden Gesichtspunkten betrachtet werden:

(i) Passive Transformation: Dasselbe physikalische System wird von zwei verschiedenen IS aus betrachtet. Dann verknüpft (11.2) die Koordinaten, die dasselbe Ereignis in den beiden IS hat.

(ii) Aktive Transformation: In einem IS werden zwei Systeme betrachtet, die durch die Transformation auseinander hervorgehen. Dann verknüpft (11.2) die Koordinaten eines Ereignisses in dem einen System mit denen des zugehörigen Ereignisses in dem transformierten System.

Im Folgenden untersuchen wir aktive Transformationen, also etwa die Verschiebung oder Drehung eines physikalischen Systems. Dabei verwenden wir die Begriffe Transformation und Operation synonym; im engeren Sinn bezieht sich der Begriff Transformation auf die Gleichung (11.1) mit (11.2), und der Begriff Operation auf die dadurch beschriebene Verschiebung oder Drehung.

Durch (11.1) mit (11.2) werden im Einzelnen folgende Operationen beschrieben:

1. Zeitliche Verschiebung um einen konstanten Betrag t_0
2. Räumliche Verschiebung um einen konstanten Vektor a_i
3. Räumliche Drehung um drei konstante Winkel (in α_{ij} enthalten)
4. Räumliche Verschiebung um den zeitabhängigen Vektor $v_i\, t$.

Äußere Einflüsse auf ein System führen im Allgemeinen dazu, dass das System nicht invariant unter den angeführten Operationen ist. So wird zum Beispiel das Billardspiel entscheidend verändert, wenn die Platte etwas gekippt wird; das Schwerefeld der Erde zeichnet die vertikale Richtung aus. Das Billardspiel ist aber invariant unter Drehungen um die Vertikale oder Verschiebungen in horizontaler Richtung; auch kann man in einem mit konstanter Geschwindigkeit fahrenden Zug Billard spielen. Dagegen wäre ein dreidimensionales Billard im Inneren eines Würfels (ohne Gravitationsfeld) ein System, das bezüglich aller vier Operationen symmetrisch ist. Dies gilt auch für unser Sonnensystem, wenn wir das Gravitationsfeld unserer Galaxie (und eventuelle sonstige äußere Störungen) vernachlässigen. Ein System, das keinen äußeren Einflüssen unterliegt (oder für das sie vernachlässigt werden können), heißt *abgeschlossen*.

Alle Erfahrungstatsachen sind mit der Annahme verträglich, dass abgeschlossene Systeme unter folgenden Bedingungen in gleicher Weise funktionieren:

1. Heute, morgen oder in 10^8 Jahren
2. Hier oder in einer Entfernung von 10^8 Lichtjahren
3. So, wie es vorliegt, oder irgendwie gedreht
4. So, wie es vorliegt, oder mit konstanter Geschwindigkeit relativ dazu bewegt.

„In gleicher Weise funktionieren“ bedeutet dabei „nach den gleichen Gesetzen ablaufen“. In diesem Sinn sind abgeschlossene Systeme invariant unter den betrachteten Operationen. Da diese Symmetrien für *alle* abgeschlossenen Systeme gelten, stellen sie Eigenschaften des Raums und der Zeit dar. Die Symmetrien heißen:

1. Homogenität der Zeit
2. Homogenität des Raums
3. Isotropie des Raums
4. Relativität der Raum-Zeit.

Unsere Diskussion bezieht sich auf Inertialsysteme (IS). Die soeben aufgezählten Homogenitäts-, Isotropie- und Relativitätseigenschaften gelten nur für die Raum-Zeit eines IS. So sind zum Beispiel nur für ein IS alle Richtungen gleichwertig; ein relativ dazu rotierendes System hat dagegen eine ausgezeichnete Richtung (die Drehachse relativ zu IS). Im Gegensatz zu den ersten drei Symmetrien bezieht sich die vierte zugleich auf Raum *und* Zeit; die zugehörige Transformation verknüpft Raum- und Zeitkoordinaten.

Die Aussage, dass Raum und Zeit eines IS die aufgezählten Symmetrien hat, ist eine *Annahme*, die mit allen Erfahrungstatsachen in Einklang steht. Insbesondere gibt es weitreichende Konsequenzen (wie die zugehörigen Erhaltungssätze), die experimentell gut verifiziert sind. Dabei sind zwei Einschränkungen zu machen: Einmal gilt die Relativität der Raum-Zeit (Relativitätsprinzip) zwar allgemein, aber die Transformation (11.2) ist hierfür nur richtig, wenn die betrachtete Relativgeschwindigkeit klein gegenüber der Lichtgeschwindigkeit ist. Zum anderen gibt es für kosmische Maßstäbe (etwa über Entfernungen von 10^{10} Lichtjahren) kein globales IS; lokale IS (etwa im Bereich der Milchstraße) sind dagegen möglich.

Die aufgeführten Raum-Zeit-Symmetrien haben wir in Kapitel 5 für Newtons 1. Axiom diskutiert. Wir wenden diese Diskussion jetzt auf allgemeinere mechanische Systeme an, die wir durch eine Lagrangefunktion beschreiben. Das allgemeinste System, das wir bisher behandelt haben, ist ein System aus Massenpunkten mit der Lagrangefunktion

$$\mathcal{L}(\boldsymbol{r}_1, \ldots, \boldsymbol{r}_N, \dot{\boldsymbol{r}}_1, \ldots, \dot{\boldsymbol{r}}_N, t) = \frac{1}{2} \sum_{\nu=1}^{N} m_\nu \, \dot{\boldsymbol{r}}_\nu^{\,2} - U(\boldsymbol{r}_1, \ldots, \boldsymbol{r}_N, t) \qquad (11.3)$$

Der Ortsvektor des ν-ten Massenpunkts kann durch kartesische Koordinaten dargestellt werden, $\boldsymbol{r}_\nu := (x_1^\nu, x_2^\nu, x_3^\nu)$. Für diese kartesischen Koordinaten wird die Transformation (11.1) betrachtet. Es gebe keine Zwangsbedingungen. Dies ist für die folgenden allgemeinen Betrachtungen keine wesentliche Einschränkung, da Zwangsbedingungen durch geeignete Potenzialbeiträge ersetzt werden können. Das Potenzial U umfasst im Allgemeinen die Beiträge von inneren und äußeren Kräften; ein Beispiel für U ist (4.36).

Das durch (11.3) beschriebene System könnte zum Beispiel unser Sonnensystem mit allen Planeten und Monden sein, oder auch ein vielatomiges Molekül, das Rotationen und Schwingungen ausführt.

Neben (11.3) betrachten wir speziell ein *abgeschlossenes* System. Dies bedeutet zum Beispiel, dass wir für das Sonnensystem das Gravitationsfeld der Galaxie vernachlässigen, oder dass wir keine äußeren elektromagnetischen Felder für ein Molekül zulassen. Für die inneren Kräfte nehmen wir die in Kapitel 4 diskutierte Form an. Die Lagrangefunktion des abgeschlossenen Systems ist dann

$$\mathcal{L}_0(\boldsymbol{r}_1,..., \boldsymbol{r}_N, \dot{\boldsymbol{r}}_1,..., \dot{\boldsymbol{r}}_N) = \frac{1}{2}\sum_{\nu=1}^{N} m_\nu \dot{\boldsymbol{r}}_\nu^{\,2} - \sum_{\nu=2}^{N}\sum_{\mu=1}^{\nu-1} U_{\nu\mu}(|\boldsymbol{r}_\nu - \boldsymbol{r}_\mu|) \qquad (11.4)$$

Das abgeschlossene, durch $\mathcal{L}_0$ beschriebene System besitzt die hier diskutierten Raum-Zeit-Symmetrien. Wir untersuchen, wie dies an der Lagrangefunktion $\mathcal{L}_0$ zu erkennen ist, und identifizieren die zugehörigen Erhaltungsgrößen.

Homogenität der Zeit

Wir schreiben die jeweiligen Transformationen in Abhängigkeit von einem Parameter ϵ an, wobei $\epsilon = 0$ die Identitätstransformation ergeben soll. Dadurch erhalten wir eine einheitliche Form der Invarianzbedingung.

Wir beginnen mit zeitlichen Verschiebungen, also mit der Transformation

$$\boldsymbol{r}_\nu \to \boldsymbol{r}_\nu^* = \boldsymbol{r}_\nu, \qquad t \to t^* = t + \epsilon \qquad (11.5)$$

Dies ist ein Spezialfall von (11.1) und (11.2). Aus $\boldsymbol{r}_\nu^* = \boldsymbol{r}_\nu$ und $dt^* = dt$ folgt $d\boldsymbol{r}_\nu^*/dt^* = d\boldsymbol{r}_\nu/dt$ oder $\dot{\boldsymbol{r}}^* = \dot{\boldsymbol{r}}$. Für eine allgemeine Vielteilchen-Lagrangefunktion gilt daher

$$\mathcal{L}^* = \mathcal{L}(..., \boldsymbol{r}_\nu^*,..., \dot{\boldsymbol{r}}_\nu^*,..., t^*) = \mathcal{L}(..., \boldsymbol{r}_\nu,..., \dot{\boldsymbol{r}}_\nu,..., t + \epsilon) \qquad (11.6)$$

Unter Berücksichtigung der Bewegungsgleichungen kann $d\mathcal{L}^*/d\epsilon$ in eine totale Zeitableitung umgeformt werden:

$$\left(\frac{d\mathcal{L}^*}{d\epsilon}\right)_{\epsilon=0} = \frac{\partial \mathcal{L}}{\partial t} \overset{(9.35)}{=} \frac{d}{dt}\left(\mathcal{L} - \sum_{\nu=1}^{N} \frac{\partial \mathcal{L}}{\partial \dot{\boldsymbol{r}}_\nu}\cdot \dot{\boldsymbol{r}}_\nu\right) \qquad (11.7)$$

Die partiellen Ableitungen nach Vektoren sind wie in (4.20) definiert.

Die Lagrangefunktion $\mathcal{L}_0$ eines abgeschlossenen Systems (11.4) hängt nicht explizit von der Zeit ab; daher gilt $d\mathcal{L}_0^*/d\epsilon = 0$. Hiermit erhalten wir

$$\left(\frac{d\mathcal{L}_0^*}{d\epsilon}\right)_{\epsilon=0} = 0 \quad \overset{(11.7)}{\Longrightarrow} \quad \mathcal{L}_0 - \sum_{\nu=1}^{N} \frac{\partial \mathcal{L}_0}{\partial \dot{\boldsymbol{r}}_\nu}\cdot \dot{\boldsymbol{r}}_\nu = -(T + U) = \text{const.} \qquad (11.8)$$

Hierbei wurde $\mathcal{L}_0 = T - U$ und $\sum(\partial\mathcal{L}_0/\partial\dot{\boldsymbol{r}}_\nu)\cdot\dot{\boldsymbol{r}}_\nu = 2T$ verwendet. Auf der linken Seite von (11.8) steht die Symmetrie- oder Invarianzbedingung, auf der rechten Seite die zugehörige Erhaltungsgröße. Dieses Schema wiederholt sich bei den im Folgenden betrachteten Symmetrien.

Wir haben den Zusammenhang zwischen der Invarianz gegenüber (11.5) und der Energieerhaltung für ein relativ allgemeines mechanisches System gezeigt. Dieser Zusammenhang gilt tatsächlich für alle Gebiete der Physik: Die Energie eines abgeschlossenen Systems wird als diejenige Erhaltungsgröße identifiziert, die sich aus der Homogenität der Zeit ergibt:

$$\boxed{\text{Homogenität der Zeit} \quad\longrightarrow\quad \text{Energieerhaltung}} \tag{11.9}$$

Homogenität des Raums

Wir betrachten eine räumliche Verschiebung um ϵ in $\boldsymbol{n}$-Richtung:

$$\boldsymbol{r}_\nu \to \boldsymbol{r}_\nu^* = \boldsymbol{r}_\nu + \epsilon\,\boldsymbol{n}\,, \qquad t \;\to\; t^* = t \tag{11.10}$$

Dies ist ein Spezialfall von (11.1) und (11.2). Der Einheitsvektor $\boldsymbol{n}$ habe eine beliebige konstante Richtung; es könnte sich zum Beispiel um $\boldsymbol{e}_x$, $\boldsymbol{e}_y$ oder $\boldsymbol{e}_z$ handeln. Für eine allgemeine Lagrangefunktion ergibt die Transformation (11.10)

$$\mathcal{L}^* = \mathcal{L}(...,\boldsymbol{r}_\nu^*,...,\dot{\boldsymbol{r}}_\nu^*,...,t^*) = \mathcal{L}(...,\boldsymbol{r}_\nu + \epsilon\,\boldsymbol{n},...,\dot{\boldsymbol{r}}_\nu,...,t) \tag{11.11}$$

Wegen $d\boldsymbol{r}_\nu^* = d\boldsymbol{r}_\nu$ ändern sich die Geschwindigkeiten nicht. Unter Berücksichtigung der Bewegungsgleichungen kann $d\mathcal{L}^*/d\epsilon$ in eine totale Zeitableitung umgeformt werden:

$$\left(\frac{d\mathcal{L}^*}{d\epsilon}\right)_{\epsilon=0} = \sum_{\nu=1}^{N}\frac{\partial\mathcal{L}}{\partial\boldsymbol{r}_\nu}\cdot\boldsymbol{n} = \frac{d}{dt}\sum_{\nu=1}^{N}\frac{\partial\mathcal{L}}{\partial\dot{\boldsymbol{r}}_\nu}\cdot\boldsymbol{n} = \frac{d}{dt}\sum_{\nu=1}^{N}\boldsymbol{p}_\nu\cdot\boldsymbol{n} = \frac{d(\boldsymbol{n}\cdot\boldsymbol{P})}{dt} \tag{11.12}$$

Mit $\boldsymbol{P} = \sum\boldsymbol{p}_\nu = \sum\partial\mathcal{L}/\partial\dot{\boldsymbol{r}}_\nu$ wurde der Gesamtimpuls (Schwerpunktimpuls) des Systems bezeichnet.

Die Koordinatendifferenzen $\boldsymbol{r}_\nu^* - \boldsymbol{r}_\mu^* = \boldsymbol{r}_\nu - \boldsymbol{r}_\mu$ hängen nicht von ϵ ab. Daher ist die Lagrangefunktion $\mathcal{L}_0$ eines abgeschlossenen Systems (11.4) invariant unter der Transformation (11.10):

$$\left(\frac{d\mathcal{L}_0^*}{d\epsilon}\right)_{\epsilon=0} = 0 \quad\stackrel{(11.12)}{\Longrightarrow}\quad \boldsymbol{P} = \text{const.} \tag{11.13}$$

Da $\boldsymbol{n}$ beliebig ist, folgt aus der Konstanz von $\boldsymbol{n}\cdot\boldsymbol{P}$ auch die von $\boldsymbol{P}$.

Wieder gilt ganz allgemein: Der Gesamtimpuls eines abgeschlossenen Systems wird als diejenige Erhaltungsgröße identifiziert, die sich aus der Homogenität des Raums ergibt:

$$\boxed{\text{Homogenität des Raums} \quad\longrightarrow\quad \text{Impulserhaltung}} \tag{11.14}$$

Isotropie des Raums

Wir betrachten eine infinitesimale Drehung um einen konstanten Winkel ϵ; die Drehachse sei durch den konstanten Einheitsvektor $\boldsymbol{n}$ festgelegt. Dann lautet die Transformation (Abbildung 11.1):

$$\boldsymbol{r}_\nu \to \boldsymbol{r}_\nu^* = \boldsymbol{r}_\nu + (\boldsymbol{n} \times \boldsymbol{r}_\nu)\,\epsilon \qquad t \;\to\; t^* = t \tag{11.15}$$

Dies ist ein Spezialfall von (11.1) und (11.2). Da ϵ und $\boldsymbol{n}$ zeitunabhängig sind, folgt für die Geschwindigkeiten

$$\dot{\boldsymbol{r}}_\nu \;\to\; \dot{\boldsymbol{r}}_\nu^* = \dot{\boldsymbol{r}}_\nu + (\boldsymbol{n} \times \dot{\boldsymbol{r}}_\nu)\,\epsilon \tag{11.16}$$

Für eine allgemeine Lagrangefunktion ergibt diese Transformation

$$\mathcal{L}^* = \mathcal{L}(..,\boldsymbol{r}_\nu^*,..,\dot{\boldsymbol{r}}_\nu^*,..,t^*) = \mathcal{L}(..,\boldsymbol{r}_\nu + (\boldsymbol{n}\times\boldsymbol{r}_\nu)\,\epsilon,..,\dot{\boldsymbol{r}}_\nu + (\boldsymbol{n}\times\dot{\boldsymbol{r}}_\nu)\,\epsilon,..,t) \tag{11.17}$$

Unter Berücksichtigung der Bewegungsgleichungen kann $d\mathcal{L}^*/d\epsilon$ in eine totale Zeitableitung umgeformt werden:

$$\begin{aligned}
\left(\frac{d\mathcal{L}^*}{d\epsilon}\right)_{\epsilon=0} &= \sum_{\nu=1}^{N} \frac{\partial \mathcal{L}}{\partial \boldsymbol{r}_\nu} \cdot (\boldsymbol{n} \times \boldsymbol{r}_\nu) + \sum_{\nu=1}^{N} \frac{\partial \mathcal{L}}{\partial \dot{\boldsymbol{r}}_\nu} \cdot (\boldsymbol{n} \times \dot{\boldsymbol{r}}_\nu) \\
&= \sum_{\nu=1}^{N} \left(\frac{d\boldsymbol{p}_\nu}{dt} \cdot (\boldsymbol{n} \times \boldsymbol{r}_\nu) + \boldsymbol{p}_\nu \cdot \frac{d\,(\boldsymbol{n} \times \boldsymbol{r}_\nu)}{dt} \right) \\
&= \frac{d}{dt} \sum_{\nu=1}^{N} \boldsymbol{n} \cdot (\boldsymbol{r}_\nu \times \boldsymbol{p}_\nu) = \frac{d(\boldsymbol{n} \cdot \boldsymbol{L})}{dt}
\end{aligned} \tag{11.18}$$

Dabei ist $\boldsymbol{L} = \sum_\nu \boldsymbol{r}_\nu \times \boldsymbol{p}_\nu$ der Gesamtdrehimpuls des Systems.

Die Lagrangefunktion $\mathcal{L}_0$ aus (11.4) hängt nur von $\dot{\boldsymbol{r}}_\nu^{\,2}$ und von den Abständen $|\boldsymbol{r}_\nu - \boldsymbol{r}_\mu|$ ab. Für diese Größe gilt

$$\left(\dot{\boldsymbol{r}}_\nu^*\right)^2 = \dot{\boldsymbol{r}}_\nu^{\,2} + \mathcal{O}(\epsilon^2)\,, \qquad \left(\boldsymbol{r}_\nu^* - \boldsymbol{r}_\mu^*\right)^2 = \left(\boldsymbol{r}_\nu - \boldsymbol{r}_\mu\right)^2 + \mathcal{O}(\epsilon^2) \tag{11.19}$$

Die Terme $\mathcal{O}(\epsilon^2)$ treten auf, weil die Transformation (11.15) die Drehung nur in erster Ordnung in ϵ korrekt beschreibt. Die Invarianzbedingung $(d\mathcal{L}_0^*/d\epsilon)_{\epsilon=0} = 0$ ist jedenfalls wieder erfüllt. Damit erhalten wir

$$\left(\frac{d\mathcal{L}_0^*}{d\epsilon}\right)_{\epsilon=0} = 0 \quad \stackrel{(11.18)}{\Longrightarrow} \quad \boldsymbol{L} = \text{const.} \tag{11.20}$$

Da $\boldsymbol{n}$ beliebig ist, folgt aus der Konstanz von $\boldsymbol{n} \cdot \boldsymbol{L}$ auch die von $\boldsymbol{L}$.

Wieder gilt ganz allgemein: Der Gesamtdrehimpuls eines abgeschlossenen Systems wird als diejenige Erhaltungsgröße identifiziert, die sich aus der Isotropie des Raums ergibt:

$$\boxed{\text{Isotropie des Raums} \;\longrightarrow\; \text{Drehimpulserhaltung}} \tag{11.21}$$

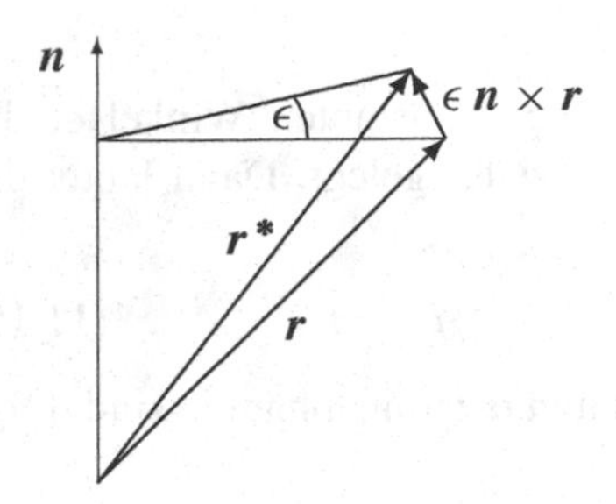

Abbildung 11.1 Die Änderung eines Ortsvektors $\boldsymbol{r}$ bei einer Drehung um den Winkel ϵ ist $(\boldsymbol{n} \times \boldsymbol{r})\,\epsilon$, wobei der Einheitsvektor $\boldsymbol{n}$ in Richtung der Drehachse zeigt.

Relativität der Raum-Zeit

Wir betrachten die Transformation

$$\boldsymbol{r}_\nu \to \boldsymbol{r}_\nu^* = \boldsymbol{r}_\nu + \epsilon\,\boldsymbol{n}\,t \qquad t \to t^* = t \tag{11.22}$$

zwischen zwei Systemen, die sich relativ zueinander mit der infinitesimalen und konstanten Geschwindigkeit $\epsilon\,\boldsymbol{n}$ bewegen. Die Transformation (11.22) ist ein Spezialfall von (11.1) und (11.2). Aus (11.22) folgt

$$\dot{\boldsymbol{r}}_\nu \to \dot{\boldsymbol{r}}_\nu^* = \dot{\boldsymbol{r}}_\nu + \epsilon\,\boldsymbol{n} \tag{11.23}$$

Für eine allgemeine Lagrangefunktion ergibt diese Transformation

$$\mathcal{L}^* = \mathcal{L}(..,\boldsymbol{r}_\nu^*,..,\dot{\boldsymbol{r}}_\nu^*,..,t^*) = \mathcal{L}(..,\boldsymbol{r}_\nu + \epsilon\,\boldsymbol{n}\,t,..,\dot{\boldsymbol{r}}_\nu + \epsilon\,\boldsymbol{n},..,t) \tag{11.24}$$

Unter Berücksichtigung der Bewegungsgleichungen kann $d\mathcal{L}^*/d\epsilon$ in eine totale Zeitableitung umgeformt werden:

$$\left(\frac{d\mathcal{L}^*}{d\epsilon}\right)_{\epsilon=0} = \sum_{\nu=1}^{N} \frac{\partial \mathcal{L}}{\partial \boldsymbol{r}_\nu}\cdot \boldsymbol{n}\,t + \sum_{\nu=1}^{N} \frac{\partial \mathcal{L}}{\partial \dot{\boldsymbol{r}}_\nu}\cdot \boldsymbol{n} = \boldsymbol{n}\cdot \sum_{\nu=1}^{N}\big(\dot{\boldsymbol{p}}_\nu\,t + \boldsymbol{p}_\nu\big) = \frac{d(\boldsymbol{n}\cdot \boldsymbol{P}\,t)}{dt} \tag{11.25}$$

Dabei ist $\boldsymbol{P} = \sum_\nu \boldsymbol{p}_\nu$ der Schwerpunktimpuls.

Die Lagrangefunktion $\mathcal{L}_0$ aus (11.4) hängt nur von $\dot{\boldsymbol{r}}_\nu^{\,2}$ und von den Abständen $|\boldsymbol{r}_\nu - \boldsymbol{r}_\mu|$ ab. Die Abstände sind invariant unter (11.22); daher gilt für die potenzielle Energie $U^* = U$. In der kinetischen Energie ist dagegen (11.23) zu berücksichtigen:

$$\begin{aligned}
\mathcal{L}_0^* &= \frac{1}{2}\sum_{\nu=1}^{N} m_\nu \left(\dot{\boldsymbol{r}}_\nu^*\right)^2 - U^* = T + \sum_{\nu=1}^{N} m_\nu\,\dot{\boldsymbol{r}}_\nu\cdot \boldsymbol{n}\,\epsilon + \mathcal{O}(\epsilon^2) - U \\
&= \mathcal{L}_0 + \epsilon\,\frac{d}{dt}\sum_{\nu=1}^{N} m_\nu\,\boldsymbol{n}\cdot \boldsymbol{r}_\nu + \mathcal{O}(\epsilon^2) = \mathcal{L}_0 + \epsilon\,M\,\frac{d(\boldsymbol{n}\cdot \boldsymbol{R})}{dt} + \mathcal{O}(\epsilon^2)
\end{aligned} \tag{11.26}$$

Im letzten Schritt wurden die Schwerpunktkoordinate $\boldsymbol{R} = \sum_\nu m_\nu \boldsymbol{r}_\nu / M$ und die Gesamtmasse $M = \sum_\nu m_\nu$ eingeführt.

Nach (11.26) ist Lagrangefunktion $\mathcal{L}_0$ nicht invariant unter der Transformation (11.22). Der bei der Transformation auftretende zusätzliche Term ist aber eine totale Zeitableitung. Man überzeugt sich nun leicht (Aufgabe 11.1), dass ein solcher Zusatzterm die Bewegungsgleichungen nicht ändert. Die Bewegungsgleichungen und damit das betrachtete System sind also invariant unter der Transformation (11.22).

Aus (11.26) folgt

$$\left(\frac{d\mathcal{L}_0^*}{d\epsilon}\right)_{\epsilon=0} = M\,\frac{d(\boldsymbol{n}\cdot\boldsymbol{R})}{dt} \tag{11.27}$$

Im Gegensatz zu den oben diskutierten Fällen verschwindet $d\mathcal{L}_0^*/d\epsilon$ also nicht. Wenn man aber (11.25) für $\mathcal{L}_0^*$ anschreibt und mit (11.27) kombiniert, erhält man $d(\boldsymbol{n}\cdot\boldsymbol{P}\,t)/dt = M d(\boldsymbol{n}\cdot\boldsymbol{R})/dt$. Mit $\boldsymbol{P} = M\dot{\boldsymbol{R}}$ und unter Berücksichtigung der Beliebigkeit von $\boldsymbol{n}$ ergibt dies $d(\dot{\boldsymbol{R}}\,t - \boldsymbol{R})/dt = 0$ oder

$$\dot{\boldsymbol{R}}\,t - \boldsymbol{R} = \text{const.} \tag{11.28}$$

Dies ist, ebenso wie die anderen Erhaltungssätze, eine Differenzialgleichung 1. Ordnung in den Koordinaten. Ihre Integration führt zu $\boldsymbol{R} = \boldsymbol{A}\,t + \boldsymbol{B}$ mit den Integrationskonstanten $\boldsymbol{A}$ und $\boldsymbol{B}$. Diese Aussage folgt aber auch aus (11.13); inhaltlich ergibt sich also keine neue Erhaltungsgröße.

Ein abgeschlossenes System ist invariant unter Galileitransformationen. Die Galileitransformationen bilden eine 10-parametrige Gruppe. Jeder der 10 Invarianzen oder Symmetrien haben wir eine Erhaltungsgröße zugeordnet, und zwar die Energie E, den Impuls $\boldsymbol{P}$, den Drehimpuls $\boldsymbol{L}$ und die Größe $\dot{\boldsymbol{R}}\,t - \boldsymbol{R}$.

Aufgaben

11.1 Totale Zeitableitung in der Lagrangefunktion

Zwei Lagrangefunktionen unterscheiden sich durch die totale Zeitableitung einer beliebigen Funktion $f(q, t)$ der Koordinaten und der Zeit:

$$\mathcal{L}^*(q, \dot{q}, t) = \mathcal{L}(q, \dot{q}, t) + \frac{d}{dt} f(q, t) \tag{11.29}$$

Zeigen Sie, dass die Lagrangefunktionen $\mathcal{L}^*$ und $\mathcal{L}$ dieselben Bewegungsgleichungen ergeben.

III Variationsprinzipien

12 Variation ohne Nebenbedingung

In dem hier beginnenden Teil III werden die Grundlagen der Variationsrechnung dargestellt (Kapitel 12 und 13). Dabei steht die Verständlichkeit der Ergebnisse und ihre Nützlichkeit für die Mechanik im Vordergrund, weniger dagegen die mathematischen Details der Ableitung. In Kapitel 14 werden die Grundgesetze der Mechanik als Variationsprinzip (Hamiltonsches Prinzip) formuliert. Kapitel 15 behandelt den Zusammenhang zwischen Symmetrien und Erhaltungsgrößen in allgemeiner Form (Noethertheorem).

Problemstellung

Eine *Funktion* $y = y(x)$ ist eine Vorschrift, die jedem x-Wert eine Zahl (den y-Wert) zuordnet. In der Variationsrechnung betrachtet man dagegen *Funktionale*, die jeder Funktion eine Zahl (den Wert des Funktionals) zuordnen. So ist zum Beispiel

$$J = J[y] = \int_1^2 ds = \int_{x_1}^{x_2} dx \, \sqrt{1 + y'(x)^2} \tag{12.1}$$

das Funktional, das die Wegstrecke entlang der Kurve $y = y(x)$ zwischen den beiden Punkten $(x_1, y(x_1))$ und $(x_2, y(x_2))$ angibt. Dieses Funktional ordnet jeder Kurve $y(x)$, die die beiden Punkte verbindet, eine Zahl (die Weglänge) zu. Zur Unterscheidung von Funktionen schließen wir das Argument y des Funktionals in eckige Klammern ein.

Bei der Diskussion einer Funktion $y = y(x)$ wird die Frage gestellt, für welche Argumentwerte die Funktion maximal oder minimal ist. Die notwendige Bedingung für ein lokales Extremum einer differenzierbaren Funktion $y = y(x)$ ist

$$\frac{dy}{dx} = 0 \tag{12.2}$$

An den Stellen x, die diese Bedingung erfüllen, ist die Funktion stationär. Eine genauere Untersuchung zeigt dann, ob ein Minimum oder Maximum oder ein Wendepunkt mit waagerechter Tangente vorliegt.

Wir betrachten die analoge Fragestellung: Für welche Funktion wird ein bestimmtes Funktional extremal? Als Antwort werden wir eine Bedingung für die

T. Fließbach, *Mechanik*, https://doi.org/10.1007/978-3-662-61603-1_4

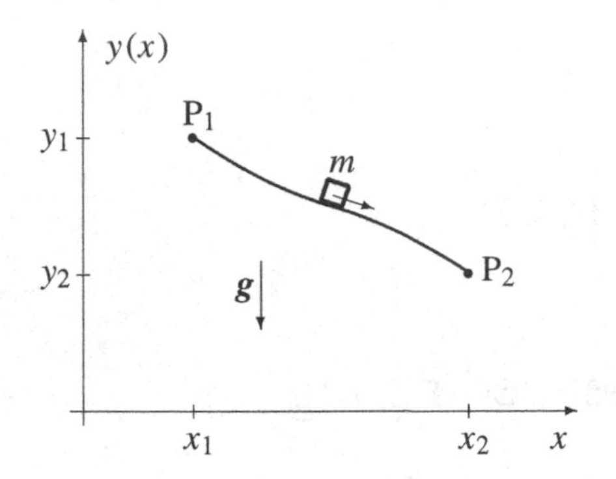

Abbildung 12.1 Auf welcher Kurve kommt ein reibungsfrei gleitender Körper im Schwerefeld am schnellsten von P_1 nach P_2? Die Lösungskurve heißt Brachistochrone.

Stationarität des Funktionals aufstellen. Dies ist dann, ebenso wie in (12.2), eine notwendige Bedingung für *maximal* oder *minimal*. Der Einfachheit halber gehen wir im Folgenden von der Formulierung „$J[y] =$ minimal“ aus.

Wir schränken die Funktionen $y(x)$, für die wir ein Minimum des Funktionals suchen, dadurch ein, dass wir die Randwerte vorgeben:

$$y(x_1) = y_1 \quad \text{und} \quad y(x_2) = y_2 \tag{12.3}$$

Wir können nun fragen: Für welche Kurve ist die Wegstrecke zwischen zwei gegebenen Punkten minimal? Dies bedeutet mathematisch: Für welche Funktion $y(x)$ ist das Funktional (12.1) minimal?

Ein Ausgangspunkt der Variationsrechnung war das Problem der *Brachistochrone*, Abbildung 12.1, das 1696 von Jakob Bernoulli formuliert wurde: Ein Massenpunkt gleitet unter dem Einfluss der Schwerkraft entlang einer Kurve $y(x)$ reibungsfrei von P_1 nach P_2. Seine Anfangsgeschwindigkeit sei null. Nun soll $y(x)$ so bestimmt werden, dass die Zeit T, die das Teilchen für den Weg von P_1 nach P_2 braucht, minimal wird. Das Ergebnis kann als optimale Paketrutsche angesehen werden. Die zu minimalisierende Zeit T ist ein Funktional von $y(x)$. Wegen Energieerhaltung ist die kinetische Energie des Massenpunkts gleich $m\,v^2/2 = m\,g\,(y_1 - y)$. Damit erhalten wir

$$J[y] = T = \int_1^2 \frac{ds}{v} = \int_{x_1}^{x_2} dx \, \sqrt{\frac{1 + y'(x)^2}{2g\,(y_1 - y(x))}} \tag{12.4}$$

Wir führen noch ein anderes physikalisches Problem an: Durch Rotation um die x-Achse beschreiben die Punkte P_1 und P_2 in Abbildung 12.1 Kreisringe. Zwischen diesen Ringen bildet $y(x)$ eine rotationssymmetrische Fläche A. Diese Fläche werde durch eine Haut aus Seifenwasser realisiert, die sich zwischen zwei Drahtringen aufspannt. Wegen der Oberflächenspannung stellt sich diese Fläche so ein, dass sie minimal ist (kein Schwerefeld). Daher muss folgendes Funktional minimal sein:

$$J[y] = A = 2\pi \int_{x_1}^{x_2} ds\; y = 2\pi \int_{x_1}^{x_2} dx\; y \sqrt{1 + y'^2} \tag{12.5}$$

Aus $J[y] =$ minimal kann $y(x)$ und damit die Lage der Seifenhaut bestimmt werden.

Euler-Lagrange-Gleichung

Die allgemeine Problemstellung lautet: Welche Funktion $y(x)$ macht das Funktional

$$J = J[y] = \int_{x_1}^{x_2} dx \; F(y, y', x) \tag{12.6}$$

minimal? Dabei werden die Funktion $F(y, y', x)$ und die Randwerte

$$y(x_1) = y_1 , \qquad y(x_2) = y_2 \tag{12.7}$$

als gegeben vorausgesetzt.

Es sei nun $y(x)$ die gesuchte Funktion, die das Funktional J minimal macht. Dann muss $J[y + \delta y]$ mit einer beliebigen kleinen Abweichung δy größer als $J[y]$ sein. Eine beliebige infinitesimale Abweichung $\delta y(x)$ von $y(x)$ schreiben wir als

$$\delta y(x) = \epsilon \, \eta(x) \tag{12.8}$$

Dabei ist der Faktor ϵ infinitesimal. Die Funktion $\eta(x)$ ist durch

$$\eta(x_1) = \eta(x_2) = 0 \tag{12.9}$$

eingeschränkt, weil $y + \delta y$ durch die Randpunkte gehen muss. Wir setzen voraus, dass $\eta(x)$ im ganzen Intervall definiert und differenzierbar ist; ansonsten ist $\eta(x)$ beliebig.

Das Funktional $J[y + \epsilon \, \eta]$ ist eine Funktion von ϵ, die wir mit $J(\epsilon)$ bezeichnen. Für die gesuchte Funktion $y(x)$ muss $J(\epsilon)$ bei $\epsilon = 0$ minimal sein:

$$J[y + \epsilon \, \eta] \;\; \text{ist minimal bei } \epsilon = 0 \;\; \text{für beliebiges } \eta(x) \tag{12.10}$$

Würde dies für irgendein $\eta_0(x)$ nicht gelten, so könnte $J[y + \epsilon \, \eta_0]$ durch $\epsilon \neq 0$ kleiner als $J[y]$ gemacht werden. Eine mögliche Abweichung $\epsilon \, \eta(x)$ und das Verhalten von $J[y + \epsilon \, \eta]$ sind in Abbildung 12.2 skizziert.

Die Bedingung (12.10) impliziert

$$\left(\frac{d \, J[y + \epsilon \, \eta]}{d\epsilon} \right)_{\epsilon = 0} = 0 \qquad \text{für beliebiges } \eta(x) \tag{12.11}$$

Dies ist die Bedingung für Stationarität, und damit – ebenso wie (12.2) – eine notwendige Bedingung für ein lokales Extremum. Zur Auswertung von (12.11) schreiben wir $J[y + \epsilon \, \eta]$ an:

$$J[y + \epsilon \, \eta] = \int_{x_1}^{x_2} dx \; F(y + \epsilon \, \eta, y' + \epsilon \, \eta', x) \tag{12.12}$$

$$= \int_{x_1}^{x_2} dx \; \big\{ F(y, y', x) + F_y(y, y', x) \, \epsilon \, \eta(x) + F_{y'}(y, y', x) \, \epsilon \, \eta'(x) \big\} + \mathcal{O}(\epsilon^2)$$

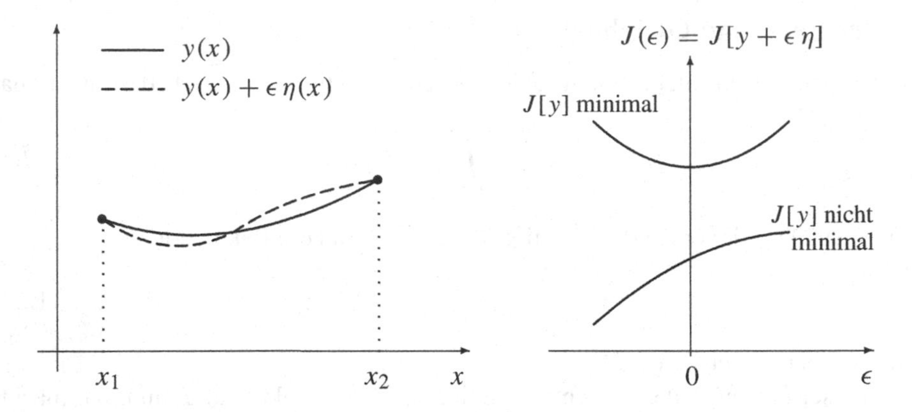

Abbildung 12.2 Für eine Funktion $y(x)$ mit festen Randpunkten wird eine abweichende Funktion $y(x) + \epsilon\, \eta(x)$ betrachtet. Wenn $y(x)$ die gesuchte Lösung ist, dann hat $J(\epsilon) = J[y + \epsilon\, \eta]$ bei $\epsilon = 0$ ein Minimum (rechts).

Wir setzen voraus, dass $F(y, y', x)$ differenzierbar ist, und verwenden die Notation

$$F_y = \frac{\partial F}{\partial y} \quad \text{und} \quad F_{y'} = \frac{\partial F}{\partial y'} \tag{12.13}$$

Aus (12.11) folgt

$$0 = \left(\frac{d\, J[y + \epsilon\, \eta]}{d\epsilon}\right)_{\epsilon = 0} = \int_{x_1}^{x_2} dx\, \left\{F_y\, \eta(x) + F_{y'}\, \eta'(x)\right\} \tag{12.14}$$

$$\overset{\text{p.I.}}{=} \underbrace{F_{y'}\, \eta(x)\,\Big|_{x_1}^{x_2}}_{=0} + \int_{x_1}^{x_2} dx\, \left(F_y - \frac{dF_{y'}}{dx}\right) \eta(x) \qquad \text{für beliebiges } \eta(x)$$

Da $\eta(x)$ beliebig ist, muss der Klammerausdruck im Integranden gleich null sein. Wäre der Ausdruck an irgendeiner Stelle positiv (negativ), so wäre er dies auch in einer gewissen Umgebung (wir setzen seine Stetigkeit voraus). Dann würde ein $\eta(x)$, das in dieser Umgebung positiv und sonst gleich null ist, zu einem Integralwert ungleich null führen. Also ist $F_y - dF_{y'}/dx = 0$ oder

$$\boxed{\frac{d}{dx}\, \frac{\partial F(y, y', x)}{\partial y'} = \frac{\partial F(y, y', x)}{\partial y} \qquad \text{Euler-Lagrange-Gleichung}} \tag{12.15}$$

Diese *Euler-Lagrange-Gleichung* der Variationsrechnung ist eine Differenzialgleichung zweiter Ordnung für die gesuchte Funktion $y(x)$; sie ist linear in y''. Die Euler-Lagrange-Gleichung ist gleichbedeutend mit der Stationarität des Funktionals $J[y]$. Sie ist damit eine notwendige Bedingung für ein Extremum; eine genauere Untersuchung kann zeigen, ob im konkreten Fall tatsächlich ein Minimum oder Maximum vorliegt.

Das in (12.8) eingeführte $\delta y(x) = \epsilon\,\eta(x)$ wird auch „Variation von $y(x)$" genannt. Für das gesuchte $y(x)$ ist J stationär, das heißt J ändert sich nicht bei infinitesimalen Änderungen δy von $y(x)$; die Variation δJ von J verschwindet. In einer üblichen Kurznotation skizzieren wir noch einmal die Ableitung der Euler-Lagrange-Gleichungen:

$$\begin{aligned}\delta J &= J[y+\delta y] - J[y] = \int_{x_1}^{x_2} dx\,\big(F_y\,\delta y + F_{y'}\,\delta y'\big) \\ &= \int_{x_1}^{x_2} dx \left(F_y - \frac{dF_{y'}}{dx}\right)\delta y = 0 \end{aligned} \tag{12.16}$$

Aus der Beliebigkeit von δy folgt wieder die Euler-Lagrange-Gleichung. Außerdem sieht man, dass die Euler-Lagrange-Gleichung und $\delta J = 0$ sich gegenseitig bedingen:

$$\frac{dF_{y'}}{dx} = F_y \quad\longleftrightarrow\quad \delta J = 0 \tag{12.17}$$

Kürzeste Verbindung

Als Beispiel bestimmen wir die kürzeste Verbindung zwischen zwei vorgegebenen Punkten, also die Funktion $y(x)$, für die (12.1) minimal wird. Für

$$F = \sqrt{1 + y'(x)^2} \tag{12.18}$$

schreiben wir die Euler-Lagrange-Gleichung an,

$$\frac{d}{dx}\,\frac{y'(x)}{\sqrt{1+y'(x)^2}} = 0 \tag{12.19}$$

Die Integration dieser Gleichung liefert

$$y' = \text{const.}\,, \qquad y = ax + b \tag{12.20}$$

Die Konstanten werden durch die vorgegebenen Randpunkte festgelegt. Damit erhalten wir eine Gerade als kürzeste Verbindung zwischen zwei Punkten.

Zur Lösung der Euler-Lagrange-Gleichung

Mit der Korrespondenz

$$y(x) \longleftrightarrow q(t) \qquad \text{und} \qquad F(y, y', x) \longleftrightarrow \mathcal{L}(q, \dot q, t) \tag{12.21}$$

sieht man, dass die Euler-Lagrange-Gleichung der Variationsrechnung und die Lagrangegleichung der Mechanik dieselbe Struktur haben. Die Lösungsstrategien sind daher die gleichen. Insbesondere können wir die bekannten Erhaltungssätze übertragen:

Impulserhaltung: Der Integrand F enthalte y nicht explizit, $F = F(y', x)$. Aus $F_y = 0$ und der Euler-Lagrange-Gleichung folgt dann

$$F_{y'}(y', x) = c = \text{const.} \tag{12.22}$$

Löst man diese Differenzialgleichung 1. Ordnung nach $y' = g(x, c)$ auf, so ergibt eine weitere Integration

$$y(x) = \int dx \; g(x, c) + \text{const.} \tag{12.23}$$

Energieerhaltung: Der Integrand F enthalte x nicht explizit, $F = F(y, y')$. Aus $F_x = 0$ und der Euler-Lagrange-Gleichung folgt dann (analog zu (9.35))

$$F_{y'}(y, y')\, y' - F(y, y') = c = \text{const.} \tag{12.24}$$

Löst man diese Differenzialgleichung 1. Ordnung nach $y' = h(y, c)$ auf, so ergibt eine weitere Integration

$$x = x(y) = \int \frac{dy}{h(y, c)} + \text{const.} \tag{12.25}$$

Verallgemeinerungen

Wir haben die Euler-Lagrange-Gleichung für eine Funktion $y(x)$ abgeleitet, die von einer Variablen abhängt. Die Form des Funktionals war durch $F = F(y, y', x)$ eingeschränkt. Eine Variation der Randwerte war nicht zugelassen. Im Folgenden geben wir einige Verallgemeinerungen an.

Mehrere Funktionen

Wir betrachten ein Funktional

$$J = J[y_1, ..., y_N] = \int_{x_1}^{x_2} dx \; F(y_1, ..., y_N, y_1', ..., y_N', x) \tag{12.26}$$

von N Funktionen $y_1(x),\; y_2(x),\; \ldots,\; y_N(x)$ mit festen Randwerten

$$y_i(x_1) = y_{i1}\,, \quad y_i(x_2) = y_{i2} \qquad (i = 1, ..., N) \tag{12.27}$$

Wir suchen die Funktionen $y_i(x)$, für die J stationär wird. Für diese Funktionen y_i muss

$$J(\epsilon_1, \epsilon_2, ..., \epsilon_N) = J[y_1 + \epsilon_1\, \eta_1, ..., \; y_N + \epsilon_N\, \eta_N] \tag{12.28}$$

bei $\epsilon_1 = \epsilon_2 = ... = \epsilon_N = 0$ stationär sein:

$$\left(\frac{\partial J(\epsilon_1, ..., \epsilon_N)}{\partial \epsilon_i} \right)_{\epsilon_i = 0} = 0 \qquad (i = 1, ..., N) \tag{12.29}$$

Dies liefert die N Euler-Lagrange-Gleichungen

$$\frac{d}{dx}\,\frac{\partial F(y, y', x)}{\partial y_i'} - \frac{\partial F(y, y', x)}{\partial y_i} = 0 \qquad (i = 1,..., N) \tag{12.30}$$

Hierbei stehen y und y' im Argument für $y_1,..., y_N$ und $y_1',..., y'_N$. Dies sind N Differenzialgleichungen 2. Ordnung für die N gesuchten Funktionen $y_1(x),..., y_N(x)$. Diese Verallgemeinerung ist für die Punktmechanik wichtig.

Mehrere Argumente

Wir betrachten mehrere Argumente $x_1,..., x_N$ anstelle von x. Gesucht sei die Funktion $y(x_1,..., x_N)$, die das Funktional

$$J = J[y] = \int_B dx_1 \ldots \int_B dx_N \; F\Big(y,\, \frac{\partial y}{\partial x_1},...,\, \frac{\partial y}{\partial x_N},\, x_1,..., x_N\Big) \tag{12.31}$$

extremal macht. Dabei sei $y(x_1,.., x_N)$ auf dem Rand des Integrationsbereichs B fest vorgegeben. Für die Variation $\delta y = \epsilon\, \eta(x_1,..., x_N)$ ergibt das Funktional wieder eine Funktion $J(\epsilon)$. Aus $dJ/d\epsilon = 0$ folgen die Euler-Lagrange-Gleichungen

$$\sum_{i=1}^{N} \frac{\partial}{\partial x_i}\,\frac{\partial F}{\partial\,(\partial y/\partial x_i)} - \frac{\partial F}{\partial y} = 0 \tag{12.32}$$

Für die partiellen Ableitung nach $\partial/\partial y$ und $\partial/\partial(\partial y/\partial x_i)$ ist zunächst die Form $F(y,\, \partial y/\partial x_i,\, x_i)$ zu nehmen; für $\partial/\partial x_i$ ist $\partial F/(\partial\,(\partial y/\partial x_i))$ dann als Funktion allein der x_i aufzufassen.

Eine mögliche Anwendung von (12.32) ist die Auslenkung einer dehnbaren Membran (oder einer Seifenhaut) im Schwerefeld, die längs einer Kurve in der x_1-x_2-Ebene eingespannt ist. Hierfür konkurrieren Schwerkraft und Oberflächenspannung miteinander. Im Gleichgewicht ist die Summe der potenziellen Energien minimal.

Die Verallgemeinerungen (12.26) und (12.31) können kombiniert werden. Dann enthält das Funktional mehrere Funktionen, die jeweils von mehreren Variablen abhängen.

Höhere Ableitungen

Falls höhere Ableitungen auftreten, zum Beispiel

$$J = J[y] = \int_{x_1}^{x_2} dx \;\, F(y'', y', y, x) \tag{12.33}$$

ergeben sich entsprechend höhere Ableitungen in der Euler-Lagrange-Gleichung. Die Randwerte $y(x_1)$, $y(x_2)$, $y'(x_1)$ und $y'(x_2)$ seien fest vorgegeben. Analog zu

(12.16) erhalten wir:

$$\delta J = \int_{x_1}^{x_2} dx \left(F_y\, \delta y + F_{y'}\, \delta y' + F_{y''}\, \delta y'' \right) = \int_{x_1}^{x_2} dx \left(F_y - \frac{d F_{y'}}{dx} + \frac{d^2 F_{y''}}{dx^2} \right) \delta y = 0 \tag{12.34}$$

Dabei haben wir aus $F_{y''}\, \delta y''$ durch zweimalige partielle Integration den Term $(d^2 F_{y''}/dx^2)\, \delta y$ erhalten. Aus der Beliebigkeit von δy folgt die Euler-Lagrange-Gleichung

$$F_y - \frac{d F_{y'}}{dx} + \frac{d^2 F_{y''}}{dx^2} = 0 \tag{12.35}$$

Dies ist eine Differenzialgleichung 4. Ordnung.

Variation am Rand

Wir nehmen an, dass die Randwerte *nicht* vorgegeben sind. Dann bleiben in (12.14) die Randterme $F_{y'}\, \eta$ stehen, denn $\eta(x_1)$ und $\eta(x_2)$ können jetzt beliebig sein. Damit (12.14) trotzdem verschwindet, muss $F_{y'}$ am Rand verschwinden:

$$F_{y'}\left(y(x_1),\ y'(x_1),\ x_1\right) = 0\,, \qquad F_{y'}\left(y(x_2),\ y'(x_2),\ x_2\right) = 0 \tag{12.36}$$

Aus der hier zugelassenen Variation am Rand ergeben sich also zusätzlich zu den Euler-Lagrange-Gleichungen die zwei Randbedingungen (12.36). Im Ergebnis erhält man in jedem Fall – Randwerte vorgegeben oder nicht – die notwendige Anzahl von Randbedingungen zur Festlegung der Integrationskonstanten.

Aufgaben

12.1 Brachistochrone

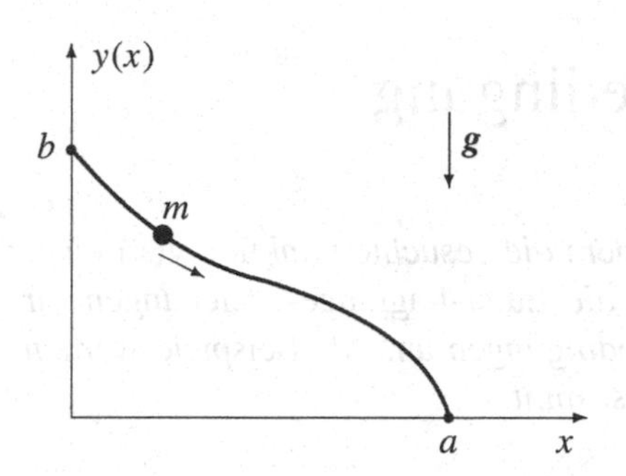

Auf welcher Kurve kommt ein reibungsfrei gleitender Körper im Schwerefeld am schnellsten von einem Punkt zu einem anderen? Der Körper ruht anfangs. Der vertikale Abstand der beiden Punkte ist b, der horizontale a. Skizzieren Sie die Lösung jeweils für die Fälle $a/b < \pi/2$, $a/b = \pi/2$ und $a/b > \pi/2$. Die Lösungskurve heißt *Brachistochrone*.

Hinweise: Bestimmen Sie ein erstes Integral der Euler-Lagrange-Gleichung. Zeigen Sie, dass die *Zykloide* mit der Parameterdarstellung $x(\tau) = A\,(\tau - \sin\tau)$ und $y(\tau) = b - A\,(1 - \cos\tau)$ die Differenzialgleichung erfüllt.

12.2 Seifenhaut

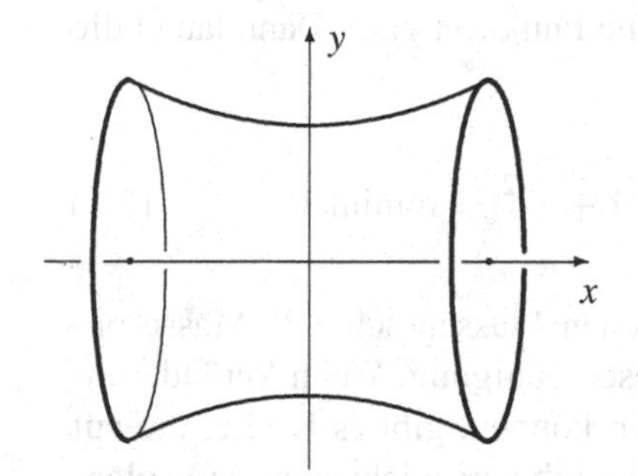

Zwischen zwei parallelen Drahtkreisen (Radius R) spannt sich eine Seifenhaut. Die beiden Kreise stehen im Abstand D senkrecht auf der Verbindungslinie zwischen den Mittelpunkten. Bestimmen Sie die Form der Seifenhaut. Wie verhält sich die Haut beim langsamen Auseinanderziehen der Drahtringe?

13 Variation mit Nebenbedingung

Wir untersuchen ein Variationsproblem, bei dem die gesuchte Funktion $y(x)$ einer Nebenbedingung genügen muss. Wir geben die Euler-Lagrange-Gleichungen für isoperimetrische und für holonome Nebenbedingungen an. Als Beispiele werden die Kettenlinie und eine geodätische Linie bestimmt.

Problemstellung

Ein Seil werde an zwei Punkten im Schwerefeld aufgehängt, Abbildung 13.1. Dies führt zu folgender Frage: Durch welche Kurve wird die Gleichgewichtslage des Seils beschrieben? Das Seil stellt sich so ein, dass die potenzielle Energie minimal wird. Wir beschreiben die Lage des Seils durch eine Funktion $y(x)$. Dann lautet die Gleichgewichtsbedingung

$$J = U_{\text{pot}} = \int_1^2 dm\, g\, y = \rho\, g \int_{x_1}^{x_2} dx\; y \sqrt{1 + y'^2} = \text{minimal} \tag{13.1}$$

Die Massenelemente dm sind gleich der homogenen Massendichte ρ (Masse pro Länge) mal dem Wegelement ds; g ist die Erdbeschleunigung. Wenn Veränderungen $\delta y(x)$ der Lage des Seils U_{pot} kleiner machen können, gibt es Kräfte, die auf eine Verschiebung von y zu $y + \delta y$ hinwirken. Dadurch verschiebt sich $y(x)$ solange, bis (13.1) gilt.

Mathematisch liegt wieder ein Variationsproblem vor, bei dem die Randwerte nicht variiert werden,

$$y(x_1) = y_1\,, \qquad y(x_2) = y_2 \tag{13.2}$$

Die möglichen Kurven $y(x)$ unterliegen der zusätzlichen Einschränkung, dass die Länge L des Seils fest vorgegeben ist. Also muss das gesuchte $y(x)$ die *Nebenbedingung*

$$K[y] = \int_{x_1}^{x_2} dx\, \sqrt{1 + y'^2} = L = \text{const.} \tag{13.3}$$

erfüllen. Ein ähnliches Problem ist: Bestimme eine Kurve der Länge L zwischen zwei Punkten P_1 und P_2 so, dass die von der Strecke $\overline{P_1 P_2}$ und der Kurve eingeschlossene Fläche maximal ist. Auch dies führt zur Nebenbedingung (13.3). Von diesem Problem kommt der Name *isoperimetrisch* (von gleichem Umfang) für Nebenbedingungen der Form $K[y] = \text{const.}$

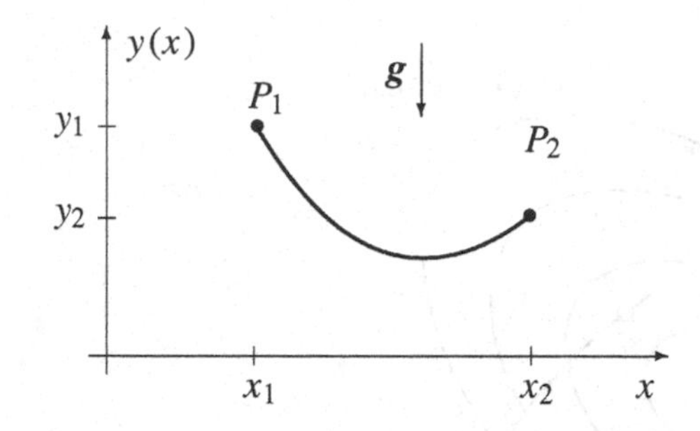

Abbildung 13.1 Ein Seil der Länge L wird im Schwerefeld an den Punkten P_1 und P_2 aufgehängt. Die Gleichgewichtslage des Seils ist dadurch bestimmt, dass die potenzielle Energie minimal ist.

Daneben kommen *holonome* Nebenbedingungen vor. Als Beispiel betrachten wir Kurven im dreidimensionalen Raum, die durch die Funktionen $y = y(x)$ und $z = z(x)$ dargestellt werden können. Die Kurven sollen durch zwei vorgegebene Punkte

$$P_1 = \big(x_1,\ y(x_1),\ z(x_1)\big) \quad \text{und} \quad P_2 = \big(x_2,\ y(x_2),\ z(x_2)\big) \tag{13.4}$$

gehen und auf der durch

$$g(x, y, z) = 0 \tag{13.5}$$

gegebenen Fläche liegen; natürlich müssen dann auch P_1 und P_2 in der Fläche liegen. Wir suchen diejenige Kurve, die die kürzeste Verbindung zwischen P_1 und P_2 darstellt, also nach der Lösung von

$$J[y, z] = \int_1^2 ds = \int_{x_1}^{x_2} dx\, \sqrt{1 + y'^2 + z'^2} = \text{minimal} \tag{13.6}$$

Diese kürzesten Verbindungen heißen *geodätische Linien* (der Fläche).

Die Variation (13.6) ist hier unter der Nebenbedingung (13.5) auszuführen. Diese Nebenbedingung ist eine wesentlich stärkere Einschränkung als eine isoperimetrische Nebenbedingung: Während (13.3) nur eine Bedingung für die gesamte Funktion ist, stellt (13.5) für jedes x eine Bedingung dar.

Lagrange-Multiplikatoren

Wir untersuchen zunächst die Aufgabe, das Extremum einer Funktion mehrerer Variabler unter einer Nebenbedingung zu finden. Dazu betrachten wir das in Abbildung 13.2 skizzierte Problem:

$$f(x, y) = \text{minimal, wobei } g(x, y) = 0 \tag{13.7}$$

Wir nehmen an, dass wir die Nebenbedingung $g(x, y) = 0$ nach $y = y_g(x)$ auflösen können. Dann gilt

$$g\big(x, y_g(x)\big) = 0 \tag{13.8}$$

Das Minimum von f auf der Kurve $y_g(x)$ kann nun als Minimum von $h(x) = f(x, y_g(x))$ bestimmt werden:

$$\frac{d}{dx}\, f(x, y_g) = f_x(x, y_g) + f_y(x, y_g)\, y_g'(x) = 0 \tag{13.9}$$

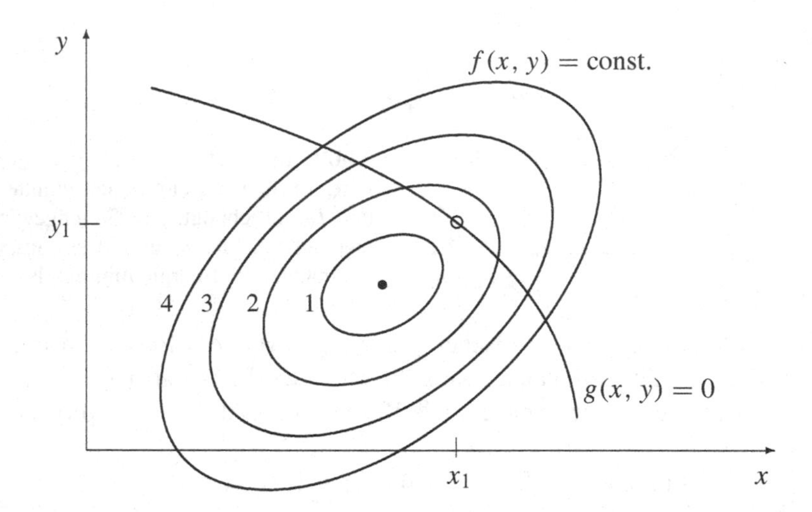

Abbildung 13.2 Für eine gegebene Funktion $f(x, y)$ sind die Höhenlinien $f(x, y) =$ const. (speziell für $f = 1, 2, 3$ und 4) eingezeichnet; das Minimum ist mit einem vollen Kreis (•) markiert. Wir suchen die Werte x_1 und y_1, für die $f(x, y)$ *unter der Nebenbedingung* $g(x, y) = 0$ minimal wird. Dieses Minimum ist mit einem offenen Kreis (○) markiert.

Dies ist eine Gleichung zur Bestimmung des gesuchten Wertes x_1; der y-Wert folgt dann aus $y_1 = y_g(x_1)$.

Mit der Methode der *Lagrange-Multiplikatoren* können wir die explizite Auflösung von $g(x, y) = 0$ nach $y = y_g(x)$ zur Bestimmung des Minimums umgehen. Anstelle von (13.9) betrachten wir folgende drei Gleichungen für drei Unbekannte x, y und λ:

$$f_x(x, y) - \lambda\, g_x(x, y) = 0\,, \quad f_y(x, y) - \lambda\, g_y(x, y) = 0\,, \quad g(x, y) = 0 \qquad (13.10)$$

Wir zeigen, dass dies äquivalent zu (13.9) ist. Dazu denken wir uns $g(x, y) = 0$ nach $y = y_g(x)$ aufgelöst (dieser Schritt muss aber nicht wirklich ausgeführt werden). Dann kann die Nebenbedingung $g(x, y) = 0$ durch die gleichwertige Bedingung

$$\bar{g}(x, y) = y - y_g(x) = 0 \qquad (13.11)$$

ersetzt werden. Wir schreiben nun (13.10) mit $\bar{g}$ anstelle von g an und eliminieren λ aus den ersten beiden Gleichungen:

$$\left.\begin{aligned} f_x + \lambda\, y_g' &= 0 \\ f_y - \lambda \quad &= 0 \end{aligned}\right\} \longrightarrow \quad f_x(x, y_g) + f_y(x, y_g)\, y_g'(x) = 0 \qquad (13.12)$$

Jede Lösung von (13.10) ist damit auch Lösung von (13.9); man kann sich davon überzeugen, dass dies auch umgekehrt gilt. Die Methode (13.10) zur Bestimmung des Minimums von $f(x, y)$ unter der Nebenbedingung $g(x, y) = 0$ können wir auch so formulieren:

$$f^*(x, y) = f(x, y) - \lambda\, g(x, y) = \text{minimal} \quad \text{und} \quad g(x, y) = 0 \qquad (13.13)$$

Dies bedeutet praktisch:

- Man sucht *ohne Rücksicht auf die Nebenbedingung* die Lösung von $f^* =$ minimal. Die so gefundene Lösung $y = y(x, \lambda)$ enthält einen Parameter λ. Dieser Parameter wird so angepasst, dass die Nebenbedingung erfüllt wird.

Es erscheint zunächst umständlicher, drei Gleichungen (13.10) anstelle von einer Gleichung (13.9) zu betrachten. Der entscheidende Vorteil von (13.10) ist aber, dass die Nebenbedingung nicht nach y aufgelöst werden muss; eine solche Auflösung ist ja nur für sehr spezielle Funktionen möglich.

Verallgemeinerung: Das vorgestellte Verfahren lässt sich auf das Problem

$$f(x_1, \ldots, x_N) = \text{minimal}, \quad \text{wobei} \quad g_\alpha(x_1, \ldots, x_N) = 0 \tag{13.14}$$

übertragen ($\alpha = 1, \ldots, R$). Man erhält dann die $N + R$ Gleichungen

$$\boxed{\begin{aligned} &\frac{\partial}{\partial x_i}\Big(f(x_1, \ldots, x_N) - \sum_{\alpha=1}^{R} \lambda_\alpha\, g_\alpha(x_1, \ldots, x_N) \Big) = 0 \qquad (i = 1, \ldots, N) \\ &g_\alpha(x_1, \ldots, x_N) = 0 \qquad (\alpha = 1, \ldots, R) \end{aligned}} \tag{13.15}$$

für die $N + R$ gesuchten Unbekannten x_i und λ_α.

Isoperimetrische Nebenbedingung

Wir formulieren das Problem der Kettenlinie (13.1) – (13.3) in allgemeiner Form: Gesucht sei die Funktion $y(x)$, für die

$$J = J[y] = \int_{x_1}^{x_2} dx\; F(y, y', x) = \text{minimal} \tag{13.16}$$

unter der Nebenbedingung gilt, dass ein anderes Funktional K gleich einer vorgegebenen Konstanten C ist,

$$K = K[y] = \int_{x_1}^{x_2} dx\; G(y, y', x) = C \tag{13.17}$$

Dabei sollen die Randwerte wieder festgehalten werden,

$$y(x_1) = y_1\,, \qquad y(x_2) = y_2 \tag{13.18}$$

Die Funktion $y(x)$ sei die gesuchte Funktion. Für eine beliebige Abweichung $\delta y = \epsilon\, \eta(x)$ erfüllt $y + \epsilon\, \eta$ die Bedingung $K[y + \epsilon\, \eta] = C$ für $\epsilon = 0$. Im Allgemeinen gilt dann $K[y + \epsilon\, \eta] = C + \mathcal{O}(\epsilon)$, was $\epsilon = 0$ bedingt. Die Nebenbedingung

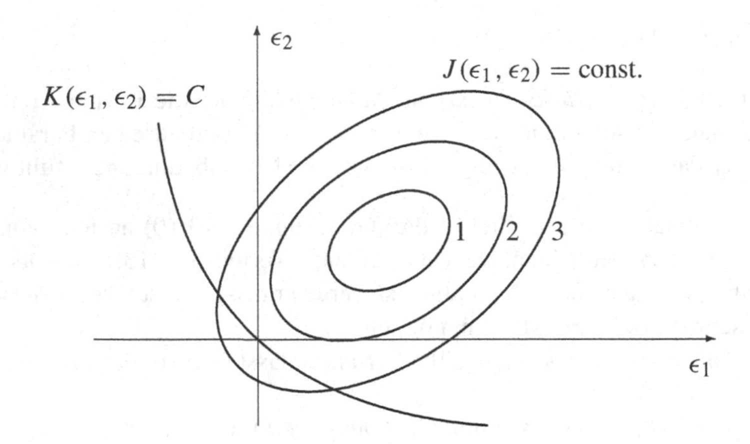

Abbildung 13.3 Für $y \to y + \epsilon_1 \eta_1 + \epsilon_2 \eta_2$ wird das Funktional $J[y]$ zu einer Funktion $J(\epsilon_1, \epsilon_2)$; die Skizze zeigt die Höhenlinien $J = 1$, 2 und 3 dieser Funktion. Die Nebenbedingung $K[y] = C$ schränkt die mögliche Variation auf die Kurve $K(\epsilon_1, \epsilon_2) = K[y + \epsilon_1 \eta_1 + \epsilon_2 \eta_2] = C$ ein. Für das gesuchte $y(x)$ muss das Minimum bei $\epsilon_1 = \epsilon_2 = 0$ liegen.

schließt also eine solche Variation aus. Deshalb betrachten wir zwei linear unabhängige Funktionen $\eta_1(x)$ und $\eta_2(x)$, wobei η_1 und η_2 am Rand verschwinden. Dann lautet die Nebenbedingung für $y + \epsilon_1 \eta_1 + \epsilon_2 \eta_2$

$$K(\epsilon_1, \epsilon_2) = K[y + \epsilon_1 \eta_1 + \epsilon_2 \eta_2] = C \tag{13.19}$$

Die Bedingung $K(\epsilon_1, \epsilon_2) = C$ ist eine Kurve in der ϵ_1-ϵ_2-Ebene (Abbildung 13.3). Eine Variation der Form $y + \epsilon_1 \eta_1 + \epsilon_2 \eta_2$ ist genau dann mit der Nebenbedingung verträglich, wenn ϵ_1 und ϵ_2 auf der Kurve $K(\epsilon_1, \epsilon_2) = C$ liegen.

Für die gesuchte Funktion y muss

$$J(\epsilon_1, \epsilon_2) = J[y + \epsilon_1 \eta_1 + \epsilon_2 \eta_2] = \text{minimal}, \quad \text{wobei} \quad K(\epsilon_1, \epsilon_2) = C \tag{13.20}$$

gelten. Das Minimum muss bei $\epsilon_1 = \epsilon_2 = 0$ liegen. Nach (13.13) können wir dies in der Form

$$J(\epsilon_1, \epsilon_2) - \lambda K(\epsilon_1, \epsilon_2) = \text{minimal} \ \text{ bei } \ \epsilon_1 = \epsilon_2 = 0 \tag{13.21}$$

lösen. Nach (13.13) wäre der Zusatzterm eigentlich $-\lambda [K(\epsilon_1, \epsilon_2) - C]$; die Konstante ist aber ohne Einfluss auf die Lage des Minimums. Für (13.21) ist

$$\left(\frac{\partial (J - \lambda K)}{\partial \epsilon_i} \right)_{\epsilon_1 = \epsilon_2 = 0} = 0 \qquad (i = 1, 2) \tag{13.22}$$

notwendig. Da ϵ_1 und ϵ_2 symmetrisch in J und K auftreten, sind beide Bedingungen ($i = 1, 2$) identisch. Die resultierende Bedingung lautet somit

$$J^*[y] = \int_{x_1}^{x_2} dx \ F^*(y, y', x) = \text{minimal}, \quad \text{wobei} \ F^* = F - \lambda\, G \tag{13.23}$$

Dies ergibt die Euler-Lagrange-Gleichung

$$\boxed{\frac{d}{dx}\,\frac{\partial F^*(y, y', x)}{\partial y'} = \frac{\partial F^*(y, y', x)}{\partial y}} \tag{13.24}$$

oder

$$\frac{d}{dx}\left(F_{y'} - \lambda\, G_{y'}\right) = F_y - \lambda\, G_y \tag{13.25}$$

Die Lösung dieser Differenzialgleichung 2. Ordnung enthält zwei Integrationskonstanten c_1 und c_2. Außerdem hängt sie von λ ab, also $y = y(x, c_1, c_2, \lambda)$. Die drei Parameter c_1, c_2, λ werden durch die Randbedingungen (13.18) und die Nebenbedingung (13.17) festgelegt.

Verallgemeinerung: Das Variationsproblem (13.16) kann durch mehrere Bedingungen der Art (13.17) eingeschränkt werden:

$$K_i[y] = \int_{x_1}^{x_2} G_i(y, y', x)\, dx = C_i \qquad (i = 1,..., R) \tag{13.26}$$

Unter Verwendung von (13.15) führt dies zur Euler-Lagrange-Gleichung für

$$F^* = F(y, y', x) - \sum_{i=1}^{R} \lambda_i\, G_i(y, y', x) \tag{13.27}$$

Die Lösung der Euler-Lagrange-Gleichung hängt von zwei Integrationskonstanten und R Parametern λ_i ab; diese Größen sind aus den zwei Randbedingungen und den R Nebenbedingungen zu bestimmen.

Holonome Nebenbedingungen

Wir formulieren das Problem der geodätischen Linie (13.4) – (13.6) allgemein: Gesucht sind die Funktionen $y_1(x)$ und $y_2(x)$, für die gilt:

$$J[y_1, y_2] = \int_{x_1}^{x_2} dx\;\, F(y_1, y_2, y_1', y_2', x) = \text{extremal} \tag{13.28}$$

Dabei seien die Randwerte fest vorgegeben. Die Lösung soll der holonomen Nebenbedingung

$$g(y_1, y_2, x) = 0 \tag{13.29}$$

genügen. Geometrisch stellt $(x, y_1(x), y_2(x))$ eine Kurve im 3-dimensionalen (x, y_1, y_2)-Raum dar, die Bedingung (13.29) beschränkt diese Kurve auf eine Fläche. Eine solche Bedingung ist viel einschneidender als (13.17). Während die integrale Bedingung (13.17) durch einen Parameter erfüllt werden kann, könnte (13.29) eine der beiden gesuchten Funktionen festlegen.

Wir lösen das Problem mit folgender Strategie: Das Intervall (x_1, x_2) wird in I gleich große Abschnitte eingeteilt. Dann kann (13.29) näherungsweise durch I

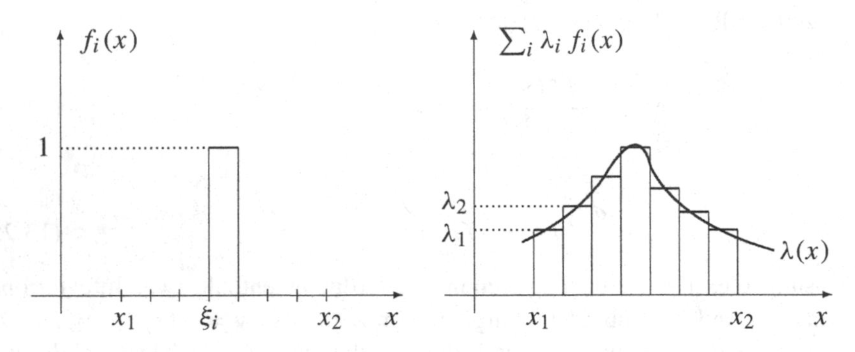

Abbildung 13.4 Die Hilfsfunktionen $f_i(x)$ werden eingeführt (links), um die eine holonome Nebenbedingung durch I isoperimetrische Nebenbedingungen zu ersetzen. Im Grenzfall $I \to \infty$ wird die Summe $\sum_i \lambda_i f_i(x)$ zu einer Funktion $\lambda(x)$ (rechts).

isoperimetrische Nebenbedingungen ersetzt werden. Hierfür ist die Lösung aus dem vorigen Abschnitt bekannt. Im Ergebnis geht man zu $I \to \infty$ über; die Ersatzbedingungen sind dann äquivalent zu (13.29).

Das Intervall (x_1, x_2) wird in I Abschnitte der Länge $d = (x_2 - x_1)/I$ aufgeteilt, die durch

$$\xi_i = x_1 + d\,(i-1) \qquad (i = 1, 2, \ldots, I+1) \tag{13.30}$$

begrenzt werden. Dann definieren wir die Hilfsfunktionen (Abbildung 13.4 links):

$$f_i(x) = \begin{cases} 1 & \text{für } \xi_i < x < \xi_{i+1} \\ 0 & \text{sonst} \end{cases} \qquad (i = 1, 2, \ldots, I) \tag{13.31}$$

Aus (13.29) folgen nun sofort I isoperimetrische Bedingungen, nämlich

$$K_i[y_1, y_2] = \int_{x_1}^{x_2} dx\; g(y_1, y_2, x)\, f_i(x) = 0 \qquad (i = 1, 2 \ldots, I) \tag{13.32}$$

Umgekehrt folgt (13.29) aus diesen Bedingungen für $I \to \infty$.

In der Form (13.32) können wir die Nebenbedingungen gemäß (13.27) berücksichtigen. Damit ist das Problem

$$J^*[y_1, y_2] = \int_{x_1}^{x_2} dx\; F^*(y_1, y_2, y_1', y_2', x) = \text{minimal} \tag{13.33}$$

zu lösen, wobei

$$F^* = F(y_1, y_2, y_1', y_2', x) - \sum_{i=1}^{I} \lambda_i\; g(y_1, y_2, x)\, f_i(x) \tag{13.34}$$

Für $I \to \infty$ wird $\sum_i \lambda_i f_i(x)$ zu einer kontinuierlichen Funktion $\lambda(x)$, also

$$\lim_{I \to \infty} \sum_{i=1}^{I} \lambda_i\, f_i(x) = \lambda(x) \tag{13.35}$$

Dieser Übergang ist in Abbildung 13.4 rechts graphisch veranschaulicht. Damit wird F^* zu

$$F^*(y_1, y_2, y_1', y_2', x) = F(y_1, y_2, y_1', y_2', x) - \lambda(x)\, g(y_1, y_2, x) \qquad (13.36)$$

Aus (13.33) folgen dann die Euler-Lagrange-Gleichungen

$$\boxed{\frac{d}{dx}\frac{\partial F}{\partial y_i'} = \frac{\partial F}{\partial y_i} - \lambda(x)\,\frac{\partial g}{\partial y_i} \qquad (i = 1, 2)} \qquad (13.37)$$

Diese beiden Differenzialgleichungen und $g(y_1, y_2, x) = 0$ bestimmen die drei Funktionen $y_1(x)$, $y_2(x)$ und $\lambda(x)$. Die Integrationskonstanten werden durch die Randbedingungen festgelegt.

Verallgemeinerung: Wir betrachten N Funktionen $y_1(x), \ldots, y_N(x)$ und $R < N$ holonome Nebenbedingungen $g_\alpha(y_1, \ldots, y_N, x) = 0$. Die N Euler-Lagrange-Gleichungen für

$$F^*(y_1, .., y_N, y_1', .., y_N', x) = F - \sum_{\alpha=1}^{R} \lambda_\alpha(x)\, g_\alpha(y_1, .., y_N, x) \qquad (13.38)$$

bestimmen zusammen mit den R Nebenbedingungen die $N + R$ Funktionen $y_i(x)$ und $\lambda_\alpha(x)$.

Anwendungen

Kettenlinie

Wir lösen das in Abbildung 13.1 skizzierte Problem eines Seils oder einer Kette im Schwerefeld. Die Lösung wird als *Kettenlinie* bezeichnet. Die Euler-Lagrange-Gleichungen (13.24) sind für die durch (13.1) und (13.3) gegebene Funktion

$$F^*(y, y') = F - \lambda\, G = \sqrt{1 + y'^2}\,\big(y - \lambda\big) \qquad (13.39)$$

aufzustellen. Hier ist λ ein Parameter, und der Faktor $\rho\, g$ aus (13.1) ist hier irrelevant. Da F^* nicht explizit von x abhängt, gilt (12.24), also

$$F^* - F^*_{y'}\, y' = \frac{y - \lambda}{\sqrt{1 + y'^2}} = a = \text{const.} \qquad (13.40)$$

Wir lösen dies nach $y'^2 = (y - \lambda)^2/a^2 - 1$ auf und erhalten durch Integration

$$y(x) = \lambda + a\, \cosh\left(\frac{x}{a} + b\right) \qquad (13.41)$$

Die Parameter a, b und λ dieser Lösung werden durch die Bedingungen

$$y(x_1) = y_1\,, \quad y(x_2) = y_2 \quad \text{und} \quad \int_{x_1}^{x_2} dx\, \sqrt{1 + y'^2} = L \qquad (13.42)$$

festgelegt. Wir wählen speziell die Aufhängepunkte

$$(x_1, y_1) = (-1, 0) \quad \text{und} \quad (x_2, y_2) = (1, 0) \tag{13.43}$$

Dann folgt $b = 0$ und $\lambda = -a \cosh(1/a)$. Der verbliebene Parameter a in

$$y(x) = a \cosh \frac{x}{a} - a \cosh \frac{1}{a} \tag{13.44}$$

kann durch die Länge L festgelegt werden. Mit $\sqrt{1 + y'^2} = \cosh(x/a)$ wird die Nebenbedingung zu

$$L = \int_{-1}^{1} dx \, \sqrt{1 + y'^2} = 2a \sinh \frac{1}{a} \tag{13.45}$$

Für $L > 2$ gibt es zwei Lösungen, $a = a_0 > 0$ und $a = -a_0$. Für das nach unten hängende Seil (Abbildung 13.1) gilt die Lösung $a = a_0$; für $a = -a_0$ wäre die potenzielle Energie maximal.

Die Lösung $a = -a_0$ entspricht der optimalen Linie für einen Torbogen aus druckfestem Material (Betonschale). Dies sieht man folgendermaßen: In der Gleichgewichtslösung für das Seil wird das Gewicht jedes kleinen Seilstücks durch tangentiale Zugkräfte an den beiden Enden kompensiert; insbesondere gibt es keine resultierenden Seitenkräfte senkrecht zur Kettenlinie. Beim Betonbogen kann dann umgekehrt das Gewicht allein durch Druckkräfte kompensiert werden; die Seitenkräfte verschwinden.

Geodätische Linien

Wir wollen die geodätischen Linien auf der Fläche

$$g(x, y, z) = 0 \tag{13.46}$$

bestimmen. Die gesuchte Linie werde in der Parameterform $x(t)$, $y(t)$, $z(t)$ dargestellt. Dabei ist die Bedeutung von t nicht festgelegt; für eine Bahnkurve kann t als Zeit aufgefasst werden. Die in (13.4) – (13.6) verwendete Darstellung der Kurve $(x, \, y(x), \, z(x))$ hebt die Variable x hervor. Welche der Kurvendarstellungen verwendet wird, ist eine Frage der Zweckmäßigkeit.

Die geodätischen Linien sind kürzeste Verbindungen zwischen zwei Punkten, sie bestimmen sich also aus

$$J[x, y, z] = \int_{t_1}^{t_2} dt \, \sqrt{\dot{x}^2 + \dot{y}^2 + \dot{z}^2} = \text{minimal} \tag{13.47}$$

Daher sind die Euler-Lagrange-Gleichungen für

$$F^*(x, y, z, \dot{x}, \dot{y}, \dot{z}, t) = \sqrt{\dot{x}^2 + \dot{y}^2 + \dot{z}^2} - \lambda(t) \, g(x, y, z) \tag{13.48}$$

zu lösen. Mit der Abkürzung $v = \sqrt{\dot{x}^2 + \dot{y}^2 + \dot{z}^2}$ lauten die Euler-Lagrange-Gleichungen

$$\frac{d}{dt}\frac{\dot{x}}{v} = -\lambda\, g_x\,, \qquad \frac{d}{dt}\frac{\dot{y}}{v} = -\lambda\, g_y\,, \qquad \frac{d}{dt}\frac{\dot{z}}{v} = -\lambda\, g_z \tag{13.49}$$

Zur Auswertung verwenden wir anstelle von t die Weglänge $s = s(t)$ als Bahnparameter. Mit $ds = v\, dt$ erhalten wir

$$\frac{d}{dt} = v\,\frac{d}{ds}\,, \qquad \dot{x} = \frac{dx(s)}{ds}\,\frac{ds}{dt} = v\, x'(s)\,, \qquad \frac{d}{dt}\frac{\dot{x}}{v} = v\, x'' \tag{13.50}$$

Damit werden die Euler-Lagrange-Gleichungen (13.49) zu

$$x'' = \mu\, g_x\,, \quad y'' = \mu\, g_y\,, \quad z'' = \mu\, g_z \tag{13.51}$$

wobei die unbekannte Funktion $\lambda(t)$ durch die ebenfalls unbekannte Funktion $\mu(s) = -\lambda/v$ ersetzt wurde.

Die bisherigen Betrachtungen gelten für eine beliebige Fläche. Speziell für die Kugeloberfläche

$$g(x, y, z) = x^2 + y^2 + z^2 - R^2 = 0 \tag{13.52}$$

wird (13.51) zu

$$x'' = 2\mu x\,, \quad y'' = 2\mu y\,, \quad z'' = 2\mu z \tag{13.53}$$

Die Lösung $x(s)$, $y(s)$, $z(s)$ muss $g(x, y, z) = 0$ erfüllen; wir können diese Beziehung also bereits bei der Lösung der Differenzialgleichung verwenden. Dazu differenzieren wir $g(x(s), y(s), z(s)) = 0$ zweimal nach s,

$$0 = x'^2 + y'^2 + z'^2 + x\,x'' + y\,y'' + z\,z'' \tag{13.54}$$

Hierin setzen wir x'', y'' und z'' aus (13.53) ein. Mit (13.52) und $x'^2 + y'^2 + z'^2 = (dx^2 + dy^2 + dz^2)/ds^2 = 1$ erhalten wir dann

$$\mu = -\frac{1}{2R^2} = \text{const.} \tag{13.55}$$

Für eine beliebige Fläche erhielte man aus diesem Schritt μ zunächst als Funktion von (x, y, z, x', y', z'); auch hiermit kann man μ aus den Euler-Lagrange-Gleichungen eliminieren. Wir setzen (13.55) in (13.53) ein,

$$x'' = -\frac{x}{R^2}\,, \quad y'' = -\frac{y}{R^2}\,, \quad z'' = -\frac{z}{R^2} \tag{13.56}$$

Jede dieser Differenzialgleichung hat die Lösung $A\,\sin(s/R) + B\,\cos(s/R)$; die Konstanten sind in Übereinstimmung mit der Nebenbedingung und den vorgegebenen Randpunkten zu bestimmen. Die resultierenden Linien sind Großkreise (Kreise mit dem Umfang $2\pi R$) auf der Kugeloberfläche. Eine spezielle Lösung ist der Äquator:

$$x(s) = R\,\sin\frac{s}{R} = R\,\sin\phi\,, \quad y(s) = R\,\cos\frac{s}{R} = R\,\cos\phi\,, \quad z = 0 \tag{13.57}$$

Aufgaben

13.1 Besetzungszahlen aus maximaler Entropie

Bestimmen Sie die Zahlen $n_1, n_2, n_3, \ldots$ so, dass die Größe

$$S(n_1, n_2, \ldots) = \sum_{i=1}^{\infty} \Big((1+n_i)\,\ln(1+n_i) - n_i\,\ln(n_i) \Big)$$

extremal wird. Die möglichen Werte von n_i sollen durch die Nebenbedingungen

$$E = \sum_i \varepsilon_i\, n_i = \text{const.}\,, \qquad N = \sum_i n_i = \text{const.}$$

eingeschränkt sein. Die ε_i sind vorgegebene Konstanten.

Diese Problemstellung ergibt sich bei der Behandlung eines idealen Gases aus Boseteilchen. Hierfür sind die ε_i die Energien der diskreten Einteilchenniveaus und die n_i die Anzahl der Teilchen in diesen Niveaus. Das thermische Gleichgewicht ist durch die Bedingung festgelegt, dass die Entropie S maximal ist; dabei sind für das abgeschlossene System die Gesamtenergie E und die Teilchenzahl N als Konstanten vorgegeben. Die n_i, die die Extremalbedingung erfüllen, sind die mittleren Besetzungszahlen.

13.2 Isoperimetrisches Problem

Die Enden eines Seils (Länge L) sind bei $(x_1, y_1) = (-d, 0)$ und $(x_2, y_2) = (d, 0)$ befestigt. Für welche Lage des Seils (in der x-y-Ebene) wird die Fläche zwischen dem Seil und der x-Achse maximal?

13.3 Geodätische Linien auf Kreiszylinder

Bestimmen Sie die geodätischen Linien auf der Oberfläche eines Kreiszylinders, indem Sie die Nebenbedingung „Kreiszylinder“ über Lagrangeparameter ankoppeln. Lösen Sie die Aufgabe anschließend noch einmal, indem Sie die Nebenbedingung durch die Wahl geeigneter Koordinaten von vornherein berücksichtigen.

14 Hamiltonsches Prinzip

Das Hamiltonsche Prinzip ist ein Variationsprinzip, dessen Euler-Lagrange-Gleichungen die Lagrangegleichungen der Mechanik sind. Das Hamiltonsche Prinzip ist eine elegante Formulierung der Grundgesetze der Mechanik. Diese Formulierung hat Vorbildcharakter für andere Gebiete der Physik.

Lagrangegleichungen 2. Art

Wir ordnen jeder Bahnkurve $q(t)$ das *Wirkungsfunktional*

$$S = S[q] = \int_{t_1}^{t_2} dt \; \mathcal{L}(q, \dot{q}, t) \tag{14.1}$$

zu; diese Größe wird auch kurz *Wirkung* genannt. Im Argument der Lagrangefunktion $\mathcal{L}$ steht q für $(q_1,..., q_f)$ und $\dot{q}$ für $(\dot{q}_1,..., \dot{q}_f)$. Die Lagrangegleichungen für $q_i(t)$ können durch die Forderung ersetzt werden, dass das Wirkungsfunktional stationär ist:

$$\boxed{\text{Hamiltonsches Prinzip:} \quad \delta S[q] = 0} \tag{14.2}$$

Bei der Variation sollen die Endpunkte $q(t_1)$ und $q(t_2)$ festgehalten werden. Die Aussage $\delta S[q] = 0$ heißt *Hamiltonsches Prinzip*, sie ist eine Bedingung an die gesuchte Bahnkurve $q(t)$. Nach (12.17) ist diese Bedingung äquivalent zu den Lagrangegleichungen 2. Art:

$$\delta S[q] = 0 \quad \longleftrightarrow \quad \frac{d}{dt}\frac{\partial \mathcal{L}}{\partial \dot{q}_i} = \frac{\partial \mathcal{L}}{\partial q_i} \tag{14.3}$$

Die Lagrangegleichungen der Mechanik sind also die Euler-Lagrange-Gleichungen des Variationsproblems $\delta S = 0$.

Das Hamiltonsche Prinzip besagt, dass die Bewegung so abläuft, dass die Bahnkurve die Wirkung stationär macht. Es ist dabei nicht wichtig, ob es sich bei dem stationären Punkt um ein Extremum handelt. In konkreten Anwendungen macht die Lösung der Lagrangegleichungen S im Allgemeinen minimal (Aufgabe 14.1). Daher heißt das Hamiltonsche Prinzip auch *Prinzip der kleinsten Wirkung*.

Die allgemeine Lösung der Lagrangegleichungen enthält $2f$ Integrationskonstanten, da es sich um f Differenzialgleichungen 2. Ordnung handelt. Diese

Konstanten werden entweder durch die festen Randwerte des Variationsproblems oder durch die Anfangsbedingungen des physikalischen Problems bestimmt. Die Angaben

$$\begin{array}{ccc} \text{Randbedingungen:} & & \text{Anfangsbedingungen:} \\ q_i(t_1),\; q_i(t_2) & \text{oder} & q_i(t_1),\; \dot{q}_i(t_1) \end{array} \tag{14.4}$$

legen jeweils $2f$ Größen fest; insoweit sind sie gleichwertig.

Lagrangegleichungen 1. Art

Ein System von N Massenpunkten werde durch $3N$ kartesische Koordinaten $x = (x_1, \ldots, x_{3N})$ beschrieben. Die inneren und äußeren Kräfte sollen durch ein Potenzial beschrieben werden. Dann lautet die Lagrangefunktion

$$\mathcal{L}(x, \dot{x}, t) = \frac{1}{2} \sum_{n=1}^{3N} m_n \, \dot{x}_n^2 - U(x_1, \ldots, x_{3N}, t) \tag{14.5}$$

Das System unterliege den R Zwangsbedingungen

$$g_\alpha(x, t) = g_\alpha(x_1, \ldots, x_{3N}, t) = 0 \qquad (\alpha = 1, \ldots, R) \tag{14.6}$$

Dann gelten die Lagrangegleichungen 1. Art (7.14), die sich als

$$\frac{d}{dt} \frac{\partial \mathcal{L}}{\partial \dot{x}_n} = \frac{\partial \mathcal{L}}{\partial x_n} + \sum_{\alpha=1}^{R} \lambda_\alpha \, \frac{\partial g_\alpha}{\partial x_n} \tag{14.7}$$

schreiben lassen.

Wir betrachten das Variationsproblem

$$S = S[x] = \int_{t_1}^{t_2} dt \; \mathcal{L}(x, \dot{x}, t) = \text{stationär}, \quad \text{wobei } g_\alpha(x, t) = 0 \tag{14.8}$$

Nach (13.38) wird dies durch die Euler-Lagrange-Gleichungen für

$$\mathcal{L}^*(x, \dot{x}, t) = \mathcal{L}(x, \dot{x}, t) + \sum_{\alpha=1}^{R} \lambda_\alpha(t) \, g_\alpha(x, t) \tag{14.9}$$

gelöst. Gegenüber (13.38) wurde das Vorzeichen von λ hier anders gewählt; dies ist Konvention und ohne Einfluss auf das Ergebnis. Die Euler-Lagrange-Gleichungen für $\mathcal{L}^*$ sind identisch mit (14.7). Also gilt

$$\delta \int_{t_1}^{t_2} dt \; \mathcal{L}^*(x, \dot{x}, t) = 0 \quad \longleftrightarrow \quad \text{Lagrangegleichungen 1. Art} \tag{14.10}$$

In dieser Weise kann das Hamiltonsche Prinzip auch auf Systeme mit Zwangsbedingungen angewandt werden. Die physikalischen Zwangsbedingungen werden zu Nebenbedingungen des Variationsproblems.

Anmerkungen zum Hamiltonschen Prinzip

In Teil I haben wir die Grundgesetze der Mechanik in Form der Newtonschen Axiome angegeben. In Teil II wurden sie als Lagrangegleichungen formuliert; diese Gleichungen sind allgemeiner und (für komplexe Systeme) wesentlich einfacher aufzustellen. In diesem Kapitel haben wir das Hamiltonsche Prinzip als eine Formulierung eingeführt, die zu den Lagrangegleichungen äquivalent ist. Eine weitere Alternative ist der Hamiltonformalismus (Teil VII).

Bei konkreten Aufgaben stellt man zunächst die Lagrangefunktion und dann die Bewegungsgleichungen auf. Das Hamiltonsche Prinzip wird dabei meist nicht explizit angeschrieben; es wird aber mit den Lagrangegleichungen implizit verwendet. Für allgemeine Betrachtungen (Symmetrien, Aufstellung neuer Theorien) ist das Hamiltonsche Prinzip selbst der geeignete Ausgangspunkt. Es stellt die Grundlage der Mechanik in der knappen und prägnanten Form

$$\delta \int_{t_1}^{t_2} dt\ \mathcal{L}(q, \dot{q}, t) = 0 \tag{14.11}$$

dar. Dies ist eine einzige Gleichung im Gegensatz zu den f Lagrangegleichungen.

Die Aussage (14.11) setzt noch keine bestimmten verallgemeinerten Koordinaten voraus. Von den zu wählenden Koordinaten wird verlangt, dass sie mit allen Zwangsbedingungen verträglich sind; alternativ dazu können die Zwangsbedingungen wie in (14.8) – (14.10) hinzugefügt werden.

In der nichtrelativistischen Mechanik ist $\mathcal{L}$ die Differenz aus kinetischer und potenzieller Energie mit der Maßgabe, dass $\mathcal{L}$ als Funktion geeigneter, verallgemeinerter Koordinaten zu schreiben ist. Im Gegensatz zur kinetischen oder potenziellen Energie ist $\mathcal{L}$ aber keine physikalische Größe (keine Messgröße). Die Lagrangefunktion ist vielmehr eine mathematische Hilfsgröße, die so definiert ist, dass aus ihr die Bewegungsgleichungen folgen. Wegen der fehlenden Verbindung mit einer physikalischen Größe ist die Bedingung minimaler (oder stationärer) Wirkung nicht unmittelbar einleuchtend oder plausibel, wie dies etwa für die Bedingung $U_{\text{pot}} =$ minimal bei der Kettenlinie oder Seifenhaut der Fall ist.

Die mathematisch eingeführte Größe $\mathcal{L}(q, \dot{q}, t)$ ist im Allgemeinen eine besonders einfache Funktion der in Frage kommenden Variablen. Oft ist sie die einfachste, mit den Symmetrien des Systems verträgliche Funktion. Wir erläutern dies am Beispiel der Lagrangefunktion eines freien Teilchens. Die Freiheitsgrade eines Teilchens werden durch den Ortsvektor $\boldsymbol{r}(t)$ beschrieben. Wenn wir uns auf erste Ableitungen beschränken, dann ist

$$\mathcal{L} = \mathcal{L}(\boldsymbol{r},\, \dot{\boldsymbol{r}},\, t) \tag{14.12}$$

ein allgemeiner Ansatz. Aufgrund der einschlägigen Symmetrien gilt:

1. Wegen der Homogenität der Zeit kann $\mathcal{L}$ nicht von t abhängen.
2. Wegen der Homogenität des Raums kann $\mathcal{L}$ nicht von $\boldsymbol{r}$ abhängen.
3. Wegen der Isotropie des Raums kann $\mathcal{L}$ nur von $\dot{\boldsymbol{r}}^2$ abhängen.

Damit lautet der einfachste mögliche Ansatz

$$\mathcal{L} = C\,\dot{\boldsymbol{r}}^2 \tag{14.13}$$

Dieser Ausdruck ergibt bereits die richtigen Bewegungsgleichungen. Die Konstante C ist ohne Einfluss auf die Bewegungsgleichungen; sie wird üblicherweise gleich $m/2$ gesetzt.

Die angeführten Symmetrietransformationen sind in der allgemeinen Galileitransformation enthalten. Dabei fällt allerdings auf, dass wir nicht die Invarianz gegenüber Galileitransformationen im engeren Sinn (räumliche Verschiebung um $\boldsymbol{v}\,t$) verlangt haben; diese Forderung ließe nur noch $\mathcal{L} = \text{const.}$ zu. Tatsächlich ist $\mathcal{L}$ nicht invariant unter dieser Transformation:

$$\mathcal{L} = \frac{m}{2}\,\dot{\boldsymbol{r}}^2 \quad \stackrel{\dot{\boldsymbol{r}} \to \dot{\boldsymbol{r}} + \boldsymbol{v}}{\longrightarrow} \quad \mathcal{L}^* = \frac{m}{2}\,\dot{\boldsymbol{r}}^2 + m\,\boldsymbol{v}\cdot\dot{\boldsymbol{r}} + \frac{m}{2}\,\boldsymbol{v}^2 \tag{14.14}$$

Beide Lagrangefunktionen, $\mathcal{L}$ und $\mathcal{L}^*$, ergeben jedoch dieselben Bewegungsgleichungen (nächster Abschnitt).

Auch in anderen Gebieten der Physik führt oft der einfachste, mit den Symmetrien des betrachteten Systems verträgliche Ansatz für die Lagrangefunktion zu den richtigen Grundgesetzen. Dies bedeutet einen kaum zu überschätzenden Vorteil des Lagrangeformalismus. Bei der Entwicklung neuer Theorien geht man bevorzugt von einem Ansatz für die Lagrangefunktion aus.

Einen weiteren Vorteil des Hamiltonschen Prinzips werden wir im nächsten Kapitel auswerten: Das Noethertheorem gibt für ein Variationsprinzip den Zusammenhang zwischen einer sehr allgemeinen Klasse möglicher Invarianzen und den zugehörigen Erhaltungsgrößen an. Auch diese Diskussion hat Modellcharakter für andere Gebiete der Physik.

Eichtransformation

Die Lagrangefunktion ist ein besonders einfacher Ausgangspunkt zur Aufstellung der Bewegungsgleichungen. Nun kann es aber verschiedene Lagrangefunktionen geben, die zu denselben Bewegungsgleichungen führen. Solche Lagrangefunktionen betrachten wir als zueinander gleichwertig. Angesichts der Äquivalenz von $\delta \int dt\,\mathcal{L} = 0$ mit den Bewegungsgleichungen ist sofort klar, dass eine gegebene Lagrangefunktion $\mathcal{L}$ gleichwertig zu $\mathcal{L}^* = \text{const.} \cdot \mathcal{L}$ oder zu $\mathcal{L}^* = \mathcal{L} + \text{const.}$ ist.

Eine wichtige Klasse von gleichwertigen Lagrangefunktionen ergibt sich aus den sogenannten *Eichtransformationen*. Dabei wird zu $\mathcal{L}$ die totale Zeitableitung einer beliebigen Funktion $f(q,t)$ addiert,

$$\mathcal{L}(q,\dot{q},t) \quad \longrightarrow \quad \mathcal{L}^*(q,\dot{q},t) = \mathcal{L}(q,\dot{q},t) + \frac{d}{dt}\,f(q,t) \tag{14.15}$$

Wie bisher steht q für $(q_1,\ldots, q_f)$. Wir zeigen nun, dass $\mathcal{L}$ und $\mathcal{L}^*$ zu denselben Bewegungsgleichungen führen. Das Wirkungsintegral für $\mathcal{L}^*$ lautet

$$S^* = \int_{t_1}^{t_2} dt\ \mathcal{L}^* = \int_{t_1}^{t_2} dt\ \mathcal{L} + f(q(t_2), t_2) - f(q(t_1), t_1) \tag{14.16}$$

Bei der Variation von S werden die Bahnen $q(t)$ variiert, also

$$\delta S^* = \delta S + \sum_{i=1}^{f} \left(\frac{\partial f}{\partial q_i}\right)_{t_2} \delta q_i(t_2)\ - \sum_{i=1}^{f} \left(\frac{\partial f}{\partial q_i}\right)_{t_1} \delta q_i(t_1) = \delta S \tag{14.17}$$

Da die Randwerte bei der Variation festgehalten werden, gilt $\delta q(t_1) = \delta q(t_2) = 0$ und $\delta S^* = \delta S$; die Bedingungen $\delta S^* = 0$ und $\delta S = 0$ sind identisch. Die Lagrangefunktionen $\mathcal{L}$ und $\mathcal{L}^*$ führen also zu denselben Bewegungsgleichungen, sie sind gleichwertig. Dies kann man auch direkt zeigen, indem man die Bewegungsgleichungen für $\mathcal{L}$ und $\mathcal{L}^*$ aufstellt, Aufgabe 11.1.

Die Änderung der Lagrangefunktion unter einer Galileitransformation ist eine solche Eichtransformation, denn der Zusatzterm in (14.14) kann als totale Zeitableitung geschrieben werden ($\boldsymbol{v}$ ist hier eine Konstante):

$$\mathcal{L}^* - \mathcal{L} = \frac{d}{dt}\left(m\,\boldsymbol{v}\cdot\boldsymbol{r} + \frac{m}{2}\,\boldsymbol{v}^2\,t\right) \tag{14.18}$$

Die Eichtransformation der Lagrangefunktion hat ihren Namen von der Eichtransformation der Elektrodynamik. Die Lagrangefunktion eines Teilchens im elektromagnetischen Feld wurde in (9.47) angegeben:

$$\mathcal{L}(\boldsymbol{r}, \dot{\boldsymbol{r}}, t) = \frac{m}{2}\,\dot{\boldsymbol{r}}^2 - q\,\Phi(\boldsymbol{r}, t) + \frac{q}{c}\,\dot{\boldsymbol{r}}\cdot\boldsymbol{A}(\boldsymbol{r}, t) \tag{14.19}$$

Die physikalischen Felder $\boldsymbol{E}$ und $\boldsymbol{B}$,

$$\boldsymbol{E} = -\frac{1}{c}\frac{\partial \boldsymbol{A}}{\partial t} - \operatorname{grad}\Phi\,, \qquad \boldsymbol{B} = \operatorname{rot}\boldsymbol{A} \tag{14.20}$$

sind invariant unter folgender *Eichtransformation* der Potenziale:

$$\boldsymbol{A} \;\to\; \boldsymbol{A} + \operatorname{grad}\Lambda(\boldsymbol{r}, t)\,, \qquad \Phi \;\to\; \Phi - \frac{1}{c}\,\frac{\partial\Lambda(\boldsymbol{r}, t)}{\partial t} \tag{14.21}$$

Dabei ist $\Lambda(\boldsymbol{r}, t)$ eine beliebige Funktion. Ebenso wie die Lagrangefunktion sind die Potenziale keine physikalischen Größen; ähnlich wie $\mathcal{L}$ werden sie eingeführt, weil sich mit ihnen viele Beziehungen besonders einfach darstellen lassen. Die Transformation (14.21) ist für die Lagrangefunktion (14.19) von der Form (14.15):

$$\mathcal{L} \;\longrightarrow\; \mathcal{L}^* = \mathcal{L} + \frac{q}{c}\,\frac{d\Lambda(\boldsymbol{r}, t)}{dt} \tag{14.22}$$

Aufgaben

14.1 Minimale Wirkung für Teilchen im Schwerefeld

Die Lagrangefunktion $\mathcal{L}(z, \dot{z}) = (m/2)\,\dot{z}^2 - m\,g\,z$ beschreibt ein Teilchen im Schwerefeld. Berechnen Sie das Wirkungsintegral

$$S = \int_0^{t_0} dt\ \mathcal{L}(z, \dot{z}) \qquad \text{für} \qquad z(t) = -\frac{g}{2}\,t^2 + f(t)$$

Die Abweichung $f(t)$ von der tatsächlichen Bewegung sei eine stetig differenzierbare Funktion, die am Rand verschwindet, $f(0) = f(t_0) = 0$. Zeigen Sie, dass die Wirkung $S[f]$ für $f(t) = 0$ ihren minimalen Wert annimmt.

14.2 Äquivalenz von Lagrangefunktionen

Welche der Lagrangefunktionen

$$\mathcal{L}_1 = \frac{m}{2}\,\dot{\boldsymbol{r}}^2 + q\,\boldsymbol{E}_0\cdot\boldsymbol{r} \quad \text{oder} \quad \mathcal{L}_2 = \frac{m}{2}\,\dot{\boldsymbol{r}}^2 - q\,\boldsymbol{E}_0\cdot\dot{\boldsymbol{r}}\,t \tag{14.23}$$

beschreibt ein geladenes Teilchen in einem konstanten, homogenen elektrischen Feld $\boldsymbol{E}_0$?

15 Noethertheorem

In Kapitel 11 wurde gezeigt, dass aus den Symmetrien der Raum-Zeit von Inertialsystemen bestimmte Erhaltungsgrößen folgen. Auf der Grundlage des Hamiltonschen Prinzips kann der Zusammenhang zwischen Symmetrien und Erhaltungssätzen wesentlich allgemeiner formuliert werden: Jede einparametrige Schar von Transformationen, unter denen die Wirkung invariant ist, führt zu einer Erhaltungsgröße. Diese Aussage wurde von der Mathematikerin Emmy Noether (1882 – 1935) abgeleitet.

Der Zusammenhang, den wir im Folgenden allgemein untersuchen, sei einleitend an einem einfachen Beispiel skizziert: Hängt im Funktional

$$J[y] = \int dx\ F(y, y', x) \tag{15.1}$$

der Integrand $F = F(y, y')$ nicht explizit von x ab, dann ist F und damit J invariant gegenüber der Transformation

$$x \quad \to \quad x^* = x + \epsilon \tag{15.2}$$

Dann ergibt sich nach (12.24) die Erhaltungsgröße

$$Q = F_{y'}\, y' - F = \text{const.} \tag{15.3}$$

Dies ist eine Differenzialgleichung 1. Ordnung für die gesuchte Funktion $y(x)$. Diese Differenzialgleichung ist ein erstes Integral der Euler-Lagrange-Gleichung.

Die folgende Notation orientiert sich an den Anwendungen des Hamiltonschen Prinzips. Der Zusammenhang zwischen Invarianz und Erhaltungsgröße wird aber ohne Bezug auf diese physikalische Interpretation abgeleitet. Wir gehen vom Hamiltonschen Prinzip aus:

$$\delta S[q] = \delta \int_{t_1}^{t_2} dt\ \mathcal{L}(q, \dot{q}, t) = 0 \tag{15.4}$$

Im Argument der Lagrangefunktion

$$\mathcal{L} = \mathcal{L}(q, \dot{q}, t) = \mathcal{L}(q_1, ..., q_f, \dot{q}_1, ..., \dot{q}_f, t) \tag{15.5}$$

verwenden wir die Abkürzungen

$$q = (q_1(t), \ldots, q_f(t)) \quad \text{und} \quad \dot{q} = (\dot{q}_1(t), \ldots, \dot{q}_f(t)) \tag{15.6}$$

Die $q_i(t)$ sind beliebige (verallgemeinerte) Koordinaten oder auch kartesische Koordinaten $q = x = (x_1, ..., x_N)$.

Wir betrachten nun Transformationen der Koordinaten und der Zeit, die von einem kontinuierlichen Parameter ϵ abhängen:

$$\begin{aligned} q_i \quad &\to \quad q_i^* = \Psi_i(q, \dot{q}, t; \epsilon) \ = q_i + \epsilon\, \psi_i(q, \dot{q}, t) + \mathcal{O}(\epsilon^2) \\ t \quad &\to \quad t^* = \Phi(q, \dot{q}, t; \epsilon) \ = t + \epsilon\, \varphi(q, \dot{q}, t) + \mathcal{O}(\epsilon^2) \end{aligned} \tag{15.7}$$

Dieser allgemeine Ansatz lässt zu, dass die transformierten Größen von den Koordinaten, den Geschwindigkeiten und von der Zeit abhängen. Der Parameterwert $\epsilon = 0$ entspricht der identischen Transformation. Wir beschränken uns auf infinitesimale Transformationen, zum Beispiel eine infinitesimale Drehung um eine Achse anstelle einer endlichen Drehung. Die Terme der Ordnung ϵ^2 werden im Folgenden nicht mit angeschrieben; sie sind ohne Einfluss auf das Ergebnis.

Bei der Transformation (15.7) entstehen aus den Funktionen $q(t)$ neue, andere Funktionen $q^*(t^*)$, wobei

$$q_i^*(t^*) = q_i(t) + \epsilon\, \psi_i(q(t), \dot{q}(t), t) \tag{15.8}$$

$$t^*(t) = t + \epsilon\, \varphi(q(t), \dot{q}(t), t) \tag{15.9}$$

Zum Beispiel ist eine Zeittranslation $t^* = t + \epsilon$ von der Form (15.7) mit $\varphi = 1$ und $\psi_i = 0$. Dann gilt für die neue Bahnkurve $q_i^*(t^*) = q_i(t)$. Dabei unterscheidet sich die Funktion $q_i^*(t^*)$ von $q_i(t)$ in trivialer Weise; so wird zum Beispiel $q(t) = \sin(t)$ zu $q^*(t^*) = \sin(t^* - \epsilon)$. Der Stern in q^* zeigt an, dass $q^*(t^*)$ eine andere Funktion der neuen Variablen t^* ist. Die Bedingung $q^* = q$ bedeutet, dass die Bahnkurve selbst bei der Transformation unverändert bleibt.

Wir vergleichen nun das Funktional $S[q(t)]$ für die Bahn $q(t)$ und die Randwerte t_1 und t_2 mit dem Funktional $S^* = S[q^*(t^*)]$, das sich für die transformierte Bahn $q_i^*(t^*)$ und die entsprechenden Randwerte t_1^* und t_2^* ergibt. Wenn $S^* = S$, also wenn

$$\int_{t_1^*}^{t_2^*} dt^*\, \mathcal{L}\Big(q^*, \frac{dq^*}{dt^*}, t^*\Big) = \int_{t_1}^{t_2} dt\, \mathcal{L}\Big(q, \frac{dq}{dt}, t\Big) \qquad \text{(Invarianz)} \tag{15.10}$$

gilt, dann ist das Funktional *invariant* unter dieser Transformation. Da das Funktional S die Bewegungsgleichungen festlegt, ist die Invarianz $S^* = S$ der mathematische Ausdruck für die Symmetrie des durch $\mathcal{L}$ beschriebenen Systems gegenüber der betrachteten Transformation. Auf der linken Seite von (15.10) ersetzen wir zunächst die Integrationsvariable t^* durch t,

$$\int_{t_1^*}^{t_2^*} dt^*\, \mathcal{L}\Big(q^*, \frac{dq^*}{dt^*}, t^*\Big) = \int_{t_1}^{t_2} dt\ \mathcal{L}\Big(q^*, \frac{dq^*}{dt^*}, t^*\Big)\frac{dt^*}{dt} \tag{15.11}$$

$$= \int_{t_1}^{t_2} dt \left[\mathcal{L}\Big(q, \frac{dq}{dt}, t\Big) + \epsilon\, \frac{d}{d\epsilon}\left(\mathcal{L}\Big(q^*, \frac{dq^*}{dt^*}, t^*\Big)\frac{dt^*}{dt}\right)_{\epsilon=0}\right]$$

Dabei wurde der Integrand $\mathcal{L}(q^*, dq^*/dt^*, t^*)\, dt^*/dt$ als Funktion $f(\epsilon)$ aufgefasst und gemäß $f(\epsilon) = f(0) + f'(0)\,\epsilon + \mathcal{O}(\epsilon^2)$ entwickelt. Notwendig und hinreichend für Invarianzbedingung (15.10) ist damit

$$\frac{d}{d\epsilon}\left[\mathcal{L}\Big(q^*, \frac{dq^*}{dt^*}, t^*\Big)\frac{dt^*}{dt}\right]_{\epsilon=0} = 0 \qquad \text{(Invarianzbedingung)} \qquad (15.12)$$

Der Index $\epsilon = 0$ bedeutet, dass die nach ϵ differenzierte Funktion an dieser Stelle zu nehmen ist. Aus der Bedingung (15.12) leiten wir eine Erhaltungsgröße der Form $Q = Q(q, \dot{q}, t) = \text{const.}$ ab. Wir verwenden dabei die Euler-Lagrange-Gleichungen

$$\frac{d}{dt}\frac{\partial\mathcal{L}}{\partial\dot{q}_i} = \frac{\partial\mathcal{L}}{\partial q_i} \qquad (15.13)$$

Daher gelten die abzuleitenden Aussagen nur für die tatsächliche Bahnkurve. Aus (15.8) und (15.9) folgt

$$\frac{dt^*}{dt} = 1 + \epsilon\,\frac{d\,\varphi(q, \dot{q}, t)}{dt} = 1 + \epsilon\,\frac{d\varphi}{dt} \qquad (15.14)$$

und

$$\frac{dq_i^*}{dt^*} = \frac{dq_i^*}{dt}\frac{dt}{dt^*} = \left(\dot{q}_i + \epsilon\,\frac{d\psi_i}{dt}\right)\left(1 - \epsilon\,\frac{d\varphi}{dt}\right) = \dot{q}_i + \epsilon\,\frac{d\psi_i}{dt} - \epsilon\,\dot{q}_i\,\frac{d\varphi}{dt} \qquad (15.15)$$

Die Terme $\mathcal{O}(\epsilon^2)$ werden wie oben vereinbart nicht mit angeschrieben. Wir werten (15.12) aus

$$\frac{d}{d\epsilon}\left[\mathcal{L}\Big(q_i + \epsilon\,\psi_i,\ \dot{q}_i + \epsilon\,\frac{d\psi_i}{dt} - \epsilon\,\dot{q}_i\,\frac{d\varphi}{dt},\ t + \epsilon\,\varphi\Big)\Big(1 + \epsilon\,\frac{d\varphi}{dt}\Big)\right]_{\epsilon=0}$$

$$= \sum_{i=1}^{f}\frac{\partial\mathcal{L}}{\partial q_i}\,\psi_i + \sum_{i=1}^{f}\frac{\partial\mathcal{L}}{\partial\dot{q}_i}\frac{d\psi_i}{dt} - \sum_{i=1}^{f}\frac{\partial\mathcal{L}}{\partial\dot{q}_i}\,\dot{q}_i\,\frac{d\varphi}{dt} + \frac{\partial\mathcal{L}}{\partial t}\,\varphi + \mathcal{L}\,\frac{d\varphi}{dt}$$

$$= \frac{d}{dt}\sum_{i=1}^{f}\frac{\partial\mathcal{L}}{\partial\dot{q}_i}\,\psi_i + \left(\mathcal{L} - \sum_{i=1}^{f}\frac{\partial\mathcal{L}}{\partial\dot{q}_i}\,\dot{q}_i\right)\frac{d\varphi}{dt} + \varphi\,\frac{\partial\mathcal{L}}{\partial t} = 0 \qquad (15.16)$$

Da das Ergebnis an der Stelle $\epsilon = 0$ zu nehmen ist, stehen jetzt im Argument von $\mathcal{L} = \mathcal{L}(q, \dot{q}, t)$ wieder die nichttransformierten Größen. Mit (9.35),

$$\frac{d}{dt}\left(\mathcal{L} - \sum_{i=1}^{f}\frac{\partial\mathcal{L}}{\partial\dot{q}_i}\,\dot{q}_i\right) = \frac{\partial\mathcal{L}}{\partial t} \qquad (15.17)$$

erhalten wir aus (15.16)

$$\frac{d}{d\epsilon}\left[\mathcal{L}\Big(q^*, \frac{dq^*}{dt^*}, t^*\Big)\frac{dt^*}{dt}\right]_{\epsilon=0} = \frac{d}{dt}\left[\sum_{i=1}^{f}\frac{\partial\mathcal{L}}{\partial\dot{q}_i}\,\psi_i + \left(\mathcal{L} - \sum_{i=1}^{f}\frac{\partial\mathcal{L}}{\partial\dot{q}_i}\,\dot{q}_i\right)\varphi\right] = 0 \qquad (15.18)$$

Die Invarianzbedingung (15.12) bedeutet, dass die linke Seite verschwindet. Damit lautet das *Noethertheorem*: Ist ein Funktional $S[q]$ invariant unter einer einparametrigen Transformationsschar (15.7), so folgt daraus die Erhaltungsgröße

$$Q = Q(q, \dot{q}, t) = \sum_{i=1}^{f} \frac{\partial \mathcal{L}}{\partial \dot{q}_i}\, \psi_i + \left(\mathcal{L} - \sum_{i=1}^{f} \frac{\partial \mathcal{L}}{\partial \dot{q}_i}\, \dot{q}_i \right) \varphi = \text{const.} \tag{15.19}$$

Dies ist eine Differenzialgleichung 1. Ordnung. Sie gilt für die tatsächlichen Bahnen und ist damit ein erstes Integral der Bewegungsgleichungen.

Das Vorgehen bei der Anwendung des Noethertheorems ist folgendes: Zunächst schreibt man die Funktionen ψ_i und φ in (15.7) für die ins Auge gefasste Transformation auf. Dann überprüft man durch Auswertung von (15.12), ob die Symmetrie gegenüber diesen Transformationen vorliegt. Dies hängt über $\mathcal{L}$ von dem zu untersuchenden System ab. Wenn die Invarianzbedingung erfüllt ist, bestimmt man aus $\mathcal{L}$, ψ_i und φ die Erhaltungsgröße Q.

Wir fassen zusammen: Das Noethertheorem verbindet eine Symmetrie, die in der Invarianz gegenüber einer einparametrigen Transformation besteht, mit einer Erhaltungsgröße:

$$\begin{array}{ccc} \text{Symmetrie:} & & \text{Erhaltungsgröße:} \\ S^* = S \ \text{ oder } (15.12) & \xrightarrow{\text{Noether}} & Q = Q(q, \dot{q}, t) = \text{const.} \end{array} \tag{15.20}$$

Wir betrachten zwei einfache Beispiele:

1. $\mathcal{L}$ hänge nicht explizit von t ab, also $\mathcal{L} = \mathcal{L}(q_i, \dot{q}_i)$. Wir betrachten daher die Transformation

$$\begin{aligned} q_i^* &= q_i\,, & \psi_i &= 0 \\ t^* &= t + \epsilon\,, & \varphi &= 1 \end{aligned} \tag{15.21}$$

Daraus erhalten wir

$$q_i^*(t^*) = q_i(t)\,, \qquad \frac{dt^*}{dt} = 1 \quad \text{und} \quad \frac{dq_i^*}{dt^*} = \frac{dq_i}{dt} \tag{15.22}$$

Wir werten die Invarianzbedingung (15.12) aus:

$$\frac{d}{d\epsilon} \left[\mathcal{L}\left(q_i^*, \frac{dq_i^*}{dt^*} \right) \frac{dt^*}{dt} \right]_{\epsilon=0} = \frac{d}{d\epsilon}\, \mathcal{L}(q_i, \dot{q}_i) = 0 \tag{15.23}$$

Da die Invarianzbedingung erfüllt ist, folgt

$$Q = \mathcal{L} - \sum_{i=1}^{f} \frac{\partial \mathcal{L}}{\partial \dot{q}_i}\, \dot{q}_i = \text{const.} \tag{15.24}$$

Für $\mathcal{L} = \sum m_i \dot{x}_i^2/2 - U(x)$ (mit kartesischen Koordinaten $q_i = x_i$) ist $-Q$ gleich der Energie E des Systems.

2. $\mathcal{L}$ hänge nicht explizit von einer bestimmten Koordinate q_k ab, also $\mathcal{L} = \mathcal{L}(q_1,..., q_{k-1}, q_{k+1},..., q_f, \dot{q}_1,..., \dot{q}_f, t)$. Wir betrachten daher die Transformation

$$\begin{aligned} q_i^* &= q_i + \epsilon\, \delta_{ik}, \qquad & \psi_i &= \delta_{ik} \\ t^* &= t\,, & \varphi &= 0 \end{aligned} \tag{15.25}$$

Hierfür gilt

$$\frac{dq_k^*}{dt^*} = \frac{dq_k}{dt} \tag{15.26}$$

Wir werten die Invarianzbedingung (15.12) mit Hilfe von (15.25) und (15.26) aus:

$$\frac{d}{d\epsilon}\left[\mathcal{L}\Big(q^*,\, \frac{dq_i^*}{dt^*},\, t^*\Big)\, \frac{dt^*}{dt}\right] = \frac{d}{d\epsilon}\, \mathcal{L}(q, \dot{q}, t) = 0 \tag{15.27}$$

Hierbei wurde $\partial\mathcal{L}/\partial q_k = 0$ berücksichtigt. Da die Invarianzbedingung erfüllt ist, gilt

$$Q = \frac{\partial\mathcal{L}}{\partial \dot{q}_k} = p_k = \text{const.} \tag{15.28}$$

Dies ist der zur Koordinate q_k gehörige verallgemeinerte Impuls p_k.

In dieser Weise erhalten wir alle aus Kapitel 9 und 11 bekannten Aussagen. Das Noethertheorem ist darüberhinaus von Vorteil für allgemeinere Lagrangefunktionen und Lagrangedichten, in denen nicht von vornherein klar ist, welches die Erhaltungsgrößen sind. Außerdem können wir nach einer einfachen Erweiterung (im folgenden Abschnitt) auch in der Punktmechanik Symmetrien (sphärischer Oszillator, Keplerproblem) behandeln, die nicht in den Rahmen der in Kapitel 9 und 11 behandelten Symmetrien passen.

Erweitertes Noethertheorem

Wir sind in (15.10) von der Invarianzbedingung $S^* = S$ ausgegangen. Da die Bewegungsgleichungen äquivalent zu $\delta S = 0$ sind, genügt für die Symmetrie auch die schwächere Bedingung $\delta S^* = \delta S$, also

$$\delta \int_{t_1^*}^{t_2^*} dt^*\, \mathcal{L}\Big(q^*,\, \frac{dq^*}{dt^*},\, t^*\Big) = \delta \int_{t_1}^{t_2} dt\, \mathcal{L}\Big(q,\, \frac{dq}{dt},\, t\Big) \quad \text{(Invarianz)} \tag{15.29}$$

Nun wissen wir aus (14.15) – (14.17), dass zu $\mathcal{L}$ die totale Zeitableitung einer Funktion $f(q, t)$ addiert werden kann, ohne dass dies δS ändert. Wenn der durch die Transformation entstandene Zusatzterm in (15.11) eine solche Zeitableitung ist,

$$\frac{d}{d\epsilon}\left[\mathcal{L}\Big(q^*,\, \frac{dq^*}{dt^*},\, t^*\Big)\, \frac{dt^*}{dt}\right]_{\epsilon=0} = \frac{d}{dt}\, f(q, t) \qquad \text{(Invarianzbedingung)} \tag{15.30}$$

dann ist (15.29) erfüllt. Dabei kann $f(q, t) = f(q_1,..., q_f, t)$ eine beliebige Funktion der Koordinaten und der Zeit sein.

Wir ersetzen nun in der obigen Ableitung (15.12) durch (15.30). Dann tritt der Term df/dt auf der rechten Seite von (15.16) und (15.18) auf und wir erhalten das *erweiterte Noethertheorem*: Erfüllt $\mathcal{L}$ bei einer Transformation (15.7) die Invarianzbedingung (15.30) mit einer bestimmten Funktion $f(q, t)$, so ist

$$\boxed{Q = \sum_{i=1}^{f} \frac{\partial \mathcal{L}}{\partial \dot{q}_i}\, \psi_i + \left(\mathcal{L} - \sum_{i=1}^{f} \frac{\partial \mathcal{L}}{\partial \dot{q}_i}\, \dot{q}_i \right) \varphi - f(q, t) = \text{const.}} \tag{15.31}$$

für die tatsächliche Bewegung eine Erhaltungsgröße.

Galileiinvarianz

Die Invarianz unter einer Galileitransformation bezeichnen wir als *Galileiinvarianz*. Für ein System aus Massenpunkten leiten wir die zugehörige Erhaltungsgröße ab.

Wir untersuchen dazu die spezielle Galileitransformation

$$x^* = x + \epsilon\, t\,, \qquad y^* = y\,, \qquad z^* = z\,, \qquad t^* = t \tag{15.32}$$

für ein abgeschlossenes System aus N Massenpunkten,

$$\mathcal{L} = \frac{1}{2} \sum_{\nu=1}^{N} m_\nu\, \dot{\boldsymbol{r}}_\nu^2 - \sum_{\nu=2}^{N} \sum_{\mu=1}^{\nu-1} U_{\nu\mu}(|\boldsymbol{r}_\nu - \boldsymbol{r}_\mu|) \tag{15.33}$$

Um die obigen Formeln anwenden zu können, stellen wir die N Ortsvektoren $\boldsymbol{r}_\nu$ durch $3N$ kartesische Koordinaten x_n dar:

$$x_n = x_{3\nu+j-3} = \boldsymbol{r}_\nu \cdot \boldsymbol{e}_j \tag{15.34}$$

Der Teilchenindex ν läuft von 1 bis N, der Index j von 1 bis 3, und n von 1 bis $3N$. Die Transformation (15.32) ist für die x-Koordinate jedes Teilchens auszuführen, also

$$\begin{aligned} x^*_{3\nu-2} &= x_{3\nu-2} + \epsilon\, t\,, & \psi_{3\nu-2} &= t \\ x^*_{3\nu-1} &= x_{3\nu-1}\,, & \psi_{3\nu-1} &= 0 \\ x^*_{3\nu} &= x_{3\nu}\,, & \psi_{3\nu} &= 0 \\ t^* &= t\,, & \varphi &= 0 \end{aligned} \tag{15.35}$$

Bei der Auswertung der Invarianzbedingung verwenden wir

$$\frac{dx^*_{3\nu-2}}{dt^*} = \dot{x}_{3\nu-2} + \epsilon\,, \qquad \frac{dx^*_{3\nu-1}}{dt^*} = \dot{x}_{3\nu-1}\,, \qquad \frac{dx^*_{3\nu}}{dt^*} = \dot{x}_{3\nu} \tag{15.36}$$

und

$$|\boldsymbol{r}^*_\nu - \boldsymbol{r}^*_\mu| = |\boldsymbol{r}_\nu - \boldsymbol{r}_\mu|\,, \qquad \frac{dt^*}{dt} = 1 \tag{15.37}$$

Damit wird (15.30) zu

$$\frac{d}{d\epsilon}\left[\mathcal{L}\Big(\ldots,\,|\boldsymbol{r}_\nu^*-\boldsymbol{r}_\mu^*|,\ldots,\,\frac{dx_{3\nu-2}^*}{dt^*},\,\frac{dx_{3\nu-1}^*}{dt^*},\,\frac{dx_{3\nu}^*}{dt^*},\ldots\Big)\frac{dt^*}{dt}\right]_{\epsilon=0}$$

$$=\left[\frac{d}{d\epsilon}\,\mathcal{L}\Big(\ldots,\,|\boldsymbol{r}_\nu-\boldsymbol{r}_\mu|,\ldots,\,\dot{x}_{3\nu-2}+\epsilon,\,\dot{x}_{3\nu-1},\,\dot{x}_{3\nu},\ldots\Big)\right]_{\epsilon=0}$$

$$=\sum_{\nu=1}^{N}\frac{\partial\mathcal{L}}{\partial\dot{x}_{3\nu-2}}=\sum_{\nu=1}^{N}m_\nu\,\dot{x}_{3\nu-2}=\frac{d}{dt}\sum_{\nu=1}^{N}m_\nu\,\boldsymbol{r}_\nu\cdot\boldsymbol{e}_1=\frac{d}{dt}\,M\boldsymbol{R}\cdot\boldsymbol{e}_1 \qquad (15.38)$$

Im letzten Schritt haben wir die Schwerpunktkoordinate $\boldsymbol{R}=\sum_\nu m_\nu\boldsymbol{r}_\nu/M$ eingeführt. Wir sehen, dass die Invarianzbedingung (15.30) mit der Funktion f,

$$f=\sum_{\nu=1}^{N}m_\nu\,\boldsymbol{r}_\nu\cdot\boldsymbol{e}_1=M\boldsymbol{R}\cdot\boldsymbol{e}_1 \qquad (15.39)$$

erfüllt ist. Dann folgt aus (15.31) die Erhaltungsgröße

$$Q=\sum_{\nu=1}^{N}\frac{\partial\mathcal{L}}{\partial\dot{x}_{3\nu-2}}\;\psi_{3\nu-2}-f(x,t)=M(\dot{\boldsymbol{R}}\,t-\boldsymbol{R})\cdot\boldsymbol{e}_1=\text{const.} \qquad (15.40)$$

Die Symmetrie gilt in gleicher Weise für eine spezielle Galileitransformation in y- und z-Richtung. Daher gilt

$$\dot{\boldsymbol{R}}\,t-\boldsymbol{R}=\text{const.} \qquad (15.41)$$

Dies sind drei Erhaltungsgrößen. Sie können zu

$$\boldsymbol{R}(t)=\boldsymbol{A}\,t+\boldsymbol{B} \qquad (15.42)$$

aufintegriert werden. Das gleiche Ergebnis ergibt sich auch aus der Translationsinvarianz von (15.33). Aus der Invarianz gegenüber $\boldsymbol{r}_\nu^*=\boldsymbol{r}_\nu+\boldsymbol{\epsilon}$ folgt ja (wie in Kapitel 11 gezeigt) die Erhaltung des Schwerpunktimpulses $M\dot{\boldsymbol{R}}=\text{const.}$ Auch hieraus erhält man (15.42).

Abgeschlossene Systeme sind invariant unter der 10-parametrigen Gruppe der Galileitransformationen. Wie schon in Kapitel 11 gezeigt, ergeben sich hieraus 10 Erhaltungsgrößen, und zwar die Energie E, der Impuls $\boldsymbol{P}$, der Drehimpuls $\boldsymbol{L}$ und die Größe $\boldsymbol{R}-\dot{\boldsymbol{R}}\,t$.

Weitere Beispiele[1] für Symmetrien, auf die das erweiterte Noethertheorem anzuwenden ist, sind der harmonische Oszillator (SU(3)-Symmetrie, Aufgabe 15.4) und das Keplerproblem (Lenzscher Vektor, Aufgabe 17.1).

[1] American Journal of Physics 45 (1977) 336 und 39 (1971) 502

Aufgaben

15.1 Symmetrie des Potenzials $U = \alpha/r^2$

Zeigen Sie, dass die Wirkung für ein Teilchen im Potenzial $U(\boldsymbol{r}) = \alpha/r^2$ invariant ist unter der einparametrigen Transformation

$$\boldsymbol{r}^* = \lambda\,\boldsymbol{r}\,, \qquad t^* = \lambda^2\,t$$

Geben Sie die zugehörige Erhaltungsgröße an und vereinfachen Sie diese mit Hilfe des Energieerhaltungssatzes.

15.2 Teilchen im homogenen elektrischen Feld

Ein geladenes Teilchen im konstanten, homogenen elektrischen Feld kann durch die Lagrangefunktion

$$\mathcal{L}(\boldsymbol{r}, \dot{\boldsymbol{r}}) = \frac{m}{2}\,\dot{\boldsymbol{r}}^2 + q\,\boldsymbol{E}_0 \cdot \boldsymbol{r}$$

beschrieben werden. Das System ist invariant unter räumlichen Translationen. Leiten Sie die zu dieser Symmetrie gehörende Erhaltungsgröße ab.

15.3 Translationsinvarianz im Vielteilchensystem

Die Lagrangefunktion eines abgeschlossenen Systems aus N Massenpunkten sei

$$\mathcal{L} = \frac{1}{2}\sum_{\nu=1}^{N} m_\nu\,\dot{\boldsymbol{r}}_\nu^2 - \sum_{\nu=2}^{N}\sum_{\mu=1}^{\nu-1} U_{\nu\mu}(|\boldsymbol{r}_\nu - \boldsymbol{r}_\mu|) \tag{15.43}$$

Zeigen Sie die Invarianz unter der Translation $\boldsymbol{r}_\nu^* = \boldsymbol{r}_\nu + \boldsymbol{\epsilon}$, und geben Sie die zugehörige Erhaltungsgröße an.

15.4 Erhaltungsgrößen des sphärischen Oszillators

In geeigneten Einheiten lautet die Lagrangefunktion des sphärischen harmonischen Oszillators

$$\mathcal{L} = \frac{1}{2}\sum_{i=1}^{3}\left(\dot{x}_i^2 - x_i^2\right)$$

Zeigen Sie, dass die Transformationen

$$x_i^* = x_i + \frac{\epsilon}{2}\left(\delta_{ik}\,\dot{x}_l + \delta_{il}\,\dot{x}_k\right), \qquad t^* = t \tag{15.44}$$

die Variation der Wirkung (und damit die Bewegungsgleichungen) invariant lassen.

In (15.44) können k und l die Werte 1, 2 und 3 annehmen; es handelt sich also um 9 mögliche Transformationen. Bestimmen Sie die zugehörigen 9 Erhaltungsgrößen Q_{kl}. Zeigen Sie, dass dies die Energie- und Drehimpulserhaltung impliziert. Hinweis zum Drehimpuls: Zeigen Sie, dass

$$\ell_i^2 = \frac{1}{2} \sum_{k,l=1}^{3} \epsilon_{ikl}^2 \left(Q_{kk} Q_{ll} - Q_{kl}^2 \right)$$

für die Drehimpulskomponenten ℓ_i gilt. Dabei ist ϵ_{ikl} das Levi-Civita-Symbol (hat nichts mit dem ϵ in (15.44) zu tun).

IV Zentralpotenzial

16 Zweikörperproblem

Wir untersuchen die Bewegung von zwei Körpern in einem abgeschlossenen System. Hierzu gehören das Keplerproblem, die klassische Behandlung des Wasserstoffatoms, die Rutherfordstreuung und die Dynamik eines zweiatomigen Moleküls (Vibrationen, Rotationen).

Die beiden Körper werden als Massenpunkte (Orte $\boldsymbol{r}_i$, Massen m_i, $i = 1, 2$) behandelt. Die auftretenden konservativen Kräfte werden durch ein Zentralpotenzial der Form $U(|\boldsymbol{r}_1 - \boldsymbol{r}_2|)$ beschrieben; äußere Kräfte treten im abgeschlossenen System nicht auf. Damit lautet die Lagrangefunktion

$$\mathcal{L}(\boldsymbol{r}_1, \boldsymbol{r}_2, \dot{\boldsymbol{r}}_1, \dot{\boldsymbol{r}}_2) = \frac{m_1}{2}\,\dot{\boldsymbol{r}}_1^{\,2} + \frac{m_2}{2}\,\dot{\boldsymbol{r}}_2^{\,2} - U(|\boldsymbol{r}_1 - \boldsymbol{r}_2|) \tag{16.1}$$

Die Lagrangegleichungen hierfür stellen ein gekoppeltes System von sechs Differenzialgleichungen 2. Ordnung dar. Die Symmetrien des Problems,

1. Symmetrie gegenüber Translationen
2. Symmetrie gegenüber Rotationen
3. Symmetrie gegenüber Zeittranslationen

führen zu Erhaltungsgrößen, die die schrittweise Vereinfachung des Problems ermöglichen:

1. Erhaltung des Schwerpunktimpulses: Reduktion zu einem Einteilchenproblem
2. Erhaltung des Drehimpulses: Reduktion zur Radialgleichung
3. Erhaltung der Energie: Reduktion zu einer Differenzialgleichung 1. Ordnung.

Die Lösung der verbleibenden Differenzialgleichungen kann als ein Integral angegeben werden. Zur Ausführung dieses Integrals muss $U(r)$ spezifiziert werden.

Das hier skizzierte Vorgehen ist ein Paradebeispiel für das Ausnutzen von Symmetrien bei der Lösung physikalischer Probleme. Die aufgeführten Symmetrien sind nicht davon abhängig, ob das System klassisch oder quantenmechanisch behandelt wird. Sie werden daher in ähnlicher Weise bei der quantenmechanischen Lösung des Wasserstoffatoms ausgenutzt.

T. Fließbach, *Mechanik*, https://doi.org/10.1007/978-3-662-61603-1_5

Reduktion zum Einteilchenproblem

Die Symmetrien treten in der Lagrangefunktion deutlicher hervor, wenn man geeignete verallgemeinerte Koordinaten einführt. Für die Translationsinvarianz sind dies die Schwerpunkt- und Relativkoordinaten, für die Drehinvarianz Kugel- oder Zylinderkoordinaten.

Durch

$$\boldsymbol{R} = \frac{m_1 \boldsymbol{r}_1 + m_2 \boldsymbol{r}_2}{m_1 + m_2}, \qquad \boldsymbol{r} = \boldsymbol{r}_1 - \boldsymbol{r}_2 \tag{16.2}$$

führen wir die Schwerpunktkoordinate $\boldsymbol{R}$ und die Relativkoordinate $\boldsymbol{r}$ ein. Wir lösen (16.2) nach $\boldsymbol{r}_1$ und $\boldsymbol{r}_2$ auf:

$$\boldsymbol{r}_1 = \boldsymbol{R} + \frac{m_2}{m_1 + m_2}\, \boldsymbol{r}, \qquad \boldsymbol{r}_2 = \boldsymbol{R} - \frac{m_1}{m_1 + m_2}\, \boldsymbol{r} \tag{16.3}$$

Für (16.1) ist dies eine Transformation zu neuen, verallgemeinerten Koordinaten. Wir setzen (16.3) in (16.1) ein und erhalten

$$\mathcal{L} = \mathcal{L}(\boldsymbol{r}, \dot{\boldsymbol{r}}, \dot{\boldsymbol{R}}) = \frac{M}{2}\, \dot{\boldsymbol{R}}^2 + \frac{\mu}{2}\, \dot{\boldsymbol{r}}^2 - U(|\boldsymbol{r}|) \tag{16.4}$$

Dabei haben wir die Gesamtmasse M und die *reduzierte* Masse μ eingeführt:

$$M = m_1 + m_2, \qquad \mu = \frac{m_1 m_2}{m_1 + m_2} \tag{16.5}$$

Wegen der Translationssymmetrie des Systems ist $\boldsymbol{R}$ eine zyklische Koordinate, und der zugehörige verallgemeinerte Impuls (Schwerpunktimpuls) ist konstant:

$$\frac{\partial \mathcal{L}}{\partial \dot{\boldsymbol{R}}} = M \dot{\boldsymbol{R}} = \text{const.}, \quad \text{also} \quad \boldsymbol{R}(t) = \boldsymbol{A}\, t + \boldsymbol{B} \tag{16.6}$$

Der Schwerpunkt bewegt sich längs einer Geraden mit konstanter Geschwindigkeit. Die Lösung von $\boldsymbol{R}(t)$ geht außerdem nicht in die Bewegungsgleichung von $\boldsymbol{r}(t)$ ein; die Bewegungsgleichungen sind *entkoppelt*. Dies gilt generell, wenn die Lagrangefunktion keine Kopplungsterme enthält, also von der Form

$$\mathcal{L}(\boldsymbol{r}, \boldsymbol{R}, \dot{\boldsymbol{r}}, \dot{\boldsymbol{R}}) = \mathcal{L}_1(\boldsymbol{R}, \dot{\boldsymbol{R}}) + \mathcal{L}_2(\boldsymbol{r}, \dot{\boldsymbol{r}}) \tag{16.7}$$

ist. Wegen der Entkopplung der Bewegungsgleichungen können wir uns auf die Diskussion von $\mathcal{L}_2$ beschränken. Wir haben also nur noch das *Einteilchenproblem* mit

$$\mathcal{L}_2 = \mathcal{L}(\boldsymbol{r}, \dot{\boldsymbol{r}}) = \frac{\mu}{2}\, \dot{\boldsymbol{r}}^2 - U(r) \qquad (r = |\boldsymbol{r}|) \tag{16.8}$$

zu lösen. Im Folgenden bezeichnen wir $\mathcal{L}_2$ wieder mit $\mathcal{L}$. Die Lagrangefunktion (16.8) beschreibt ein fiktives Teilchen der Masse μ, das sich in einem Zentralpotenzial $U(r)$ bewegt. Für $m_1 \ll m_2$ (zum Beispiel $m_{\text{Planet}} \ll m_{\text{Sonne}}$) gilt $\mu \approx m_1$; und die Bewegung des fiktiven Teilchens ist näherungsweise gleich der des Körpers 1.

Wir führen nun Zylinderkoordinaten ein, $\boldsymbol{r} := (\rho,\ \varphi,\ z)$. Mit (10.26) und $r^2 = \rho^2 + z^2$ erhalten wir

$$\mathcal{L}(\rho, z, \dot{\rho}, \dot{\varphi}, \dot{z}) = \frac{\mu}{2}\left(\dot{\rho}^2 + \rho^2\,\dot{\varphi}^2 + \dot{z}^2\right) - U\left(\sqrt{\rho^2 + z^2}\right) \tag{16.9}$$

Damit lauten die Lagrangegleichungen:

$$\mu\,\ddot{\rho} \;=\; \mu\,\rho\,\dot{\varphi}^2 - \frac{\partial U}{\partial \rho} \tag{16.10}$$

$$\frac{d}{dt}\left(\mu\rho^2\dot{\varphi}\right) \;=\; 0 \tag{16.11}$$

$$\mu\,\ddot{z} \;=\; -\frac{\partial U}{\partial z} \tag{16.12}$$

Es ist zweckmäßig, die Zeitableitung in der Gleichung für $\varphi(t)$ nicht auszuführen.

Reduktion zur Radialgleichung

Nach (3.7) ist der Drehimpuls für eine Zentralkraft erhalten:

$$\boldsymbol{\ell} = \mu\,\boldsymbol{r} \times \dot{\boldsymbol{r}} = \text{const.} \tag{16.13}$$

Diese Erhaltungsgröße kann man auch wie in Kapitel 11 aus der Isotropie des Raums ableiten, oder aus dem Noethertheorem als Folge der Invarianz der Lagrangefunktion unter beliebigen Drehungen.

Wir legen nun die z-Achse unseres Bezugssystems in $\boldsymbol{\ell}$-Richtung:

$$\boldsymbol{\ell} = \ell\,\boldsymbol{e}_z \qquad \text{(Wahl des IS)} \tag{16.14}$$

Diese Festlegung ist nur deshalb möglich, weil die Richtung von $\boldsymbol{\ell}$ konstant ist; andernfalls wäre das so spezifizierte Bezugssystem kein Inertialsystem. Aus $\boldsymbol{\ell} = \mu\,\boldsymbol{r} \times \dot{\boldsymbol{r}} \parallel \boldsymbol{e}_z$ folgt $\boldsymbol{r} \perp \boldsymbol{e}_z$ und damit

$$z(t) = 0 \tag{16.15}$$

Die gesamte Bahnkurve liegt in der x-y-Ebene. Wir setzen $z = 0$ in die Bewegungsgleichungen ein[1]. Gleichung (16.12) ist dann trivial erfüllt. Die Bewegungsgleichung (16.11) ist gleichbedeutend mit

$$\mu\,\rho(t)^2\,\dot{\varphi}(t) = \ell = \text{const.} \tag{16.16}$$

[1] Man erhält auch das richtige Ergebnis, wenn man $z(t) = 0$ in die Lagrangefunktion (16.9) einsetzt. Grundsätzlich ist es aber unzulässig, eine Teillösung wie $z(t) = 0$ oder eine Erhaltungsgröße in $\mathcal{L}$ einzusetzen, denn $\mathcal{L}$ ist keine physikalische Größe. Beispiel: Für $\mathcal{L} = T - U$ gelte Energieerhaltung, $T + U = E_0 = \text{const.}$ Das Einsetzen von $T = E_0 - U$ in $\mathcal{L}$ ergäbe Unsinn, nämlich $\mathcal{L} = E_0 - 2U$. Für $\mathcal{L}$ ist die funktionale Abhängigkeit von den Koordinaten und Geschwindigkeiten entscheidend. Im Gegensatz dazu können Bewegungsgleichungen und Erhaltungssätze immer ineinander eingesetzt werden.

Wegen der Rotationssymmetrie um die z-Achse ist φ eine zyklische Koordinate in (16.9). Die zugehörige Erhaltungsgröße ist die z-Komponente des Drehimpulses. Damit haben wir $\boldsymbol{\ell}$ = const. zweimal benutzt: Zuerst die Konstanz der Richtung (16.14) und dann die Konstanz des Betrages.

In die Bewegungsgleichung (16.10) setzen wir $z = 0$ und $\dot{\varphi} = \ell/(\mu\rho^2)$ ein:

$$\mu\,\ddot{\rho} = \frac{\ell^2}{\mu\,\rho^3} - \frac{dU(\rho)}{d\rho} \qquad \text{(Radialgleichung)} \tag{16.17}$$

Der erste Term auf der rechten Seite dieser *Radialgleichung* kann als Zentrifugalkraft interpretiert werden. Im zweiten Term steht jetzt die gewöhnliche Ableitung, weil U nicht mehr von z abhängt.

Energieerhaltung

Die Lagrangefunktion (16.9) hängt nicht explizit von der Zeit t ab; dies bedeutet, dass das System symmetrisch unter Zeittranslationen ist. Aus $\partial\mathcal{L}/\partial t = 0$ und (9.36) folgt

$$\begin{aligned} E &= \frac{\partial\mathcal{L}}{\partial\dot{\rho}}\,\dot{\rho} + \frac{\partial\mathcal{L}}{\partial\dot{\varphi}}\,\dot{\varphi} + \frac{\partial\mathcal{L}}{\partial\dot{z}}\,\dot{z} - \mathcal{L} \\ &= \frac{\mu}{2}\left(\dot{\rho}^2 + \rho^2\dot{\varphi}^2 + \dot{z}^2\right) + U\left(\sqrt{\rho^2 + z^2}\,\right) = \text{const.} \end{aligned} \tag{16.18}$$

Diese Erhaltungsgröße ist gleich der Energie $E = T + U$ des Einteilchenproblems. Wir setzen hierin $z = 0$ und $\dot{\varphi} = \ell/(\mu\rho^2)$ ein:

$$\boxed{E = \frac{\mu}{2}\,\dot{\rho}^2 + \frac{\ell^2}{2\mu\,\rho^2} + U(\rho)} \tag{16.19}$$

Dies ist eine Differenzialgleichung 1. Ordnung für $\rho(t)$. Wenn wir die Lösung $\rho(t)$ in (16.16) einsetzen, erhalten wir durch eine weitere Integration $\varphi(t)$. Die vollständige Lösung des Zweikörperproblems liegt damit in folgender Form vor:

$$\left.\begin{array}{l} \boldsymbol{R}(t) = \boldsymbol{A}\,t + \boldsymbol{B} \\ \left.\begin{array}{l} \rho(t)\ \text{ aus (16.19)} \\ \varphi(t)\ \text{ aus (16.16)} \\ z(t) = 0 \end{array}\right\} \rightarrow \boldsymbol{r}(t) \end{array}\right\} \stackrel{(16.3)}{\longrightarrow} \quad \boldsymbol{r}_1(t),\ \ \boldsymbol{r}_2(t) \tag{16.20}$$

Die allgemeine Lösung der sechs Differenzialgleichungen 2. Ordnung für $\boldsymbol{r}_1(t)$ und $\boldsymbol{r}_2(t)$ muss 12 Integrationskonstanten enthalten. Die Schwerpunktbewegung wird durch die sechs Integrationskonstanten $\boldsymbol{A}$ und $\boldsymbol{B}$ festgelegt. Die Wahl $z(t) = 0$ impliziert die Festlegung von zwei Integrationskonstanten. Die Erhaltungsgrößen ℓ und E stellen je eine Integrationskonstante dar. Je eine weitere Konstante ergibt sich bei der Integration von (16.16) und (16.19). Alle 12 Integrationskonstanten werden durch die Anfangsbedingungen festgelegt. Die beiden Integrationskonstanten der z-Bewegung treten nicht explizit auf, weil wir uns von vornherein auf $z(t) = 0$ festgelegt haben.

Wir halten uns noch einmal den Weg der jetzt erreichten Lösung vor Augen: Die Translationsinvarianz impliziert die Erhaltung des Schwerpunktimpulses; damit kann die Schwerpunktbewegung trivial berechnet werden. Die Drehinvarianz impliziert die Erhaltung des Drehimpulses der Relativbewegung; damit ist die Bewegung auf eine Ebene beschränkt und die Winkelbewegung durch $\ell = \mu\rho^2\dot{\varphi}$ festgelegt. Die zeitliche Translationsinvarianz impliziert die Energieerhaltung; damit erhält man eine Differenzialgleichung 1. Ordnung. Mit $\ell = \mu\,\rho^2\dot{\varphi}$ kann sie als Differenzialgleichung für die Radialbewegung $\rho(t)$ allein geschrieben werden.

Lösung

Wir geben die Lösung für $\rho(t)$ und für die Bahnkurve in Form von Integralen an. Dazu schreiben wir (16.19) als

$$\dot{\rho} = \frac{d\rho}{dt} = \sqrt{\frac{2}{\mu}\left(E - U(\rho) - \frac{\ell^2}{2\mu\rho^2}\right)} \tag{16.21}$$

Als Anfangsbedingung nehmen wir $\rho(t_0) = \rho_0$ an; der Zeitpunkt t_0 ist willkürlich (etwa $t_0 = 0$). Wir integrieren (16.21) von t_0 bis t:

$$t = t_0 + \int_{\rho_0}^{\rho} d\rho' \sqrt{\frac{\mu/2}{E - U(\rho') - \ell^2/(2\mu\rho'^2)}} \tag{16.22}$$

Die Ausführung dieses Integrals ergibt eine Funktion $t = t(\rho)$, woraus $\rho = \rho(t)$ folgt. Ob und wie (analytisch, numerisch) das Integral gelöst und die erhaltene Funktion nach ρ aufgelöst werden kann, hängt vom Potenzial $U(\rho)$ ab.

Das durch (16.22) bestimmte $\rho(t)$ können wir in (16.16) einsetzen und daraus durch eine weitere Integration $\varphi(t)$ bestimmen. Man kann aber auch zunächst die Bahnkurve $\rho = \rho(\varphi)$ ohne Bezug auf den zeitlichen Verlauf angeben; zusammen mit $\rho = \rho(t)$ legt auch dies die Lösung vollständig fest. Aus (16.21) und (16.16) erhalten wir

$$\frac{d\varphi}{d\rho} = \frac{d\varphi}{dt}\,\frac{dt}{d\rho} = \frac{\ell}{\mu\rho^2}\bigg/\sqrt{\frac{2}{\mu}\left(E - U(\rho) - \frac{\ell^2}{2\mu\rho^2}\right)} \tag{16.23}$$

Dies integrieren wir zur Bahnkurve $\varphi = \varphi(\rho)$:

$$\varphi = \varphi_0 + \int_{\rho_0}^{\rho} d\rho' \frac{\ell/\rho'^2}{\sqrt{2\mu\big(E - U(\rho')\big) - \ell^2/\rho'^2}} \tag{16.24}$$

Diskussion der Bewegung

Auch ohne explizite Lösung der Integrale des letzten Abschnitts lassen sich anhand von (16.19) und (16.16) qualitative Aussagen über die Bewegung machen. Konkret diskutieren wir die Potenziale

$$U(\rho) = \begin{cases} -\alpha/\rho \\ \alpha\,\rho^2 \\ \alpha\,(\rho-\rho_0)^2 \\ -\alpha/\rho^3 \end{cases} \tag{16.25}$$

Wegen $z = 0$ sind die Argumente $r = \sqrt{\rho^2 + z^2}$ und ρ austauschbar:

$$U(r) = U(\rho) \tag{16.26}$$

Der erste Fall in (16.25) bezieht sich insbesondere auf

$$U(r) = \begin{cases} -\dfrac{G m_1 m_2}{r} & \text{Gravitationspotenzial} \\ \dfrac{q_1 q_2}{r} & \text{Coulombpotenzial} \end{cases} \tag{16.27}$$

Das Gravitationspotenzial tritt im Keplerproblem auf, also etwa bei der Planetenbewegung im Sonnensystem. Das Coulombpotenzial beschreibt die Wechselwirkung im Wasserstoffatom oder bei der Rutherfordstreuung. Für (16.27) sind die Integrale (16.22) – (16.24) elementar lösbar. Dies gilt auch für den Oszillator, also den zweiten und dritten Fall in (16.25). Der dritte Fall beschreibt etwa die Rotationen und Vibrationen eines zweiatomigen Moleküls; dabei ist ρ_0 der Gleichgewichtsabstand der beiden Atome. Im letzten Fall $U = -\alpha/\rho^3$ ergeben sich elliptische Integrale, die nicht elementar zu lösen sind.

Wir diskutieren die Bahnbewegung graphisch. Dazu beziehen wir uns auf die Beispiele (16.25); diese Diskussion ist aber leicht auf andere Potenziale übertragbar. Wir gehen von

$$E = \frac{\mu}{2}\,\dot{\rho}^2 + U_{\rm eff}(\rho) \tag{16.28}$$

mit dem *effektiven Potenzial*

$$U_{\rm eff}(\rho) = U(\rho) + \frac{\ell^2}{2\mu\,\rho^2} \tag{16.29}$$

aus. Man zeichnet nun den Graphen von $U_{\rm eff}(\rho)$ an, Abbildung 16.1 – 16.3. Dann gibt der Abstand zu der Horizontalen $E = \text{const.}$ die jeweilige kinetische Energie $\mu\,\dot{\rho}^2/2$ in ρ-Richtung an (Abbildung 16.1). Je nach Vorzeichen von $\dot{\rho}$ läuft das Teilchen zum Zentrum hin oder nach außen. Dabei ist die Bewegung auf Bereiche beschränkt, für die $E - U_{\rm eff} > 0$ gilt. An den durch

$$E = U_{\rm eff}(\rho_i) \qquad \text{(Umkehrpunkte)} \tag{16.30}$$

gegebenen Stellen ρ_i kehrt sich die Richtung der ρ-Bewegung um.

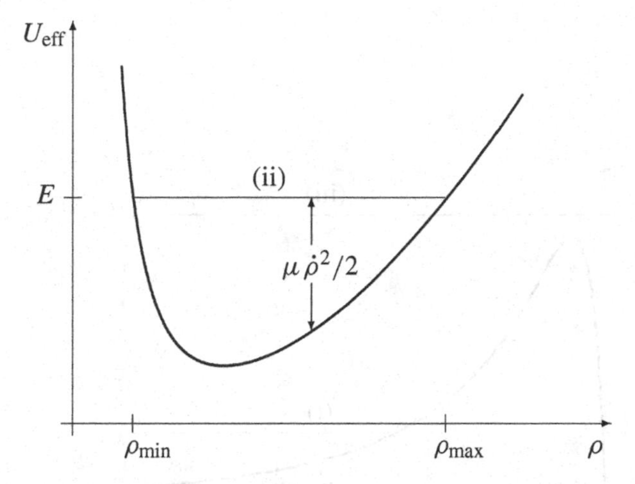

Abbildung 16.1 Das effektive Potenzial $U_{\text{eff}} = \alpha\,\rho^2 + \ell^2/2\mu\,\rho^2$ für $\alpha > 0$ und $\ell \neq 0$ als Funktion von ρ. Die kinetische Energie $\mu\,\dot\rho^2/2$ in radialer Richtung ist gleich dem vertikalen Abstand zwischen U_{eff} und der Horizontalen $E = \text{const}$. Für dieses Potenzial ist nur eine gebundene Bewegung (ii) möglich; dabei oszilliert das Teilchen zwischen den Umkehrpunkten $\rho_{\min}$ und $\rho_{\max}$. In der ρ-φ-Ebene ist die Bahn eine Ellipse, deren Mittelpunkt mit dem Zentrum des Potenzials zusammenfällt.

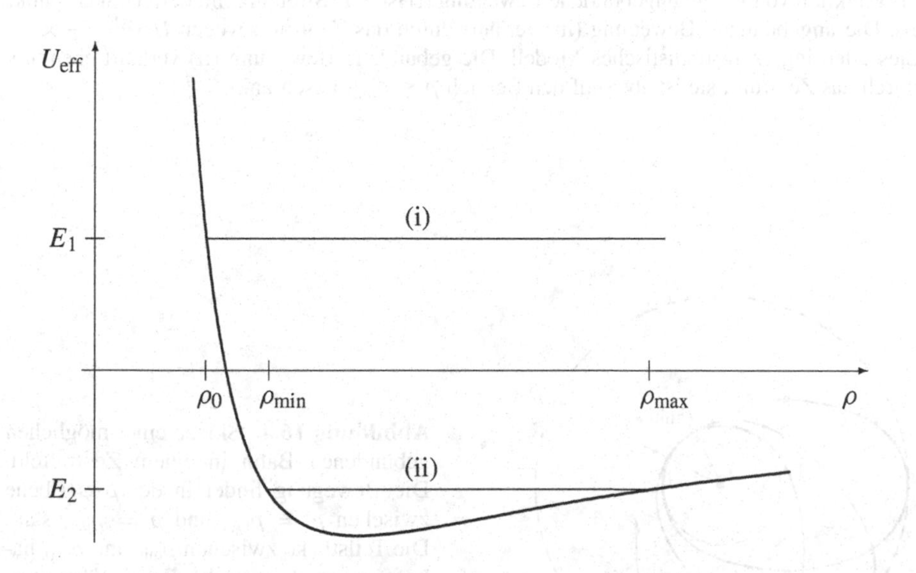

Abbildung 16.2 Das effektive Potenzial $U_{\text{eff}} = -\alpha/\rho + \ell^2/2\mu\,\rho^2$ für $\alpha > 0$ und $\ell \neq 0$ als Funktion von ρ. Für $E = E_2 < 0$ ist die Bewegung gebunden, für $E = E_1 > 0$ dagegen ungebunden. Die gebundene Bewegung (ii) oszilliert zwischen den Umkehrpunkten $\rho_{\min}$ und $\rho_{\max}$. In der ρ-φ-Ebene ist die zugehörige Bahn eine Ellipse, deren einer Brennpunkt mit dem Zentrum des Potenzials zusammenfällt. Bei der ungebundenen Bewegung (i) nähert sich das Teilchen bis auf einen minimalen Abstand ρ_0 und entfernt sich dann wieder; in der ρ-φ-Ebene ist die Bahn eine Hyperbel.

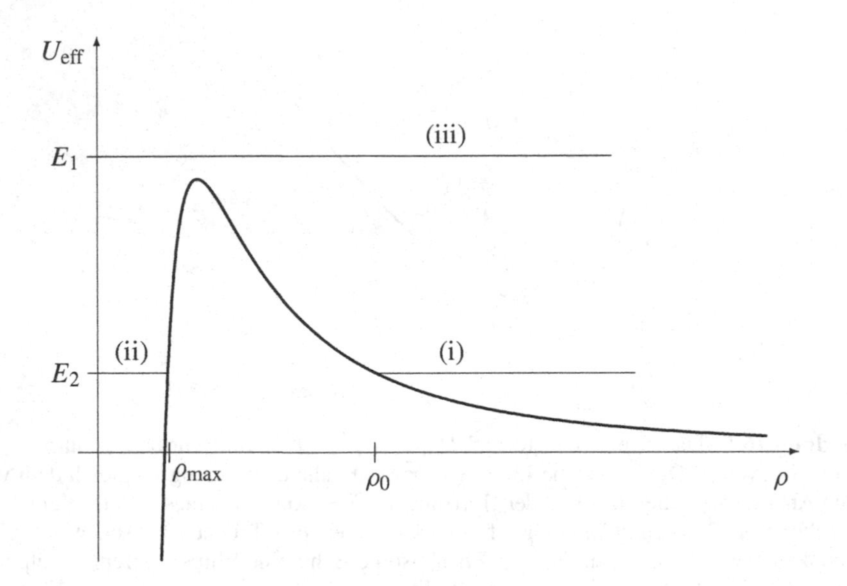

Abbildung 16.3 Das effektive Potenzial $U_{\text{eff}} = -\alpha/\rho^3 + \ell^2/2\mu\rho^2$ für $\alpha > 0$ und $\ell \neq 0$ als Funktion von ρ. Die ungebundene Bewegung (i) ist eine Streuung mit dem Umkehrpunkt ρ_0. Die ungebundene Bewegung (iii) verläuft durch das Zentrum; wegen $U(0) = -\infty$ ist dies allerdings kein realistisches Modell. Die gebundene Bewegung (ii) verläuft ebenfalls durch das Zentrum, sie ist aber auf den Bereich $\rho \leq \rho_{\max}$ beschränkt.

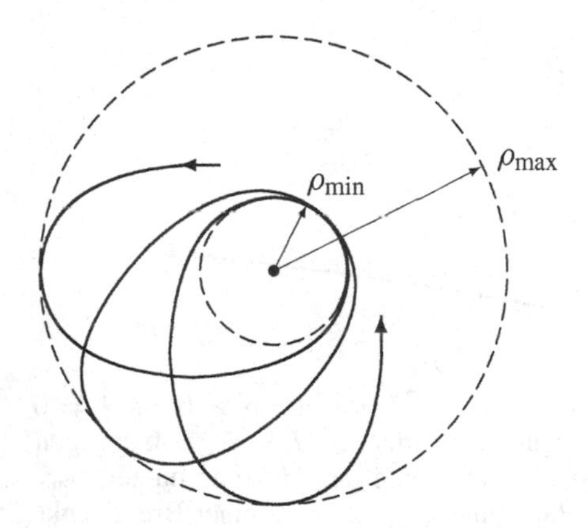

Abbildung 16.4 Skizze einer möglichen gebundenen Bahn in einem Zentralfeld. Die Bewegung findet in der ρ-φ-Ebene zwischen $\rho = \rho_{\min}$ und $\rho = \rho_{\max}$ statt. Die Teilstücke zwischen $\rho_{\min}$ und $\rho_{\max}$ haben immer die gleiche Form. Für spezielle Potenziale (Gravitations- und Oszillatorpotenzial) ergibt sich eine geschlossene Bahnkurve.

In Abbildung 16.1 – 16.3 betrachten wir mögliche Bewegungsabläufe für verschiedene Potenziale. Dabei ergeben sich folgende Bewegungstypen, die in den Abbildungen jeweils mit (i) bis (iii) gekennzeichnet sind:

(i) *Streuung*: Ein Teilchen kommt aus dem Unendlichen und fliegt bis zu einem Umkehrpunkt ρ_0. Die Abstoßung bei ρ_0 wird durch die Zentrifugalbarriere für $\ell \neq 0$ hervorgerufen. Bei ρ_0 kehrt sich die Richtung der ρ-Bewegung um, und das Teilchen fliegt vom Zentrum weg ($\rho \to \infty$). Einen solchen Vorgang nennt man Streuung. Über $\ell = \mu\,\rho^2\,\dot{\varphi}$ legt $\rho(t)$ die Winkelbewegung fest. Das Teilchen wird daher bei der Streuung um einen bestimmten Winkel abgelenkt, der von ℓ abhängt. Eine solche Bahnkurve ist für die Potenziale $U = -\alpha/\rho$ und $U = -\alpha/\rho^3$ möglich, nicht aber beim Oszillatorpotenzial.

(ii) *Gebundene Bewegung*: Sie entsteht, wenn ein physikalisch zugänglicher Bereich ($E - U_{\text{eff}} > 0$) durch zwei Lösungen von (16.30), ρ_{min} und ρ_{max}, eingegrenzt ist. Hierzu gehören insbesondere die Planetenbahnen (Abbildung 16.2).

(iii) *Fall ins Zentrum*: Für $\ell = 0$ und ein attraktives, nichtsinguläres Potenzial läuft das Teilchen durch das Zentrum hindurch. Wenn das Potenzial attraktiv und singulär ist (etwa $U(\rho) = -\alpha/\rho$), dann wird die Geschwindigkeit bei $\rho = 0$ unendlich, und das Modell ist unrealistisch.

Wenn ein attraktives Potenzial $U(\rho)$ für $\rho \to 0$ stärker als $1/\rho^2$ wächst, dann kann das Teilchen auch für $\ell \neq 0$ bis ins Zentrum ($\rho = 0$) gelangen. Dieser Fall ist für $U = -\alpha/\rho^3$ in Abbildung 16.3 skizziert.

Wir diskutieren die gebundene Bewegung zwischen ρ_{min} und ρ_{max} noch etwas eingehender. Sie ist in der ρ-φ-Ebene durch die Kreise $\rho = \rho_{\text{min}}$ und $\rho = \rho_{\text{max}}$ begrenzt, Abbildung 16.4. Bei $\rho = \rho_{\text{min}}$ oder $\rho = \rho_{\text{max}}$ ist $\dot{\rho} = 0$, und $\dot{\varphi} = \ell/(\mu\,\rho^2)$ hat immer denselben Wert. Hieraus und aus der Isotropie des Potenzials folgt, dass die Form der Bahnkurve zwischen jeweils zwei Umkehrpunkten gleich ist. Die gesamte Bahn ist also durch eine Teilschleife festgelegt. Zwischen zwei zeitlich aufeinander folgenden Bahnpunkten mit $\rho = \rho_{\text{max}}$ (oder ρ_{min}) ergibt sich ein Winkel $\Delta\varphi$, den wir mit (16.24) berechnen können:

$$\Delta\varphi = 2 \int_{\rho_{\text{min}}}^{\rho_{\text{max}}} d\rho\;\frac{\ell/\rho^2}{\sqrt{2\mu\,[E - U_{\text{eff}}(\rho)]}} \tag{16.31}$$

Für das $1/\rho$-Potenzial ergibt sich $\Delta\varphi = 2\pi$, also eine geschlossene Bahn. Wie wir im nächsten Kapitel sehen werden, ist dies eine Ellipse mit einem Brennpunkt bei $\rho = 0$. Es ist auch möglich, dass nach n Umläufen $n\,\Delta\varphi = 2m\pi$ gilt, das heißt die Bahn schließt sich erst nach mehreren Schleifen. So gilt für das Oszillatorpotenzial $2\,\Delta\varphi = 2\pi$; die Bahnkurve ist eine Ellipse mit $\rho = \rho_{\text{min}}$ als einbeschriebenem Kreis. Im Allgemeinen (für $\Delta\varphi \neq 2\pi\,(m/n)$) ist die Bahn aber nicht geschlossen. Sie kommt dann jedem Punkt der Ringfläche in Abbildung 16.4 beliebig nahe, wenn die Bewegung nur lange genug verfolgt wird.

Aufgaben

16.1 Zur Wahl der verallgemeinerten Koordinaten

Führen Sie in der Lagrangefunktion für zwei Teilchen (Massen m_1 und m_2) mit dem Potenzial $U(|\boldsymbol{r}_1 - \boldsymbol{r}_2|)$ die verallgemeinerten Koordinaten $\boldsymbol{\varrho} = \boldsymbol{r}_1 + \boldsymbol{r}_2$ und $\boldsymbol{r} = \boldsymbol{r}_1 - \boldsymbol{r}_2$ ein. Zeigen Sie, dass $\boldsymbol{\varrho}$ eine zyklische Koordinate ist. Warum ist diese Wahl der Koordinaten ungünstiger als die Wahl $\boldsymbol{R} = (m_1 \boldsymbol{r}_1 + m_2 \boldsymbol{r}_2)/M$ mit $M = m_1 + m_2$ und $\boldsymbol{r} = \boldsymbol{r}_1 - \boldsymbol{r}_2$?

16.2 Einsetzen von Erhaltungsgrößen in die Lagrangefunktion

Die Lagrangefunktion

$$\mathcal{L}(\dot{\rho}, \dot{\varphi}, \rho) = \frac{\mu}{2} \left(\dot{\rho}^2 + \rho^2 \, \dot{\varphi}^2 \right) - U(\rho)$$

beschreibt die Bewegung im Zentralpotenzial. Wenn man in $\mathcal{L}$ mit Hilfe von $\ell = \mu \, \rho^2 \dot{\varphi}$ die Größe $\dot{\varphi}$ eliminiert, erhält man eine Funktion $\mathcal{L}'(\dot{\rho}, \rho)$. Ist $\mathcal{L}'$ eine korrekte Lagrangefunktion?

16.3 Bahnkurven im sphärischen Oszillatorpotenzial

Ein Teilchen bewegt sich im Oszillatorpotenzial

$$U(r) = \alpha \, r^2 \quad \text{mit} \quad \alpha = \mu \omega^2 / 2 > 0 \tag{16.32}$$

Diskutieren Sie die Bewegung zunächst qualitativ anhand einer Skizze des effektiven Potenzials. Berechnen Sie dann die Bahnkurven $\rho = \rho(\varphi)$. Welche Form haben die Bahnkurven? Bestimmen Sie ρ_{min} und ρ_{max} und skizzieren Sie eine Bahnkurve. Vergleichen Sie diese Ergebnisse mit der Lösung der Bewegungsgleichungen $\mu \, \ddot{\boldsymbol{r}} = -\operatorname{grad} U(r)$ in kartesischen Koordinaten.

17 Keplerproblem

Wir lösen die Bewegungsgleichungen für das $1/r$-Potenzial. Diese Lösung beschreibt näherungsweise die Bewegung eines Planeten im Feld der Sonne (Keplerproblem).

Sowohl das Newtonsche Gravitationspotenzial wie das elektrostatische Coulombpotenzial sind von der Form

$$U(r) = -\frac{\alpha}{r} \tag{17.1}$$

Dabei ist

$$\alpha = \begin{cases} G m_1 m_2 & \text{Gravitationspotenzial} \\ -q_1 q_2 & \text{Coulombpotenzial} \end{cases} \tag{17.2}$$

Abbildung 16.2 zeigt das effektive Potenzial

$$U_{\text{eff}}(\rho) = -\frac{\alpha}{\rho} + \frac{\ell^2}{2\mu\rho^2} \tag{17.3}$$

für $\alpha > 0$. Da die Bahn in der ρ-φ-Ebene verläuft, gilt $r = \rho$.

Mit (16.24) berechnen wir die Bahnkurve

$$\varphi = \int d\rho \, \frac{\ell/\rho^2}{\sqrt{2\mu E + 2\mu\alpha/\rho - \ell^2/\rho^2}} = \arccos \frac{\ell/\rho - \mu\alpha/\ell}{\sqrt{2\mu E + \mu^2\alpha^2/\ell^2}} + \text{const.} \tag{17.4}$$

Wir wählen die Bezugsrichtung von φ so, dass die Konstante verschwindet. Mit dem *Parameter*

$$p = \frac{\ell^2}{\mu\alpha} \tag{17.5}$$

und der *Exzentrizität*

$$\varepsilon = \sqrt{1 + \frac{2E\ell^2}{\mu\alpha^2}} \tag{17.6}$$

wird (17.4) zu

$$\boxed{\frac{p}{\rho} = 1 + \varepsilon \cos\varphi} \tag{17.7}$$

Diese Gleichung beschreibt Kegelschnitte, und zwar

$$\begin{array}{lll} \varepsilon > 1 & E > 0 & \text{Hyperbel} \\ \varepsilon = 1 & E = 0 & \text{Parabel} \\ \varepsilon < 1 & E < 0 & \text{Ellipse} \end{array} \tag{17.8}$$

Der Kreis ($\varepsilon = 0$) ist eine spezielle Ellipse.

Wir betrachten zunächst die gebundene Bewegung ($E < 0$, $\varepsilon < 1$) im attraktiven Potenzial ($\alpha > 0$, $p > 0$). Hierfür führen wir die positiven Größen

$$a = \frac{p}{1-\varepsilon^2} \quad \text{und} \quad b = \frac{p}{\sqrt{1-\varepsilon^2}} \tag{17.9}$$

ein. Mit $\rho = \sqrt{x^2+y^2}$ und $\cos\varphi = x/\sqrt{x^2+y^2}$ wird (17.7) zu

$$\frac{(x+a\,\varepsilon)^2}{a^2} + \frac{y^2}{b^2} = 1 \tag{17.10}$$

Dies ist die Gleichung einer Ellipse mit den Halbachsen a und b. Die Längen a, b und p sind in Abbildung 17.1 eingezeichnet.

Keplersche Gesetze

Wir diskutieren die Ellipsenlösung für ein System, das aus der Sonne und aus einem Planeten besteht. Die Koordinaten bezeichnen wir mit $\boldsymbol{r}_2 = \boldsymbol{r}_{\text{Sonne}} = \boldsymbol{r}_\odot$ und $\boldsymbol{r}_1 = \boldsymbol{r}_{\text{Planet}} = \boldsymbol{r}_{\text{P}}$. Als Bezugssystem nehmen wir das Schwerpunktsystem (SS) mit $\boldsymbol{R} = 0$; wegen (16.6) ist dies ein Inertialsystem. Dann gilt nach (16.3)

$$\boldsymbol{r}_\odot = \boldsymbol{r}_2 = \boldsymbol{R} - \frac{m_1}{M}\,\boldsymbol{r} \stackrel{\text{SS}}{=} -\frac{m_{\text{P}}}{M}\,\boldsymbol{r} \approx 0 \tag{17.11}$$

$$\boldsymbol{r}_{\text{P}} = \boldsymbol{r}_1 = \boldsymbol{R} + \frac{m_2}{M}\,\boldsymbol{r} \stackrel{\text{SS}}{=} \frac{m_\odot}{M}\,\boldsymbol{r} \approx \boldsymbol{r} \tag{17.12}$$

Die beiden Körper durchlaufen gegenläufige Ellipsenbahnen, wobei der gemeinsame Schwerpunkt in einem der Brennpunkte der Ellipse liegt. Die im letzten Ausdruck angegebene Näherung gilt für $m_{\text{P}} \ll m_\odot$ und ergibt das 1. Keplersche Gesetz: „Die Planetenbahnen sind Ellipsenbahnen mit der Sonne in einem Brennpunkt“. Bei dieser Näherung werden Terme der Ordnung $m_{\text{P}}/m_\odot$ vernachlässigt; für den schwersten Planeten, den Jupiter, sind sie von der Größe 10^{-3}.

Das 2. Keplersche Gesetz besagt, dass die vom Fahrstrahl pro Zeit dt überstrichene Fläche dF konstant ist. Aus (16.16) folgt

$$\frac{dF}{dt} = \frac{\rho^2}{2}\frac{d\varphi}{dt} = \frac{\ell}{2\mu} = \text{const.} \tag{17.13}$$

Dieser Flächensatz wurde bereits in Abbildung 3.1 illustriert.

Das 3. Keplersche Gesetz besagt, dass das Quadrat der Umlaufzeit T proportional zur dritten Potenz der großen Halbachse a ist:

$$T^2 = \text{const.} \cdot a^3 \tag{17.14}$$

Nach diesem Gesetz haben die verschiedenen Planeten $1, 2, \ldots$ dasselbe Verhältnis $T_1^2/a_1^3 = T_2^2/a_2^3 = \ldots$. Um dies abzuleiten, setzen wir die Fläche $F = \pi a b$ der Ellipse gleich der Fläche, die aus (17.13) für einen Umlauf folgt:

$$F = \int_0^T dt\,\frac{dF}{dt} = T\,\frac{\ell}{2\mu} = \pi a b \tag{17.15}$$

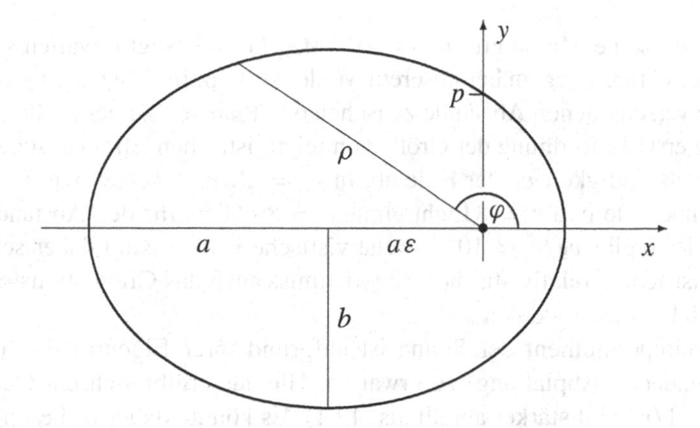

Abbildung 17.1 Die Ellipse ist eine mögliche Bahnkurve im attraktiven $1/r$-Potenzial; dabei liegt ein Brennpunkt (•) der Ellipse im Zentrum ($\rho = 0$ oder $x = y = 0$) des Potenzials. Die gezeigte Ellipse hat das Achsenverhältnis $a/b = 4/3$ und die Exzentrizität $\varepsilon = \sqrt{7}/4$. Bei $y = p$ schneidet die y-Achse die Ellipse. Der Abstand $a\,\varepsilon$ zwischen Mittelpunkt und Brennpunkt ist proportional zur Exzentrizität ε.

Aus (17.5), (17.6) und (17.9) folgt

$$b = \frac{p}{\sqrt{1-\varepsilon^2}} = \frac{\ell}{\sqrt{2\mu|E|}} = \sqrt{\frac{a\,\ell^2}{\mu\,\alpha}} \tag{17.16}$$

Wir setzen dies in (17.15) ein:

$$T^2 = 4\pi^2\,\frac{\mu}{\alpha}\,a^3 \tag{17.17}$$

Der Faktor μ/α ist näherungsweise für alle Planeten gleich:

$$\frac{\mu}{\alpha} = \frac{m_{\rm P}\,m_\odot}{m_{\rm P}+m_\odot}\,\frac{1}{G\,m_{\rm P}m_\odot} = \frac{1}{G\,(m_{\rm P}+m_\odot)} \approx \frac{1}{G\,m_\odot} = \text{const.} \tag{17.18}$$

In dieser Näherung gilt (17.14), also das 3 Keplersche Gesetz.

Reale Planetenbahnen

Die tatsächlichen Planetenbahnen zeigen Abweichungen von Ellipsen aufgrund verschiedener Effekte. Die wichtigsten sind:

1. Gravitationskräfte der Planeten untereinander
2. Relativistische Effekte
3. Quadrupolmoment der Sonne

Alle Effekte sind kleine Störungen. Der erste Effekt ist klein, weil die Massen der anderen Planeten viel kleiner sind als die Masse der Sonne. Der größte Planet ist der Jupiter; für seine Masse gilt $m_{\mathrm{J}} \approx 10^{-3} M_{\odot}$. Grob gesagt erwarten wir daher Promille-Korrekturen gegenüber unserem Modellsystem; im Einzelnen wären hierbei aber die verschiedenen Abstände zwischen den Planeten zu berücksichtigen.

Für eine erste Einordnung der Größe von relativistischen Effekten schätzen wir die Bahngeschwindigkeit v_{E} der Erde ab. In $v_{\mathrm{E}} = 2\pi r/T$ setzen wir $T = 1\,$Jahr für die Bahnperiode und $r = 8\,$Lichtminuten $= 8 \cdot 60\,c\,$s für den Abstand Sonne-Erde ein. Dies ergibt $v_{\mathrm{E}}/c \approx 10^{-4}$. Relativistische Effekte sind daher sehr klein. In einer konsistenten relativistischen Theorie muss auch das Gravitationsfeld selbst relativistisch behandelt werden[1].

Ein Quadrupolmoment der Sonne ist aufgrund ihrer Eigenrotation (und der damit verbundenen Abplattung) zu erwarten. Hieraus ergibt sich ein Quadrupolfeld, das mit $1/r^3$ viel stärker abfällt als (17.1). Es könnte daher insbesondere den sonnennächsten Planeten, den Merkur, beeinflussen.

Alle diese Effekte führen zu einer Abweichung von der geschlossenen Ellipsenbahn. Nach jedem Umlauf ist die Linie vom Zentrum zum sonnennächsten Punkt, dem Perihel der Bahn, ein wenig gedreht (Aufgabe 17.4). Diese Periheldrehung ist für den Merkur von der Größenordnung einer Bogensekunde pro Umlauf; sie wird zu etwa 9/10 durch die anderen Planeten und zu 1/10 durch relativistische Effekte verursacht. Der Einfluss des Quadrupolmoments (Abplattung) der Sonne ist noch einmal deutlich kleiner.

Deterministisches Vielkörperproblem

Bereits im vorigen Jahrhundert konnte man den Einfluss der anderen Planeten auf die einzelnen Planetenbahnen (speziell auf die Periheldrehung) mit störungstheoretischen Methoden berechnen. Heute ist die Methode der Wahl für ein solches Vielkörperproblem die numerische Lösung der Bewegungsgleichungen auf einem Computer; dies gilt auch für die Berechnung der Bahn einer Raumfähre zum Mond. Wir stellen das Prinzip einer solchen numerischen Lösung kurz vor.

Die Bewegungsgleichungen für N Massenpunkte (Sonne, Planeten, Monde) lauten

$$m_\nu\, \ddot{\boldsymbol{r}}_\nu(t) = -\operatorname{grad}_\nu \sum_{\mu \neq \nu}^{N} U_{\nu\mu}(|\boldsymbol{r}_\nu - \boldsymbol{r}_\mu|)\,, \qquad U_{\nu\mu}(r) = -\frac{G\, m_\nu m_\mu}{r} \tag{17.19}$$

Wir nehmen nun an, dass zu einem bestimmten Zeitpunkt t die Orte $\boldsymbol{r}_\nu(t)$ und die Geschwindigkeiten $\dot{\boldsymbol{r}}_\nu(t)$ bekannt seien. Dann berechnen wir aus (17.19) die Beschleunigungen $\ddot{\boldsymbol{r}}_\nu(t)$. Die Orte und Geschwindigkeiten zu dem etwas späteren Zeitpunkt $t + \Delta t$ erhalten wir nun aus

$$\begin{aligned} \dot{\boldsymbol{r}}_\nu(t+\Delta t) &= \dot{\boldsymbol{r}}_\nu(t) + \ddot{\boldsymbol{r}}_\nu(t)\, \Delta t \\ \boldsymbol{r}_\nu(t+\Delta t) &= \boldsymbol{r}_\nu(t) + \dot{\boldsymbol{r}}_\nu(t)\, \Delta t \end{aligned} \tag{17.20}$$

[1] Dazu sei auf T. Fließbach, *Allgemeine Relativitätstheorie*, 7. Auflage, Springer Spektrum, Heidelberg 2016, verwiesen.

Für diesen Schritt von t zu $t + \Delta t$ schreibt man ein einfaches Computerprogramm. Dann lässt man den Computer beginnend mit den Anfangsbedingungen $\boldsymbol{r}_\nu(0), \dot{\boldsymbol{r}}_\nu(0)$ sukzessive die Schritte von $t = 0$ über $t = \Delta t$, $t = 2\Delta t$, $t = 3\Delta t$,..., bis zum Beispiel $t = 10^6\, \Delta t$ ausführen. Die numerische Konvergenz des Verfahrens kann man etwa durch Verdoppelung der Schrittzahl bei halber Schrittweite überprüfen. Damit ist das Prinzip der numerischen Lösung geschildert; für die praktische Anwendung gibt es effiziente Algorithmen zur Integration von Differenzialgleichungen. Bei der numerischen Lösung des Vielkörperproblems können auch vorgegebene äußere Kräfte $\boldsymbol{F}_\nu(t)$ ohne besonderen Aufwand berücksichtigt werden.

Die Bahnen $\boldsymbol{r}_\nu(t)$ aller (relevanten) Körper im Sonnensystem legen das Gravitationspotenzial fest:

$$\Phi(\boldsymbol{r}, t) = -\sum_\nu \frac{G m_\nu}{|\boldsymbol{r} - \boldsymbol{r}_\nu(t)|} \tag{17.21}$$

Dieses Potenzial bestimmt die Kraft $\boldsymbol{F} = -m \operatorname{grad} \Phi$ auf einen weiteren Körper mit der kleinen Masse m, zum Beispiel auf einen Kometen oder ein Raumschiff. Dabei setzen wir voraus, dass dieser Körper so klein ist, dass seine Rückwirkungen auf die Himmelskörper vernachlässigt werden können.

Das in (17.19) und (17.20) betrachtete N-Teilchensystem ist *deterministisch*: Bei gegebenen Anfangsbedingungen legen die Bewegungsgleichungen den Systemzustand (definiert durch $\boldsymbol{r}_\nu(t)$ und $\dot{\boldsymbol{r}}_\nu(t)$) zu jedem Zeitpunkt t fest. Dies folgt aus der Konstruktion (17.20) der Lösung. Die Aussage „deterministisch" gilt allgemein für mechanische Systeme; die Voraussetzung für die Anwendbarkeit von (17.20) ist lediglich, dass die rechten Seiten der Bewegungsgleichungen (17.19) als Funktion der Koordinaten, der Geschwindigkeiten und der Zeit gegeben sind.

Regelmäßige oder chaotische Bewegung

Wir betrachten eine Lottomaschine mit $N = 49$ Kugeln. Das Drehen der Maschine wird durch vorgegebene äußere Kräfte beschrieben; außerdem ist die Drehbewegung der Lottokugeln zu berücksichtigen. Dies ändert aber nichts an der prinzipiellen, durch (17.20) dargestellten Aufintegrierbarkeit der Bewegung. Dieses deterministische System verhält sich aber *chaotisch*; sein Bewegungsablauf ist bekanntlich nicht vorhersagbar. Es gibt also so etwas wie *deterministisches Chaos*..

Das Studium der chaotischen Dynamik ist ein weites Feld[2]. Wir beschränken uns hier auf einige qualitative Anmerkungen zu der Frage, ob die Bewegung eines mechanischen Vielteilchensystems regelmäßig (Sonnensystem?) oder chaotisch (Lotto) verläuft.

Charakteristisch für chaotisches Verhalten ist, dass kleine Unterschiede in den Anfangsbedingungen schnell groß werden können (Abbildung 17.2). Betrachtet man zwei gleichartige Lotto-Apparate mit sehr ähnlichen Anfangsbedingungen, dann wächst der Unterschied zwischen den beiden Systemzuständen exponentiell

[2] Als Einführung sei G. L. Baker und J. P. Gollub, *Chaotic dynamics*, Cambridge University Press 1990, empfohlen.

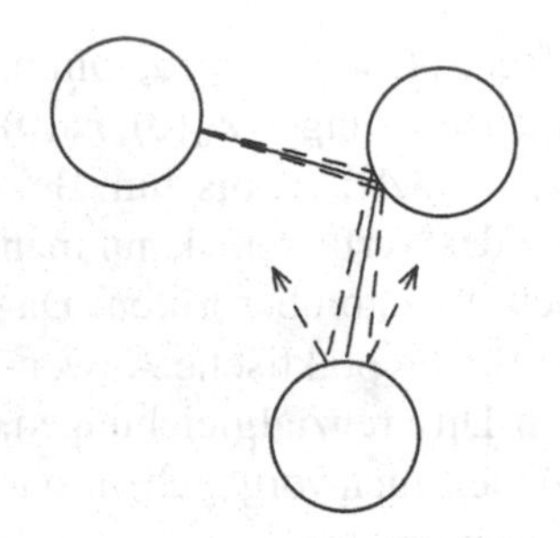

Abbildung 17.2 Die Kreise seien Billardkugeln, Lottokugeln oder die Atome eines Gases. Die nächsten beiden Stöße der linken, oberen Kugel sind schematisch skizziert. Die Abbildung illustriert, dass kleine Unterschiede in den Anfangsbedingungen sehr schnell groß werden können und dann zu ganz anderen Bewegungsabläufen führen. Für wenige Stöße ist der Verlauf noch vorhersagbar, für viele Stöße dagegen nicht.

an. Die Anfangsbedingungen kann man nur mit einer gewissen Genauigkeit festlegen. Daher kann man die Bewegung auch nur für einen begrenzten Zeitraum vorhersagen (beim Lotto vielleicht über einige Stöße, beim Wetter über einige Tage). Hinzu kommen noch kleine Störungen im Verlauf der Bewegung, zum Beispiel das Husten einer Person im Lottostudio oder das Schlagen eines Schmetterlingflügels als Störung in der Atmosphäre. Auch sie führen zu einer sehr kleinen Änderung des Systemzustands, die in der Folge einen ganz anderen Verlauf ergeben kann.

Im Gegensatz zur Lottomaschine scheint unser Sonnensystem eine völlig regelmäßige Bewegung auszuführen. Tatsächlich gibt es aber im Kleinen chaotische Abweichungen von den regelmäßigen Bahnen. Es stellt sich die Frage, ob diese Abweichungen womöglich auch irgendwann groß werden.

Eine völlig regelmäßige Bewegung erhält man für sogenannte *integrable* Systeme. Dies sind Systeme, die sich (wie das Zweikörperproblem) vollständig integrieren lassen. Dies ist dann der Fall, wenn die Zahl der unabhängigen Erhaltungsgrößen gleich der Anzahl f der Freiheitsgrade ist. Im Zweikörperproblem ist $f = 6$, und die sechs unabhängigen Erhaltungsgrößen sind der Schwerpunktimpuls $\boldsymbol{P}$, der Betrag l und die z-Komponente l_z des Drehimpulses, und die Energie E. Bereits das Dreikörperproblem ist nichtintegrabel.

In unserem Sonnensystem kann man im Kleinen chaotisches Verhalten beobachten: An einer Stelle einer Planetenbahn betrachtet man eine zur Bahn senkrechte Ebene. Bei jedem Umlauf markiert man nun den jeweiligen Durchstoßpunkt. Wegen der Störungen des Zweikörperproblems Sonne–Planet durch die anderen Planeten liegen diese Durchstoßpunkte immer an etwas verschiedenen Stellen. Die Durchstoßpunkte in diesem *Poincaré-Schnitt* zeigen ein chaotisches Muster.

Das Sonnensystem zeigt also im Kleinen chaotisches, im Großen aber regelmäßiges Verhalten. Dieses System ist fast-integrabel: Für einen herausgegriffenen Planet ist das Teilsystem Sonne–Planet integrabel; dieses Teilsystem unterliegt aber kleinen, nichtintegrablen Störungen. In absehbarer Zeit (sagen wir in den nächsten 10^4 Jahren) ist keine Abweichung von der jetzt beobachteten Regelmäßigkeit zu erwarten. Offen bleibt aber die Frage, ob die kleinen Störungen in ferner Zukunft (etwa in 10^8 Jahren) zu einem wesentlich anderen Bewegungsablauf führen können[3].

[3]Als Stichwort sei hier das KAM-Theorem (von Kolmogorov, Arnold und Moser) erwähnt, das Bedingungen aufstellt, unter denen die Bewegung eines fast-integrablen Systems regelmäßig bleibt.

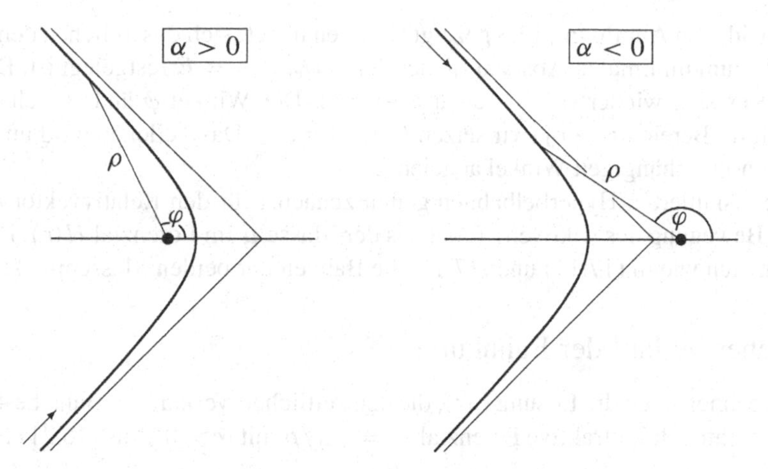

Abbildung 17.3 Für positive Energien sind die Bahnkurven im $1/r$-Potenzial Hyperbeln, deren Brennpunkt (•) mit dem Zentrum des Potenzials zusammenfällt. Im linken Teil ist die Streuung an einem attraktiven Potenzial gezeigt, also etwa für einen Kometen im Gravitationsfeld der Sonne. Der rechte Teil gilt für repulsives Potenzial, also etwa für die Streuung eines Alphateilchens an einem Atomkern. Die durch den Pfeil angedeutete Laufrichtung entspricht $\ell = \mu\,\rho^2\,\dot{\varphi} > 0$.

Hyperbelbahnen

Je nach Energiebereich beschreibt die Bahngleichung (17.7) Ellipsen oder Hyperbeln. Der Grenzfall der Parabel entspricht einem Punkt auf der Energieskala; er wird im Folgenden nicht näher betrachtet.

Wir betrachten zunächst die ungebundene Bewegung ($E > 0$, $\varepsilon > 1$) im attraktiven Potenzial ($\alpha > 0$, $p > 0$). Hierfür ist die Bahnkurve (17.7) eine Hyperbel; sie ist in Abbildung 17.3 links skizziert. Dies könnte die Bahn eines Kometen im Feld der Sonne sein. Der mögliche Winkelbereich ist durch $\cos\varphi \geq -1/\varepsilon$ begrenzt. Durch $\cos\varphi_\infty = -1/\varepsilon$ ist die Richtung der Asymptoten der Hyperbel gegeben.

Wir betrachten nun ein repulsives Potenzial ($\alpha < 0$), etwa ein Coulombpotenzial zwischen zwei positiven Ladungen. Dann ist $U_{\text{eff}}(\rho)$ positiv und monoton abfallend. Es gibt nur eine ungebundene Bewegung ($E > 0, \varepsilon > 1$). Für $\alpha < 0$ ist das in (17.5) definierte p negativ. Wir schreiben die Gleichung (17.7) daher in der Form

$$\frac{|p|}{\rho} = -1 - \varepsilon \cos\varphi \tag{17.22}$$

Dies beschreibt eine Hyperbel; sie ist in Abbildung 17.3 rechts skizziert. Da die linke Seite von (17.22) positiv ist, sind die Winkel durch $\cos\varphi \leq -1/\varepsilon$ auf einen Bereich um $\varphi = \pi$ herum eingeschränkt. Die Grenzwinkel ($\cos\varphi_\infty = -1/\varepsilon$) definieren die Asymptoten der Hyperbel. Die Hyperbel könnte die Bahn eines Alphateilchens im Coulombfeld eines Atomkerns sein. Diese Rutherfordstreuung wird in Kapitel 19 noch näher behandelt.

In beiden in Abbildung 17.3 gezeigten Fällen nähert sich das Teilchen dem Zentrum bis zum minimalen Abstand r_0, der durch $U_{\text{eff}}(r_0) = E$ festgelegt ist. Danach entfernt es sich wieder ($r \to \infty$ für $t \to \infty$). Der Winkel φ ändert sich hauptsächlich im Bereich $r \sim r_0$ (wir setzen $\ell \neq 0$ voraus). Das Teilchen wird um einen von E und ℓ abhängigen Winkel abgelenkt.

Die diskutierten Hyperbelbahnen gelten zunächst für den Relativvektor $\boldsymbol{r}$, also für die Bewegung des (fiktiven) Teilchens der Masse μ im Potenzial $U(r)$. Hieraus ergeben sich wie in (17.11) und (17.12) die Bahnen der beiden Massenpunkte.

Zeitlicher Verlauf der Bahnkurve

Wir berechnen noch die Lösung $\rho(t)$, die den zeitlichen Verlauf der Bahn bestimmt. Wir betrachten das attraktive Potenzial $U = -\alpha/\rho$ mit $\alpha > 0$. Aus (16.21) folgt

$$t = \sqrt{\frac{\mu}{2|E|}} \int \frac{\rho \, d\rho}{\sqrt{-\rho^2 + \alpha\,\rho/|E| - \ell^2/(2\mu|E|)}} \tag{17.23}$$

Wir setzen hierin a aus (17.16) und ε aus (17.6) ein:

$$t = \sqrt{\frac{\mu}{2|E|}} \int \frac{\rho \, d\rho}{\sqrt{a^2\varepsilon^2 - (\rho - a)^2}} \tag{17.24}$$

Die Lösung $t(\rho) = \ldots\sqrt{a^2\varepsilon^2 - (\rho - a)^2} + \ldots \arcsin(\ldots\,\rho + \ldots)$ dieses Integrals kann nicht elementar nach $\rho = \rho(t)$ aufgelöst werden. Wir geben stattdessen eine Parameterdarstellung der Lösung an. Dazu substituieren wir

$$\rho - a = -a\,\varepsilon\cos\xi \tag{17.25}$$

im Integral (17.24):

$$t = \sqrt{\frac{\mu a^3}{\alpha}} \int d\xi \,\big(1 - \varepsilon\cos\xi\big) = \sqrt{\frac{\mu a^3}{\alpha}}\,\big(\xi - \varepsilon\sin\xi\big) + t_0 \tag{17.26}$$

Wir setzen willkürlich $t_0 = 0$. Damit erhalten wir folgende Parameterdarstellung der Zeitabhängigkeit:

$$\rho = a\big(1 - \varepsilon\cos\xi\big), \qquad t = \sqrt{\frac{\mu a^3}{\alpha}}\,\big(\xi - \varepsilon\sin\xi\big) \quad (E < 0) \tag{17.27}$$

Für $E < 0$ ist $\varepsilon < 1$, so dass ξ monoton mit t wächst. Dann oszilliert ρ zwischen $\rho_{\text{min}} = a(1-\varepsilon)$ und $\rho_{\text{max}} = a(1+\varepsilon)$.

Für die Hyperbelbahn treten in (17.23) wegen $E > 0$ andere Vorzeichen auf. Die analoge Rechnung führt dann zu

$$\rho = a\big(\varepsilon\cosh\xi - 1\big), \qquad t = \sqrt{\frac{\mu a^3}{\alpha}}\,\big(\varepsilon\sinh\xi - \xi\big) \quad (E > 0) \tag{17.28}$$

Für das repulsive Potenzial $U = -\alpha/\rho$ mit $\alpha < 0$ erhält man stattdessen $\rho = a\,(\varepsilon\cosh\xi + 1)$ und $t = \ldots(\varepsilon\sinh\xi + \xi)$.

Aufgaben

17.1 Lenzscher Vektor

Für die Bahn $\boldsymbol{r}(t)$ im Potenzial $U = -\alpha/r$ definieren wir den *Lenzschen Vektor* $\boldsymbol{\Lambda}$:

$$\boldsymbol{\Lambda} = \frac{\mu}{\alpha}\, \dot{\boldsymbol{r}} \times (\boldsymbol{r} \times \dot{\boldsymbol{r}}) - \frac{\boldsymbol{r}}{r} = \frac{\boldsymbol{p} \times \boldsymbol{\ell}}{\alpha\, \mu} - \frac{\boldsymbol{r}}{r} \tag{17.29}$$

Zeigen Sie:

(a) $\boldsymbol{\Lambda}$ ist eine Erhaltungsgröße, $d\boldsymbol{\Lambda}/dt = 0$.
(b) $|\boldsymbol{\Lambda}|$ ist gleich der Exzentrizität ε.
(c) $\boldsymbol{\Lambda}$ zeigt zu dem zentrumnächsten Bahnpunkt (Perihel), also $\boldsymbol{\Lambda} \parallel \boldsymbol{r}_{\text{min}}$.
(d) Die Auswertung von $\boldsymbol{\Lambda} \cdot \boldsymbol{r}$ ergibt die Bahnkurve $p/\rho = 1 + \varepsilon \cos\varphi$.

17.2 Keplerbahnen in kartesischen Koordinaten

Betrachten Sie das Keplerproblem $U = -\alpha/r$ in kartesischen Koordinaten mit den Anfangsbedingungen $\boldsymbol{r}(0) := (s,\, 0,\, 0)$ und $\dot{\boldsymbol{r}}(0) := (0,\, v_0,\, 0)$. Leiten Sie die Bahnkurven

$$y^2 = \lambda\,(\lambda - 2)\, x^2 - 2\lambda\,(\lambda - 1)\, s\, x + \lambda^2 s^2\,, \qquad \lambda = \frac{\mu\, s\, v_0^2}{\alpha} \tag{17.30}$$

aus der Drehimpulserhaltung und der Erhaltung des Lenzschen Vektors (Aufgabe 17.1) ab. Für welche Parameterwerte ergeben sich Parabel, Kreis, Gerade, Ellipse und Hyperbel?

17.3 Erdsatellit auf Kreisbahn

Wie lautet das effektive Potenzial $U_{\text{eff}}(\rho)$ für die Bahn eines Erdsatelliten mit der Masse m? Gehen Sie vom Energieerhaltungssatz $E = m\,\dot{\rho}^2/2 + U_{\text{eff}}(\rho)$ mit diesem Potenzial aus. Bestimmen Sie den Radius ρ_0 der Kreisbahn als Funktion der Umlauffrequenz ω des Satelliten. Welcher Radius ergibt sich für eine geostationäre Bahn?

17.4 Periheldrehung

Im Gravitationspotenzial $U_0(\rho) = -\alpha/\rho$ der Sonne bewegt sich ein Planet auf einer Ellipsenbahn ($\alpha = -G m_\odot m_{\text{P}}$, $\mu \approx m_{\text{P}}$). Kleine Störungen δU im Potenzial $U = U_0 + \delta U$ führen in der Regel zu einer *Periheldrehung*: Nach jedem Umlauf ändert sich die Richtung des Perihels (sonnennächster Punkt) um den Winkel $\delta\varphi$.

Auf dem Weg von Perihel zu Perihel ändert sich der Winkel um

$$\Delta\varphi = -2\sqrt{2\mu}\, \frac{d}{d\ell} \int_{\rho_{\min}(\ell)}^{\rho_{\max}(\ell)} d\rho\, \sqrt{E - U(\rho) - \ell^2/(2\mu\,\rho^2)} \tag{17.31}$$

Überprüfen Sie zunächst die Gültigkeit dieser Beziehung. Zeigen Sie $\Delta\varphi = 2\pi$ für $\delta U = 0$ (geschlossene Ellipsenbahn). Berechnen Sie nun die Periheldrehung $\delta\varphi$ in erster Ordnung in δU. Das Ergebnis lautet

$$\delta\varphi = \Delta\varphi - 2\pi = 2\mu \, \frac{d}{d\ell} \left[\frac{1}{\ell} \int_0^{\pi} d\varphi \; \rho^2 \, \delta U(\rho) \right] \tag{17.32}$$

wobei für $\rho = \rho(\varphi)$ die ungestörte Lösung einzusetzen ist. Werten Sie das Ergebnis für die Störpotenziale $\delta U = \gamma/\rho^3$ und $\delta U = \beta/\rho^2$ aus.

18 Streuung

Ein Teilchenstrom wird auf Materie gerichtet. Die von der Materie gestreuten Teilchen werden in einem Detektor nachgewiesen. Das Verhältnis des gestreuten Teilchenstroms zur einfallenden Stromdichte definiert den Wirkungsquerschnitt. Der gemessene Wirkungsquerschnitt erlaubt Rückschlüsse auf die Struktur der Materie. In einer klassischen Behandlung berechnen wir den Wirkungsquerschnitt für den Fall, dass die Wechselwirkung zwischen jeweils einem Projektil- und Targetteilchen durch ein Potenzial beschrieben wird.

Die ungebundene Bewegung im Zweikörperproblem stellt sich – nach der Reduktion auf ein Einteilchenproblem – so dar: Ein (fiktives) Teilchen der Masse μ läuft aus dem Unendlichen auf das Potenzialzentrum zu, erreicht einen minimalen Abstand und läuft wieder ins Unendliche weg (etwa wie in Abbildung 17.3). Dabei wird das Teilchen um einen bestimmten Winkel abgelenkt. Hiermit kann der Stoß einer Billardkugel an einer anderen beschrieben werden, oder die Ablenkung eines Kometen im Gravitationsfeld der Sonne, oder die Streuung eines Alphateilchens im Coulombfeld eines Atomkerns.

Von besonderem praktischen Interesse ist folgende Situation: Ein Strom gleichartiger Teilchen läuft auf eine Ansammlung anderer, im Allgemeinen ruhender Teilchen (etwa ein Stück Materie) zu. Wenn jedes der einfallenden *Projektile* maximal an einem Teilchen des *Targets* streut, dann lässt sich dieser Vorgang auf das Zweikörperproblem zurückführen. Die Lösung des Zweikörperproblems bestimmt dann den Wirkungsquerschnitt des Streuexperiments. Für die Rutherfordstreuung, also für die Streuung von Alphateilchen an Atomkernen, wird dieser Wirkungsquerschnitt explizit berechnet.

Definition des Wirkungsquerschnitts

Wir betrachten einen Strahl von einfallenden Teilchen, die an einem Potenzial gestreut werden. Wir nehmen an, dass der einfallende Strahl eine über die Strahlbreite homogene *Stromdichte* j hat. Die Stromdichte ist durch

$$j = \frac{\text{Anzahl der einfallenden Teilchen}}{\text{Zeit} \cdot \text{Fläche}} = \frac{\Delta N_0}{\Delta t \; \Delta A} \tag{18.1}$$

definiert. Weit weg vom Streuzentrum haben alle Teilchen im Strahl die gleiche Geschwindigkeit $\boldsymbol{v}_\infty$ und damit auch die gleiche Energie

$$E = \frac{\mu}{2}\, v_\infty^2 \tag{18.2}$$

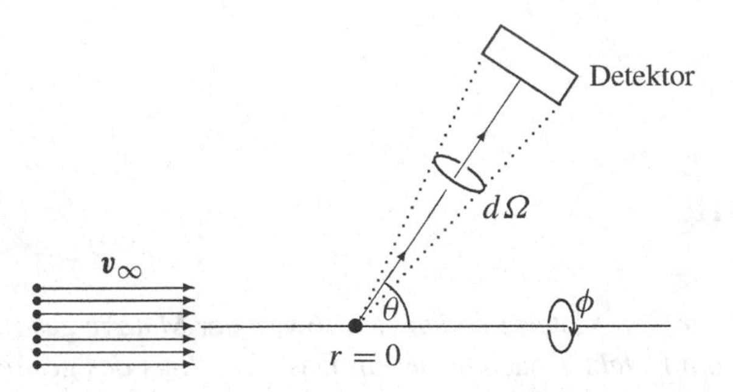

Abbildung 18.1 Ein Teilchenstrahl läuft auf ein Streuzentrum bei $r = 0$ zu. Die asymptotische Geschwindigkeit $\boldsymbol{v}_\infty$ definiert die Strahlrichtung. Ein Detektor weist alle in den Raumwinkel $d\Omega$ gestreuten Teilchen nach. Wegen der Zylindersymmetrie um die Strahlachse kann die Anzahl der gestreuten Teilchen nur von θ, nicht aber vom ϕ abhängen.

Wir stellen uns zunächst vor, dass der Strahl auf genau ein Targetteilchen zuläuft, Abbildung 18.1. Die Wechselwirkung zwischen einem Projektilteilchen und dem Targetteilchen werde durch ein Zentralpotenzial beschrieben. Die Projektilteilchen sollen sich gegenseitig nicht beeinflussen. Der betrachtete Vorgang ist dann eine Überlagerung aus den unabhängigen Streuungen der einzelnen einlaufenden Teilchen am Potenzial.

Ein herausgegriffenes Teilchen wird um einen Winkel θ abgelenkt (Abbildung 18.1). Das Problem ist zylindersymmetrisch bezüglich Drehungen um die durch das Streuzentrum gehende Strahlachse; die Anzahl der gestreuten Teilchen hängt daher nicht vom Winkel ϕ ab. Das Problem ist aber nicht kugelsymmetrisch (wie das Potenzial), weil der einfallende Strahl eine Richtung auszeichnet.

Ein im Abstand R aufgestellter Detektor weise nun alle Teilchen nach, die auf ihn treffen. Der Abstand R sei so groß und die Detektorfläche $dA_{\rm D}$ so klein, dass durch den Detektor ein kleiner Raumwinkel $d\Omega$ definiert wird:

$$d\Omega = d\phi\, d\cos\theta = d\phi\, \sin\theta\, d\theta = \frac{dA_{\rm D}}{R^2} \tag{18.3}$$

Hier seien alle Differenziale positiv.

Der Detektor weist während eines Zeitintervalls Δt eine bestimmte Anzahl $\Delta N(\theta)$ von gestreuten Teilchen nach. Dadurch wird der

$$\text{Teilchenstrom in } d\Omega = \frac{\Delta N(\theta)}{\Delta t} \tag{18.4}$$

gemessen. Dieser Teilchenstrom ist proportional zum Raumwinkel $d\Omega$ und zur einfallenden Stromdichte j. Das Verhältnis von (18.4) zu j und $d\Omega$ wird als *differenzieller Wirkungsquerschnitt* $d\sigma/d\Omega$ definiert:

$$\begin{aligned}\frac{d\sigma}{d\Omega} &= \frac{\Delta N(\theta)}{j\; d\Omega\; \Delta t} = \frac{\text{Teilchenstrom pro } d\Omega}{\text{Einfallende Teilchenstromdichte}} \\ &= \frac{\text{Anzahl gestreuter Teilchen pro Zeit und pro } d\Omega}{\text{Anzahl einfallender Teilchen pro Zeit und Fläche}}\end{aligned} \tag{18.5}$$

Summieren wir dies über alle Richtungen, so erhalten wir den (totalen) *Wirkungsquerschnitt* σ:

$$\sigma = \int d\Omega \, \frac{d\sigma}{d\Omega} = \int_0^{2\pi} d\phi \int_0^{\pi} d\theta \, \sin\theta \, \frac{d\sigma}{d\Omega} \tag{18.6}$$

Da $d\sigma/d\Omega$ hier nicht von ϕ abhängt, ergibt $\int d\phi = 2\pi$. Aus (18.5) und (18.6) folgt, dass die Gesamtzahl der gestreuten Teilchen pro Zeit gleich σj ist. Daher ist σ die Fläche, an der die einfallende Teilchenstromdichte j effektiv gestreut wird. Für die Streuung eines Nukleons an einem schweren Atomkern (mit einem Radius $R \sim 6 \cdot 10^{-13}$ cm) erwarten wir daher die Größenordnung $\sigma \sim \pi R^2 \approx 10^{-24}\,\text{cm}^2$, für die Streuung von zwei Atomen ($R \sim 2\,\text{Å}$) aneinander dagegen $\sigma \sim 10^{-15}\,\text{cm}^2$.

Die tatsächliche Messung erfolgt immer an einem Target mit vielen Streuzentren; konkret wird etwa eine dünne Folie in den einfallenden Strahl gestellt. Die Anzahl M der Streuzentren ist dann gleich der Anzahl der Targetteilchen im Strahlbereich. Die Folie wird so dünn gewählt, dass jedes Projektilteilchen maximal an einem Targetteilchen gestreut wird und dann ohne weitere Ablenkung die Folie verlässt. Wenn diese Bedingungen erfüllt sind, dann muss die im Detektor gemessene Streurate lediglich durch M geteilt werden, um sie wie hier auf ein einzelnes Streuzentrum zu beziehen.

Die Strahlbreite L (etwa einige Millimeter) führt zu einer Unbestimmtheit der Größe L/R im Winkel; man weiß ja nicht, aus welchem Bereich des Strahls ein im Detektor nachgewiesenes Teilchen kommt. Auch die endliche Größe des Detektors und die endliche Dicke der Targetfolie ergeben Winkelunschärfen. Alle diese Winkelunschärfen können durch einen hinreichend großen Abstand R des Detektors klein gemacht werden.

Die hier eingeführten Definitionen (18.1) – (18.6) gelten unabhängig davon, ob die Streuung klassisch (wie im Folgenden) oder quantenmechanisch behandelt wird.

Berechnung des Wirkungsquerschnitts

Im letzten Abschnitt wurde der Wirkungsquerschnitt auf die messbaren Größen j, $d\Omega$ und $\Delta N(\theta)/\Delta t$ zurückgeführt; er ist damit selbst eine Messgröße. Unter den diskutierten Voraussetzungen (keine Wechselwirkung der Projektilteilchen untereinander, Streuung jedes Projektilteilchens an maximal einem Targetteilchen) lässt sich die theoretische Behandlung der Streuung auf das Zweikörperproblem zurückführen. Auf der Grundlage der Lösung des Zweikörperproblems (Kapitel 16 und 17) berechnen wir den Wirkungsquerschnitt.

Alle einfallenden Teilchen haben die gleiche Energie E. Für ein Zentralpotenzial kann der Streuwinkel θ dann nur vom Abstand s des gestreuten Teilchens von der Strahlachse abhängen (Abbildung 18.2):

$$\theta = \theta(s) \qquad \text{oder} \qquad s = s(\theta) \tag{18.7}$$

Der *Stoßparameter* s bestimmt den Drehimpuls ℓ bezüglich des Streuzentrums:

$$\ell = \mu \, v_\infty \, s = \sqrt{2\mu E}\, s \tag{18.8}$$

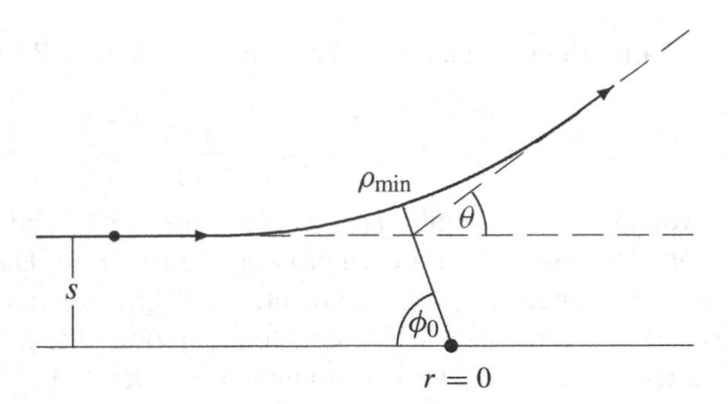

Abbildung 18.2 Asymptotisch hat jedes Projektilteilchen einen bestimmten Abstand s zu der Strahlachse, die durch das Streuzentrum (Mittelpunkt des Targetteilchens) geht. Der Streuwinkel θ ist eine Funktion dieses Stoßparameters s.

Im einfallenden Strahl kommen Teilchen mit verschiedenen Werten von s vor. Alle Teilchen mit einem Stoßparameter zwischen s und $s + ds$ werden in einen Winkelbereich zwischen θ und $\theta + d\theta$ gestreut; dabei ist $ds = (ds/d\theta)\, d\theta$. Da keine Teilchen verloren gehen (etwa umgewandelt werden), muss der einfallende Strom zwischen s und $s + ds$ gleich dem auslaufenden Strom zwischen θ und $\theta + d\theta$ sein:

$$j\ 2\pi s\, |ds| = \left| \int_0^{2\pi} d\phi \int_\theta^{\theta + d\theta} d\theta'\ \sin\theta'\, j\, \frac{d\sigma}{d\Omega} \right| = j\ 2\pi\ \sin\theta\ \frac{d\sigma}{d\Omega}\ |d\theta| \qquad (18.9)$$

Im Allgemeinen nimmt der Streuwinkel mit wachsendem Stoßparameter ab, also $ds/d\theta < 0$. In der Bilanzgleichung (18.9) müssen beide Seiten positiv sein. Daher wurden hier die Beträge von ds und $d\theta$ genommen, die anderen Faktoren sind immer positiv (j und $d\sigma/d\theta$ nach Definition, und $\sin\theta$ wegen $0 \le \theta \le \pi$). Die Bilanzgleichung (18.9) ergibt

$$\boxed{\frac{d\sigma}{d\Omega} = \frac{s(\theta)}{\sin\theta} \left| \frac{ds(\theta)}{d\theta} \right|} \qquad (18.10)$$

Damit ist die Bestimmung von $d\sigma/d\Omega$ auf diejenige von $s = s(\theta)$ zurückgeführt.

Der Bahnvektor ändert sich zwischen $\rho = \infty$ und $\rho_{\rm min}$ um den Winkel ϕ_0 (Abbildung 18.2). Für den positiven Winkel ϕ_0 erhalten wir aus (16.24)

$$\phi_0 = \int_{\rho_{\rm min}}^{\infty} d\rho\ \frac{\ell/\rho^2}{\sqrt{2\mu\big(E - U(\rho)\big) - \ell^2/\rho^2}} \qquad (18.11)$$

Wie man in Abbildung 18.2 sieht, tritt die Winkeländerung ϕ_0 genau zweimal auf, und zwar bei der Annäherung des Projektils bis $\rho_{\rm min}$, und noch einmal beim Wegflug bis $\rho = \infty$; die Bahn des Projektils ist symmetrisch bezüglich $\rho_{\rm min}$. Der eingezeichnete Streuwinkel θ ist gleich

$$\theta(s) = \pi - 2\,\phi_0(s) = \pi - 2 \int_{\rho_{\rm min}}^{\infty} d\rho\ \frac{s/\rho^2}{\sqrt{1 - s^2/\rho^2 - U(\rho)/E}} \qquad (18.12)$$

Für ℓ wurde (18.8) eingesetzt. Durch (18.12) sind $\theta(s)$ und damit auch $s(\theta)$ bestimmt; hieraus kann der Wirkungsquerschnitt (18.10) berechnet werden.

Die Hauptbeiträge zum Integral (18.12) kommen aus dem Bereich $\rho \sim \rho_{\text{min}}$; denn für größere Abstände ist das Potenzial so klein, dass sich der Streuwinkel kaum noch ändert. Es spielt daher keine Rolle, dass die Teilchen in einem Detektor in endlichem Abstand (zum Beispiel einige Dezimeter) und nicht bei unendlich (obere Integralgrenze) nachgewiesen werden.

Zur Auswertung von (18.12) benötigen wir noch den minimalen Abstand ρ_{min}. Er ist durch $d\rho/d\varphi = 0$ gegeben, was nach (16.23) für $E = U + \ell^2/2\mu\rho^2$ gilt. Mit (18.8) wird diese Bedingung zu

$$1 = \frac{s^2}{\rho_{\text{min}}^2} + \frac{U(\rho_{\text{min}})}{E} \tag{18.13}$$

An der unteren Integralgrenze ist der Integrand in (18.12) also singulär; das Integral existiert aber.

Rutherfordscher Wirkungsquerschnitt

Wir wenden unsere Ergebnisse auf die Streuung von zwei Atomkernen an, deren Wechselwirkung durch das Coulombpotenzial gegeben ist,

$$U(r) = -\frac{\alpha}{r} = \frac{Z_1 Z_2 e^2}{r} \tag{18.14}$$

Dabei sind Z_1 und Z_2 die Kernladungszahlen. Konkret betrachten wir Alphateilchen ($Z_1 = 2$) mit einer Energie von einigen MeV, die an einer Goldfolie ($Z_2 = 79$) gestreut werden. Alphateilchen erhält man etwa aus natürlicher Radioaktivität im Energiebereich $E \approx 4 \ldots 8$ MeV.

Für verschwindenden Drehimpuls ($\ell = \mu\, s\, v_\infty = 0$) erhalten wir aus (18.13) eine Bedingung $U(\rho_{\text{min}}) = E$ für ρ_{min}:

$$\rho_{\text{min}} = \frac{Z_1 Z_2 e^2}{E} \approx 30 \ldots 60\,\text{fm} \qquad (\ell = 0) \tag{18.15}$$

Der numerische Wert ergibt sich für $Z_1 = 2$, $Z_2 = 79$ und $E \approx 4 \ldots 8$ MeV; dabei wurde die in der Kernphysik übliche Längeneinheit $1\,\text{fm} = 1\,\text{Fermi} = 10^{-15}\,\text{m}$ verwendet.

Für $\ell \neq 0$ sind die minimalen Abstände noch größer als in (18.15) angegeben. Die Alphateilchen spüren daher nichts von der starken Wechselwirkung. Diese wirkt erst, wenn die Oberflächen der beiden Kerne sich auf etwa 1 fm genähert haben; dies ist bei etwa $\rho \approx 10\,\text{fm}$ der Fall. Im betrachteten Bereich ergibt sich also keine Korrektur des Coulombpotenzial durch die starke Wechselwirkung.

Nun gibt es in der Goldfolie neben den Atomkernen auch noch die Elektronen der jeweiligen Atomhüllen. Da die Masse der Alphateilchen 10^4-mal größer als die von Elektronen ist, ist die Ablenkung der Alphateilchen durch die Elektronen jedoch vernachlässigbar klein. Daher sehen wir von dem Beitrag der Elektronen zur Streuung ab.

Die Bahnkurven eines Teilchens im Potenzial (18.14) sind nach (17.22) Hyperbeln

$$\frac{|p|}{\rho} = -1 - \varepsilon \cos\varphi \tag{18.16}$$

mit $|p| = \ell^2/\mu|\alpha|$, wobei $|\alpha| = Z_1 Z_2 e^2$. In die Exzentrizität (17.6) setzen wir (18.8) ein:

$$\varepsilon = \sqrt{1 + \frac{2E\ell^2}{\mu\alpha^2}} = \sqrt{1 + \left(\frac{2Es}{\alpha}\right)^2} > 1 \tag{18.17}$$

Die Hyperbel (18.16) ist in Abbildung 17.3 rechts skizziert. Der minimale Abstand ρ_{min} ergibt sich beim Winkel $\varphi_{\text{min}} = \pi$, während $\rho = \infty$ zu $\cos\varphi_\infty = -1/\varepsilon$ führt. Wir benötigen die (positive) Winkeldifferenz ϕ_0 aus Abbildung 18.2, also $\phi_0 = |\varphi_{\text{min}} - \varphi_\infty| = |\pi - \varphi_\infty|$. Aus

$$\cos\phi_0 = \cos(\pi - \varphi_\infty) = -\cos\varphi_\infty = \frac{1}{\varepsilon} = \frac{1}{\sqrt{1 + (2Es/\alpha)^2}} \tag{18.18}$$

folgt

$$\tan\phi_0 = \frac{2Es}{|\alpha|} \qquad \big(0 \le \phi_0 \le \pi/2\big) \tag{18.19}$$

Nach (18.12) gilt $\phi_0 = (\pi - \theta)/2$. Wir setzen dies in (18.19) ein und erhalten

$$s = s(\theta) = \frac{|\alpha|}{2E}\,\cot\frac{\theta}{2} \tag{18.20}$$

Dieses Ergebnis kann man auch durch die Auswertung des Integrals (18.12) erhalten. Aus (18.20) folgt

$$\theta \to \begin{cases} 0 & \text{für } s \to \infty \\ \pi & \text{für } s \to 0 \end{cases} \tag{18.21}$$

Der Leser skizziere in Abbildung 18.2 einige Bahnkurven für verschiedene Werte des Stoßparameters s. Mit (18.20) berechnen wir den differenziellen Wirkungsquerschnitt (18.10):

$$\boxed{\frac{d\sigma}{d\Omega} = \left(\frac{Z_1 Z_2 e^2}{4E}\right)^2 \frac{1}{\sin^4(\theta/2)} \qquad \text{Rutherfordsche Formel}} \tag{18.22}$$

Dies ist der berühmte Rutherfordsche Wirkungsquerschnitt. Im Jahr 1913 konnte Rutherford diese Winkelabhängigkeit experimentell verifizieren. Damit war klar, dass das Streupotenzial für die Alphateilchen tatsächlich die Coulombform (18.14) hat und dass die Ladung des Atomkerns sich im Bereich $\rho < \rho_{\text{min}}$ befindet. Hierdurch wurde das Rutherfordsche Atommodell (1911) bestätigt, das von einem sehr kleinen Atomkern im Zentrum des Atom ausging.

In der Quantenmechanik werden die Alphateilchen durch Wellen beschrieben. Im betrachteten Fall sind die Wellenlängen von der gleichen Größe wie der betrachtete Kern; daher kann eigentlich nicht erwartet werden, dass (18.22) mehr als eine grobe Abschätzung ist. Für das Coulombpotenzial stimmt der quantenmechanische Wirkungsquerschnitt aber zufällig mit dem in der Mechanik berechneten überein.

Ebenso wie σ hat $d\sigma/d\Omega$ die Dimension einer Fläche. Aus $d\sigma/d\Omega \sim L_{\rm C}^2$ lesen wir die charakteristische Längenskala der Coulombstreuung ab:

$$L_{\rm C} = \frac{Z_1 Z_2 e^2}{E} \tag{18.23}$$

Nach (18.15) erhalten wir hierfür $L_{\rm C} \sim 30 \ldots 60\,\text{fm}$. Teilchen mit einem Stoßparameter $s \lesssim L_{\rm C}$ werden um einen erheblichen Winkel abgelenkt; für $s \gg L_{\rm C}$ sind die Streuwinkel klein.

Der totale Wirkungsquerschnitt ist nicht – wie man erwarten könnte – von der Größe $L_{\rm C}^2$. Er divergiert vielmehr:

$$\sigma = \int d\Omega\, \frac{d\sigma}{d\Omega} = 2\pi \int_0^{\pi} d\theta\, \sin\theta\, \frac{d\sigma}{d\Omega} \stackrel{(18.22)}{\longrightarrow} \infty \tag{18.24}$$

Dies liegt daran, dass der Rutherfordsche Wirkungsquerschnitt bei $\theta = 0$ divergiert. Experimentell zeigt der differenzielle Wirkungsquerschnitt zeigt für kleine θ einen Anstieg gemäß (18.22). Bei $\theta = 0$ selbst kann $d\sigma/d\Omega$ nicht gemessen werden, da dies die Strahlrichtung ist. Die Divergenz bei $\theta = 0$ rührt daher, dass auch Teilchen mit großem Stoßparameter gestreut werden, wenn auch um einen immer kleineren Winkel. In diesem Sinn spricht man davon, dass das Coulombpotenzial eine unendliche Reichweite hat. Im tatsächlichen Experiment ist das Coulombpotenzial (18.14) effektiv durch die Atomhülle abgeschirmt. Daher erfahren Teilchen mit einem Stoßparameter größer als der Atomradius keine Ablenkung mehr; der experimentelle Wirkungsquerschnitt ist endlich.

Transformation ins Laborsystem

Nach der Reduktion vom Zwei- zum Einkörperproblem (Kapitel 16) wird die Relativbewegung $\boldsymbol{r}(t)$ so diskutiert, als ob sich ein Teilchen der Masse μ im Potenzial $U(r)$ bewegt. In diesem Bild haben wir den Wirkungsquerschnitt abgeleitet. Wir beziehen den Wirkungsquerschnitt nun wieder auf das zugrundeliegende Zweikörperproblem.

Als Bezugssystem betrachten wir zunächst das *Schwerpunktsystem* (SS), in dem der Schwerpunkt ruht, $\boldsymbol{R} = 0$ (rechter Teil von Abbildung 18.3). Nach (16.3) gilt hierfür $\boldsymbol{r}_1(t) = m_2\, \boldsymbol{r}(t)/M$ und $\boldsymbol{r}_2(t) = -m_1\, \boldsymbol{r}(t)/M$; die Bewegung der einzelnen Massenpunkte ist also direkt mit $\boldsymbol{r}(t)$ verknüpft. Dabei ist $\pi - \theta$ der Drehwinkel des Relativvektors $\boldsymbol{r}$, und θ ist der Streuwinkel.

Die Situation im Experiment ist meist eine andere: Schießen wir etwa Alphateilchen auf eine Goldfolie, so ruht das jeweilige Targetteilchen *vor der Streuung*.

Tabelle 18.1 In dieser Tabelle sind einige für die Streuung wichtige Größen im Schwerpunktsystem SS und im Laborsystem LS gegenübergestellt. Die Folgerungen links ergeben sich aus (16.3) und $\boldsymbol{R} = 0$. Die Folgerungen rechts ergeben sich aus den angegebenen Ausdrücken für $\boldsymbol{R}'$ und $\boldsymbol{r}$, wobei $\dot{\boldsymbol{r}}'_2(-\infty) = 0$ und $\dot{\boldsymbol{R}}' = \text{const.}$ verwendet werden.

SS	Größe / Relation	LS
$\boldsymbol{r}_1,\ \boldsymbol{r}_2$	Ortsvektoren	$\boldsymbol{r}'_1,\ \boldsymbol{r}'_2$
$\boldsymbol{v}_1,\ \boldsymbol{v}_2$	Geschwindigkeiten	$\boldsymbol{v}'_1,\ \boldsymbol{v}'_2$
θ	Streuwinkel	θ'
$\sigma,\ \dfrac{d\sigma}{d\Omega}$	Wirkungsquerschnitt	$\sigma',\ \dfrac{d\sigma'}{d\Omega'}$
$\boldsymbol{R} = \dfrac{m_1\boldsymbol{r}_1 + m_2\boldsymbol{r}_2}{M}$	Schwerpunktvektor	$\boldsymbol{R}' = \dfrac{m_1\boldsymbol{r}'_1 + m_2\boldsymbol{r}'_2}{M}$
$\boldsymbol{r} = \boldsymbol{r}_1 - \boldsymbol{r}_2$	Relativvektor	$\boldsymbol{r} = \boldsymbol{r}'_1 - \boldsymbol{r}'_2$
$\boldsymbol{R}(t) = 0$	Voraussetzung	$\boldsymbol{r}'_2(-\infty) = 0$ $\dot{\boldsymbol{r}}'_2(-\infty) = 0$
$\boldsymbol{r}_1(t) = \dfrac{m_2}{M}\,\boldsymbol{r}(t)$ $\boldsymbol{r}_2(t) = -\dfrac{m_1}{M}\,\boldsymbol{r}(t)$	Folgerungen	$\dot{\boldsymbol{R}}'(t) = \dfrac{m_1}{M}\,\dot{\boldsymbol{r}}'_1(-\infty)$ $\dot{\boldsymbol{r}}'_1(-\infty) = \dot{\boldsymbol{r}}(-\infty)$

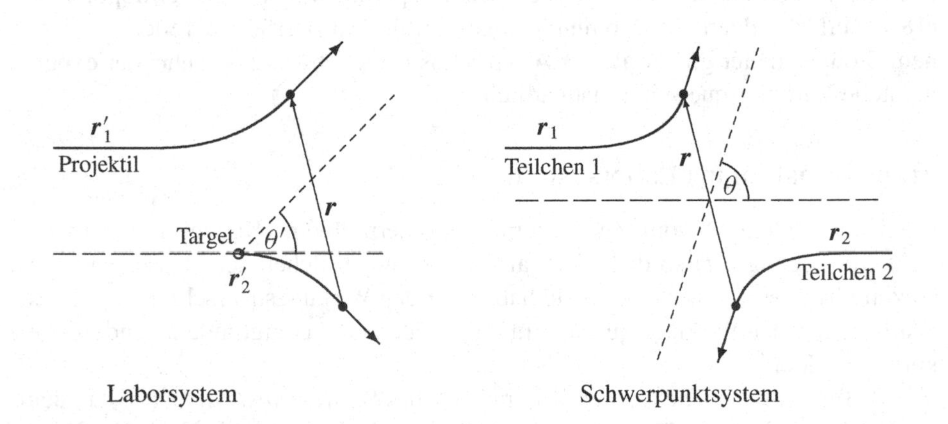

Abbildung 18.3 Die Streuung von zwei Teilchen im Laborsystem (LS, links) und im Schwerpunktsystem (SS, rechts). Der Streuwinkel des Projektils im LS wird mit θ', der im SS mit θ bezeichnet. Die Winkel sind beim jeweiligen Ursprung des Bezugssystems eingezeichnet. Der Relativvektor $\boldsymbol{r}(t)$ ist in beiden Systemen derselbe; er dreht sich im Verlauf der Streuung um den Winkel $\pi - \theta$.

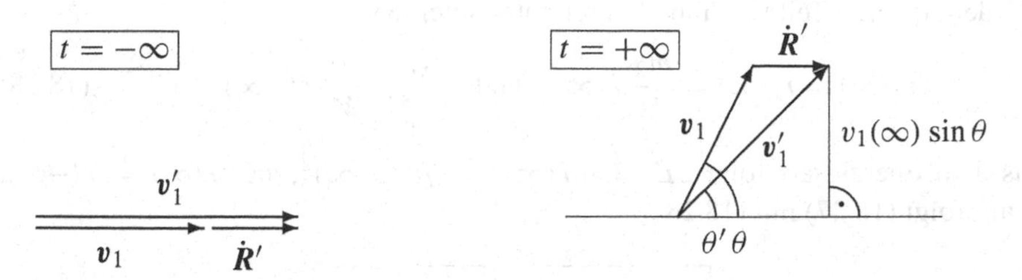

Abbildung 18.4 Darstellung der Vektorbeziehung $\boldsymbol{v}_1'(t) = \dot{\boldsymbol{R}} + \boldsymbol{v}_1(t)$ für die Geschwindigkeiten des Projektils im LS und SS. Der linke Teil zeigt die Vektoren vor der Streuung ($t = -\infty$), der rechte Teil nach der Streuung ($t = +\infty$).

Dieses Bezugssystem heißt *Laborsystem* (LS), es ist im linken Teil von Abbildung 18.3 skizziert. Bei der Streuung wird Impuls auf das Targetteilchen (Goldkern) übertragen, so dass es sich nach der Streuung bewegt. Der Streuwinkel θ' des Projektils im LS ergibt sich nicht unmittelbar aus dem Drehwinkel des Relativvektors.

Beide Systeme, SS und LS, sollen Inertialsysteme sein. Ihre Relativgeschwindigkeit ist gleich der konstanten Geschwindigkeit, mit der sich der Schwerpunkt im LS bewegt. Die Bezugssysteme SS und LS sind durch eine Galileitransformation miteinander verbunden. Die auftretenden Größen im SS und LS sind in Tabelle 18.1 zusammengestellt; dabei kennzeichnen wir die Größen im LS mit einem Strich.

Wegen $\boldsymbol{r}_1(t) = m_2\,\boldsymbol{r}(t)/M$ ist θ nicht nur der Streuwinkel im reduzierten Einteilchenproblem (also für $\boldsymbol{r}$), sondern auch der Streuwinkel der Projektile im SS (also für $\boldsymbol{r}_1$). Da außerdem jedem Teilchen (Masse μ) im reduzierten Einteilchenproblem ein Projektilteilchen (Masse m_1) entspricht, ist $d\sigma/d\Omega$ aus (18.5) und (18.10) der Wirkungsquerschnitt für die Projektile im SS. Gemessen wird aber meist der Wirkungsquerschnitt $d\sigma'/d\Omega'$ für die Projektile im LS. Im Folgenden soll der Zusammenhang zwischen $d\sigma/d\Omega$ und $d\sigma'/d\Omega'$ hergestellt werden.

Da der Schwerpunkt im Ursprung von SS ruht, ist $\boldsymbol{R}'$ der Vektor vom Ursprung von LS zu dem von SS. Damit lautet die Transformation für die Ortsvektoren der beiden Teilchen

$$\boldsymbol{r}_i'(t) = \boldsymbol{R}'(t) + \boldsymbol{r}_i(t) \tag{18.25}$$

Wegen der Erhaltung des Schwerpunktimpulses, $\dot{\boldsymbol{R}}' = \text{const.}$, ist dies eine Galileitransformation. Wir verwenden die Bezeichnungen $\boldsymbol{v}_i = \dot{\boldsymbol{r}}_i$ und $\boldsymbol{v}_i' = \dot{\boldsymbol{r}}_i'$. Aus (18.25) folgt

$$\boldsymbol{v}_1'(t) = \dot{\boldsymbol{R}}' + \boldsymbol{v}_1(t) \tag{18.26}$$

In Abbildung 18.4 ist diese Beziehung für $t = -\infty$ (vor dem Stoß) und für $t = \infty$ (nach dem Stoß) graphisch dargestellt. Die Zeitskala sei so gewählt, dass der minimale Abstand bei $t = 0$ erreicht wird. Unter „$t = \pm\infty$“ ist praktisch „weit weg“ vom Streuzentrum zu verstehen, zum Beispiel $\rho = 10^6\,\rho_{\text{min}}$. Aus Abbildung 18.4 lesen wir folgende Beziehung zwischen θ' und θ ab:

$$\tan\theta' = \frac{v_1(\infty)\,\sin\theta}{v_1(\infty)\,\cos\theta + \dot{R}'} \tag{18.27}$$

Aus dem unteren Teil von Tabelle 18.1 entnehmen wir

$$v_1(\infty) = \dot{r}_1(\infty) = \frac{m_2}{M}\,\dot{r}(\infty) \quad \text{und} \quad \dot{R}' = \frac{m_1}{M}\,\dot{r}(-\infty) \tag{18.28}$$

Aus dem Energiesatz folgt $2E = \mu\,\dot{r}(\infty)^2 = \mu\,\dot{r}(-\infty)^2$, also $\dot{r}(\infty) = \dot{r}(-\infty)$. Damit folgt (18.27) mit (18.28)

$$\boxed{\tan\theta' = \frac{\sin\theta}{\cos\theta + m_1/m_2}} \tag{18.29}$$

Dies ist die Beziehung zwischen den Streuwinkeln im LS und SS. Für $m_1 \ll m_2$ erhalten wir $\theta' \approx \theta$; in diesem Fall bleibt das Target bei der Streuung näherungsweise in Ruhe.

Wir bestimmen nun den Zusammenhang zwischen $d\sigma'/d\Omega'$ und $d\sigma/d\Omega$. Bei der Galileitransformation zwischen LS und SS bleiben die Zeitintervalle invariant. Daher muss die Anzahl der gestreuten Projektilteilchen pro Zeit in den zueinander gehörigen Winkelbereichen $d\theta$ und $d\theta'$ gleich sein:

$$j\,\frac{d\sigma}{d\Omega}\,2\pi\,\sin\theta\;d\theta = j'\,\frac{d\sigma'}{d\Omega'}\,2\pi\,\sin\theta'\;d\theta' \tag{18.30}$$

Die Stromdichte j' des im LS einlaufenden Strahls ist gleich der Teilchendichte $\Delta N_1/\Delta V$ multipliziert mit der Geschwindigkeit $v_1'(-\infty)$. Wir zeigen $j' = j$:

$$j' = \frac{\Delta N_1}{\Delta V}\,v_1'(-\infty) = \frac{\Delta N_1}{\Delta V}\,\dot{r}(-\infty) = \frac{\Delta N_0}{\Delta V}\,\dot{r}(-\infty) = j \tag{18.31}$$

Dazu haben wir $v_1'(-\infty) = \dot{r}(-\infty)$ aus der letzten Zeile in Tabelle 18.1 benutzt. Außerdem gilt $\Delta N_1 = \Delta N_0$ mit ΔN_0 aus (18.1), weil jedem der ΔN_1 Projektilteilchen eines der ΔN_0 Teilchen im reduzierten Einteilchenproblem entspricht. Das Volumenelement ΔV bleibt bei der Galileitransformation unverändert. Mit $j = j'$ folgt aus (18.30)

$$\frac{d\sigma'}{d\Omega'} = \frac{d\sigma}{d\Omega}\,\frac{\sin\theta}{\sin\theta'}\,\frac{d\theta}{d\theta'} = \frac{d\sigma}{d\Omega}\,\frac{d\cos\theta}{d\cos\theta'} \tag{18.32}$$

Setzt man auf der rechten Seite $\theta = \theta(\theta')$ aus (18.29) ein, so erhält man $d\sigma'/d\Omega'$ als Funktion von θ'. Dies führt im Allgemeinen zu unübersichtlichen Ausdrücken. Wir betrachten daher die Spezialfälle $m_1 \ll m_2$ und . Im ersten Fall erhalten wir

$$\theta' \approx \theta\,, \qquad \frac{d\sigma'}{d\Omega'} \approx \frac{d\sigma}{d\Omega} \qquad (m_1 \ll m_2) \tag{18.33}$$

Dies gilt näherungsweise für die Streuung von Alphateilchen an einer Goldfolie; die Korrekturen liegen hier im Prozentbereich.

Im Fall $m_1 = m_2$ ergibt (18.29)

$$\tan\theta' = \frac{\sin\theta}{\cos\theta + 1} = \tan\frac{\theta}{2} \qquad (m_1 = m_2) \tag{18.34}$$

Damit erhalten wir die einfache Beziehung

$$\theta' = \frac{\theta}{2} \qquad \big(0 \le \theta' \le \pi/2, \quad m_1 = m_2\big) \tag{18.35}$$

Die Beschränkung für den Winkel θ' folgt aus $0 \le \theta \le \pi$. Konkret bedeutet $\theta' \le \pi/2$, dass eine gestoßene Billardkugel bei der Karambolage mit einer anderen maximal um $\pi/2$ abgelenkt wird (ohne Effekte der Dreh- oder Rollbewegung). Aus $\theta' = \theta/2$ und (18.32) erhalten wir für den differenziellen Wirkungsquerschnitt im LS

$$\frac{d\sigma'}{d\Omega'} = 4\,\cos\theta'\;\frac{d\sigma(2\theta')}{d\Omega} \qquad (m_1 = m_2) \tag{18.36}$$

Damit lautet der Rutherfordsche Wirkungsquerschnitt für die Streuung zweier gleich schwerer Teilchen im Laborsystem:

$$\frac{d\sigma'}{d\Omega'} = \left(\frac{Z_1 Z_2\, e^2}{2E}\right)^2 \frac{\cos\theta'}{\sin^4\theta'} \qquad (m_1 = m_2) \tag{18.37}$$

Die Energie $E = \mu\,\dot{r}(-\infty)^2/2$ kann noch durch die Anfangsenergie der Projektile $E_1(-\infty) = m_1\,v_1'(-\infty)^2/2$ ausgedrückt werden; dies ergibt $E = E_1/2$.

Energiebilanz

Wegen $\partial\mathcal{L}/\partial t = 0$ für (16.1) ist die Gesamtenergie des Systems erhalten; dies gilt für jedes Inertialsystem, also sowohl im SS wie im LS. Wegen der Energieerhaltung wird die Streuung *elastisch* genannt. Inelastische Streuung bedeutet dagegen, dass Energie aus der Relativbewegung durch die Anregung innerer Freiheitsgrade verloren geht.

Im LS sind die Energien des Projektils vor und nach dem Stoß von besonderem Interesse; die Energien der Targetteilchen nach dem Stoß werden dagegen meist nicht gemessen. Da das Projektil auf das anfangs ruhende Target einen Impuls überträgt, verliert es Energie. Diesen Energieverlust des Projektils wollen wir im Folgenden berechnen. Dazu quadrieren wir $\boldsymbol{v}_1 = \boldsymbol{v}_1' - \dot{\boldsymbol{R}}'$ und setzen $t = \infty$ ein:

$$v_1(\infty)^2 = v_1'(\infty)^2 + \dot{R}'^2 - 2\,v_1'(\infty)\,\dot{R}'\,\cos\theta' \tag{18.38}$$

Aus der Tabelle 18.1 entnehmen wir $\dot{R}' = m_1\,v_1'(-\infty)/M$ und

$$v_1(\infty) = \frac{m_2}{M}\,\dot{r}(\infty) = \frac{m_2}{M}\,\dot{r}(-\infty) = \frac{m_2}{M}\,v_1'(-\infty) \tag{18.39}$$

Damit wird (18.38) zu

$$\frac{m_2^2}{M^2}\, v_1'(-\infty)^2 = v_1'(\infty)^2 + \frac{m_1^2}{M^2}\, v_1'(-\infty)^2 - 2\, v_1'(\infty)\, \frac{m_1}{M}\, v_1'(-\infty)\, \cos\theta' \quad (18.40)$$

Das Verhältnis der Geschwindigkeiten des Projektils nach und vor der Streuung bezeichnen wir mit x,

$$x = \frac{v_1'(\infty)}{v_1'(-\infty)} \quad (18.41)$$

Hierfür ergibt (18.40) die quadratische Gleichung

$$x^2 - \frac{2\, m_1}{M}\, x\, \cos\theta' + \frac{m_1^2 - m_2^2}{M^2} = 0 \quad (18.42)$$

Der Wert von x bestimmt die Änderung $\Delta E_1'/E_1'$ der Energie des Projektils:

$$\frac{\Delta E_1'}{E_1'} = \frac{E_1'(\infty) - E_1'(-\infty)}{E_1'(-\infty)} = x^2 - 1 = \begin{cases} -\sin^2\theta' & (m_1 = m_2) \\ \mathcal{O}(m_1/m_2) & (m_1 \ll m_2) \\ \mathcal{O}(m_2/m_1) & (m_1 \gg m_2) \end{cases} \quad (18.43)$$

Der Energieverlust ist gering, wenn die Masse eines Projektilteilchens viel größer oder viel kleiner als die Masse eines Targetteilchens ist; er ist maximal bei gleich schweren Teilchen. Aus diesem Grund wird zum Beispiel ein Moderator zur Verlangsamung von Neutronen in einem Reaktor aus möglichst leichten Elementen gebaut. So wird etwa Deuterium verwendet; Wasserstoff (mit $m_1 \approx m_2$) selbst eignet sich weniger, da er leicht Neutronen einfängt.

Als weiteres Beispiel betrachten wir noch den Stoß von zwei Billardkugeln ($m_1 = m_2$, ohne Effekte der Dreh- oder Rollbewegung). Für eine streifende Karambolage ($\theta' \ll 1$) ist der Energieverlust der gespielten Kugel gering. Für $\theta' \to \pi/2$ (dies entspricht $s \to 0$, also einem zentralen Stoß) geht der Energieverlust gegen 100%; die Spielkugel überträgt im Grenzfall ihre gesamte Energie und bleibt nach der Karambolage stehen.

Die Betrachtungen dieses Abschnitts über die Transformation zwischen SS und LS nehmen keinen Bezug auf die Natur des Wechselwirkungsprozesses. Sie bleiben daher auch in der Quantenmechanik gültig. Die Gleichungen müssen jedoch für relativistische Geschwindigkeiten modifiziert werden, da hierfür die Galileitransformation (18.26) nicht mehr gilt.

Aufgaben

18.1 Rutherfordstreuung

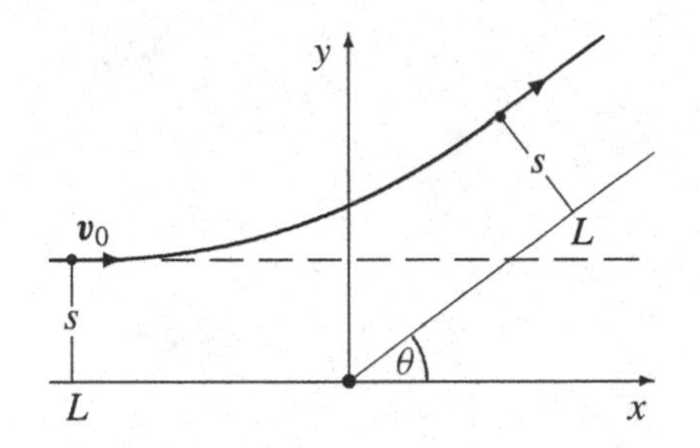

Berechnen Sie den Stoßparameter $s(\theta)$ als Funktion des Streuwinkels θ für die Rutherfordstreuung (Potenzial $U(r) = -\alpha/r$). Berechnen Sie dazu den Lenzschen Vektor (Aufgabe 17.1) für die Zeiten $t \to -\infty$ und $t \to +\infty$, und verwenden Sie die Konstanz dieses Vektors.

18.2 Streuquerschnitt für $U(r) = \alpha/r^2$

Berechnen Sie den differenziellen Wirkungsquerschnitt $d\sigma/d\Omega$ für das repulsive Potenzial $U(r) = \alpha/r^2$ mit $\alpha > 0$. Existiert der totale Streuquerschnitt σ?

18.3 Streuung harter Kugeln

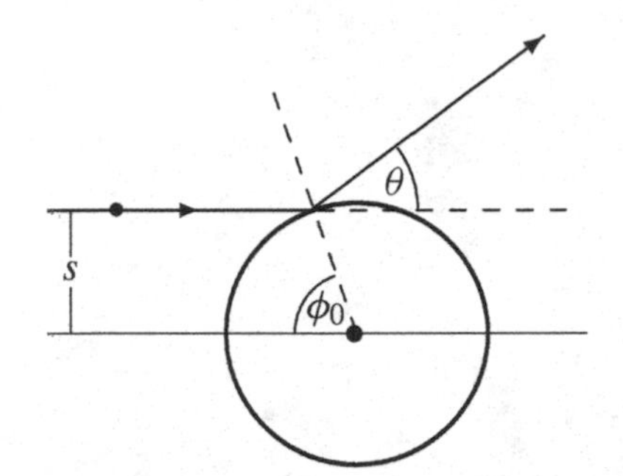

Ein Teilchen streut am Potenzial

$$U(r) = \begin{cases} \infty & (r \leq R) \\ 0 & (r > R) \end{cases} \tag{18.44}$$

Bestimmen Sie den Streuwinkel $\theta(s)$ als Funktion des Stoßparameters s. Überprüfen Sie das Ergebnis durch eine geometrische Überlegung. Berechnen Sie $d\sigma/d\Omega$ und σ.

Die Wechselwirkung zwischen zwei Billardkugeln (Masse m, Radius a) kann durch das Potenzial (18.44) mit $R = 2a$ beschrieben werden. Geben Sie den Streuquerschnitt $d\sigma'/d\Omega'$ für die Streuung von zwei Billardkugeln im Laborsystem an.

V Starrer Körper

19 Kinematik

Im Teil V behandeln wir die Bewegung eines starren Körpers. Als verallgemeinerte Koordinaten für die Drehbewegung führen wir die Eulerschen Winkel ein (Kapitel 19). Die Trägheit des Körpers bei der Drehbewegung wird durch den Trägheitstensor beschrieben (Kapitel 20). In diesem Zusammenhang diskutieren wir den Tensorbegriff eingehender (Kapitel 21). Die Bewegungsgleichungen selbst werden als Eulersche Gleichungen (Kapitel 22) oder als Lagrangegleichungen (Kapitel 23) aufgestellt.

Ein *starrer Körper* ist ein System von Massenpunkten m_ν, deren Abstände $|\boldsymbol{r}_{\nu\mu}| = |\boldsymbol{r}_\nu - \boldsymbol{r}_\mu|$ konstant sind. Der starre Körper kann als Modell für ein Stück gewöhnlicher, fester Materie verwendet werden, etwa für einen Stein oder einen Kugelschreiber. In diesem Modell werden die inneren Freiheitsgrade (wie etwa Vibrationen) des Körpers vernachlässigt.

Wir betrachten zunächst $N = 3$ Massenpunkte. Dann unterliegen die $3N = 9$ kartesischen Koordinaten $R = 3$ Zwangsbedingungen, nämlich den vorgegebenen Werten von $|\boldsymbol{r}_{12}|$, $|\boldsymbol{r}_{23}|$ und $|\boldsymbol{r}_{31}|$. Das System hat also $f = 3N - R = 6$ Freiheitsgrade. Die Lage jedes weiteren Massenpunkts kann durch die Vorgabe von drei Abständen zu bereits vorhandenen Massenpunkten fixiert werden. Damit ergibt jeder weitere Massenpunkt drei zusätzliche Koordinaten *und* drei zusätzliche Zwangsbedingungen. Daher bleibt es für $N \geq 3$ bei 6 Freiheitsgraden:

$$f = 3N - R = 6 \qquad \text{(Starrer Körper)} \tag{19.1}$$

Folgende alternative Überlegung führt zum selben Ergebnis: Die Lage eines starren Körpers kann durch die Angabe seines Schwerpunkts (drei Koordinaten) und seiner Orientierung relativ zu den Achsen eines Inertialsystems (drei Winkel) festgelegt werden. Die sechs Freiheitsgrade können dementsprechend in drei Freiheitsgrade der Translation und drei der Rotation aufgeteilt werden. Die Bewegung des starren Körpers wird dann durch die Zeitabhängigkeit von sechs geeigneten Koordinaten beschrieben.

T. Fließbach, *Mechanik*, https://doi.org/10.1007/978-3-662-61603-1_6

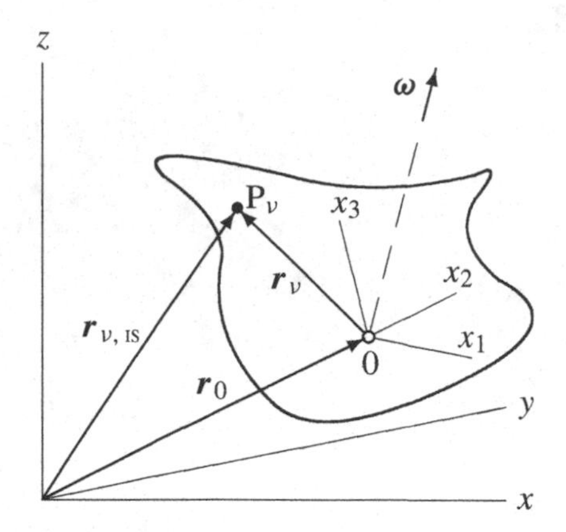

Abbildung 19.1 Mit dem starren Körper (unregelmäßige Kontur) wird ein kartesisches Koordinatensystem (KS mit x_1, x_2 und x_3) fest verbunden. Die Bewegung des starren Körpers kann dann durch die Lage von KS relativ zu einem Inertialsystem (mit x, y, und z) beschrieben werden. Der Vektor $\boldsymbol{r}_0$ gibt die Position des Ursprungs 0 von KS an. Die Orientierung der Achsen von KS wird durch drei geeignete Winkel festgelegt.

Die *Kinematik* behandelt die bloße Beschreibung dieser Bewegung, die *Dynamik* dagegen untersucht die physikalischen Gesetze, nach denen die Bewegung abläuft. Da die Drehbewegung vergleichsweise kompliziert ist, ist der Kinematik hier ein eigenes Kapitel gewidmet; die Dynamik wird erst in den Kapiteln 22 und 23 untersucht.

Ein starrer Körper, bei dessen Bewegung ein Punkt festgehalten wird, wird als *Kreisel* (im engeren Sinn) bezeichnet. Ein Kreisel hat nur die drei Freiheitsgrade der Rotation. Man spricht aber auch von (nichtunterstützten) Kreiseln, wenn die Translationsbewegung von der Rotationsbewegung entkoppelt.

Winkelgeschwindigkeit

Zur Beschreibung der Bewegung eines starren Körpers führen wir ein *körperfestes* kartesisches Koordinatensystem ein, das wir in Teil V durchweg mit KS bezeichnen. Neben KS betrachten wir auch ein Inertialsystem IS, in dem Newtons Axiome gelten; im Gegensatz zum körperfesten KS wird dieses IS als *raumfestes* Koordinatensystem bezeichnet. Wir verwenden folgende Notation für die kartesischen Koordinaten und die zugehörigen orthonormierten Basisvektoren von IS und KS:

$$\begin{array}{lcll} \text{Raumfestes IS} & : & x,\ y,\ z & \text{und} \quad \boldsymbol{e}_x,\ \boldsymbol{e}_y,\ \boldsymbol{e}_z \\ \text{Körperfestes KS} & : & x_1,\ x_2,\ x_3 & \text{und} \quad \boldsymbol{e}_1,\ \boldsymbol{e}_2,\ \boldsymbol{e}_3 \end{array} \tag{19.2}$$

Da KS fest mit dem Körper verbunden ist, sind die Basisvektoren $\boldsymbol{e}_i(t)$ im Allgemeinen zeitabhängig. Dann ist KS kein Inertialsystem.

Das körperfeste KS ist nicht eindeutig festgelegt. Ein beliebiger Punkt des starren Körpers wird als Ursprung 0 von KS gewählt; beliebige, relativ zum Körper ruhende Achsen werden als Koordinatenachsen von KS genommen. Anstelle von 0 könnte ein um einen konstanten Vektor verschobener Punkt $0'$ gewählt werden; die Achsen könnten um konstante Winkel verdreht werden. Diese Freiheit bei der Festlegung von KS werden wir später ausnutzen, um die Bewegungsgleichungen zu vereinfachen.

Der Ursprung 0 des körperfesten Systems KS habe in IS den Ortsvektor $\boldsymbol{r}_0(t)$, Abbildung 19.1. Seine Geschwindigkeit ist dann

$$\boldsymbol{v}_0(t) = \frac{d\boldsymbol{r}_0}{dt} \tag{19.3}$$

Die Zeitableitung bezieht sich (wie immer, wenn nichts anderes gesagt wird) auf das Inertialsystem. Das körperfeste KS möge sich mit der *Winkelgeschwindigkeit*

$$\boldsymbol{\omega}(t) = \frac{d\boldsymbol{\varphi}}{dt} \tag{19.4}$$

relativ zum IS drehen. Dabei bezeichnet $d\boldsymbol{\varphi}$ eine Drehung um den Winkel $|d\boldsymbol{\varphi}|$ um eine Achse in Richtung von $d\boldsymbol{\varphi}$ (Abbildung 6.1). Die Richtung der Drehachse wie auch der Betrag der Winkelgeschwindigkeit werden im Allgemeinen zeitabhängig sein.

Wir betrachten nun einen beliebigen Punkt P_ν des starren Körpers. Sein Ortsvektor in IS sei $\boldsymbol{r}_{\nu,\,\mathrm{IS}}$, Abbildung 19.1. Wir bezeichnen den Vektor vom Ursprung 0 von KS zu P_ν mit

$$\boldsymbol{r}_\nu = \boldsymbol{r}_{\nu,\,\mathrm{IS}} - \boldsymbol{r}_0 \tag{19.5}$$

Die Geschwindigkeit des Punktes P_ν in IS ist dann

$$\boldsymbol{v}_{\nu,\,\mathrm{IS}} = \frac{d}{dt}\,\boldsymbol{r}_{\nu,\,\mathrm{IS}} = \frac{d}{dt}\big(\boldsymbol{r}_0 + \boldsymbol{r}_\nu\big) = \boldsymbol{v}_0 + \frac{d\boldsymbol{r}_\nu}{dt} \tag{19.6}$$

Die Zeitableitung bezieht sich auf die Änderung des Vektors $\boldsymbol{r}_\nu$ bezüglich IS. Nach (6.11) kann sie folgendermaßen durch die Änderung bezüglich KS ausgedrückt werden:

$$\frac{d\boldsymbol{r}_\nu}{dt} = \left(\frac{d\boldsymbol{r}_\nu}{dt}\right)_{\mathrm{IS}} = \left(\frac{d\boldsymbol{r}_\nu}{dt}\right)_{\mathrm{KS}} + \boldsymbol{\omega}\times\boldsymbol{r}_\nu = \boldsymbol{\omega}\times\boldsymbol{r}_\nu \tag{19.7}$$

Relativ zum körperfesten KS ist $\boldsymbol{r}_\nu$ zeitunabhängig, denn 0 und P_ν sind Punkte des starren Körpers; daraus folgt der letzte Schritt in (19.7). Die Beziehung (19.7) gilt auch, wenn $\boldsymbol{\omega}$ zeitabhängig ist. Aus (19.6) und (19.7) erhalten wir

$$\boldsymbol{v}_{\nu,\,\mathrm{IS}} = \boldsymbol{v}_0 + \boldsymbol{\omega}\times\boldsymbol{r}_\nu \tag{19.8}$$

Wir wählen nun einen anderen Punkt 0′ des starren Körpers als Ursprung des körperfesten Systems (Abbildung 19.2). Der Vektor zwischen 0 und 0′ sei

$$\boldsymbol{a} = \boldsymbol{r}_0 - \boldsymbol{r}_{0'} \tag{19.9}$$

Dann gilt für den Vektor von 0′ zum Punkt P_ν

$$\boldsymbol{r}'_\nu = \boldsymbol{r}_\nu + \boldsymbol{a} \tag{19.10}$$

Dieselbe Argumentation, die zu (19.8) führte, ergibt

$$\boldsymbol{v}_{\nu,\,\mathrm{IS}} = \boldsymbol{v}_{0'} + \boldsymbol{\omega}'\times\boldsymbol{r}'_\nu \tag{19.11}$$

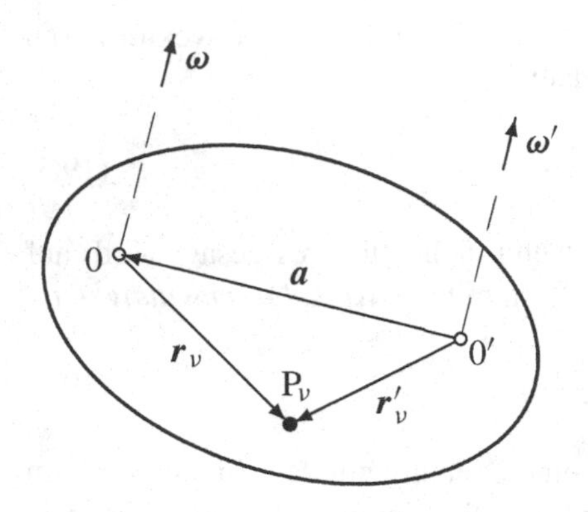

Abbildung 19.2 Als Ursprung des körperfesten KS wird ein beliebiger Punkt des starren Körpers (elliptische Kontur) gewählt. Diese Wahl ist ohne Einfluss auf die Winkelgeschwindigkeit; die Translationsgeschwindigkeit ändert sich aber gemäß (19.14).

Die Geschwindigkeit $\boldsymbol{v}_{\nu,\,\mathrm{IS}}$ des Punktes P_ν in IS ist unabhängig von der Wahl von KS. Der Vergleich von (19.8) und (19.11) zeigt

$$\boldsymbol{v}_0 + \boldsymbol{\omega} \times \boldsymbol{r}_\nu = \boldsymbol{v}_{0'} + \boldsymbol{\omega}' \times \boldsymbol{r}_\nu + \boldsymbol{\omega}' \times \boldsymbol{a} \tag{19.12}$$

Diese Gleichung gilt für jeden Punkt des starren Körpers, also für beliebige Vektoren $\boldsymbol{r}_\nu$. Daraus folgt

$$\boldsymbol{\omega}' = \boldsymbol{\omega} \tag{19.13}$$

und

$$\boldsymbol{v}_{0'} = \boldsymbol{v}_0 - \boldsymbol{\omega} \times \boldsymbol{a} \tag{19.14}$$

Die Winkelgeschwindigkeit $\boldsymbol{\omega}$ hängt also nicht von der Wahl des körperfesten KS ab; als Vektor ist $\boldsymbol{\omega}$ auch unabhängig von der Orientierung der Achsen von KS. Daher ist die Winkelgeschwindigkeit $\boldsymbol{\omega}$ eine Größe, die die Rotation des starren Körpers charakterisiert. Die Translationsgeschwindigkeit $\boldsymbol{v}_0$ hängt dagegen von der Wahl des Ursprungs von KS ab. Die Wahl des Ursprungs ist eine Frage der Zweckmäßigkeit und wird später getroffen.

Wir zeigen noch, dass Winkelgeschwindigkeiten wie Vektoren addiert werden können. Dazu betrachten wir zwei infinitesimale Drehungen $d\boldsymbol{\varphi}_a = \boldsymbol{\omega}_a\, dt$ und $d\boldsymbol{\varphi}_b = \boldsymbol{\omega}_b\, dt$. Wenn wir diese Drehungen hintereinander auf einen beliebigen Vektor $\boldsymbol{r}$ anwenden, erhalten wir folgende Änderungen dieses Vektors:

$$d\boldsymbol{r}_a = d\boldsymbol{\varphi}_a \times \boldsymbol{r}\,, \qquad d\boldsymbol{r}_b = d\boldsymbol{\varphi}_b \times (\boldsymbol{r} + d\boldsymbol{r}_a) = d\boldsymbol{\varphi}_b \times \boldsymbol{r} \tag{19.15}$$

Für infinitesimale Größen können die quadratischen Terme weggelassen werden. Damit gilt

$$d\boldsymbol{r} = d\boldsymbol{r}_a + d\boldsymbol{r}_b = (d\boldsymbol{\varphi}_a + d\boldsymbol{\varphi}_b) \times \boldsymbol{r} = (\boldsymbol{\omega}_a + \boldsymbol{\omega}_b) \times \boldsymbol{r}\, dt \tag{19.16}$$

Hieraus sehen wir, dass die Reihenfolge zweier beliebiger infinitesimaler Drehungen vertauscht werden kann. Die beiden durch $d\boldsymbol{\varphi}_a$ und $d\boldsymbol{\varphi}_b$ definierten Drehungen ergeben nacheinander ausgeführt die Drehung $d\boldsymbol{\varphi}_a + d\boldsymbol{\varphi}_b$. Daher gilt für die Winkelgeschwindigkeiten

$$\boldsymbol{\omega} = \boldsymbol{\omega}_a + \boldsymbol{\omega}_b \tag{19.17}$$

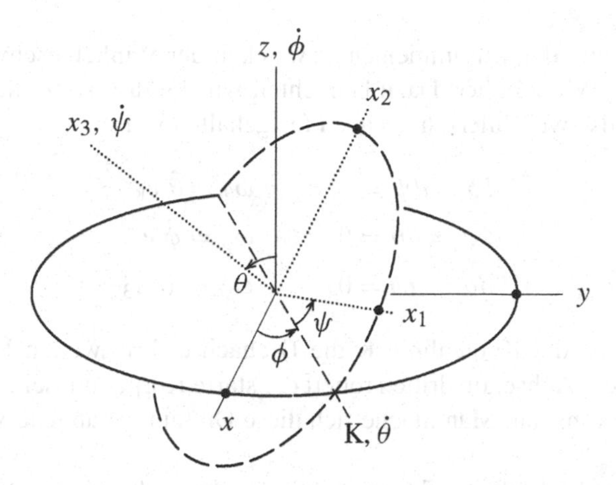

Abbildung 19.3 Durch die drei Eulerschen Winkel ϕ, ψ und θ wird die Lage der x_i-Achsen des körperfesten Systems relativ zum raumfesten IS (mit x, y und z) festgelegt. Die Winkelgeschwindigkeiten $\dot{\phi}$, $\dot{\psi}$ und $\dot{\theta}$, die sich aus der Änderung jeweils eines Eulerschen Winkels ergeben, sind an der zugehörigen Drehachse angeschrieben.

Endliche Drehungen vertauschen dagegen im Allgemeinen nicht; in der Darstellung von Drehungen durch Matrizen (Kapitel 21) entspricht dies der Nichtvertauschbarkeit der Matrizenmultiplikation. Man könnte auch einer endlichen Drehung um den Winkel $|\boldsymbol{\varphi}|$ um eine Achse in Richtung von $\boldsymbol{\varphi}$ den Vektor $\boldsymbol{\varphi}$ zuordnen. Zwei hintereinander ausgeführte endliche Drehungen werden aber nicht durch die Summe der beiden $\boldsymbol{\varphi}$-Vektoren dargestellt. Daher führen wir eine solche Zuordnung für endliche Drehungen nicht ein.

Eulersche Winkel

Um die Lage des starren Körpers zu jeder Zeit anzugeben, benötigen wir geeignete verallgemeinerte Koordinaten. Dazu nehmen wir drei kartesische Koordinaten, die den Vektor $\boldsymbol{r}_0$ festlegen, und die drei *Eulerschen Winkel* ϕ, ψ und θ, die die Richtung der Achsen von KS relativ zu IS angeben. Für die Notation der Koordinaten in KS und IS gilt weiterhin (19.2).

Zur Definition der Eulerwinkel betrachten wir Abbildung 19.3. Die x-y-Ebene und die x_1-x_2-Ebene schneiden sich in der Knotenlinie K; ihrer Richtung wird der Einheitsvektor $\boldsymbol{e}_{\rm K}$ zugeordnet. Die Eulerschen Winkel werden dann folgendermaßen definiert:

$$\begin{array}{lll} \phi & : & \text{Winkel zwischen der } x\text{-Achse und K} \\ \psi & : & \text{Winkel zwischen K und der } x_1\text{-Achse} \\ \theta & : & \text{Winkel zwischen der } z\text{- und der } x_3\text{-Achse} \end{array} \qquad (19.18)$$

Diese drei Eulerschen Winkel legen die Ausrichtung des starren Körpers fest. Wir werden sie später als verallgemeinerte Koordinaten in der Lagrangefunktion verwenden (Kapitel 23).

Wir stellen nun den Zusammenhang zwischen der Winkelgeschwindigkeit und den Eulerschen Winkeln her. Dazu betrachten wir die drei speziellen Drehungen, bei denen jeweils zwei Eulersche Winkel festgehalten werden:

$$d\phi = d\psi = 0 \quad : \quad \boldsymbol{\omega}_\theta = \dot{\theta}\, \boldsymbol{e}_\mathrm{K} \tag{19.19}$$

$$d\psi = d\theta = 0 \quad : \quad \boldsymbol{\omega}_\phi = \dot{\phi}\, \boldsymbol{e}_z \tag{19.20}$$

$$d\theta = d\phi = 0 \quad : \quad \boldsymbol{\omega}_\psi = \dot{\psi}\, \boldsymbol{e}_3 \tag{19.21}$$

Im ersten Fall ist die Knotenlinie K die Drehachse. Im zweiten Fall erfolgt die Drehung um die z-Achse. Im dritten rotiert der starre Körper um seine x_3-Achse; die Knotenlinie ist konstant. Man mache sich diese Drehungen anhand von Abbildung 19.3 klar.

Wir drücken die Einheitsvektoren $\boldsymbol{e}_\mathrm{K}$ und $\boldsymbol{e}_z$ durch diejenigen des körperfesten KS aus:

$$\boldsymbol{e}_\mathrm{K} = \cos\psi\, \boldsymbol{e}_1 - \sin\psi\, \boldsymbol{e}_2 \tag{19.22}$$

$$\boldsymbol{e}_z = \sin\theta\, \sin\psi\, \boldsymbol{e}_1 + \sin\theta \cos\psi\, \boldsymbol{e}_2 + \cos\theta\, \boldsymbol{e}_3 \tag{19.23}$$

Beliebige infinitesimale Drehungen entsprechen unabhängigen Änderungen $d\phi$, $d\psi$ und $d\theta$ der Eulerwinkel. Da die Reihenfolge der infinitesimalen Drehungen beliebig ist, gilt

$$d\boldsymbol{\varphi} = \boldsymbol{\omega}\, dt = (\boldsymbol{\omega}_\theta + \boldsymbol{\omega}_\phi + \boldsymbol{\omega}_\psi)\, dt \tag{19.24}$$

und damit

$$\boldsymbol{\omega} = \boldsymbol{\omega}_\theta + \boldsymbol{\omega}_\phi + \boldsymbol{\omega}_\psi = \dot{\theta}\, \boldsymbol{e}_\mathrm{K} + \dot{\phi}\, \boldsymbol{e}_z + \dot{\psi}\, \boldsymbol{e}_3 \tag{19.25}$$

Den Vektor $\boldsymbol{\omega}$ können wir – wie jeden anderen Vektor – durch seine Komponenten im körperfesten KS oder im raumfesten IS darstellen:

$$\boldsymbol{\omega} = \left\{ \begin{array}{lcl} \omega_1\, \boldsymbol{e}_1 + \omega_2\, \boldsymbol{e}_2 + \omega_3\, \boldsymbol{e}_3 & := & (\omega_1,\ \omega_2,\ \omega_3) \\ \omega_x\, \boldsymbol{e}_x + \omega_y\, \boldsymbol{e}_y + \omega_z\, \boldsymbol{e}_z & := & (\omega_x,\ \omega_y,\ \omega_z) \end{array} \right. \tag{19.26}$$

Die Komponenten von $\boldsymbol{\omega}$ erhält man durch Projektion auf die jeweiligen Basisvektoren. In Anwendungen werden wir bevorzugt die Komponenten ω_1, ω_2 und ω_3 im körperfesten KS benutzen, also

$$\boxed{\begin{array}{lcl} \omega_1 & = & \boldsymbol{\omega} \cdot \boldsymbol{e}_1 = \dot{\phi}\ \sin\theta\ \sin\psi + \dot{\theta}\ \cos\psi \\ \omega_2 & = & \boldsymbol{\omega} \cdot \boldsymbol{e}_2 = \dot{\phi}\ \sin\theta\ \cos\psi - \dot{\theta}\ \sin\psi \\ \omega_3 & = & \boldsymbol{\omega} \cdot \boldsymbol{e}_3 = \dot{\phi}\ \cos\theta + \dot{\psi} \end{array}} \tag{19.27}$$

Die rechte Seite folgt aus (19.25) und (19.22, 19.23). Hierdurch sind die Winkelgeschwindigkeiten durch die Eulerschen Winkel und ihre Zeitableitungen ausgedrückt.

20 Trägheitstensor

Wir bestimmen die kinetische Energie der Rotationsbewegung eines starren Körpers. Diese Energie ist eine quadratische Form in der Winkelgeschwindigkeit. Die Koeffizienten Θ_{ik} dieser quadratischen Form definieren den Trägheitstensor.

Kinetische Energie

Der starre Körper bestehe aus N Massenpunkten m_ν, $\nu = 1, \ldots, N$. Die kinetische Energie T ist dann die Summe der kinetischen Energien der einzelnen Massenpunkte:

$$2T = \sum_{\nu=1}^{N} m_\nu \, \boldsymbol{v}_{\nu,\,\mathrm{IS}}^2 \overset{(19.8)}{=} \sum_{\nu=1}^{N} m_\nu \, \boldsymbol{v}_0^2 + 2 \sum_{\nu=1}^{N} m_\nu \, (\boldsymbol{\omega} \times \boldsymbol{r}_\nu) \cdot \boldsymbol{v}_0 + \sum_{\nu=1}^{N} m_\nu \, (\boldsymbol{\omega} \times \boldsymbol{r}_\nu)^2 \tag{20.1}$$

Dabei ist $\boldsymbol{r}_\nu$ der Vektor vom Ursprung 0 des körperfesten KS zum Massenpunkt m_ν (Abbildung 19.1). Durch geeignete Wahl des Ursprungs kann der in $\boldsymbol{\omega}$ lineare Term zum Verschwinden gebracht werden:

$$\sum_{\nu=1}^{N} m_\nu \, (\boldsymbol{\omega} \times \boldsymbol{r}_\nu) \cdot \boldsymbol{v}_0 = (\boldsymbol{v}_0 \times \boldsymbol{\omega}) \cdot \sum_{\nu=1}^{N} m_\nu \, \boldsymbol{r}_\nu = \begin{cases} 0 & \text{für } \boldsymbol{v}_0 = 0 \\ 0 & \text{für } \sum_\nu m_\nu \, \boldsymbol{r}_\nu = 0 \end{cases} \tag{20.2}$$

Der erste Fall setzt voraus, dass der Ursprung von KS ruht; dies gilt insbesondere für einen Kreisel mit dem Ursprung 0 als Unterstützungspunkt. Der zweite Fall setzt voraus, dass der Ursprung 0 gleich dem Schwerpunkt des starren Körpers ist; dann verschwindet der Schwerpunktvektor $\sum m_\nu \, \boldsymbol{r}_\nu / M$. Im Folgenden wird immer einer dieser beiden Fälle betrachtet. Mit (20.2) wird (20.1) zu einer Summe aus der kinetischen Energie der Translation (T_{trans}) und der Rotation (T_{rot}):

$$T = \frac{M}{2} \, \boldsymbol{v}_0^2 + \frac{1}{2} \sum_{\nu=1}^{N} m_\nu \, (\boldsymbol{\omega} \times \boldsymbol{r}_\nu)^2 = T_{\mathrm{trans}} + T_{\mathrm{rot}} \tag{20.3}$$

Wir werten jetzt T_{rot} im körperfesten KS mit den kartesischen Koordinaten x_1, x_2 und x_3 aus. Die Komponenten der Vektoren $\boldsymbol{\omega}$ und $\boldsymbol{r}_\nu$ in KS bezeichnen wir gemäß

$$\boldsymbol{\omega} := (\omega_1, \, \omega_2, \, \omega_3) \qquad \text{und} \qquad \boldsymbol{r}_\nu := (x_1^\nu, \, x_2^\nu, \, x_3^\nu) \tag{20.4}$$

Mit

$$(\boldsymbol{\omega} \times \boldsymbol{r})^2 = \omega^2 r^2 - (\boldsymbol{\omega} \cdot \boldsymbol{r})^2 = \sum_k^3 \omega_k^2 r^2 - \sum_{i,k=1}^3 \omega_i x_i \omega_k x_k$$
$$= \sum_{i,k=1}^3 \left(r^2 \delta_{ik} - x_i x_k\right) \omega_i \omega_k \tag{20.5}$$

wird T_{rot} zu

$$T_{\text{rot}} = \frac{1}{2} \sum_{\nu=1}^N m_\nu (\boldsymbol{\omega} \times \boldsymbol{r}_\nu)^2 = \frac{1}{2} \sum_{i,k=1}^3 \Theta_{ik} \omega_i \omega_k \tag{20.6}$$

Dabei haben wir die zweifach indizierte Größe

$$\boxed{\Theta_{ik} = \sum_{\nu=1}^N m_\nu \left(r_\nu^2 \delta_{ik} - x_i^\nu x_k^\nu\right) \qquad \text{Trägheitstensor}} \tag{20.7}$$

eingeführt. Diese Größe erhält die Bezeichnung *Trägheitstensor*. Zusammen mit den $\boldsymbol{r}_\nu$ sind die Θ_{ik} *zeitunabhängig*.

Der Begriff *Tensor* bezieht sich auf das Transformationsverhalten der Θ_{ik} bei orthogonalen Transformationen; er wird formal im nächsten Kapitel definiert.

Massendichte

Wir geben den Trägheitstensor noch für eine kontinuierliche Massenverteilung mit

$$\varrho(\boldsymbol{r}) = \text{Massendichte} = \frac{\text{Masse}}{\text{Volumen}} = \frac{\Delta m}{\Delta V} \tag{20.8}$$

an. Hierbei ist ΔV ein kleines Volumen bei $\boldsymbol{r}$, in dem sich die Masse Δm befindet. Das Volumen ΔV wird so groß gewählt, dass es viele Atome enthält; wir beziehen uns hier auf gewöhnliche Materie (Festkörper, Flüssigkeit, Gas). Andererseits soll ΔV so klein sein, dass eventuelle makroskopische Inhomogenitäten nicht herausgemittelt werden. Für einen Festkörper könnte zum Beispiel $(\Delta V)^{1/3} \approx 10^{-6}$ cm gewählt werden; dann sind etwa 10^4 bis 10^5 Atome in ΔV enthalten.

Ein Körper mit einer zeitunabhängigen, kontinuierlichen Massendichte $\varrho(\boldsymbol{r})$ im körperfesten System kann als starrer Körper behandelt werden. Dazu denken wir uns das Volumen des Körpers in N Teilvolumina ΔV_ν bei $\boldsymbol{r}_\nu$ zerlegt. Die Masse

$$m_\nu = \varrho(\boldsymbol{r}_\nu)\, \Delta V_\nu \tag{20.9}$$

jedes Teilvolumens ersetzen wir durch eine Punktmasse m_ν bei $\boldsymbol{r}_\nu$. Dann liegt ein starrer Körper vor, wie wir ihn im letzten Kapitel eingeführt haben. Der Fehler bei der Ersetzung durch die Punktmassen geht im Grenzfall $N \to \infty$ (und $\Delta V_\nu \to 0$) wegen

$$\sum_{\nu=1}^{N} m_\nu \,\ldots = \sum_{\nu=1}^{N} \varrho(\boldsymbol{r}_\nu)\, \Delta V_\nu \,\ldots \;\stackrel{N\to\infty}{\longrightarrow}\; \int d^3r\, \varrho(\boldsymbol{r}) \,\ldots \tag{20.10}$$

gegen null. Die Integration kann über den gesamten Raum gehen; denn außerhalb des Körpers ist $\varrho(\boldsymbol{r}) = 0$. Aus (20.10) und (20.7) erhalten wir

$$\Theta_{ik} = \int d^3r\, \varrho(\boldsymbol{r}) \left(r^2\, \delta_{ik} - x_i\, x_k\right) \tag{20.11}$$

Die Definition (20.8) kann auch auf eine Ansammlung von Punktmassen angewandt werden. Hierfür gilt

$$\varrho(\boldsymbol{r}) = \sum_{\nu=1}^{N} m_\nu\, \delta(\boldsymbol{r} - \boldsymbol{r}_\nu) \tag{20.12}$$

Wenn man dies in (20.11) einsetzt, erhält man wieder (20.7).

In diesem Abschnitt haben wir eine zeitunabhängige Massendichte betrachtet, also insbesondere die Massendichte eines starren Körpers im körperfesten System. Im Allgemeinen hängt die Massendichte auch von der Zeit ab, $\varrho = \varrho(\boldsymbol{r}, t)$. Dies gilt zum Beispiel für die Massendichte eines starren Körpers in einem Inertialsystem oder für die Massendichte eines nichtstarren Körpers.

Drehimpuls

Der Drehimpuls (4.11) für ein System von Massenpunkten hängt vom Bezugspunkt ab:

$$\boldsymbol{L} = \begin{cases} \sum_\nu m_\nu \,(\boldsymbol{r}_{\nu,\,\text{IS}} \times \dot{\boldsymbol{r}}_{\nu,\,\text{IS}}) & \text{(Ursprung von IS)} \\ \sum_\nu m_\nu \,(\boldsymbol{r}_\nu \times \dot{\boldsymbol{r}}_\nu) & \text{(Ursprung von KS)} \end{cases} \tag{20.13}$$

Die Zeitableitung bezieht sich in beiden Ausdrücken auf ein Inertialsystem (IS). Als Bezugspunkt wählen wir im Folgenden den Ursprung eines körperfesten KS. Mit

$$\dot{\boldsymbol{r}}_\nu = \left(\frac{d\boldsymbol{r}_\nu}{dt}\right)_{\text{IS}} \stackrel{(19.7)}{=} \boldsymbol{\omega} \times \boldsymbol{r}_\nu \tag{20.14}$$

erhalten wir:

$$\boldsymbol{L} = \sum_{\nu=1}^{N} m_\nu\, \boldsymbol{r}_\nu \times (\boldsymbol{\omega} \times \boldsymbol{r}_\nu) \tag{20.15}$$

Wir werten dies in den kartesischen Koordinaten x_i von KS aus. Mit

$$\boldsymbol{r} \times (\boldsymbol{\omega} \times \boldsymbol{r}) = \boldsymbol{\omega}\, r^2 - \boldsymbol{r}\,(\boldsymbol{\omega} \cdot \boldsymbol{r}) = \sum_{i=1}^{3} \sum_{k=1}^{3} \left(r^2\, \delta_{ik} - x_i\, x_k\right) \omega_k\, \boldsymbol{e}_i \tag{20.16}$$

und (20.7) erhalten wir

$$\boldsymbol{L} = \sum_{i=1}^{3} \sum_{k=1}^{3} \Theta_{ik}\, \omega_k\, \boldsymbol{e}_i = \sum_{i=1}^{3} L_i\, \boldsymbol{e}_i \tag{20.17}$$

Wir führen die Matrix Θ und die Spaltenvektoren L und ω ein,

$$L = \begin{pmatrix} L_1 \\ L_2 \\ L_3 \end{pmatrix}, \qquad \Theta = \begin{pmatrix} \Theta_{11} & \Theta_{12} & \Theta_{13} \\ \Theta_{21} & \Theta_{22} & \Theta_{23} \\ \Theta_{31} & \Theta_{32} & \Theta_{33} \end{pmatrix}, \qquad \omega = \begin{pmatrix} \omega_1 \\ \omega_2 \\ \omega_3 \end{pmatrix} \tag{20.18}$$

Damit können wir (20.17) in Matrixform schreiben:

$$L = \Theta\, \omega \tag{20.19}$$

Eine weitere mögliche Schreibweise ergibt sich, wenn wir die *Dyade* $\widehat{\Theta}$ einführen:

$$\widehat{\Theta} = \sum_{i,k=1}^{3} \Theta_{ik}\, \boldsymbol{e}_i \circ \boldsymbol{e}_k \tag{20.20}$$

Das dyadische Produkt „∘" ist so definiert (siehe auch nächstes Kapitel), dass die skalare Multiplikation von $\boldsymbol{e}_i \circ \boldsymbol{e}_k$ mit einem beliebigen Vektor $\boldsymbol{a}$ den Vektor $\boldsymbol{e}_i\,(\boldsymbol{e}_k \cdot \boldsymbol{a})$ ergibt. Damit können wir die Beziehung zwischen Drehimpuls und Winkelgeschwindigkeit alternativ in Komponenten-, Vektor- und Matrixschreibweise angeben:

$$\boxed{L_i = \sum_{k=1}^{3} \Theta_{ik}\, \omega_k\,, \qquad \boldsymbol{L} = \widehat{\Theta} \cdot \boldsymbol{\omega}\,, \qquad L = \Theta\, \omega} \tag{20.21}$$

Dem Vektor $\boldsymbol{\omega}$ wird durch die Dyade $\widehat{\Theta}$ ein anderer Vektor $\boldsymbol{L}$ zugeordnet; entsprechend wird dem Spaltenvektor ω durch die Matrix Θ der Spaltenvektor L zugeordnet. Die Richtungen von $\boldsymbol{L}$ und $\boldsymbol{\omega}$ sind im Allgemeinen verschieden.

Für die kinetische Energie T_{rot} (20.6) lautet die Komponenten-, Vektor- und Matrixschreibweise:

$$\boxed{T_{\text{rot}} = \frac{1}{2} \sum_{i,k=1}^{3} \Theta_{ik}\, \omega_i\, \omega_k = \frac{1}{2}\, \boldsymbol{\omega} \cdot \big(\widehat{\Theta} \cdot \boldsymbol{\omega}\big) = \frac{1}{2}\, \omega^{\text{T}}\, \Theta\, \omega} \tag{20.22}$$

Der obere Index T bezeichnet die transponierte Matrix; ω^{T} ist dann der Zeilenvektor $(\omega_1,\ \omega_2,\ \omega_3)$.

Durch

$$\Theta_{nn} = \boldsymbol{n} \cdot \big(\widehat{\Theta} \cdot \boldsymbol{n}\big) = n^{\text{T}}\, \Theta\, n = \sum_{i,k=1}^{3} \Theta_{ik}\, n_i\, n_k \tag{20.23}$$

definieren wir das *Trägheitsmoment* bezüglich einer durch den Einheitsvektor $\boldsymbol{n} := n^{\mathrm{T}} = (n_1, n_2, n_3)$ festgelegten Achse. Die Diagonalelemente von Θ_{ik} sind die Trägheitsmomente bezüglich der Koordinatenachsen. Solche Trägheitsmomente treten etwa dann auf, wenn man die Rotation um eine festgehaltene Achse betrachtet, also für

$$\boldsymbol{\omega} = \omega_n \, \boldsymbol{n} \tag{20.24}$$

Die $\boldsymbol{n}$-Komponente des Drehimpulses ist dann

$$L_n = \boldsymbol{n} \cdot \boldsymbol{L} = \boldsymbol{n} \cdot \big(\widehat{\Theta} \cdot \boldsymbol{\omega}\big) = \boldsymbol{n} \cdot \big(\widehat{\Theta} \cdot \boldsymbol{n}\big)\, \omega_n = \Theta_{nn}\, \omega_n \tag{20.25}$$

Hauptachsentransformation

Zur Einführung des Trägheitstensors haben wir uns auf das körperfeste System bezogen, so dass $\Theta_{ik} = \text{const.}$ Die konkreten Werte Θ_{ik} hängen von der Orientierung des körperfesten KS ab. Die Eigenwerte (Hauptträgheitsmomente) der Matrix $\Theta = (\Theta_{ik})$ sind jedoch von dieser Orientierung unabhängig; sie sind damit Eigenschaften des starren Körpers, so wie seine Masse. In diesem Abschnitt diskutieren wir das Verfahren zur Bestimmung der Hauptträgheitsmomente.

Wir betrachten zwei verschiedene körperfeste Systeme, KS und KS′, die gegeneinander verdreht sind; sie sollen aber denselben Ursprung haben. Die Winkelgeschwindigkeit $\boldsymbol{\omega}$ habe in KS die Komponenten ω_i und in KS′ die Komponenten ω'_i. Die Transformation zwischen diesen Komponenten lautet

$$\omega'_i = \sum_{k=1}^{3} \alpha_{ik}\, \omega_k\,, \qquad \omega' = \alpha\, \omega \tag{20.26}$$

Rechts ist die Matrixschreibweise mit dem Spaltenvektor ω und der 3×3-Matrix $\alpha = (\alpha_{ik})$ angegeben. Die Transformation ist orthogonal, $\alpha\, \alpha^{\mathrm{T}} = 1$. Daher ist die Rücktransformation

$$\omega = \alpha^{\mathrm{T}} \omega' \tag{20.27}$$

Die orthogonalen Transformationen werden auf den ersten drei Seiten des nächsten Kapitels noch detaillierter behandelt.

Wir setzen die Transformation (20.27) in die kinetische Energie der Rotation ein:

$$2\, T_{\text{rot}} = \omega^{\mathrm{T}}\, \Theta\, \omega = \big(\alpha^{\mathrm{T}} \omega'\big)^{\mathrm{T}}\, \Theta\, \big(\alpha^{\mathrm{T}} \omega'\big) = \omega'^{\mathrm{T}} \big(\alpha\, \Theta\, \alpha^{\mathrm{T}}\big)\, \omega' = \omega'^{\mathrm{T}}\, \Theta'\, \omega' \tag{20.28}$$

Man kann nun α so wählen, dass die Trägheitsmatrix Θ' in KS′ diagonal ist:

$$\Theta' = \big(\Theta'_{ik}\big) = \alpha\, \Theta\, \alpha^{\mathrm{T}} = \begin{pmatrix} \Theta_1 & 0 & 0 \\ 0 & \Theta_2 & 0 \\ 0 & 0 & \Theta_3 \end{pmatrix} \tag{20.29}$$

Das System KS$'$, in dem Θ' diagonal ist, heißt *Hauptachsensystem*. Die Diagonalelemente Θ'_{ii}, die wir mit Θ_i bezeichnen, sind nach (20.23) die Trägheitsmomente bezüglich der Rotation um die Achsen von KS$'$; sie heißen *Hauptträgheitsmomente*.

Die Trägheitsmomente Θ_i sind positiv. Um dies formal zu zeigen, werten wir die Definitionsgleichung (20.7) in KS$'$ für Θ_1 aus:

$$\Theta_1 = \Theta'_{11} = \sum_{\nu=1}^{N} m_\nu \left(r'^2_\nu - \left(x'^\nu_1\right)^2 \right) = \sum_{\nu=1}^{N} m_\nu \left(\left(x'^\nu_2\right)^2 + \left(x'^\nu_3\right)^2 \right) > 0 \qquad (20.30)$$

Alle Massen werden mit dem Quadrat ihres zur x_1-Achse senkrechten Abstands gewichtet. Dies gilt entsprechend für die anderen Θ_i.

Eine gegebene symmetrische Matrix Θ kann durch eine orthogonale Transformation diagonalisiert werden. Das heißt, $\alpha = (\alpha_{ik})$ in (20.29) kann so gewählt werden, dass $\alpha\,\Theta\,\alpha^{\mathrm{T}}$ diagonal ist. Wir beweisen konstruktiv, dass dies möglich ist; das heißt, wir bestimmen die α_{ik}, die Θ diagonalisieren. Wir multiplizieren (20.29), $\alpha\,\Theta\,\alpha^{\mathrm{T}} = \Theta'$ von links mit α^{T}:

$$\Theta\,\alpha^{\mathrm{T}} = \alpha^{\mathrm{T}}\,\Theta' \qquad (20.31)$$

Wir bezeichnen die k-te Spalte von α^{T} als Spaltenvektor $\omega^{(k)}$:

$$\alpha^{\mathrm{T}} = \left(\omega^{(1)}, \omega^{(2)}, \omega^{(3)}\right) \quad \text{also} \quad \omega^{(k)} = \begin{pmatrix} \alpha_{k1} \\ \alpha_{k2} \\ \alpha_{k3} \end{pmatrix} \qquad (20.32)$$

Damit lässt sich die k-te Spalte von (20.31) in der Form

$$\boxed{\Theta\,\omega^{(k)} = \Theta_k\,\omega^{(k)}} \qquad (20.33)$$

schreiben. Dies ist die *Eigenwertgleichung* der Matrix Θ. Aus ihr lassen die Eigenwerte Θ_k und die zugehörigen Eigenvektoren $\omega^{(k)}$ bestimmen. Die Eigenwerte Θ_k sind die Hauptträgheitsmomente Θ_k, während die Eigenvektoren $\omega^{(k)}$ die orthogonale Matrix α bestimmen. Wir stellen jetzt das Verfahren vor, wie man zu einer gegebenen symmetrischen Matrix Θ die Eigenwerte und Eigenvektoren bestimmt.

Mit der Einheitsmatrix I können wir (20.33) auch in der Form

$$\left(\Theta - \Theta_k\,I\right)\omega^{(k)} = 0 \qquad (20.34)$$

schreiben. Dies stellt ein lineares, homogenes Gleichungssystem für die drei Komponenten von $\omega^{(k)}$ dar. Es hat die triviale Lösung $\omega^{(k)} = 0$. Wir suchen eine nichttriviale Lösung; daher darf (20.34) nicht eindeutig lösbar sein. Also muss

$$\det\left(\Theta - \Theta_k\,I\right) = 0 \qquad (20.35)$$

gelten. Dies ist ein Polynom 3. Grades in Θ_k mit den drei Lösungen Θ_1, Θ_2 und Θ_3. Aus physikalischen Gründen sind alle Eigenwerte positiv, wie in (20.30) gezeigt wurde. Die Eigenvektoren $\omega^{(k)}$ und $\omega^{(k')}$ sind für $\Theta_k \neq \Theta_{k'}$ automatisch orthogonal, für zusammenfallende Eigenwerte (für $\Theta_k = \Theta_{k'}$) können sie orthogonal gemacht werden. Mit $\omega^{(k)}$ löst auch const. $\cdot\, \omega^{(k)}$ die Eigenwertgleichung (20.33). Wir bestimmen die Konstante so, dass die Eigenvektoren normiert sind. Die nunmehr orthonormierten Vektoren $\omega^{(k)}$ bilden die Spalten von α^{T} (also die Zeilen von α). Sie stellen daher die Basisvektoren des Koordinatensystems KS$'$ dar, in dem Θ diagonal ist.

Die Gleichung (20.35) für die Hauptträgheitsmomente ist unabhängig von der Orientierung des körperfesten Koordinatensystems, denn

$$\det\big(\Theta' - \Theta_k I\big) = \det\big(\alpha\,(\Theta - \Theta_k I)\,\alpha^{\mathrm{T}}\big) = \det\big(\Theta - \Theta_k I\big) \qquad (20.36)$$

Hierbei wurde $\det(A\,B) = \det(A)\ \det(B)$ und $\det(\alpha\,\alpha^{\mathrm{T}}) = 1$ benutzt. Wenn man noch einen bestimmten Ursprung von KS wählt (etwa den Schwerpunkt des starren Körpers), dann sind die Hauptträgheitsmomente festgelegt. Insofern sind sie *Eigenschaften* des starren Körpers (wie seine Masse).

Physikalisch sind die Hauptachsen dadurch ausgezeichnet, dass bei einer Rotation um eine Hauptachse (also für $\omega = \omega^{(k)}$) der Drehimpuls $\boldsymbol{L}$ parallel zu $\boldsymbol{\omega}$ ist. Wir zeigen dies in Matrixschreibweise:

$$L = \Theta\,\omega^{(k)} = \Theta_k\,\omega^{(k)}, \qquad \text{also} \quad \boldsymbol{L} \parallel \boldsymbol{\omega}^{(k)} \qquad (20.37)$$

Bei symmetrisch gebauten Körpern (zum Beispiel Quader) fallen die Hauptachsen mit den Symmetrieachsen zusammen.

Wenn alle drei Hauptträgheitsmomente verschieden sind, sprechen wir auch von einem unsymmetrischen Kreisel. Sind zwei gleich, so handelt es sich um einen symmetrischen Kreisel. Für eine Kugel oder einen Würfel sind alle Hauptträgheitsmomente gleich.

Aufgaben

20.1 Steinerscher Satz

Ein starrer Körper hat den Trägheitstensor Θ_{ik}. Dieser Tensor bezieht sich auf ein körperfestes Koordinatensystem KS, dessen Ursprung gleich dem Schwerpunkt ist. Berechnen Sie den Trägheitstensor Θ'_{ik} in einem Koordinatensystem KS′, das um den Vektor $\boldsymbol{a}$ relativ zu KS verschoben ist und dessen Achsen parallel zu KS liegen. Dieser Zusammenhang heißt *Steinerscher Satz.*

20.2 Trägheitstensor des homogenen Würfels

Ein homogener Würfel (mit der Dichte ϱ_0 und der Kantenlänge a) rotiert um eine Achse, die durch den Mittelpunkt und durch eine Ecke geht. Wie groß ist das Trägheitsmoment bezüglich dieser Achse?

20.3 Trägheitstensor des homogenen Quaders

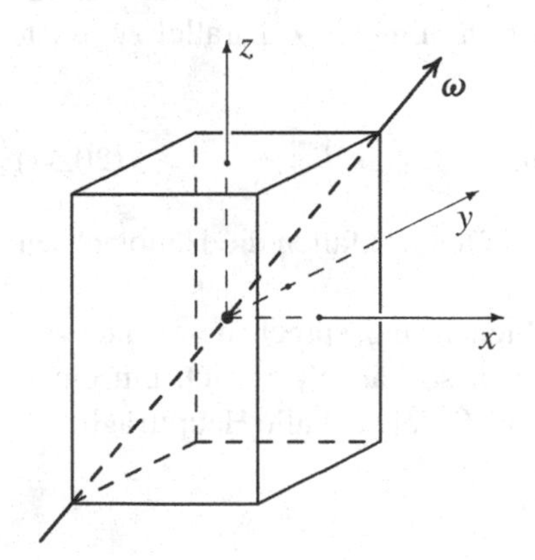

Bestimmen Sie die Hauptträgheitsmomente Θ_i eines Quaders mit konstanter Massendichte ϱ_0 und den Seitenlängen a, b und c. Der Quader rotiert mit der Winkelgeschwindigkeit $\omega = |\boldsymbol{\omega}|$ um eine Achse, die mit einer Raumdiagonalen des Quaders zusammenfällt. Wie groß ist das Trägheitsmoment Θ_0 bezüglich dieser Achse? Drücken Sie die kinetische Energie der Rotation alternativ durch die Θ_i oder durch Θ_0 aus.

20.4 Trägheitstensor des homogenen Ellipsoids

Bestimmen Sie die Hauptträgheitsmomente Θ_i eines homogenen Ellipsoids (Masse M_{E}) mit den Halbachsen a, b und c.

Die Massenverteilung der Erde kann durch ein homogenes Rotationsellipsoid ($a = b$) angenähert werden. Die Abplattung der Erde ist durch $(a - c)/a \approx 1/300$ gegeben. Wie groß ist dann $\Delta\Theta/\Theta = (\Theta_3 - \Theta_1)/\Theta_3$?

Bestimmen Sie den Trägheitstensor einer homogenen Kugel (Radius R, Masse M_{K}), auf deren Äquator vier zusätzliche Punktmassen m gleichabständig (bei $\phi = 0, \pi/2, \pi$ und $3\pi/2$) angebracht sind. Wählen Sie die Parameter R und m so, dass der Trägheitstensor gleich dem eines homogenen Rotationsellipsoids mit der Masse $M_{\mathrm{E}} = M_{\mathrm{K}} + 4m$ ist.

20.5 Abplattung der Erde

Die Erde ist in guter Näherung ein abgeplattetes Rotationsellipsoid mit den Halbachsen $a = b < c$. Die Gravitationsenergie W_{grav} und die Masse M eines Rotationsellipsoids mit homogener Massendichte ϱ_0 sind

$$W_{\text{grav}} = -\frac{3\,GM^2}{5\,a}\,\frac{\arcsin\varepsilon}{\varepsilon} \qquad \text{und} \qquad M = \frac{4\pi}{3}\,\varrho_0\,a^2\,b = \frac{4\pi}{3}\,\varrho_0\,R^3$$

Dabei wurden die Exzentrizität $\varepsilon = (1 - c^2/a^2)^{1/2}$ und der mittlere Radius $R = (a^2\,c)^{1/3}$ verwendet. Das Rotationsellipsoid rotiert im körperfesten System mit dem Drehimpuls $L_3 = \Theta_3\,\omega_3$ um die Figurenachse. Dann ist seine Gesamtenergie

$$W_{\text{total}} = T_{\text{rot}} + W_{\text{grav}} = \frac{L_3^2}{2\,\Theta_3} + W_{\text{grav}}$$

Die deformierbare Erde stellt sich nun so ein, dass W_{total} als Funktion der Exzentrizität ε minimal wird; dabei sind der Drehimpuls L_3 und die Masse M fest vorgegeben. Berechnen Sie hieraus die Erdabplattung $(a - c)/a$. Entwickeln Sie dazu W_{grav} und das Trägheitsmoment Θ_3 bis zur ersten nichtverschwindenden Ordnung in ε.

21 Tensoren

Wir nehmen die Einführung des Trägheitstensors zum Anlass, Definition und Rechenregeln von Tensoren zusammenzustellen. Diese mehr formale Diskussion ist keine notwendige Voraussetzung für die folgenden Kapitel; hierfür genügen die auch bisher schon vorausgesetzten Grundkenntnisse der Vektorrechnung.

Die Tensoren des dreidimensionalen Raums werden durch ihr Verhalten unter orthogonalen Transformationen definiert. Wir bezeichnen sie daher auch als 3-Tensoren (insbesondere zur Unterscheidung von Lorentztensoren oder 4-Tensoren in Teil IX). Aus der Definition ergeben sich die Regeln für die Konstruktion neuer Tensoren durch Addition, Multiplikation oder Kontraktion. Wir diskutieren eine Reihe von Anwendungen wie das Skalar- und Vektorprodukt und definieren schließlich noch Tensorfelder. Analoge Begriffsbildungen werden uns für Lorentztensoren im vierdimensionalen Minkowskiraum wieder begegnen (Kapitel 37).

Orthogonale Transformationen

Wir betrachten kartesische Koordinatensysteme (KS) im gewöhnlichen dreidimensionalen Raum. Die Koordinaten werden mit x_i und die Basisvektoren mit $\boldsymbol{e}_i$ bezeichnet. Die Bezeichnung erfolgt unabhängig von der in den vorigen Kapiteln, wo KS das körperfeste System eines starren Körpers war; die KS dieses Kapitels können auch Inertialsysteme sein.

Zwei Koordinatensysteme KS und KS$'$ seien relativ zueinander gedreht, Abbildung 21.1. Ein Ortsvektor $\boldsymbol{r}$ kann alternativ nach den Basisvektoren $\boldsymbol{e}_n$ von KS oder $\boldsymbol{e}'_j$ von KS$'$ entwickelt werden:

$$\boldsymbol{r} = \sum_{n=1}^{3} x_n\, \boldsymbol{e}_n = \sum_{j=1}^{3} x'_j\, \boldsymbol{e}'_j \tag{21.1}$$

Die Entwicklungskoeffizienten heißen Komponenten des Vektors. Die Darstellung des Vektors $\boldsymbol{r}$ durch seine Komponenten, $\boldsymbol{r} := (x_1, x_2, x_3)$, hängt offensichtlich von der gewählten Basis ab (also vom gewählten Koordinatensystem).

Für kartesische Koordinatensysteme sind die Basisvektoren orthogonal:

$$\boldsymbol{e}_i \cdot \boldsymbol{e}_k = \delta_{ik} = \begin{cases} 1 & \text{für } i = k \\ 0 & \text{für } i \neq k \end{cases} \tag{21.2}$$

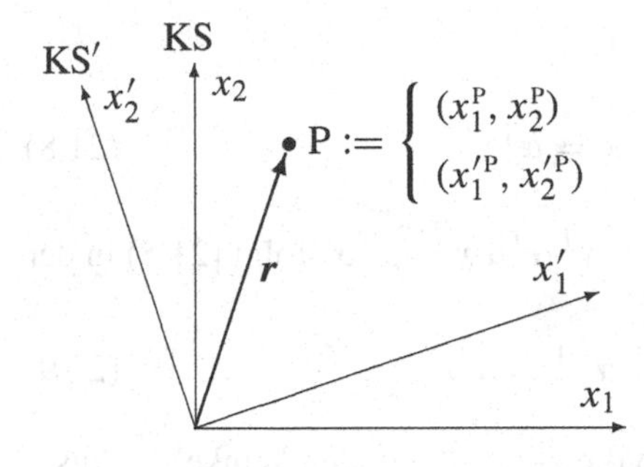

Abbildung 21.1 Ein Massenpunkt P habe im KS (hier zweidimensional dargestellt) die Koordinatenwerte $(x_1^{\mathrm{P}}, x_2^{\mathrm{P}})$ und im gedrehten KS' andere Werte $(x_1'^{\mathrm{P}}, x_2'^{\mathrm{P}})$. Der Ortsvektor $\boldsymbol{r}$ des Massenpunkts P ist durch diese Koordinatenwerte festgelegt, (21.1).

Entsprechend gilt $\boldsymbol{e}'_i \cdot \boldsymbol{e}'_k = \delta_{ik}$. Wir multiplizieren (21.1) mit $\boldsymbol{e}'_i$ und erhalten

$$x'_i = \sum_{n=1}^{3} (\boldsymbol{e}'_i \cdot \boldsymbol{e}_n)\, x_n = \sum_{n=1}^{3} \alpha_{in}\, x_n \tag{21.3}$$

Die $\alpha_{in} = \boldsymbol{e}'_i \cdot \boldsymbol{e}_n$ sind koordinatenunabhängige Koeffizienten, die von der relativen Lage von KS und KS' abhängen.

Wir berechnen das Skalarprodukt $\boldsymbol{r}^2 = \boldsymbol{r} \cdot \boldsymbol{r}$ für die in (21.1) angegebenen Entwicklungen:

$$\boldsymbol{r}^2 = \begin{cases} \sum_n x_n^2 \\ \sum_i x_i'^2 = \sum_m \sum_n \left(\sum_i \alpha_{im}\, \alpha_{in} \right) x_m\, x_n \end{cases} \tag{21.4}$$

In der zweiten Zeile wurde $x'_i = \sum_n \alpha_{in} x_n$ eingesetzt. Beide Zeilen müssen für beliebige x_n übereinstimmen. Daraus folgt

$$\sum_{i=1}^{3} \alpha_{im}\, \alpha_{in} = \delta_{mn} \qquad \text{(orthogonale Transformation)} \tag{21.5}$$

Aus den 9 Koeffizienten α_{in} kann man die drei Vektoren $\boldsymbol{a}_n = (\alpha_{1n}, \alpha_{2n}, \alpha_{3n})$ bilden $(n = 1, 2, 3)$. Dann bedeutet (21.5), dass diese Vektoren $\boldsymbol{a}_n$ zueinander orthogonal sind (und auch normiert). Daher heißt die Transformation (21.3) mit (21.5) *orthogonale Transformation*.

Die zu (21.3) gehörige Rücktransformation erhält man, indem man (21.3) mit α_{im} multipliziert, über i summiert und (21.5) benutzt:

$$x_m = \sum_{i=1}^{3} \alpha_{im}\, x'_i \tag{21.6}$$

Die behandelten Relationen kann man auch in der kurzen und übersichtlichen Matrixschreibweise angeben. Dazu führen wir die Matrix α, den Spaltenvektor x und den dazu transponierten Vektor x^{T} ein:

$$\alpha = \begin{pmatrix} \alpha_{11} & \alpha_{12} & \alpha_{13} \\ \alpha_{21} & \alpha_{22} & \alpha_{23} \\ \alpha_{31} & \alpha_{32} & \alpha_{33} \end{pmatrix}, \qquad x = \begin{pmatrix} x_1 \\ x_2 \\ x_3 \end{pmatrix}, \qquad x^{\mathrm{T}} = (x_1,\, x_2,\, x_3) \tag{21.7}$$

Damit lauten die Hin- und Rücktransformation

$$x' = \alpha\, x \quad \text{und} \quad x = \alpha^{\mathrm{T}} x' \tag{21.8}$$

Aus der Invarianz des Skalarprodukts, $x'^{\mathrm{T}} x' = x^{\mathrm{T}} \alpha^{\mathrm{T}} \alpha\, x = x^{\mathrm{T}} x$, folgt (21.5) in der Form

$$\alpha^{\mathrm{T}} \alpha = 1\,, \quad \text{also} \quad \alpha^{-1} = \alpha^{\mathrm{T}} \tag{21.9}$$

Als Beispiel betrachten wir eine Drehung um die z-Achse um den Winkel φ. Aus

$$\begin{aligned} \boldsymbol{e}'_1 &= \boldsymbol{e}_1 \cos\varphi + \boldsymbol{e}_2 \sin\varphi \\ \boldsymbol{e}'_2 &= -\boldsymbol{e}_1 \sin\varphi + \boldsymbol{e}_2 \cos\varphi \\ \boldsymbol{e}'_3 &= \boldsymbol{e}_3 \end{aligned} \tag{21.10}$$

folgen die α_{in}, die wir zur Matrix α zusammenfassen:

$$\alpha = (\alpha_{in}) = (\boldsymbol{e}'_i \cdot \boldsymbol{e}_n) = \begin{pmatrix} \cos\varphi & \sin\varphi & 0 \\ -\sin\varphi & \cos\varphi & 0 \\ 0 & 0 & 1 \end{pmatrix} \tag{21.11}$$

Nach Kapitel 19 ist die relative Lage zweier Koordinatensysteme durch 3 Winkel festgelegt. Die Matrix α hängt daher von drei kontinuierlichen Parametern ab[1].

Da zwei sukzessive Drehungen wieder eine Drehung ergeben, bilden sie eine Gruppe (man überzeugt sich leicht davon, dass alle Gruppenaxiome erfüllt sind). Diese Aussage gilt auch für die Darstellung der Drehungen durch die Matrizen α.

Wir haben hier zwei relativ zueinander gedrehte Koordinatensysteme und einen Vektor $\boldsymbol{r}$ betrachtet, Abbildung 21.1. Drehungen können auch von folgendem, alternativen Standpunkt aus betrachtet werden: In einem gegebenen KS wird der Vektor $\boldsymbol{r}$ gedreht. Der gedrehte Vektor $\boldsymbol{r}' = \sum x'_i \boldsymbol{e}_i$ mit $x'_i = \sum_n \alpha_{in} x_n$ ist dann im Allgemeinen verschieden von $\boldsymbol{r}$. Beide Standpunkte sind möglich und üblich. Bei dem hier eingenommenen Standpunkt stellt der Vektor eine physikalische Größe dar, zum Beispiel den Impuls eines Teilchens. Ein Beobachter beschreibt diese Größe in Bezug auf ein von ihm gewähltes KS, also durch die drei Zahlen x_i. Die gleiche physikalische Größe wird von einem anderen Beobachter mit einem anderen Koordinatensystem durch andere Zahlen x'_i beschrieben. Dieser Standpunkt ist insbesondere dann einzunehmen, wenn Ereignisse von Beobachtern in verschiedenen IS betrachtet werden (wie bei der passiven Galileitransformation, Kapitel 5). Der alternative Standpunkt entspricht dagegen einer aktiven Galileitransformation.

[1] Dies kann man auch so sehen: Gleichung (21.5) gilt für $m = 1, 2, 3$ und $n = 1, 2, 3$, stellt also 9 Bedingungen dar. Die Bedingungen für (m, n) und (n, m) sind aber gleich. Damit verbleiben 6 unabhängige Bedingungen zur Bestimmung der 9 Größen α_{ik}. Also bleiben 3 Größen unbestimmt.

Definition

Wir betrachten Größen, die keinen, einen oder mehrere Indizes haben. Diese Indizes sollen die Werte 1, 2 und 3 annehmen; sie werden mit lateinischen Buchstaben (i, $k, \ldots$) bezeichnet.

Eine Größe ohne Index, die sich bei orthogonalen Transformationen nicht ändert, heißt *Skalar* oder *Tensor nullter Stufe.* Ein Beispiel ist das Skalarprodukt des Ortsvektors, $\boldsymbol{r}^2 = x^{\mathrm{T}} x = \sum x_i^2$.

Eine Größe V_i mit einem Index, die sich wie die Komponenten x_i des Ortsvektors (21.3) transformiert, also

$$V_i' = \sum_{n=1}^{3} \alpha_{in}\, V_n \tag{21.12}$$

heißt *Tensor 1. Stufe.* Analog zu (21.6) erhalten wir die Rücktransformation

$$V_m = \sum_{i=1}^{3} \alpha_{im}\, V_i' \tag{21.13}$$

Eine N-fach indizierte Größe heißt *Tensor N-ter Stufe*, wenn sie sich komponentenweise wie die x_i transformiert:

$$T'_{i_1 i_2 \ldots i_N} = \sum_{n_1=1}^{3} \sum_{n_2=1}^{3} \cdots \sum_{n_N=1}^{3} \alpha_{i_1 n_1}\, \alpha_{i_2 n_2} \cdot \ldots \cdot \alpha_{i_N n_N}\, T_{n_1 n_2 \ldots n_N} \tag{21.14}$$

Die Umkehrtransformation wird analog zu (21.13) gebildet.

Für einen Tensor 1. und 2. Stufe können die Transformationen in Matrixform angeschrieben werden:

$$V' = \alpha\, V\,, \quad V = \alpha^{\mathrm{T}}\, V'\,, \qquad T' = \alpha\, T\, \alpha^{\mathrm{T}}\,, \quad T = \alpha^{\mathrm{T}}\, T'\, \alpha \tag{21.15}$$

Dabei ist $V = (V_i)$ ein Spaltenvektor und $T = (T_{ik})$ eine 3×3-Matrix. Für Tensoren höherer Stufe ist diese Matrixschreibweise nicht möglich.

Mit dem Begriff *Tensor* ist immer die Gesamtheit der indizierten Größen gemeint. In einer ausführlicheren Bezeichnungsweise werden die indizierten Größen selbst als „Komponenten des Tensors" bezeichnet; jede Komponente für sich ist eine Zahl, deren Wert von den Indexwerten abhängt. Wir gehen in der Vereinfachung der Bezeichnungsweise noch einen Schritt weiter und verwenden die Begriffe „Tensor 1. Stufe" und „Vektor" synonym. Damit nehmen wir eine Mehrdeutigkeit in Kauf: In (21.1) war $\boldsymbol{r}$ der Vektor, und x_i seine Komponenten. In verkürzter und üblicher Sprechweise bezeichnen wir jetzt auch die einfach indizierte Größe x_i selbst als Vektor. Wenn man mit indizierten Größen arbeitet (und dies ist oft vorteilhaft), wäre es umständlich, diese immer mit „Komponenten des Vektors" zu bezeichnen. In Gleichungen muss natürlich weiterhin zwischen $\boldsymbol{r}$ und x_i unterschieden werden.

Rechenregeln

Aus der Definition der Tensoren ergeben sich folgende Regeln zur Konstruktion weiterer Tensoren. Wenn S und T Tensoren sind, dann gilt:

1. Addition von Tensoren gleicher Stufe:

$$\beta S_{i_1 \ldots i_N} + \gamma\, T_{i_1 \ldots i_N} \quad \text{ist ein Tensor der Stufe } N \tag{21.16}$$

2. Multiplikation von Tensoren:

$$S_{i_1 \ldots i_N}\, T_{j_1 \ldots j_M} \quad \text{ist ein Tensor der Stufe } N+M \tag{21.17}$$

3. Kontraktion von Tensorindizes:

$$\sum_{k=1}^{3} S_{i_1 \ldots k \ldots k \ldots i_N} \quad \text{ist ein Tensor der Stufe } N-2 \tag{21.18}$$

4. Tensorgleichungen:

$$S_i = \sum_{k=1}^{3} U_{ik}\, T_k \quad \Longrightarrow \quad U_{ik} \text{ ist ein Tensor der Stufe 2} \tag{21.19}$$

Der erste und zweite Punkt folgen unmittelbar aus der Tensordefinition, den dritten möge der Leser selbst beweisen. Wir leiten die vierte Behauptung in Matrixschreibweise ab. Voraussetzung ist hier die Gültigkeit von $S_i = \sum U_{ik}\, T_k$ in allen KS und die Vektoreigenschaft von S_i und T_i. Aus (21.15) folgt

$$S' = \alpha\, S = \alpha\, U\, T = \alpha\, U\, \alpha^{\mathrm{T}} \alpha\, T = \left(\alpha\, U\, \alpha^{\mathrm{T}}\right) T' \tag{21.20}$$

Der Vergleich mit $S_i' = \sum U_{ik}'\, T_k'$ ergibt

$$U' = \alpha\, U\, \alpha^{\mathrm{T}} \quad \text{oder} \quad U'_{nm} = \sum_{i,k=1}^{3} \alpha_{ni}\, \alpha_{mk}\, U_{ik} \tag{21.21}$$

Damit ist gezeigt, dass U_{ik} ein Tensor ist.

Tensorgleichungen

Eine *Vektor-* oder *Tensorgleichung* ist *forminvariant* oder *kovariant* unter orthogonalen Transformationen. So gehen zum Beispiel folgende Gleichungen durch orthogonale Transformation auseinander hervor:

$$L_k = \sum_{n=1}^{3} \Theta_{kn}\, \omega_n \quad \longleftrightarrow \quad L'_k = \sum_{n=1}^{3} \Theta'_{kn}\, \omega'_n \tag{21.22}$$

Die *Form* dieser und anderer Tensorgleichungen ist invariant bei orthogonalen Transformationen. Die Werte der einzelnen Komponenten hängen aber vom speziellen KS ab.

Die Isotropie des Raums (Kapitel 11) bedeutet, dass grundlegende Gesetze der Physik unabhängig von der Orientierung des Bezugssystems sind (wir setzen jetzt Inertialsysteme voraus). Die Form dieser Gesetze in kartesischen Koordinaten darf dann nicht von der Orientierung (Richtung der Achsen) des gewählten KS abhängen. Daher gilt:

- Aus der Isotropie des Raums folgt, dass grundlegende physikalische Gesetze Tensorgleichungen sind.

In Komponentenschreibweise sind solche Tensorgleichungen forminvariant unter orthogonalen Transformationen, wie etwa (21.22). Die Vektorschreibweise (etwa $\boldsymbol{L} = \widehat{\Theta} \cdot \boldsymbol{\omega}$) ist völlig koordinatenunabhängig.

Die Bedingung der Kovarianz (Forminvarianz) ist eine starke Einschränkung an die mögliche Form der Gesetze. Sie ist daher besonders nützlich bei der Aufstellung neuer Gesetze. Zusätzlich zu der hier betrachteten Kovarianz gegenüber orthogonalen Transformationen werden wir in der Mechanik auch Kovarianz gegenüber den Transformationen zwischen verschiedenen Inertialsystemen verlangen (Kapitel 5). In der relativistischen Mechanik wird dies zur Kovarianzforderung gegenüber Lorentztransformationen (Kapitel 37).

Beispiele für Tensoren

Das Standardbeispiel für einen Skalar ist das Skalarprodukt $\sum V_i^{\,2}$ eines Vektors V_i mit sich selbst. Andere Skalare sind die Masse m eines Teilchens, die Zeit t und die Temperatur T.

Aus (21.3) folgt, dass die Koordinatendifferenziale

$$dx_i' = \sum_{n=1}^{3} \alpha_{in}\, dx_n \tag{21.23}$$

Vektoren sind. Damit ist auch die Geschwindigkeit $v_k = dx_k/dt$ ein Vektor, denn

$$v_i' = \frac{dx_i'}{dt} = \sum_{n=1}^{3} \alpha_{in} \frac{dx_n}{dt} = \sum_{n=1}^{3} \alpha_{in}\, v_n \tag{21.24}$$

Analog zeigt man, dass die Beschleunigung $b_i = dv_i/dt$ ein Vektor ist. Aus den Rechenregeln folgt, dass die kinetische Energie $m\,\boldsymbol{v}^2/2$ ein Skalar ist.

Durch folgende Zuweisungen werden drei verschiedene, einfach indizierte Größen definiert:

$$(U_i) = \begin{pmatrix} 1 \\ 2 \\ 0 \end{pmatrix}, \qquad (V_i) = \begin{pmatrix} m \\ x_2 \\ t \end{pmatrix}, \qquad (W_i) = \begin{pmatrix} v_1 x_1 \\ v_2 x_2 \\ v_3 x_3 \end{pmatrix} \tag{21.25}$$

Keine dieser Größen ist ein Vektor.

Im letzten Kapitel hatten wir durch

$$\Theta_{ik} = \sum_{\nu=1}^{N} m_\nu \left(r_\nu^2\, \delta_{ik} - x_i^\nu\, x_k^\nu \right) \tag{21.26}$$

den Trägheitstensor eingeführt. Wir zeigen nun formal, dass dies ein Tensor 2. Stufe ist: Die Massen m_ν ändern sich nicht bei einer Drehung des KS, sie sind also Skalare. Die Ortsvektoren x_i^ν der einzelnen Massenpunkte sind Vektoren. Dann ist $m_\nu\, x_i^\nu\, x_k^\nu$ ein Tensor 2. Stufe. Das Transformationsverhalten von $m_\nu\, r_\nu^2\, \delta_{ik}$ ist gleich dem von δ_{ik}, da r_ν^2 und m_ν Skalare sind. Das Kroneckersymbol δ_{ik} ist zunächst durch eine einfache Zahlenzuweisung wie in (21.2) definiert. Damit ist dieses Symbol unabhängig vom KS definiert; in jedem anderen KS$'$ gilt $\delta'_{ik} = \delta_{ik}$. Das so definierte δ_{ik} erfüllt aber auch die Definition eines Tensors:

$$\delta'_{ik} \stackrel{(21.14)}{=} \sum_{n=1}^{3} \sum_{l=1}^{3} \alpha_{in}\, \alpha_{kl}\, \delta_{nl} = \sum_{n=1}^{3} \alpha_{in}\, \alpha_{kn} \stackrel{(21.5)}{=} \delta_{ik} \tag{21.27}$$

Das Kroneckersymbol δ_{ik} ist also ein Tensor, der auch als *Einheitstensor* bezeichnet wird. Damit sind beide Terme auf der rechten Seite von (21.26) Tensoren 2. Stufe; dies gilt dann auch für die Summe dieser Terme.

Durch die Definition

$$\epsilon_{ikl} = \left\{ \begin{array}{c} 1 \\ -1 \\ 0 \end{array} \right. \quad (i, k, l) \text{ ist} \left\{ \begin{array}{c} \text{gerade} \\ \text{ungerade} \\ \text{keine} \end{array} \right\} \text{ Permutation von } (1, 2, 3) \tag{21.28}$$

führen wir das sogenannte *Levi-Civita-Symbol* ϵ_{ikl} ein. Dies ist zunächst wie δ_{ik} eine durch feste Zahlen definierte, vom KS unabhängige Größe. Wir untersuchen, ob wir diese Größe als Tensor auffassen können, also ob die Transformation gemäß (21.14) wieder zu den Werten (21.28) führt:

$$\epsilon'_{ikl} \stackrel{(21.14)}{=} \sum_{i'=1}^{3} \sum_{k'=1}^{3} \sum_{l'=1}^{3} \alpha_{ii'}\, \alpha_{kk'}\, \alpha_{ll'}\, \epsilon_{i'k'l'} \tag{21.29}$$

Für $i = k$ ist der Summand auf der rechten Seite antisymmetrisch bezüglich $i' \leftrightarrow k'$. Damit verschwindet die Summe, also $\epsilon'_{iil}(21.14) = 0$. Dies gilt auch, wenn zwei andere Indizes gleich sind. Für nichtverschwindendes ϵ_{ikl} muss (i, k, l) daher gleich einer Permutation von $(1, 2, 3)$ sein. Speziell gilt

$$\epsilon'_{123} \stackrel{(21.14)}{=} \sum_{i'=1}^{3} \sum_{k'=1}^{3} \sum_{l'=1}^{3} \alpha_{1i'}\, \alpha_{2k'}\, \alpha_{3l'}\, \epsilon_{i'k'l'} = \det \alpha \tag{21.30}$$

Die rechte Seite ist gleich der Definition der Determinante von α. Die Vertauschung $1 \leftrightarrow 2$ auf der linken Seite entspricht auf der rechten Seite $i' \leftrightarrow k'$, damit ist $\epsilon'_{213} = -\det \alpha$. Diese Ergebnisse können wir wie folgt zusammenfassen.

$$\epsilon'_{ikl} \stackrel{(21.14)}{=} \det \alpha\ \epsilon_{ikl} \tag{21.31}$$

Damit ist die durch Zahlenzuweisung (21.28) definierte Größe ϵ_{ikl} nur dann ein Tensor, falls $\det\alpha = 1$.

Wir definieren nun: Eine N-fach indizierte Größe, die sich wie

$$P'_{i_1 \ldots i_N} = \det\alpha \sum_{m_1=1}^{3} \ldots \sum_{m_N=1}^{3} \alpha_{i_1 m_1} \cdot \ldots \cdot \alpha_{i_N m_N} \, P_{m_1 \ldots m_N} \tag{21.32}$$

transformiert, heißt *Pseudotensor* N-ter Stufe. Der zusätzliche Faktor $\det\alpha$ bedeutet lediglich ein Vorzeichen, denn aus $\alpha^{\mathrm{T}}\alpha = 1$ folgt

$$\det(\alpha^{\mathrm{T}}\alpha) = \det\alpha^{\mathrm{T}} \det\alpha = (\det\alpha)^2 = 1\,, \quad \text{also} \;\; \det\alpha = \pm 1 \tag{21.33}$$

Für eine Drehung ist $\det\alpha = 1$; eine zusätzliche Spiegelung führt jedoch zu $\det\alpha = -1$. Bei Ausschluss von Spiegelungen verhalten sich Pseudotensoren wie Tensoren. Transformieren wir nun ϵ_{ikl} gemäß (21.32), so ist

$$\epsilon'_{ikl} \stackrel{(21.32)}{=} (\det\alpha)^2 \, \epsilon_{ikl} = \epsilon_{ikl} \tag{21.34}$$

Also ist ϵ_{ikl} ein Pseudotensor. Da dieser Levi-Civita-Tensor antisymmetrisch bei Vertauschung zweier beliebiger Indizes ist, wird er auch total antisymmetrischer Tensor genannt.

Aus den Vektoren V_i und W_i kann folgende Größe gebildet werden:

$$U_i = \sum_{k=1}^{3} \sum_{l=1}^{3} \epsilon_{ikl} \, V_k \, W_l = \big(\boldsymbol{V} \times \boldsymbol{W}\big)_i \tag{21.35}$$

Aus den oben zusammengestellten Regeln folgt, dass U_i ein Pseudovektor ist. Der Vektor $\boldsymbol{U}$ ist gleich dem bekannten Kreuzprodukt $\boldsymbol{V} \times \boldsymbol{W}$.

Ein Beispiel für einen Pseudovektor ist die Winkelgeschwindigkeit $\boldsymbol{\omega}$. Um die Transformationseigenschaft von $\boldsymbol{\omega}$ zu bestimmen, gehen wir von

$$d\boldsymbol{r} = (\boldsymbol{\omega} \times \boldsymbol{r})\, dt \quad \text{oder} \quad dx_i = \sum_{k=1}^{3} \sum_{l=1}^{3} \epsilon_{ikl} \, \omega_k \, x_l \, dt \tag{21.36}$$

aus (siehe etwa (19.7)). Hierin sind dx_i und x_l Vektoren, ϵ_{ikl} ist ein Pseudotensor und dt ist ein Skalar. Mit dx_i muss auch die rechte Seite ein Vektor sein. Hieraus und aus den bekannten Transformationseigenschaften von x_l, ϵ_{ikl} und dt folgt, dass ω_k ein Pseudovektor ist.

Wenn ω_k ein Pseudovektor ist, dann ist $\omega_i \, \omega_k$ ebenso wie Θ_{ik} ein Tensor 2. Stufe. Damit ist $T_{\text{rot}} = \sum \Theta_{ik} \, \omega_i \, \omega_k / 2$ ein Skalar.

Die zweifach indizierte Größe α_{ij} selbst fassen wir nicht als Tensor auf. Um festzustellen, ob eine Größe die Tensordefinition erfüllt, muss diese Größe ja zunächst einmal in KS und KS′ definiert sein. Die orthogonale Matrix ist aber gerade die Größe, die KS und KS′ miteinander verbindet; sie ist keine Größe, die sich beim Übergang KS $\leftrightarrow$ KS′ in bestimmter Weise transformiert. Man kann aber eine andere orthogonale Matrix (β_{ij}) betrachten, die in KS eine bestimmte Drehung beschreibt, und die orthogonale Matrix (β'_{ij}), die die analoge Drehung in KS′ wiedergibt. Diese Größen β_{ij} und β'_{ij} transformieren sich dann wie Tensoren zweiter Stufe.

Dyaden

Für zwei beliebige Vektoren $\boldsymbol{a}$ und $\boldsymbol{b}$ definieren wir das *dyadische Produkt* $\boldsymbol{a} \circ \boldsymbol{b}$ durch

$$(\boldsymbol{a} \circ \boldsymbol{b}) \cdot \boldsymbol{c} = \boldsymbol{a}\,(\boldsymbol{b} \cdot \boldsymbol{c}) \tag{21.37}$$

Angewandt auf einen beliebigen Vektor $\boldsymbol{c}$ ist also das Skalarprodukt mit $\boldsymbol{b}$ zu nehmen; die resultierende Zahl ist mit dem Vektor $\boldsymbol{a}$ zu multiplizieren. Das so definierte dyadische Produkt ist nicht kommutativ; in der Regel ist $\boldsymbol{a} \circ \boldsymbol{b}$ nicht gleich $\boldsymbol{b} \circ \boldsymbol{a}$. Analog zu (21.37) gilt $\boldsymbol{c} \cdot (\boldsymbol{a} \circ \boldsymbol{b}) = (\boldsymbol{c} \cdot \boldsymbol{a})\,\boldsymbol{b}$. Durch

$$T_{ik} \quad \longleftrightarrow \quad \widehat{T} = \sum_{i=1}^{3} \sum_{k=1}^{3} T_{ik}\, \boldsymbol{e}_i \circ \boldsymbol{e}_k \tag{21.38}$$

ordnen wir jedem Tensor T_{ik} zweiter Stufe die *Dyade* $\widehat{T}$ zu. Die Relation zwischen $\widehat{T}$ und den T_{ik} ist zu vergleichen mit der zwischen dem Vektor $\boldsymbol{V}$ und seinen Komponenten V_i:

$$V_k \quad \longleftrightarrow \quad \boldsymbol{V} = \sum_{k=1}^{3} V_k\, \boldsymbol{e}_k \tag{21.39}$$

Wir verwenden – wie oben gesagt – die Bezeichnung „Vektor" allerdings auch für die V_k, also als Kurzform von „Komponenten des Vektors".

Im letzten Kapitel wurde bereits die Trägheitsdyade eingeführt:

$$\widehat{\Theta} = \sum_{i,k=1}^{3} \Theta_{ik}\, \boldsymbol{e}_i \circ \boldsymbol{e}_k \tag{21.40}$$

Der Zusammenhang zwischen Drehimpuls und Winkelgeschwindigkeit kann dann in folgenden äquivalenten Formen angeschrieben werden:

$$\boldsymbol{L} = \widehat{\Theta} \cdot \boldsymbol{\omega}\,, \qquad L_i = \sum_{k=1}^{3} \Theta_{ik}\, \omega_k\,, \qquad L = \Theta\, \omega \tag{21.41}$$

Die erste Gleichung hat den Vorteil, dass sie unabhängig vom Koordinatensystem ist. Diese Unabhängigkeit gilt auch für die *Form* der anderen beiden Gleichungen; die Werte der dort vorkommenden Größen (wie L_i) hängen aber vom jeweiligen KS ab. Konkrete Rechnungen werden mit bestimmten Koordinaten ausgeführt; auch Beweise lassen sich sehr einheitlich mit den indizierten Größen ausführen. Insofern ist die Abhängigkeit vom Koordinatensystem für die beiden letzten Formen in (21.41) kein besonderer Nachteil.

Tensorfelder

Wir erweitern den Tensorbegriff auf *Tensorfelder*. Solche Felder treten zum Beispiel in der Kontinuumsmechanik (Teil VIII) auf.

Größen, die vom Ortsvektor $\boldsymbol{r}$ oder, äquivalent, von den Koordinaten $x = (x_1, x_2, x_3)$ abhängen, heißen *Felder*. Beispiele sind das elektrische Potenzial $\Phi(x)$, das elektrische Feld $E_i(x)$ oder $\boldsymbol{E}(\boldsymbol{r})$, das Geschwindigkeitsfeld $v_i(x)$ einer Flüssigkeit, oder das Temperaturfeld $T(\boldsymbol{r})$ in der Atmosphäre. Eine eventuelle zusätzliche Zeitabhängigkeit (etwa $T(\boldsymbol{r}, t)$) wird im Folgenden nicht mit angeschrieben.

Wir betrachten nun indizierte Größen, die von den Ortskoordinaten x abhängen und verallgemeinern die oben angegebene Tensordefinition. Eine nichtindizierte Größe $S(x)$ ist ein *skalares Feld*, falls sie sich unter orthogonalen Transformationen gemäß

$$S'(x') = S(x) \qquad (x' = \alpha\, x) \tag{21.42}$$

transformiert. Als Beispiel betrachten wir ein Temperaturfeld $T(x) = T(x_1, x_2, x_3)$. Ein bestimmter Raumpunkt hat die Koordinaten x in KS und $x' = \alpha\, x$ in KS'. Da sich die Temperatur $T(x)$ an diesem Punkt bei der Drehung des Koordinatensystems natürlich nicht ändert, ist $T(x)$ gleich der Temperatur an der Stelle x' in KS', also $T'(x') = T(x)$. Der Strich bei T' bedeutet dabei, dass $T'(x')$ eine andere mathematische Funktion der Variablen ist als $T(x)$.

Eine einfach indizierte Größe $V_i(x)$ ist ein *Vektorfeld*, falls

$$V_i'(x') = \sum_{k=1}^{3} \alpha_{ik}\, V_k(x) \qquad (x' = \alpha\, x) \tag{21.43}$$

Höhere Tensorfelder werden entsprechend definiert.

Für Felder können Ableitungen nach den Koordinaten gebildet werden. Wir zeigen, dass die partielle Ableitung $\partial/\partial x_i$ sich wie ein Vektor transformiert:

$$\frac{\partial}{\partial x_i'} = \sum_{k=1}^{3} \frac{\partial x_k}{\partial x_i'}\,\frac{\partial}{\partial x_k} = \sum_{k=1}^{3} \left(\alpha^{\mathrm{T}}\right)_{ki}\,\frac{\partial}{\partial x_k} = \sum_{k=1}^{3} \alpha_{ik}\,\frac{\partial}{\partial x_k} \tag{21.44}$$

Diese Differenzialoperatoren wirken auf beliebige Funktionen der Koordinaten (wahlweise x oder x').

Durch Differenziation kann man neue Tensoren bilden. Insbesondere sind für ein Tensorfeld A auch folgende Größen Tensorfelder der entsprechenden Stufe:

1. Differenziation:

$$\frac{\partial T_{i_1 \ldots i_N}}{\partial x_i} \quad \text{ist ein Tensorfeld der Stufe } N+1 \tag{21.45}$$

So ist $\operatorname{grad}\Phi$ ein Vektor, wenn Φ ein Skalar ist.

2. Differenziation und Kontraktion:

$$\sum_{i=1}^{3} \frac{\partial T_{i_1 \ldots i \ldots i_N}}{\partial x_i} \quad \text{ist ein Tensorfeld der Stufe } N-1 \tag{21.46}$$

Aus dem Vektor $\boldsymbol{V}$ ergibt sich das skalare Feld $\operatorname{div} \boldsymbol{V}(\boldsymbol{r})$.

3. Differenziation, Multiplikation mit ϵ_{ikl} und Kontraktion:

$$\sum_{k,l=1}^{3} \epsilon_{ikl} \frac{\partial V_l}{\partial x_k} \quad \text{ist ein Pseudovektorfeld} \tag{21.47}$$

Dies ist gleich der i-ten Komponente von $\operatorname{rot} \boldsymbol{V}$.

Aufgaben

21.1 Kontraktion eines Tensors

Gegeben ist der Tensor N-ter Stufe $T_{i_1, i_2, \ldots, i_N}$. Beweisen Sie, dass dann

$$\sum_{k=1}^{3} T_{i_1, \ldots, k, \ldots, k, \ldots, i_N}$$

ein Tensor der Stufe $N-2$ ist.

22 Eulersche Gleichungen

Die Eulerschen Gleichungen sind die Bewegungsgleichungen für die Rotation eines starren Körpers. Sie sind Differenzialgleichungen für die Winkelgeschwindigkeit im körperfesten System; als Koeffizienten treten die Hauptträgheitsmomente auf.

Ableitung der Gleichungen

Ein starrer Körper kann als ein System von Massenpunkten aufgefasst werden. In (4.14) mit (4.11) hatten wir hierfür die Bewegungsgleichung

$$\frac{d}{dt}\boldsymbol{L} = \boldsymbol{M} \tag{22.1}$$

für den Drehimpuls

$$\boldsymbol{L} = \sum_{\nu=1}^{N} m_\nu \left(\boldsymbol{r}_\nu \times \dot{\boldsymbol{r}}_\nu\right) = \widehat{\Theta} \cdot \boldsymbol{\omega} \tag{22.2}$$

eines solchen Systems aufgestellt. Nach (20.21) kann der Drehimpuls $\boldsymbol{L}$ auch durch die Trägheitsdyade $\widehat{\Theta}$ und die Winkelgeschwindigkeit $\boldsymbol{\omega}$ ausgedrückt werden. Das Drehmoment $\boldsymbol{M}$ ist nach (4.14) durch die äußeren Kräfte gegeben:

$$\boldsymbol{M} = \sum_{\nu=1}^{N} \boldsymbol{r}_\nu \times \boldsymbol{F}_\nu^{(a)} \tag{22.3}$$

Die inneren Kräfte $\boldsymbol{F}_{ij}$ zwischen den Massenpunkten tragen nicht zum Drehmoment bei. Der starre Körper ist der Spezialfall eines Systems von Massenpunkten, bei dem die inneren Kräfte $\boldsymbol{F}_{ij}$ zu konstanten Abständen $|\boldsymbol{r}_{ij}|$ führen.

Als Bezugspunkt für den Drehimpuls und das Drehmoment wählen wir den Ursprung eines körperfesten Systems. Die Vektoren $\boldsymbol{r}_\nu$ zeigen dann von diesem Ursprung zu den einzelnen Massenpunkten, Abbildung 19.1. Der Bezugspunkt soll entweder der feste Unterstützungspunkt eines Kreisels oder der Schwerpunkt des starren Körpers sein. Im ersten Fall hat das System nur die drei Freiheitsgrade der Rotation, deren Dynamik durch (22.1) beschrieben wird. Im zweiten Fall kommen noch drei Freiheitsgrade der Translation hinzu. Ihre Dynamik wird durch (4.7), also

$$M\ddot{\boldsymbol{R}} = \sum_{\nu=1}^{N} \boldsymbol{F}_\nu^{(a)} = \boldsymbol{F} \tag{22.4}$$

beschrieben. Dabei ist $\boldsymbol{R}$ der Schwerpunktvektor des starren Körpers im raumfesten Inertialsystem. Die Bewegungsgleichungen (22.1) und (22.4) sind voneinander entkoppelt. Daher können wir uns im Folgenden auf die Behandlung von (22.1) beschränken. Wir sprechen meist pauschal von der Kreiselbewegung, auch wenn es sich um nichtunterstützte Kreisel (also im engeren Sinn um keine Kreisel) handelt.

Wir schreiben (22.1) in der Form

$$\frac{d}{dt}\left(\widehat{\Theta}\cdot\boldsymbol{\omega}\right)=\boldsymbol{M} \tag{22.5}$$

Diese Gleichung kann mit Newtons 2. Axiom $d(m\,\boldsymbol{v})/dt=\boldsymbol{F}$ verglichen werden. Der wesentliche Unterschied ist, dass die Trägheit des Körpers bei der Drehbewegung nicht durch eine skalare Größe, sondern durch einen Tensor beschrieben wird.

Die Dyade $\widehat{\Theta}$ ist unabhängig von der Orientierung der Achsen von KS definiert; dies gilt auch für die Vektoren $\boldsymbol{L}$ oder $\boldsymbol{\omega}$. Die Komponenten Θ_{ik} von $\widehat{\Theta}$ haben wir bisher immer auf das körperfeste System bezogen. Wir werden dies auch weiterhin tun; vorübergehend betrachten wir aber auch das raumfeste IS. Wir drücken die Dyade $\widehat{\Theta}$ zum einen durch die konstanten Basisvektoren $\boldsymbol{e}_x$, $\boldsymbol{e}_y$ und $\boldsymbol{e}_z$ des raumfesten IS aus, die wir hier ausnahmsweise mit $\boldsymbol{e}'_i$ bezeichnen, und zum anderen durch die zeitabhängigen Basisvektoren $\boldsymbol{e}_i(t)$ des körperfesten Systems KS:

$$\widehat{\Theta}=\begin{cases}\displaystyle\sum_{i,k=1}^{3}\Theta'_{ik}(t)\;\boldsymbol{e}'_i\circ\boldsymbol{e}'_k & \text{(raumfestes IS)}\\[2ex] \displaystyle\sum_{i,k=1}^{3}\Theta_{ik}\;\boldsymbol{e}_i(t)\circ\boldsymbol{e}_k(t) & \text{(körperfestes KS)}\end{cases} \tag{22.6}$$

Im Gegensatz zu den Θ_{ik} sind die $\Theta'_{ik}(t)=\sum_\nu m_\nu\,(r'^2_\nu\,\delta_{ik}-x'^\nu_i\,x'^\nu_k)$ zeitabhängig, da sich die $x'^\nu_i(t)$ auf das raumfeste IS beziehen. Diese Zeitabhängigkeit wird durch die Bewegung des starren Körpers in IS bestimmt, also durch die erst noch zu bestimmende Lösung.

Die Zeitunabhängigkeit der Θ_{ik} im körperfesten KS ist ein entscheidender Vorteil. Daher benutzen wir im Folgenden dieses KS. Mit (6.11) wird (22.5) zu

$$\left(\frac{d\,(\widehat{\Theta}\cdot\boldsymbol{\omega})}{dt}\right)_{\text{KS}}+\boldsymbol{\omega}\times\left(\widehat{\Theta}\cdot\boldsymbol{\omega}\right)=\boldsymbol{M} \tag{22.7}$$

Das körperfeste System KS sei nun speziell das Hauptachsensystem. Die Komponenten von $\widehat{\Theta}$, $\boldsymbol{\omega}$ und $\boldsymbol{M}$ in KS können zu Matrizen und Spaltenvektoren zusammengefasst werden:

$$\Theta=\begin{pmatrix}\Theta_1 & 0 & 0\\ 0 & \Theta_2 & 0\\ 0 & 0 & \Theta_3\end{pmatrix},\qquad \omega=\begin{pmatrix}\omega_1\\ \omega_2\\ \omega_3\end{pmatrix},\qquad M=\begin{pmatrix}M_1\\ M_2\\ M_3\end{pmatrix} \tag{22.8}$$

Wegen $(d\boldsymbol{e}_i/dt)_{\text{KS}} = 0$ können wir (22.7) sofort in Komponenten anschreiben:

$$\boxed{\begin{aligned} \Theta_1\,\dot\omega_1 + \big(\Theta_3 - \Theta_2\big)\,\omega_2\,\omega_3 &= M_1 \\ \Theta_2\,\dot\omega_2 + \big(\Theta_1 - \Theta_3\big)\,\omega_1\,\omega_3 &= M_2 \\ \Theta_3\,\dot\omega_3 + \big(\Theta_2 - \Theta_1\big)\,\omega_1\,\omega_2 &= M_3 \end{aligned} \quad \text{Eulersche Gleichungen}} \tag{22.9}$$

In diese *Eulerschen Gleichungen* können wir (19.27),

$$\omega_1 = \dot\phi\,\sin\theta\,\sin\psi + \dot\theta\,\cos\psi \tag{22.10}$$

$$\omega_2 = \dot\phi\,\sin\theta\,\cos\psi - \dot\theta\,\sin\psi \tag{22.11}$$

$$\omega_3 = \dot\phi\,\cos\theta + \dot\psi \tag{22.12}$$

einsetzen. Damit erhalten wir drei Differenzialgleichungen 2. Ordnung für die drei Eulerwinkel $\phi(t)$, $\psi(t)$ und $\theta(t)$. Dies sind die Bewegungsgleichungen für die Rotation des starren Körpers.

Die Eulerschen Gleichungen haben den Nachteil, dass die Komponenten M_i des Drehmoments auf das körperfeste KS bezogen sind. Die Komponenten $M_i(t)$ sind daher im Allgemeinen zeitabhängig, und diese Zeitabhängigkeit hängt von der Bewegung des Körpers ab. Wir betrachten zunächst die kräftefreie Bewegung. Im nächsten Kapitel werden dann Kreiselbewegungen für $\boldsymbol{M} \neq 0$ behandelt.

Freie Rotation um Hauptachsen

Wir betrachten einen starren Körper, auf den keine Drehmomente wirken, $\boldsymbol{M} = 0$. Dies gilt etwa für einen frei fallenden Körper, dessen Schwerpunkt als Ursprung von KS gewählt wird.

Eine kräftefreie Translationsbewegung ist gleichförmig, sie erfolgt also mit konstanter Geschwindigkeit. Wir wollen untersuchen, ob die Eulerschen Gleichungen im kräftefreien Fall auch zu einer gleichförmigen Bewegung führen. Wir schreiben die Eulerschen Gleichungen für konstantes ω_1, ω_2 und ω_3 und $\boldsymbol{M} = 0$ an:

$$\big(\Theta_3 - \Theta_2\big)\,\omega_2\,\omega_3 = 0\,, \qquad \big(\Theta_1 - \Theta_3\big)\,\omega_1\,\omega_3 = 0\,, \qquad \big(\Theta_2 - \Theta_1\big)\,\omega_1\,\omega_2 = 0 \tag{22.13}$$

Wir setzen voraus, dass alle Hauptträgheitsmomente verschieden sind, also

$$\Theta_i \neq \Theta_j \quad \text{für} \quad i \neq j \tag{22.14}$$

Dann haben die Gleichungen (22.13) die folgende, nichttriviale Lösung

$$\omega_1 = \omega_1^0 = \text{const.}\,, \qquad \omega_2 = \omega_3 = 0 \tag{22.15}$$

Durch Vertauschung der Komponenten ergeben sich zwei weitere, analoge Lösungen. Dabei müssen zwei Komponenten immer gleich null sein; eine konstante Winkelgeschwindigkeit $\boldsymbol{\omega} := (\omega_1, \omega_2, \omega_3) = \text{const.}$ ist im Allgemeinen keine Lösung der kräftefreien Eulerschen Gleichungen.

Wegen $\boldsymbol{M} = 0$ gilt $\boldsymbol{L} = \text{const}$. Für (22.15) bedeutet dies

$$\boldsymbol{L} = \widehat{\Theta} \cdot \boldsymbol{\omega} = \Theta_1\, \omega_1^0\, \boldsymbol{e}_1 = \text{konstanter Vektor in IS} \tag{22.16}$$

Damit ist die Lage der körperfesten Achse $\boldsymbol{e}_1$ im Raum konstant:

$$\boldsymbol{e}_1 = \text{konstant in IS} \tag{22.17}$$

Der Körper rotiert gleichförmig um eine Hauptachse, die im Raum eine konstante Richtung hat.

Stabilität der Lösung

Die Bewegungsgleichungen lassen drei Lösungen der Art (22.15) zu. Wir zeigen, dass nur zwei dieser Lösungen stabil sind. Dazu betrachten wir eine Bewegung, die geringfügig von (22.15) abweicht:

$$\omega_1 \approx \omega_1^0\,, \qquad \omega_2 \ll \omega_1^0\,, \qquad \omega_3 \ll \omega_1^0 \tag{22.18}$$

In den kräftefreien Eulerschen Gleichungen

$$\begin{aligned} \Theta_1\, \dot{\omega}_1 + (\Theta_3 - \Theta_2)\, \omega_2\, \omega_3 &= 0 \\ \Theta_2\, \dot{\omega}_2 + (\Theta_1 - \Theta_3)\, \omega_1\, \omega_3 &= 0 \\ \Theta_3\, \dot{\omega}_3 + (\Theta_2 - \Theta_1)\, \omega_1\, \omega_2 &= 0 \end{aligned} \tag{22.19}$$

vernachlässigen wir nun die Terme, die in den kleinen Größen ω_3 und ω_2 quadratisch sind. Dann ergibt die erste Gleichung

$$\dot{\omega}_1 = 0\,, \qquad \omega_1 = \omega_1^0 = \text{const.} \tag{22.20}$$

Wir setzen dies in die anderen beiden Gleichungen ein. Wir differenzieren die zweite Gleichung nach der Zeit und eliminieren hieraus $\dot{\omega}_3$ mit Hilfe der dritten Gleichung. Dies und die entsprechende Prozedur mit der dritten Gleichung ergeben

$$\ddot{\omega}_2 + H\, \omega_2 = 0\,, \qquad \ddot{\omega}_3 + H\, \omega_3 = 0 \tag{22.21}$$

Dabei ist

$$H = \frac{(\Theta_1 - \Theta_3)(\Theta_1 - \Theta_2)}{\Theta_2\, \Theta_3}\, \big(\omega_1^0\big)^2 \tag{22.22}$$

Nun gibt es zwei Möglichkeiten:

1. Das Trägheitsmoment Θ_1 ist das kleinste oder das größte der drei Hauptträgheitsmomente. Dann gilt $H > 0$ und (22.21) ergibt

$$\omega_2(t) = a\, \cos\big(\sqrt{H}\, t + b\big) \tag{22.23}$$

und eine analoge Lösung für $\omega_3(t)$. Damit führen kleine Abweichungen $\big(a \ll \omega_1^0,\, c \ll \omega_1^0\big)$ zu kleinen Oszillationen um die Lösung $\omega = (\omega_1^0, 0, 0)$.

2. Das Trägheitsmoment Θ_1 ist das mittlere der drei Hauptträgheitsmomente. Dann gilt $H < 0$ und (22.21) ergibt

$$\omega_2(t) = a \exp\big(- \sqrt{-H}\, t\big) + b \exp\big(+ \sqrt{-H}\, t\big) \tag{22.24}$$

und eine analoge Lösung für $\omega_3(t)$. Damit wachsen kleine Abweichungen $(b \ll \omega_1^0)$ von der Lösung $\omega = (\omega_1^0, 0, 0)$ exponentiell an. Das exponentielle Wachstum gilt natürlich nur anfangs, also solange die Voraussetzung (22.18) unserer Rechnung noch gültig ist.

Aus (22.18) – (22.24) folgt: Die Rotation um die Achse des kleinsten oder des größten Trägheitsmoments ist also stabil in dem Sinn, dass kleine Abweichungen klein bleiben. Aus

$$\boldsymbol{L} = \Theta_1 \omega_1^0 \, \boldsymbol{e}_1 + \mathcal{O}(\omega_2, \omega_3) = \text{const.} \tag{22.25}$$

folgt $\boldsymbol{e}_1 \approx$ const., also eine (näherungsweise) stabile Lage der körperfesten Drehachse $\boldsymbol{e}_1$ im raumfesten System. Dagegen ist die freie Rotation um die Achse des mittleren Trägheitsmoments nicht stabil, denn in jedem realen System kommen kleine Störungen vor, die dann schnell anwachsen. Experimentell lässt sich dieser Effekt leicht mit einem rotierend hochgeworfenen Buch demonstrieren.

Kräftefreier symmetrischer Kreisel

Im vorigen Abschnitt wurde die kräftefreie Rotation um eine Hauptachse behandelt. Jetzt untersuchen wir die kräftefreie Rotation allgemein für den symmetrischen starren Körper oder Kreisel. Wir sprechen von einem *symmetrischen* Kreisel, wenn genau zwei Hauptträgheitsmomente gleich sind:

$$\Theta_2 = \Theta_1\,, \qquad \Theta_3 \neq \Theta_1 \tag{22.26}$$

Dies gilt insbesondere für Körper, die rotationssymmetrisch bezüglich ihrer x_3-Achse sind. Die x_3-Achse wird *Figurenachse* genannt.

Als Ursprung des körperfesten KS wählen wir wieder den Schwerpunkt oder den festen Unterstützungspunkt des starren Körpers. Im ersten Fall sind die Schwerpunkt- und die Drehbewegung entkoppelt; im zweiten Fall gibt es nur die Drehbewegung. In jedem Fall können wir uns auf die Drehbewegung beschränken; wir sprechen daher pauschal von Kreiseln.

Auf den Kreisel soll kein Drehmoment wirken. Für $\Theta_2 = \Theta_1$ lauten die Eulerschen Gleichungen dann

$$\begin{aligned} \Theta_1\,\dot\omega_1 + \big(\Theta_3 - \Theta_1\big)\,\omega_2\,\omega_3 &= 0 \\ \Theta_1\,\dot\omega_2 + \big(\Theta_1 - \Theta_3\big)\,\omega_1\,\omega_3 &= 0 \\ \Theta_3\,\dot\omega_3 &= 0 \end{aligned} \tag{22.27}$$

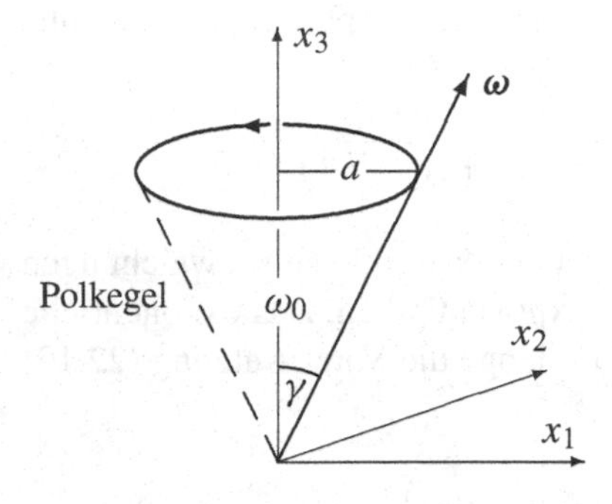

Abbildung 22.1 Die Winkelgeschwindigkeit $\boldsymbol{\omega}$ eines kräftefreien symmetrischen Kreisels bewegt sich im körperfesten System auf dem Polkegel.

Aus der letzten Gleichung folgt $\omega_3 = \text{const.} \equiv \omega_0$. Wir setzen dies in die anderen beiden Gleichungen ein:

$$\dot{\omega}_1 - \Omega\, \omega_2 = 0\,, \quad \dot{\omega}_2 + \Omega\, \omega_1 = 0 \quad \text{mit} \quad \Omega = \frac{\Theta_1 - \Theta_3}{\Theta_1}\, \omega_0 \tag{22.28}$$

Wir differenzieren die erste Gleichung und setzen die zweite ein:

$$\ddot{\omega}_1 + \Omega^2\, \omega_1 = 0 \tag{22.29}$$

Die Lösung $\omega_1(t) = a\, \sin(\Omega\, t + \psi_0)$ legt auch $\omega_2(t) = \dot{\omega}_1 / \Omega$ fest:

$$\omega_1(t) = a\, \sin(\Omega\, t + \psi_0)\,, \quad \omega_2(t) = a\, \cos(\Omega\, t + \psi_0)\,, \quad \omega_3 = \omega_0 \tag{22.30}$$

Für $a \ll \omega_0$ hatten wir eine solche Lösung bereits in (22.23) gefunden.

Der Betrag von $\boldsymbol{\omega}$ ist konstant:

$$\boldsymbol{\omega}^2 = \omega_1(t)^2 + \omega_2(t)^2 + \omega_3(t)^2 = \omega_0^2 + a^2 = \text{const.} \tag{22.31}$$

Nach (22.30) hat die Projektion von $\boldsymbol{\omega}$ auf die x_1-x_2-Ebene die konstante Länge a und rotiert mit der Winkelgeschwindigkeit Ω. Damit bewegt sich der Vektor $\boldsymbol{\omega}$ in KS auf einem Kreiskegel, dem *Polkegel* (Abbildung 22.1). Der Öffnungswinkel des Polkegels ist

$$\gamma = \arctan \frac{a}{\omega_0} = \text{const.} \tag{22.32}$$

Um die Eulerwinkel $\theta(t)$, $\psi(t)$ und $\phi(t)$ zu bestimmen, setzen wir (22.30) in (22.10) – (22.12) ein. Die Integration dieser Gleichungen vereinfacht sich, wenn wir das Inertialsystem so legen, dass der Drehimpulsvektor in z-Richtung zeigt:

$$\boldsymbol{L} = L\, \boldsymbol{e}_z = \text{const.} \tag{22.33}$$

Die Komponenten L_i im körperfesten System lauten:

$$\begin{aligned}(L_1, L_2, L_3) &= L\left(\boldsymbol{e}_z \cdot \boldsymbol{e}_1(t),\ \boldsymbol{e}_z \cdot \boldsymbol{e}_2(t),\ \boldsymbol{e}_z \cdot \boldsymbol{e}_3(t)\right) \\ &= L\left(\sin\theta \sin\psi,\ \sin\theta \cos\psi,\ \cos\theta\right) = \left(\Theta_1\, \omega_1,\ \Theta_1\, \omega_2,\ \Theta_3\, \omega_3\right)\end{aligned} \tag{22.34}$$

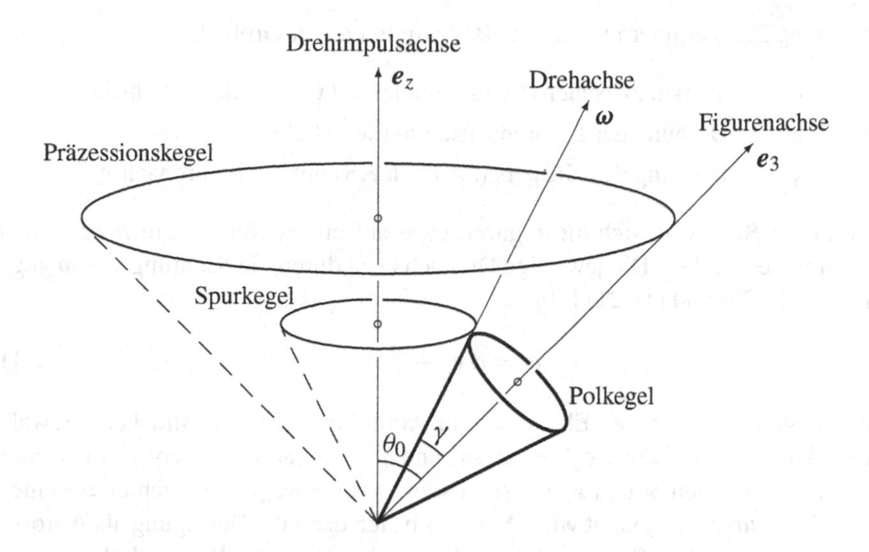

Abbildung 22.2 Reguläre Präzession des kräftefreien symmetrischen Kreisels: Die raumfeste Drehimpulsrichtung, die Drehachse und die Figurenachse liegen in einer Ebene. Die Bewegung läuft so ab, als ob der Polkegel auf dem Spurkegel abrollt; dadurch läuft die Figurenachse auf dem Präzessionskegel um. Der Kreisel könnte aus dem fett gezeichneten Polkegel bestehen.

Die Skalarprodukte der Basisvektoren folgen aus (19.23). Für ω_1, ω_2 und ω_3 setzen wir (22.30) ein und schreiben das Ergebnis komponentenweise an:

$$L\,\sin\theta(t)\,\sin\psi(t) \;=\; a\,\Theta_1\,\sin(\Omega\,t+\psi_0) \tag{22.35}$$

$$L\,\sin\theta(t)\,\cos\psi(t) \;=\; a\,\Theta_1\,\cos(\Omega\,t+\psi_0) \tag{22.36}$$

$$L\,\cos\theta(t) \;=\; \omega_0\,\Theta_3 \tag{22.37}$$

Aus (22.37) folgt $\theta = \theta_0 = \text{const}$. In (22.35) und (22.36) muss dann

$$\psi(t) = \Omega\,t + \psi_0 \tag{22.38}$$

gelten. Wir kürzen $\sin\psi$ in (22.35) und teilen durch (22.37):

$$\tan\theta_0 = \frac{a}{\omega_0}\,\frac{\Theta_1}{\Theta_3} \tag{22.39}$$

Mit $\omega_1 = a\,\sin\psi$ und $\theta = \theta_0$ wird (22.10) zu $a = \dot{\phi}\,\sin\theta_0$, also

$$\phi = \frac{a}{\sin\theta_0}\,t + \phi_0 \tag{22.40}$$

Damit haben wir die allgemeine Lösung (22.38) – (22.40) für die Eulerwinkel erhalten. Für die Diskussion der Bewegung des starren Körpers im Inertialsystem

(Abbildung 22.2) erinnern wir an die Bedeutung einiger Größen:

θ : Winkel zwischen der Figurenachse (x_3) und der z-Achse.
$\dot{\phi}$: Drehung der Figurenachse um die z-Achse.
$\dot{\psi}$: Drehung des Körpers (also von KS) um die Figurenachse.

Wegen $\theta = \theta_0$ bewegt sich die Figurenachse auf einem Kegel, dem *Präzessionskegel*, um die z-Achse. Die jeweilige Drehachse ist durch die Richtung von $\boldsymbol{\omega}$ gegeben. Aus (19.20) und (19.21) folgt

$$\boldsymbol{\omega} = \dot{\phi}\, \boldsymbol{e}_z + \dot{\psi}\, \boldsymbol{e}_3 \tag{22.41}$$

Damit liegt $\boldsymbol{\omega}$ in der $\boldsymbol{e}_3$-$\boldsymbol{e}_z$-Ebene, die in Abbildung 22.2 als Bildebene gewählt wurde. Wegen $\theta_0 = \sphericalangle(\boldsymbol{e}_z, \boldsymbol{e}_3) = \text{const.}$ und $\gamma = \sphericalangle(\boldsymbol{\omega}, \boldsymbol{e}_3) = \text{const.}$ muss auch der Winkel zwischen $\boldsymbol{\omega}$ und $\boldsymbol{e}_z$ konstant sein. Also bewegt sich auch $\boldsymbol{\omega}$ auf einem Kegel, der *Spurkegel* genannt wird. Man kann sich dann die Bewegung als Abrollen des *Polkegels* auf dem Spurkegel vorstellen; dabei kann der Polkegel als der starre Körper aufgefasst werden. Diese Bewegung wird auch als *reguläre* Präzession bezeichnet. Im Gegensatz dazu oszilliert die Figurenachse des schweren Kreisels (Abbildung 23.3) zwischen zwei θ-Werten (Nutationen)[1].

Aufgaben

22.1 Symmetrischer Kreisel mit konstantem Drehmoment

Auf einen symmetrischen Kreisel wirkt das konstante Drehmoment $\boldsymbol{M} = M_0\, \boldsymbol{e}_z$. Lösen Sie die Bewegungsgleichungen für die Anfangsbedingungen $\boldsymbol{\omega}(0) = 0$ und $\boldsymbol{e}_3(0) = \boldsymbol{e}_z$. Geben Sie die Zeitabhängigkeit der Eulerwinkel an.

22.2 Drehmoment senkrecht zum Drehimpuls

Auf einen starren Körper wirke das Drehmoment $\boldsymbol{M} = M_0\, \boldsymbol{e}_z \times (\boldsymbol{L}/L)$. Zeigen Sie $|\boldsymbol{L}| = \text{const.}$ und $L_z = \text{const.}$ Leiten Sie für die Richtung $\boldsymbol{\ell} = \boldsymbol{L}/L$ des Drehimpulses die Gleichung

$$\frac{d\boldsymbol{\ell}}{dt} = \boldsymbol{\omega}_{\text{präz}} \times \boldsymbol{\ell}$$

ab und geben Sie die Präzessionsfrequenz $\boldsymbol{\omega}_{\text{präz}}$ an. Beschreiben Sie die zeitliche Änderung von $\boldsymbol{\ell}$ mit Worten.

[1] Hinweis: Im deutschen Sprachraum wird gelegentlich die hier beschriebene reguläre Präzession als Nutation bezeichnet. Unsere Bezeichnung deckt sich mit der von Goldstein [6], von anderen amerikanischen Lehrbüchern und vom fünfbändigen *Lexikon der Physik* des Spektrum Akademischen Verlags (1. Auflage). Das Lexikon definiert für Nutation: „In der Kreiseltheorie die kleine periodische Schwankung des Öffnungswinkels des Präzessionskegels ...".

23 Schwerer Kreisel

Wir behandeln Kreisel im Gravitationsfeld, und zwar einen Kinderkreisel im homogenen Feld und die rotierende Erde (als nichtunterstützter Kreisel) im Gravitationsfeld der Sonne und des Monds. Für den Kinderkreisel verwenden wir die Lagrangegleichungen. Daher beginnen wir mit der Aufstellung der Lagrangefunktion eines starren Körpers.

Lagrangefunktion

Bisher sind wir direkt von der Bewegungsgleichung

$$\frac{d}{dt}\left(\widehat{\Theta}\cdot\boldsymbol{\omega}\right)=\boldsymbol{M} \tag{23.1}$$

ausgegangen. Diese Gleichung wurde im körperfesten System ausgewertet, weil dort die Θ_{ik} konstant sind. Für $\boldsymbol{M}\neq 0$ hat dies den Nachteil, dass wir die Komponenten von $\boldsymbol{M}$ in der zeitabhängigen Basis $\boldsymbol{e}_i(t)$ benötigen. Für nicht verschwindendes Drehmoment kann es daher einfacher sein, von der Lagrangefunktion auszugehen.

Als Ursprung des körperfesten KS wählen wir wieder den Schwerpunkt oder den festen Unterstützungspunkt des starren Körpers. Im ersten Fall sind die Schwerpunkt- und die Drehbewegung entkoppelt; im zweiten Fall gibt es nur die Drehbewegung. In jedem Fall können wir uns auf die Drehbewegung beschränken. Als verallgemeinerte Koordinaten wählen wir die drei Eulerwinkel ϕ, ψ und θ. Das Potenzial U hänge nur von diesen Koordinaten und der Zeit ab. Die kinetische Energie T_{rot} ist durch (20.22) gegeben. Damit lautet die Lagrangefunktion

$$\mathcal{L}(\phi,\psi,\theta,\dot\phi,\dot\psi,\dot\theta,t)=T_{\text{rot}}-U=\frac{\boldsymbol{\omega}\cdot\left(\widehat{\Theta}\cdot\boldsymbol{\omega}\right)}{2}-U(\phi,\psi,\theta,t) \tag{23.2}$$

Die Energie T_{rot} schreiben wir vorteilhaft im körperfesten Hauptachsensystem an:

$$T_{\text{rot}}=\frac{\boldsymbol{\omega}\cdot\left(\widehat{\Theta}\cdot\boldsymbol{\omega}\right)}{2}=\frac{\Theta_1\,\omega_1^2+\Theta_2\,\omega_2^2+\Theta_3\,\omega_3^2}{2} \tag{23.3}$$

Dieses System hat den Vorteil, dass die Θ_i Eigenschaften des starren Körpers sind. Der Zusammenhang zwischen ω_1, ω_2 und ω_3 und den verallgemeinerten Geschwindigkeiten $\dot\phi$, $\dot\psi$ und $\dot\theta$ ist aus (19.27) bekannt. Damit erhalten wir

$$\begin{aligned}\mathcal{L}(\phi,\psi,\theta,\dot\phi,\dot\psi,\dot\theta,t) &= \frac{\Theta_1}{2}\left(\dot\phi\,\sin\theta\,\sin\psi+\dot\theta\,\cos\psi\right)^2 \\ &+\frac{\Theta_2}{2}\left(\dot\phi\,\sin\theta\,\cos\psi-\dot\theta\,\sin\psi\right)^2+\frac{\Theta_3}{2}\left(\dot\phi\,\cos\theta+\dot\psi\right)^2-U(\phi,\psi,\theta,t)\end{aligned} \tag{23.4}$$

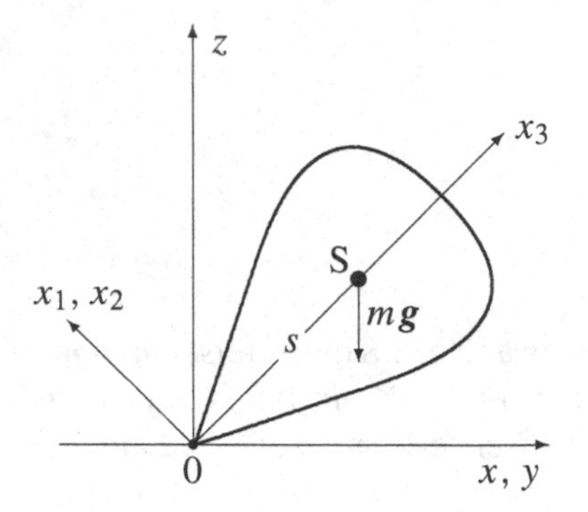

Abbildung 23.1 Ein symmetrischer Kreisel mit der Figurenachse x_3 hat den festen Unterstützungspunkt 0. Der Schwerpunkt hat den Abstand s von 0; dort greift die Schwerkraft mg an. Das Modellsystem unterscheidet sich von einem gewöhnlichen Kinderkreisel auf einer ebenen Fläche durch das strikte Festhalten des Aufpunkts und durch das Fehlen von Reibung.

Hieraus folgen die Lagrangegleichungen. Sie stellen ein System von drei gekoppelten Differenzialgleichungen 2. Ordnung für $\phi(t)$, $\psi(t)$ und $\theta(t)$ dar. Alle Zeitableitungen in (23.4) beziehen sich auf das raumfeste IS.

Schwerer symmetrischer Kreisel

Wir werten die Bewegungsgleichungen für einen massiven symmetrischen Kreisel aus, der sich unter dem Einfluss der Schwerkraft bewegt, Abbildung 23.1. Als Ursprung des körperfesten Systems KS nehmen wir den Unterstützungspunkt 0. Der Trägheitstensor in KS sei diagonal; die Diagonalelemente seien $\Theta_1 = \Theta_2$ und Θ_3. Als Kreisel stelle man sich etwa einen starren Körper vor, der bezüglich der x_3-Achse rotationssymmetrisch ist. Die x_3-Achse wird als Figurenachse bezeichnet.

Die z-Koordinate des Schwerpunkts S ist $z = s\cos\theta$; dabei ist θ der Eulerwinkel zwischen der z-Achse und der x_3-Achse und s der Abstand zwischen dem Unterstützungspunkt 0 und dem Schwerpunkt S. Die potenzielle Energie des Kreisels ist $U = mgs\cos\theta$ (Masse m, Erdbeschleunigung g). Damit lautet die Lagrangefunktion (23.4)

$$\mathcal{L}(\theta, \dot{\phi}, \dot{\psi}, \dot{\theta}) = \frac{\Theta_1}{2}\left(\dot{\theta}^2 + \dot{\phi}^2 \sin^2\theta\right) + \frac{\Theta_3}{2}\left(\dot{\psi} + \dot{\phi}\cos\theta\right)^2 - mgs\cos\theta \qquad (23.5)$$

Diese Lagrangefunktion hat folgende Symmetrien:

$$\frac{\partial\mathcal{L}}{\partial t} = 0, \qquad \frac{\partial\mathcal{L}}{\partial\phi} = 0, \qquad \frac{\partial\mathcal{L}}{\partial\psi} = 0 \qquad (23.6)$$

Daher können wir anstelle der drei Lagrangegleichungen (Differenzialgleichungen 2. Ordnung) folgende drei Erhaltungssätze (Differenzialgleichungen 1. Ordnung) verwenden:

$$\begin{aligned} E &= \frac{\partial\mathcal{L}}{\partial\dot{\phi}}\,\dot{\phi} + \frac{\partial\mathcal{L}}{\partial\dot{\psi}}\,\dot{\psi} + \frac{\partial\mathcal{L}}{\partial\dot{\theta}}\,\dot{\theta} - \mathcal{L} \qquad (23.7)\\ &= \frac{\Theta_1}{2}\left(\dot{\theta}^2 + \dot{\phi}^2\sin^2\theta\right) + \frac{\Theta_3}{2}\left(\dot{\psi} + \dot{\phi}\cos\theta\right)^2 + mgs\cos\theta = \text{const.} \end{aligned}$$

$$L_z = \frac{\partial \mathcal{L}}{\partial \dot{\phi}} = \Theta_1 \dot{\phi} \sin^2\theta + \Theta_3 \left(\dot{\psi} + \dot{\phi} \cos\theta\right) \cos\theta = \text{const.} \tag{23.8}$$

$$L_3 = \frac{\partial \mathcal{L}}{\partial \dot{\psi}} = \Theta_3 \left(\dot{\psi} + \dot{\phi} \cos\theta\right) = \text{const.} \tag{23.9}$$

Die Konstanten sind gemäß ihrer physikalischen Bedeutung bezeichnet: Da $\mathcal{L}$ nicht explizit von t abhängt, ist die Energie E erhalten; da $\mathcal{L}$ nicht von ϕ (Drehwinkel um die z-Achse) abhängt, ist $M_z = 0$, und die Drehimpulskomponente L_z ist erhalten; da $\mathcal{L}$ nicht von ψ (Drehwinkel um die x_3-Achse) abhängt, ist $M_3 = 0$, und die Drehimpulskomponente L_3 ist erhalten.

Mit (23.8) und (23.9) eliminieren wir $\dot{\phi}$ und $\dot{\psi}$ in (23.7):

$$E = \frac{\Theta_1}{2}\,\dot{\theta}^2 + \frac{(L_z - L_3 \cos\theta)^2}{2\,\Theta_1 \sin^2\theta} + \frac{L_3^2}{2\,\Theta_3} + m\,g\,s\cos\theta \;=\; \text{const.} \tag{23.10}$$

Dies ist eine Differenzialgleichung 1. Ordnung für $\theta(t)$. Wir können sie in der Form

$$E = \frac{\Theta_1}{2}\,\dot{\theta}^2 + U_{\text{eff}}(\theta) \tag{23.11}$$

mit dem effektiven Potenzial

$$U_{\text{eff}}(\theta) = \frac{(L_z - L_3 \cos\theta)^2}{2\,\Theta_1 \sin^2\theta} + m\,g\,s\,(1 - \cos\theta) + \frac{L_3^2}{2\,\Theta_3} - m\,g\,s \tag{23.12}$$

schreiben. Die Gleichung (23.11) kann nach $d\theta/dt = f(\theta)$ aufgelöst und integriert werden:

$$t = t_0 + \int_{\theta_0}^{\theta} d\theta' \sqrt{\frac{\Theta_1/2}{E - U_{\text{eff}}(\theta')}} = \int \frac{du}{\sqrt{P_3(u)}} \tag{23.13}$$

Dies bestimmt $t = t(\theta)$ und damit $\theta = \theta(t)$. Die Substitution $u = \cos\theta$ führt zu einem Polynom P_3 dritten Grades, wie im letzten Ausdruck angegeben. Damit haben wir ein elliptisches Integral erhalten, das nicht elementar gelöst werden kann.

Die Differenzialgleichung (23.11) hat dieselbe Form wie diejenige für die eindimensionale Bewegung in einem Potenzial. Die Lösung kann daher graphisch diskutiert werden. In Abbildung 23.2 ist das effektive Potenzial U_{eff} skizziert. An den Grenzen des θ-Bereichs folgt aus (23.12)

$$U_{\text{eff}}(\theta) \stackrel{\theta\to 0}{\longrightarrow} \infty \quad \text{und} \quad U_{\text{eff}}(\theta) \stackrel{\theta\to \pi}{\longrightarrow} \infty \tag{23.14}$$

Dazwischen hat U_{eff}, wie in Abbildung 23.2 skizziert, ein Minimum; der genaue Verlauf hängt von den Parametern in U_{eff} ab. Die Bedingung $E = U_{\text{eff}}$ ergibt zwei Umkehrpunkte, θ_1 und θ_2. Der Winkel θ zwischen der Figurenachse und der raumfesten z-Achse oszilliert also zwischen θ_1 und θ_2; diese Bewegung wird *Nutation* genannt. (Zu den Bezeichnungen sei an die Fußnote auf Seite 198 erinnert).

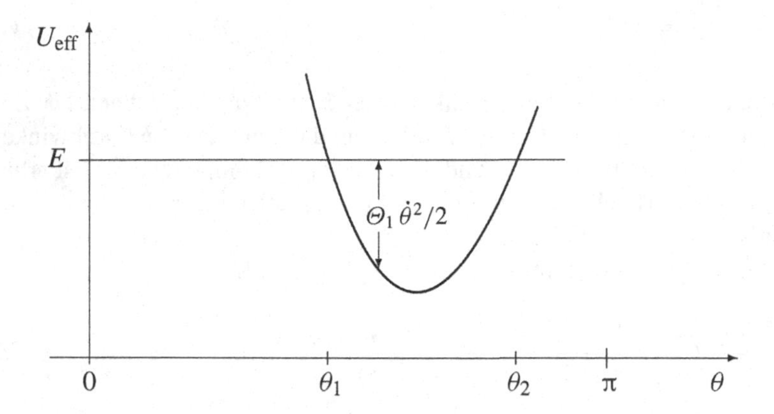

Abbildung 23.2 Schematischer Verlauf des effektiven Potenzials für die θ-Bewegung. Die kinetische Energie der θ-Bewegung ergibt sich aus dem Abstand zwischen $U_{\text{eff}}(\theta)$ und der horizontalen Geraden bei E. Die θ-Bewegung oszilliert zwischen den Umkehrpunkten θ_1 und θ_2.

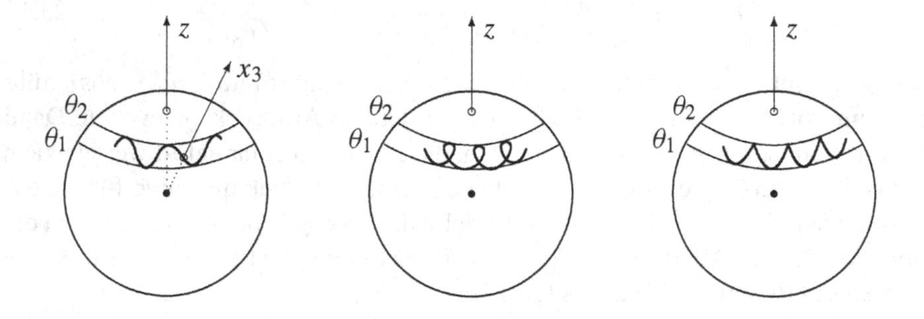

Abbildung 23.3 Präzession und Nutation der Figurenachse eines schweren, symmetrischen Kreisels. Die schematische Skizze zeigt die Bahn des Schnittpunkts der Figurenachse mit einer Kugeloberfläche. Links ist diese Bahn für $\dot{\phi} > 0$ gezeigt, in der Mitte für den Fall, dass $\dot{\phi}$ im Bereich zwischen θ_1 und θ_2 sein Vorzeichen ändert, und rechts für $\dot{\phi}(\theta_2) = 0$.

Während die Figurenachse (x_3) zwischen θ_1 und θ_2 oszilliert, präzediert sie mit der Winkelgeschwindigkeit

$$\dot{\phi}\, \boldsymbol{e}_z = \frac{L_z - L_3 \cos\theta}{\Theta_1 \sin^2\theta}\, \boldsymbol{e}_z \tag{23.15}$$

um die raumfeste z-Achse; dies folgt aus (23.8) und (23.9). Die Bewegung der Figurenachse ist durch die Oszillation zwischen θ_1 und θ_2 und die gleichzeitige Rotation mit $\dot{\phi}$ festgelegt. Für einen rotationssymmetrischen Kreisel ist es vor allem diese Bewegung der Figurenachse, die ins Auge fällt; die zusätzliche Rotation des Körpers mit $\dot{\psi}$ um die Figurenachse selbst ist wegen der Symmetrie weniger offensichtlich.

Die Geschwindigkeiten $\dot{\theta}$ und $\dot{\phi}$, die die Bewegung der Figurenachse bestimmen, hängen für einen gegebenen Kreisel (mit den Parametern m, s, Θ_1 und Θ_3) von den Integrationskonstanten E, L_z und L_3 ab. In Abbildung 23.3 sind mögliche Bewegungstypen dargestellt. Dabei kann gemäß (23.15) die Drehung der Figurenachse mit $\dot{\phi}$ in Abhängigkeit von den Integrationskonstanten ihr Vorzeichen im Bereich $\theta_1 < \theta < \theta_2$ beibehalten oder ändern.

Die angegebene Lösung enthält den Spezialfall $\theta_1 = \theta_2$, für den die Nutationen verschwinden. Die Figurenachse präzediert dann auf einem Kegel mit dem Öffnungswinkel θ_1. Eine *reguläre* Präzession erhält man auch im Grenzfall $g \to 0$. Im kräftefreien Fall muss sich ja wieder die in Abbildung 22.2 skizzierte Lösung (mit $\theta = \theta_0$ und $\dot{\phi} = \text{const.}$) ergeben.

Der Grenzfall $g \to 0$ kann näherungsweise durch

$$T_{\text{rot}} \gg |U_{\text{pot}}| \qquad \text{(nahezu kräftefrei)} \tag{23.16}$$

realisiert werden. Für einen Kinderkreisel bedeutet dies konkret: Wird er in kräftige Rotation versetzt, dann gilt zunächst (23.16) und die Figurenachse präzediert näherungsweise regelmäßig, also auf einem Kegel. Durch Reibungsverluste, die in unserer Modellrechnung nicht enthalten sind, wird die Rotationsenergie allmählich kleiner. Dann werden die Nutationen stärker und die Figurenachse schwankt im größer werdenden Bereich $\theta_1 \le \theta \le \theta_2$.

Erde als rotierender Körper

Wir diskutieren die Eigendrehung der Erde. Das Modell „starrer Körper" ist dabei eine Näherung; so können sich zum Beispiel in den Meeren Massen verschieben.

Freie Rotation

Wir sehen zunächst von dem kleinen Drehmoment ab, das der Mond und die Sonne auf die Erde ausüben (unten). Dann erhalten wir die Bewegung des freien symmetrischen Kreisels, (22.26) – (22.41). Wie in Kapitel 22 diskutiert, spielt es dabei keine Rolle, dass der Schwerpunkt der Erde nicht unterstützt ist, sondern im Gravitationsfeld der Sonne frei fällt.

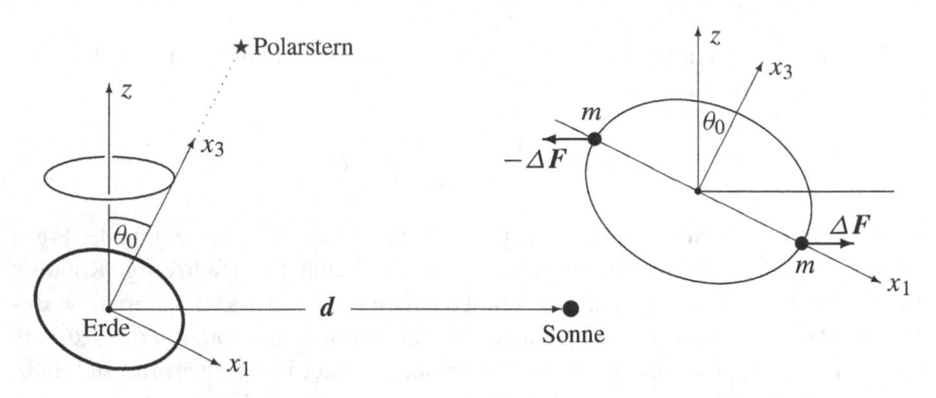

Abbildung 23.4 Das Gravitationsfeld der Sonne (und des Monds) übt ein Drehmoment auf die abgeplattete Erde aus. Dadurch präzediert die Figurenachse auf einem Kegel mit dem Öffnungswinkel $\theta_0 = 23.5^\circ$; ein Umlauf dauert etwa 26 000 Jahre. Der jetzige Polarstern wird also in absehbarer Zeit nicht mehr die Nordrichtung anzeigen. Rechts: Die Abplattung der Erde kann durch Korrekturmassen m am Äquator simuliert werden. Im Schwerpunkt der Erde heben sich die Schwerkraft der Sonne und die Trägheitskraft (der beschleunigten Bahnbewegung) gerade auf. Für die beiden Korrekturmassen sind die Trägheitskräfte gleich groß, die Schwerkraft ist auf der sonnenzugesandten Seite aber etwas größer ($\Delta \boldsymbol{F}$) und auf der anderen Seite etwas kleiner ($-\Delta \boldsymbol{F}$). Dies ergibt ein zur Bildebene senkrechtes Drehmoment.

Die Drehimpulsachse der Erde stimmt fast mit der Figurenachse überein: Am Nordpol hat die Drehachse einen Abstand von etwa 10 Metern von der Figurenachse. Nach (22.28) ist die Winkelgeschwindigkeit Ω, mit der die momentane Drehachse $\boldsymbol{\omega}$ um die Figurenachse wandert, gleich

$$\Omega = \frac{\Delta\Theta}{\Theta}\,\omega_0 \approx \frac{1}{300}\,\frac{2\pi}{\text{Tag}} \tag{23.17}$$

Dabei haben wir den gemessenen Wert für die Abplattung der Erde eingesetzt. Die Abweichungen vom starren Körper machen sich bei dem diskutierten kleinen Effekt (10 Meter) bereits deutlich bemerkbar. Daher verläuft die Bewegung der Drehimpulsachse für die Erde tatsächlich nicht so regelmäßig wie in unserem Modell.

Drehmoment auf die Erde

Im Folgenden sehen wir von der kleinen Abweichung zwischen Figuren- und Drehimpulsachse ab. Dann gilt

$$\boldsymbol{L} = L\,\boldsymbol{e}_3 \tag{23.18}$$

Wir wollen nun den Einfluss des Gravitationsfelds der Sonne und des Monds auf die abgeplattete Erde untersuchen. Dieses Gravitationsfeld bewirkt ein Drehmoment, das zu einer regulären Präzession der Figurenachse x_3 um die raumfeste z-Achse führt (Präzession auf einem Kreiskegel mit dem Öffnungswinkel θ_0, Abbildung 23.4 links). Als z-Achse wird die Richtung senkrecht zur Bahnebene (Ekliptik) gewählt.

Wir beschränken uns zunächst auf das Feld der Sonne, halten die Rechnung aber so allgemein, dass das Ergebnis später auch auf den Einfluss des Monds angewendet werden kann.

Man kann die Massenverteilung der Erde durch eine kugelförmige Massenverteilung und zusätzliche Korrekturmassen am Äquator simulieren (Aufgabe 20.4). In diesem Bild kann man das Auftreten eines Drehmoments leicht verstehen, Abbildung 23.4 rechts. Im Folgenden setzen wir lediglich voraus, dass die Erde ein symmetrischer Rotator mit $\Theta_1 = \Theta_2$ und $\Theta_3 > \Theta_1$ ist.

Im Gravitationsfeld der Sonne hat ein Massenelement $dm = \varrho(\boldsymbol{r})\, d^3r$ der Erde die potenzielle Energie $dU = -G\mathcal{M}\, dm/|\boldsymbol{d} - \boldsymbol{r}|$; hierbei ist G die Gravitationskonstante, $\mathcal{M}$ die Masse der Sonne, $\boldsymbol{d}$ der Vektor vom Erdmittelpunkt zur Sonne und $\boldsymbol{r}$ der Vektor vom Erdmittelpunkt zum betrachteten Massenelement dm. Hieraus folgt die Kraft $d\boldsymbol{F} = -\operatorname{grad} dU$ auf das Massenelement und das Drehmoment

$$\boldsymbol{M} = \int \boldsymbol{r} \times d\boldsymbol{F} = G\mathcal{M} \int_V d^3r\, \varrho(\boldsymbol{r})\; \boldsymbol{r} \times \frac{\boldsymbol{d} - \boldsymbol{r}}{|\boldsymbol{d} - \boldsymbol{r}|^3} \tag{23.19}$$

Im Bereich mit $\varrho \neq 0$ gilt $|\boldsymbol{r}| \ll |\boldsymbol{d}|$. Daher können wir im Integranden $|\boldsymbol{d} - \boldsymbol{r}|^3 \approx d^3 - 3\,(\boldsymbol{r} \cdot \boldsymbol{d})\, d$ nähern und erhalten so

$$\boldsymbol{M} = G\mathcal{M} \int_V d^3r\, \varrho(\boldsymbol{r})\; \frac{\boldsymbol{r} \times \boldsymbol{d}}{d^3} \left(1 + 3\,\frac{\boldsymbol{r} \cdot \boldsymbol{d}}{d^2}\right) \tag{23.20}$$

Wir werten dieses Integral im körperfesten System der Erde aus. Der erste Term im Integranden ist linear in $\boldsymbol{r}$ und mittelt sich bei der Integration weg (für $x_i \to -x_i$ ändert er sein Vorzeichen, ϱ ist aber symmetrisch). Damit bleibt nur der zweite Term (quadratisch in $\boldsymbol{r}$) übrig.

Aufgrund der Bahnbewegung Erde–Sonne durchläuft der Vektor $\boldsymbol{d}$ relativ zum körperfesten System eine Kreisbahn mit der Winkelgeschwindigkeit $\Omega_{\mathrm{E}} = 2\pi/\mathrm{Jahr}$. Dies bedeutet:

$$\boldsymbol{d} := (d_1, d_2, d_3) = d\,\big(\cos\theta_0 \cos\Omega_{\mathrm{E}}t,\, \cos\theta_0 \sin\Omega_{\mathrm{E}}t,\, \sin\theta_0 \cos\Omega_{\mathrm{E}}t\big) \tag{23.21}$$

Wir setzen dies in (23.20) ein und mitteln über eine Periode:

$$\begin{aligned} \langle \boldsymbol{M} \rangle \;=\; \frac{\Omega_{\mathrm{E}}}{2\pi} \int_0^{2\pi/\Omega_{\mathrm{E}}} dt\; \frac{3\,G\mathcal{M}}{d^5} \int_V d^3r\, \varrho(\boldsymbol{r})\, \Big(\big(x_2^2 - x_3^2\big)\, d_2\, d_3\, \boldsymbol{e}_1 \\ + \big(x_3^2 - x_1^2\big)\, d_3\, d_1\, \boldsymbol{e}_2 + \big(x_1^2 - x_2^2\big)\, d_1\, d_2\, \boldsymbol{e}_3 \Big) \end{aligned} \tag{23.22}$$

Die zeitliche Mittelung über den ersten und dritten Term ergibt null; im zweiten Term führt sie zum Faktor $\langle \cos^2 \Omega_{\mathrm{E}}t \rangle = 1/2$. Damit erhalten wir

$$\begin{aligned} \langle \boldsymbol{M} \rangle \;&=\; \frac{3\,G\mathcal{M}}{2\,d^3}\, \cos\theta_0 \sin\theta_0 \int_V d^3r\, \varrho(\boldsymbol{r})\, \big(x_3^2 - x_1^2\big)\, \boldsymbol{e}_2 \\ &=\; -\frac{3\,G\mathcal{M}}{2\,d^3}\, \cos\theta_0 \sin\theta_0\, \big(\Theta_3 - \Theta_1\big)\, \boldsymbol{e}_2 \;=\; \frac{3\,G\mathcal{M}}{2\,d^3}\, \cos\theta_0\, \Delta\Theta\, (\boldsymbol{e}_3 \times \boldsymbol{e}_z) \end{aligned} \tag{23.23}$$

Hierbei wurde $\Delta\Theta = \Theta_3 - \Theta_1 > 0$ eingeführt und $\sin\theta_0\, \boldsymbol{e}_2$ durch $-\boldsymbol{e}_3 \times \boldsymbol{e}_z$ (siehe hierzu Abbildung 23.4) ersetzt.

Präzession der Erdachse

Wir schreiben die Bewegungsgleichung (22.1) mit dem Drehmoment (23.23) an:

$$\frac{d\boldsymbol{L}}{dt} = \frac{3\,G\mathcal{M}}{2\,d^3}\cos\theta_0\,\Delta\Theta\,(\boldsymbol{e}_3\times\boldsymbol{e}_z) \tag{23.24}$$

Hieraus sieht man sofort, dass $d\boldsymbol{L}$ senkrecht zu $\boldsymbol{e}_3$ und zu $\boldsymbol{e}_z$ ist, also senkrecht zur Bildebene von Abbildung 23.4. Die Änderung ist damit senkrecht zu $\boldsymbol{L}$, so dass der Winkel θ_0 zwischen $\boldsymbol{L}$ und $\boldsymbol{e}_z$ erhalten bleibt. Daher präzediert $\boldsymbol{L}$ auf einem Kreiskegel (Abbildung 23.4 links).

Wir zeigen nun, dass der Ansatz

$$\boldsymbol{L}(t) = L\,\boldsymbol{e}_3(t) = \Theta_3\,\omega\,\boldsymbol{e}_3(t) \tag{23.25}$$

die Bewegungsgleichung (23.24) löst. Damit diese Lösung die tatsächliche Bewegung beschreibt, muss die Anfangsbedingung (23.25) erfüllen; dies impliziert die Vernachlässigung der kleinen Unterschiede zwischen der Drehimpuls- und der Figurenachse (siehe Diskussion im Anschluss an (23.17)). Die Bewegungsgleichungen und die Anfangsbedingungen legen die Lösung eindeutig fest. Wenn wir also mit (23.25) eine Lösung finden, dann ist dies auch die richtige Lösung.

Wir multiplizieren (23.24) skalar mit $\boldsymbol{L}$. Dies ergibt $d(\boldsymbol{L}^2)/dt = 0$, also $|\boldsymbol{L}| = L = \text{const.}$ und $\omega = \text{const.}$ Wir multiplizieren (23.24) nun skalar mit $\boldsymbol{e}_z$. Dies ergibt $\boldsymbol{e}_z\cdot(d\boldsymbol{L}/dt) = d(\boldsymbol{e}_z\cdot\boldsymbol{L})/dt = 0$, also

$$\boldsymbol{e}_z\cdot\boldsymbol{L} = L\,\boldsymbol{e}_z\cdot\boldsymbol{e}_3 = L\cos\theta_0 = \text{const.} \tag{23.26}$$

Damit ist Winkel θ_0 zwischen der Figurenachse $\boldsymbol{e}_3$ und der raumfesten z-Achse konstant. Für die Erde gilt

$$\theta_0 = 23.5^\circ \tag{23.27}$$

Dieser Winkel bestimmt die Neigung der Figuren- und Drehimpulsachse der Erde zur Bahnebene (der Ekliptik).

Wir setzen nun (23.25) mit $\Theta_3 = \Theta$ in (23.24) ein:

$$\frac{d\boldsymbol{e}_3}{dt} = \frac{\Delta\Theta}{\Theta}\,\frac{3\,G\mathcal{M}}{2\,d^3\omega}\cos\theta_0\,(\boldsymbol{e}_3\times\boldsymbol{e}_z) = \boldsymbol{\omega}_{\text{präz}}\times\boldsymbol{e}_3 \tag{23.28}$$

Mit ω und θ_0 ist auch die hier eingeführte Präzessionsfrequenz

$$\boldsymbol{\omega}_{\text{präz}} = -\,\frac{\Delta\Theta}{\Theta}\,\frac{3\,G\mathcal{M}}{2\,d^3\omega^2}\cos\theta_0\;\omega\,\boldsymbol{e}_z \tag{23.29}$$

zeitlich konstant. Die Gleichung (23.28) wird durch einen Einheitsvektor $\boldsymbol{e}_3(t)$ gelöst, der auf einem Kreiskegel mit der Symmetrieachse $\boldsymbol{e}_z$ präzediert. Diese bedeutet dass die Drehimpulsachse der Erde auf diesem Kreiskegel präzediert.

Das Minuszeichen in (23.29) bedeutet, dass die Präzessionsbewegung gegenläufig zur Drehung der Erde um sich selbst verläuft. Im Einzelnen ist die Bewegung aufgrund des periodisch schwankenden Drehmoments und anderer hier vernachlässigter Effekte komplizierter; das heißt es gibt kleine Abweichungen (Nutationen) von der regulären Präzession (also von $\theta_0 = \text{const.}$).

Für eine kreisförmige Bahn können wir die Gravitationskraft $G\mathcal{M}M_{\mathrm{E}}/d^2$ gleich der Zentrifugalkraft $\mu_{\text{red}}\,\Omega_{\mathrm{E}}^2\,d$ setzen; dabei ist $\mu_{\text{red}} = \mathcal{M}M_{\mathrm{E}}/(\mathcal{M}+M_{\mathrm{E}})$ und M_{E} ist die Masse der Erde. Dies ergibt $G\mathcal{M}/d^3 = \Omega_{\mathrm{E}}^2\,\mathcal{M}/(\mathcal{M}+M_{\mathrm{E}})$. Damit wird (23.29) zu

$$\boxed{\omega_{\text{präz}} = \frac{3}{2}\,\frac{\Delta\Theta}{\Theta}\,\frac{\mathcal{M}\,\cos\theta_0}{\mathcal{M}+M_{\mathrm{E}}}\,\frac{\Omega_{\mathrm{E}}^2}{\omega}} \tag{23.30}$$

Die Bahnebene des Monds liegt näherungsweise in der Bahnebene der Erde. Das Gravitationsfeld des Monds übt daher in ähnlicher Weise wie die Sonne ein Drehmoment auf die Erde aus. Für die folgende Abschätzung gehen wir vereinfachend davon aus, dass sich beide Drehmomente addieren. Die zugehörigen Verhältnisse der Massen und Umlauffrequenzen sind bekannt:

$$\frac{\mathcal{M}}{\mathcal{M}+M_{\mathrm{E}}} \approx \begin{cases} 1 & (\mathcal{M} = M_{\odot}) \\ 1/81 & (\mathcal{M} = M_{\mathrm{M}}) \end{cases} \qquad \frac{\omega}{\Omega_{\mathrm{E}}} = \begin{cases} 365 & \text{Erde–Sonne} \\ 28 & \text{Mond–Erde} \end{cases} \tag{23.31}$$

Wir setzen diese Werte, $\Delta\Theta/\Theta \approx 1/300$ und $\cos\theta_0 \approx 0.92$ in (23.30) ein:

$$\omega_{\text{präz}} = \omega_{\text{präz}}^{\odot} + \omega_{\text{präz}}^{\mathrm{M}} \approx 10^{-7}\,\omega \tag{23.32}$$

Der Beitrag des Monds ist etwa doppelt so groß wie der der Sonne. Mit $\omega = 2\pi/\text{Tag}$ erhalten wir $T_{\text{präz}} = 2\pi/\omega_{\text{präz}} \approx 10^7$ Tage für die Periode der Präzession. Dies ist in guter Übereinstimmung mit dem experimentellen Wert $T_{\text{präz}} \approx 25\,850$ Jahre; dieser Zeitraum wird auch Platonisches Jahr genannt. Die Präzession der Erdachse bedeutet, dass im Laufe der Zeit unterschiedliche Sterne die Rolle des „Polarsterns“ als Drehpunkt des Sternhimmels und Wegweiser nach Norden übernehmen. Diese Präzession wurde von Hipparch um 150 vor Christus entdeckt.

Aufgaben

23.1 Zylinder mit Unwucht

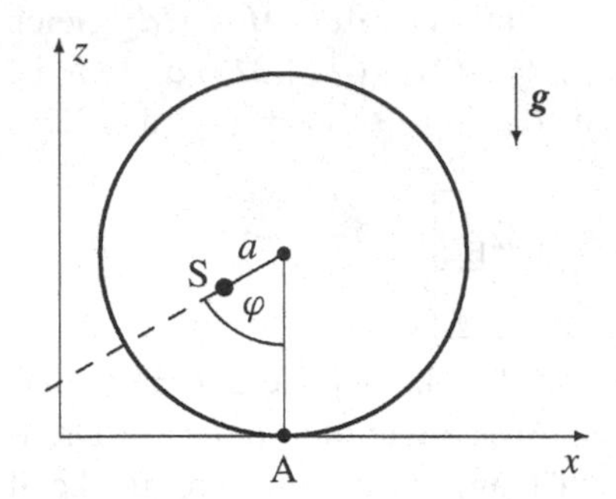

Die Masse M eines *nicht* homogenen zylindrischen Rads mit Radius R ist so verteilt, dass eine der Hauptträgheitsachsen im Abstand a parallel zur Zylinderachse verläuft. Das Trägheitsmoment bezüglich dieser Achse ist $\Theta_{\rm S}$. Der Zylinder rollt unter dem Einfluss der Schwerkraft auf einer horizontalen Ebene. Die Anfangsbedingungen sind $\varphi(0) = 0$ und $\dot{\varphi}(0) = \omega_0$.

Stellen Sie die Lagrangefunktion in der Koordinate φ auf. Wie lautet die dazugehörige Bewegungsgleichung? Geben Sie die Lösung $\varphi_{a=0}(t)$ im Spezialfall $a = 0$ an. Setzen Sie nun $\varphi(t) = \varphi_{a=0}(t) + a\,\xi(t)$ und entwickeln Sie die Bewegungsgleichung für eine kleine *Unwucht a* bis zur ersten Ordnung. Berechnen Sie $\xi(t)$. Skizzieren Sie die Winkelgeschwindigkeit $\omega(t) = \dot{\varphi}(t)$ als Funktion der Zeit.

23.2 Schaukelbewegung einer Halbkugel

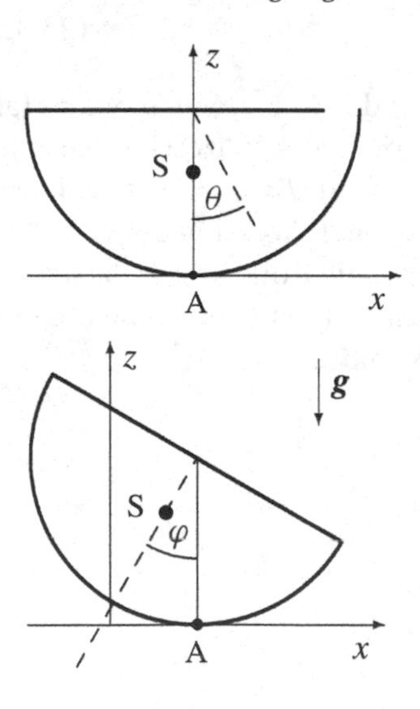

Eine starre Halbkugel mit Radius R und konstanter Massendichte ϱ_0 führt im Schwerefeld eine Schaukelbewegung auf einer horizontalen Ebene aus; die Kugel rollt dabei auf der Ebene ab. Links oben ist die Ruhelage der Halbkugel gezeigt, links unten eine Auslenkung.

Berechnen Sie das Trägheitsmoment der Halbkugel bezüglich einer Achse durch den Schwerpunkt, die senkrecht zur Symmetrieachse steht. Geben Sie die Lage des Schwerpunkts S in Abhängigkeit vom Winkel φ an. Stellen Sie die Lagrangefunktion für kleine Auslenkungen aus der Gleichgewichtslage auf. Geben Sie die allgemeine Lösung an.

VI Kleine Schwingungen

24 Erzwungene Schwingungen

Viele Systeme können Schwingungen um eine Gleichgewichtslage ausführen; man denke etwa an ein Doppelpendel oder ein mehratomiges Molekül. Wenn die Auslenkung aus der Ruhelage hinreichend klein ist, dann sind die Schwingungen harmonisch. Der Teil VI untersucht solche kleinen Schwingungen. In diesem Kapitel behandeln wir den eindimensionalen Fall, wobei wir dissipative und äußere Kräfte zulassen. Im nächsten Kapitel untersuchen wir die Eigenschwingungen in Systemen mit vielen Freiheitsgraden.

Bewegungsgleichung

Wir betrachten ein System mit einem Freiheitsgrad, der durch die generalisierte Koordinate q beschrieben wird. Die Lagrangefunktion sei von der Form

$$\mathcal{L}(q, \dot{q}, t) = \mathcal{L}_0 - U_e = \frac{a(q)}{2}\, \dot{q}^2 - U(q) - U_e(q, t) \qquad (24.1)$$

Dabei ist U_e eine schwache Störung, wie sie etwa für ein Molekül durch ein äußeres elektromagnetisches Feld hervorgerufen wird. Das ungestörte System mit $\mathcal{L}_0$ sei dagegen zeitunabhängig. Die Form der kinetischen Energie ergibt sich aus (9.19).

Das ungestörte System besitze eine stabile Gleichgewichtslage bei $q = q_0$. Wir entwickeln das Potenzial $U(q)$ an dieser Stelle:

$$U(q) = U(q_0) + \left(\frac{dU}{dq}\right)_0 (q - q_0) + \frac{1}{2}\left(\frac{d^2U}{dq^2}\right)_0 (q - q_0)^2 + \ldots \qquad (24.2)$$

Der Index null bedeutet, dass die Ableitung an der Stelle q_0 zu nehmen ist. Wir setzen eine stabile Gleichgewichtslage voraus, also $(dU/dq)_0 = 0$ und $k = (d^2U/dq^2)_0 > 0$. Die Auslenkungen

$$x = q - q_0 \qquad (24.3)$$

T. Fließbach, *Mechanik*, https://doi.org/10.1007/978-3-662-61603-1_7

aus der Ruhelage sollen so klein sein, dass die Entwicklung (24.2) beim quadratischen Term abgebrochen werden kann:

$$U(q) \approx U(q_0) + \frac{1}{2}\left(\frac{d^2U}{dq^2}\right)_0 (q-q_0)^2 = U(q_0) + \frac{k}{2}\,x^2 \qquad (24.4)$$

Die kinetische Energie wird ebenfalls bis zur quadratischen Ordnung in $x = q - q_0$ entwickelt:

$$T_{\rm kin}(q,\dot q) = \frac{1}{2}\left[a(q_0) + \left(\frac{da}{dq}\right)_0 x + \ldots\right]\dot x^2 \approx \frac{a(q_0)}{2}\,\dot x^2 = \frac{m}{2}\,\dot x^2 \qquad (24.5)$$

Für eine Schwingung $x \sim A\,\cos(\omega t)$ sind x wie auch $\dot x$ proportional zur Amplitude A. Die Vernachlässigung der Ordnung $x\,\dot x^2$ ist daher konsistent mit dem Abbruch bei x^2 in (24.4). Im letzten Schritt haben wir $a(q_0)$ durch die „Masse" m abgekürzt. Dies kann die übliche Masse oder ein Massenparameter sein, zum Beispiel $a(q_0) = m l^2$ für ein ebenes Pendel mit $q = \varphi$.

Wir entwickeln nun noch die äußere Störung $U_{\rm e}(q,t)$ um die Gleichgewichtslage $x = 0$ des ungestörten Systems:

$$U_{\rm e}(q,t) = U_{\rm e}(q_0,t) + \left(\frac{\partial U_{\rm e}}{\partial q}\right)_{q_0} (q-q_0) + \ldots = U_{\rm e}(q_0,t) - F(t)\,x + \ldots \qquad (24.6)$$

Der Term $U_{\rm e}(q_0,t)$ hängt nur von der Zeit ab und kann daher in der Lagrangefunktion weggelassen werden (als totale Zeitableitung einer Funktion). Der nächste Term der Entwicklung ergibt die äußere Kraft $F(t) = -\partial U_{\rm e}/\partial x$ für kleine Auslenkungen. Wir nehmen an, dass die quadratischen und höheren Terme klein gegenüber $x\,F(t)$ und $k x^2/2$ sind; sie werden im Folgenden vernachlässigt. Für ein Molekül in einem äußeren elektromagnetischen Feld ist diese Annahme meist sehr gut erfüllt. Damit wird die Lagrangefunktion (24.1) für *kleine* Auslenkungen zu

$$\mathcal{L}(x,\dot x,t) = \frac{m}{2}\,\dot x^2 - \frac{k}{2}\,x^2 + F(t)\,x \qquad (24.7)$$

Dies ist die Lagrangefunktion des harmonischen Oszillators mit einer äußeren Kraft. Unsere Ableitung zeigt, dass dieses Modellsystem von allgemeiner Bedeutung ist. Dieses Modell könnte zum Beispiel auf die Schwingung eines zweiatomigen Moleküls in einem elektromagnetischen Feld angewandt werden.

Aus (24.7) folgt die Bewegungsgleichung

$$\ddot x + \omega_0^2\,x = f(t) \qquad (24.8)$$

mit $f(t) = F(t)/m$ und der *Eigenfrequenz*

$$\omega_0 = \sqrt{k/m} \qquad (24.9)$$

Als Verallgemeinerung lassen wir in (24.8) noch eine Reibungskraft zu:

$$\boxed{\ddot x + 2\lambda\,\dot x + \omega_0^2\,x = f(t)} \qquad (24.10)$$

Die Reibungskraft kann auch durch die Rayleighsche Dissipationsfunktion $D = \lambda m \dot x^2$ in den verallgemeinerten Lagrangegleichungen (9.52) beschrieben werden.

Allgemeine Lösung

Wir bestimmen die allgemeine Lösung der Differenzialgleichung (24.10), also die Lösung des gedämpften, harmonischen Oszillators. Dazu betrachten wir zunächst eine periodische Kraft $f(t) = f_\omega \cos \omega t$:

$$\ddot{x} + 2\lambda\, \dot{x} + \omega_0^2\, x = f_\omega \cos(\omega t) \tag{24.11}$$

Alle Größen in dieser Gleichung sind reell. Daher ist der Realteil (Re) von

$$\ddot{X} + 2\lambda\, \dot{X} + \omega_0^2\, X = f_\omega \exp(\mathrm{i}\omega t) \tag{24.12}$$

identisch mit (24.11), wenn wir

$$x(t) = \mathrm{Re}\big(X(t)\big) \tag{24.13}$$

setzen. Wir können also (24.12) anstelle von (24.11) lösen und anschließend den Realteil der Lösung nehmen. Dieser Lösungsweg ist üblich und etwas einfacher. Er beruht darauf, dass (24.11) linear in x ist und dass die Koeffizienten reell sind.

Die allgemeine Lösung der Differenzialgleichung (24.12) ist von der Form

$$X(t) = X_{\mathrm{hom}}(t) + X_{\mathrm{part}}(t) \tag{24.14}$$

Dabei ist $X_{\mathrm{part}}(t)$ eine partikuläre (also irgendeine spezielle) Lösung, und $X_{\mathrm{hom}}(t)$ ist die allgemeine Lösung der homogenen Differenzialgleichung:

$$\ddot{X}_{\mathrm{hom}} + 2\lambda\, \dot{X}_{\mathrm{hom}} + \omega_0^2\, X_{\mathrm{hom}} = 0 \tag{24.15}$$

Wir setzen

$$X_{\mathrm{hom}}(t) = C\, \exp(-\mathrm{i}\nu t) \tag{24.16}$$

mit einer komplexen Amplitude C in (24.15) ein und erhalten

$$-\nu^2 - 2\,\mathrm{i}\lambda\,\nu + \omega_0^2 = 0 \tag{24.17}$$

Diese Bedingung hat die Lösungen

$$\nu_{1,2} = \pm\sqrt{\omega_0^2 - \lambda^2} - \mathrm{i}\lambda = \pm w_0 - \mathrm{i}\lambda \tag{24.18}$$

Dabei haben wir $w_0 = (\omega_0^2 - \lambda^2)^{1/2}$ eingeführt. Für $\omega_0 > \lambda$ ist w_0 reell, und die Lösung $x(t)$ lautet

$$x_{\mathrm{hom}}(t) = \mathrm{Re}\big(C\, \exp(-\lambda t \mp \mathrm{i}\, w_0 t)\big) \tag{24.19}$$

Mit reellen Konstanten A_1 und A_2 in $C = A_2 + \mathrm{i}\, A_1$ wird dies zu

$$x_{\mathrm{hom}}(t) = A_1\, \sin(w_0 t)\, \exp(-\lambda t) + A_2\, \cos(w_0 t)\, \exp(-\lambda t) \tag{24.20}$$

Das Vorzeichen in $\sin(\pm w_0 t) = \pm \sin(w_0 t)$ wird in die Konstante A_1 absorbiert. Anstelle der Konstanten A_1 und A_2 können wir auch eine Amplitude A_0 und eine Phase δ_0 verwenden:

$$x_{\text{hom}}(t) = A_0 \exp(-\lambda t) \cos(w_0 t + \delta_0) \qquad (\lambda < \omega_0) \tag{24.21}$$

Diese Lösung beschreibt eine gedämpfte, periodische Bewegung.

Für $\lambda > \omega_0$ hat (24.18) zwei imaginäre Lösungen, $\nu_1 = -\mathrm{i}\,\lambda_1$ und $\nu_2 = -\mathrm{i}\,\lambda_2$, wobei λ_1 und λ_2 beide positiv sind. Damit erhalten wir eine exponentiell abfallende Lösung der Form

$$\begin{aligned} x_{\text{hom}}(t) &= A_0 \exp(-\lambda_1 t) + B_0 \exp(-\lambda_2 t) \\ \lambda_{1,2} &= \lambda \pm \sqrt{\lambda^2 - \omega_0^2} \qquad (\lambda > \omega_0) \end{aligned} \tag{24.22}$$

Zwischen der periodischen Lösung für $\lambda < \omega_0$ und der exponentiell abfallenden für $\lambda > \omega_0$ gibt es den Grenzfall $\lambda = \omega_0$. In diesem *aperiodischen Grenzfall* lautet die allgemeine Lösung der homogenen Gleichung

$$x_{\text{hom}}(t) = (A + B t) \exp(-\lambda t) \qquad (\lambda = \omega_0) \tag{24.23}$$

In diesem Fall erfolgt die Annäherung an die Ruhelage $x = 0$ besonders schnell. Daher wird die Dämpfung des Zeigers eines Messinstruments vorzugsweise auf diesen Grenzfall eingestellt.

Die Lösungen (24.20) – (24.23) hängen von zwei Integrationskonstanten ab. Sie sind daher im jeweiligen Fall die *allgemeine* homogene Lösung.

Man überprüft leicht, dass

$$X_{\text{part}}(t) = f_\omega\, \chi(\omega) \exp(\mathrm{i}\omega t) \tag{24.24}$$

(24.12) löst, wenn

$$\chi(\omega) = \frac{1}{\omega_0^2 - \omega^2 + 2\,\mathrm{i}\lambda\,\omega} \tag{24.25}$$

Damit haben wir eine partikuläre Lösung gefunden. Die Funktion $\chi(\omega)$ wird *dynamische Suszeptibilität* genannt. Sie hängt von den Eigenschaften (hier ω_0 und λ) des Systems ab und bestimmt das dynamische (also zeitabhängige) Verhalten. Der Grenzwert $\chi(0)$ heißt statische Suszeptibilität.

Die Suszeptibilität ist das Verhältnis zwischen der Auslenkung $X_{\text{part}}(t)$ des Systems und der antreibenden Kraft $f_\omega \exp(\mathrm{i}\omega t)$. Der Begriff Suszeptibilität wird allgemein dann verwendet, wenn ein System einer äußeren Störung (etwa einer Kraft oder einem Feld) ausgesetzt wird. Das Verhältnis zwischen der Reaktion oder Antwort (Response) des Systems (hier Auslenkung aus der Ruhelage) und der äußeren Störung ist dann die Suszeptibilität; die Funktion χ wird auch Responsefunktion genannt. Ein bekanntes Beispiel ist die Polarisation von Materie, wenn ein äußeres elektromagnetisches Feld angelegt wird. So bestimmt die elektrische Suszeptibilität χ_{e} die Polarisation $\boldsymbol{P} = \chi_{\text{e}} \boldsymbol{E}$ im elektrischen Feld $\boldsymbol{E}$. Für kleine Störungen ist die Reaktion des Systems im Allgemeinen proportional zur Störung. Die Responsefunktion ist dann unabhängig von der Stärke der Störung. Dies bedeutet zum Beispiel, dass χ_e nicht vom angelegten elektrischen Feld abhängt.

Die allgemeine Lösung für eine beliebige Kraft $f(t)$ erhalten wir durch die Zerlegung der Kraft in periodische Anteile, also durch die Fouriertransformation

$$f(t) = \int_{-\infty}^{\infty} d\omega \; f_\omega \; \exp(i\omega t)\,, \qquad f_\omega = \frac{1}{2\pi} \int_{-\infty}^{\infty} dt \; f(t) \; \exp(-i\omega t) \tag{24.26}$$

Da die Bewegungsgleichung linear in $X(t)$ ist, erhalten wir eine partikuläre Lösung als Überlagerung der Lösungen (24.24):

$$x_{\text{part}}(t) = \text{Re}\left(\int_{-\infty}^{\infty} d\omega \; f_\omega \; \chi(\omega) \; \exp(i\omega t) \right) \tag{24.27}$$

Für $\lambda < \omega_0$ lautet damit die allgemeine Lösung von (24.10):

$$\boxed{x(t) = \text{Re}\left(C \; \exp(-\lambda t + i w_0 t) + \int_{-\infty}^{\infty} d\omega \; f_\omega \; \chi(\omega) \; \exp(i\omega t) \right)} \tag{24.28}$$

Diesc allgemeine Lösung enthält zwei Integrationskonstanten, $\text{Re}\, C$ und $\text{Im}\, C$. Für $\lambda \geq \omega_0$ ist der homogene Anteil aus (24.22) oder (24.23) zu nehmen.

Diskussion

Wir betrachten eine periodische Kraft $f(t) = f_\omega \exp(i\omega t)$ und diskutieren die Lösung für den Fall $\lambda < \omega_0$.

Die komplexwertige Funktion $\chi(\omega)$ kann durch ihren Betrag $|\chi|$ und ihre Phase δ ausgedrückt werden:

$$\chi(\omega) = \big|\chi(\omega)\big| \; \exp\big(i\delta(\omega)\big) \tag{24.29}$$

Aus (24.25) folgt

$$\big|\chi(\omega)\big| = \frac{1}{\sqrt{\left(\omega_0^2 - \omega^2\right)^2 + 4\lambda^2\omega^2}}\,, \qquad \tan\delta(\omega) = \frac{2\lambda\omega}{\omega^2 - \omega_0^2} \tag{24.30}$$

Für die periodische Kraft ist die allgemeine Lösung von der Form

$$x(t) = A_0 \; \exp(-\lambda t) \cos(w_0 t + \delta_0) + A(\omega) \; \cos\big(\omega t + \delta(\omega)\big) \tag{24.31}$$

mit

$$A(\omega) = f_\omega \, \big|\chi(\omega)\big| \tag{24.32}$$

Die Konstanten A_0 und δ_0 werden durch die Anfangsbedingungen festgelegt. Für große Zeiten ist die Lösung unabhängig von den Anfangsbedingungen:

$$x(t) = A(\omega) \; \cos\big(\omega t + \delta(\omega)\big) \qquad (t \gg 1/\lambda) \tag{24.33}$$

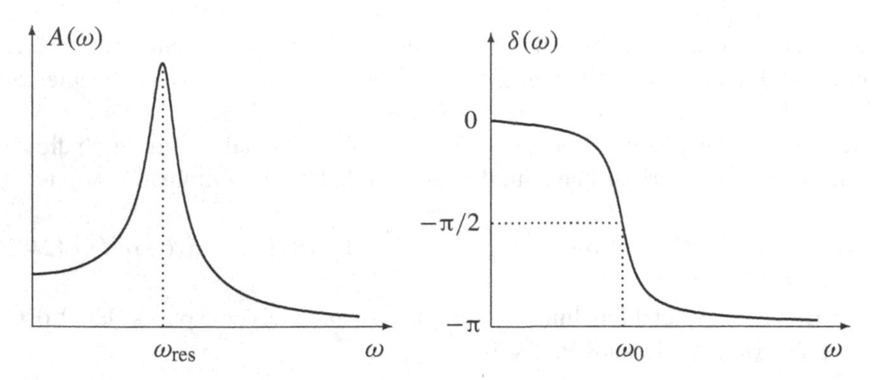

Abbildung 24.1 Amplitude $A(\omega)$ und Phase $\delta(\omega)$ einer erzwungenen Schwingung als Funktion der Frequenz ω. Je schwächer die Dämpfung ist, desto höher und schmaler ist die Resonanzkurve; für die Abbildung wurde $\omega_0/\lambda = 10$ gewählt. Für kleine Frequenzen schwingt der Oszillator in Phase mit der anregenden Kraft ($\delta \approx 0$), für große Frequenzen gegenläufig ($\delta \approx -\pi$); der Übergang erfolgt im Bereich $\omega \sim \omega_0 \pm \lambda$.

Diese Lösung beschreibt die durch die äußere Kraft *erzwungene Schwingung im eingeschwungenen Zustand*. Die Phase $\delta(\omega)$ und die Amplitude $A(\omega)$ sind durch (24.30) festgelegt. Beide Funktionen sind in Abbildung 24.1 skizziert. Das Maximum der Amplitude $A(\omega)$ liegt bei

$$\omega_{\rm res} = \sqrt{\omega_0^2 - 2\,\lambda^2} \tag{24.34}$$

Für $\lambda \ll \omega_0$ liegt diese *Resonanzfrequenz* etwas unterhalb der Eigenfrequenz, $\omega_{\rm res} \approx \omega_0 - \lambda^2/\omega_0$. Die Breite der Resonanzkurve ist proportional zu λ, die Höhe des Maximums proportional zu $1/\lambda$.

Im statischen Fall ($\omega = 0$) ist die Auslenkung $A(0) = f_0/m\,\omega_0^2$. Die Auslenkung erfolgt in Richtung der Kraft; die Phase ist null.

Für kleines ω folgt aus (24.30) $\delta \approx -2\lambda\,\omega/\omega_0^2$. Die kleine negative Phase bedeutet, dass die Lösung $x(t) \propto \cos(\omega t + \delta)$ ein wenig hinter der auslenkenden Kraft $f(t) \propto \cos(\omega t)$ zurückbleibt. Je langsamer die Kraft oszilliert, umso kleiner ist diese Phasenverschiebung. Für $\omega = \omega_0$ ist $\delta = \pi/2$, die Lösung $x(t) \propto \cos(\omega t + \pi/2) = -\sin(\omega t)$ ist außer Phase mit der auslenkenden Kraft $f(t) \propto \cos(\omega t)$. Für $\omega \gg \omega_0$ ist die Schwingung schließlich gegenläufig zur Kraft. Der Übergang zwischen gleich- und gegenläufiger Auslenkung erfolgt in einem Bereich der Größe λ um ω_0 herum.

Im Fall schwacher Dämpfung gilt $\lambda \ll \omega_0$. In der Umgebung des Maximums, $|\epsilon| \ll \omega_0$ mit $\epsilon = \omega - \omega_0$, vernachlässigen wir die Terme $\mathcal{O}(\epsilon^2,\, \epsilon\,\lambda)$ erhalten aus (24.25)

$$\chi(\epsilon) \approx -\frac{1}{2\,(\epsilon - \mathrm{i}\lambda)\,\omega_0} \qquad (|\epsilon| \ll \omega_0,\;\; \lambda \ll \omega_0) \tag{24.35}$$

Hieraus folgt für den Betrag und die Phase

$$\big|\chi(\epsilon)\big| = \frac{1}{2\,\omega_0\,\sqrt{\epsilon^2 + \lambda^2}}\,, \qquad \tan\delta(\epsilon) = \frac{\lambda}{\epsilon} \tag{24.36}$$

Energiebilanz

Die x-Komponente der Reibungskraft ist

$$F_{\text{diss}} = -2\,\lambda\, m\,\dot{x} \tag{24.37}$$

Über die Reibungskraft wird Energie des Oszillators in andere Freiheitsgrade überführt (dissipiert); diese anderen Freiheitsgrad werden nicht explizit behandelt. Letztlich wird diese Energie in Wärme (ungeordnete Bewegung der Atome) umgewandelt. Im eingeschwungenen Zustand wird die absorbierte Leistung laufend durch die äußere Kraft in das System eingespeist. Wir berechnen diese (positive) Leistung P.

Während der Bewegung um dx wird die (positive) Energie $-\,F_{\text{diss}}\,dx$ absorbiert. Die absorbierte Leistung P beträgt daher $-\,F_{\text{diss}}\,\dot{x}$. Wegen $P \propto \dot{x}^2$ oszilliert diese Leistung mit der Schwingung. Wir mitteln P über eine Schwingungsperiode:

$$\begin{aligned} P(\omega) &= -\,\overline{F_{\text{diss}}\,\dot{x}} = 2\,\lambda\, m\, A(\omega)^2\,\omega^2\;\overline{\sin^2(\omega t+\delta)} \\ &= \lambda\, m\, A(\omega)^2\,\omega^2 = -\,\frac{m\,\omega\, f_\omega^2}{2}\;\text{Im}\,\chi(\omega) \end{aligned} \tag{24.38}$$

Die Mittelung wurde durch einen Balken über der zu mittelnden Größe angezeigt. Der Imaginärteil von χ folgt aus (24.25).

Das Ergebnis $P = \lambda\, m\; A(\omega)^2\,\omega^2$ ist so zu verstehen: $1/\lambda$ ist die Zeit, in der die Amplitude des Oszillators wesentlich gedämpft wird, und $E = m\,\omega^2 A(\omega)^2/2$ ist die Energie des Oszillators, wenn er mit der Amplitude $A(\omega)$ schwingt.

Das Endergebnis von (24.38) bedeutet, dass der Imaginärteil der Suszeptibilität die absorbierte Leistung bestimmt. Speziell für (24.35) gilt $\text{Im}\,\chi = -(\lambda/2\,\omega_0)/(\epsilon^2+\lambda^2)$ und wir erhalten

$$P(\epsilon) = \frac{m\, f_\omega^2}{4}\;\frac{\lambda}{\epsilon^2+\lambda^2} \qquad (\epsilon \ll \omega_0,\;\; \lambda \ll \omega_0) \tag{24.39}$$

Die Energieabsorption erfolgt vorwiegend im Frequenzbereich $\omega \approx \omega_0 \pm \lambda$.

Wenn die treibende Kraft ein Kontinuum von Frequenzen enthält, dann ergibt sich der eingeschwungene Zustand aus dem Integral über (24.32):

$$x(t) = \int_{-\infty}^{\infty} d\omega\; A(\omega)\;\cos\big(\omega t + \delta(\omega)\big)\,, \qquad (t \gg 1/\lambda) \tag{24.40}$$

Hierfür gilt

$$\begin{aligned} \overline{\dot{x}^2} &= \int d\omega \int d\omega'\;\omega\,\omega'\,A(\omega)\,A(\omega')\;\overline{\sin(\omega t+\delta)\;\sin(\omega' t+\delta')} \\ &= \frac{1}{2}\int d\omega\;\omega^2\,A(\omega)^2 \end{aligned} \tag{24.41}$$

Hierbei wurde $\int_0^T dt\, \sin(\omega t) \sin(\omega' t)/T = \delta(\omega - \omega')/2$ verwendet. Die gesamte absorbierte Leistung ist

$$P = 2\lambda\, m\, \overline{\dot{x}^2} = \lambda\, m \int_{-\infty}^{\infty} d\omega\, \omega^2\, A(\omega)^2 \tag{24.42}$$

Wir werten dies für den Fall schwacher Dämpfung aus:

$$P \overset{(24.39)}{=} \int_{-\infty}^{\infty} d\epsilon\, \frac{m\, f_\omega^2}{4}\, \frac{\lambda}{\epsilon^2 + \lambda^2} \tag{24.43}$$

Die Funktion f_ω ändere sich im relevanten Bereich $\epsilon \sim \pm\lambda$ nur wenig, so dass im Integral $f_\omega \approx f_{\omega_0}$ gesetzt werden kann. Dann ist die absorbierte Leistung

$$P = \frac{m\, f_{\omega_0}^2}{4} \int_{-\infty}^{\infty} d\epsilon\, \frac{\lambda}{\epsilon^2 + \lambda^2} = \frac{\pi}{4}\, m\, f_{\omega_0}^2 \tag{24.44}$$

unabhängig vom Reibungskoeffizienten λ.

Aufgaben

24.1 Kraftstoß auf Oszillator

Ein gedämpfter Oszillator hat die Bewegungsgleichung $\ddot{x} + 2\lambda \dot{x} + \omega_0^2 x = f(t)$ mit $\lambda < \omega_0$. Der Oszillator ruht in seiner Gleichgewichtslage. Dann bekommt er einen Kraftstoß

$$f(t) = \begin{cases} v_0/T & 0 \le t \le T \\ 0 & \text{sonst} \end{cases}$$

Bestimmen Sie die Auslenkung $x(t)$. Diskutieren Sie die Grenzfälle $T \to 0$ und $T \gg 1/\lambda$, und skizzieren Sie hierfür die Lösungen.

25 System mit vielen Freiheitsgraden

Wir untersuchen kleine Schwingungen eines Systems mit vielen Freiheitsgraden. Ausgehend von einer allgemeinen Form der Lagrangefunktion bestimmen wir die Eigenfrequenzen und Eigenschwingungen des Systems. Schließlich werden noch Normalkoordinaten eingeführt; dies sind die Amplituden der Eigenschwingungen.

Eigenfrequenzen

Das betrachtete System habe f Freiheitsgrade, die durch die verallgemeinerten Koordinaten $q_1, \ldots, q_f$ beschrieben werden. Die Lagrangefunktion sei von der Form

$$\mathcal{L}_0 = \mathcal{L}_0(q_1, \ldots, q_f, \dot{q}_1, \ldots, \dot{q}_f) = \frac{1}{2} \sum_{i,j=1}^{f} m_{ij}(q_1, \ldots, q_f)\, \dot{q}_i\, \dot{q}_j - U(q_1, \ldots, q_f) \tag{25.1}$$

Eine äußere Störung U_e wird später zugelassen. Bei $q_1^0, \ldots, q_f^0$ habe das System eine stabile Gleichgewichtslage. Wir entwickeln die potenzielle Energie U um diese Stelle:

$$U(q_1, \ldots, q_f) = U(q_1^0, \ldots, q_f^0) + \sum_{i=1}^{f} \left(\frac{\partial U}{\partial q_i}\right)_0 (q_i - q_i^0) \tag{25.2}$$

$$+ \frac{1}{2} \sum_{i,j=1}^{f} \left(\frac{\partial^2 U}{\partial q_i\, \partial q_j}\right)_0 (q_i - q_i^0)\,(q_j - q_j^0) + \ldots$$

Der Index null bei den partiellen Ableitungen bedeutet, dass hier die Gleichgewichtskoordinaten einzusetzen sind. Der lineare Term fällt weg, da in der Gleichgewichtslage die verallgemeinerten Kräfte $Q_i = -\partial U / \partial q_i$ verschwinden. Für kleine Auslenkungen

$$x_i = q_i - q_i^0 \tag{25.3}$$

aus der Gleichgewichtslage brechen wir die Entwicklung des Potenzials beim quadratischen Term ab. Außerdem lassen wir den unwesentlichen konstanten Term weg und erhalten somit

$$U \approx \frac{1}{2} \sum_{i,j=1}^{f} V_{ij}\, x_i\, x_j \quad \text{mit} \quad V_{ij} = V_{ji} = \left(\frac{\partial^2 U}{\partial q_i\, \partial q_j}\right)_0 \tag{25.4}$$

In der kinetischen Energie ist, wie für (24.5) diskutiert, bereits der niedrigste Term quadratisch in der Auslenkung, also

$$T_{\rm kin}(q,\dot q) = \frac{1}{2}\sum_{i,j=1}^{f} m_{ij}(q_1,\ldots,q_f)\,\dot q_i\,\dot q_j \approx \frac{1}{2}\sum_{i,j=1}^{f} m_{ij}(q_1^0,\ldots,q_f^0)\,\dot q_i\,\dot q_j \qquad (25.5)$$

Hierin setzen wir $\dot q_i = \dot x_i$ ein und kürzen die Koeffizienten mit T_{ij} ab,

$$T_{\rm kin} \approx \frac{1}{2}\sum_{i,j=1}^{f} T_{ij}\,\dot x_i\,\dot x_j \quad \text{mit} \quad T_{ij} = T_{ji} = m_{ij}(q_1^0,\ldots,q_f^0) \qquad (25.6)$$

Die Koeffizienten T_{ij} und V_{ij} sind reelle Konstanten; sie sind symmetrisch bezüglich der Vertauschung der Indizes. Mit den Näherungen (25.4) und (25.6) wird die Lagrangefunktion zu

$$\mathcal{L}_0 = \mathcal{L}_0(x_1,\ldots,x_f,\dot x_1,\ldots,\dot x_f) \approx \frac{1}{2}\sum_{i,j=1}^{f}\big(T_{ij}\,\dot x_i\,\dot x_j - V_{ij}\,x_i\,x_j\big) \qquad (25.7)$$

Die Lagrangegleichungen lauten

$$\sum_{j=1}^{f} T_{ij}\,\ddot x_j = -\sum_{j=1}^{f} V_{ij}\,x_j \qquad (25.8)$$

Wir führen die symmetrischen Matrizen T und V,

$$T = \begin{pmatrix} T_{11} & T_{12} & \ldots & T_{1f} \\ T_{21} & T_{22} & \ldots & T_{2f} \\ \vdots & \vdots & \ddots & \vdots \\ T_{f1} & T_{f2} & \ldots & T_{ff} \end{pmatrix}, \qquad V = \begin{pmatrix} V_{11} & V_{12} & \ldots & V_{1f} \\ V_{21} & V_{22} & \ldots & V_{2f} \\ \vdots & \vdots & \ddots & \vdots \\ V_{f1} & V_{f2} & \ldots & V_{ff} \end{pmatrix} \qquad (25.9)$$

und den Spaltenvektor x ein:

$$x = \begin{pmatrix} x_1 \\ x_2 \\ \vdots \\ x_f \end{pmatrix}, \qquad x^{\rm T} = \big(x_1,\, x_2,\, \ldots,\, x_f\big) \qquad (25.10)$$

Der Exponent T bezeichnet die transponierte Matrix; er unterscheidet sich durch den Schrifttyp (steil anstelle von kursiv) vom Symbol T für die Matrix (T_{ij}). Die Bewegungsgleichungen (25.8) können nun in der Matrixform angeschrieben werden:

$$\boxed{T\,\ddot x + V\,x = 0} \qquad (25.11)$$

An der Gleichgewichtsstelle $x_i = 0$ gilt $U = \sum_{i,j} V_{ij}\, x_i\, x_j = 0$. Das Gleichgewicht ist genau dann stabil, wenn für beliebige Auslenkungen $U > 0$ gilt. Außerdem ist die kinetische Energie (25.6) für beliebige Geschwindigkeiten $\dot{x}_i$ positiv. Dies bedeutet, dass alle Eigenwerte der Matrizen V und T positiv sind:

$$\begin{aligned} \sum_{i,j=1}^{f} V_{ij}\, x_i\, x_j > 0 \ \text{ für } x \neq 0 \ &\longleftrightarrow \ \text{Eigenwerte von } V \text{ sind positiv} \\ \sum_{i,j=1}^{f} T_{ij}\, \dot{x}_i\, \dot{x}_j > 0 \ \text{ für } \dot{x} \neq 0 \ &\longleftrightarrow \ \text{Eigenwerte von } T \text{ sind positiv} \end{aligned} \qquad (25.12)$$

Die symmetrische Matrix $V = (V_{ij})$ kann durch eine orthogonale Transformation $y_i = \sum_k \alpha_{ik}\, x_k$ diagonalisiert werden (letzter Abschnitt in Kapitel 20). Eine solche Diagonalisation ergibt $U = \sum_i \lambda_i\, y_i^2$. Hieraus folgt der Zusammenhang zwischen $U > 0$ und der Positivität der Eigenwerte λ_i. Dies gilt analog für die quadratische Form $\sum T_{ij}\, \dot{x}_i\, \dot{x}_j$.

Die Gleichungen (25.8) oder (25.11) sind ein System von f linearen, homogenen Differenzialgleichungen 2. Ordnung mit konstanten Koeffizienten. Die Lösungen sind daher von der Form

$$x_j(t) = A_j \exp(-\mathrm{i}\omega t) \qquad \text{oder} \qquad x(t) = A \exp(-\mathrm{i}\omega t) \qquad (25.13)$$

Dabei ist A ein Spaltenvektor aus den f Konstanten $A_1, \ldots, A_f$. Alle Größen in der Bewegungsgleichung (25.11) sind reell. Es ist aber etwas bequemer, den komplexen Ansatz (25.13) zu verwenden. Da (25.11) linear in x ist und reelle Koeffizienten hat, ist mit $x(t)$ auch $\mathrm{Re}\, x(t)$ Lösung. Wir benutzen daher zunächst (25.13) und gehen später durch die Ersetzung

$$x(t) \longrightarrow \mathrm{Re}\, x(t) \qquad (25.14)$$

zur gesuchten, reellen Lösung über. Wir setzen (25.13) in (25.8) oder (25.11) ein:

$$\sum_{j=1}^{f} \big(V_{ij} - \omega^2\, T_{ij}\big)\, A_j = 0 \qquad \text{oder} \qquad \big(V - \omega^2\, T\big)\, A = 0 \qquad (25.15)$$

Dies ist ein lineares, homogenes Gleichungssystem für die Größen $A_1, \ldots, A_f$. Wenn die Determinante des Gleichungssystems nicht verschwindet, dann ist die Lösung eindeutig; die triviale Lösung $A = 0$ wäre dann die einzige Lösung. Damit eine nichttriviale Lösung existiert, muss die Determinante also verschwinden:

$$\det\big(V - \omega^2\, T\big) = P^{(f)}(\omega^2) = 0 \qquad (25.16)$$

Diese Determinante ist ein Polynom $P^{(f)}$ vom Grad f in ω^2 mit reellen Koeffizienten. Ein solches Polynom hat f Nullstellen:

$$P^{(f)}(\omega^2) = 0 \quad \longrightarrow \quad \omega_1^2,\ \omega_2^2,\ \ldots,\ \omega_f^2 \qquad (25.17)$$

Die Nullstellen eines Polynoms sind im Allgemeinen komplex. Falls jedoch eine Nullstelle ω_k^2 komplex oder negativ reell ist, dann hat entweder $[\omega_k^2]^{1/2}$ oder $-[\omega_k^2]^{1/2}$ einen positiven Imaginärteil. Dann gäbe es eine Lösung mit $\exp(-\mathrm{i}\,\omega_k t)$, die exponentiell ansteigt. Dies stünde aber im Widerspruch zur Stabilitätsannahme $\sum V_{ij}\, x_i\, x_j > 0$. Daher müssen alle ω_k^2 reell und nicht negativ sein:

$$\left(\omega_k^2\right)^* = \omega_k^2 , \qquad \omega_k^2 \geq 0 \qquad (k = 1, ..., f) \tag{25.18}$$

Wir haben dies hier physikalisch durch die vorausgesetzte Stabilität der Gleichgewichtslage begründet. Mathematisch folgt $\omega_k^2 > 0$ aus (25.16) und der Positivität (25.12) der Eigenwerte von V und T.

Der Grenzfall $\omega_k = 0$ impliziert nach (25.16) $\det V = 0$. Dann ist mindestens ein Eigenwert von V gleich null. Wir lassen diesen Grenzfall in (25.18) zu und schwächen insofern die Voraussetzung (25.12) ab. Für $\omega = 0$ wird die Schwingungsgleichung $\ddot{x} + \omega^2 x = 0$ zu $\ddot{x} = 0$. Anstelle von $x = \mathrm{Re}\, C \exp(-\mathrm{i}\omega t)$ erhalten wir dann die Lösungsform

$$x(t) = C_1 + C_2\, t \qquad \text{für} \qquad \omega = 0 \tag{25.19}$$

Physikalisch bedeutet $\omega_k = 0$, dass das Gleichgewicht für die zugehörige Auslenkung indifferent ist. In der betrachteten Näherung ist das Potenzial dann für diese Auslenkung gleich null, und anstelle einer Schwingung ergibt sich die gleichförmige Bewegung. Eine physikalische Anwendung hierzu wird im Abschnitt „Molekülschwingungen" im nächsten Kapitel diskutiert.

Für jedes positive ω_k^2 ergibt sich ein positives und ein negatives ω_k. Wegen

$$\mathrm{Re}\left[(A + \mathrm{i}\,B)\, \exp(\pm \mathrm{i}\omega t)\right] = A\, \cos(\omega t) \mp B \sin(\omega t) \tag{25.20}$$

genügt es, eine dieser Lösungen zu betrachten. Wir können daher die *Eigenfrequenzen* ω_k durch

$$\omega_k \geq 0 \qquad (k = 1, ..., f) \tag{25.21}$$

einschränken. Die zugehörigen *Eigenvektoren* $A^{(k)}$ ergeben sich aus (25.15):

$$\left(V - \omega_k^2\, T\right) A^{(k)} = 0 \qquad (k = 1, ..., f) \tag{25.22}$$

Im nächsten Abschnitt werden wir zeigen, dass die Spaltenvektoren $A^{(k)}$ sowohl die Matrix T wie auch die Matrix V diagonalisieren; in diesem Sinn ist die Verwendung des Begriffs „Eigenvektor" zu verstehen.

Die Bedingung (25.22) ist ein System von f linearen Gleichungen für die f unbekannten Konstanten $A_1^{(k)}, \ldots, A_f^{(k)}$. Wegen (25.16) ist der Spaltenvektor $A^{(k)}$ nicht eindeutig festgelegt; wir können vielmehr eine Komponente frei wählen. Danach ist (25.22) für die anderen Komponenten ein lineares inhomogenes Gleichungssystem; für jeden der f Eigenwerte ω_k erhalten wir dann einen Eigenvektor $A^{(k)}$. Falls r Eigenwerte ω_k zusammenfallen, hat das Gleichungssystem (25.22) den Rang $f - r$. Dann können wir r Komponenten von $A^{(k)}$ frei wählen und erhalten entsprechend r unabhängige Lösungen. Insgesamt ergeben sich hierdurch immer f Eigenvektoren

$$A^{(k)} = \begin{pmatrix} A_1^{(k)} \\ A_2^{(k)} \\ \vdots \\ A_f^{(k)} \end{pmatrix} \qquad (k = 1, ..., f) \qquad (25.23)$$

Wenn wir die frei zu wählenden Komponenten reell wählen, dann ist (25.22) ein lineares, inhomogenes Gleichungssystem mit reellen Koeffizienten für die anderen Komponenten, und der Vektor $A^{(k)}$ ist insgesamt reell. Im Folgenden seien die $A^{(k)}$ so festgelegt. Die allgemeine Lösung von (25.22) schreiben wir dann als $C_k A^{(k)}$ mit einer beliebigen komplexen Zahl C_k. Wegen des Faktors C_k können wir die reellen Eigenvektoren $A^{(k)}$ auch noch willkürlich normieren und sie dadurch völlig festlegen. Damit führt (25.13) zu

$$x(t) = A^{(k)} \operatorname{Re}\big(C_k \exp(-\mathrm{i}\omega_k t)\big) \qquad (k = 1, ..., f) \qquad (25.24)$$

Die komplexe Zahl C_k enthält zwei reelle Konstanten, die zu den Amplituden von $\sin(\omega_k t)$ und $\cos(\omega_k t)$ werden, wenn wir den Realteil bilden.

Die Lösung (25.24) ist eine spezielle Lösung der Bewegungsgleichung (25.11), die als *Eigenmode* oder *Eigenschwingung* bezeichnet wird. Sie beschreibt eine periodische Bewegung mit der Frequenz ω_k. Da die Bewegungsgleichungen (25.8) oder (25.11) linear sind, ist eine beliebige Überlagerung von Eigenschwingungen auch eine Lösung. Damit erhalten wir die *allgemeine Lösung*

$$x(t) = \sum_{k=1}^{f} A^{(k)} B_k \cos(\omega_k t + \alpha_k) \qquad \text{Allgemeine Lösung} \qquad (25.25)$$

Die f komplexen Amplituden C_k wurden hier durch die reellen Amplituden B_k und die reellen Phasen α_k ersetzt. Die Normierung der ebenfalls reellen $A^{(k)}$ wird willkürlich vorgegeben. Dann enthält die Lösung $2f$ Integrationskonstanten (B_k, α_k); sie ist daher die allgemeine Lösung der f Differenzialgleichungen 2. Ordnung (25.8).

Normalkoordinaten

Durch eine Transformation

$$x_i = x_i(Q_1, Q_2, \ldots, Q_f) \qquad (i = 1, ..., f) \qquad (25.26)$$

kann man von den f Koordinaten $x_i = q_i - q_i^0$ zu f anderen Koordinaten Q_j übergehen. Im Folgenden führen wir die *Normalkoordinaten* ein, die gleich den Amplituden der Eigenschwingungen sind.

Das Verfahren zur Bestimmung der Normalkoordinaten Q_i entspricht der Hauptachsentransformation einer quadratischen Form; dieser Zusammenhang wird im ersten Beispiel von Kapitel 26 besonders deutlich. Aus den Eigenvektoren $A^{(k)}$ bilden wir die quadratische Matrix a:

$$a = (a_{ik}) = \left(A_i^{(k)}\right) = \begin{pmatrix} A_1^{(1)} & A_1^{(2)} & \ldots & A_1^{(f)} \\ A_2^{(1)} & A_2^{(2)} & \ldots & A_2^{(f)} \\ \vdots & \vdots & \ddots & \vdots \\ A_f^{(1)} & A_f^{(2)} & \ldots & A_f^{(f)} \end{pmatrix} \tag{25.27}$$

Mit dieser Notation wird (25.22) zu

$$\sum_{j=1}^{f} V_{ij}\, a_{jk} = \omega_k^2 \sum_{j=1}^{f} T_{ij}\, a_{jk} \tag{25.28}$$

Wir schreiben die entsprechende Gleichung für ω_l an, wobei wir die Indizes umbenennen ($i \leftrightarrow j$) und die Indizes der symmetrischen Matrizen T und V vertauschen:

$$\sum_{i=1}^{f} V_{ij}\, a_{il} = \omega_l^2 \sum_{i=1}^{f} T_{ij}\, a_{il} \tag{25.29}$$

Wir multiplizieren (25.28) mit a_{il} und (25.29) mit a_{jk}, und summieren über i beziehungsweise j. Die Differenz der beiden Gleichungen ist dann

$$\left(\omega_k^2 - \omega_l^2\right) \sum_{i,j=1}^{f} T_{ij}\, a_{il}\, a_{jk} = 0 \tag{25.30}$$

Wir nehmen zunächst an, dass die Eigenwerte nicht entartet sind, also $\omega_l \neq \omega_k$ für $l \neq k$. Für $l \neq k$ muss dann die Summe in (25.30) verschwinden. Für $l = k$ normieren wir die $A^{(k)}$ so, dass die Summe gleich 1 ist. Damit gilt insgesamt

$$\sum_{i,j=1}^{f} T_{ij}\, a_{il}\, a_{jk} = A^{(l)\,\mathrm{T}}\, T\, A^{(k)} = \delta_{lk} \quad \text{oder} \quad a^{\mathrm{T}}\, T\, a = 1 \tag{25.31}$$

Dies ist eine *verallgemeinerte Orthogonalitätsrelation* für die Eigenvektoren $A^{(k)}$. Für $T_{ij} = \delta_{ij}$ wird (25.28) – (25.31) zum üblichen Beweis der Orthogonalität der Eigenvektoren der symmetrischen Matrix V.

Wir betrachten nun noch den Fall, dass zwei Eigenwerte zusammenfallen, also $\omega_k = \omega_l$ für $k \neq l$. Dann ist $\alpha A^{(k)} + \beta A^{(l)}$ ebenfalls Eigenvektor von (25.22). In diesem Fall kann man zwei Linearkombinationen so wählen, dass (25.31) gilt.

Die gemäß (25.31) normierten Eigenvektoren $A^{(k)}$ diagonalisieren nicht nur T, sondern auch V. Um dies zu sehen, schreiben wir (25.28) als

$$V a = T a\, \lambda \tag{25.32}$$

mit der Diagonalmatrix

$$\lambda = (\omega_k^2\, \delta_{kl}) = \begin{pmatrix} \omega_1^2 & 0 & \dots & 0 \\ 0 & \omega_2^2 & \dots & 0 \\ \vdots & \vdots & \ddots & \vdots \\ 0 & 0 & \dots & \omega_f^2 \end{pmatrix} \tag{25.33}$$

Wir multiplizieren (25.32) von links mit a^{T} und verwenden $a^{\mathrm{T}}\, T a = 1$:

$$a^{\mathrm{T}}\, V a = \lambda \quad \text{oder} \quad \sum_{i,\,j=1}^{f} V_{ij}\, a_{il}\, a_{jk} = \omega_k^2\, \delta_{kl} \tag{25.34}$$

Damit werden sowohl T wie V durch die Matrix $a = \big(A_i^{(k)}\big)$ diagonalisiert. Deshalb führt die Transformation

$$x_i(t) = x_i(Q_1,\ldots,\, Q_f) = \sum_{j=1}^{f} a_{ij}\, Q_j(t) \quad \text{oder} \quad x = a\, Q \tag{25.35}$$

zu den gesuchten Normalkoordinaten Q_j. Wir setzen diese Transformation in die Lagrangefunktion (25.7) ein:

$$\begin{aligned} 2\,\mathcal{L}_0 &= \sum_{i,\,j=1}^{f} \big(T_{ij}\, \dot{x}_i\, \dot{x}_j - V_{ij}\, x_i\, x_j\big) = \dot{x}^{\mathrm{T}}\, T\, \dot{x} - x^{\mathrm{T}}\, V\, x \\ &= (a\, \dot{Q})^{\mathrm{T}}\, T\, (a\, \dot{Q}) - (a\, Q)^{\mathrm{T}}\, V\, (a\, Q) = \dot{Q}^{\mathrm{T}} \dot{Q} - Q^{\mathrm{T}} \lambda\, Q \\ &= \sum_{k=1}^{f} \Big(\dot{Q}_k^2 - \omega_k^2\, Q_k^2\Big) \end{aligned} \tag{25.36}$$

Hieraus erhalten wir die entkoppelten Bewegungsgleichungen

$$\ddot{Q}_k + \omega_k^2\, Q_k = 0 \qquad (k = 1,\ldots, f) \tag{25.37}$$

Setzen wir die Lösungen

$$Q_k(t) = \mathrm{Re}\,\big(C_k\, \exp(-\mathrm{i}\,\omega_k t)\big) = B_k\, \cos(\omega_k t + \alpha_k) \tag{25.38}$$

in (25.35) ein, so erhalten wir die in (25.25) angegebene allgemeine Lösung. Im Grenzfall $\omega_k = 0$ folgt aus (25.37) die Lösung

$$Q_k(t) = A + B\, t \qquad (\omega_k = 0) \tag{25.39}$$

Äußere Kräfte

Wir fügen ein äußeres Störpotenzial U_e in (25.1) hinzu:

$$\mathcal{L} = \mathcal{L}_0 - U_\mathrm{e}(q_1,..., q_f, t) \tag{25.40}$$

Wir entwickeln dieses Potenzial um die Gleichgewichtslage des ungestörten Systems

$$U_\mathrm{e}(q_1,..., q_f, t) = U_\mathrm{e}(q_1^0,..., q_f^0, t) - \sum_{i=1}^{f} f_i(t)\, x_i + \ldots \tag{25.41}$$

Der erste Term ist nur eine Funktion der Zeit und kann daher in der Lagrangefunktion weggelassen werden. Wir setzen voraus, dass U_e so schwach ist, dass die Entwicklung beim linearen Term abgebrochen werden kann. In diesem Term ist $f_i(t) = -(\partial U_\mathrm{e}/\partial q_i)_0$ die Kraft, die auf die Koordinate x_i wirkt. Damit wird (25.40) zu

$$\mathcal{L} = \mathcal{L}_0 + \sum_{i=1}^{f} f_i(t)\, x_i = \sum_{k=1}^{f} \left(\frac{1}{2}\, \dot{Q}_k^2 - \frac{\omega_k^2}{2}\, Q_k^2 + F_k(t)\, Q_k \right) \tag{25.42}$$

Hierbei haben wir (25.36) und (25.35) benutzt und die verallgemeinerte Kraft

$$F_k(t) = \sum_{i=1}^{f} a_{ik}\, f_i(t) \tag{25.43}$$

eingeführt. Aus (25.42) folgen die Bewegungsgleichungen

$$\ddot{Q}_k(t) + \omega_k^2\, Q_k(t) = F_k(t) \qquad (k = 1,..., f) \tag{25.44}$$

An dieser Stelle könnten auch noch Reibungskräfte zugelassen werden. Jede der f Bewegungsgleichungen beschreibt eine erzwungene Schwingung, wie wir sie im letzten Kapitel behandelt haben.

Aufgaben

25.1 Transformation zu Normalkoordinaten

Die Auslenkungen x_i bei kleinen Schwingungen können durch die Normalkoordinaten Q_k ausgedrückt werden:

$$x_i = x_i(Q_1, ..., Q_f) = \sum_{j=1}^{f} a_{ij} \, Q_j \tag{25.45}$$

Wie lautet die Rücktransformation $Q_k = Q_k(x_1, .., x_f)$?

26 Anwendungen

Für drei Systeme mit mehreren Freiheitsgraden bestimmen wir die Eigenfrequenzen und -schwingungen. Im ersten Beispiel (zweidimensionale Bewegung) wird die Beziehung unseres Lösungsverfahrens zur Hauptachsentransformation deutlich. Das zweite Beispiel (gekoppelte Pendel) ist so einfach, dass wir unmittelbar Normalkoordinaten einführen können. Im dritten Beispiel (Molekül) führen wir das im letzten Kapitel angegebene Verfahren Schritt für Schritt durch.

Zweidimensionale Bewegung

Zunächst betrachten wir die zweidimensionale Bewegung eines Massenpunkts in einem beliebigen Potenzial $U(x, y)$. Die Lagrangefunktion dieses Systems ist

$$\mathcal{L} = \frac{m}{2}\left(\dot{x}^2 + \dot{y}^2\right) - U(x, y) \tag{26.1}$$

Das Potenzial habe bei (x_0, y_0) ein Minimum. Dann lautet die Entwicklung von $U(x, y)$ nach $x_1 = x - x_0$ und $x_2 = y - y_0$:

$$\begin{aligned} U &= U_0 + \frac{1}{2}\left(\frac{\partial^2 U}{\partial x^2}\right)_0 x_1^2 + \frac{1}{2}\left(\frac{\partial^2 U}{\partial y^2}\right)_0 x_2^2 + \left(\frac{\partial^2 U}{\partial x\, \partial y}\right)_0 x_1\, x_2 + \ldots \\ &= U_0 + \frac{1}{2}\left(V_{11}\, x_1^2 + V_{22}\, x_2^2 + 2\, V_{12}\, x_1\, x_2\right) + \ldots \end{aligned} \tag{26.2}$$

Der Index 0 bedeutet, dass die Größe an der Stelle x_0, y_0 zu nehmen ist. Für kleine Schwingungen lautet die Lagrangefunktion

$$\mathcal{L} = \frac{1}{2} \sum_{i,\, j=1}^{2} \left(T_{ij}\, \dot{x}_i\, \dot{x}_j - V_{ij}\, x_i\, x_j\right) \quad \text{mit } T_{ij} = m\, \delta_{ij} \tag{26.3}$$

In der Näherung (26.2) sind die Äquipotenziallinien

$$U \approx U_0 + \frac{1}{2} \sum_{i,\, j=1}^{2} V_{ij}\, x_i\, x_j = \text{const.} \tag{26.4}$$

Ellipsen in der x_1-x_2-Ebene. Wir führen nun ein um den Winkel φ gedrehtes System mit den Koordinaten ξ_1 und ξ_2 ein. Die Transformation zu den neuen Koordinaten lautet

$$\begin{pmatrix} \xi_1 \\ \xi_2 \end{pmatrix} = \begin{pmatrix} \cos\varphi & \sin\varphi \\ -\sin\varphi & \cos\varphi \end{pmatrix} \begin{pmatrix} x_1 \\ x_2 \end{pmatrix} \quad \text{oder} \quad \xi = \alpha\, x \tag{26.5}$$

Die Transformationsmatrix bezeichnen wir mit α, die Spaltenvektoren mit ξ und x. Wegen $\alpha^{\mathrm{T}}\alpha = 1$ ist die Rücktransformation durch

$$x = \alpha^{\mathrm{T}}\,\xi \tag{26.6}$$

gegeben. Wir setzen dies in (26.4) ein:

$$\sum_{i,j=1}^{2} V_{ij}\,x_i\,x_j = x^{\mathrm{T}} V x = (\alpha^{\mathrm{T}}\xi)^{\mathrm{T}}\, V\,\alpha^{\mathrm{T}}\xi = \xi^{\mathrm{T}}\,(\alpha\, V\alpha^{\mathrm{T}})\,\xi = \xi^{\mathrm{T}}\, V'\,\xi \tag{26.7}$$

Wir wählen nun φ in (26.5) so, dass das Außerdiagonalelement $V'_{12} = V'_{21}$ verschwindet, also

$$V' = \alpha\, V\alpha^{\mathrm{T}} = \begin{pmatrix} k_1 & 0 \\ 0 & k_2 \end{pmatrix} \tag{26.8}$$

Allgemein gilt, dass jede reelle symmetrische Matrix V durch eine orthogonale Transformation (also durch $V \to \alpha\, V\alpha^{\mathrm{T}}$) diagonalisiert werden kann. Durch die Drehung wird (26.4) zu

$$\sum_{i,j=1}^{2} V'_{ij}\,\xi_i\,\xi_j = k_1\,\xi_1^{\,2} + k_2\,\xi_2^{\,2} = \text{const.} \qquad (k_1 > 0,\ k_2 > 0) \tag{26.9}$$

Die Stabilität der Gleichgewichtslage bedeutet, dass (26.4) und (26.9) für beliebige Auslenkungen positiv sind. Damit sind die Eigenwerte k_1 und k_2 der Matrix V positiv und (26.4) beschreibt Ellipsen. Die Hauptachsen dieser Ellipsen sind die ξ_1- und die ξ_2-Achse.

Da die Matrix T der kinetischen Energie proportional zur Einheitsmatrix ist, ändert sie sich bei der orthogonalen Transformation nicht, $T' = \alpha\, T\,\alpha^{\mathrm{T}} = T$. Damit wird (26.3) im gedrehten Koordinatensystem zu

$$\mathcal{L}(\xi,\dot{\xi}) = \frac{m}{2}\left(\dot{\xi}_1^{\,2} + \dot{\xi}_2^{\,2}\right) - \frac{k_1}{2}\,\xi_1^{\,2} - \frac{k_2}{2}\,\xi_2^{\,2} \tag{26.10}$$

Die triviale Transformation

$$Q_i = \sqrt{m}\;\xi_i(t) \tag{26.11}$$

führt dann zu Normalkoordinaten:

$$\mathcal{L} = \frac{1}{2}\sum_{i=1}^{2}\left(\dot{Q}_i^{2} - \omega_i^{2}\,Q_i^{2}\right) \quad \text{mit} \quad \omega_i = \sqrt{\frac{k_i}{m}} \tag{26.12}$$

Die Eigenmoden sind Schwingungen in Richtung der Hauptachsen der Ellipsen.

Wir sind hier etwas von dem allgemeinen Lösungsweg abgewichen, der im letzten Kapitel angegeben wurde. Nach diesem Lösungsweg hätten wir zunächst aus $\det(V - \omega^2\,T) = \det(V - m\,\omega^2\,I) = 0$ die Eigenwerte $\omega_i^2 = k_i/m$ bestimmt. Dann ergibt $V A^{(k)} = m\,\omega_k^2 A^{(k)}$ die Spaltenvektoren $A^{(k)}$, die die Richtung der Eigenschwingungen (und Hauptachsen) angeben. Die hier gewählte Behandlung zeigt die Verbindung des allgemeinen Verfahrens mit einer Hauptachsentransformation.

Gekoppelte Pendel

Wir betrachten das in Abbildung 26.1 skizzierte Doppelpendel. Für kleine Auslenkungen ist die Gravitationsenergie jedes der beiden Pendel von der Form $mgz = mgl\,(1-\cos\varphi) \approx mgl\,\varphi^2/2$. Der Abstand der beiden Massen ändert sich bei kleinen Auslenkungen um $x = l\,(\varphi_2 - \varphi_1)$. Die Feder soll für $\varphi_1 = \varphi_2 = 0$ entspannt sein; dann ist ihre potenzielle Energie gleich $kx^2/2$. Die Lagrangefunktion für kleine Schwingungen lautet damit

$$\mathcal{L} = \frac{ml^2}{2}\,(\dot\varphi_1^2 + \dot\varphi_2^2) - \frac{mgl}{2}\,(\varphi_1^2 + \varphi_2^2) - \frac{kl^2}{2}\,(\varphi_1 - \varphi_2)^2 \qquad (26.13)$$

Wegen der quadratischen Form und der Abhängigkeit von $(\varphi_1 - \varphi_2)$ liegt es nahe, die neuen Koordinaten

$$\theta_1 = \frac{\varphi_1 + \varphi_2}{2}\,, \qquad \theta_2 = \varphi_1 - \varphi_2 \qquad (26.14)$$

einzuführen. Wir setzen die Rücktransformation

$$\varphi_1 = \theta_1 + \frac{\theta_2}{2}\,, \qquad \varphi_2 = \theta_1 - \frac{\theta_2}{2} \qquad (26.15)$$

in die Lagrangefunktion ein und erhalten

$$\mathcal{L} = ml^2\,\dot\theta_1^2 + \frac{ml^2}{4}\,\dot\theta_2^2 - mgl\,\theta_1^2 - \left(kl^2 + \frac{mgl}{2}\right)\frac{\theta_2^2}{2} \qquad (26.16)$$

Dann führt die triviale Transformation

$$Q_1 = \sqrt{2ml^2}\,\theta_1 \quad \text{und} \quad Q_2 = \sqrt{\frac{ml^2}{2}}\,\theta_2 \qquad (26.17)$$

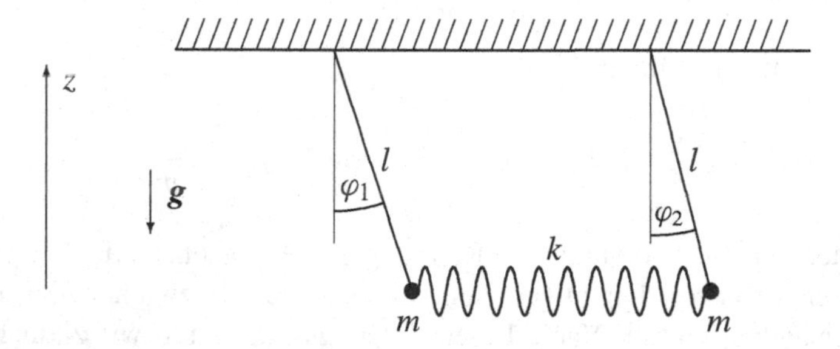

Abbildung 26.1 Gekoppelte Pendel im Schwerefeld: Jedes Pendel hat die Länge l und die Masse m. Die beiden Massen seien durch eine (masselose) Feder mit der Federkonstanten k verbunden. Die Feder sei entspannt, wenn beide Pendel sich im tiefsten Punkt befinden. Die Gleichgewichtslage ist daher durch $\varphi_1 = \varphi_2 = 0$ gegeben.

zu Normalkoordinaten:

$$\mathcal{L} = \frac{1}{2} \sum_{i=1}^{2} \left(\dot{Q}_i^2 - \omega_i^2 \, Q_i^2 \right) \tag{26.18}$$

Die $Q_i(t) \propto \theta_i(t)$ beschreiben die Eigenschwingungen mit den Frequenzen

$$\omega_1 = \sqrt{\frac{g}{l}} \,, \qquad \omega_2 = \sqrt{\frac{2k}{m} + \frac{g}{l}} \tag{26.19}$$

Die erste Eigenschwingung ist

$$\theta_1(t) = A \, \cos(\omega_1 t + \alpha), \;\; \theta_2 = 0 \;\; \longrightarrow \;\; \varphi_1(t) = \varphi_2(t) = A \, \cos(\omega_1 t + \alpha) \tag{26.20}$$

In diesem Fall schwingen beide Pendel parallel oder gleichphasig. Die Feder bleibt entspannt und ist ohne Einfluss auf die Frequenz.

Bei der anderen Eigenschwingung

$$\theta_2(t) = B \, \cos(\omega_2 t + \beta), \;\; \theta_1 = 0 \;\; \longrightarrow \;\; \varphi_1(t) = -\varphi_2(t) = \frac{B}{2} \, \cos(\omega_2 t + \beta) \tag{26.21}$$

schwingen die Pendel gegenphasig. Die Rückstellkräfte der Feder und des Schwerefelds addieren sich in ω_2^2. Die allgemeine Lösung ist eine Überlagerung aus den beiden Lösungen (26.20) und (26.21).

Für schwache Kopplung, $k \ll mg/l$, liegen beide Frequenzen nahe beieinander. In diesem Fall scheinen die beiden Pendel zunächst unabhängig voneinander zu schwingen. Der Austausch von Schwingungsenergie zwischen den Pendeln benötigt die relativ lange Zeit $t \sim 1/(\omega_2 - \omega_1) \gg (l/g)^{1/2}$. Wenn etwa das zweite Pendel anfangs ruht, dann übernimmt es nach dieser Zeit die Schwingungsenergie des ersten Pendels.

Dreiatomiges Molekül

Für das Beispiel eines dreiatomigen Moleküls gehen wir Schritt für Schritt den im letzten Kapitel dargestellten Lösungsweg durch. Die drei Atome des Moleküls sollen sich nur längs einer Geraden bewegen können (Abbildung 26.2 oben). Ihre jeweiligen Positionen kennzeichnen wir mit den Koordinatenwerten y_1, y_2 und y_3. Der Gleichgewichtsabstand zwischen benachbarten Atomen sei b, also

$$y_2^0 - y_1^0 = b \qquad y_3^0 - y_2^0 = b \tag{26.22}$$

Damit sind lediglich zwei der drei Größen y_1^0, y_2^0 und y_3^0 festgelegt, die wir im Allgemeinen für die Entwicklung (25.2) benötigen. Das Potenzial ist in diesem Fall aber von vornherein quadratisch in den Auslenkungen $x_i = y_i - y_i^0$:

$$\begin{aligned} V(y_1, y_2, y_3) &= \frac{k}{2} \left[(y_2 - y_1 - b)^2 + (y_3 - y_2 - b)^2 \right] \\ &= \frac{k}{2} \left[(x_2 - x_1)^2 + (x_3 - x_2)^2 \right] \end{aligned} \tag{26.23}$$

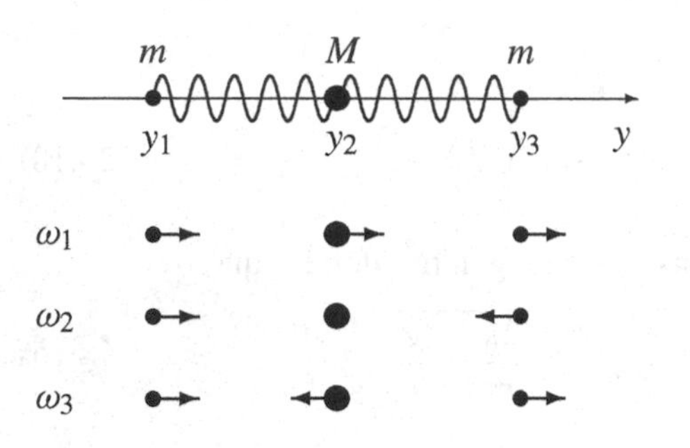

Abbildung 26.2 Ein dreiatomiges Molekül (oben) mit zwei gleichen Randatomen kann eindimensionale Schwingungen ausführen. Die drei sich ergebenden Schwingungstypen sind darunter skizziert. Die erste Lösung besteht in der Translation des gesamten Moleküls.

Die kinetische Energie lautet

$$T(\dot{y}_1, \dot{y}_2, \dot{y}_3) = \frac{m}{2}\left(\dot{y}_1^2 + \dot{y}_3^2\right) + \frac{M}{2}\,\dot{y}_2^2 = \frac{m}{2}\left(\dot{x}_1^2 + \dot{x}_3^2\right) + \frac{M}{2}\,\dot{x}_2^2 \tag{26.24}$$

Die Lagrangefunktion ist damit von der Form (25.7), also

$$\mathcal{L}(x, \dot{x}) = \frac{1}{2}\sum_{i,j=1}^{3}\left(T_{ij}\,\dot{x}_i\,\dot{x}_j - V_{ij}\,x_i\,x_j\right) \tag{26.25}$$

Die Koeffizienten T_{ij} und V_{ij} können aus (26.23) und (26.24) abgelesen werden, wobei die Symmetrie (etwa $V_{12} = V_{21}$) zu beachten ist. Dies ergibt

$$T = \left(T_{ij}\right) = \begin{pmatrix} m & 0 & 0 \\ 0 & M & 0 \\ 0 & 0 & m \end{pmatrix}, \qquad V = \left(V_{ij}\right) = \begin{pmatrix} k & -k & 0 \\ -k & 2k & -k \\ 0 & -k & k \end{pmatrix} \tag{26.26}$$

Damit ist das Problem auf die Form (25.7) gebracht. Die Bedingung (25.16) für die Eigenfrequenzen lautet:

$$\det\left(V - \omega^2 T\right) = \begin{vmatrix} k - \omega^2 m & -k & 0 \\ -k & 2k - \omega^2 M & -k \\ 0 & -k & k - \omega^2 m \end{vmatrix} = 0 \tag{26.27}$$

Dies ergibt

$$\begin{aligned} 0 &= \left(k - \omega^2 m\right)^2\left(2k - \omega^2 M\right) - 2k^2\left(k - \omega^2 m\right) \\ &= \omega^2\left(k - \omega^2 m\right)\left(\omega^2 M m - k\,(2m + M)\right) \end{aligned} \tag{26.28}$$

mit den Lösungen

$$\omega_1 = 0\,, \qquad \omega_2 = \sqrt{\frac{k}{m}}\,, \qquad \omega_3 = \sqrt{\frac{k}{m}\left(1 + \frac{2m}{M}\right)} \tag{26.29}$$

Aus (25.22), $(V - \omega_k^2\, T)\, A^{(k)} = 0$, folgen die Eigenvektoren:

$$A^{(1)} = \begin{pmatrix} 1 \\ 1 \\ 1 \end{pmatrix}, \quad A^{(2)} = \begin{pmatrix} 1 \\ 0 \\ -1 \end{pmatrix}, \quad A^{(3)} = \begin{pmatrix} 1 \\ -2m/M \\ 1 \end{pmatrix} \tag{26.30}$$

Diese Eigenvektoren können beliebig normiert sein, da sie noch mit Konstanten C_k multipliziert werden. Unter Berücksichtigung von (25.19) lautet die allgemeine Lösung (25.25):

$$\begin{aligned} x(t) \;&=\; \begin{pmatrix} 1 \\ 1 \\ 1 \end{pmatrix} (b_1 t + a_1) + \begin{pmatrix} 1 \\ 0 \\ -1 \end{pmatrix} B_2 \cos(\omega_2 t + \alpha_2) \\ &\quad + \begin{pmatrix} 1 \\ -2m/M \\ 1 \end{pmatrix} B_3 \cos(\omega_3 t + \alpha_3) \end{aligned} \tag{26.31}$$

Die sechs reellen Konstanten b_1, a_1, B_2, α_2, B_3, α_3 bestimmen sich aus den Anfangsbedingungen für $x_i(0)$ und $\dot{x}_i(0)$.

Bei der ersten Eigenmode $\omega_1 = 0$ handelt es sich um keine Schwingung, sondern eine gleichförmige Bewegung des gesamten Moleküls mit konstanter Geschwindigkeit. Da die Schwerpunktkoordinate

$$X = \frac{m\,(x_1 + x_3) + M x_2}{2m + M} \tag{26.32}$$

eine Linearkombination der behandelten Koordinaten ist, wird diese Bewegung durch die Lagrangefunktion (26.25) beschrieben. Da das Potenzial (26.23) keine Rückstellkraft für X ergibt, ist die zugehörige Frequenz null. Bei einer dreidimensionalen Behandlung des Moleküls tritt eine analoge Situation auch für Rotationen auf; denn ohne äußere Kräfte gibt es hierfür ebenfalls keine Rückstellkraft und die zugehörigen Eigenfrequenzen verschwinden. Alternativ zur gegebenen Behandlung könnte man die triviale Schwerpunktbewegung von vornherein abspalten und nur zwei Freiheitsgrade explizit behandeln.

Bei der zweiten Eigenmode ruht das mittlere Atom, und die beiden anderen schwingen gegenphasig. Bei der dritten Eigenmode schwingen die beiden äußeren Atome zusammen gegenüber dem mittleren. Alle Moden sind in Abbildung 26.2 skizziert.

Aufgaben

26.1 Standardverfahren für Doppelpendel

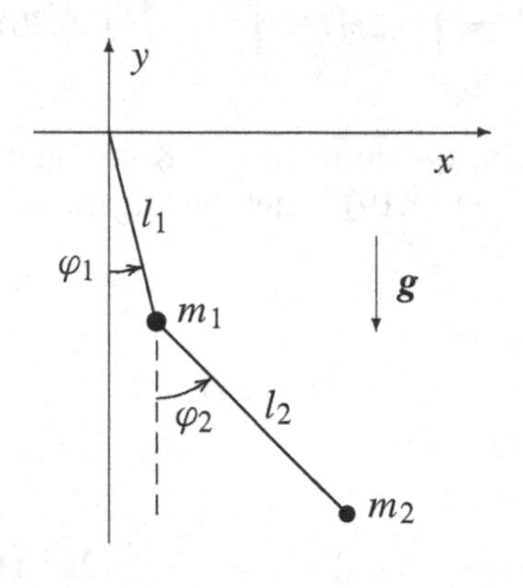

Für das bereits in Aufgabe 10.1 gelöste Doppelpendel: Geben Sie die Matrizen T und V des allgemeinen Verfahrens für kleine Schwingungen an. Stellen Sie die Eigenwertgleichung

$$\left(V - \omega^2 T\right) A = 0$$

auf. Bestimmen Sie die Eigenwerte und Eigenvektoren für den Fall $m_1 = m_2 = m$ und $l_1 = l_2 = l$.

26.2 Normalkoordinaten für Molekülschwingung

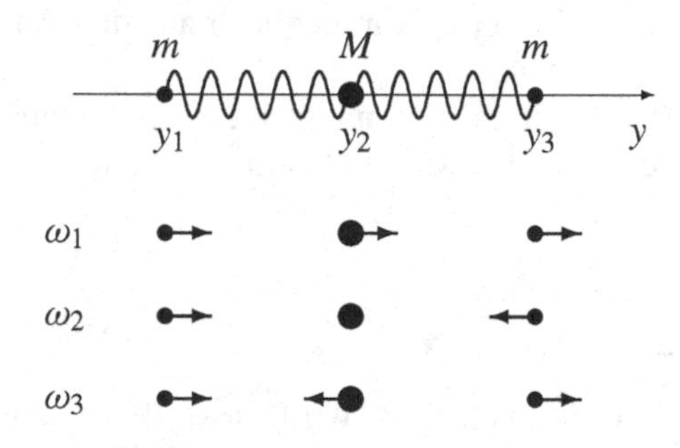

Die Atome (Massen m, M und m) eines dreiatomiges Moleküls können eindimensionale Schwingungen ausführen. Die sich ergebenden Schwingungstypen sind in der Abbildung skizziert. Die erste Lösung besteht in der Translation des gesamten Moleküls.

Die zu den Schwingungen gehörigen Eigenvektoren sind

$$A^{(1)} = c_1 \begin{pmatrix} 1 \\ 1 \\ 1 \end{pmatrix}, \qquad A^{(2)} = c_2 \begin{pmatrix} 1 \\ 0 \\ -1 \end{pmatrix}, \qquad A^{(3)} = c_3 \begin{pmatrix} 1 \\ -2m/M \\ 1 \end{pmatrix}$$

(Diese Eigenvektoren werden ohne Angabe der c_i in Kapitel 26 von [1] abgeleitet). Aus den Eigenvektoren wird die quadratische Matrix

$$a = (a_{ik}) = \left(A_i^{(1)}, A_i^{(2)}, A_i^{(3)}\right)$$

gebildet. Bestimmen Sie die Koeffizienten c_i aus der Normierung $a^{\mathrm{T}}\, T\, a = 1$ mit $T = \operatorname{diag}(m, M, m)$, und geben Sie die Normalkoordinaten $Q_k = Q_k(x)$ an.

26.3 Lineare Kette mit festen Randbedingungen

Drei gleiche Massen m sind über vier gleiche Federn (Federkonstante k) zwischen zwei Wänden verbunden und können in y-Richtung schwingen. Die Auslenkungen aus den Gleichgewichtslagen y_n^0 werden mit $x_n(t) = y_n(t) - y_n^0$ bezeichnet.

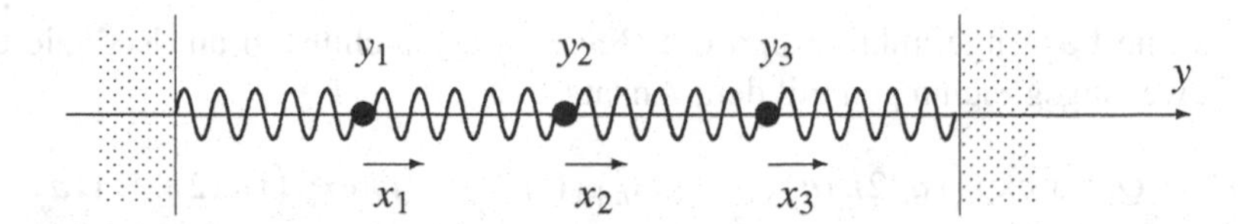

Geben Sie die Lagrangefunktion für dieses Problem an, und lesen Sie die Matrizen T und V ab. Bestimmen Sie die Eigenfrequenzen und die Eigenvektoren. Skizzieren Sie die verschiedenen Schwingungstypen.

26.4 Eindimensionales Kristallmodell I

Die Massen $m_n = m$ mit $n = 0, \pm 1, \pm 2, \ldots$ können sich längs der y-Achse bewegen. Harmonische Federn (Federkonstante k) zwischen benachbarten Massen führen zu den Gleichgewichtslagen $y_n^0 = a\,n$; die Länge a ist die Gitterkonstante dieses eindimensionalen Kristallmodells. Die Auslenkungen aus dem Gleichgewicht werden mit $x_n(t) = y_n(t) - y_n^0$ bezeichnet:

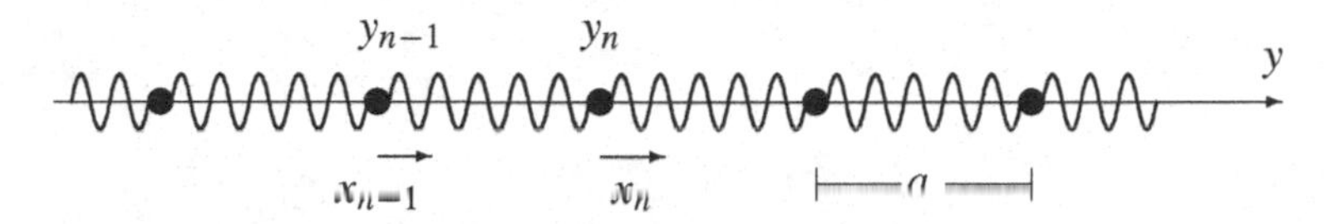

Geben Sie die Lagrangefunktion und die Bewegungsgleichungen für diese unendliche lineare Kette an. Lösen Sie die Bewegungsgleichungen mit dem Ansatz $x_n(t) = Q_q(t)\,\exp(\mathrm{i}q\,n\,a)$ und $Q_q(t) = A_q\,\exp(-\mathrm{i}\omega_q t)$.
Diese Lösung wird durch die reelle Wellenzahl q charakterisiert. Begründen Sie, dass q auf den Bereich $-\pi/a \le q < \pi/a$ beschränkt werden kann. Skizzieren Sie die Eigenfrequenzen $\omega_q = \omega(q)$ als Funktion von q. Diese Beziehung wird *Dispersionsrelation* genannt.

Die physikalische Randbedingung einer *endlichen* Kette aus N Massen kann durch die periodische Randbedingung $x_n(t) = x_{n+N}(t)$ simuliert werden. Zu welchen diskreten Werten von q führt diese Randbedingung?

26.5 Eindimensionales Kristallmodell II

Die Massen $m_{2n} = m$ und $m_{2n+1} = M$ mit $n = 0, \pm 1, \pm 2, \ldots$ können sich längs der y-Achse bewegen. Harmonische Federn (Federkonstante k) zwischen benachbarten Massen führen zu den Gleichgewichtslagen $y_\nu^0 = a \cdot \nu$; die Länge a ist die Gitterkonstante dieses eindimensionalen Kristallmodells aus zwei Atomsorten. Die Auslenkungen aus dem Gleichgewicht werden mit $x_\nu(t) = y_\nu(t) - y_\nu^0$ bezeichnet:

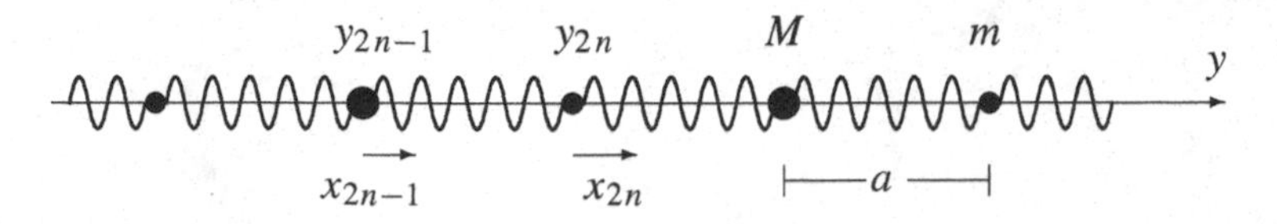

Geben Sie die Lagrangefunktion und die Bewegungsgleichungen an. Reduzieren Sie die Bewegungsgleichungen mit dem Ansatz

$$x_{2n}(t) = Q_q(t)\,\exp\big(\mathrm{i}\,q\,(2n)a\big)\,, \qquad x_{2n+1}(t) = P_q(t)\,\exp\big(\mathrm{i}\,q\,(2n+1)a\big)$$

mit $Q_q(t) = A_q \exp(-\mathrm{i}\,\omega_q t)$ und $P_q(t) = B_q \exp(-\mathrm{i}\,\omega_q t)$ auf zwei gekoppelte Gleichungen für A_q und B_q. Lösen Sie diese Gleichungen. Berechnen und skizzieren Sie die Dispersionsrelation $\omega_q = \omega(q)$ als Funktion von q. Wählen Sie dazu einen geeigneten Bereich für die Wellenzahl q.

VII Hamiltonformalismus

27 Kanonische Gleichungen

Im Teil VII führen wir zwei neue Formulierungen der Grundgesetze der Mechanik ein: Die kanonischen Gleichungen (Kapitel 27 und 28) und die Hamilton-Jacobi-Gleichung (Kapitel 29). Wir bezeichnen diese Formulierungen zusammenfassend als Hamiltonformalismus.

Die praktische Lösung von Problemen erfolgt üblicherweise im Lagrangeformalismus; der Hamiltonformalismus bietet hier im Allgemeinen keine Vorteile. Einige Begriffe des Hamiltonformalismus werden aber in anderen Teilen dieser Lehrbuchreihe benötigt: In der Quantenmechanik geht man bei der Aufstellung des Hamiltonoperators von der *Hamiltonfunktion* aus, und in der Statistischen Physik benötigt man den Begriff des *Phasenraumvolumens*. Diese Größen werden in diesem Kapitel eingeführt. Sie sind auch für die Chaostheorie wichtig, in der man üblicherweise von den Trajektorien im Phasenraum ausgeht.

Weitergehende Strukturen des Hamiltonformalismus werden danach in den Kapiteln 28 und 29 nur in relativ knapper Form vorgestellt; diese beiden Kapitel können auch übersprungen werden. Die dort vorgestellten Strukturen sind für die Untersuchung der Relationen zwischen der Mechanik und der Quantenmechanik wichtig.

Hamiltonfunktion

Im Lagrangeformalismus wurden durch

$$p_i = \frac{\partial \mathcal{L}}{\partial \dot{q}_i} \qquad (i = 1, 2, ..., f) \tag{27.1}$$

die verallgemeinerten (oder kanonischen) Impulse p_i definiert. Wir werden im Folgenden die verallgemeinerten Geschwindigkeiten $\dot{q}_i$ zugunsten der verallgemeinerten Impulse p_i eliminieren. Dazu lösen wir die f Gleichungen (27.1) nach den f Größen $\dot{q}_k$ auf:

$$p_i = \frac{\partial \mathcal{L}(q, \dot{q}, t)}{\partial \dot{q}_i} \quad \overset{\text{Auflösen}}{\longrightarrow} \quad \dot{q}_k = \dot{q}_k(q, p, t) \tag{27.2}$$

T. Fließbach, *Mechanik*, https://doi.org/10.1007/978-3-662-61603-1_8

Wie üblich verwenden wir in den Argumenten die Abkürzungen

$$q = (q_1, ..., q_f)\,, \quad \dot{q} = (\dot{q}_1, ..., \dot{q}_f)\,, \quad p = (p_1, ..., p_f) \tag{27.3}$$

Wir definieren nun die *Hamiltonfunktion* durch

$$\boxed{H(q,\, p,\, t) = \sum_{i=1}^{f} \dot{q}_i(q,\, p,\, t)\; p_i - \mathcal{L}\,(q,\; \dot{q}(q,\, p,\, t),\; t)} \tag{27.4}$$

Wesentlich ist, dass $H = \sum \dot{q}_i\, p_i - \mathcal{L}$ als eine Funktion der Argumente $q_1, ..., q_f$, $p_1, ..., p_f$ und t definiert wird.

Als einfaches Beispiel betrachten wir die ebene Bewegung eines freien Massenpunkts in Polarkoordinaten. Die Lagrangefunktion lautet

$$\mathcal{L}(\rho,\, \dot{\rho},\, \dot{\varphi}) = \frac{m}{2} \left(\dot{\rho}^2 + \rho^2\, \dot{\varphi}^2 \right) \tag{27.5}$$

Gemäß (27.2) drücken wir die Geschwindigkeiten durch die Impulse aus:

$$\left.\begin{aligned} p_\rho &= \partial\mathcal{L}/\partial\dot{\rho} = m\,\dot{\rho} \\ p_\varphi &= \partial\mathcal{L}/\partial\dot{\varphi} = m\,\rho^2\,\dot{\varphi} \end{aligned}\right\} \quad \longrightarrow \quad \dot{\rho} = \frac{p_\rho}{m}\,, \quad \dot{\varphi} = \frac{p_\varphi}{m\,\rho^2} \tag{27.6}$$

Damit ergibt (27.4):

$$H(\rho,\, p_\rho,\, p_\varphi) = \dot{\rho}\; p_\rho + \dot{\varphi}\; p_\varphi - \mathcal{L} = \frac{p_\rho^2}{2m} + \frac{p_\varphi^2}{2m\,\rho^2} \tag{27.7}$$

In den Aufgaben 27.1 bis 27.3 soll die Hamiltonfunktion für einige andere Fälle aufgestellt werden.

Unter Verwendung der Lagrangegleichungen berechnen wir die partiellen Ableitungen der Hamiltonfunktion (27.4):

$$\begin{aligned} \frac{\partial H}{\partial q_k} &= \sum_{i=1}^{f} \frac{\partial \dot{q}_i}{\partial q_k}\, p_i - \frac{\partial \mathcal{L}}{\partial q_k} - \sum_{i=1}^{f} \frac{\partial \mathcal{L}}{\partial \dot{q}_i}\, \frac{\partial \dot{q}_i}{\partial q_k} \\ &= -\frac{\partial \mathcal{L}}{\partial q_k} = -\frac{d}{dt} \left(\frac{\partial \mathcal{L}}{\partial \dot{q}_k} \right) = -\dot{p}_k \end{aligned} \tag{27.8}$$

$$\frac{\partial H}{\partial p_k} = \sum_{i=1}^{f} \frac{\partial \dot{q}_i}{\partial p_k}\, p_i + \dot{q}_k - \sum_{i=1}^{f} \frac{\partial \mathcal{L}}{\partial \dot{q}_i}\, \frac{\partial \dot{q}_i}{\partial p_k} = \dot{q}_k \tag{27.9}$$

$$\frac{\partial H}{\partial t} = \sum_{i=1}^{f} \frac{\partial \dot{q}_i}{\partial t}\, p_i - \sum_{i=1}^{f} \frac{\partial \mathcal{L}}{\partial \dot{q}_i}\, \frac{\partial \dot{q}_i}{\partial t} - \frac{\partial \mathcal{L}}{\partial t} = -\frac{\partial \mathcal{L}}{\partial t} \tag{27.10}$$

Die ersten beiden Gleichungen sind die *kanonischen* oder *Hamiltonschen Gleichungen*:

$$\boxed{\dot{p}_k = -\frac{\partial H(q, p, t)}{\partial q_k}\,, \qquad \dot{q}_k = \frac{\partial H(q, p, t)}{\partial p_k} \qquad (k = 1, \ldots, f)} \tag{27.11}$$

Nach (27.8) und (27.9) folgen diese Gleichungen aus den Lagrangegleichungen. Da die kanonischen Gleichungen $2f$ Differenzialgleichungen 1. Ordnung sind, können sie die ursprünglichen f Differenzialgleichungen 2. Ordnung (Lagrangegleichungen) vollständig ersetzen. Die Lagrangegleichungen und die kanonischen Gleichungen sind daher alternative Formulierungen der Bewegungsgleichungen.

Als Beispiel betrachten wir die Bewegung eines Teilchens in einem Potenzial. Aus der Lagrangefunktion

$$\mathcal{L} = \frac{m\,\dot{\boldsymbol{r}}^2}{2} - U(\boldsymbol{r}, t) = \frac{m}{2}\left(\dot{x}^2 + \dot{y}^2 + \dot{z}^2\right) - U(x, y, z, t) \tag{27.12}$$

folgen die verallgemeinerten Impulse $p_x = \partial\mathcal{L}/\partial\dot{x} = m\,\dot{x}$, $p_y = m\,\dot{y}$ und $p_z = m\,\dot{z}$. Damit lautet die Hamiltonfunktion

$$H(x, y, z, p_x, p_y, p_z) = \frac{p_x^2 + p_y^2 + p_z^2}{2m} + U(x, y, z, t) = \frac{\boldsymbol{p}^2}{2m} + U(\boldsymbol{r}, t) \tag{27.13}$$

Die kanonischen Gleichungen für die x-Bewegung,

$$\dot{p}_x = -\frac{\partial H}{\partial x} = -\frac{\partial U}{\partial x}\,, \qquad \dot{x} = \frac{\partial H}{\partial p_x} = \frac{p_x}{m} \tag{27.14}$$

können mit denen für die y- und z-Bewegung in Vektorform zusammengefasst werden:

$$\dot{\boldsymbol{p}} = -\,\text{grad}\,U(\boldsymbol{r})\,, \qquad \dot{\boldsymbol{r}} = \frac{\boldsymbol{p}}{m} \tag{27.15}$$

Die Äquivalenz mit den Lagrangegleichungen $m\,\ddot{\boldsymbol{r}} = -\,\text{grad}\,U$ ist offensichtlich.

Erhaltungsgrößen

Wir skizzieren kurz den Zusammenhang zwischen Symmetrie und Erhaltungsgröße für die Hamiltonfunktion. Wir berechnen zunächst

$$\frac{dH}{dt} = \frac{d}{dt}\left(\sum_{i=1}^{f}\frac{\partial\mathcal{L}}{\partial\dot{q}_i}\,\dot{q}_i - \mathcal{L}\right) \stackrel{(9.35)}{=} -\frac{\partial\mathcal{L}}{\partial t} \stackrel{(27.10)}{=} \frac{\partial H}{\partial t} \tag{27.16}$$

Hieraus ergibt sich der Zusammenhang zwischen der Zeittranslationsinvarianz und der Energieerhaltung in der Form:

$$\text{Invarianz:}\quad \frac{\partial H}{\partial t} = 0 \quad\longrightarrow\quad \begin{array}{c}\text{Erhaltungsgröße:}\\ H = \text{const.}\end{array} \tag{27.17}$$

Wenn die kinetische Energie T nur quadratisch von den Geschwindigkeiten $\dot{q}_i$ abhängt und die Lagrangefunktion von der Form $\mathcal{L} = T - U(q,t)$ ist, gilt $\sum(\partial\mathcal{L}/\partial\dot{q}_i)\,\dot{q}_i = 2T$. Dann ist die Hamiltonfunktion

$$H(q,p,t) = T + U \tag{27.18}$$

gleich der Energie. Dies gilt insbesondere, wenn die Koordinaten kartesisch sind und wenn das Potenzial nicht von den Geschwindigkeiten abhängt. In Aufgabe 27.3 wird ein Gegenbeispiel betrachtet, in dem $H \neq T + U$.

Für eine zyklische Koordinate q_k folgt aus (27.8)

$$\text{Invarianz:}\quad \frac{\partial H}{\partial q_k} = 0 \quad\longrightarrow\quad \begin{array}{c}\text{Erhaltungsgröße:}\\ p_k = \text{const.}\end{array} \tag{27.19}$$

Phasenraum

Die Angabe von $2f$ Werten für $q_1,\ldots,q_f$ und für $\dot{q}_1,\ldots,\dot{q}_f$ legt den *Zustand* des betrachteten Systems zu einer bestimmten Zeit fest (Kapitel 9). Äquivalent dazu ist die Angabe der $2f$ Werte $q_1,\ldots,q_f$ und $p_1,\ldots,p_f$. Wir ordnen nun jedem Zustand einen Punkt in einem abstrakten, $2f$-dimensionalen Raum zu, der durch $2f$ kartesische Koordinatenachsen für die Größen q_i und p_i aufgespannt wird. Dieser Raum wird *Phasenraum* genannt. Die zeitliche Entwicklung des Systems wird dann durch eine kontinuierliche Folge von Punkten im Phasenraum, also durch eine Trajektorie dargestellt. In Abbildung 27.1 ist der Phasenraum eines eindimensionalen Systems skizziert.

Der Phasenraum wird insbesondere in der Statistischen Mechanik zum Abzählen von Zuständen verwendet. Bei der Behandlung von chaotischen Systemen geht man ebenfalls meist vom Phasenraum aus. Auf den Phasenraum bezieht sich auch die Bohrsche Quantisierungsbedingung, die am Anfang der Quantenmechanik stand. Wir diskutieren im Folgenden den Aspekt der Abzählung von Zuständen.

Durch $H(q_1,..,q_f,p_1,..,p_f) = E$ ist eine $(2f-1)$-dimensionale Fläche im Phasenraum gegeben; eine mögliche Zeitabhängigkeit von H schreiben wir nicht mit an. Diese Fläche schließt das $2f$-dimensionale *Phasenraumvolumen* $V_{\text{PR}}(E)$ ein:

$$V_{\text{PR}}(E) = \underset{H(q,p)<E}{\int\ldots\int} dp_1\ldots dp_f\; dq_1\ldots dq_f \tag{27.20}$$

Jedem Systemzustand mit einer Energie kleiner als E entspricht ein Punkt in diesem Phasenraumvolumen. In einem endlichen Volumen gibt es unendlich viele Punkte, also unendlich viele klassische Systemzustände. Dagegen nimmt ein *quantenmechanischer* Zustand ein endliches (kleines) Volumen im Phasenraum ein. Die Anzahl der quantenmechanischen Zustände mit einer Energie kleiner als E ist dann proportional zu $V_{\text{PR}}(E)$. Dies wird im Folgenden am Beispiel des eindimensionalen Oszillators erläutert; diese Diskussion setzt nur elementare quantenmechanische Kenntnisse voraus.

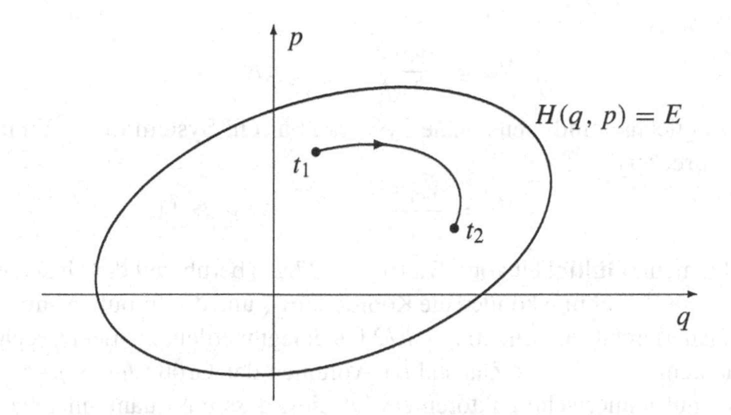

Abbildung 27.1 Darstellung des Phasenraums für ein eindimensionales System. Ein Punkt im Phasenraum, also die Angabe von q und p, definiert einen Systemzustand. Die zeitliche Entwicklung des Systems kann durch eine Trajektorie im Phasenraum dargestellt werden, wie etwa die skizzierte Kurve zwischen den Zeitpunkten t_1 und t_2. Die Bedingung $H(q, p) = E$ ist eine Kurve, auf der die Systemzustände gleicher Energie E liegen. Die Anzahl der Zustände mit einer Energie kleiner als E ist proportional zu der Fläche, die von der Kurve $H(q, p) = E$ eingeschlossen wird.

Die Hamiltonfunktion des eindimensionalen Oszillators lautet

$$H(q, p) = \frac{p^2}{2m} + \frac{m\,\omega^2 q^2}{2} \tag{27.21}$$

Hierfür ist die Kurve $H(q, p) = E$ eine Ellipse mit den Halbachsen

$$a = \sqrt{\frac{2E}{m\,\omega^2}}\,, \qquad b = \sqrt{2mE} \tag{27.22}$$

Das Phasenraumvolumen $V_{\rm PR}$ ist gleich der von der Kurve $H(q, p) = E$ eingeschlossenen Ellipsenfläche:

$$V_{\rm PR}(E) = \int\!\!\int_{H(q,p)<E} dp\, dq = \pi a b = \frac{2\pi E}{\omega} \tag{27.23}$$

Zur Diskussion der Bedeutung des Phasenraums benutzen wir einige elementare quantenmechanische Ergebnisse. Der quantenmechanische Oszillator hat die diskreten Energiezustände

$$E_n = \hbar\omega\left(n + \frac{1}{2}\right) \qquad (n = 0, 1, 2, \ldots) \tag{27.24}$$

Die Anzahl N_E der Zustände mit einer Energie kleiner als E ist daher

$$N_E = \sum_{E_n \le E} 1 \approx \frac{E}{\hbar\omega} \stackrel{(27.23)}{=} \frac{V_{\rm PR}(E)}{2\pi\hbar} \qquad (N_E \gg 1) \tag{27.25}$$

Das Ergebnis

$$N_E = \frac{V_{\rm PR}(E)}{2\pi\hbar} \qquad (N_E \gg 1) \tag{27.26}$$

gilt für beliebige eindimensionale Systeme. Für ein System mit f Freiheitsgraden gilt entsprechend

$$N_E = \frac{V_{\rm PR}(E)}{(2\pi\hbar)^f} \qquad (N_E \gg 1) \tag{27.27}$$

Die allgemeine Gültigkeit von (27.26) und (27.27) beruht auf der Unschärferelation: Nach dieser Beziehung können die Koordinate q_k und der Impuls p_k nur im Rahmen der Unschärferelation $\Delta q_k \; \Delta p_k \geq \hbar/2$ festgelegt werden. Dementsprechend nimmt ein quantenmechanischer Zustand ein Volumen der Größe $\hbar$ im q_k-p_k-Unterraum ein. Bis auf numerische Faktoren erklärt dies, dass ein quantenmechanischer Zustand im $2f$-dimensionalen Phasenraum das Volumen $(2\pi\hbar)^f$ einnimmt.

Der erste Ansatz zur Bestimmung der diskreten quantenmechanischen Energiewerte bestand in der Bohrschen Quantisierungsbedingung, die für stabile, geschlossene Bahnen postulierte:

$$\oint_{H=E} dq \; p = 2\pi\hbar\, n\,, \qquad n = 1,\, 2,\, 3,\, \ldots \tag{27.28}$$

Im Integral ist $p = p(q, E)$ eine Funktion von q und E, die sich durch Auflösen von $H(q, p) = E$ nach p ergibt. Für den harmonischen Oszillator beschreibt $p = p(q, E)$ die Ellipse mit den Halbachsen aus (27.22). Damit erhalten wir für den Oszillator

$$\oint dq \; p(q, E) = \pi a b = \frac{2\pi E}{\omega} = 2\pi\hbar\, n \tag{27.29}$$

Hieraus folgen die diskreten Energiewerte, allerdings ohne die Nullpunktenergie $\hbar\omega/2$.

Aufgaben

27.1 Hamiltonfunktion für Massenpunkt auf Kreiskegel

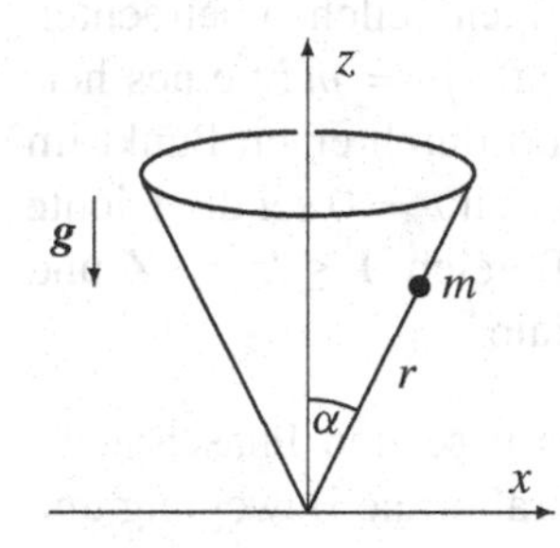

Ein Massenpunkt gleitet reibungsfrei im Schwerefeld auf einem Kreiskegel. Das System wird durch die Lagrangefunktion

$$\mathcal{L}(r, \dot{r}, \dot{\phi}) = \frac{m}{2}\left(\dot{r}^2 + r^2\,\dot{\phi}^2\,\sin^2\alpha\right) - m\,g\,r\,\cos\alpha$$

beschrieben. Stellen Sie die Hamiltonfunktion und die Hamiltonschen Gleichungen auf.

27.2 Hamiltonfunktion für Teilchen im elektromagnetischen Feld

Für ein geladenes Teilchen im elektromagnetischen Feld lautet die Lagrangefunktion

$$\mathcal{L}(\dot{\boldsymbol{r}}, \boldsymbol{r}, t) = \frac{m}{2}\,\dot{\boldsymbol{r}}^2 - q\,\Phi(\boldsymbol{r}, t) + \frac{q}{c}\,\dot{\boldsymbol{r}}\cdot\boldsymbol{A}(\boldsymbol{r}, t)$$

Stellen Sie die zugehörige Hamiltonfunktion auf.

27.3 Massenpunkt auf rotierender Stange

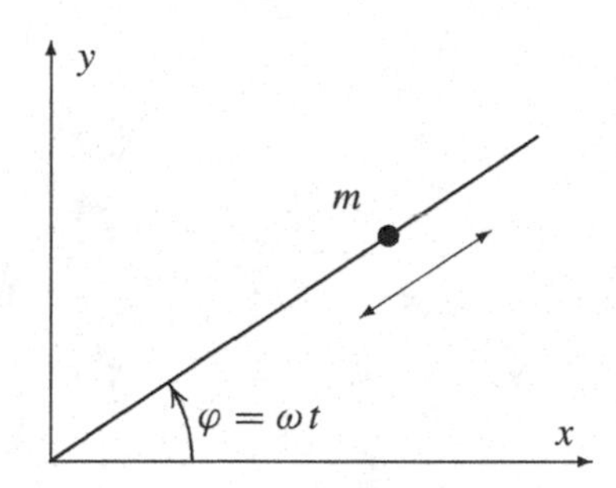

Ein Massenpunkt auf der rotierenden Stange wird durch die Lagrangefunktion

$$\mathcal{L}(\rho, \dot{\rho}) = \frac{m}{2}\left(\dot{\rho}^2 + \omega^2\rho^2\right)$$

beschrieben. Stellen Sie die Hamiltonfunktion auf. Gilt $\partial H/\partial t = 0$? Gilt $H = \text{const.}$? Ist H gleich der Energie des Massenpunkts? Ist die Energie erhalten?

27.4 Ebenes Pendel im Phasenraum

Ein ebenes Pendel besteht aus einer Masse m am Ende einer masselosen Stange der Länge ℓ. Im Schwerefeld hat das Pendel die potenzielle Energie

$$U(q) = m\,g\,\ell\,(1 - \cos q)$$

Dabei ist $q = \varphi$ der Auslenkwinkel des Pendels. Skizzieren Sie mögliche Bahnkurven für Energien $E \geq 0$ im zweidimensionalen p-q-Phasenraum.

27.5 Liouvillescher Satz

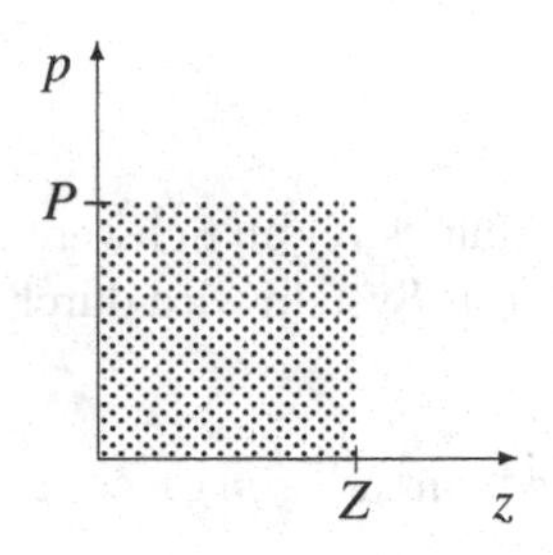

Es wird die eindimensionale Bewegung (längs der z-Achse) von $N \gg 1$ gleichartigen Teilchen betrachtet. Der Zustand (Ort z und Impuls $p = m\,\dot{z}$) eines herausgegriffenen Teilchens wird durch einen Punkt im Phasenraum dargestellt. Zur Zeit $t = 0$ sei die Dichte dieser Punkte konstant im Bereich $0 \leq z \leq Z$ und $0 \leq p \leq P$, und null außerhalb.

Berechnen und skizzieren Sie, wie sich die Grenzen des besetzten Phasenraumbereichs im Laufe der Zeit verschieben, und zwar für (i) kräftefreie Bewegung und (ii) Bewegung im Schwerefeld $\boldsymbol{g} = g\,\boldsymbol{e}_z$. Begründen Sie, dass das Volumen dieses Phasenraumbereichs und die Dichte der Punkte konstant ist.

Das Ergebnis kann zum *Liouvilleschen Satz* verallgemeinert werden: Die Dichte der Systempunkte im Phasenraum ist zeitlich konstant.

28 Kanonische Transformationen

Wir formulieren das Hamiltonsche Prinzip, betrachten die Möglichkeit der Wahl anderer Koordinaten und Impulse, und führen schließlich die Poissonklammern ein. Diese Entwicklungen sind von minderer Bedeutung für die Lösung praktischer Probleme der Mechanik; sie werden daher relativ kurz behandelt. Die vorgestellten Strukturen sind aber für die Untersuchung der Beziehungen zwischen Mechanik und Quantenmechanik wichtig.

Hamiltonsches Prinzip

Wir formulieren zunächst das Hamiltonsche Prinzip für die kanonischen Gleichungen. Das Hamiltonsche Prinzip aus Kapitel 14 besagt, dass für die tatsächliche Bewegung die Wirkung S stationär ist, also

$$\delta S = \delta \int_{t_1}^{t_2} dt\ \mathcal{L} \overset{(27.4)}{=} \delta \int_{t_1}^{t_2} dt \left(\sum_{i=1}^{f} p_i\, \dot{q}_i - H(q, p, t) \right) = 0 \tag{28.1}$$

Dabei werden die Randwerte festgehalten:

$$\delta q_i(t_1) = \delta q_i(t_2) = 0 \qquad (i = 1, ..., f) \tag{28.2}$$

Bei der Auswertung des rechten Teils von (28.1) verwenden wir die in (12.16, 12.17) eingeführte Kurznotation:

$$\delta S = \int_{t_1}^{t_2} dt \sum_{i=1}^{f} \left[\dot{q}_i\, \delta p_i + p_i\, \delta \dot{q}_i - \frac{\partial H}{\partial p_i}\, \delta p_i - \frac{\partial H}{\partial q_i}\, \delta q_i \right] \tag{28.3}$$

Im zweiten Term auf der rechten Seite nehmen wir eine Umformung vor:

$$\int_{t_1}^{t_2} dt\ p_i\, \delta \dot{q}_i = \int_{t_1}^{t_2} dt\ p_i\, \frac{d}{dt}\, \delta q_i \overset{\text{p.I.}}{=} p_i\, \delta q_i \Big|_{t_1}^{t_2} - \int_{t_1}^{t_2} dt\ \dot{p}_i\, \delta q_i = - \int_{t_1}^{t_2} dt\ \dot{p}_i\, \delta q_i \tag{28.4}$$

Der Randterm verschwindet wegen (28.2). Mit dieser Umformung wird (28.3) zu

$$\delta S[q, p] = \int_{t_1}^{t_2} dt \sum_{i=1}^{f} \left[\left(\dot{q}_i - \frac{\partial H}{\partial p_i} \right) \delta p_i - \left(\dot{p}_i + \frac{\partial H}{\partial q_i} \right) \delta q_i \right] \tag{28.5}$$

Eine Variation der Bahn lässt Variationen δq_i und δp_i zu; dies wurde jetzt im Argument des Funktionals $S[q, p]$ zum Ausdruck gebracht. Aus (28.5) und aus den kanonischen Gleichungen folgt $\delta S = 0$. Wegen der Beliebigkeit der δq_i und δp_i folgen umgekehrt die kanonischen Gleichungen aus $\delta S[q, p] = 0$. Daher können wir die kanonischen Bewegungsgleichungen durch das Hamiltonsche Prinzip

$$\delta S[q, p] = 0 \qquad \text{Hamiltonsches Prinzip} \tag{28.6}$$

ersetzen. Dieses Prinzip wird gelegentlich auch modifiziertes Hamiltonsches Prinzip genannt. Die Modifikation besteht darin, dass nach anderen (doppelt sovielen) Größen variiert wird. Die Festlegung am Rand (28.2) bezieht sich aber nach wie vor nur auf die Koordinaten. In Anwendungen wird diese Festlegung in der Regel durch $2f$ Anfangsbedingungen ersetzt (für die Größen $q_i(t_1)$ und $\dot{q}_i(t_1)$ im Lagrangeformalismus, und für $q_i(t_1)$ und $p_i(t_1)$ im Hamiltonformalismus).

Erzeugende Funktion $G(q, Q, t)$

Wir betrachten Transformationen der $2f$ Variablen p_i und q_i zu $2f$ neuen Variablen P_k und Q_k:

$$\begin{aligned} Q_k &= Q_k(q_i, ..., q_f, p_i, ..., p_f, t) = Q_k(q, p, t) \\ P_k &= P_k(q_i, ..., q_f, p_i, ..., p_f, t) = P_k(q, p, t) \end{aligned} \tag{28.7}$$

Diese Transformationen sollen dadurch eingeschränkt sein, dass die kanonischen Gleichungen auch für die neuen Variablen gelten. Solche *kanonische Transformationen* erhält man, wenn man eine beliebige (differenzierbare, invertierbare) Funktion $G(q, Q, t)$ wählt und ansetzt:

$$\boxed{\sum_{i=1}^{f} p_i\,\dot{q}_i - H(q, p, t) = \sum_{k=1}^{f} P_k\,\dot{Q}_k - H'(Q, P, t) + \frac{d}{dt}\,G(q, Q, t)} \tag{28.8}$$

Wir zeigen: Hieraus folgen (i) die Transformationen (28.7), (ii) die neue Hamiltonfunktion H' und (iii) die kanonischen Gleichungen für die neuen Variablen.

Das totale Differenzial der Funktion G ist

$$dG = \sum_{i=1}^{f} \frac{\partial G}{\partial q_i}\,dq_i + \sum_{k=1}^{f} \frac{\partial G}{\partial Q_k}\,dQ_k + \frac{\partial G}{\partial t}\,dt \tag{28.9}$$

Wir multiplizieren (28.8) mit dt (verwenden $\dot{q}_i\,dt = dq_i$ und $\dot{Q}_k\,dt = dQ_k$) und setzen dG ein:

$$\sum_{i=1}^{f} \left(p_i - \frac{\partial G}{\partial q_i}\right) dq_i = \sum_{k=1}^{f} \left(P_k + \frac{\partial G}{\partial Q_k}\right) dQ_k + \left(H - H' + \frac{\partial G}{\partial t}\right) dt \tag{28.10}$$

Für die Funktion $G(q, Q, t)$ sind q_i, Q_k und t unabhängige Variable. Die Koeffizienten bei den Differenzialen müssen daher verschwinden:

$$p_i = \frac{\partial G(q, Q, t)}{\partial q_i} = p_i(q, Q, t) \quad \text{und} \quad P_k = -\frac{\partial G(q, Q, t)}{\partial Q_k} = P_k(q, Q, t) \tag{28.11}$$

$$H'(Q, P, t) = H(q, p, t) + \frac{\partial G(q, Q, t)}{\partial t} \tag{28.12}$$

Um zu (28.7) zu kommen, muss man noch $p_i(q, Q, t)$ nach Q_k auflösen. Wenn man (28.11) nach $q = q(Q, P, t)$ und $p = p(Q, P, t)$ auflöst und auf der rechten Seite von (28.12) einsetzt, erhält man die neue Hamiltonfunktion $H'(Q, P, t)$. In dieser Weise erhält man aus einer gegebenen Hamiltonfunktion $H(q, p, t)$ und einer beliebigen Funktion $G(q, Q, t)$ eine neue Hamiltonfunktion $H'(Q, P, t)$.

Für die alte Hamiltonfunktion gilt das Hamiltonsche Prinzip $\delta S = 0$, (28.1). Hierin setzen wir (28.8) ein:

$$\begin{aligned} 0 = \delta S \;&=\; \delta \int_{t_1}^{t_2} dt \left(\sum_{k=1}^{f} P_k\, \dot{Q}_k - H'(Q, P, t) + \frac{d}{dt}\, G(q, Q, t) \right) \\ &=\; \int_{t_1}^{t_2} dt \sum_{k=1}^{f} \left[\dot{Q}_k\, \delta P_k + P_k\, \delta \dot{Q}_k - \frac{\partial H'}{\partial P_k}\, \delta P_k - \frac{\partial H'}{\partial Q_k}\, \delta Q_k \right] \\ &\quad + \delta\Big(G\big(q(t_2), Q(t_2), t_2\big) - G\big(q(t_1), Q(t_1), t_1\big) \Big) \end{aligned} \tag{28.13}$$

Für den angestrebten Übergang zu den neuen kanonischen Gleichungen formen wir den zweiten Term auf der rechten Seite um:

$$\int_{t_1}^{t_2} dt\; P_k\, \delta \dot{Q}_k = \int_{t_1}^{t_2} dt\; P_k\, \frac{d}{dt}\, \delta Q_k \overset{\text{p.I.}}{=} P_k\, \delta Q_k \Big|_{t_1}^{t_2} - \int_{t_1}^{t_2} dt\; \dot{P}_k\, \delta Q_k \tag{28.14}$$

Der Randterm bleibt stehen, da die Variation am Rand nur für die alten Koordinaten verschwindet, (28.2). Aus demselben Grund verschwindet auch der letzte Term in (28.13) im Allgemeinen nicht:

$$\delta \Big(G\big(q(t_2), Q(t_2), t_2\big) - G\big(q(t_1), Q(t_1), t_1\big) \Big) = \sum_{k=1}^{f} \frac{\partial G}{\partial Q_k}\, \delta Q_k \Big|_{t_1}^{t_2} \tag{28.15}$$

Wir setzen nun die letzten beiden Gleichungen in (28.13) ein:

$$\begin{aligned} 0 = \delta S \;&=\; \int_{t_1}^{t_2} dt \sum_{k=1}^{f} \left[\left(\dot{Q}_k - \frac{\partial H'}{\partial P_k} \right) \delta P_k - \left(\dot{P}_k + \frac{\partial H'}{\partial Q_k} \right) \delta Q_k \right] \\ &\quad + \sum_{k=1}^{f} \left(P_k + \frac{\partial G}{\partial Q_k} \right) \delta Q_k \Big|_{t_1}^{t_2} \end{aligned} \tag{28.16}$$

Jetzt fällt der Randterm wegen $P_k = -\partial G/\partial Q_k$, (28.11), weg; dagegen verschwinden $\delta Q_k(t_1)$ und $\delta Q_k(t_2)$ im Allgemeinen nicht (anders als $\delta q_i(t_1) = \delta q_i(t_2) = 0$, (28.2)). Damit folgen aus (28.16) die kanonischen Gleichungen:

$$\dot{Q}_k = \frac{\partial H'}{\partial P_k}, \qquad \dot{P}_k = -\frac{\partial H'}{\partial Q_k} \tag{28.17}$$

Jede beliebige Funktion $G(q, Q, t)$ führt in dieser Weise zu einer kanonischen Transformation und wird daher auch *Erzeugende* der Transformation genannt.

Wir fassen die Durchführung einer kanonischen Transformation zusammen: Ausgangspunkt ist eine gegebene Hamiltonfunktion $H(q, p, t)$. Man wählt nun eine beliebige Funktion $G(q, Q, t)$. Die Gleichungen (28.11), (28.12) legen die Variablentransformationen $q = q(Q, P, t)$ und $p = p(Q, P, t)$, und die neue Hamiltonfunktion $H'(Q, P, t)$ fest. Aus $H'(Q, P, t)$ folgen die neuen kanonischen Gleichungen (28.17). Bei geschickter Wahl der Erzeugenden $G(q, Q, t)$ können die neuen kanonischen Gleichungen einfacher als die alten sein.

Erzeugende Funktionen $G_2(q, P, t)$, $G_3(p, Q, t)$ oder $G_4(p, P, t)$

Anstelle von $G(q, Q, t)$ kann auch die erzeugende Funktion auch in der Form $G_2(q, P, t)$, $G_3(p, Q, t)$ oder $G_4(p, P, t)$ angesetzt werden. Der Übergang zur neuen Hamiltonfunktion erfolgt durch $H' = H + \partial G_i/\partial t$ wie in (28.12). Der Übergang zu den neuen Koordinaten und Impulsen erfolgt in ähnlich wie in (28.11):

$$H' = H + \frac{\partial G_2(q, P, t)}{\partial t}, \qquad p_i = \frac{\partial G_2}{\partial q_i}, \qquad Q_k = \frac{\partial G_2}{\partial P_k} \tag{28.18}$$

$$H' = H + \frac{\partial G_3(p, Q, t)}{\partial t}, \qquad q_i = -\frac{\partial G_3}{\partial p_i}, \qquad P_k = -\frac{\partial G_3}{\partial Q_k} \tag{28.19}$$

$$H' = H + \frac{\partial G_4(p, P, t)}{\partial t}, \qquad q_i = -\frac{\partial G_4}{\partial p_i}, \qquad Q_k = \frac{\partial G_4}{\partial P_k} \tag{28.20}$$

Die Argumente sind $H'(P, Q, t)$ und $H(p, q, t)$, ansonsten folgen sie aus den Argumenten der jeweiligen erzeugenden Funktion G_i. Die Herleitung der angegebenen Beziehungen erfolgt analog zu dem für $G(q, Q, t)$ angegebenen Verfahren.

Im Lagrangeformalismus kann man von den f Koordinaten q_i zu f neuen verallgemeinerten Koordinaten Q_k übergehen (zum Beispiel Kugelkoordinaten anstelle von kartesischen Koordinaten, oder Schwerpunkts- und Relativkoordinaten anstelle von $\boldsymbol{r}_1$ und $\boldsymbol{r}_2$). Dies entspricht einer speziellen kanonischen Transformation:

$$G_2(q, P, t) = \sum_{k=1}^{f} f_k(q_1, ..., q_f, t)\, P_k \quad \Longrightarrow \quad Q_k = f_k(q_1, ..., q_f, t) \tag{28.21}$$

Harmonischer Oszillator

Als Beispiel lösen wir das Problem des harmonischen Oszillators durch eine kanonische Transformation. Die Hamiltonfunktion des Oszillators lautet

$$H = \frac{p^2}{2m} + \frac{m\,\omega^2 q^2}{2} \tag{28.22}$$

Für die Erzeugende

$$G(q,\,Q) = \frac{m\,\omega}{2}\,q^2 \cot Q \tag{28.23}$$

ergibt (28.11):

$$p = \frac{\partial G}{\partial q} = m\,\omega\,q \cot Q\,, \qquad P = -\frac{\partial G}{\partial Q} = \frac{m\,\omega\,q^2}{2\,\sin^2 Q} \tag{28.24}$$

Wir lösen diese Gleichungen nach den alten Variablen auf:

$$q = \sqrt{\frac{2P}{m\,\omega}}\,\sin Q\,, \qquad p = \sqrt{2m\,\omega P}\,\cos Q \tag{28.25}$$

Nun berechnen wir die Hamiltonfunktion $H'(Q,\,P,\,t)$ gemäß (28.12):

$$H'(Q,P) = H(q(Q,P),\,p(Q,P)) = \omega P \cos^2 Q + \omega P \sin^2 Q = \omega P \tag{28.26}$$

Die neue Variable Q ist zyklisch. Die kanonischen Gleichungen lauten:

$$\dot{P} = -\frac{\partial H'}{\partial Q} = 0\,, \qquad \dot{Q} = \frac{\partial H'}{\partial P} = \omega \tag{28.27}$$

Sie haben die Lösung

$$P = \text{const.} = \frac{H'}{\omega} = \frac{E}{\omega}\,, \qquad Q(t) = \omega t + \beta \tag{28.28}$$

Wenn wir dies in (28.25) einsetzen, erhalten wir die bekannte Lösung des Oszillators in den ursprünglichen Variablen. Der hier beschriebene Weg stellt jedoch kein Standardverfahren zur Lösung von Problemen dar; denn die Vereinfachung der Hamiltonfunktion und der kanonischen Gleichungen hängt davon ab, ob man eine geeignete Erzeugende findet.

Poissonklammer

Wir definieren jetzt die *Poissonklammer*. Sie führt zu einem Ausdruck für die Zeitableitung einer beliebigen physikalischen Größe und zu einer alternativen Form der Bewegungsgleichungen. Die Poissonklammer ist das Pendant zum quantenmechanischen Kommutator.

In einem System, das durch die Koordinaten q_i und die Impulse p_i beschrieben wird, kann eine physikalische Größe nur von diesen Variablen und von der Zeit abhängen. Wir betrachten zwei solche Größen, F und K:

$$F = F(q_1,.., q_f, p_1,.., p_f, t) = F(q, p, t)\,, \qquad K = K(q, p, t) \tag{28.29}$$

Hierfür definieren wir durch

$$\{F, K\} \equiv \sum_{i=1}^{f} \left(\frac{\partial F}{\partial q_i}\,\frac{\partial K}{\partial p_i} - \frac{\partial F}{\partial p_i}\,\frac{\partial K}{\partial q_i} \right) \tag{28.30}$$

die sogenannte *Poissonklammer*; sie wird durch geschweifte Klammern { , } angezeigt, die zwei Argumente einschließen.

Wir führen zunächst einige Eigenschaften und spezielle Poissonklammern an. Aus der Definition folgt sofort

$$\{F, K\} = -\{K, F\} \quad \text{und} \quad \{F, F\} = 0 \tag{28.31}$$

Im Hamiltonformalismus sind p_k, q_k und t unabhängige Variable. Daher gilt

$$\begin{aligned} &\frac{\partial q_i}{\partial q_j} = \delta_{ij}\,, \qquad \frac{\partial q_i}{\partial p_j} = 0\,, \qquad \frac{\partial q_i}{\partial t} = 0\,, \\ &\frac{\partial p_i}{\partial q_j} = 0\,, \qquad \frac{\partial p_i}{\partial p_j} = \delta_{ij}\,, \qquad \frac{\partial p_i}{\partial t} = 0 \end{aligned} \tag{28.32}$$

Für $K = q_j$ oder $K = p_j$ erhalten wir aus (28.30)

$$\frac{\partial F}{\partial p_j} = -\{F, q_j\}\,, \qquad \frac{\partial F}{\partial q_j} = \{F, p_j\} \tag{28.33}$$

Die weitere Spezialisierung $F = q_i$ oder $F = p_i$ ergibt

$$\{q_i, q_j\} = 0\,, \qquad \{p_i, p_j\} = 0\,, \qquad \{p_i, q_j\} = -\delta_{ij} \tag{28.34}$$

Wir kommen nun zur Berechnung der Zeitabhängigkeit einer beliebigen physikalischen Größe $F(q, p, t)$. Wenn wir in

$$\frac{dF}{dt} = \sum_{i=1}^{f} \frac{\partial F}{\partial q_i}\,\dot{q}_i + \sum_{i=1}^{f} \frac{\partial F}{\partial p_i}\,\dot{p}_i + \frac{\partial F}{\partial t} \tag{28.35}$$

die kanonischen Gleichungen einsetzen, erhalten wir

$$\boxed{\frac{dF}{dt} = \{F, H\} + \frac{\partial F}{\partial t}} \tag{28.36}$$

Diese Gleichung bestimmt die Zeitabhängigkeit einer beliebigen physikalischen Größe. Die Größe F könnte zum Beispiel der Schwerpunktimpuls, der Drehimpuls oder die Energie des Systems sein.

Auf der Grundlage von (28.36) kann man die Frage nach Erhaltungsgrößen in neuer Form stellen. Wenn eine physikalische Größe F nicht explizit von der Zeit abhängt, so ist sie gerade dann eine Erhaltungsgröße, wenn ihre Poissonklammer mit H verschwindet. Für $F = H$ ergibt sich die bereits aus (27.16) bekannte Relation

$$\frac{dH}{dt} = \frac{\partial H}{\partial t} \tag{28.37}$$

Für $\partial H/\partial t = 0$ folgt daraus die Erhaltungsgröße $H = \text{const.}$

Aus (28.36) folgen für $F = p_i$ oder $F = q_i$ die kanonischen Gleichungen in der Form

$$\dot{p}_i = \{p_i, H\}, \qquad \dot{q}_i = \{q_i, H\} \tag{28.38}$$

Beispiel

Als einfache Anwendung von (28.36) untersuchen wir die Bewegung des Schwerpunktimpulses für ein System aus N Massenpunkten. Die Hamiltonfunktion lautet

$$H = \sum_{\nu=1}^{N} \frac{\boldsymbol{p}_\nu^2}{2m_\nu} + U(\boldsymbol{r}_1, ..., \boldsymbol{r}_N, t) \tag{28.39}$$

Das System hat $f = 3N$ Freiheitsgrade. Die Variablen der Hamiltonfunktion bezeichnen wir mit

$$\begin{aligned} q &= (q_n) = (q_{3\nu+j-3}) = (\boldsymbol{r}_\nu \cdot \boldsymbol{e}_j) \\ p &= (p_n) = (p_{3\nu+j-3}) = (\boldsymbol{p}_\nu \cdot \boldsymbol{e}_j) \end{aligned} \tag{28.40}$$

Dabei läuft ν von 1 bis N, j von 1 bis 3, und n von 1 bis $3N$. Der Schwerpunktimpuls ist durch

$$\boldsymbol{P} = \sum_{\nu=1}^{N} \boldsymbol{p}_\nu \tag{28.41}$$

gegeben. Für seine x-Komponente P_x gilt

$$\frac{\partial P_x}{\partial p_{3\nu-2}} = 1, \quad \frac{\partial P_x}{\partial p_{3\nu-1}} = \frac{\partial P_x}{\partial p_{3\nu}} = 0, \quad \frac{\partial P_x}{\partial q_i} = 0, \quad \frac{\partial P_x}{\partial t} = 0 \tag{28.42}$$

Damit können wir (28.35) für P_x auswerten:

$$\begin{aligned} \dot{P}_x &= \{P_x, H\} + \frac{\partial P_x}{\partial t} = \sum_{n=1}^{3N} \left(\frac{\partial P_x}{\partial q_n} \frac{\partial H}{\partial p_n} - \frac{\partial P_x}{\partial p_n} \frac{\partial H}{\partial q_n} \right) \\ &= -\sum_{\nu=1}^{N} \frac{\partial U}{\partial q_{3\nu-2}} = \sum_{\nu=1}^{N} \boldsymbol{F}_\nu \cdot \boldsymbol{e}_1 \end{aligned} \tag{28.43}$$

Mit der entsprechenden Beziehung für $\dot{P}_y$ und $\dot{P}_z$ erhalten wir

$$\dot{\boldsymbol{P}} = \sum_{\nu=1}^{N} \boldsymbol{F}_\nu = \boldsymbol{F} \tag{28.44}$$

Dies ist die bekannte Bewegungsgleichung für den Schwerpunktimpuls.

Aufgaben

28.1 Beispiel für kanonische Transformation

Gegeben ist die Hamiltonfunktion $H(q, p) = \sum p_i^2/2m + U(q_1, .., q_f)$. Gehen Sie mit der Erzeugenden

$$G(q, Q) = \sum_{i=1}^{f} q_i \, Q_i$$

zu einer neuen Hamiltonfunktion $H'(Q, P, t)$ über, und vergleichen Sie H' mit H. Welche Bedeutung haben die neuen Koordinaten Q_i und Impulse P_i?

28.2 Erzeugende für kanonische Transformation

Gegeben ist die Hamiltonfunktion $H(q, p)$ für ein System mit einem Freiheitsgrad. Für welche Parameter $\alpha, \beta, \gamma, \delta$ sind die Transformationen

$$Q = q^\alpha p^\beta \,, \qquad P = q^\gamma p^\delta$$

kanonisch? Die notwendige und hinreichende Bedingung hierfür ist, dass die Poissonklammer gleich 1 ist, $\{Q, P\} = 1$. Bestimmen Sie für diesen Fall die Erzeugende $G(q, Q)$.

29 Hamilton-Jacobi-Gleichung

Wir bestimmen diejenige kanonische Transformation, für die die neue Hamiltonfunktion (28.12) verschwindet:

$$H'(Q, P, t) = H(q, p, t) + \frac{\partial W(q, Q, t)}{\partial t} \stackrel{!}{=} 0 \qquad (29.1)$$

Die Erzeugende der Transformation wird hier mit $G = W(q, Q, t)$ bezeichnet; wie wir sehen werden, ist W für die tatsächliche Bahn gleich der Wirkung. Die Bedingung (29.1) führt zu einer partiellen Differenzialgleichung für $W(q, Q, t)$, der Hamilton-Jacobi-Gleichung. Diese Gleichung kann als Grundgleichung der Mechanik aufgefasst werden. Sie ist ein wichtiger Ausgangspunkt für die Untersuchung der Relationen zwischen Mechanik, Optik und Quantenmechanik.

Nach (28.11) gilt für die gesuchte Transformation

$$p_k = \frac{\partial W(q, Q, t)}{\partial q_k} = p_k(q, Q, t)\,, \qquad P_k = -\frac{\partial W(q, Q, t)}{\partial Q_k} = P_k(q, Q, t) \qquad (29.2)$$

Für $H' = 0$ ergeben die kanonischen Gleichungen $\dot{Q}_i = 0$ und $\dot{P}_i = 0$, also

$$Q_i = a_i = \text{const.}\,, \qquad P_i = b_i = \text{const.} \qquad (29.3)$$

Wir setzen $p_i = \partial W / \partial q_i$ und $Q_i = a_i$ in (29.1) ein:

$$H\left(q_1, ..., q_f, \frac{\partial W(q, a, t)}{\partial q_1}, \ldots, \frac{\partial W(q, a, t)}{\partial q_f}, t\right) + \frac{\partial W(q, a, t)}{\partial t} = 0 \qquad (29.4)$$

Wir schreiben diese Differenzialgleichung ohne Berücksichtigung der konstanten Größen an:

$$\boxed{H\left(q_1, ..., q_f, \frac{\partial W(q, t)}{\partial q_1}, \ldots, \frac{\partial W(q, t)}{\partial q_f}, t\right) + \frac{\partial W(q, t)}{\partial t} = 0} \qquad (29.5)$$

Diese *Hamilton-Jacobi-Gleichung* ist eine partielle Differenzialgleichung 1. Ordnung für die Funktion $W(q_1, ..., q_f, t)$. Wir benötigen eine Lösung dieser Gleichung, die (29.4) erfüllt, also eine Lösung $W(q, t) = W(q, a, t)$, die neben den Variablen q und t von f unabhängigen Konstanten $a_1, ..., a_f$ abhängt. Dies ist eine relativ spezielle Lösung; denn die *allgemeine* Lösung von (29.5) hängt über die Anfangsbedingung $W(q, 0) = f(q)$ von einer beliebigen Funktion der Koordinaten ab; dies entspricht einer Abhängigkeit von unendlich vielen Konstanten.

Eine Lösung mit ebensovielen Integrationskonstanten wie Variablen, also $f + 1$ für (29.5), heißt *vollständiges Integral*. Die gesuchte Lösung ist praktisch ein solches vollständiges Integral, da mit W auch $W + a_{f+1}$ Lösung ist. Die triviale additive Konstante a_{f+1} ändert nichts an der kanonischen Transformation und wird daher hier nicht explizit berücksichtigt. Häufig kann man eine vollständige Lösung durch einen Separationsansatz finden (siehe Beispiel am Ende des Kapitels).

Wir zeigen nun, dass eine Lösung der speziellen Form $W(q, a, t)$ zur allgemeinen Lösung der Bewegungsgleichungen führt. Aus (29.2) und (29.3) folgen die linken Gleichungen in

$$\left.\begin{aligned} p_i &= \frac{\partial W(q, a, t)}{\partial q_i} \\ b_i &= -\frac{\partial W(q, a, t)}{\partial a_i} \end{aligned}\right\} \quad \overset{\text{Auflösen}}{\longrightarrow} \quad \left\{\begin{aligned} q_i &= q_i(a, b, t) \\ p_i &= p_i(a, b, t) \end{aligned}\right. \tag{29.6}$$

Die linken Gleichungen stellen $2f$ algebraische Gleichungen für die $2f$ Funktionen $q_i(t)$ und $p_i(t)$ dar. Die Lösungen $q_i(t)$ und $p_i(t)$ dieses Gleichungssystems hängen von $2f$ Konstanten a_i und b_i ab; sie stellen daher die allgemeine Lösung der kanonischen Gleichungen dar.

Wir fassen den hier diskutierten Lösungsweg zusammen: Mit der gegebenen Hamiltonfunktion $H(q, p, t)$ stellt man die Hamilton-Jacobi-Gleichung (29.5) auf. Man bestimmt eine Lösung $W(q, a, t)$ dieser Gleichung mit f unabhängigen Konstanten $a = (a_1, ..., a_f)$ (ohne die triviale additive Konstante); standardmäßig versucht man, eine solche Lösung durch einen Separationsansatz zu gewinnen. Die Lösung $W(q, a, t)$ definiert das algebraische Gleichungssystem auf der linken Seite von (29.6). Dessen Auflösung ergibt die allgemeine Lösung $q_i = q_i(a, b, t)$ und $p_i = p_i(a, b, t)$.

Auf diese Weise führt die Hamilton-Jacobi-Gleichung zu einer Lösung der Bewegungsgleichungen. Sie kann daher als Grundgleichung für die Bewegung mechanischer Systeme aufgefasst werden. Als partielle Differenzialgleichung 1. Ordnung für die Funktion $W(q_1, ..., q_f, t)$ ist dic Hamilton-Jacobi-Gleichung allerdings viel schwieriger zu lösen als die ursprünglichen kanonischen Gleichungen, die ein System von $2f$ gewöhnlichen Differenzialgleichungen darstellen. Die Hamilton-Jacobi-Gleichung dient auch weniger zur Lösung von konkreten mechanischen Problemen, als vielmehr zum Studium der Beziehungen zwischen Mechanik, Optik und Quantenmechanik.

Ergänzend berechnen wir noch die Zeitableitung von W, wobei wir (29.1)–(29.3) verwenden:

$$\frac{dW(q, Q, t)}{dt} = \sum_{i=1}^{f} \frac{\partial W}{\partial q_i}\,\dot{q}_i + \sum_{i=1}^{f} \frac{\partial W}{\partial Q_i}\,\dot{Q}_i + \frac{\partial W}{\partial t} = \sum_{i=1}^{f} p_i\,\dot{q}_i - H = \mathcal{L} \tag{29.7}$$

Hieraus folgt $W = \int dt\, \mathcal{L} + \text{const.}$ Längs der Bahnkurve ist W also bis auf eine Konstante gleich der Wirkung.

Zeitunabhängige Hamilton-Jacobi-Gleichung

Hängt H nicht explizit von der Zeit t ab, so ist

$$W(q,t) = S(q) - E\,t \tag{29.8}$$

mit einer Konstanten E eine Lösung von (29.5), falls

$$\boxed{H\left(q_1,\ldots,q_f,\ \frac{\partial S(q)}{\partial q_1},\ldots,\ \frac{\partial S(q)}{\partial q_f}\right) = E} \tag{29.9}$$

Diese *zeitunabhängige Hamilton-Jacobi-Gleichung* ist eine partielle Differenzialgleichung in den Variablen q, also für eine Funktion $S(q)$.

Wie oben diskutiert, benötigen wir eine Lösung $W(q,a,t) = S - E\,t$, die von f Integrationskonstanten abhängt. Als erste Konstante können wir $a_1 = E$ nehmen. Damit ist die gesuchte Lösung für S von der Form

$$S = S(q,a) = S(q_1,\ldots,q_f,E,a_2,\ldots,a_f)\,, \qquad a_1 = E \tag{29.10}$$

Hierfür spezifizieren wir die Gleichungen in (29.6):

$$\left.\begin{aligned} p_i &= \frac{\partial S(q,a)}{\partial q_i} \\ b_1 &= -\frac{\partial W}{\partial a_1} = -\frac{\partial S(q,a)}{\partial E} + t \\ b_{i\neq 1} &= -\frac{\partial S(q,a)}{\partial a_i} \end{aligned}\right\} \quad \xrightarrow{\text{Auflösen}} \quad \left\{\begin{aligned} q_i &= q_i(a,b,t) \\ p_i &= p_i(a,b,t) \end{aligned}\right. \tag{29.11}$$

Der Lösungsweg entspricht weitgehend dem bei der zeitabhängigen Hamilton-Jacobi-Gleichung. Wir führen ihn im Folgenden für ein spezielles Beispiel explizit durch.

Beispiel

Für den freien Fall im Schwerefeld $\boldsymbol{g} = -g\,\boldsymbol{e}_z$ lautet die Hamiltonfunktion

$$H = \frac{1}{2m}\left(p_x^2 + p_z^2\right) + m\,g\,z \tag{29.12}$$

Wir beschränken uns auf eine Bewegung in der x-z-Ebene. Die zeitunabhängige Hamilton-Jacobi-Gleichung lautet

$$\frac{1}{2m}\left(\frac{\partial S(x,z)}{\partial x}\right)^2 + \frac{1}{2m}\left(\frac{\partial S(x,z)}{\partial z}\right)^2 + m\,g\,z = E \tag{29.13}$$

Wir benötigen eine Lösung der Form $S(x, z, E, a_2)$, die neben E noch von einer zweiten Konstanten a_2 abhängt. Wir versuchen, eine solche Lösung mit einem Separationsansatz

$$S(x, z) = S_1(x) + S_2(z) \tag{29.14}$$

zu erhalten, den wir in (29.13) einsetzen:

$$\left(\frac{dS_1}{dx}\right)^2 + \left(\frac{dS_2}{dz}\right)^2 + 2m^2 g\, z = 2mE \tag{29.15}$$

Hier muss $(dS_1/dx)^2 = \text{const.} = a_2$ sein, da die anderen Terme nicht von x abhängen. Damit erhalten wir

$$\frac{dS_1}{dx} = \sqrt{a_2} \quad \text{und} \quad \frac{dS_2}{dz} = \sqrt{2mE - a_2 - 2m^2 g\, z} \tag{29.16}$$

Hieraus folgt bis auf unwesentliche additive Konstanten

$$S_1 = \sqrt{a_2}\, x, \qquad S_2 = -\frac{1}{3m^2 g}\left(2mE - a_2 - 2m^2 g\, z\right)^{3/2} \tag{29.17}$$

Damit haben wir ein vollständiges Integral von (29.13) gefunden:

$$S = S(x, z, E, a_2) = \sqrt{a_2}\, x - \frac{1}{3m^2 g}\left(2mE - a_2 - 2m^2 g\, z\right)^{3/2} \tag{29.18}$$

Wir schreiben die Gleichungen der linken Seite von (29.11) an:

$$p_x = \frac{\partial S}{\partial x}, \qquad p_z = \frac{\partial S}{\partial z}, \qquad \frac{\partial S}{\partial E} = t - b_1, \qquad \frac{\partial S}{\partial a_2} = -b_2 \tag{29.19}$$

Hieraus folgen $x(t)$, $z(t)$, $p_x(t)$ und $p_z(t)$. Zunächst ergibt die dritte Gleichung

$$-\frac{1}{m g}\sqrt{2mE - a_2 - 2m^2 g\, z} = t - b_1 \tag{29.20}$$

oder

$$z(t) = -\frac{g}{2}\,(t - b_1)^2 + \frac{2mE - a_2}{2m^2 g} = -\frac{g}{2}\, t^2 + c_1 t + c_2 \tag{29.21}$$

Im z-t-Diagramm ist dies eine Parabel. Die Wurfparabel in der x-z-Ebene folgt dazu analog aus der letzten Gleichung in (29.19). Damit liegen $x(t)$ und $z(t)$ fest; die ersten beiden Gleichungen in (29.19) implizieren $p_x = m\dot{x}$ und $p_z = m\dot{z}$.

VIII Kontinuumsmechanik

30 Saitenschwingung

Die Kontinuumsmechanik befasst sich mit der Dynamik von elastischen Körpern, von Flüssigkeiten und von Gasen. Sie ist ein umfangreiches Gebiet mit zahlreichen interessanten Anwendungen. Mathematisch betrachtet handelt es sich um Feldtheorien; an die Stelle der Bahnen für Massenpunkte treten Felder für kontinuierliche Massenverteilungen. In Teil VIII unternehmen wir einen Streifzug durch dieses Gebiet. Als Einführung in dieses Gebiet sei der zweite Teil der Theoretischen Mechanik [7] von Stephani und Kluge empfohlen.

Als exemplarische Anwendungen behandeln wir die Saitenschwingung (dieses Kapitel), die statische Balkenbiegung (Kapitel 31) und die Grundgleichungen der Hydrodynamik (Kapitel 32). Kapitel 33 bringt einen kurzen Ausblick auf andere Feldtheorien und gibt hierfür die Verallgemeinerung des Noethertheorems an.

In Abbildung 30.1 ist eine eingespannte Saite gezeigt; ihre Ruhelage sei die x-Achse. Die Saite werde senkrecht zur x-Achse um die Länge u ausgelenkt. Diese Auslenkung hängt vom Ort und der Zeit ab:

$$u = u(x, t) = \text{Auslenkung der Saite} \tag{30.1}$$

Die Funktion $u(x, t)$ beschreibt die Bewegung der Saite. In diesem Kapitel stellen wir die Bewegungsgleichung für $u(x, t)$ auf.

Die Auslenkung einer Saite ist ein einfaches Beispiel für ein *Feld*. Unter einem Feld versteht man eine physikalische Größe, die vom Ort und im Allgemeinen auch von der Zeit abhängt; Beispiele sind das Temperaturfeld $T(\boldsymbol{r}, t)$ der Atmosphäre, das elektrische Feld $\boldsymbol{E}(\boldsymbol{r}, t)$ in einem Schwingkreis, die Schrödingersche Wellenfunktion $\psi(\boldsymbol{r}, t)$ eines Elektrons im Atom oder das Geschwindigkeitsfeld $\boldsymbol{v}(\boldsymbol{r}, t)$ der Meeresströmung. Die Auslenkung $u(x, t)$ der Saite ist ein besonders einfaches Feld, weil sie nur von einer Ortskoordinate abhängt und aus nur einer Größe besteht (im Gegensatz etwa zu drei Komponenten von $\boldsymbol{E}$ oder $\boldsymbol{v}$), und weil die Bedeutung von u unmittelbar einsichtig ist (im Gegensatz etwa zu der von ψ). In der Kontinuumsmechanik sind die Felder die zentralen Größen; an die Stelle von Bewegungsgleichungen für Bahnen treten partielle Differenzialgleichungen für diese Felder, die *Feldgleichungen*.

T. Fließbach, *Mechanik*, https://doi.org/10.1007/978-3-662-61603-1_9

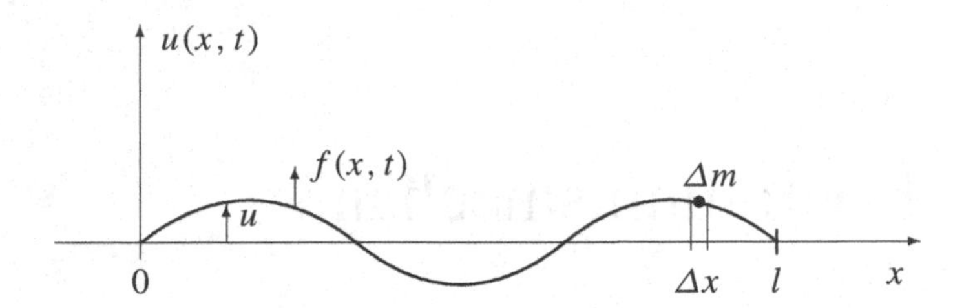

Abbildung 30.1 Zwischen $x = 0$ und l ist eine Saite eingespannt. Wenn keine äußeren Kräfte $f(x, t)$ wirken, ist die Ruhelage gleich der x-Achse. Die Länge, um die die Saite senkrecht zur x-Achse ausgelenkt ist, wird mit $u(x, t)$ bezeichnet. Die Abbildung skizziert eine mögliche Auslenkung zu einer bestimmten Zeit t.

Wir denken uns die Saite in N Massenelemente aufgeteilt, die wir durch Punktmassen ersetzen. Die elastischen Eigenschaften der Saite simulieren wir durch Federkräfte zwischen den Massenpunkten. Damit können wir von dem bekannten Problem der Bewegung von N Massenpunkten ausgehen. Hierfür stellen wir die Lagrangefunktion auf, nehmen den Limes $N \to \infty$ und werten das Hamiltonsche Prinzip aus. Dies führt zur Wellengleichung der Saite.

Eine Saite kann nicht nur vertikal (wie hier) sondern auch horizontal ausgelenkt werden. Nach der Ersetzung durch N Massenpunkte können die horizontalen Schwingungen wie in Aufgabe 26.4 behandelt werden.

Die Ruhelage der Saite ist der Abschnitt $[0, l]$ der x-Achse. Wir teilen dieses Intervall in N gleichgroße Abschnitte auf, $l = N\,\Delta x$. Für $N \gg 1$ können wir die Massen der einzelnen Abschnitte als Massenpunkte

$$\Delta m_i \quad \text{bei } x_i = \big(i - 1/2\big)\,\Delta x\,, \qquad (i = 1, 2, ..., N) \tag{30.2}$$

behandeln. Die Auslenkung $u_i(t)$ des i-ten Massenpunkts hängt mit dem Feld zusammen:

$$u_i(t) = u(x_i, t) \tag{30.3}$$

Die Diskretisierung führt zu N Funktionen $u_i(t)$ anstelle des Felds $u(x, t)$. Für $N \to \infty$ legen die Funktionen $u_i(t)$ (also die Bahnkurven der Massenelemente) das Feld $u(x, t)$ fest. Zugleich gehen die Fehler der Diskretisierung gegen null.

Die kinetische Energie des Systems aus N Massenpunkten lautet

$$T = \sum_{i=1}^{N} \frac{\Delta m_i}{2}\left(\frac{du_i}{dt}\right)^2 = \sum_{i=1}^{N} \frac{\varrho\,\Delta x}{2}\,\dot{u}_i^2 \tag{30.4}$$

Dabei haben wir die homogene Massendichte $\varrho =$ Masse/Länge eingeführt; jedes Massenelement hat die Größe $\varrho\,\Delta x$.

Die Saite sei mit der Kraft P zwischen den Punkten $x = 0$ und $x = l$ eingespannt. Die elastischen Eigenschaften der Saite können durch Federn zwischen benachbarten Massenpunkten simuliert werden. Der Abstand zwischen dem i-ten und $(i+1)$-ten Massenpunkt ist

$$\Delta s = \sqrt{(\Delta x)^2 + (u_{i+1} - u_i)^2} \approx \Delta x \left[1 + \frac{(u_{i+1} - u_i)^2}{2\,(\Delta x)^2} \right] \tag{30.5}$$

Dabei haben wir vorausgesetzt, dass die Steigung der Saite klein ist. Die Vorspannung der Saite bedeutet, dass die Feder bereits in der Ruhelage ($\Delta s = \Delta x$) mit der Kraft P vorgespannt ist. Eine Vergrößerung des Abstands von Δx auf Δs ergibt dann den potenziellen Energiebeitrag $P\,(\Delta s - \Delta x)$. Die Summe dieser Beiträge ergibt die potenzielle Energie

$$U = \sum_{i=1}^{N-1} P\,\Delta x\, \frac{(u_{i+1} - u_i)^2}{2\,(\Delta x)^2} \tag{30.6}$$

Hinzu kommt noch ein Beitrag der Feder zwischen dem ersten und N-ten Massenpunkt und dem jeweiligen Einspannpunkt; er spielt aber im Folgenden (für $N \to \infty$) keine Rolle.

Wir führen den Grenzübergang $N \to \infty$ für die kinetische Energie durch:

$$T = \lim_{N\to\infty} \sum_{i=1}^{N} \frac{\varrho\,\Delta x}{2}\,\dot{u}_i^2 = \frac{\varrho}{2} \lim_{N\to\infty} \sum_{i=1}^{N} \Delta x \left(\frac{\partial u(x_i,t)}{\partial t} \right)^2 = \frac{\varrho}{2} \int_0^l dx \left(\frac{\partial u(x,t)}{\partial t} \right)^2 \tag{30.7}$$

Hierbei wurde (30.3) verwendet. Mit

$$\lim_{\Delta x \to 0} \frac{u_{i+1}(t) - u_i(t)}{\Delta x} = \frac{\partial u(x_i,t)}{\partial x_i} \tag{30.8}$$

werten wir die potenzielle Energie aus:

$$U = \lim_{N\to\infty} \sum_{i=1}^{N-1} P\,\Delta x\, \frac{(u_{i+1} - u_i)^2}{2\,(\Delta x)^2} = \frac{P}{2} \int_0^l dx \left(\frac{\partial u(x,t)}{\partial x} \right)^2 \tag{30.9}$$

Damit lautet die Lagrangefunktion des Systems

$$\mathcal{L}(\dot{u}, u') = T - U = \int_0^l dx\, \underbrace{\left[\frac{\varrho}{2} \left(\frac{\partial u(x,t)}{\partial t} \right)^2 - \frac{P}{2} \left(\frac{\partial u(x,t)}{\partial x} \right)^2 \right]}_{= \mathcal{L}(\dot{u}, u')} \tag{30.10}$$

Den Integranden bezeichnen wir als *Lagrangedichte* $\mathcal{L}$. Die partiellen Ableitungen werden mit $\dot{u}$ und u' abgekürzt.

Da die Saite als Grenzfall eines Systems aus vielen Massenpunkten betrachtet werden kann, gilt das Hamiltonsche Prinzip:

$$\delta S = \delta \int_{t_1}^{t_2} dt \int_0^l dx\; \mathcal{L}(u, \dot{u}, u', x, t) = 0 \tag{30.11}$$

Für spätere Verallgemeinerungen lassen wir zu, dass $\mathcal{L}$ auch explizit von u, x und t abhängt. Für δS ist $u(x,t)$ zu variieren; dies entspricht der Variation von N Funktionen $u_i(t)$ im Grenzfall $N \to \infty$.

Die Euler-Lagrange-Gleichungen für (30.11) folgen aus (12.32); dazu ist $F = \mathcal{L}(u, \dot{u}, x, t)$, $y = u$, $x_1 = x$, $x_2 = t$ und $N = 2$ in (12.32) einzusetzen. Dies ergibt

$$\frac{\partial}{\partial t}\frac{\partial \mathcal{L}}{\partial \dot{u}} + \frac{\partial}{\partial x}\frac{\partial \mathcal{L}}{\partial u'} - \frac{\partial \mathcal{L}}{\partial u} = 0 \tag{30.12}$$

Für die partiellen Ableitungen nach u, u' und $\dot{u}$ ist die Form $\mathcal{L}(u, u', \dot{u}, x, t)$ zu nehmen; für $\partial/\partial t$ und $\partial/\partial x$ sind die abzuleitenden Ausdrücke als Funktionen von x und t aufzufassen.

Für (30.10), $\mathcal{L} = (\varrho\,\dot{u}^2 - P\,u'^2)/2$, wird (30.12) zur Wellengleichung

$$\boxed{\frac{\partial^2 u}{\partial x^2} - \frac{1}{c^2}\frac{\partial^2 u}{\partial t^2} = 0 \qquad \text{Wellengleichung der freien Saite}} \tag{30.13}$$

Hierbei haben wir die *Wellengeschwindigkeit* c eingeführt,

$$c = \sqrt{\frac{P}{\varrho}} \tag{30.14}$$

Bei der Ableitung der Euler-Lagrange-Gleichung aus $\delta S = 0$ wird vorausgesetzt, dass die zu variierende Funktion am Rand des Integrationsbereichs festgehalten wird. In (30.11) ist der Integrationsbereich ein Rechteck in der x-t-Ebene, das durch $x = 0$, $x = l$, $t = t_1$ und $t = t_2$ begrenzt ist. An zwei Seiten dieses Rechtecks ist die Vorgabe der Funktion durch die Einspannung der Saite bei 0 und l gegeben, also durch

$$u(0,t) = u(l,t) = 0 \tag{30.15}$$

Diese *Randbedingung* ist zur Differenzialgleichung (30.13) hinzuzufügen. Eine Vorgabe an den beiden anderen Seiten des Rechtecks erfolgt durch zwei Funktionen $F(x)$ und $H(x)$,

$$u(x,t_1) = F(x)\,, \qquad u(x,t_2) = H(x) \qquad (x \in [0,l]) \tag{30.16}$$

Gleichwertig dazu sind die *Anfangsbedingungen*

$$u(x,t_1) = F(x)\,, \qquad \dot{u}(x,t_1) = G(x) \qquad (x \in [0,l]) \tag{30.17}$$

Durch diese Bedingungen werden die Lage und die Geschwindigkeit der Saite zur Zeit t_1 vorgegeben. Aus der Wellengleichung folgt dann die Auslenkung $u(x,t)$ zu jeder beliebigen Zeit t.

Verallgemeinerungen

Die Wellengleichung für die freie Saite kann auf andere Fälle verallgemeinert werden. Zum einen könnten Kräfte auf die Saite wirken. Zum anderen kann die Wellengleichung auf den mehrdimensionale Fall verallgemeinert werden.

Auf die Saite wirke die Kraftdichte $f(x, t)$ (Kraft pro Länge). Wenn f in Richtung von u wirkt (wie in Abbildung 30.1 eingezeichnet), führt die Auslenkung eines Massenelements $\varDelta m$ zum Energiebeitrag $\varDelta U = -u\, f\, \varDelta x$. Damit lautet die Lagrangedichte

$$\mathcal{L}(u, \dot{u}, u', x, t) = \frac{\varrho}{2}\, \dot{u}^2 - \frac{P}{2}\, u'^2 + u\, f(x, t) \tag{30.18}$$

Im Gegensatz zu (30.10) hängt $\mathcal{L}$ jetzt explizit von der Auslenkung u ab, und über die äußere Kraft auch von x und t. Aus (30.12) folgt die inhomogene Wellengleichung

$$\frac{\partial^2 u}{\partial x^2} - \frac{1}{c^2}\, \frac{\partial^2 u}{\partial t^2} = -\, \frac{f(x, t)}{P} \tag{30.19}$$

Ein Beispiel für eine äußere Kraft ist die Schwerkraft; wenn die Erdbeschleunigung $\boldsymbol{g}$ in Abbildung 30.1 nach unten zeigt, ist $f = -\varrho\, g$.

Anstelle der Saite betrachten wir eine eingespannte Membran. Die Ruhelage der Membran sei ein Bereich in der x-y-Ebene. Für transversale Auslenkungen $u(x, y, t)$ ergibt sich analog zu (30.13) die zweidimensionale Wellengleichung

$$\frac{\partial^2 u}{\partial x^2} + \frac{\partial^2 u}{\partial y^2} - \frac{1}{c^2}\, \frac{\partial^2 u}{\partial t^2} = 0 \tag{30.20}$$

Für das Feld $u = u(x, y, z, t)$ lautet die dreidimensionale Verallgemeinerung

$$\frac{\partial^2 u}{\partial x^2} + \frac{\partial^2 u}{\partial y^2} + \frac{\partial^2 u}{\partial z^2} - \frac{1}{c^2}\, \frac{\partial^2 u}{\partial t^2} = 0 \quad \text{oder} \quad \Delta u - \frac{\ddot{u}^2}{c^2} = 0 \tag{30.21}$$

Eine solche Wellengleichung gilt zum Beispiel für die Auslenkungen in einem Festkörper. Die zugehörigen Wellen sind Schallwellen. Sie können transversal (Wellenvektor senkrecht zur Auslenkung, wie bei der Saite in Abbildung 30.1) oder auch longitudinal (Wellenvektor parallel zur Auslenkung) sein. In Flüssigkeiten und Gasen gibt es nur longitudinale Schallwellen (Kapitel 32); in diesen Fällen ist $u = \varrho - \varrho_0$ die Abweichung der Dichte ϱ vom Gleichgewichtswert ϱ_0. Eine Wellengleichung der Form (30.21) gilt auch für jede Komponente des elektromagnetischen Felds im strom- und ladungsfreien Fall; dabei ist c dann die Lichtgeschwindigkeit.

Die Gleichungen (30.13) und (30.19) – (30.21) sind die Bewegungsgleichungen für das Feld u; sie werden auch *Feldgleichungen* genannt. Alle hier diskutierten Feldgleichungen sind *linear*; das Feld kommt nur linear vor. Lineare Feldgleichungen sind besonders einfach zu lösen; dies wird im folgenden Abschnitt bei der Lösung für die freie Saite klar werden. Grundgleichungen der Physik sind oft lineare Feldgleichungen. So sind insbesondere die Maxwell-, die Schrödinger- und die Diracgleichung linear.

Schwingung der kräftefreien Saite

Wir bestimmen die möglichen Schwingungen der kräftefreien Saite. Dazu stellen wir die zu lösenden Gleichungen noch einmal zusammen:

$$\boxed{\begin{array}{ll} u''(x,t) - \ddot{u}(x,t)/c^2 = 0 & \text{Wellengleichung} \\ u(0,t) = u(l,t) = 0 & \text{Randbedingung} \\ u(x,0) = F(x)\,, \quad \dot{u}(x,0) = G(x) & \text{Anfangsbedingung} \end{array}} \qquad (30.22)$$

Der Anfangszeitpunkt t_1 wurde willkürlich gleich null gesetzt.

Für die Lösungen *linearer* Differenzialgleichungen gilt das Superpositionsprinzip. Es bedeutet, dass mit u_1 und u_2 auch eine beliebige Linearkombination von u_1 und u_2 Lösung ist. Schreiben wir die lineare Differenzialgleichung als $D(u) = 0$, so folgt das Superpositionsprinzip aus

$$\left.\begin{array}{l} D(u_1) = 0 \\ D(u_2) = 0 \end{array}\right\} \longrightarrow \ a_1\, D(u_1) + a_2\, D(u_2) = D(a_1 u_1 + a_2 u_2) = 0 \qquad (30.23)$$

Dabei sind a_1 und a_2 beliebige Konstanten. Wir bestimmen nun einen Satz von Lösungen $u_n(x,t)$, die die Wellengleichung und die Randbedingungen erfüllen. Dieser Satz wird vollständig in dem Sinn sein, dass wir mit der Linearkombination $\sum a_n\, u_n(x,t)$ die Anfangsbedingungen erfüllen können. Eine solche Linearkombination stellt daher die *allgemeine Lösung* der Differenzialgleichung mit Randbedingungen dar. Das vorgestellte Verfahren wird auch bei der Lösung der zeitabhängigen Schrödingergleichung (etwa für die Bewegung eines Teilchens in einem Kasten) oder der freien Maxwellgleichungen (etwa für Hohlraumschwingungen) verwendet.

Wie wir sehen werden, führt der Separationsansatz

$$u(x,t) = v(x)\; g(t) \qquad (30.24)$$

zu einem vollständigen Satz von Lösungen $u_n(x,t)$. Wir setzen ihn in die Wellengleichung ein:

$$\frac{v''(x)}{v(x)} = \frac{1}{c^2}\,\frac{g''(t)}{g(t)} \qquad (30.25)$$

Die partiellen Ableitungen werden dabei zu gewöhnlichen Ableitungen, die wir durch Striche kennzeichnen. Da die linke Seite nicht von t und die rechte nicht von x abhängt, sind beide Seiten unabhängig von x und t. Sie müssen also gleich einer Konstanten sein, die wir mit $-k^2$ bezeichnen. Damit wird (30.25) zu

$$v''(x) + k^2\, v(x) = 0\,, \qquad g''(t) + \omega^2\, g(t) = 0 \qquad (\omega = ck) \qquad (30.26)$$

Die allgemeine Lösung der Differenzialgleichung für $v(x)$ lautet

$$v(x) = C_1 \sin(kx) + C_2 \cos(kx) \qquad (30.27)$$

Die Randbedingung $v(0) = v(l) = 0$ ergibt $C_2 = 0$ und

$$kl = n\pi\,, \qquad k = \frac{n\pi}{l} = k_n\,, \qquad n = 1, 2, \ldots \tag{30.28}$$

Für n sind zunächst die Werte $0,\ \pm 1,\ \pm 2, \ldots$ möglich. Nun führt $n = 0$ zu $u \equiv 0$, und ein eventuelles Minuszeichen kann in die Konstante C_1 aufgenommen werden. Daher können wir n auf positive Werte beschränken.

Die Differenzialgleichung für $g(t)$,

$$g''(t) + \omega_n^2\, g(t)\,, \qquad \omega_n = c\, k_n\,, \quad n = 1, 2, \ldots \tag{30.29}$$

hat die allgemeine Lösung $g(t) = a\ \cos(\omega_n t) + b\ \sin(\omega_n t)$. Damit führt der Ansatz (30.24) zur Lösung

$$u_n(x, t) = C_1\ \sin(k_n x)\ \big[\, a\ \cos(\omega_n t) + b\ \sin(\omega_n t)\,\big] \tag{30.30}$$

Die Konstante C_1 kann weggelassen werden. Wegen der Linearität der Wellengleichung ist auch jede Linearkombination

$$u(x, t) = \sum_{n=1}^{\infty}\ \sin(k_n x)\ \big[\, a_n \cos(\omega_n t) + b_n \sin(\omega_n t)\,\big] \tag{30.31}$$

Lösung; mit u_n erfüllt auch u die Randbedingungen. Gleichung (30.31) stellt die *allgemeine Lösung* dar, denn sie lässt beliebige Anfangsbedingungen zu:

$$u(x, 0) \ = \ \sum_{n=1}^{\infty} a_n\ \sin(k_n x) \ = \ F(x) \tag{30.32}$$

$$\dot{u}(x, 0) \ = \ \sum_{n=1}^{\infty} b_n\ \omega_n\ \sin(k_n x) \ = \ G(x) \tag{30.33}$$

Natürlich sind nur Anfangsbedingungen mit $F(0) = F(l) = 0$ und $G(0) = G(l) = 0$ zugelassen. Aus der Theorie der Fourierreihen ist bekannt, dass jede solche Funktion im Intervall $[0,\ l\,]$ nach den Funktionen $\sin(k_n x)$ entwickelt werden kann. Die Entwicklungskoeffizienten a_n und b_n sind

$$a_n = \frac{2}{l}\int_0^l dx\ F(x)\ \sin(k_n x)\,, \qquad b_n = \frac{2}{l\,\omega_n}\int_0^l dx\ G(x)\ \sin(k_n x) \tag{30.34}$$

Die allgemeine Lösung (30.31) kann auch in der Form

$$\boxed{u(x, t) = \sum_{n=1}^{\infty} A_n\ \sin(k_n x)\ \sin(\omega_n t + \varphi_n)} \tag{30.35}$$

Tabelle 30.1 Einige Größen und Bezeichnungen, die bei Wellenlösungen oder Eigenschwingungen üblicherweise verwandt werden.

Symbol	Bezeichnung	Relation
A_n	Amplitude	
φ_n	Phase	
$\omega,\ \omega_n$	Frequenz, Eigenfrequenz	
k, k_n	Wellenzahl	$k = \omega/c$
λ	Wellenlänge	$\lambda = 2\pi/k$
c	Wellengeschwindigkeit	$c^2 = P/\varrho$

geschrieben werden. Sie ist eine Überlagerung aus den Eigenschwingungen

$$u_n(x,t) = A_n \sin(k_n x) \sin(\omega_n t + \varphi_n) \tag{30.36}$$

In Tabelle 30.1 sind einige Bezeichnungen für die auftretenden Größen zusammengestellt.

Die Lösung (30.36) beschreibt eine *Eigenschwingung* oder *Eigenmode* der Saite. Abbildung 30.1 kann als Momentaufnahme der Eigenschwingung $u_3(x,t)$ aufgefasst werden; sie könnte die Lage der Saite zu dem Zeitpunkt zeigen, zu dem $\sin(\omega_3 t + \varphi_3) = 1$. An einer bestimmten Stelle x schwingt dann die Saite zwischen der skizzierten Position und der dazu negativen.

Bei einer Eigenschwingung (30.36) hat die Saite konstante *Knoten*, das heißt die Punkte x mit $u(x,t) = 0$ liegen immer an den gleichen Stellen. Man spricht daher von einer *stehenden Welle*. Die Wellenlänge λ_n ist gleich dem doppelten Knotenabstand. Die erste Schwingung ($n = 1$, Grundschwingung) mit $\lambda_1 = 2l$ hat zwei Knoten (die Einspannpunkte), die n-te Schwingung hat $n + 1$ Knoten.

Durch Kopplung der Saite mit einem Schallkörper und der Luft können wir einen Ton der Frequenz ω_n hören, wenn die Eigenschwingung $u_n(x,t)$ angeregt ist. Die Grundfrequenz $\omega_1 = \pi c/l = \pi\,(P/\varrho)^{1/2}/l$ einer Saite kann durch Veränderung der einspannenden Kraft P verschoben werden (etwa beim Stimmen einer Geige). Alle höheren Frequenzen (Obertöne) ändern sich dabei entsprechend mit.

Durch Überlagerung von Eigenschwingungen können Wellenpakete gebildet werden. Zwischen den Einspannpunkten können sich lokalisierte Wellenpakete mit der Geschwindigkeit c fortpflanzen (Aufgabe 30.2).

Aufgaben

30.1 Saitenschwingung für gegebene Anfangsbedingungen

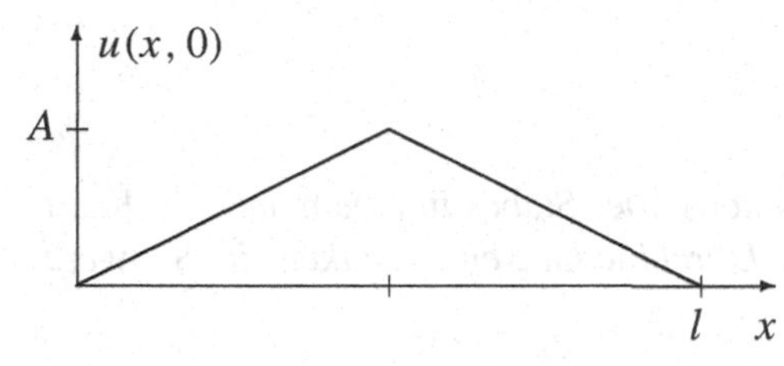

Die Auslenkung $u(x,t)$ einer Saite genügt der Wellengleichung und den Randbedingungen

$$u''(x,t) - \ddot{u}(x,t)/c^2 = 0$$
$$u(0,t) = u(l,t) = 0$$

Bestimmen Sie die Lösung $u(x,t)$ für die Anfangsbedingungen

$$u(x,0) = A\left(1 - \left|1 - \frac{2x}{l}\right|\right), \qquad \dot{u}(x,0) = 0 \tag{30.37}$$

30.2 Lösungsmethode nach d'Alembert

Zeigen Sie, dass die Wellengleichung $u''(x,t) - \ddot{u}(x,t)/c^2 = 0$ durch

$$u(x,t) = f(x - ct) + g(x + ct) \tag{30.38}$$

gelöst wird. Dabei sind f und g zunächst beliebige Funktionen einer Variablen. Wie hängen f und g mit den Anfangsbedingungen zusammen?

Wenden Sie diese *Lösungsmethode nach d'Alembert* auf die Saitenschwingung aus Aufgabe 30.1 an. Welchen Relationen müssen die Funktionen f und g genügen, damit die Randbedingungen für alle Zeiten erfüllt sind? Zeigen Sie dazu: Außerhalb des Definitionsbereichs $[0, l]$ müssen die Randbedingungen antisymmetrisch und periodisch (mit der Periode $2l$) fortgesetzt werden.

Berechnen Sie $u(x,t)$ für $0 \le t \le T/4$ mit $T = 2l/c$. Das Ergebnis für die volle Zeitperiode folgt dann aus Symmetrieüberlegungen.

31 Balkenbiegung

Wir untersuchen Verbiegungen eines Balkens oder Stabes in einem äußeren Kraftfeld. Konkret berechnen wir die statische Durchbiegung eines Balkens im Schwerefeld.

Im kräftefreien Fall ist die Ruhelage des in Abbildung 31.1 skizzierten Balkens gleich dem Intervall $[0, l]$ auf der x-Achse. Die Auslenkung aus der Ruhelage bezeichnen wir mit

$$u = u(x, t) = \text{Auslenkung des Balkens} \qquad \big(x \in [0, l],\ \ |u'| \ll 1\big) \tag{31.1}$$

Dabei gebe die Kurve $u = u(x, t)$ die Mittellinie des Balkens an. Wir setzen voraus, dass die Abweichungen von der Horizontalen klein sind, $|u'| \ll 1$. Daher können wir die Verschiebungen von Massenelementen in x-Richtung aufgrund der Durchbiegung vernachlässigen.

Die kinetische Energie hat die gleiche Form (30.7) wie bei der Saite,

$$T = \frac{\varrho}{2} \int_0^l dx \left(\frac{\partial u(x, t)}{\partial t} \right)^2 = \frac{\varrho}{2} \int_0^l dx\ \dot{u}^2 \tag{31.2}$$

Die partiellen Ableitungen kürzen wir mit $\dot{u}$ und u' ab; die Massendichte ϱ ist die Masse pro Länge.

Im rechten Teil von Abbildung 31.1 sind die Dehnung und Stauchung skizziert, die mit der Durchbiegung verbunden sind. Aus einfachen geometrischen Überlegungen folgt für den eingezeichneten Winkel δ,

$$\delta = \frac{\Delta x' - \Delta x}{b} = \frac{\Delta x}{R} \tag{31.3}$$

Dabei ist Δx die nicht gedehnte Länge des betrachteten kleinen Balkenabschnitts, $\Delta x'$ die gedehnte Länge, $2b$ die Balkendicke und R der Krümmungsradius. Der Krümmungsradius R einer Funktion $u(x, t)$ an der Stelle x ist durch

$$\frac{1}{R} = \frac{u''}{(1 + u'^2)^{3/2}} \approx u''(x, t) \qquad (|u'| \ll 1) \tag{31.4}$$

gegeben. Der potenzielle Energiebeitrag ist proportional zum Quadrat der relativen Dehnung oder Stauchung, also zu $(\Delta x' - \Delta x)^2/(\Delta x)^2 = b^2/R^2 = b^2 u''^2$. Dann ist die potenzielle Energie

$$U_k = \frac{k}{2} \int_0^l dx \left(\frac{\partial^2 u(x, t)}{\partial x^2} \right)^2 = \frac{k}{2} \int_0^l dx\ u''^2 \tag{31.5}$$

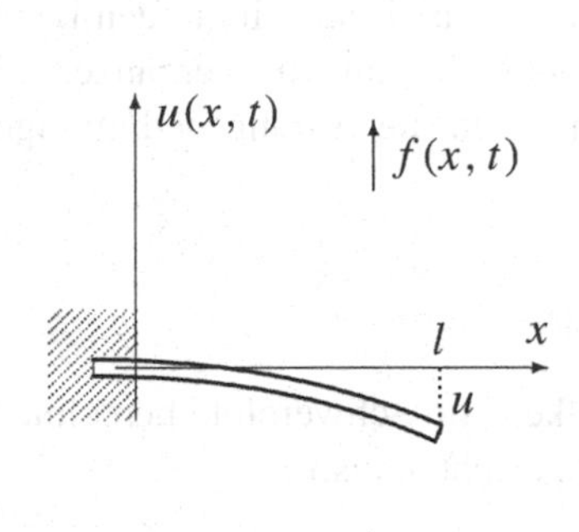

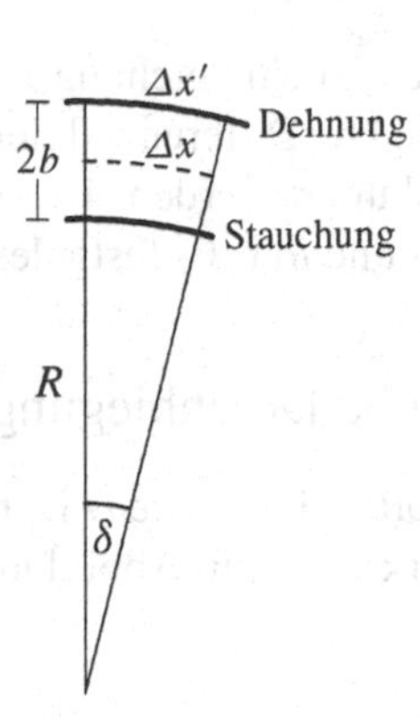

Abbildung 31.1 Zur Balkenbiegung im Schwerefeld: Die vertikale Auslenkung aus der Ruhelage wird mit $u(x,t)$ bezeichnet; im Gegensatz zur Skizze sei $|u'| \ll 1$. Auf der rechten Seite ist ein Abschnitt des Balkens vergrößert gezeigt. Bei der Biegung wird die gestrichelte Mittellinie nicht gedehnt. Gegenüber ihrer Länge Δx wird der obere Teil auf $\Delta x'$ gedehnt, der untere entsprechend gestaucht. Nach dem Hookeschen Gesetz ergeben sich dadurch potenzielle Energiebeiträge, die proportional zu $(\Delta x' - \Delta x)^2$ sind.

wobei k ein positiver Parameter ist, der vom Material und von der Dicke des Balkens abhängt. Einen Beitrag proportional zu u'^2 wie in (30.10) würden wir auch hier erhalten, falls der Balken unter Zug (oder Druck) eingespannt wäre. Wie in (30.18) lassen wir eine äußere, auf den Balken wirkende Kraftdichte $f(x,t)$ zu. Sie ergibt den potenziellen Energiebeitrag

$$U_f = -\int_0^l dx\; u(x,t)\; f(x,t) \tag{31.6}$$

Aus (31.2), (31.5) und (31.6) folgt die Lagrangefunktion $\mathcal{L} = T - U_k - U_f = \int dx\,\mathcal{L}$ mit der Lagrangedichte

$$\boxed{\mathcal{L}(u, \dot{u}, u'', x, t) = \frac{\varrho}{2}\,\dot{u}^2 - \frac{k}{2}\,u''^2 + u\,f(x,t)} \tag{31.7}$$

Wir gehen wieder vom Hamiltonschen Prinzip aus:

$$\delta \int_{t_1}^{t_2} dt \int_0^l dx\; \mathcal{L}(u, \dot{u}, u'', x, t) = 0 \tag{31.8}$$

Nach (12.32) und (12.35) lautet hierfür die Euler-Lagrange-Gleichung

$$\frac{\partial}{\partial t}\frac{\partial \mathcal{L}}{\partial \dot{u}} - \frac{\partial^2}{\partial x^2}\frac{\partial \mathcal{L}}{\partial u''} = \frac{\partial \mathcal{L}}{\partial u} \tag{31.9}$$

Für die partiellen Ableitungen nach t und x sind die Ausdrücke $\partial\mathcal{L}/\partial\dot{u}$ und $\partial\mathcal{L}/\partial u''$ als Funktionen von t und x aufzufassen. Für (31.7) erhalten wir

$$\boxed{\varrho\,\ddot{u}(x,t) + k\,u''''(x,t) = f(x,t)} \tag{31.10}$$

Mit dieser Feldgleichung können Balkenbiegungen und -schwingungen behandelt werden. Die Differenzialgleichung ist durch Randbedingungen zu ergänzen, die unten diskutiert werden. Die Lösung wird dann durch die Anfangsbedingungen für $u(x, 0)$ und $\dot{u}(x, 0)$ festgelegt.

Statische Durchbiegung im Schwerefeld

Wir wollen die *statische* Durchbiegung des Balkens im Schwerefeld berechnen. Die Schwerkraft sei in Abbildung 31.1 nach unten gerichtet, also

$$f(x, t) = -\varrho\, g \tag{31.11}$$

Die statische Gleichgewichtslage $u = u(x)$ ist durch die Bedingung minimaler potenzieller Energie bestimmt:

$$U = U_k + U_f = \int_0^l dx \left(\frac{k}{2}\, u''^2 + \varrho\, g\, u \right) = \text{minimal} \tag{31.12}$$

Diese Bedingung – oder das Hamiltonsche Prinzip für den statischen Fall – ergibt

$$\delta \int_0^l dx \left(u''^2 + \frac{2\varrho\, g}{k}\, u \right) = 0 \quad \longrightarrow \quad u''''(x) = -\frac{\varrho\, g}{k} \tag{31.13}$$

Die allgemeine Lösung dieser Differenzialgleichung lautet

$$u(x) = -\alpha\, x^4 + C_3\, x^3 + C_2\, x^2 + C_1\, x + C_0 \tag{31.14}$$

Hierbei sind die C_i Integrationskonstanten und α ist durch

$$\alpha = \frac{\varrho\, g}{24\, k} > 0 \tag{31.15}$$

gegeben. Die Integrationskonstanten sind durch die Randbedingungen des Balkens festzulegen; Anfangsbedingungen treten im betrachteten statischen Fall nicht auf.

Die Randbedingungen sind durch die Art der Lagerung des Balkens bestimmt. Wir betrachten verschiedene Lagerungsmöglichkeiten des Balkens an seinen Enden, also bei $x = 0$ und $x = l$. Für die in Abbildung 31.2 skizzierten Fälle gilt:

$$\begin{array}{lll} \text{(i) beidseitig eingespannt:} & u(0) = u'(0) = 0\,, & u(l) = u'(l) = 0 \\ \text{(ii) einseitig eingespannt:} & u(0) = u'(0) = 0\,, & u(l),\ u'(l)\ \text{ beliebig} \\ \text{(iii) beidseitig aufliegend:} & u(0) = u(l) = 0\,, & u'(0),\ u'(l)\ \text{ beliebig} \end{array} \tag{31.16}$$

Im Fall (i) stehen vier Bedingungen zur Festlegung der Konstanten C_1 bis C_4 zur Verfügung. In den anderen beiden Fällen ist zunächst nicht klar, durch welche Randbedingungen die vier Konstanten C_i festzulegen sind. Um diesen Punkt zu klären,

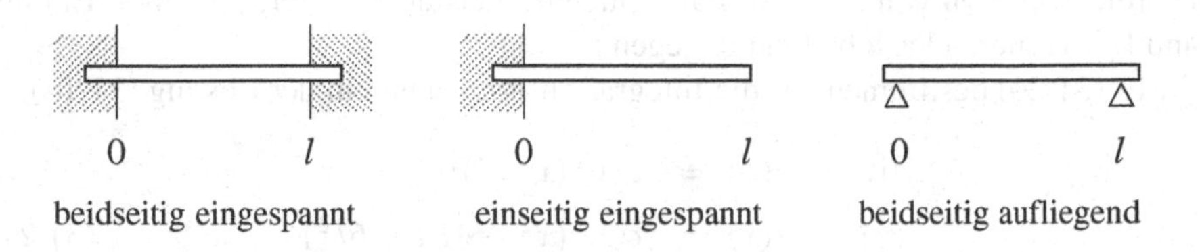

Abbildung 31.2 Es werden drei verschiedene Lagerungsmöglichkeiten eines Balkens im Schwerefeld betrachtet.

betrachten wir noch einmal die Ableitung der Euler-Lagrange-Gleichung für die Randbedingungen (31.16). Das Funktional (31.12) ist von der Form

$$J = J[u] = \int_0^l dx \; F(u'', u) \tag{31.17}$$

Wir berechnen die Variation des Funktionals, wobei wir die Notation (12.16) verwenden:

$$\begin{aligned} \delta J &= J[u + \delta u] - J[u] = \int_0^l dx \left(F_{u''} \, \delta u'' + F_u \, \delta u \right) \\ &\overset{\text{p.I.}}{=} \left(F_{u''} \, \delta u' \right)_l - \left(F_{u''} \, \delta u' \right)_0 - \left(\frac{dF_{u''}}{dx} \, \delta u \right)_l + \left(\frac{dF_{u''}}{dx} \, \delta u \right)_0 \\ &\quad + \int_0^l dx \left(\frac{d^2 F_{u''}}{dx^2} + F_u \right) \delta u(x) = 0 \end{aligned} \tag{31.18}$$

Der Term $F_{u''} \, \delta u''$ wurde zweimal partiell integriert. Aus der Beliebigkeit von $\delta u(x)$ folgt zunächst die Differenzialgleichung $d^2 F_{u''}/dx^2 + F_u = 0$, also (31.13). Neben dem Integral müssen aber auch die Randterme verschwinden. Für die Variation $\delta u(x)$ am Rand gilt nach der physikalischen Vorgabe (31.16):

$$\begin{array}{lll} \text{(i)} & \delta u(0) = \delta u'(0) = 0\,, & \delta u(l) = \delta u'(l) = 0 \\ \text{(ii)} & \delta u(0) = \delta u'(0) = 0\,, & \delta u(l),\; \delta u'(l) \;\; \text{beliebig} \\ \text{(iii)} & \delta u(0) = \delta u(l) = 0\,, & \delta u'(0),\; \delta u'(l) \;\; \text{beliebig} \end{array} \tag{31.19}$$

Im ersten Fall verschwinden die Randterme in (31.18), und aus (31.18) folgt nur die Differenzialgleichung. Im zweiten Fall kann (31.18) nur erfüllt werden, wenn die Koeffizienten von $\delta u(l)$ und $\delta u'(l)$ verschwinden. Also folgt aus der Variation am freien Ende des Balkens $F_{u''} = 2u'' = 0$ und $dF_{u''}/dx = 2u''' = 0$; damit kommen zu (31.16) die Bedingungen $u''(l) = u'''(l) = 0$ hinzu. Im dritten Fall folgt aus (31.18) entsprechend $u''(0) = u''(l) = 0$. In jedem Fall erhalten wir insgesamt vier Randbedingungen:

$$\begin{array}{lllll} \text{(i)} & u(0) = 0, & u'(0) = 0, & u(l) = 0, & u'(l) = 0 \\ \text{(ii)} & u(0) = 0, & u'(0) = 0, & u''(l) = 0, & u'''(l) = 0 \\ \text{(iii)} & u(0) = 0, & u''(0) = 0, & u(l) = 0, & u''(l) = 0 \end{array} \tag{31.20}$$

Die freie Variation von u' am Rand impliziert, dass dort u'' verschwindet. Ein am Rand frei variierendes u bedingt dagegen $u''' = 0$.

Mit (31.20) bestimmen wir die Integrationskonstanten in der Lösung (31.14):

$$\begin{aligned} &\text{(i)} \quad && u(x) = -\alpha\, x^2\, (x-l)^2 \\ &\text{(ii)} \quad && u(x) = -\alpha\, x^2 \left(x^2 - 4l\,x + 6l^2\right) \\ &\text{(iii)} \quad && u(x) = -\alpha\, x \left(x^3 - 2l\,x^2 + l^3\right) \end{aligned} \tag{31.21}$$

Die Funktion $u(x)$ beschreibt die Gleichgewichtslage des Balkens im Schwerefeld. Wir berechnen speziell die Durchbiegung in der Mitte des Balkens:

$$u(l/2) = -A\, l^4 \cdot \begin{cases} 1/16 & \text{(i)} \\ 17/16 & \text{(ii)} \\ 5/16 & \text{(iii)} \end{cases} \tag{31.22}$$

32 Hydrodynamik

Wir stellen die Grundgleichungen für die Bewegung von Gasen und Flüssigkeiten vor. Dazu verallgemeinern wir Newtons 2. Axiom zur Eulergleichung der Hydrodynamik. Wir diskutieren einige Anwendungen und Spezialfälle (Flüssigkeit im Schwerefeld, Bernoulligleichung, Potenzialströmung). Als Lösung der linearisierten hydrodynamischen Gleichungen erhalten wir Schallwellen.

An die Stelle von Massenpunkten tritt bei Flüssigkeiten (Gasen) die *Massendichte* ϱ,

$$\varrho(\boldsymbol{r}, t) = \frac{\sum_\nu m_\nu}{\Delta V} = \frac{\Delta m}{\Delta V} = \frac{\text{Masse}}{\text{Volumen}} \tag{32.1}$$

Die Summe läuft über alle Atome oder Moleküle ($\nu = 1,..., \Delta N$), die sich im Volumenelement ΔV bei $\boldsymbol{r}$ befinden. Das Volumenelement ΔV wählt man einerseits so groß, dass $\Delta N \gg 1$, und andererseits so klein, dass sich die makroskopischen Eigenschaften innerhalb von ΔV nicht wesentlich ändern. Unter diesen Voraussetzungen hängt $\varrho(\boldsymbol{r}, t)$ nicht von ΔV ab. Das Volumen ΔV könnte zum Beispiel $\Delta N = 10^7$ Atome enthalten; dies entspricht einem Durchmesser $(\Delta V)^{1/3} \sim 10^{-5}$ cm für eine Flüssigkeit und $(\Delta V)^{1/3} \sim 10^{-4}$ cm für ein Gas.

An die Stelle der Geschwindigkeiten $\boldsymbol{v}_\nu$ der einzelnen Massenpunkte tritt das Geschwindigkeitsfeld

$$\boldsymbol{v}(\boldsymbol{r}, t) = \frac{1}{\Delta N} \sum_{\nu=1}^{\Delta N} \boldsymbol{v}_\nu = \langle \boldsymbol{v}_\nu \rangle \tag{32.2}$$

Dies ist die mittlere Geschwindigkeit der ΔN Atome, die sich im betrachteten Volumen ΔV befinden. Die tatsächlichen Geschwindigkeiten $\boldsymbol{v}_\nu$ einzelner Luftmoleküle im Hörsaal liegen im Bereich von 100 ... 1000 m/s (Maxwellverteilung). Die mittlere Geschwindigkeit $\boldsymbol{v}(\boldsymbol{r}, t)$ ist dagegen meist um Größenordnungen kleiner; sie beschreibt zum Beispiel den spürbaren Luftzug oder Wind.

In einem Medium herrscht im Allgemeinen ein endlicher Druck

$$P = P(\boldsymbol{r}, t) = \frac{\Delta F}{\Delta A} = \frac{\text{Kraft}}{\text{Fläche}} \tag{32.3}$$

Schließt man etwa ein Gas in einen Zylinder mit einem beweglichen Kolben (Fläche ΔA) ein, so kann man die Kraft ΔF auf den Kolben messen. Umgekehrt kann man einen kleinen, leeren Zylinder in das Innere eines Mediums (Gas, Flüssigkeit) bringen, die Kraft auf den Kolben messen und so den Druck bestimmen. In der Luft im

Hörsaal beträgt der Druck $P \approx 1$ bar. Dieser Materiedruck hält dem Gravitationsdruck der Atmosphäre die Waage.

Mikroskopisch kann der Druck eines Gases durch die Kraftstöße der einzelnen Atome oder Moleküle erklärt werden. So werden am Kolben (wie auch an anderen Stellen der Oberfläche des Gasvolumens) ständig Atome reflektiert. Jedes Atom übt dabei einen Kraftstoß aus; die zeitliche Mittelung über diese Kraftstöße gibt dann eine Kraft ΔF.

Wenn das Volumen ΔV geeignet gewählt wird, hängen die in (32.1) – (32.3) definierten Felder nicht von der Größe von ΔV ab. Flüssigkeiten, die durch die Felder $\varrho(\boldsymbol{r}, t)$, $\boldsymbol{v}(\boldsymbol{r}, t)$ und $P(\boldsymbol{r}, t)$ beschrieben werden können, heißen *ideal*. Für reale Flüssigkeiten oder Gase ist dies eine mehr oder weniger gute Näherung. In idealen Flüssigkeiten werden insbesondere keine Viskosität (Reibung) und kein Temperaturaustausch berücksichtigt.

Bei der Strömung einer Flüssigkeit geht keine Materie verloren; daraus ergibt sich die *Kontinuitätsgleichung*. Kräfte auf Flüssigkeitselemente bewirken Änderungen des Geschwindigkeitsfelds; daraus ergibt sich die *Eulergleichung*. Zusätzlich benötigt man noch eine *Zustandsgleichung*, die die Kompressibilität der betrachteten Materie beschreibt. Wir stellen im Folgenden diese Grundgleichungen der Hydrodynamik auf und diskutieren einige einfache Anwendungen.

Kontinuitätsgleichung

Da bei der Strömung die Anzahl der Teilchen erhalten ist, muss für jedes beliebige Volumen V gelten:

$$\oint_{A(V)} d\boldsymbol{A} \cdot \Big(\varrho(\boldsymbol{r}, t)\, \boldsymbol{v}(\boldsymbol{r}, t)\Big) = -\frac{d}{dt} \int_V d^3r\; \varrho(\boldsymbol{r}, t) = -\int_V d^3r\; \frac{\partial \varrho}{\partial t} \tag{32.4}$$

Die linke Seite stellt wegen

$$\boldsymbol{j}(\boldsymbol{r}, t) = \varrho\, \boldsymbol{v} = \text{Stromdichte} = \frac{\text{Masse}}{\text{Fläche} \cdot \text{Zeit}} \tag{32.5}$$

den Strom (Masse pro Zeit) dar, der durch die Oberfläche $A(V)$ von V herausfließt. Dieser Nettostrom aus V heraus muss gleich der Änderung der Masse in V pro Zeit sein, also gleich dem zweiten Ausdruck in (32.4). Das Volumen V sei zeitlich konstant und ruhe in dem Inertialsystem, in dem die Gleichungen aufgestellt werden. Dies ermöglicht den letzten Schritt in (32.4). Mit dem Gaußschen Satz verwandeln wir das Oberflächenintegral in ein Volumenintegral und erhalten so

$$\int_V d^3r \left(\frac{\partial \varrho}{\partial t} + \operatorname{div}(\varrho\, \boldsymbol{v})\right) = 0 \tag{32.6}$$

Dies gilt für beliebige Volumina, die allerdings größer als das einleitend betrachtete ΔV sein müssen. Daher muss der Integrand verschwinden:

$$\boxed{\frac{\partial \varrho(\boldsymbol{r}, t)}{\partial t} + \operatorname{div}\big(\varrho(\boldsymbol{r}, t)\, \boldsymbol{v}(\boldsymbol{r}, t)\big) = 0 \qquad \text{Kontinuitätsgleichung}} \tag{32.7}$$

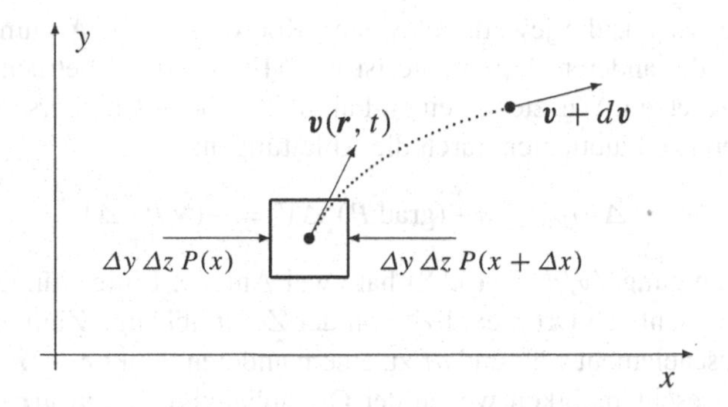

Abbildung 32.1 Zur Ableitung der Eulergleichung: Für das Volumenelement $\Delta V = \Delta x\ \Delta y\ \Delta z$ wird die Kraft berechnet, die sich aus der Ortsabhängigkeit des Drucks ergibt. Während dt bewegt sich das betrachtete Flüssigkeitselement ein Stück weiter; daher trägt sowohl die Zeit- wie die Ortsabhängigkeit der Geschwindigkeit $\boldsymbol{v}(\boldsymbol{r}, t)$ zur Beschleunigung $d\boldsymbol{v}/dt$ bei.

Die Kontinuitätsgleichung $\dot{\varrho} + \nabla(\varrho\, \boldsymbol{v}) = 0$ ist der differenzielle Erhaltungssatz für die Masse, ausgedrückt durch die Massendichte ϱ und die Massenstromdichte $\boldsymbol{j} = \varrho\, \boldsymbol{v}$. In der Elektrodynamik beschreibt eine analoge Kontinuitätsgleichung die Ladungserhaltung.

Eulergleichung

Wir betrachten nun ein herausgegriffenes kleines Volumenelement ΔV der Flüssigkeit und untersuchen die Bewegung der Masse $\Delta m = \varrho\ \Delta V$. Das Volumenelement sei so klein, dass sich die Felder (32.1) – (32.3) innerhalb von ΔV nur geringfügig ändern. Auf die Masse Δm wirke die Kraft $\Delta \boldsymbol{F}$. Dann können wir Newtons 2. Axiom anschreiben:

$$\Delta m\ \frac{d\,\boldsymbol{v}(\boldsymbol{r}, t)}{dt} = \varrho(\boldsymbol{r}, t)\ \Delta V\ \frac{d\,\boldsymbol{v}(\boldsymbol{r}, t)}{dt} = \Delta \boldsymbol{F}(\boldsymbol{r}, t) = \Delta \boldsymbol{F}_{\text{ext}} + \Delta \boldsymbol{F}_{\text{Druck}} \tag{32.8}$$

Die Kraft kann in einen externen und einen Druckanteil aufgeteilt werden. Auf die Flüssigkeit könnte eine äußere Kraftdichte $\boldsymbol{f}(\boldsymbol{r}, t)$ (Kraft pro Volumen) wirken. Ein Beispiel ist das Schwerefeld mit der Kraftdichte $\boldsymbol{f} = \varrho\, \boldsymbol{g}$ und der Kraft

$$\Delta \boldsymbol{F}_{\text{ext}}(\boldsymbol{r}, t) = \boldsymbol{f}(\boldsymbol{r}, t)\ \Delta V \tag{32.9}$$

Zur Ableitung von $\Delta \boldsymbol{F}_{\text{Druck}}$ betrachten wir ein quaderförmiges Volumen $\Delta V = \Delta x\ \Delta y\ \Delta z$ (Abbildung 32.1) und addieren die Kräfte, die der Druck auf die sechs Seitenflächen des Quaders ausübt:

$$\begin{aligned}\Delta \boldsymbol{F}_{\text{Druck}} &= -\oint_{\Delta V} d\boldsymbol{A}\ P = -\ \boldsymbol{e}_x\ \Delta y\ \Delta z \big[P(x + \Delta x) - P(x)\big] \\ &\quad - \boldsymbol{e}_y\ \Delta x\ \Delta z \big[P(y + \Delta y) - P(y)\big] - \boldsymbol{e}_z\ \Delta x\ \Delta y \big[P(z + \Delta z) - P(z)\big]\end{aligned} \tag{32.10}$$

Dabei haben wir nur die jeweils relevanten Koordinaten im Argument von P angegeben; für die anderen Argumente ist ein Mittelwert im betrachteten Flächenelement einzusetzen. Wir ziehen einen Faktor ΔV heraus und ersetzen die auftretenden Differenzialquotienten durch die Ableitungen:

$$\Delta \boldsymbol{F}_{\text{Druck}} = -(\text{grad}\, P)\ \Delta V = -(\nabla P)\ \Delta V \tag{32.11}$$

Die Beschleunigung $d\boldsymbol{v}/dt$ in (32.8) hat zwei Anteile. Einmal ändert sich $\boldsymbol{v}$, weil $\boldsymbol{v}(\boldsymbol{r}, t)$ am betrachteten Ort $\boldsymbol{r}$ explizit von der Zeit t abhängt. Zum anderen bewegt sich das Massenelement während dt zu einem anderen Punkt $\boldsymbol{r} + d\boldsymbol{r} = \boldsymbol{r} + \boldsymbol{v}\, dt$, wo die mittlere Geschwindigkeit wegen der Ortsabhängigkeit von $\boldsymbol{v}(\boldsymbol{r}, t)$ eine andere ist. Formal ergeben sich diese Beiträge aus dem totalen Differenzial $d\boldsymbol{v}$:

$$d\boldsymbol{v} = \frac{\partial \boldsymbol{v}}{\partial t}\, dt + \frac{\partial \boldsymbol{v}}{\partial x}\, dx + \frac{\partial \boldsymbol{v}}{\partial y}\, dy + \frac{\partial \boldsymbol{v}}{\partial z}\, dz = \frac{\partial \boldsymbol{v}}{\partial t}\, dt + \big(\boldsymbol{v} \cdot \nabla\big)\, \boldsymbol{v}\, dt \tag{32.12}$$

Mit (32.9) – (32.12) wird die Newtonsche Bewegungsgleichung (32.8) zu

$$\boxed{\varrho \left(\frac{\partial \boldsymbol{v}}{\partial t} + \big(\boldsymbol{v} \cdot \nabla\big)\, \boldsymbol{v} \right) = -\nabla P + \boldsymbol{f} \qquad \text{Eulergleichung}} \tag{32.13}$$

Dies ist die *Eulergleichung* der Hydrodynamik. Der Begriff „Eulergleichung" für sich ist nicht eindeutig, da es noch die Eulerschen Gleichungen für den Kreisel (Kapitel 22) gibt.

Zustandsgleichung

Die Eulergleichung und die Kontinuitätsgleichung stellen zusammen vier partielle Differenzialgleichungen für die fünf Felder $\varrho(\boldsymbol{r}, t)$, $\boldsymbol{v}(\boldsymbol{r}, t)$ und $P(\boldsymbol{r}, t)$ dar. Zur Bestimmung der Felder ist daher noch eine weitere Gleichung notwendig. Dies ist die *Zustandsgleichung*, die den Zusammenhang zwischen Druck und Dichte angibt:

$$P = P\big(\varrho(\boldsymbol{r}, t)\big) \tag{32.14}$$

Die Zustandsgleichung hängt von der Art der Materie ab. Wir beschränken uns auf sogenannte polytrope Zustandsgleichungen:

$$P = \text{const.} \cdot \varrho^{\gamma} \tag{32.15}$$

Aus dieser Zustandsgleichung folgt die Kompressibilität

$$\kappa = -\frac{1}{V}\, \frac{\partial V}{\partial P} = \frac{1}{\varrho}\, \frac{\partial \varrho}{\partial P} = \frac{1}{\gamma P} \tag{32.16}$$

Homogene Systeme mit fester Teilchenzahl hängen meist von zwei Zustandsvariablen ab, etwa vom Druck P und von der Temperatur T. Daher ist bei der Druckänderung anzugeben, welche andere makroskopische Größe festgehalten wird. Häufig wird die isotherme (Temperatur T konstant) oder die adiabatische (Entropie S konstant) Kompressibilität angegeben.

Wie die Tabelle 32.1 zeigt, lässt sich das Verhalten sehr verschiedener Systeme durch eine polytrope Zustandsgleichung beschreiben. Für Flüssigkeiten ergibt eine Druckänderung meist nur eine kleine Dichteänderung ($\gamma \gg 1$). Für $\gamma = \infty$ ist die Dichte $\varrho \propto P^{1/\gamma} = \text{const.}$ unabhängig vom Druck P, die Flüssigkeit ist *inkompressibel*:

$$\varrho(\boldsymbol{r}, t) = \varrho_0 = \text{const.} \qquad \text{(inkompressible, homogene Flüssigkeit)} \qquad (32.17)$$

Da wir nur eine Zustandsgleichung und damit nur eine Flüssigkeitssorte – wie etwa Wasser – betrachten, ist die Flüssigkeit gleichzeitig auch homogen.

Aus der Kontinuitätsgleichung und (32.17) folgt $\operatorname{div} \boldsymbol{v} = 0$. Diese Gleichung erhält man auch, wenn man zwar Orts- und Zeitabhängigkeiten in $\varrho(\boldsymbol{r}, t)$ zulässt, aber $d\varrho/dt = \dot{\varrho} + \boldsymbol{v} \cdot \nabla \varrho = 0$ verlangt. Gelegentlich findet man daher auch $d\varrho/dt = 0$ als (schwächere) Bedingung für die Eigenschaft inkompressibel.

Für ein ideales Gas gilt die Zustandsgleichung

$$PV = N k_{\mathrm{B}} T \qquad \text{(ideales Gas)} \qquad (32.18)$$

Dabei ist k_{B} die Boltzmannkonstante und N die Anzahl der Gasteilchen (Masse m). Für isotherme Volumenänderung folgt hieraus $P(\varrho) = \text{const.} \cdot \varrho$, also $\gamma = 1$ und $\kappa_T = 1/P$. Bei adiabatischer Volumenänderung gilt dagegen $\gamma = c_P/c_V$, also

$$\kappa_S = \frac{1}{\varrho} \left(\frac{\partial \varrho}{\partial P} \right)_S = \frac{c_V}{c_P\, P} \qquad \text{(ideales Gas)} \qquad (32.19)$$

Hierbei sind c_P und c_V die spezifischen Wärmen bei konstantem Druck und bei konstantem Volumen. Der Index S bei der partiellen Ableitung bedeutet, dass die Entropie S konstant gehalten wird.

Tabelle 32.1 Einige Beispiele für den Exponenten γ in der polytropen Zustandsgleichung (32.15).

γ	System
∞	inkompressible Flüssigkeit
$\gg 1$	reale Flüssigkeit
1	ideales Gas, isotherm
c_P/c_V	ideales Gas, adiabatisch
5/3	Fermigas, $T \approx 0$, nichtrelativistisch
4/3	Fermigas, $T \approx 0$, relativistisch

Zusammenfassung

Folgende Gleichungen sind die Grundgleichungen für die Dynamik idealer Flüssigkeiten:

$$\begin{array}{|rcll|}\hline \dot{\varrho} + \nabla(\varrho\, \boldsymbol{v}) &=& 0 & \text{Kontinuitätsgleichung} \\ \varrho\, \dot{\boldsymbol{v}} + \varrho\, (\boldsymbol{v} \cdot \nabla)\, \boldsymbol{v} &=& -\nabla P + \boldsymbol{f} & \text{Eulergleichung} \\ P &=& P(\varrho) & \text{Zustandsgleichung} \\ \hline \end{array} \tag{32.20}$$

Dies ist ein System von fünf Gleichungen zur Bestimmung der fünf Felder $\varrho(\boldsymbol{r}, t)$, $\boldsymbol{v}(\boldsymbol{r}, t)$ und $P(\boldsymbol{r}, t)$. Als partielle Differenzialgleichungen sind die Eulergleichung und die Kontinuitätsgleichung noch durch Rand- und Anfangsbedingungen zu ergänzen.

Die besondere Schwierigkeit bei der Lösung liegt in der Nichtlinearität von (32.20). Die Nichtlinearität (ebenso wie die Kopplung zwischen mehreren Freiheitsgraden) kann zu komplizierten Bewegungsabläufen (zum Beispiel Turbulenzen) führen, deren mathematische Behandlung schwierig ist. Insbesondere können sehr kleine Unterschiede in den Anfangsbedingungen exponentiell schnell anwachsen; dann ist der Bewegungsablauf praktisch nicht vorhersagbar. Konkret bedeutet dies, dass langfristige Wettervorhersagen prinzipiell unmöglich sind. Wir beschränken uns im Folgenden auf einige sehr einfache Anwendungen.

Die Eulergleichung gilt für ideale Flüssigkeiten; sie vernachlässigt insbesondere die Reibungseffekte. In realen, zähen Flüssigkeiten treten Reibungskräfte auf, die zu Zusatztermen (etwa $\eta\, \Delta \boldsymbol{v}$) führen; diese Terme sind vergleichbar mit einer Reibungskraft $-\gamma\, \dot{\boldsymbol{r}}$ in der Newtonschen Bewegungsgleichung. Die entstehenden Gleichungen heißen *Navier-Stokes-Gleichungen*. Zusammen mit einer Berücksichtigung des Temperaturfelds erhält man damit die Grundgleichungen für Luftbewegungen in der Atmosphäre. Wenn man die Temperatur als zusätzliches Feld $T(\boldsymbol{r}, t)$ einführt, benötigt man als weitere Feldgleichung die Kontinuitätsgleichung für die Entropie (also für den Wärmegehalt der Flüssigkeit).

Anwendungen

Ruhende Flüssigkeit im Schwerefeld

Im Grenzfall der *Hydrostatik*,

$$\varrho(\boldsymbol{r}, t) = \varrho(\boldsymbol{r})\,, \qquad \boldsymbol{v}(\boldsymbol{r}, t) = 0\,, \qquad P(\boldsymbol{r}, t) = P(\boldsymbol{r}) \tag{32.21}$$

ist die Kontinuitätsgleichung trivial erfüllt. Die Eulergleichung reduziert sich zu einer Gleichgewichtsbedingung für die Kräfte; die äußeren Kräfte und die Druckkräfte halten sich die Waage.

Wir betrachten ein ruhendes Medium im homogenen Schwerefeld

$$\boldsymbol{f} = \varrho\, \boldsymbol{g} = -\varrho\, g\, \boldsymbol{e}_z \tag{32.22}$$

Mit (32.21) und (32.22) ergibt die Eulergleichung

$$\operatorname{grad} P = \varrho\, \boldsymbol{g} \quad \text{oder} \quad \frac{dP(z)}{dz} = -\varrho(z)\, g \tag{32.23}$$

Wegen der Translationsinvarianz in x- und y-Richtung können der Druck und die Dichte nur von z abhängen. Zur Bestimmung der Funktionen $P(z)$ und $\varrho(z)$ benötigen wir noch eine Zustandsgleichung. Wir betrachten eine inkompressible Flüssigkeit und ein ideales Gas.

Für eine inkompressible Flüssigkeit $\varrho = \varrho_0$ ergibt (32.23)

$$P(z) = P_0 - \varrho_0\, g\, z \tag{32.24}$$

Dies beschreibt etwa den mit der Tiefe zunehmenden Druck in einem See. Die Integrationskonstante P_0 ist gleich dem Druck bei $z = 0$. Die Druckunterschiede entsprechen dem Gewicht $M g$ der jeweiligen Flüssigkeitssäule, $\Delta P\, A = \varrho_0\, g\, A\, \Delta z = M\, g$ mit der Masse M der Flüssigkeit im Volumen $A\, \Delta z$.

Für ein ideales Gas (32.18) bei konstanter Temperatur führt (32.23) zu

$$\frac{dP}{dz} = -\frac{m\, g}{k_\mathrm{B} T}\, P \tag{32.25}$$

Die Integration ergibt die barometrische Höhenformel

$$P(z) = P_0\, \exp\left(-\frac{m g z}{k_\mathrm{B} T} \right) \approx P_0\, \exp\left(-\frac{z}{8\ \mathrm{km}} \right) \tag{32.26}$$

Dies ist ein Ausdruck für die Höhenabhängigkeit des Drucks in der Atmosphäre. Die Konstante P_0 ist der Druck bei $z = 0$, also etwa in Meereshöhe. Für Luft und $T \approx 300\,\mathrm{K}$ ist ein numerischer Wert für die Höhe angegeben, auf der der Druck und damit die Dichte auf den e-ten Teil abfällt. Die barometrische Höhenformel setzt eine von der Höhe unabhängige Temperatur voraus; realistischer ist dagegen die Annahme eines konvektiven Gleichgewichts (Aufgabe 20.4 in [4]).

Sterngleichgewichte

Ein Stern entsteht, wenn sich eine Ansammlung von Materie (etwa Wasserstoffgas) unter ihrer eigenen Schwerkraft zusammenzieht. Dabei wird Gravitationsenergie in Wärme umgewandelt. Bei hinreichend großer Masse ist die Erwärmung so stark, dass es zum nuklearen Brennen kommt. Im Laufe einer Sternentwicklung gibt es mehr oder weniger lange stabile Phasen. Solche Sterngleichgewichte (etwa die Sonne oder ein Weißer Zwerg als Endstadium der Sonne) können als hydrostatische Gleichgewichte aufgefasst werden. Wie bei der barometrischen Höhenformel stellt sich im Zusammenspiel von Materiedruck und Gravitationsdruck ein Gleichgewicht ein.

Das Gleichgewicht unserer Sonne wird durch den kinetischen Gasdruck (32.18) aufrechterhalten. Im Zentrum der Sonne, wo der Druck am stärksten ist, beträgt die

Temperatur etwa $T \approx 10^7\,$K. Diese Temperatur wird durch die Verbrennung von Wasserstoff zu Helium aufrechterhalten.

Nach der Umwandlung des Wasserstoffs in Helium kühlt sich der Stern ab. Es entsteht eine relativ kalte Ansammlung von Heliumflüssigkeit. Bei fehlendem kinetischen Gasdruck zieht sich der Stern weiter zusammen. Der Gravitationsdruck wird dabei so stark, dass die Atomhüllen der Heliumatome zerquetscht werden. Ein neues Sterngleichgewicht entsteht, wenn der Fermidruck der Elektronen der Gravitation die Waage hält; hierauf beziehen sich die letzten beiden Einträge in der Tabelle 32.1. Das zugehörige Sterngleichgewicht ist das des Weißen Zwergs. Eine elementare Behandlung des Weißen Zwergs findet sich im Kapitel *Ideale Fermigase* in [4].

Rotierende Flüssigkeit im Schwerefeld

In einem zylindrischen Eimer befinde sich Wasser, das wir als inkompressible Flüssigkeit ($\varrho(\boldsymbol{r},t) = \varrho_0 = \text{const.}$) behandeln. Auf die Flüssigkeit wirke das Schwerefeld $\boldsymbol{g} = -g\,\boldsymbol{e}_z$; die Symmetrieachse des Eimers falle mit der z-Achse zusammen. Der Eimer rotiere mit konstanter Winkelgeschwindigkeit $\boldsymbol{\omega}$ um seine Symmetrieachse. Nach einiger Zeit stellt sich das stationäre Geschwindigkeitsfeld

$$\boldsymbol{v} = \boldsymbol{v}(\boldsymbol{r}) = \boldsymbol{\omega} \times \boldsymbol{r} \tag{32.27}$$

ein. Dies ist eine *starre* Rotation, das heißt ein Geschwindigkeitsfeld, wie es sich auch für einen starren Körper ergeben würde. Dabei bewegen sich einzelne Teile der Flüssigkeit nicht mehr gegeneinander; eine solche anfänglich vorhandene Bewegung kommt in einer realen, zähen Flüssigkeit von selbst zum Erliegen. Nachdem sich das Geschwindigkeitsfeld (32.27) eingestellt hat, geben die Reibungsterme keinen Beitrag mehr; wir können also die Eulergleichung anwenden.

Wie die Alltagserfahrung zeigt, stellt sich bei diesem Experiment eine gekrümmte Wasseroberfläche ein. Mit Hilfe der Eulergleichung bestimmen wir die Form dieser Oberfläche.

Wir verwenden Zylinderkoordinaten $\rho = \sqrt{x^2+y^2}$, φ und z und stellen die Voraussetzungen zusammen:

$$\varrho = \varrho_0\,, \quad \boldsymbol{\omega} = \omega\,\boldsymbol{e}_z\,, \quad \boldsymbol{v} = \omega\rho\,\boldsymbol{e}_\varphi\,, \quad \boldsymbol{f} = \varrho_0\,\boldsymbol{g} = -g\,\varrho_0\,\boldsymbol{e}_z\,, \quad P = P(\rho, z) \tag{32.28}$$

Die Kontinuitätsgleichung ist von vornherein erfüllt. Für das Geschwindigkeitsfeld gilt $\partial\boldsymbol{v}/\partial t = 0$ und

$$\big(\boldsymbol{v}\cdot\nabla\big)\,\boldsymbol{v} = \omega\rho\,\frac{1}{\rho}\,\frac{\partial}{\partial\varphi}\,(\omega\rho\,\boldsymbol{e}_\varphi) = \omega^2\rho\,\frac{\partial\boldsymbol{e}_\varphi}{\partial\varphi} = -\,\omega^2\rho\,\boldsymbol{e}_\rho \tag{32.29}$$

Mit (32.28) und (32.29) wird die Eulergleichung zu

$$-\varrho_0\,\omega^2\rho\,\boldsymbol{e}_\rho = -\frac{\partial P}{\partial\rho}\,\boldsymbol{e}_\rho - \frac{\partial P}{\partial z}\,\boldsymbol{e}_z - \varrho_0\,g\,\boldsymbol{e}_z \tag{32.30}$$

Hieraus folgt $\partial P/\partial\rho = \varrho_0\,\omega^2\rho$, $\partial P/\partial z = -\varrho_0\, g$ und damit

$$P(\rho, z) = \varrho_0 \left(-g\, z + \frac{\omega^2 \rho^2}{2}\right) + \text{const.} \tag{32.31}$$

Die Isobaren (Flächen mit $P = \text{const.}$) sind Rotationsparaboloide:

$$z = \frac{\omega^2}{2g}\,\rho^2 + \text{const.} \qquad \text{(Isobaren)} \tag{32.32}$$

Auf die Oberfläche der Flüssigkeit wirkt in der einen Richtung der Druck (32.31) und in der entgegengesetzten Richtung der (praktisch konstante) Luftdruck $P_0 \approx$ 1 bar. Also ist die Oberfläche der rotierenden Flüssigkeit ebenfalls von der Form (32.32). Die Konstante ist dann dadurch bestimmt, dass die vorhandene Wassermenge gerade in das vom Eimer und der Oberfläche begrenzte Volumen passt.

Das Ergebnis kann alternativ im mitrotierenden Bezugssystem KS′ abgeleitet werden. Die Transformation zum rotierenden System führt zu Trägheitskräften. Konkret tritt die linke Seite von (32.30) mit einem Pluszeichen als Zentrifugalkraftdichte auf der rechten Seite auf. Dafür verschwindet die linke Seite der Eulergleichung (wegen $\boldsymbol{v}' = 0$).

Bernoulli-Gleichung

Wir betrachten die kräftefreie, stationäre Strömung einer inkompressiblen Flüssigkeit, also

$$\boldsymbol{f} = 0\,, \quad \varrho(\boldsymbol{r}, t) = \varrho_0\,, \quad \boldsymbol{v}(\boldsymbol{r}, t) = \boldsymbol{v}(\boldsymbol{r})\,, \quad P(\boldsymbol{r}, t) = P(\boldsymbol{r}) \tag{32.33}$$

Hierfür lautet die Eulergleichung

$$\varrho_0\,(\boldsymbol{v}\cdot\nabla)\,\boldsymbol{v} = -\,\text{grad}\, P \tag{32.34}$$

Wir multiplizieren dies skalar mit $\boldsymbol{v}$:

$$\varrho_0\,\boldsymbol{v}\cdot(\boldsymbol{v}\cdot\nabla)\,\boldsymbol{v} = -(\boldsymbol{v}\cdot\nabla)\,P \tag{32.35}$$

Hierin setzen wir $\boldsymbol{v}\cdot(\boldsymbol{v}\cdot\nabla)\,\boldsymbol{v} = (\boldsymbol{v}\cdot\nabla)\,\boldsymbol{v}^2/2$ ein und erhalten:

$$(\boldsymbol{v}\cdot\nabla)\left(\frac{\varrho_0\,\boldsymbol{v}^2}{2} + P\right) = 0 \tag{32.36}$$

Nun bedeutet $\boldsymbol{v}\cdot\nabla$ eine Ableitung parallel zu $\boldsymbol{v}$, oder die *Änderung entlang einer Stromlinie*. Stromlinien sind die Kurven, deren Tangentenvektor an jedem Punkt parallel zum Geschwindigkeitsfeld $\boldsymbol{v}$ ist. Aus (32.36) erhalten wir daher eine Größe, die entlang einer Stromlinie konstant ist:

$$\frac{\varrho_0}{2}\,\boldsymbol{v}(\boldsymbol{r})^2 + P(\boldsymbol{r}) = \begin{cases}\text{konstant entlang}\\ \text{einer Stromlinie}\end{cases} \qquad \text{Bernoulli-Gleichung} \tag{32.37}$$

Die *Bernoulli-Gleichung* besagt, dass die Summe aus dem (gewöhnlichen) Druck $P(\boldsymbol{r})$ und dem sogenannten Staudruck $\varrho_0\, \boldsymbol{v}^2/2$ entlang einer Stromlinie konstant ist.

Die Bernoulli-Gleichung liefert einfache Erklärungen für einige bekannte Phänomene. Insbesondere sinkt der Druck $P(\boldsymbol{r})$ bei einer Verengung des Strömungsquerschnitts, weil dort die Strömungsgeschwindigkeit höher ist. So erfahren zwei nebeneinander liegende Körper, an denen Flüssigkeit vorbeiströmt, eine effektive Anziehung. Dies lässt sich auch auf fahrende Schiffe in ruhendem Wasser anwenden; dazu betrachtet man etwa die Situation vom Ruhsystem eines der beiden Schiffe aus.

Ein anderes Beispiel ist die Tragfläche eines Flugzeugflügels: Die obere Auswölbung führt hier zu einer höheren Strömungsgeschwindigkeit und damit zu einem niedrigeren Druck. Daraus ergibt sich eine nach oben gerichtete Kraft auf den Flügel, die die Schwerkraft ausbalancieren kann.

Potenzialströmung

Besonders einfache Gleichungen erhalten wir für eine stationäre und *wirbelfreie* Strömung,

$$\operatorname{rot} \boldsymbol{v}(\boldsymbol{r}) = 0 \qquad \text{(wirbelfrei, stationär)} \tag{32.38}$$

Eine solche Strömung heißt auch *Potenzialströmung*, da wegen (32.38) ein skalares Geschwindigkeitspotenzial $\Phi(\boldsymbol{r})$ existiert, so dass

$$\boldsymbol{v}(\boldsymbol{r}) = \operatorname{grad} \Phi(\boldsymbol{r}) \tag{32.39}$$

Für eine inkompressible Flüssigkeit ergibt die Kontinuitätsgleichung $\operatorname{div} \boldsymbol{v} = 0$. Damit erhalten wir die *Laplacegleichung*

$$\Delta \Phi = 0 \tag{32.40}$$

für das Geschwindigkeitspotenzial. Hiermit kann zum Beispiel die wirbelfreie Umströmung eines Körpers berechnet werden. An der Oberfläche des Körpers muss die Normalkomponente $\boldsymbol{n} \cdot \boldsymbol{v}$ verschwinden, also

$$\big(\boldsymbol{n} \cdot \operatorname{grad} \Phi\big)_{\text{Rand}} = \left(\frac{\partial \Phi}{\partial n}\right)_{\text{Rand}} = 0 \tag{32.41}$$

In großer Entfernung des umströmten Körpers sei der Strom homogen, also etwa $\boldsymbol{v} = v_0\, \boldsymbol{e}_z$. Für Φ bedeutet dies

$$\Phi \stackrel{r\to\infty}{\longrightarrow} v_0\, z \tag{32.42}$$

Durch (32.40) – (32.42) ist das gestellte Problem mathematisch definiert. In der Elektrostatik würden dieselben Gleichungen das Problem „Leitender Körper im homogenen elektrischen Feld“ beschreiben. (Wegen der Randbedingungen entsprechen dabei die Äquipotenziallinien und nicht die Feldlinien den Stromlinien.) Dieses Problem wird in Kapitel 10 von [2] analytisch gelöst.

Schallwellen

Wir leiten den gewöhnlichen Schall aus den hydrodynamischen Grundgleichungen (32.20) ab.

Ein allgemeines Verfahren zur Lösung von nichtlinearen Gleichungen ist die *Linearisierung*. Dazu geht man von einer bekannten Lösung ϱ_0, $\boldsymbol{v}_0$, P_0 aus und betrachtet kleine Abweichungen, $\varrho = \varrho_0 + \delta\varrho$, $\boldsymbol{v} = \boldsymbol{v}_0 + \delta\boldsymbol{v}$, $P = P_0 + \delta P$. Dieser Ansatz wird in (32.20) eingesetzt. Die Terme ohne δ... erfüllen die Gleichung und fallen weg. Die Terme, die quadratisch (oder höher) in den Abweichungen sind, werden weggelassen. Dadurch erhält man ein in $\delta\varrho$, $\delta\boldsymbol{v}$ und δP lineares Gleichungssystem, das mit üblichen Methoden lösbar ist. Dies ist vergleichbar mit der Behandlung kleiner Schwingungen in Teil VI.

Wir gehen von der Gleichgewichtslösung

$$\varrho_0 = \text{const.}\,, \qquad \boldsymbol{v}_0 = 0\,, \qquad P_0 = \text{const.} \tag{32.43}$$

aus und betrachten Abweichungen der Form

$$\begin{aligned} \varrho(\boldsymbol{r},t) &= \varrho_0 + \Delta\varrho\, \exp\big(\mathrm{i}(\boldsymbol{k}\cdot\boldsymbol{r} - \omega t)\big) \\ \boldsymbol{v}(\boldsymbol{r},t) &= \boldsymbol{v}_0 + \Delta\boldsymbol{v}\, \exp\big(\mathrm{i}(\boldsymbol{k}\cdot\boldsymbol{r} - \omega t)\big) \\ P(\boldsymbol{r},t) &= P_0 + \Delta P\, \exp\big(\mathrm{i}(\boldsymbol{k}\cdot\boldsymbol{r} - \omega t)\big) \end{aligned} \tag{32.44}$$

Von der rechten Seite ist jeweils der Realteil zu nehmen; dies gilt auch für die linearen Bewegungsgleichungen, die wir im Folgenden aufstellen.

Beim Schall sind die Dichteänderungen so schnell, dass dabei kein nennenswerter Wärmeaustausch stattfindet. Der Zusammenhang zwischen Dichte und Druck ist daher durch die adiabatische Kompressibilität κ_S bestimmt:

$$\Delta P = \left(\frac{\partial P}{\partial \varrho}\right)_S \Delta\varrho = \frac{\Delta\varrho}{\varrho_0\,\kappa_S} \tag{32.45}$$

Diese Gleichung ersetzt die Zustandsgleichung in (32.20). Wir können uns darauf beschränken, die vier Funktionen ϱ und $\boldsymbol{v}$ aus den ersten beiden Gleichungen in (32.20) zu bestimmen.

Wir setzen ϱ und $\boldsymbol{v}$ aus (32.44) in die Kontinuitätsgleichung und die Eulergleichung ein, berücksichtigen $\boldsymbol{v}_0 = 0$ und nehmen nur die in $\Delta\boldsymbol{v}$ und $\Delta\varrho$ linearen Terme mit:

$$\Big(-\,\mathrm{i}\omega\,\Delta\varrho \;+\; \mathrm{i}\boldsymbol{k}\cdot\Delta\boldsymbol{v}\,\varrho_0\Big)\exp\big(\mathrm{i}(\boldsymbol{k}\cdot\boldsymbol{r} - \omega t)\big) \;=\; 0 \tag{32.46}$$

$$\Big(-\,\mathrm{i}\omega\varrho_0\,\Delta\boldsymbol{v} + \frac{\mathrm{i}\boldsymbol{k}}{\varrho_0\,\kappa_S}\,\Delta\varrho\Big)\exp\big(\mathrm{i}(\boldsymbol{k}\cdot\boldsymbol{r} - \omega t)\big) \;=\; 0 \tag{32.47}$$

Die Zeitableitung wurde zu $-\mathrm{i}\omega$ und der Gradient zu $\mathrm{i}\boldsymbol{k}$. Wir schreiben die resultierenden gekoppelten Gleichungen für $\Delta\varrho$ und $\Delta\boldsymbol{v}$ in Matrixform an:

$$\begin{pmatrix} -\omega & \varrho_0\,\boldsymbol{k} \\ \dfrac{\boldsymbol{k}}{\varrho_0\,\kappa_S} & -\omega\varrho_0 \end{pmatrix} \begin{pmatrix} \Delta\varrho \\ \Delta\boldsymbol{v} \end{pmatrix} = 0 \tag{32.48}$$

Für $\Delta \boldsymbol{v} \perp \boldsymbol{k}$ folgt hieraus $\omega \, \Delta\varrho = 0$, also $\omega = 0$ für $\Delta\varrho \neq 0$. Aus der zweiten Zeile folgt dann $k = 0$. Damit erhält man nur eine triviale Abweichung von (32.43) (alle Felder sind räumlich und zeitlich konstant).

Von Interesse sind daher nur die Lösungen mit

$$\Delta \boldsymbol{v} \parallel \boldsymbol{k} \qquad \text{(longitudinale Welle)} \tag{32.49}$$

Diese Lösung beschreibt *longitudinale* Wellen. Dagegen sind zum Beispiel elektromagnetische Wellen transversal; das elektrische Feld $\boldsymbol{E}$ steht senkrecht zum Wellenvektor $\boldsymbol{k}$.

Für $\boldsymbol{k} = k \, \boldsymbol{e}_z$ und $\Delta \boldsymbol{v} = \Delta v \, \boldsymbol{e}_z$ wird (32.48) zu

$$\begin{pmatrix} -\omega & \varrho_0 \, k \\ \dfrac{k}{\varrho_0 \, \kappa_S} & -\omega \varrho_0 \end{pmatrix} \begin{pmatrix} \Delta\varrho \\ \Delta v \end{pmatrix} = 0 \tag{32.50}$$

Dieses lineare, homogene Gleichungssystem für zwei Unbekannte hat nur dann eine nichttriviale Lösung, wenn die Determinante verschwindet, also wenn

$$\omega^2 = \frac{k^2}{\varrho_0 \, \kappa_S} = c_S^2 \, k^2 \tag{32.51}$$

Im letzten Ausdruck haben wir die *Schallgeschwindigkeit* c_S eingeführt,

$$c_S = \frac{\omega}{k} = \frac{1}{\sqrt{\varrho_0 \, \kappa_S}} \tag{32.52}$$

Für $\boldsymbol{k} = k \, \boldsymbol{e}_z$ ist die Orts- und Zeitabhängigkeit der Lösung (32.44) durch den Faktor $\exp[\mathrm{i}\,(kz - \omega t)]$ gegeben; dabei ist $\omega = c_S \, k$. Die Amplitude $\Delta\varrho$ kann beliebig gewählt werden; sie muss allerdings so klein sein, dass die lineare Näherung gilt. Die Amplituden Δv und ΔP in (32.44) folgen dann aus (32.50) und (32.45). Die so spezifizierte Lösung (32.44) beschreibt *Schallwellen*.

Die Dispersionsrelation $\omega = c_S k = c_S \, |\boldsymbol{k}|$ ist linear. Daher pflanzen sich Wellenpakete ohne Dispersion, also ohne Änderung ihrer Form fort[1]. Bei einer nichtlinearen Dispersionsrelation hätten hohe und tiefe Töne unterschiedliche Laufzeiten; dies würde die akustische Verständigung erschweren oder unmöglich machen.

Schallwellen gibt es nicht nur in Gasen und Flüssigkeiten (auf die sich die hydrodynamischen Grundgleichungen beziehen), sondern auch in Festkörpern. Hierfür ergeben sich dieselben Lösungen; denn der für Flüssigkeiten spezifische Term $(\boldsymbol{v} \cdot \boldsymbol{\nabla}) \, \boldsymbol{v}$ in der Eulergleichung ist quadratisch in Δv und fällt in der linearen

[1] Elektromagnetische Wellen im Vakuum haben ebenfalls eine lineare Dispersionsrelation, $\omega = c \, |\boldsymbol{k}|$; dabei ist c die Lichtgeschwindigkeit. Dagegen kommt es bei elektromagnetischen Wellenpaketen in Materie oder bei einem quantenmechanischen Wellenpaket zu dispersiven Effekten, siehe das Kapitel *Wellengleichungen* im Teil VI in [2] und Kapitel 9 in [3].

Näherung weg. Im Ergebnis (32.52) ist dann aber die Kompressibilität des Festkörpers einzusetzen.

Im Gegensatz zu Flüssigkeiten gibt es in Festkörpern auch Rückstellkräfte gegenüber Scherauslenkungen. Dadurch sind transversale Dichtewellen möglich; auch sie werden als Schallwellen bezeichnet. Im übertragenen Sinn bezeichnet man alle Wellen, die sich aus einer linearen Näherung mit einem Ansatz der Form (32.44) ergeben, als Schallwellen. Als Beispiel sei der zweite Schall in flüssigem Helium erwähnt (Kapitel 38 von [4]).

Abschließend schätzen wir noch die Schallgeschwindigkeit (32.52) für Luft unter Normalbedingungen ab:

$$c_{\rm S} = \frac{1}{\sqrt{\varrho_0\,\kappa_S}} \stackrel{(32.19)}{=} \sqrt{\frac{c_P}{c_V}\,\frac{P}{\varrho_0}} \stackrel{(32.18)}{=} \sqrt{\frac{c_P}{c_V}\,\frac{k_{\rm B}T}{m}} \approx \sqrt{\frac{7}{5}\,\frac{\rm eV}{40}\,\frac{c^2}{30\,\rm GeV}} \approx 331\,\frac{\rm m}{\rm s} \qquad (32.53)$$

Im idealen Gasgesetz (32.18) wurde $\varrho_0 = m\,N/V$ verwendet; dabei ist m die Masse eines Moleküls. Die mittlere kinetische Energie der Luftmoleküle ist $m\,\overline{v^2} = 3k_{\rm B}T$; damit ist $c_{\rm S}^2$ bis auf numerische Faktoren gleich $\overline{v^2}$. Für die numerische Abschätzung wurde $k_{\rm B}T \approx {\rm eV}/40$ (Zimmertemperatur), $m \approx 30\,{\rm GeV}/c^2$ (für N_2- oder O_2-Moleküle) und $c_P/c_V = 7/5$ (drei Freiheitsgrade der Translation und zwei der Rotation (Vibrationen sind bei Zimmertemperatur nicht angeregt), und $c_P = c_V + k_{\rm B}$) eingesetzt. Unter Normalbedingungen misst man in Luft eine Schallgeschwindigkeit von 331 m/s. Für Flüssigkeiten und Festkörper ist $\varrho_0\,\kappa_S$ etwa zwei Größenordnung kleiner; dies führt zum Beispiel für Eisen zu $c_{\rm S} \approx 5000\,{\rm m/s}$.

Die hier betrachteten Wellenlösungen (32.44) sind *ebene* Wellen; $\Delta\varrho$, ΔP und $\Delta \boldsymbol{v}$ sind proportional zu $\exp({\rm i}\,\boldsymbol{k}\cdot\boldsymbol{r})$, und dieser Faktor hat in den Ebenen $\boldsymbol{k}\cdot\boldsymbol{r} = k_x x + k_y y + k_z z = {\rm const.}$ einen konstanten Wert. Von einer punktförmigen Quelle gehen dagegen *Kugelwellen* der Form $\exp[{\rm i}\,(kr - \omega t)]/r$ aus. Ihr Amplitudenquadrat (Intensität der Schallwelle) fällt wie $1/r^2$ ab. Reale Wellen sind gedämpft, das heißt sie fallen schneller ab. Um diese Dämpfung zu beschreiben, müssten wir in (32.20) die Viskosität der Flüssigkeit durch einen zusätzlichen Term berücksichtigen.

Aufgaben

32.1 Verallgemeinerung der Bernoulli-Gleichung

Wiederholen Sie die Ableitung der Bernoulli-Gleichung (32.37) für den Fall, dass eine äußere Kraftdichte $\boldsymbol{f} = -\,\mathrm{grad}\, u(\boldsymbol{r})$ auf die Flüssigkeit wirkt.

32.2 Lagrangedichte für inkompressible Flüssigkeit

Die Lagrangedichte einer inkompressiblen Flüssigkeit ist durch

$$\mathcal{L}(\Phi,\, \mathrm{grad}\, \Phi) = \frac{\varrho_0}{2}\, \boldsymbol{v}^2 = \frac{\varrho_0}{2} \left(\mathrm{grad}\, \Phi\right)^2 \tag{32.54}$$

gegeben. Bestimmen Sie aus dem Hamiltonschen Prinzip die Feldgleichung.

33 Feldtheorien

Wir haben in den Kapiteln 30 – 32 einige einfache Feldgleichungen kennengelernt. Feldgleichungen spielen in der Physik eine wichtige Rolle; dazu gehören unter anderen die Maxwellgleichungen, die Schrödingergleichung und die Feldgleichungen der Gravitation. In diesem Kapitel gehen wir von einer allgemeinen Form der Lagrangedichte aus, stellen die zugehörigen Feldgleichungen auf und formulieren das Noethertheorem. Diese Diskussion geht über den Rahmen einer Einführung in die Mechanik hinaus. Sie setzt Kenntnisse über die spezielle Relativitätstheorie und über die jeweilige Feldtheorie voraus. Dieses Kapitel sollte daher bei einem ersten Studium der Mechanik übersprungen werden. Die hier gegebenen Ergänzungen weisen aber auf die grundlegende Bedeutung der in der Mechanik eingeführten Begriffe und Strukturen (Lagrangefunktion, Variationsprinzip, Noethertheorem) hin. Wenn diese Strukturen dem Leser später in relativ komplexen Theorien begegnen, kann eine Rückbesinnung auf einfache Anwendungen, eben die in der Mechanik, nützlich sein.

Lagrangedichte

Felder hängen vom Ort und von der Zeit ab. Es ist praktisch, diese Abhängigkeit in der indizierten Größe x^α zusammenzufassen:

$$(x^\alpha) = (x^0, x^1, x^2, x^3) = (ct, x, y, z) \qquad (33.1)$$

Die griechischen Indizes laufen immer von 0 bis 3. In nichtrelativistischen Anwendungen ist die Konstante c ohne Bedeutung, in relativistischen ist c die Lichtgeschwindigkeit. In Teil IX wird x^α als 4- oder Lorentzvektor klassifiziert und durch $(x_\alpha) = (ct, -x, -y, -z)$ ergänzt. Über gleiche oben- und untenstehende Indizes wird summiert, ohne dass die Summe angeschrieben wird.

Die betrachteten Felder mögen n Komponenten haben:

$$u_r = u_r(x_\alpha) = u_r(x_0, x_1, x_2, x_3) \qquad (r = 1, \ldots, n) \qquad (33.2)$$

Das Argument x_α steht hier für die Gesamtheit der Variablen x_0, x_1, x_2 und x_3. Die Ableitungen der Felder kürzen wir durch einen senkrechten Strich im Index ab:

$$u_{r|\alpha} \equiv \frac{\partial u_r}{\partial x^\alpha} \qquad (33.3)$$

Wir beschränken uns auf Lagrangedichten $\mathcal{L}$, die von den Feldern, ihren ersten Ableitungen und von den Koordinaten abhängen:

$$\mathcal{L} = \mathcal{L}(u_r,\, u_{r|\alpha},\, x_\beta) \tag{33.4}$$

Hier steht u_r für $(u_1, ..., u_n)$ und $u_{r|\alpha}$ für $(u_{1|0}, .., u_{1|3}, u_{2|0}, .., u_{n|3})$. Die Lagrangefunktion ist

$$\mathscr{L} = \int d^3x\; \mathcal{L}(u_r,\, u_{r|\alpha},\, x_\beta) \tag{33.5}$$

Das Hamiltonsche Prinzip lautet

$$\delta \int dt\; \mathscr{L} = \frac{1}{c}\, \delta \int d^4x\; \mathcal{L} = 0 \tag{33.6}$$

Dabei ist $d^4x = c\,dt\,dx\,dy\,dz = c\,dt\,d^3x$. Aus dem Hamiltonschen Prinzip folgen die Feldgleichungen

$$\boxed{\frac{\partial}{\partial x^\alpha}\,\frac{\partial \mathcal{L}}{\partial u_{r|\alpha}} - \frac{\partial \mathcal{L}}{\partial u_r} = 0 \qquad (r = 1, ..., n)} \tag{33.7}$$

Gemäß der Summenkonvention wird hier über α summiert.

Von direktem physikalischen Interesse sind die Felder und die Feldgleichungen, nicht aber die Lagrangedichte. Die Lagrangedichte ist aber meist ein besonders einfacher Ausdruck (etwa eine skalare Größe); an ihr werden Symmetrien besonders deutlich. Wenn man neue Theorien oder Modifikationen bestehender Theorien untersuchen will, ist die Lagrangedichte der geeignete Ausgangspunkt.

Beispiele

Ein erstes Beispiel für eine solche Feldtheorie ist die Saitenschwingung mit der Lagrangedichte (30.18),

$$\mathcal{L}(u, \dot{u}, u', x, t) = \frac{\varrho}{2}\, \dot{u}^2 - \frac{P}{2}\, u'^2 + u\, f(x, t) \tag{33.8}$$

Hier ist die Zahl der Felder $n = 1$, und $(x^\alpha) = (t, x)$ hat nur zwei Komponenten; die Konstante c spielt keine Rolle. Über $f(x, t)$ hängt die Lagrangedichte explizit von x und t ab.

Die Balkenbiegung (Kapitel 31) fällt aus dem hier betrachteten Rahmen heraus, weil dabei höhere Ableitungen in $\mathcal{L}$ vorkommen. Die Hydrodynamik (Kapitel 32) kann mit einem Lagrangeformalismus behandelt werden; für einen einfachen Fall sei auf Aufgabe 32.2 verwiesen. Der allgemeine Fall ist wegen der Nichtlinearität der Hydrodynamik aber komplizierter.

Als zweites Beispiel führen wir die Schrödingergleichung der nichtrelativistischen Quantenmechanik an. Die Wellenfunktion $\psi(x) = \psi(\boldsymbol{r}, t)$ ist komplex und besteht daher aus zwei unabhängigen Feldern, dem Real- und Imaginärteil. Äquivalent dazu kann man $u_1 = \psi$ und $u_2 = \psi^*$ als unabhängige Felder behandeln. Aus der Lagrangedichte

$$\mathcal{L}(\psi, \psi^*, \dot{\psi}, \dot{\psi}^*, \nabla\psi, \nabla\psi^*, \boldsymbol{r}, t) = -\frac{\hbar^2}{2m}\, \nabla\psi^* \cdot \nabla\psi - V(\boldsymbol{r}, t)\, \psi^*\psi + \mathrm{i}\hbar\, \psi^*\, \dot{\psi} \tag{33.9}$$

folgt gemäß (33.7) für $r = 2$ die Schrödingergleichung

$$\mathrm{i}\hbar\, \frac{\partial\psi(\boldsymbol{r}, t)}{\partial t} = -\frac{\hbar^2}{2m}\, \Delta\psi(\boldsymbol{r}, t) + V(\boldsymbol{r}, t)\, \psi(\boldsymbol{r}, t) \tag{33.10}$$

Der Term mit $\Delta\psi$ folgt aus $(\partial/\partial x^\alpha)\, \partial\mathcal{L}/\partial u_{2|\alpha} = (\partial/\partial x^i)\, \partial\mathcal{L}/\partial\psi^*_{|i}$; die anderen beiden Terme ergeben sich aus $\partial\mathcal{L}/\partial u_2 = \partial\mathcal{L}/\partial\psi^*$. Für $r = 1$ erhalten wir die konjugiert komplexe Gleichung; die Zeitableitung in (33.10) ergibt sich dabei aus $(\partial/\partial x^0)\, \partial\mathcal{L}/\partial u_{1|0} = (\partial/\partial t)\, \partial\mathcal{L}/\partial\dot{\psi}$. Der letzte Term in (33.9) könnte auch durch $-\mathrm{i}\hbar\, \dot{\psi}^*\, \psi$ ersetzt werden. Über das Potenzial $V(\boldsymbol{r}, t)$ hängt $\mathcal{L}$ explizit von $\boldsymbol{r}$ und t ab.

Als drittes Beispiel führen wir das elektromagnetische Feld an; die Kenntnis der kovarianten Formulierung der Maxwellgleichungen wird vorausgesetzt. Die grundlegenden Felder u_r sind die vier Felder des 4-Potenzials $A_\alpha(x)$, die physikalischen Felder sind $F_{\alpha\beta} = A_{\beta|\alpha} - A_{\alpha|\beta}$. Die Lagrangedichte des elektromagnetischen Felds lautet

$$\mathcal{L}(A_\beta, A_{\beta|\alpha}, x_\gamma) = -\frac{1}{16\,\pi}\, F^{\alpha\beta}\, F_{\alpha\beta} - \frac{1}{c}\, j^\beta(x_\gamma)\, A_\beta \tag{33.11}$$

Dabei ist $(j^\alpha) = (c\varrho, \boldsymbol{j})$ durch die Ladungsdichte ϱ und die Stromdichte $\boldsymbol{j}$ gegeben, und $F^{\alpha\beta} = \eta^{\alpha\gamma}\, \eta^{\alpha\delta}\, F_{\gamma\delta}$ in der Notation von Kapitel 37. Über $j^\alpha(x_\gamma)$ hängt $\mathcal{L}$ explizit von den Koordinaten ab. Gemäß (33.7) folgen aus diesem $\mathcal{L}$ die Maxwellgleichungen

$$\frac{\partial F^{\alpha\beta}}{\partial x^\alpha} = \frac{4\pi}{c}\, j^\beta \tag{33.12}$$

In allen drei Beispielen ist $\mathcal{L}$ maximal quadratisch in den Feldern und ihren ersten Ableitungen. Die resultierenden Feldgleichungen sind dann linear.

Noethertheorem

Wir geben die Verallgemeinerung des Noethertheorems für die Feldtheorie an. Die Ableitung ist parallel zu Kapitel 15 und wird hier nur in knapper Form dargestellt.

An die Stelle der Transformation (15.7) tritt

$$\begin{aligned} u_r &\longrightarrow u_r^\star = u_r + \epsilon\, \Psi_r \\ x_\alpha &\longrightarrow x_\alpha^\star = x_\alpha + \epsilon\, X_\alpha \end{aligned} \tag{33.13}$$

Da in diesem Kapitel auch konjugiert komplexe Größen (wie ψ^*) auftreten, werden die transformierten Größen (wie $u_r^\star$) mit einem etwas anderen Stern ($\star$ statt $*$) gekennzeichnet. Die Größen Ψ_r und X_α können von denselben Argumenten wie die

Lagrangedichte abhängen. Die Symmetrie des Systems, also die Invarianz unter der Transformation (33.13), wird durch die Bedingung

$$\frac{d}{d\epsilon}\left[\mathcal{L}(u_r^\star, u_{r|\alpha}^\star, x_\beta^\star)\,\frac{d^4x^\star}{d^4x}\right]_{\epsilon=0} = 0 \qquad \text{(Invarianzbedingung)} \tag{33.14}$$

ausgedrückt. Analog zu Kapitel 15 folgt hieraus

$$\partial_\alpha\, J^\alpha = 0 \tag{33.15}$$

wobei

$$J^\alpha(x) = \sum_{r=1}^{n} \frac{\partial\mathcal{L}}{\partial u_{r|\alpha}}\left(u_{r|\beta}\, X^\beta - \Psi_r\right) - \mathcal{L}\, X^\alpha \tag{33.16}$$

Gleichung (33.15) ist ein differenzieller Erhaltungssatz für die verallgemeinerte Stromdichte J^α. Die zugehörige Erhaltungsgröße Q erhält man, wenn man (33.15) in der Form $c^{-1}\,\partial J^0/\partial t + \operatorname{div}\boldsymbol{J} = 0$ schreibt und über ein festes Volumen V integriert:

$$\frac{1}{c}\,\frac{\partial}{\partial t}\int_V d^3x\; J^0 = -\int_V d^3x\;\operatorname{div}\boldsymbol{J} = -\int_{A(V)} d\boldsymbol{A}\cdot\boldsymbol{J} = 0 \tag{33.17}$$

Dabei haben wir mit dem Gaußschen Satz das Volumenintegral in ein Oberflächenintegral verwandelt. Wir betrachten speziell ein abgeschlossenes System und wählen V so groß, dass der Integrand an der Oberfläche $F(V)$ gleich null ist. Dann verschwindet das Oberflächenintegral, und aus (33.17) folgt die Erhaltungsgröße

$$Q = \int d^3x\; J^0 = \text{const.} \tag{33.18}$$

Wir wenden dies auf zwei Beispiele an.

Energieerhaltung bei der Saitenschwingung

Wir betrachten die kräftefreie Saite mit der Lagrangedichte

$$\mathcal{L}(\dot u, u') = \frac{\varrho}{2}\,\dot u^2 - \frac{P}{2}\,u'^2 \tag{33.19}$$

In diesem nichtrelativistischen, eindimensionalen Problem setzen wir $x^0 = t$ und $x^1 = x$; dann wird $d^4x \to dt\,dx$. Der Index r fällt weg, da es nur ein Feld gibt.

Für die Zeittranslation

$$t \longrightarrow t^\star = t + \epsilon \tag{33.20}$$

sind die in (33.13) eingeführten Größen

$$\Psi = 0\,, \qquad X^0 = 1\,, \qquad X^1 = 0 \tag{33.21}$$

Das Problem ist invariant gegenüber Zeittranslation, weil $\mathcal{L}$ nicht explizit von der Zeit abhängt. Formal folgt die Invarianzbedingung (33.14) aus

$$\mathcal{L}(\dot{u}^\star, u'^\star) = \mathcal{L}(\dot{u}, u')\,, \qquad \frac{dx^\star}{dx} = 1\,, \qquad \frac{dt^\star}{dt} = 1 \tag{33.22}$$

Nach (33.16) berechnen wir

$$J^0 = \frac{\partial \mathcal{L}}{\partial \dot{u}}\left(\dot{u}\,X^0 + u'X^1 - \Psi\right) - \mathcal{L}X^0 = \frac{\partial \mathcal{L}}{\partial \dot{u}}\,\dot{u} - \mathcal{L} = \frac{\varrho}{2}\,\dot{u}^2 + \frac{P}{2}\,u'^2 \tag{33.23}$$

Dies ist die Summe aus kinetischer und potenzieller Energiedichte. Damit ist J^0 die Energiedichte der Saite. Gleichung (33.18) drückt die Energieerhaltung aus:

$$\int_0^l dx\; J^0 = E = \text{const.} \tag{33.24}$$

Wegen der Einspannung der Saite verschwinden die Randterme bei der partiellen Integration in (33.17).

Eichtransformation des Schrödingerfelds

In der Lagrangedichte (33.9) des Schrödingerfelds werden die Felder $u_1 = \psi$ und $u_2 = \psi^*$ als voneinander unabhängig behandelt. Wir setzen wieder $c = 1$.

Wir betrachten folgende Transformation, die auch Eichtransformation genannt wird,

$$\begin{aligned} u_1 = \psi \quad &\longrightarrow \quad u_1^\star = \psi\ \exp(\mathrm{i}\epsilon) = \psi\ + \mathrm{i}\epsilon\,\psi \\ u_2 = \psi^* \quad &\longrightarrow \quad u_2^\star = \psi^*\ \exp(-\mathrm{i}\epsilon) = \psi^* - \mathrm{i}\epsilon\,\psi^* \end{aligned} \tag{33.25}$$

In u_r kennzeichnet der Stern das transformierte Feld, in ψ das komplexkonjugierte Feld. Für diese Transformation sind die in (33.13) eingeführten Größen

$$\Psi_1 = \mathrm{i}\,\psi\,, \qquad \Psi_2 = -\mathrm{i}\,\psi^*\,, \qquad X^\alpha = 0 \tag{33.26}$$

Für $\psi \to \psi\ \exp(\mathrm{i}\epsilon)$ und $\psi^* \to \psi^*\ \exp(-\mathrm{i}\epsilon)$ sieht man sofort, dass (33.9) invariant ist. Wir berechnen J^α aus (33.16),

$$J^0 = \frac{\partial \mathcal{L}}{\partial \dot{\psi}}\,(-\Psi_1) + \frac{\partial \mathcal{L}}{\partial \dot{\psi}^*}\,(-\Psi_2) = \hbar\,\psi^*\psi = \hbar\,\varrho \tag{33.27}$$

$$\begin{aligned} J^k &= \frac{\partial \mathcal{L}}{\partial \psi_{|k}}\,(-\Psi_1) + \frac{\partial \mathcal{L}}{\partial \psi^*_{|k}}\,(-\Psi_2) = -\frac{\hbar^2}{2m}\,\left(\psi^*_{|k}\,(-\mathrm{i}\,\psi) + \psi_{|k}\,(\mathrm{i}\,\psi^*)\right) \\ &= \hbar\,\frac{\hbar}{2m\mathrm{i}}\left(\psi^*\,\frac{\partial \psi}{\partial x^k} - \psi\,\frac{\partial \psi^*}{\partial x^k}\right) = \hbar\,j^k \end{aligned} \tag{33.28}$$

Dabei ist ϱ die Wahrscheinlichkeitsdichte für das durch ψ beschriebene Teilchen und $\boldsymbol{j}$ die zugehörige Wahrscheinlichkeitsstromdichte. Aus der Symmetrie gegenüber der Eichtransformation (33.25) folgt nun (33.15), also die Kontinuitätsgleichung

$$\dot{\varrho} + \operatorname{div} \boldsymbol{j} = 0 \qquad (33.29)$$

und damit nach (33.18) die Erhaltung der Norm

$$\int d^3x \; \psi\, \psi^* = \int d^3x \; |\psi|^2 = \text{const.} \qquad (33.30)$$

Für ein Teilchen mit der Ladung q in einem elektromagnetischen Feld ist in $\mathcal{L}$ die Ersetzung

$$-\mathrm{i}\hbar\, \nabla\psi \quad \longrightarrow \quad \left(-\mathrm{i}\hbar\, \nabla - \frac{q}{c}\, \boldsymbol{A}\right) \psi \qquad (33.31)$$

vorzunehmen; zur Begründung sei auf Aufgabe 27.2 verwiesen. In diesem Fall betrachten wir die Transformation (33.25) mit einer Funktion $\epsilon(x) = \epsilon\, f(x)$. Dann gilt die Invarianz, falls $\boldsymbol{A}$ zu $\boldsymbol{A} + (\hbar c/q)\, \nabla\epsilon(x)$ mittransformiert wird. Daraus folgt wiederum die Kontinuitätsgleichung.

IX Relativistische Mechanik

34 Relativitätsprinzip

Die bisher behandelte Newtonsche Mechanik gilt nur für Geschwindigkeiten, die klein gegenüber der Lichtgeschwindigkeit sind. Im Teil IX stellen wir die relativistische Mechanik (auch Einsteinsche Mechanik genannt) vor; sie enthält die Newtonsche Mechanik als Grenzfall für kleine Geschwindigkeiten. Die Grundlagen der relativistischen Mechanik sind zugleich die der Speziellen Relativitätstheorie von Einstein, die alle Gebiete der Physik betrifft. Diese Grundlagen werden in Kapitel 34–37 behandelt, die Mechanik im engeren Sinn dann in Kapitel 38–40.

In diesem Kapitel ersetzen wir das Relativitätsprinzip von Galilei durch das von Einstein, und damit die Galileitransformationen durch die Lorentztransformationen.

Newtons Axiome sind nur in Inertialsystemen (IS) gültig, also in Systemen, die sich relativ zum Fixsternhimmel mit konstanter Geschwindigkeit bewegen. Dadurch sind die IS als Bezugssysteme ausgezeichnet und bevorzugt. Unter den Inertialsystemen selbst gibt es kein ausgezeichnetes System. Dies wird durch das *Relativitätsprinzip von Galilei* ausgedrückt:

1. Alle Inertialsysteme sind gleichwertig.
2. Newtons Axiome gelten in allen Inertialsystemen.

Unter Gleichwertigkeit versteht man, dass alle grundlegenden physikalischen Gesetze in allen IS die gleiche Form haben. Stellvertretend für die grundlegenden Gesetze haben wir hier die Newtonschen Axiome genommen. Aus Punkt 1 und 2 folgt – wie in Kapitel 5 vorgeführt – die Galileitransformation für den Übergang zwischen verschiedenen IS. Natürlich ist Punkt 2 keine Formulierung von Galilei; denn der lebte vor Newton. Im Folgenden werden wir an Punkt 1 festhalten, den Punkt 2 aber modifizieren.

Experimente mit Licht und mit schnellen Teilchen stehen im Widerspruch zu Konsequenzen der Galileitransformationen. Unter Aufrechterhaltung von Punkt 1 des Relativitätsprinzips modifiziert die Spezielle Relativitätstheorie (SRT) die Transformation zwischen verschiedenen IS so, dass sie die experimentellen Befunde richtig beschreibt. Damit werden die Galileitransformationen durch die Lorentztransformationen ersetzt.

T. Fließbach, *Mechanik*, https://doi.org/10.1007/978-3-662-61603-1_10

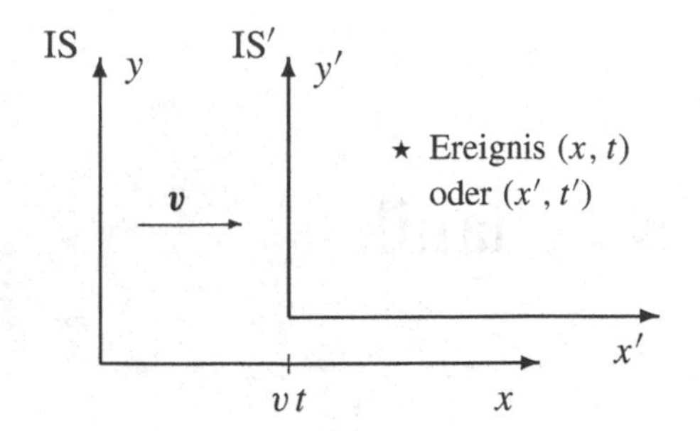

Abbildung 34.1 Ein bestimmtes Ereignis ($\star$) habe die Koordinaten x, t im Inertialsystem IS. Welche Koordinaten x', t' hat dasselbe Ereignis dann in IS′, das sich relativ zu IS mit $\boldsymbol{v}$ bewegt? Die Galileitransformation zwischen (x', t') und (x, t) wird in der SRT durch die Lorentztransformation ersetzt.

Die *Auszeichnung* und *Gleichwertigkeit* der IS bleibt in der hier zu diskutierenden Speziellen Relativitätstheorie erhalten. Zwar verlieren die Begriffe Raum und Zeit teilweise ihre absolute Bedeutung (Kapitel 35); es bleibt aber bei einer absoluten Raum-Zeit-Struktur, die bestimmte Bezugssysteme, eben die IS, auszeichnet. Diese Auszeichnung beruht offenbar darauf, dass die IS gegenüber dem Fixsternhimmel *nicht beschleunigt* sind; dazu sei an das einfache Experiment in der Einführung zu Kapitel 5 erinnert.

Zunächst erläutern wir, an welcher Stelle ein Widerspruch zwischen der Galileitransformation und experimentellen Befunden besteht. In jedem IS seien kartesische Koordinaten x, y, z und eine Zeitkoordinate t definiert. Durch die Angabe von vier Werten für diese Koordinaten wird ein *Ereignis* (Kapitel 5) definiert,

$$\text{Ereignis:}\ (x,\ y,\ z,\ t) \tag{34.1}$$

Insbesondere ist eine Bahnkurve eine Folge von Ereignissen. Dasselbe Ereignis hat in zwei verschiedenen Inertialsystemen, IS und IS′, verschiedene Koordinatenwerte. Die zu diskutierende Transformation (Galilei oder Lorentz) verknüpft diese Koordinatenwerte.

Wir gehen von der speziellen Galileitransformation (5.10) aus,

$$x' = x - vt\,, \qquad y' = y\,, \qquad z' = z\,, \qquad t' = t \tag{34.2}$$

Dies ist eine Transformation zwischen zwei Inertialsystemen mit parallelen Achsen und der Relativgeschwindigkeit $\boldsymbol{v} = v\,\boldsymbol{e}_x$, Abbildung 34.1. Der Ursprung von IS′ fällt bei $t = t' = 0$ mit dem von IS zusammen.

Ein Photon werde zur Zeit $t = t' = 0$ vom Ursprung von IS und IS′ in x-Richtung ausgesandt. Als Folge von Ereignissen (x, t) beziehungsweise (x', t') betrachten wir die Position des Photons (oder der Wellenfront einer elektromagnetischen Welle). Das Licht bewege sich in IS′ mit der Geschwindigkeit c. Hierauf wenden wir eine Galileitransformation an:

$$\frac{dx'}{dt'} = c \qquad \xrightarrow[\text{Galileitransformation}]{x' = x - vt,\ t' = t} \qquad \frac{dx}{dt} = c + v \tag{34.3}$$

In IS hat das Licht dann die Geschwindigkeit $c + v$. Bewegt sich das Photon umgekehrt in IS mit c, so ergibt die Galileitransformation $c - v$ als Lichtgeschwindigkeit in IS′.

Überraschenderweise stellt man jedoch experimentell fest, dass Licht sich in IS und IS$'$ mit der gleichen Geschwindigkeit

$$c = 2.998 \cdot 10^8 \ \frac{\text{m}}{\text{s}} \approx 3 \cdot 10^8 \ \frac{\text{m}}{\text{s}} \tag{34.4}$$

fortpflanzt. Diese Konstanz der Lichtgeschwindigkeit ist unvereinbar mit der „natürlichen" Vorstellung von Raum und Zeit, die hinter (34.2) steht. Offensichtlich gilt insbesondere die aus (34.2) folgende Addition von Geschwindigkeiten nicht generell.

Wir ersetzen daher das Relativitätsprinzip von Galilei durch das *Relativitätsprinzip von Einstein*:

1. Alle IS sind gleichwertig.

2$'$. Licht pflanzt sich in jedem Inertialsystem mit der Geschwindigkeit c fort.

Wir werden (34.2) so modifizieren, dass der zweite Punkt erfüllt ist. Da die betrachtete Transformation die Koordinaten beliebiger Ereignisse betrifft, gilt der zweite Punkt dann für alle Objekte (oder Folgen von Ereignissen), die sich mit Lichtgeschwindigkeit bewegen. Es handelt sich daher nicht um eine spezielle Eigenschaft des Lichts, sondern um eine Revision der (34.2) zugrunde liegenden Raum-Zeit-Vorstellungen.

Die Newtonsche Mechanik und (34.2) sind experimentell gut bestätigt für Geschwindigkeiten $v \ll c$; die zu findende Lorentztransformation wird daher die Galileitransformation als Grenzfall enthalten. Entscheidende Änderungen müssen sich aber für $v \to c$ ergeben.

In den Maxwellgleichungen kommt die Lichtgeschwindigkeit c als Konstante vor; diese Gleichungen ergeben daher immer die Geschwindigkeit c für eine elektromagnetische Wellenfront. Nach dem Relativitätsprinzip von Galilei sind die Maxwellgleichungen damit nichtrelativistisch; dieser Meinung war auch Maxwell selbst (siehe letzter Abschnitt in Kapitel 5). Die experimentellen Befunde zur Konstanz der Lichtgeschwindigkeit legen nun nahe, die Maxwellgleichungen als relativistisch, also in allen IS gültig zu betrachten; dies ist tatsächlich der Fall. Man kann daher den Übergang von Galileis zu Einsteins Relativitätsprinzip auch so darstellen:

1. Relativitätsprinzip (RP): Alle IS sind gleichwertig.

2. Galileis RP: Newtons Axiome sind relativistisch.

2$'$. Einsteins RP: Maxwells Gleichungen sind relativistisch.

Aus 1 und 2 folgen die Galileitransformationen, aus 1 und 2$'$ die Lorentztransformationen. Wir gehen im Folgenden von Einsteins Relativitätsprinzip aus. Dies impliziert, dass Newtons Axiome abgeändert werden müssen (Kapitel 38).

Abstand von Ereignissen

Wir bestimmen die Transformationen, die Einsteins Relativitätsprinzip genügen, also die Lorentztransformationen. Wir betrachten zwei Ereignisse, (t_1, x_1, y_1, z_1) und (t_2, x_2, y_2, z_2). Durch

$$s_{12}^2 = c^2\,(t_2 - t_1)^2 - (x_2 - x_1)^2 - (y_2 - y_1)^2 - (z_2 - z_1)^2 \tag{34.5}$$

definieren wir das Quadrat s_{12}^2 des *Abstands* zwischen den Ereignissen. Die Größe s_{12}^2 kann negativ sein; etwa für zwei Ereignisse, die gleichzeitig an verschiedenen Orten stattfinden. Die Bezeichnung als „Quadrat des (vierdimensionalen) Abstands" erfolgt in Anlehnung an die entsprechende Größe (34.9) in einem kartesischen KS. Den Abstand s_{12} selbst verwenden wir nur, falls $s_{12}^2 \ge 0$.

Die beiden in (34.5) betrachteten Ereignisse haben in einem anderen IS′ die Koordinaten (t'_1, x'_1, y'_1, z'_1) und (t'_2, x'_2, y'_2, z'_2). Ihr Abstand in IS′ ist dann

$$s'^2_{12} = c^2\,(t'_2 - t'_1)^2 - (x'_2 - x'_1)^2 - (y'_2 - y'_1)^2 - (z'_2 - z'_1)^2 \tag{34.6}$$

Ein spezielles Ereignis 1 bestehe nun in der Emission eines Photons, das Ereignis 2 in dessen Absorption an einer anderen Stelle. Da sich das Photon in jedem IS mit der Geschwindigkeit c bewegt, gilt

$$s'^2_{12} = s_{12}^2 = 0 \tag{34.7}$$

Experimentell stellt man fest, dass

$$s'^2_{12} = s_{12}^2 \tag{34.8}$$

auch für $s_{12}^2 \neq 0$ gilt. Dazu betrachtet man zum Beispiel ein gleichförmig bewegtes Teilchen. Für dieses Teilchen ist das Abstandsquadrat zwischen zwei Bahnpunkten gleich $s_{12}^2 = (c^2 - v^2)(t_2 - t_1)^2$. Durch die Messung der Geschwindigkeit des Teilchens in zwei verschiedenen Inertialsystemen kann man dann (34.8) verifizieren. Als Bedingung für die aufzustellende Transformation gehen wir von (34.8) aus.

Wir suchen nach den Transformationen, die die Größe (34.5) invariant lassen. Dazu erinnern wir an die orthogonalen Transformationen, die den Übergang zwischen kartesischen Koordinatensystemen beschreiben, die relativ zueinander gedreht sind. Die Bedingung für diese Transformationen ist die Invarianz des dreidimensionalen Abstands, also

$$\begin{aligned} l_{12}^2 &= (x_2 - x_1)^2 + (y_2 - y_1)^2 + (z_2 - z_1)^2 \\ &= (x'_2 - x'_1)^2 + (y'_2 - y'_1)^2 + (z'_2 - z'_1)^2 \;=\; l'^2_{12} \end{aligned} \tag{34.9}$$

Die Lösung ist bekannt: Für eine Drehung muss die Transformation linear sein ($x' = \alpha\, x$). Die Bedingung (34.9) ergibt dann $\alpha^{\mathrm{T}}\alpha = 1$. Dies legt α bis auf drei Drehwinkel fest. Die Bestimmung der gesuchten Lorentztransformation erfolgt in sehr ähnlicher Weise.

Lorentztransformation

Zur Vereinfachung der Schreibweise nummerieren wir die Raum-Zeit-Koordinaten x^α von 0 bis 3:

$$(x^\alpha) = \left(x^0, x^1, x^2, x^3\right) = (ct,\ x,\ y,\ z) \tag{34.10}$$

Ob die Indizes oben oder unten an der indizierten Größe angebracht werden, ist an sich eine willkürliche Festsetzung. In Kapitel 36 werden wir aber die unten indizierten Größen x_α etwas anders definieren. Griechische Indizes sollen immer von 0 bis 3 laufen. Wir definieren noch die zweifach indizierte Größe $\eta_{\alpha\beta}$ durch

$$\eta = (\eta_{\alpha\beta}) = \begin{pmatrix} 1 & 0 & 0 & 0 \\ 0 & -1 & 0 & 0 \\ 0 & 0 & -1 & 0 \\ 0 & 0 & 0 & -1 \end{pmatrix} \tag{34.11}$$

Damit schreiben wir den Abstand ds zwischen zwei infinitesimal benachbarten Ereignissen als

$$ds^2 = c^2dt^2 - dx^2 - dy^2 - dz^2 = \sum_{\alpha=0}^{3} \sum_{\beta=0}^{3} \eta_{\alpha\beta}\, dx^\alpha\, dx^\beta \equiv \eta_{\alpha\beta}\, dx^\alpha\, dx^\beta \tag{34.12}$$

Die Größe ds heißt (vierdimensionales) *Wegelement*. Im letzten Schritt haben wir die *Summenkonvention* eingeführt: Über zwei gleiche Indizes, von denen der eine oben und der andere unten steht, wird summiert. Im Folgenden schreiben wir das Summenzeichen nicht mehr an.

Die Bedingung (34.8) muss für beliebige Abstände erfüllt sein, also auch für ds,

$$ds^2 = ds'^2 \tag{34.13}$$

Hieraus folgt unmittelbar die Unabhängigkeit der Lichtgeschwindigkeit vom Inertialsystem:

$$\frac{dx'}{dt'} = c \quad \xrightarrow[\text{Lorentztransformation}]{c^2dt'^2 - dx'^2 = c^2dt^2 - dx^2} \quad \frac{dx}{dt} = c \tag{34.14}$$

Wir stellen nun die Transformation auf, die die Bedingung (34.13) erfüllt. Diese Transformation stellt die Beziehung zwischen den Koordinaten x^α und x'^α desselben Ereignisses in IS und IS$'$ her. Wir setzen sie als *lineare* Transformation an:

$$x'^\alpha = \Lambda^\alpha_{\ \beta}\, x^\beta + b^\alpha \qquad \text{(Lorentztransformation)} \tag{34.15}$$

Die Größen $\Lambda^\alpha_{\ \beta}$ und b^α hängen von der Relation zwischen IS und IS$'$ ab, nicht aber von den Koordinaten. Die Beschränkung auf eine lineare Transformation folgt aus der Homogenität von Raum und Zeit: Bei einer nichtlinearen Transformation würden die Koeffizienten $\Lambda^\alpha_{\ \beta}(x)$ von den Koordinaten $x = (x^0, x^1, x^2, x^3)$ abhängen.

Dann wäre die Transformation hier anders als dort und heute anders als morgen. Dies widerspräche aber der Homogenität von Raum und Zeit.

Man kann (34.15) auch in der Form

$$\begin{pmatrix} x'^0 \\ x'^1 \\ x'^2 \\ x'^3 \end{pmatrix} = \begin{pmatrix} \Lambda^0_0 & \Lambda^0_1 & \Lambda^0_2 & \Lambda^0_3 \\ \Lambda^1_0 & \Lambda^1_1 & \Lambda^1_2 & \Lambda^1_3 \\ \Lambda^2_0 & \Lambda^2_1 & \Lambda^2_2 & \Lambda^2_3 \\ \Lambda^3_0 & \Lambda^3_1 & \Lambda^3_2 & \Lambda^3_3 \end{pmatrix} \begin{pmatrix} x^0 \\ x^1 \\ x^2 \\ x^3 \end{pmatrix} + \begin{pmatrix} b^0 \\ b^1 \\ b^2 \\ b^3 \end{pmatrix} \tag{34.16}$$

schreiben. Mit dem Spaltenvektor $x = (x^\beta)$ und der Matrix $\Lambda = (\Lambda^\alpha_\beta)$ wird dies kurz zu $x' = \Lambda x + b$; dabei ist der obere Index von Λ^α_β der Zeilenindex, der untere der Spaltenindex.

Da Λ und b nicht von den Koordinaten abhängen, gilt

$$dx'^\beta = \Lambda^\beta_\alpha \, dx^\alpha \tag{34.17}$$

Hiermit werten wir die Invarianz $ds^2 = ds'^2$ aus,

$$ds'^2 = \eta_{\alpha\beta} \, dx'^\alpha \, dx'^\beta = \eta_{\alpha\beta} \, \Lambda^\alpha_\gamma \, \Lambda^\beta_\delta \, dx^\gamma dx^\delta \stackrel{!}{=} ds^2 = \eta_{\gamma\delta} \, dx^\gamma \, dx^\delta \tag{34.18}$$

Da die Invarianz für beliebige dx gelten soll, folgt

$$\Lambda^\alpha_\gamma \, \Lambda^\beta_\delta \, \eta_{\alpha\beta} = \eta_{\gamma\delta} \quad \text{oder} \quad \Lambda^{\mathrm{T}} \eta \, \Lambda = \eta \tag{34.19}$$

Dies entspricht der Bedingung $\alpha^{\mathrm{T}}\alpha = 1$ bei orthogonalen Transformationen.

Spezielle Lorentztransformation

Für Drehungen und räumliche oder zeitliche Verschiebungen ergeben sich keine Unterschiede zwischen Galilei- und Lorentztransformationen. Das Relativitätsprinzip von Galilei und das von Einstein implizieren gleichermaßen die Isotropie und Homogenität des Raums und die Homogenität der Zeit, also zum Beispiel die Gleichwertigkeit von Inertialsystemen mit verschieden orientierten Achsen. Wir beschränken uns daher im Folgenden auf die Relativbewegung zwischen zwei IS. Alle hierfür relevanten Ergebnisse lassen sich im Rahmen der speziellen Anordnung von Abbildung 34.1 finden. Für diesen Fall bestimmen wir die Lorentztransformation.

Zur Zeit $t = 0$ sollen sich die Systeme IS und IS$'$ in Abbildung 34.1 decken; zu diesem Zeitpunkt werde die Uhr in IS$'$ ebenfalls auf null gestellt ($t' = 0$). Das Ereignis, das durch die Koinzidenz der Ursprünge von IS und IS$'$ gegeben ist, hat dann die Koordinaten $(c\,t, x, y, z) = (0, 0, 0, 0)$ und $(c\,t', x', y', z') = (0, 0, 0, 0)$. Wir setzen diese Koordinaten in (34.15) ein und erhalten

$$b^\alpha = 0 \tag{34.20}$$

In IS kann an jeder Stelle x eine zur y-Achse (oder z-Achse) parallele Achse angebracht werden. Damit kann immer eine dieser parallelen Achsen mit der momentanen y'-Achse zur Deckung gebracht werden, so dass

$$y' = y\,, \qquad z' = z \tag{34.21}$$

gilt. Gesucht ist dann nur noch die Transformation zwischen x, t und x', t'. Sie kann nicht von den y- oder z-Koordinaten abhängen, da die Anordnung bezüglich dieser Richtungen homogen ist. Das Λ der speziellen Lorentztransformation (LT) ist daher von der Form

$$\Lambda = \left(\Lambda^{\beta}_{\ \alpha}\right) = \begin{pmatrix} \Lambda^0_{\ 0} & \Lambda^0_{\ 1} & 0 & 0 \\ \Lambda^1_{\ 0} & \Lambda^1_{\ 1} & 0 & 0 \\ 0 & 0 & 1 & 0 \\ 0 & 0 & 0 & 1 \end{pmatrix} \tag{34.22}$$

Dieses Λ muss (34.19) erfüllen. Außerdem muss der Ursprung von IS$'$, $x' = 0$, in IS die x-Koordinate $x = vt$ haben. Die Position des Ursprungs von IS$'$ kann als Folge von Ereignissen aufgefasst werden. Die Koordinaten dieser Ereignisse müssen durch die gesuchte LT verknüpft werden:

$$\left(x'^0 = c\,t',\; x'^1 = 0\right) \;\stackrel{\text{LT}}{\longleftrightarrow}\; \left(x^0 = c\,t,\; x^1 = v\,t\right) \tag{34.23}$$

Die Koordinaten $x'^2 = x'^3 = 0$ und $x^2 = x^3 = 0$ wurden nicht mit angeschrieben.

Wir werten zunächst die Bedingung (34.19) aus. Dazu schreiben wir $\Lambda^{\mathrm{T}}\eta\,\Lambda = \eta$ für (34.22) im relevanten Unterraum an:

$$\begin{pmatrix} \Lambda^0_{\ 0} & \Lambda^1_{\ 0} \\ \Lambda^0_{\ 1} & \Lambda^1_{\ 1} \end{pmatrix} \begin{pmatrix} 1 & 0 \\ 0 & -1 \end{pmatrix} \begin{pmatrix} \Lambda^0_{\ 0} & \Lambda^0_{\ 1} \\ \Lambda^1_{\ 0} & \Lambda^1_{\ 1} \end{pmatrix} = \begin{pmatrix} 1 & 0 \\ 0 & -1 \end{pmatrix} \tag{34.24}$$

Ausmultipliziert sind dies vier Bedingungen, von denen aber zwei gleich sind. Damit erhalten wir drei Bedingungen:

$$(\Lambda^0_{\ 0})^2 - (\Lambda^1_{\ 0})^2 = 1\,, \quad -(\Lambda^1_{\ 1})^2 + (\Lambda^0_{\ 1})^2 = -1\,, \quad \Lambda^0_{\ 0}\Lambda^0_{\ 1} - \Lambda^1_{\ 0}\Lambda^1_{\ 1} = 0 \tag{34.25}$$

Ohne Einschränkung der Allgemeinheit können wir $\Lambda^1_{\ 0} = -\sinh\psi$ und $\Lambda^0_{\ 1} = -\sinh\varphi$ setzen. Aus der ersten Bedingung folgt dann $\Lambda^0_{\ 0} = \pm\cosh\psi$, aus der zweiten $\Lambda^1_{\ 1} = \pm\cosh\varphi$. Die Transformation soll den Grenzfall der identischen Transformation enthalten; daher lassen wir jeweils nur das Pluszeichen zu. Aus der dritten Bedingung in (34.25) folgt $\varphi = \psi$. Damit erhalten wir

$$\begin{pmatrix} \Lambda^0_{\ 0} & \Lambda^0_{\ 1} \\ \Lambda^1_{\ 0} & \Lambda^1_{\ 1} \end{pmatrix} = \begin{pmatrix} \cosh\psi & -\sinh\psi \\ -\sinh\psi & \cosh\psi \end{pmatrix} \tag{34.26}$$

Man vergleiche dies mit der bekannten Form einer speziellen orthogonalen Transformation (21.11); die Vorzeichen in der quadratischen Form von ds^2 führen zu

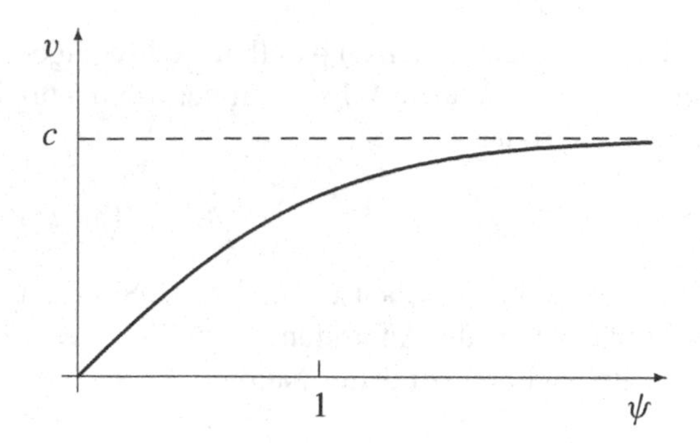

Abbildung 34.2 Zusammenhang zwischen der Geschwindigkeit v und der Rapidität ψ.

den Hyperbelfunktionen anstelle von trigonometrischen Funktionen. Die Bedingung (34.23) ergibt

$$x'^1 = 0 = \Lambda^1_{\ 0}\, c\, t + \Lambda^1_{\ 1}\, x^1 = \left(\Lambda^1_{\ 0}\, c + \Lambda^1_{\ 1}\, v\right) t \tag{34.27}$$

Hieraus folgt $\Lambda^1_{\ 0}/\Lambda^0_{\ 0} = -\tanh\psi = -v/c$ oder

$$\boxed{\psi = \operatorname{artanh}\frac{v}{c} \qquad \text{Rapidität}} \tag{34.28}$$

Die Größe ψ heißt *Rapidität*. Der Zusammenhang zwischen der Rapidität ψ und der Geschwindigkeit v ist in Abbildung 34.2 dargestellt. Manche Beziehungen der SRT haben eine besonders einfache Form, wenn man die Rapidität anstelle der Geschwindigkeit verwendet.

Für beliebiges ψ gilt

$$v < c \qquad \text{für die Relativgeschwindigkeit } v \text{ zwischen IS und IS}' \tag{34.29}$$

Diese Einschränkung folgt aus Einsteins Relativitätsprinzip. Es gibt damit kein IS′, das sich relativ zu einem anderen mit Lichtgeschwindigkeit (oder schneller) bewegt. Die praktische Unmöglichkeit eines solchen Bezugssystems (etwa eines Raketenlabors) folgt aus den Bewegungsgleichungen (Kapitel 38). Durch die Beschränkung $v < c$ erfährt der Begriff des IS eine Modifikation. Wir haben IS als Bezugssysteme eingeführt, die sich gegenüber dem Fixsternhimmel mit konstanter Geschwindigkeit bewegen. Im Relativitätsprinzip von Galilei sind unter „alle IS" daher auch solche mit $v > c$ zugelassen; dies ist allerdings ohne praktische Bedeutung. Im Relativitätsprinzip von Einstein bleibt es bei der Formulierung „alle IS", aber es gibt eben keine, die sich mit $v \geq c$ gegenüber dem Fixsternhimmel bewegen.

Die gesuchte spezielle LT ist nun

$$\boxed{\begin{pmatrix} c\,t' \\ x' \end{pmatrix} = \begin{pmatrix} \cosh\psi & -\sinh\psi \\ -\sinh\psi & \cosh\psi \end{pmatrix} \begin{pmatrix} c\,t \\ x \end{pmatrix} \qquad \text{Lorentz-transformation}} \tag{34.30}$$

mit $\psi = \operatorname{artanh}(v/c)$. Wir führen noch die Größe γ (die nichts mit dem gelegentlich verwendeten Index γ zu tun hat) ein,

$$\gamma = \frac{1}{\sqrt{1 - v^2/c^2}} = \cosh\psi \tag{34.31}$$

Dann ist $\sinh\psi = \gamma\, v/c$. Die spezielle LT kann damit in der Form

$$\begin{pmatrix} c\,t' \\ x' \end{pmatrix} = \begin{pmatrix} \gamma & -\gamma\, v/c \\ -\gamma\, v/c & \gamma \end{pmatrix} \begin{pmatrix} c\,t \\ x \end{pmatrix} \tag{34.32}$$

geschrieben werden, oder ausführlicher

$$x' = \frac{x - v t}{\sqrt{1 - v^2/c^2}}, \quad y' = y, \quad z' = z, \quad c\,t' = \frac{c\,t - x\, v/c}{\sqrt{1 - v^2/c^2}} \tag{34.33}$$

Für $v \ll c$ reduziert sich dies auf die spezielle Galileitransformation (34.2). Die allgemeine LT wird in Kapitel 36 angegeben.

Aufgaben

34.1 Inverse Lorentztransformation

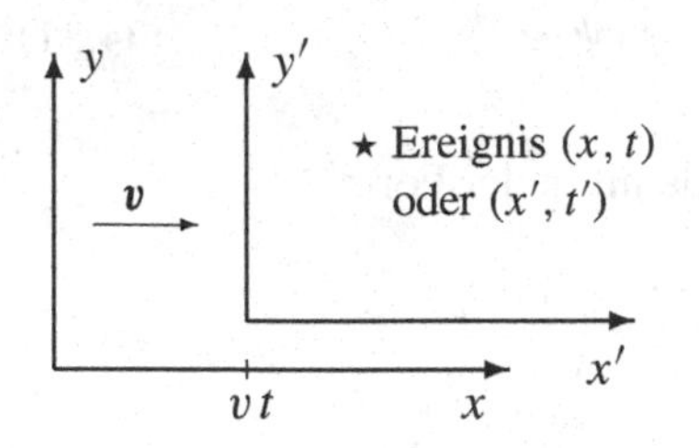

Die spezielle Lorentztransformation $x' = x'(x, t)$ und $t' = t'(x, t)$ zwischen zwei Inertialsystemen wird als bekannt vorausgesetzt. Wie lautet die zugehörige Rücktransformation? Drücken Sie das Ergebnis alternativ durch die Geschwindigkeit v oder die Rapidität ψ aus.

34.2 Matrixschreibweise für Wegelement

Schreiben Sie die Lorentztransformation

$$dx'^{\alpha} = \Lambda^{\alpha}_{\beta}\, dx^{\beta}$$

in Matrixschreibweise an. Werten Sie in dieser Schreibweise die Bedingung $ds^2 = ds'^2$ für das Minkowski-Wegelement aus.

35 Längen- und Zeitmessung

Die Messung einer Geschwindigkeit ist eine kombinierte Längen- und Zeitmessung. Die Unabhängigkeit der Lichtgeschwindigkeit vom Inertialsystem des Experimentators hat daher Konsequenzen für die Messung dieser Größen. Wir diskutieren insbesondere die Längenkontraktion, die Zeitdilatation und den Begriff der Gleichzeitigkeit.

Der Übergang von der Galilei- zur Lorentztransformation wurde durch experimentelle Befunde erzwungen. Die Durchführung eines Experiments kann die Frage „Was ergibt eine Zeit- oder Längenmessung" beantworten; nur in diesem eingeschränkten und wohldefinierten Sinn behandeln wir die Fragen „Was ist Zeit" und „Was ist Länge". Diese Einschränkung ist an sich nichts Neues; physikalische Größen werden ja ganz allgemein durch Messvorschriften definiert. Angesichts von auf den ersten Blick paradox erscheinenden Konsequenzen der Lorentztransformation ist die Betonung dieses Punktes aber angebracht. Im übrigen sind die Konsequenzen, ebenso wie die Konstanz der Lichtgeschwindigkeit selbst, nicht vereinbar mit „natürlichen" Raum-Zeit-Vorstellungen. Dies ist deshalb nicht weiter verwunderlich, weil diese Vorstellungen – bewusst oder unbewusst – aus Alltagserfahrungen abstrahiert sind und sich daher auf Geschwindigkeiten $v \ll c$ beziehen.

Ruhende Maßstäbe und Uhren

Wir beginnen mit Messungen, die von Experimentatoren innerhalb eines Inertialsystems (IS) gemacht werden. Zur Längendefinition wird ein bestimmter Maßstab zum Standardmaßstab erhoben, und seine Länge als 1 Längeneinheit definiert (historisch etwa das Urmeter in Paris). Durch Anlegen an den Standardmaßstab wird eine beliebige Anzahl gleich langer Einheitsmaßstäbe hergestellt; bei dieser Eichung ruhen die zur Deckung gebrachten Maßstäbe relativ zueinander. Innerhalb eines IS kann nun ein Koordinatennetz durch ruhende Stäbe realisiert werden (Abbildung 35.1). Dazu stelle man sich etwa einen Laborraum oder einen Zug vor, in dem ein Gitterwerk starrer Stäbe das Koordinatennetz bildet. Alle räumlichen IS-Koordinaten sind damit als Längen definiert.

Die Bemerkungen in Kapitel 1 zur Definition der Zeit durch geeignete Uhren gelten weiterhin. Innerhalb eines IS können wir an verschiedenen Orten ruhende, gleichartige Uhren anbringen, die alle dieselbe IS-Zeit zeigen, also *synchronisiert* sind. Die Synchronisation der Uhren erfolgt durch den Austausch von Signalen: Als Standarduhr wählen wir die Uhr im Ursprung. Dann wird zur Zeit t ein Signal zu

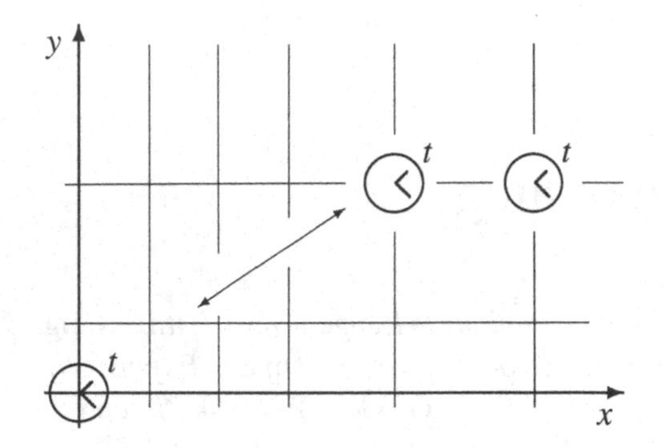

Abbildung 35.1 Das Koordinatennetz eines Inertialsystems kann durch ruhende, geeichte Längenmaßstäbe realisiert werden. Außerdem werden ruhende, gleichartige Uhren an beliebige Orte gesetzt. Durch Austausch von Signalen (durch einen Doppelpfeil angedeutet) können sie synchronisiert werden. Damit sind die Längen- und Zeitmessungen in IS definiert.

einer anderen Uhr gesandt. Das Signal werde sofort zurückgesandt und kommt zur Zeit $t + \Delta t$ wieder bei der Standarduhr an. Dann kann zu beliebigen Zeitpunkten t_i ein Signal mit der Information „Beim Empfang ist es $t_i + \Delta t/2$“ an die zu synchronisierende Uhr gesandt werden. (Dabei setzen wir die Isotropie des Raums und die Homogenität der Zeit voraus, sodass das Signal in jeder Richtung und zu jeder Zeit gleichlang unterwegs ist.) Als Signal eignet sich im Prinzip jede gleichförmige Bewegung, etwa ein gleichförmig bewegter Körper oder Lichtsignal.

Bewegter Maßstab

In einem IS wird die Länge eines beliebigen, ruhenden Stabs durch Anlegen an ebenfalls ruhende geeichte Maßstäbe bestimmt. Der Stab kann dann eine Aufschrift erhalten, die seine so bestimmte *Eigenlänge* l_0 angibt. Die Größe l_0 ist damit unabhängig vom IS; sie ist also ein Lorentzskalar.

Wir betrachten die Systeme IS und IS′ (Abbildung 35.2) und einen in IS′ ruhenden Stab der Eigenlänge l_0. Wir untersuchen, welche Länge l Experimentatoren in IS für diesen Stab messen. Wie sich herausstellen wird, ist $l \neq l_0$.

Der Stab ruhe in IS′ zwischen x_1' und x_2', so dass

$$x_2' - x_1' = l_0 = \text{Eigenlänge} \tag{35.1}$$

Um die Länge des Stabs in IS festzustellen, müssen zwei Beobachter im IS zur gleichen IS-Zeit t die Position von Stabanfang und -ende auf der x-Achse markieren. Als Zeitpunkt wählen wir willkürlich $t = 0$, die Markierungen bezeichnen wir mit x_1 und x_2. Die Passage von Stabanfang und -ende entspricht zwei Ereignissen, die wir mit 1 und 2 bezeichnen:

1: Stabende passiert einen Beobachter in IS bei $x_1 = 0$ zur Zeit $t_1 = 0$.

2: Stabanfang passiert einen Beobachter in IS bei x_2 zur Zeit $t_2 = 0$.

Die IS- und IS′-Koordinaten der beiden Ereignisse sind:

$$\text{Ereignis 1:} \quad \left\{ \begin{array}{l} x_1 = 0\,, \; t_1 = 0 \\ x_1' = 0\,, \; t_1' = 0 \end{array} \right. \qquad \text{Ereignis 2:} \quad \left\{ \begin{array}{l} x_2\,, \; t_2 = 0 \\ x_2' = l_0\,, \; t_2' \end{array} \right. \tag{35.2}$$

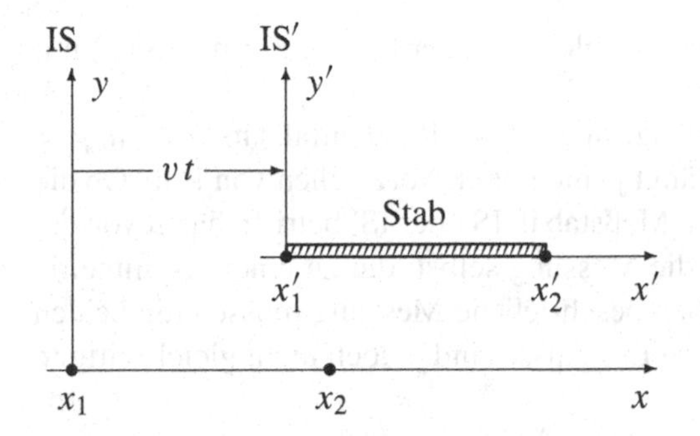

Abbildung 35.2 In IS soll die Länge eines mit v bewegten Stabs gemessen werden. Dazu markieren Beobachter die Stellen x_1 und x_2, bei denen sich zur IS-Zeit $t = 0$ das Stabende und der Stabanfang befinden.

Für die betrachtete spezielle LT (34.32) fallen die Koordinatensysteme zur Zeit $t_1 = t_1' = 0$ zusammen. Die gestrichenen und ungestrichenen Koordinaten des Ereignisses 1 erfüllten trivial die LT. Das Ereignis 2 ist dadurch festgelegt, dass der Stab in IS′ die Länge l_0 hat (also $x_2' = l_0$), und dass die Position des Stabanfangs zur IS-Zeit null gesucht wird (also $t_2 = 0$). Wir schreiben die spezielle Lorentztransformation für x_2' an:

$$x_2' = \gamma\,(x_2 - v\,t_2) = l_0 \quad \stackrel{t_2=0}{\longrightarrow} \quad x_2 = l_0/\gamma = l_0\,\sqrt{1 - v^2/c^2} \tag{35.3}$$

Für die Beobachter in IS ist der Abstand $x_2 - x_1$ gleich der Länge l des Stabs. Damit gilt

$$\boxed{l = l_0\sqrt{1 - \frac{v^2}{c^2}} \qquad \text{Längenkontraktion}} \tag{35.4}$$

Die Verkürzung gegenüber der Ruhlänge wird als *Längenkontraktion* bezeichnet. An diesem Ergebnis kann sich nichts ändern, wenn wir bei festgehaltenem $\boldsymbol{v}$ und festgehaltener Stabrichtung die Koordinatenachsen von IS und IS′ verdrehen. Daher gilt (35.4) mit $v^2 = \boldsymbol{v}^2$ auch für eine allgemeine LT, solange Stab und $\boldsymbol{v}$ parallel sind.

Wir betrachten die spezielle LT wie in Abbildung 35.2, aber einen gedrehten Stab mit der Länge $l_{0\perp}$ in y- und $l_{0\parallel}$ in x-Richtung; es gilt $l_0^2 = l_{0\perp}^2 + l_{0\parallel}^2$. Die LT $y' = y$ besagt dann, dass die Länge senkrecht zu $\boldsymbol{v} = v\,\boldsymbol{e}_x$ sich nicht ändert; für die Länge parallel zu $\boldsymbol{v}$ gilt die obige Ableitung mit dem Ergebnis (35.4). Damit erhalten wir

$$l_\parallel = l_{0\parallel}\,\sqrt{1 - \frac{\boldsymbol{v}^2}{c^2}}\,, \qquad l_\perp = l_{0\perp} \qquad \text{(Längenkontraktion)} \tag{35.5}$$

Dieses Ergebnis gilt auch für eine allgemeine Lorentztransformation.

Falls der Stab sich mit der zeitabhängigen Geschwindigkeit $v = v(t)$ bewegt, ergibt die Messung der Länge l in IS ebenfalls (35.4). Dazu betrachtet man zu einem bestimmten Zeitpunkt t_0 ein IS′, das sich mit der (konstanten) Geschwindigkeit $v(t_0)$ gegenüber IS bewegt; dieses System wird auch als momentan mitbewegtes IS′ oder momentanes Ruhsystem des Stabs bezeichnet. Zum Zeitpunkt $t = t_0$ ruht der Stab in IS′ und die gegebene Ableitung bleibt gültig. Zu einer späteren Zeit ist dann ein anderes IS′ zu verwenden. Im Ergebnis bleibt es aber bei der Formel (35.4) mit $v = v(t)$.

Ein in IS ruhender Stab der Eigenlänge l_0 wird von IS′ ebenfalls mit $l = l_0/\gamma < l_0$ gemessen; denn der Effekt (35.4) hängt ja nicht vom Vorzeichen von v ab. Ob die diskutierte Längenkontraktion nun den Maßstab in IS oder IS′ betrifft, hängt von der vorgenommenen Messung ab. Es ist die Messung selbst, die zu einer Asymmetrie zwischen IS und IS′ führt. Für die oben beschriebene Messung müssen die beiden Ereignisse gleichzeitig in IS sein. Diese Ereignisse sind jedoch nicht gleichzeitig in IS′, denn

$$t_1' = 0\,, \qquad t_2' = \gamma\left(t_2 - \frac{x_2\, v}{c^2}\right) = -\frac{l_0}{c}\,\frac{v}{c} \tag{35.6}$$

Die beiden Ereignisse (35.2) bilden also keine Grundlage, um in IS′ die Länge eines in IS ruhenden Stabs zu messen.

Es sei abschließend noch einmal betont, dass die Längenkontraktion eine Aussage ist, die sich auf eine bestimmte Messvorschrift bezieht. Diese Vorschrift ist allerdings nicht willkürlich, sondern die naheliegende und sinnvolle Definition[1] der Größe *Länge*. Das Resultat hängt aber davon ab, ob die Messung in IS oder IS′ erfolgt. Die Formulierung „Bewegte Stäbe sind kürzer“ stellt das Resultat nur unvollständig dar; solche Formulierungen laden zu Missdeutungen ein. Im Zweifel müssen immer die zu einer Messung gehörenden Ereignisse eindeutig definiert werden; hierauf kann dann die Lorentztransformation angewendet werden.

Die Begriffe *Längenkontraktion* und *Lorentzkontraktion* werden heute synonym verwendet. Lorentz hatte 1892 eine solche (damals als real betrachtete) Kontraktion im Zusammenhang mit dem Michelson-Morley-Experiment eingeführt. Bei der hier beschriebenen Längenkontraktion wird Stab natürlich nicht gestaucht; es handelt sich nur um das Resultat der genau definierten Längenmessung.

Bewegte Uhr

Wir betrachten den Gang einer IS′-Uhr von IS aus. Dazu beziehen wir uns auf die Anordnung in Abbildung 35.3.

An den Orten x_1 und x_2 befinden sich zwei Beobachter mit ruhenden, synchronisierten Uhren, die die IS-Zeit t anzeigen. Die Beobachter lesen die IS′-Uhr ab, wenn sie bei ihnen vorbeikommt. Wir setzen die erste IS-Uhr willkürlich an die Stelle $x_1 = 0$. Die Passage der bewegten IS′-Uhr an den beiden IS-Uhren definiert zwei Ereignisse:

1: IS′-Uhr passiert Beobachter in IS bei $x_1 = 0$ zur Zeit $t_1 = 0$.

---

[1] Dazu betrachte man folgendes Beispiel: Ein Zug, der mit konstanter Geschwindigkeit fahre, sei so lang, dass die Messung seiner Länge durch Anlegen von Maßstäben ausscheidet. Man könnte seine Länge sinnvoll so bestimmen: Man postiert viele Beobachter entlang des Gleises. Zu einer vereinbarten Zeit (die Beobachter haben synchronisierte Uhren) markieren die beiden Beobachter, bei denen sich gerade der Zuganfang oder das Zugende befindet, das Gleis. Danach kann die Länge zwischen den beiden Gleismarken durch Anlegen ruhender Maßstäbe bestimmt werden. Diese Messvorschrift für die Länge des Zugs entspricht der in Abbildung 35.2 skizzierten Vorschrift.

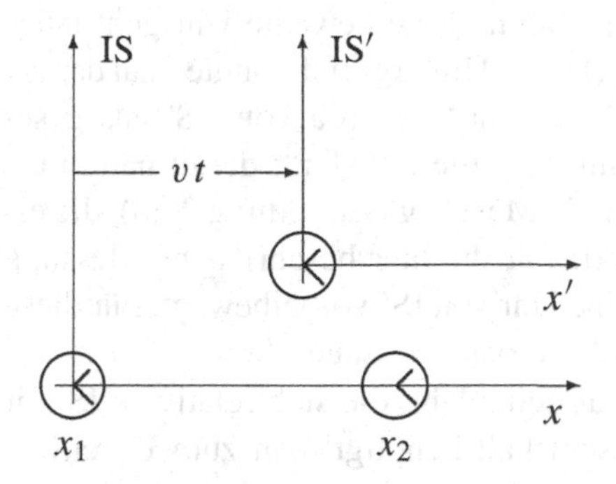

Abbildung 35.3 Eine Uhr bewege sich mit der Geschwindigkeit v relativ zu IS. Wir machen diese Uhr zum Ursprung eines IS′; die Uhr ruht dann bei $x' = 0$ und zeigt die IS′-Zeit t' an. Die t'-Anzeige wird in IS abgelesen, wenn die Uhr die Orte x_1 und x_2 passiert, und mit der jeweiligen IS-Zeit t verglichen.

2: IS′-Uhr passiert Beobachter in IS bei $x_2 = v\,t_2$ zur Zeit t_2.

Für die Koordinaten dieser beiden Ereignisse gilt

$$\text{Ereignis 1:} \left\{ \begin{array}{l} x_1 = 0\,,\; t_1 = 0 \\ x_1' = 0\,,\; t_1' = 0 \end{array} \right. \qquad \text{Ereignis 2:} \left\{ \begin{array}{l} x_2 = v\,t_2\,,\; t_2 \\ x_2' = 0\,,\; t_2' \end{array} \right. \tag{35.7}$$

Die Koordinaten von Ereignis 1 sind durch die experimentelle Anordnung bestimmt. Das Ereignis 2 ist dadurch festgelegt, dass die Uhr in IS′ ruht (also $x_2' = 0$) und sich in IS mit der Geschwindigkeit v bewegt (also $x_2 = v\,t$). Wir schreiben die spezielle Lorentztransformation (34.32) für t_2' an:

$$t_2' = \gamma \left(t_2 - \frac{x_2\,v}{c^2} \right) = t_2\,\sqrt{1 - v^2/c^2} \tag{35.8}$$

Beim Ereignis 1 stehen die IS-Uhr und die IS′-Uhr beide auf null. Beim Ereignis 2 zeigt die bewegte Uhr

$$t_0 = t_2' - t_1' = t_2' = \text{IS}'\text{–Zeitintervall zwischen 1 und 2} \tag{35.9}$$

Diese Anzeige der IS′-Uhr wird vom Beobachter bei x_2 abgelesen und mit der IS-Zeit

$$t = t_2 - t_1 = t_2 = \text{IS–Zeitintervall zwischen 1 und 2} \tag{35.10}$$

verglichen:

$$t = \frac{t_0}{\sqrt{1 - v^2/c^2}} \qquad \text{(Zeitdilatation)} \tag{35.11}$$

Das Ergebnis $t_0 < t$ bedeutet, dass die bewegte Uhr gegenüber den IS-Uhren nachgeht. Dieser Effekt wird als *Zeitdilatation* (oder relativistische Zeitdehnung) bezeichnet.

Die IS′-Uhr bewege sich nun mit $\boldsymbol{v}$ in einer beliebigen Richtung. Durch eine Drehung können wir die x- und x'-Achse der beiden Inertialsysteme immer in Richtung von $\boldsymbol{v}$ legen. Damit erreichen wir wieder die Anordnung in Abbildung 35.3. Daher gilt (35.11) mit $v^2 = \boldsymbol{v}^2$ auch für eine allgemeine LT,

$$\boxed{t = \frac{t_0}{\sqrt{1 - \boldsymbol{v}^2/c^2}} \qquad \text{Zeitdilatation}} \tag{35.12}$$

Die verkürzte Formulierung dieses Resultats durch „Eine bewegte Uhr geht langsamer“ ist problematisch. Ohne den hier gegebenen Hintergrund könnte man daraus folgern „die IS′-Uhr geht langsamer als die IS-Uhr“ und (da vom IS′ aus gesehen IS bewegt ist) „die IS-Uhr geht langsamer als die IS′-Uhr“; damit hätte man einen Widerspruch konstruiert. Es ist jedoch die Messung (Abbildung 35.3), die eine Asymmetrie zwischen IS und IS′ einführt: Für die hier beschriebene Messung sind zwei Uhren in IS nötig, an denen sich eine Uhr von IS′ vorbeibewegt. Für diese Messung ist (35.12) eine wohldefinierte, nachprüfbare Aussage.

Die beschriebene Messung bezieht sich auf eine Uhr, die sich relativ zu IS mit konstanter Geschwindigkeit bewegt; in diesem Fall benötigt man zum Uhrenvergleich insgesamt mindestens drei Uhren. Man könnte aber daran denken, für nur zwei Uhren folgendes Experiment durchzuführen:

1. Beide Uhren werden am selben Ort gestartet.
2. Die Uhren werden relativ zueinander bewegt.
3. Sie werden wieder zur Deckung gebracht und verglichen.

Welche Uhr zeigt jetzt weniger an? Dies ist aufgrund der gegebenen Information nicht zu beantworten. In diesem Fall ist mindestens eines der beiden Ruhsysteme der Uhren ein beschleunigtes Bezugssystem, also kein IS; die oben geführte Diskussion ist daher nicht ohne weiteres übertragbar. Im nächsten Abschnitt bestimmen wir die Zeitangabe einer beliebig bewegten Uhr. Danach ist – bei entsprechender Spezifikation – auch das Ergebnis des Experiments mit nur zwei Uhren berechenbar.

Eigenzeit

Bewegt sich eine Uhr relativ zu einem IS mit einer zeitabhängigen Geschwindigkeit $\boldsymbol{v}(t)$, so kann sie offenbar nicht mehr zum Ursprung eines IS′ gemacht werden. Die von der Uhr tatsächlich angezeigte Zeit kann jedoch folgendermaßen berechnet werden: Für einen bestimmten Zeitpunkt $t = t_0$ führen wir ein IS′ ein, das sich mit der (konstanten) Geschwindigkeit $\boldsymbol{v}(t_0)$ relativ zu IS bewegt. In diesem IS′ ruht die Uhr dann momentan (zum Zeitpunkt t_0). Daher ist das zwischen t_0 und $t_0 + dt$ von der Uhr angezeigte Zeitintervall $d\tau$ gleich dem zugehörigen Zeitintervall dt' in IS′:

$$d\tau = dt' \overset{(35.12)}{=} dt\,\sqrt{1 - \frac{v(t_0)^2}{c^2}} \qquad (35.13)$$

Zerlegt man die Zeitspanne zwischen zwei Ereignissen 1 und 2 in infinitesimale Intervalle, so erhält man aus (35.13) die von der bewegten Uhr insgesamt angezeigte Zeitspanne:

$$\boxed{\tau = \int_{t_1}^{t_2} dt\,\sqrt{1 - \frac{v(t)^2}{c^2}} \qquad \text{Eigenzeit}} \qquad (35.14)$$

Die Größe τ heißt *Eigenzeit*, weil sie eine vom IS unabhängige Größe ist. Die Unabhängigkeit vom IS kann man so einsehen: Das Ereignis 1 sei das Anstellen der Uhr, das Ereignis 2 das Abstellen. Damit hat sich eine bestimmte Zeigerstellung der Uhr (also τ) ergeben, die jeder Beobachter unabhängig von seinem Bewegungszustand ablesen kann. Der IS'-Beobachter berechnet die Zeit zwar mit anderen Größen in $\int dt' \sqrt{1 - v'(t')^2/c^2}$, erhält aber dasselbe Ergebnis τ. Formal folgt die Unabhängigkeit vom Inertialsystem daraus, dass $d\tau$ gleich dem Wegelement ds der Uhr ist:

$$\left(ds^2\right)_{\text{Uhr}} = \left(c^2 dt^2 - d\boldsymbol{r}^2\right)_{\text{Uhr}} = c^2 \left(1 - \frac{\boldsymbol{v}(t)^2}{c^2}\right) dt^2 = c^2 d\tau^2 \qquad (35.15)$$

Mit ds ist auch $d\tau$ invariant gegenüber Lorentztransformationen, also unabhängig vom gewählten IS.

Wir kommen noch einmal auf das am Ende des letzten Abschnitts skizzierte Experiment zurück. An einer bestimmten Stelle sind zwei Uhren, die gleichzeitig angestellt werden. Sie werden dann unabhängig voneinander irgendwie bewegt, wieder zusammengeführt und abgestellt. Nach (35.14) können nun die Anzeigen τ_1 und τ_2 der beiden Uhren berechnet und miteinander verglichen werden. Nach (35.15) sind die Eigenzeiten unabhängig vom Inertialsystem. Damit steht – theoretisch und experimentell – eindeutig fest, welche Uhr langsamer geht. Eine Anwendung hierzu ist das in Kapitel 39 behandelte Zwillingsparadoxon.

Ein Beispiel für die Beziehung zwischen der Eigenzeit und der IS-Zeit ist die Lebensdauer schneller Myonen aus der Höhenstrahlung (Aufgabe 35.1). Experimentell überprüft und bestätigt wurde die Zeitdilatation für Uhren in Flugzeugen und Satelliten; dabei ist allerdings auch noch der Einfluss des Gravitationsfelds auf den Gang der Uhr zu berücksichtigen (Aufgabe 35.3).

Gleichzeitigkeit

Die Längenmessung des bewegten Maßstabs (Abbildung 35.2) war dadurch festgelegt, dass die Orte von Anfang und Ende des Stabs zur gleichen Zeit in IS markiert werden. Dann liegt der Stab von IS aus gesehen gerade über der Länge $l = l_0/\gamma < l_0$. Von IS' aus gesehen bedeutet dies aber keine Messung der IS-Länge l, weil die beiden Ereignisse (Deckung der Stabenden mit den Markierungen) in IS' nicht gleichzeitig sind. In IS' liegen sie vielmehr nach (35.6) um die Zeit $(l_0/c)(v/c)$ auseinander; ihre Reihenfolge richtet sich nach dem Vorzeichen von v.

Dies zeigt, dass Gleichzeitigkeit ein relativer Begriff ist; sie ist eine Feststellung, die vom IS des Beobachters abhängt. Im betrachteten Beispiel kann sogar die Reihenfolge der Ereignisse umgekehrt werden. Dies wirft die Frage auf, inwieweit die zeitliche Reihenfolge von Ereignissen willkürlich, also vom Bezugssystem abhängig ist. Ist womöglich die Kausalität (Ursache vor Wirkung) verletzt?

Wir betrachten zwei Ereignisse, die wir ohne Einschränkung der Allgemeinheit durch

$$\text{Ereignis 1:} \quad \begin{cases} x_1 = 0\,, \; t_1 = 0 \\ x_1' = 0\,, \; t_1' = 0 \end{cases} \qquad \text{Ereignis 2:} \quad \begin{cases} x_2 = x\,, \; t_2 = t \\ x_2' = x'\,, \; t_2' = t' \end{cases} \qquad (35.16)$$

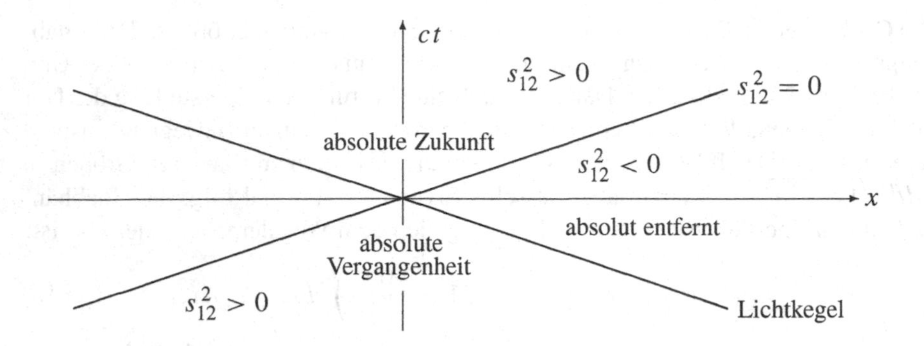

Abbildung 35.4 Ein Ereignis 1 sei durch den Ursprung, ein Ereignis 2 durch einen beliebigen anderen Punkt $(x^0, x^1) = (ct, x)$ repräsentiert. Für $s_{12}^2 > 0$ liegt das Ereignis 2 von 1 aus gesehen in der absoluten Zukunft oder Vergangenheit. Für $s_{12}^2 < 0$ sind die beiden Ereignisse absolut entfernt voneinander; ihre zeitliche Reihenfolge ist willkürlich. Auf dem Lichtkegel $s_{12}^2 = 0$ liegen Ereignisse, die mit 1 durch ein Photon verbunden sein können.

festlegen können. Der Abstand der beiden Ereignisse wird gemäß

$$s_{12}^2 = c^2 t^2 - x^2 = c^2 t'^2 - x'^2 \left\{ \begin{array}{ll} = 0 & \text{lichtartig} \\ < 0 & \text{raumartig} \\ > 0 & \text{zeitartig} \end{array} \right. \tag{35.17}$$

als *lichtartig*, *raumartig* oder *zeitartig* klassifiziert. Diese Klassifizierung ist unabhängig vom gewählten Inertialsystem. Im x-t-Diagramm in Abbildung 35.4 werden diesen Fällen verschiedene Gebiete zugeordnet.

Die beiden Ereignisse können durch ein fiktives Objekt verbunden werden, das sich mit der Geschwindigkeit $V = x/t$ entlang der x-Achse bewegt. Wir ordnen die beiden Ereignisse so, dass $V \geq 0$. Aus $s_{12}^2 = (c^2 - V^2)\, t^2$ folgt

$$\text{lichtartig: } V = c, \qquad \text{raumartig: } V > c, \qquad \text{zeitartig: } 0 \leq V < c \tag{35.18}$$

Für den zeitlichen Abstand der beiden Ereignisse (t in IS und t' in IS$'$) gilt

$$t' = \gamma \left(t - \frac{v\,x}{c^2} \right) = \gamma\, t \left(1 - \frac{v\,V}{c^2} \right) \tag{35.19}$$

Raumartiger Abstand

Für einen raumartigen Abstand, also für $V > c$, können die Ereignisse nicht kausal zusammenhängen: Wenn das Ereignis 1 das Ereignis 2 beeinflussen soll, dann muss irgendetwas von 1 nach 2 gelangen. Wie wir in Kapitel 38 noch konkret sehen werden, können materielle Teilchen (Teilchen mit einer Masse ungleich null) sich nur mit $V < c$ bewegen. Masselose Teilchen (wie Photonen) bewegen sich dagegen immer mit $V = c$. Daher ist c auch die maximale Geschwindigkeit, mit der sich irgendeine Wirkung ausbreiten kann.

Wegen $V/c > 1$ kann die letzten Klammer in (35.19) positiv oder negativ sein (je nach Größe von v), also

$$1 - \frac{v}{c}\frac{V}{c} \lesseqgtr 0 \tag{35.20}$$

Die zeitliche Reihenfolge der beiden Ereignisse hängt also vom gewählten Inertialsystem ab. Da die beiden betrachteten Ereignisse kausal nicht miteinander verknüpft sein können, hat ihre zeitliche Reihenfolge auch keine besondere physikalische Bedeutung. Ein Beispiel für raumartigen Abstand sind die beiden für die Längenmessung definierten Ereignisse (Abbildung 35.2).

Lichtartiger oder zeitartiger Abstand

Für licht- oder zeitartigen Abstand, also für $V \leq c$, können die Ereignisse kausal zusammenhängen; das frühere Ereignis könnte Ursache des späteren sein. Deshalb ist die zeitliche Reihenfolge physikalisch relevant; sie ist für jeden Beobachter dieselbe. Die letzte Klammer in (35.19) ist positiv (wegen $0 \leq V \leq c$ und $|v/c| < 1$). Wegen

$$\operatorname{sign} t' = \operatorname{sign} t \tag{35.21}$$

haben die beiden Ereignisse in allen IS dieselbe zeitliche Reihenfolge.

Zusammenfassung

Wir fassen zusammen: Die zeitliche Reihenfolge von Ereignissen, die sich kausal beeinflusst haben können, hat absolute Bedeutung, ist also vom IS unabhängig. Alles, was wir in der Alltagssprache als Vergangenheit bezeichnen, liegt im Bereich der absoluten Vergangenheit in Abbildung 35.4. Lediglich für Ereignisse, die sich nicht beeinflusst haben können, ist die zeitliche Reihenfolge vom Bezugssystem abhängig; diese Reihenfolge ist aber auch zugleich irrelevant.

Als Beispiel betrachten wir die in Berlin gemachte Aussage „Um 12 Uhr am 1. Januar des Jahres 2000 findet eine Sonneneruption statt". Hierdurch wird die Gleichzeitigkeit der beiden Ereignisse „Berlin, 12 Uhr, 1.1.2000" und „Sonneneruption" festgestellt; dabei werde ein IS verwendet, in dem das Sonnensystem als ganzes ruht. Für den Astronauten eines schnell vorbeifliegenden Raumschiffs (System IS$'$ mit Relativgeschwindigkeit v) sind die beiden Ereignisse dagegen im Allgemeinen nicht gleichzeitig. Für den Astronauten ergibt sich der zeitliche Abstand aus (35.19) zu $t' = -\gamma\, v x/c^2 = -8\gamma\,(v/c)$ min; dabei wurde der Abstand Berlin-Sonne mit $x = 8$ Lichtminuten eingesetzt. Der Zeitabstand t' kann je nach Vorzeichen von v positiv oder negativ sein; für $|v| \to c$ wird $|t'|$ beliebig groß.

Mögliche Folgen der Eruption auf der Erde sind jedoch absolute Zukunft bezüglich der Eruption. Im IS-Berlin treten die Folgen frühestens nach der Lichtlaufzeit auf, also etwa um 12.08 Uhr. Für den Astronauten können diese Folgen dagegen kurz nach der Eruption auftreten, und zwar dann, wenn für ihn der Abstand Erde-Sonne aufgrund der Längenkontraktion gegen null geht.

Haus-Stab-Experiment

Abschließend diskutieren wir das in Abbildung 35.5 skizzierte Haus-Stab-Experiment, bei dem die Längenkontraktion zu einem widersprüchlichen Ergebnis zu führen scheint. Kann man in diesem Experiment beide Türen schließen, ohne den Stab einzuklemmen?

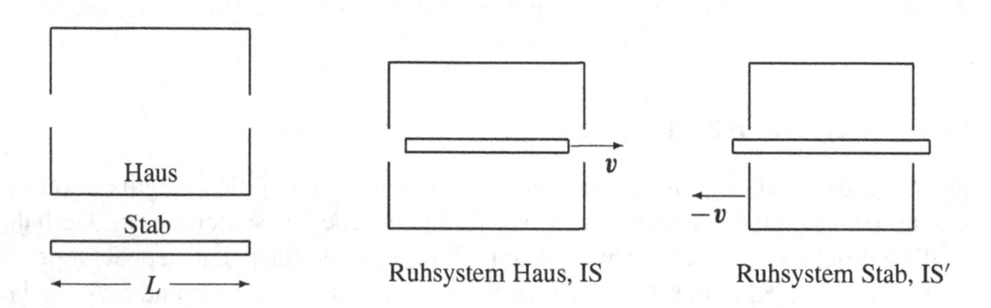

Abbildung 35.5 Ein Haus mit zwei geöffneten Türen habe dieselbe Eigenlänge L wie ein Stab (links). Der Stab bewege sich nun mit der Geschwindigkeit v durch das Haus. Vom IS des Hauses aus gesehen hat der Stab eine verkürzte Länge (Mitte); es erscheint daher möglich, die beiden Tür zu schließen, während der Stab sich im Inneren des Hauses befindet. Vom IS′ des Stabs aus gesehen bewegt sich das Haus mit der Geschwindigkeit $-\boldsymbol{v}$ und hat eine verkürzte Länge (rechts); ein Schließen der Türen ohne Einklemmen des Stabs erscheint daher nicht möglich.

Die relevanten Ereignisse sind:

1: Das Stabende passiert die linke Haustür.

2: Der Stabanfang passiert die rechte Haustür.

In Abbildung 35.5, Mitte, ist das Ereignis 1 bereits erfolgt, das Ereignis 2 aber noch nicht. Für den betrachteten Zeitpunkt t gilt daher $t_1 < t < t_2$. Daraus folgt $t_1 < t_2$ in IS.

In Abbildung 35.5, rechts, ist das Ereignis 2 bereits erfolgt, das Ereignis 1 aber noch nicht. Für den betrachteten Zeitpunkt t' gilt daher $t'_2 < t' < t'_1$. Daraus folgt $t'_2 < t'_1$ in IS′.

Die Reihenfolge der beiden Ereignisse ist also in den betrachteten Bezugssystemen, IS und IS′, verschieden. Dies impliziert, dass der Abstand der Ereignisse 1 und 2 raumartig ist, und dass die beiden Ereignisse sich kausal nicht beeinflussen können.

Wir spezifizieren das Experiment dahingehend, dass die rechte Tür unmittelbar vor dem Ereignis 2 geschlossen wird, und dass die linke Tür gleichzeitig nach IS-Zeit geschlossen wird. Damit ist für den Beobachter in IS (Abbildung 35.5 Mitte) klar, dass beide Türen geschlossen werden können, ohne dass der Stab eingeklemmt wird.

Wir diskutieren dieses Experiment jetzt vom Standpunkt eines Beobachters, der sich mit dem Stab mitbewegt (also von IS′ aus, Abbildung 35.5 rechts). Unmittelbar nach dem Schließen der rechten Tür stößt der Stab an diese Tür. Die Tür sei so solide, dass der Stab hier gestoppt wird. Wenn der Stab ein *starrer Körper* wäre, dann würde sich bei diesem Stop das linke Ende des nun ruhenden Stabs gerade in der linken Türöffnung befinden und die linke Tür könnte nicht mehr geschlossen werden. (Dazu können wir den Stab auch ein wenig länger als L machen, ohne die Möglichkeit des Schließens beider Türen in Abbildung 35.5, Mitte, zu gefährden). In diesem Fall hätten wir einen Widerspruch konstruiert; denn der Verlauf des Experiments hinge vom Bezugssystem ab.

Der Grund für diesen Widerspruch ist die Annahme eines *starren* Stabs. Die Bedingung *starrer Körper* ist unverträglich mit der Speziellen Relativitätstheorie. *Starr* bedeutet konstante (unveränderliche) Längen zwischen den verschiedenen Teilen des Körpers. Dies impliziert aber eine unendlich große Wirkungsgeschwindigkeit: Bewege ich das eine Ende eines starren Stabs, dann muss sich gleichzeitig das andere Ende bewegen, damit der Abstand zwischen Anfang und Ende gleichbleibt. Nach der Speziellen Relativitätstheorie kann sich die Bewegung des einen Endes aber frühestens nach der Zeit L/c am anderen Ende bemerkbar machen. (In der Realität wird die Zeit L/c_{S} benötigt, wobei c_{S} die Schallgeschwindigkeit des Stabmaterials ist.)

Zurück zum Haus-Stab-Experiment: Sobald der Stabanfang die rechte, geschlossene Tür erreicht, zerbröselt er (falls die Tür hinreichend stabil ist). Das Stabende bekommt hiervon zunächst nichts mit. Dies gilt auch noch beim Ereignis 1, also wenn das Stabende die linke Tür passiert; denn der Abstand der Ereignisse 1 und 2 ist raumartig. Von IS′ aus gesehen erfolgt das Ereignis 1 und das Schließen der linken Tür nach dem Ereignis 2 (Anstoßen rechts). Die linke Tür kann aber geschlossen werden, weil das Stabende vom Anstoßen rechts nichts merken kann.

Das Resultat des Experiments ist also, wie es sein muss, unabhängig vom gewählten Bezugssystem. Der (kaputte) Stab kann im Haus eingeschlossen werden.

Das Beispiel macht klar, dass mit der Annahme eines *starren Körpers* Widersprüche konstruiert werden können. Dies gilt insbesondere dann, wenn Beschleunigungen auftreten und Verformungen des betrachteten Körpers unvermeidlich sind[2]. Dies liegt aber nicht an einer Widersprüchlichkeit der Speziellen Relativitätstheorie selbst, sondern daran, dass die Annahme eines starren Körpers im Widerspruch zur Speziellen Relativitätstheorie (und zur Realität) steht.

---

[2]Für ein anderes Beispiel sei auf W. Rindler, *Length contraction paradoxon*, American Journal of Physics 29 (1961) 365, verwiesen.

Aufgaben

35.1 Lebensdauer von Myonen

Myonen werden in einer Höhe von etwa $h \approx 30\,\text{km}$ durch kosmische Strahlung erzeugt. In ihrem Ruhsystem haben die Myonen eine Lebensdauer $\tau \approx 2 \cdot 10^{-6}\,\text{s}$. Trotz dieser Höhe und ihrer kurzen Lebensdauer ($c\tau \approx 600\,\text{m}$) erreichen sie noch zum größten Teil die Erdoberfläche.

Wie klein darf die Abweichung $\varepsilon = (c - v)/c \ll 1$ der Geschwindigkeit der Myonen von der Lichtgeschwindigkeit höchstens sein, damit sie auf der Erdoberfläche beobachtet werden können? Was misst ein Beobachter im Ruhsystem des Myons für die Höhe h?

35.2 Momentaufnahme einer vorbeifliegenden Kugel

Ein Körper stellt in seinem Ruhsystem IS′ eine Kugel mit dem Durchmesser D dar. Der Körper bewegt sich mit der relativistischen Geschwindigkeit $\boldsymbol{v} = v\,\boldsymbol{e}_x$ in einem Inertialsystem IS. Ein IS-Beobachter fotografiert das Objekt. Der Beobachter ist so weit entfernt ($L \to \infty$), dass die ihn erreichenden Lichtstrahlen parallel zur y-Achse (Abbildung unten) sind. Welche Gestalt (Kugel? Ellipsoid?) erscheint auf dem Foto? Welche Teile der Kugel werden abgebildet?

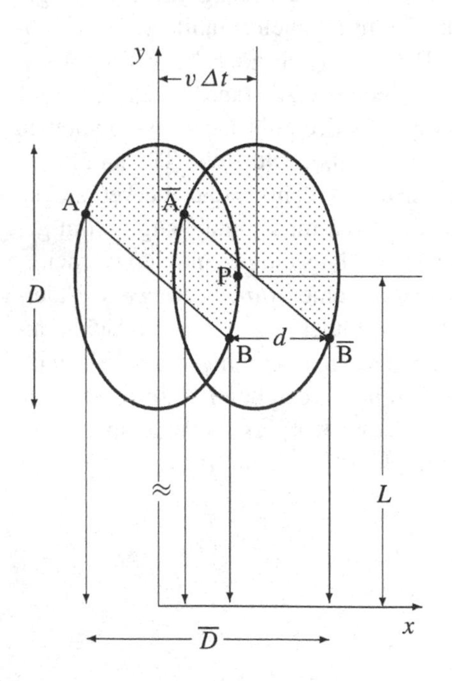

Ein Äquator der mit v bewegten Kugel erscheint wegen der Längenkontraktion in IS als Ellipse. Für die ruhende Kugel wäre P ein gerade noch sichtbarer Punkt des Äquators. Aufgrund der Aberration müsste der Lichtstrahl in IS′ aber ins Kugelinnere gerichtet sein, damit er in IS in die Richtung $-\boldsymbol{e}_y$ geht. Der P gegenüberliegende Punkt ist dagegen ohne Weiteres zu sehen. Auf dieser Seite kann man noch weiter sehen: Ein von A tangential nach unten ausgehender Strahl schließt einen bestimmten Winkel mit $-\boldsymbol{e}_{y'}$ ein. Wenn dieser Winkel gleich φ_{A} ist, dann ist A gerade noch sichtbar. Der durch A und B markierte Großkreis trennt die für den IS-Beobachter sichtbaren und unsichtbaren (schraffiert) Teile der Kugel voneinander.

Hinweise: Damit ein Lichtstrahl in IS in $-\boldsymbol{e}_y$-Richtung läuft, muss er im bewegten System IS′ unter einem Aberrationswinkel φ_{A} relativ zur Richtung $-\boldsymbol{e}_{y'} = -\boldsymbol{e}_y$

ausgesandt werden. Nach (14.20) gilt für diesen Winkel:

$$\tan\varphi_{\mathrm{A}} = \frac{v/c}{\sqrt{1-v^2/c^2}} \stackrel{!}{=} \frac{dx'}{dy'} \tag{35.22}$$

In IS′ muss dieser Lichtstrahl also die Steigung dy'/dx' haben.
Man berechne die Koordinaten von A und B aus der Ellipsengleichung und aus der Bedingung, dass die Ellipsentangente den Winkel φ_{A} relativ zu $-\boldsymbol{e}_y$ hat.

Der Fotoapparat registriert zu einem bestimmten Zeitpunkt t das Licht von A und B. Wegen der unterschiedlichen Lichtlaufzeiten muss dieses Licht von B zu einer um Δt späteren Zeit abgesandt werden als von A. In dieser Zeit Δt ist die linke Ellipse zur Position der rechten gewandert, und B hat sich nach $\overline{\mathrm{B}}$ bewegt. Auf dem Foto markieren dann A und $\overline{\mathrm{B}}$ den Durchmesser $\overline{D}$ des Objekts.

35.3 Zeitverschiebung für Satelliten

Ein Satellit (Masse m) bewegt sich auf einer Kreisbahn (Radius r_0) im Gravitationspotenzial

$$V(r) = -\frac{G M_{\mathrm{E}}\, m}{r} = m\,\Phi(r) \tag{35.23}$$

Hierbei ist G die Gravitationskonstante und M_{E} die Masse der Erde. Eine Uhr im Satelliten zeigt die Zeit t_{S} an. Eine Uhr, die bei $r=\infty$ ruht, zeigt die Zeit t_∞ an. Bestimmen Sie den Zeitunterschied aufgrund der relativistischen Zeitdilatation in der Form $t_{\mathrm{S}}/t_\infty = 1+\delta$ in niedrigster, nichtverschwindender Ordnung in v/c. Drücken Sie δ durch $\Phi(r_0)$ aus.

Zusätzlich beeinflusst das Gravitationsfeld den Gang der Uhr:

$$\frac{t_{\mathrm{S}}}{t_\infty} = 1+\delta+\frac{\Phi(r_0)}{c^2} \tag{35.24}$$

Eine Uhr im Labor auf der Erdoberfläche zeigt die Zeit $t_{\mathrm{L}} \approx t_\infty(1+\Phi(R)/c^2)$ an; die Geschwindigkeit aufgrund der Erddrehung wird vernachlässigt. Bestimmen Sie die relative Zeitverschiebung $(t_{\mathrm{L}}-t_{\mathrm{S}})/t_{\mathrm{L}}$ zwischen Labor und Satellit als Funktion von r_0/R für $\Phi/c^2 \ll 1$. Welche Größenordnung und welches Vorzeichen hat dieser Effekt für einen erdnahen und für einen geostationären (siehe Aufgabe 17.3) Satelliten?

36 Lorentzgruppe

Wir verallgemeinern die spezielle Lorentztransformation (LT) aus Kapitel 34 zur allgemeinen LT. Die LT bilden eine Gruppe. Die Auswertung von zwei sukzessiven LT führt zum Additionstheorem für Geschwindigkeiten.

Allgemeine Lorentztransformation

Nach dem Relativitätsprinzip von Galilei sind zwei beliebige Inertialsysteme (IS und IS′) durch die Transformation (5.9),

$$x_i' = \sum_{j=1}^{3} \alpha_{ij}\, x_j - v_i\, t - a_i , \qquad t' = t - t_0 \tag{36.1}$$

miteinander verknüpft. Diese Transformation hängt von 10 Parametern ab: Die Parameter a_i und t_0 beschreiben eine konstante Verschiebung in Ort und Zeit, die orthogonale Matrix $\alpha = (\alpha_{ij})$ hängt von drei Drehwinkeln ab und beschreibt die relative Lage der räumlichen Koordinatenachsen von IS und IS′, die drei Parameter v_i geben die Relativgeschwindigkeit $\boldsymbol{v}$ zwischen IS und IS′ an. Diese Transformationen bilden eine Gruppe, die Galileigruppe genannt wird.

Die allgemeine Lorentztransformation ist von der Form (34.15),

$$x'^{\beta} = \Lambda^{\beta}_{\ \delta}\, x^{\delta} + b^{\beta} \qquad \text{oder} \qquad x' = \Lambda\, x + b \tag{36.2}$$

Man unterscheidet zwischen den *homogenen* ($b = 0$) und den *inhomogenen* ($b \neq 0$) Lorentztransformationen.

Für bloße Verschiebungen und Drehungen (also für $v^i = 0$) ergeben sich keine Unterschiede zur Galileitransformation: Aus dem Vergleich von (36.2) und (36.1) sehen wir zunächst, dass b^{β} für Verschiebungen in Ort und Zeit steht,

$$b = \big(b^{\beta}\big) = (-c\, t_0\, , -a_i) \tag{36.3}$$

Eine Drehung der kartesischen Achsen von IS relativ zu denen von IS′ wird durch die LT mit

$$\Lambda(\alpha) = \Big(\Lambda^{\gamma}_{\ \beta}\Big) = \begin{pmatrix} 1 & 0 & 0 & 0 \\ 0 & \alpha_{11} & \alpha_{12} & \alpha_{13} \\ 0 & \alpha_{21} & \alpha_{22} & \alpha_{23} \\ 0 & \alpha_{31} & \alpha_{32} & \alpha_{33} \end{pmatrix} \tag{36.4}$$

vermittelt. Die Bedingung (34.19) für eine LT, $\Lambda^{\mathrm{T}}\eta\Lambda = \eta$, wird hier zu $\alpha^{\mathrm{T}}\alpha = 1$. Da die orthogonale Matrix üblicherweise mit α bezeichnet wird, verwenden wir in diesem Kapitel den Buchstaben α nicht als Index.

Unterschiede zwischen Galilei- und Lorentztransformationen ergeben sich erst für eine Relativbewegung von IS und IS$'$ mit der konstanten Geschwindigkeit $\boldsymbol{v}$. Nach (34.32) ist die spezielle LT für $\boldsymbol{v} = v\,\boldsymbol{e}_1$ durch

$$\Lambda(v) = \left(\Lambda^{\beta}_{\ \delta}\right) = \begin{pmatrix} \gamma & -\gamma\, v/c & 0 & 0 \\ -\gamma\, v/c & \gamma & 0 & 0 \\ 0 & 0 & 1 & 0 \\ 0 & 0 & 0 & 1 \end{pmatrix} \tag{36.5}$$

gegeben; die Verallgemeinerung für beliebiges $\boldsymbol{v}$ wird unten angegeben.

Die Lorentztransformationen bilden eine Gruppe, das heißt zwei sukzessive LT ergeben wieder eine LT. Wir betrachten eine LT von IS zu IS$'$ und eine LT von IS$'$ zu IS$''$ (in Matrixschreibweise),

$$x' = \Lambda\, x + b\,, \qquad x'' = \Lambda'\, x' + b' \tag{36.6}$$

Hieraus folgt

$$x'' = \Lambda''\, x + b'' \quad \text{mit} \quad \Lambda'' = \Lambda'\Lambda\,, \quad b'' = b' + \Lambda' b \tag{36.7}$$

Damit dies wieder eine LT ist, muss Λ'' die Bedingung (34.19) erfüllen:

$$\Lambda''^{\mathrm{T}}\,\eta\,\Lambda'' = (\Lambda'\Lambda)^{\mathrm{T}}\,\eta\,\Lambda'\Lambda = \Lambda^{\mathrm{T}}\big(\Lambda'^{\mathrm{T}}\,\eta\,\Lambda'\big)\Lambda = \Lambda^{\mathrm{T}}\,\eta\,\Lambda = \eta \tag{36.8}$$

Da dies der Fall ist, ergeben zwei sukzessive LT wieder eine LT. Wir zeigen noch die übrigen Gruppeneigenschaften: Die Assoziativität $\Lambda\,(\Lambda'\Lambda'') = (\Lambda\Lambda')\,\Lambda''$ folgt aus der Assoziativität der Matrixmultiplikation. Die Einheitsmatrix $\Lambda = 1$ ist das 1-Element. Durch $\alpha \to \alpha^{\mathrm{T}}$ und $\boldsymbol{v} \to -\boldsymbol{v}$ erhält man das inverse Element. Die Gruppeneigenschaften der Verschiebungen sind evident. Die Gruppe der inhomogenen LT heißt *Poincaré-Gruppe*, die der homogenen LT wird *Lorentzgruppe* genannt.

Wir geben noch die Verallgemeinerung von (36.5) für eine beliebige Richtung von $\boldsymbol{v}$ an. Die Ursprünge der Systeme IS und IS$'$ seien durch den Vektor $\boldsymbol{v}\,t$ verbunden ($b = 0$); die Achsen seien parallel. Damit haben wir die Situation wie in Abbildung 34.1, nur dass jetzt $\boldsymbol{v}$ nicht parallel zu $\boldsymbol{e}_1 = \boldsymbol{e}_1'$ ist. Wir können aber vom System IS mit einem geeigneten $\Lambda(\alpha)$ aus (36.4) zu einem System IS$''$ mit $\boldsymbol{e}_1'' \parallel \boldsymbol{v}$ übergehen, dann mit $\Lambda(v)$ aus (36.5) zu einem IS$'''$, und von IS$'''$ mit $\Lambda(\alpha^{\mathrm{T}})$ zu IS$'$. Die gesuchte Transformationsmatrix setzt sich daher gemäß

$$\Lambda(\boldsymbol{v}) = \Lambda(\alpha^{\mathrm{T}})\,\Lambda(v)\,\Lambda(\alpha) \tag{36.9}$$

aus den bereits bekannten Fällen zusammen. Bei der Multiplikation mit $\Lambda(\alpha)$ und $\Lambda(\alpha^{\mathrm{T}})$ ändert sich $\Lambda(v)$ wie folgt: Das Element $\Lambda^0_{\ 0} = \gamma$ bleibt unberührt. Die $\Lambda^0_{\ i}$

und $\Lambda^i_{\ 0}$ ändern sich wie ein Vektor, und die $\Lambda^i_{\ j}$ wie ein Tensor 2. Stufe; dabei sind hier Tensoren des dreidimensionalen Raums gemeint. Aus diesen Feststellungen und dem Grenzfall (36.5) kann man die Transformationsmatrix für $\boldsymbol{v} = \sum v_i \boldsymbol{e}_i$ erschließen, ohne α konkret zu bestimmen. Da sich $(\Lambda^0_{\ i})$ wie ein Vektor verhält, und für $(v_i) = (v, 0, 0)$ gleich $(-\gamma\, v/c,\ 0,\ 0)$ ist, muss $(\Lambda^0_{\ i}) = (-\gamma\, v_i/c)$ sein. Dabei wurde berücksichtigt, dass

$$\gamma = \frac{1}{\sqrt{1 - \boldsymbol{v}^2/c^2}} \tag{36.10}$$

sich wie ein 3-Skalar verhält. Man prüft leicht nach, dass sich die $(\Lambda^i_{\ j})$ in

$$\Lambda(\boldsymbol{v}) = \begin{pmatrix} \gamma & -\gamma\, v_1/c & -\gamma\, v_2/c & -\gamma\, v_3/c \\ -\gamma\, v_1/c & & & \\ -\gamma\, v_2/c & & \delta_{ij} + \dfrac{v_i\, v_j\,(\gamma - 1)}{v^2} & \\ -\gamma\, v_3/c & & & \end{pmatrix} \tag{36.11}$$

wie ein Tensor zweiter Stufe bei Drehungen verhalten, und für $(v_i) = (v, 0, 0)$ mit (36.5) übereinstimmen. Diese Matrix ist symmetrisch, $\Lambda(\boldsymbol{v}) = \Lambda(\boldsymbol{v})^{\mathrm{T}}$. Dies gilt jedoch nicht für $\Lambda(\alpha)$ aus (36.4) und damit auch nicht für ein allgemeines Λ.

Die allgemeine homogene LT ergibt sich für eine beliebige Relativgeschwindigkeit $\boldsymbol{v}$ und für beliebig verdrehte Achsen; sie kann durch $\Lambda = \Lambda(\alpha)\,\Lambda(\boldsymbol{v})$ beschrieben werden. In der allgemeinen LT kommt dann noch eine konstante Raum-Zeit-Verschiebung um b hinzu:

$$x' = \Lambda(\alpha)\,\Lambda(\boldsymbol{v})\,x + b \qquad \text{(Allgemeine Lorentz-transformation)} \tag{36.12}$$

Die Drehung (α) hängt von drei beliebigen Drehwinkeln ab, die Relativgeschwindigkeit von den drei Komponenten v_i. Damit hängen die Elemente der Lorentzgruppe (homogene LT) von 6 Parametern ab. Bei der Poincaré-Gruppe (inhomogene oder allgemeine LT) kommen noch die 4 Parameter b^β hinzu.

Aus $\Lambda^{\mathrm{T}}\eta\,\Lambda = \eta$ folgt $(\det\Lambda)^2 = 1$ und $(\Lambda^0_{\ 0})^2 = 1 + \sum_i (\Lambda^i_{\ 0})^2$; hieraus ergibt sich $\det\Lambda = \pm 1$, und außerdem $\Lambda^0_{\ 0} \geq 1$ oder $\Lambda^0_{\ 0} \leq -1$. Die Festlegung

$$\det\Lambda = 1\,, \qquad \Lambda^0_{\ 0} \geq 1 \tag{36.13}$$

schließt eine Änderung der Zeitrichtung (etwa $t' = -t$) und räumliche Spiegelungen (etwa $x' = -x$) aus. Die so eingeschränkten Transformationen heißen *eigentliche* LT. Sie sind dadurch ausgezeichnet, dass sie durch einen kontinuierlichen Übergang (Geschwindigkeit, Drehwinkel und Verschiebung gegen null) mit der identischen Transformation verbunden sind.

Sukzessive Lorentztransformation

Wir betrachten Abbildung 36.1 mit den Bezugssystemen IS und IS′, die sich relativ zueinander mit der Geschwindigkeit $\boldsymbol{v}_1$ bewegen. In IS′ bewege sich nun ein Teilchen mit der Geschwindigkeit $\boldsymbol{v}(t)$. Mit welcher Geschwindigkeit $\boldsymbol{V}$ bewegt sich dieses Teilchen in IS?

Wir führen ein IS″ ein, das sich relativ zu IS′ mit der konstanten Geschwindigkeit $\boldsymbol{v}_2 = \boldsymbol{v}(t_0)$ bewegt; die Koordinatenachsen von IS, IS′ und IS″ seien parallel. Zum Zeitpunkt $t = t_0$ ruht das Teilchen in IS″. Dann ist seine Geschwindigkeit in IS gleich der Relativgeschwindigkeit $\boldsymbol{V}$ zwischen IS″ und IS. Nach (36.7) ergibt sich die LT von IS zu IS″ aus

$$\Lambda(\boldsymbol{V}) = \Lambda(\boldsymbol{v}_2)\, \Lambda(\boldsymbol{v}_1) \tag{36.14}$$

Da die Achsen parallel sind, ist $\Lambda(\boldsymbol{V})$ ebenso wie $\Lambda(\boldsymbol{v}_1)$ und $\Lambda(\boldsymbol{v}_2)$ von der Form (36.11). Durch die Berechnung der rechten Seite von (36.14) und Vergleich mit (36.11) erhält man die gesuchte Geschwindigkeit

$$\boldsymbol{V} = \boldsymbol{V}(\boldsymbol{v}_1, \boldsymbol{v}_2) \tag{36.15}$$

Wir betrachten zunächst den Fall *paralleler* Geschwindigkeiten, $\boldsymbol{v}_1 \parallel \boldsymbol{v}_2$; die allgemeine Form von $\boldsymbol{V}(\boldsymbol{v}_1, \boldsymbol{v}_2)$ wird im letzten Abschnitt dieses Kapitels angegeben. Wir drehen die Koordinatenachsen von IS und IS′ so, dass $\boldsymbol{v}_1$ und $\boldsymbol{v}_2$ parallel zur x- und x'-Achse liegen. Dann sind die beiden Λ's in (36.14) von der Form (34.22) mit (34.26). Im relevanten Unterraum schreiben wir die Matrixmultiplikation (36.14) an:

$$\Lambda(\boldsymbol{V}) = \begin{pmatrix} \cosh\psi_2 & -\sinh\psi_2 \\ -\sinh\psi_2 & \cosh\psi_2 \end{pmatrix} \begin{pmatrix} \cosh\psi_1 & -\sinh\psi_1 \\ -\sinh\psi_1 & \cosh\psi_1 \end{pmatrix} \tag{36.16}$$

Wir führen die Matrixmultiplikation aus:

$$\Lambda(\boldsymbol{V}) = \begin{pmatrix} \cosh(\psi_1+\psi_2) & -\sinh(\psi_1+\psi_2) \\ -\sinh(\psi_1+\psi_2) & \cosh(\psi_1+\psi_2) \end{pmatrix} = \begin{pmatrix} \cosh\psi & -\sinh\psi \\ -\sinh\psi & \cosh\psi \end{pmatrix} \tag{36.17}$$

Die Rapidität $\psi(\boldsymbol{V})$ ergibt sich also einfach aus der Addition

$$\psi = \psi_1 + \psi_2 \tag{36.18}$$

Man kann (36.16) und (36.17) mit der Multiplikation zweier orthogonaler Matrizen vergleichen, die zwei Drehungen um dieselbe Achse beschreiben. Der Parallelität der Geschwindigkeit entspricht dabei die gleiche Drehachse, der Addition der Rapiditäten die Addition der Drehwinkel. Für parallele Geschwindigkeiten vertauschen die LT miteinander,

$$\Lambda(\boldsymbol{v}_1)\, \Lambda(\boldsymbol{v}_2) = \Lambda(\boldsymbol{v}_2)\, \Lambda(\boldsymbol{v}_1) \qquad (\boldsymbol{v}_1 \parallel \boldsymbol{v}_2) \tag{36.19}$$

Sind die Geschwindigkeiten nicht parallel (oder die Drehachsen nicht gleich), dann vertauschen die Transformationen nicht miteinander. Dieser Regelfall ergibt sich daraus, dass die Matrixmultiplikation nicht kommutativ ist.

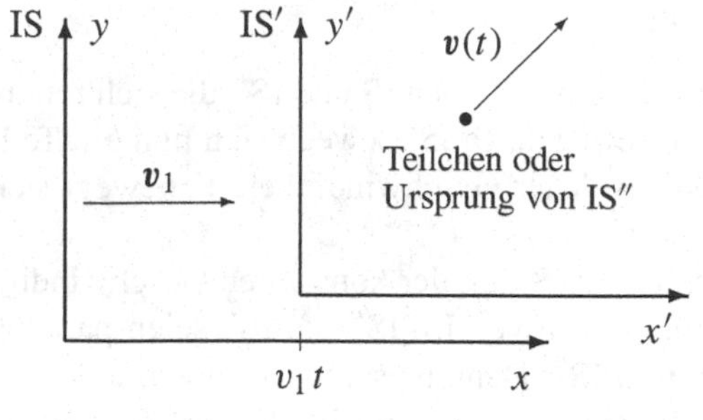

Abbildung 36.1 In IS′ bewege sich ein Teilchen mit der Geschwindigkeit $\boldsymbol{v}(t)$. Welche Geschwindigkeit hat das Teilchen dann in IS?

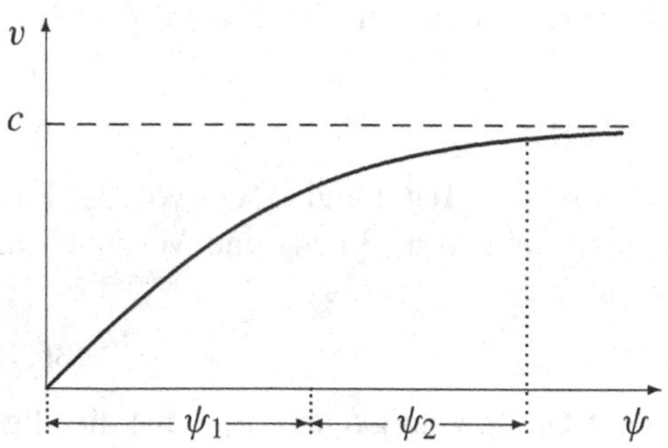

Abbildung 36.2 Zwei parallele Geschwindigkeiten addieren sich gemäß $\psi = \psi_1 + \psi_2$. Die resultierende Geschwindigkeit ist dann $V = c \tanh(\psi_1 + \psi_2)$.

Additionstheorem

Unter Additionstheorem versteht man den Ausdruck (36.15), der sich für die Addition zweier Geschwindigkeiten ergibt. Wir geben diesen Ausdruck zunächst für parallele Geschwindigkeiten und dann für den allgemeinen Fall an.

Für $\tanh(\psi_1 + \psi_2)$ benutzen wir das Additionstheorem für den tangens hyperbolicus,

$$\tanh \psi = \tanh(\psi_1 + \psi_2) = \frac{\tanh \psi_1 + \tanh \psi_2}{1 + \tanh \psi_1 \tanh \psi_2} \tag{36.20}$$

Mit $\tanh \psi = v/c$ wird dies zum Additionstheorem für die Geschwindigkeiten,

$$\boxed{V = \frac{v_1 + v_2}{1 + v_1 v_2/c^2} \qquad \text{Additionstheorem für } \boldsymbol{v}_1 \parallel \boldsymbol{v}_2} \tag{36.21}$$

Offensichtlich ist der Zusammenhang (36.18) einfacher als (36.21). In der SRT sind daher die Rapiditäten ein bevorzugtes Maß für die Geschwindigkeiten, weil hierfür manche Beziehungen (wie das Additionstheorem) einfacher sind.

Aus (36.21) folgt speziell

$$V \begin{cases} \approx v_1 + v_2 & (v_1 \ll c \text{ und } v_2 \ll c) \\ \to c & (v_1 \to c \text{ oder } v_2 \to c) \end{cases} \tag{36.22}$$

Die Addition der Geschwindigkeiten ist in Abbildung 36.2 illustriert.

Da die Ableitung von (36.21) über LT erfolgte, sind die Geschwindigkeiten zunächst durch $v_1 < c$ und $v_2 < c$ eingeschränkt. Falls das in Abbildung 36.1 betrachtete Teilchen ein Photon ist, ist seine Geschwindigkeit in jedem IS gleich c; mit $v_2 = c$ ist also $V = c$. Da die Formel (36.21) für $v_2 = c$ ebenfalls $V = c$ ergibt, können wir diesen Grenzfall in den Gültigkeitsbereich mit einschließen. Wegen der Symmetrie bezüglich v_1 und v_2 können wir dann auch $v_1 = c$ zulassen.

Allgemeiner Fall

Wir bestimmen jetzt das Additionstheorem $\boldsymbol{V} = \boldsymbol{V}(\boldsymbol{v}_1, \boldsymbol{v}_2)$ für nichtparallele Geschwindigkeiten $\boldsymbol{v}_1$ und $\boldsymbol{v}_2$. Dazu berechnen wir das $0j$-Element von $\Lambda(\boldsymbol{V})$ in (36.14):

$$\begin{aligned} -\gamma\,\frac{V_j}{c} &= \Lambda^0_{\ j}(\boldsymbol{V}) = \Lambda^0_{\ \beta}(\boldsymbol{v}_2)\,\Lambda^\beta_{\ j}(\boldsymbol{v}_1) = \Lambda^0_{\ 0}(\boldsymbol{v}_2)\,\Lambda^0_{\ j}(\boldsymbol{v}_1) + \sum_{i=1}^{3}\Lambda^0_{\ i}(\boldsymbol{v}_2)\,\Lambda^i_{\ j}(\boldsymbol{v}_1) \\ &= -\gamma_1\gamma_2\,\frac{v_{1,j}}{c} - \sum_{i=1}^{3}\gamma_2\,\frac{v_{2,i}}{c}\left(\delta_{ij} + \frac{v_{1,i}\,v_{1,j}}{v_1^2}\,(\gamma_1 - 1)\right) \end{aligned} \tag{36.23}$$

Dabei ist $\gamma = \gamma(V)$, $\gamma_1 = \gamma(v_1)$ und $\gamma_2 = \gamma(v_2)$. Wir multiplizieren (36.23) mit $-c/\gamma$ und gehen zur Vektorschreibweise über:

$$\boldsymbol{V} = \frac{\gamma_1\gamma_2}{\gamma}\left[\boldsymbol{v}_1 + \frac{\boldsymbol{v}_2}{\gamma_1} - \boldsymbol{v}_1\,\frac{\boldsymbol{v}_1\cdot\boldsymbol{v}_2}{v_1^2}\left(\frac{1}{\gamma_1} - 1\right)\right] \tag{36.24}$$

Wir bestimmen noch das 00-Element:

$$\begin{aligned} \gamma &= \Lambda^0_{\ 0}(\boldsymbol{V}) = \Lambda^0_{\ 0}(\boldsymbol{v}_2)\,\Lambda^0_{\ 0}(\boldsymbol{v}_1) + \sum_{i=1}^{3}\Lambda^0_{\ i}(\boldsymbol{v}_2)\,\Lambda^i_{\ 0}(\boldsymbol{v}_1) \\ &= \gamma_1\gamma_2 + \sum_{i=1}^{3}\gamma_1\gamma_2\,\frac{v_{1,i}\,v_{2,i}}{c^2} = \gamma_1\gamma_2\left(1 + \frac{\boldsymbol{v}_1\cdot\boldsymbol{v}_2}{c^2}\right) \end{aligned} \tag{36.25}$$

Hieraus lesen wir den Vorfaktor $\gamma_1\gamma_2/\gamma = 1/(1 + \boldsymbol{v}_1\cdot\boldsymbol{v}_2/c^2)$ in (36.24) ab. Wir spalten noch die Geschwindigkeit $\boldsymbol{v}_2 = \boldsymbol{v}_{2\parallel} + \boldsymbol{v}_{2\perp}$ in den zu $\boldsymbol{v}_1$ parallelen und senkrechten Anteil auf. Damit wird (36.24) zu

$$\boldsymbol{V} = \frac{\boldsymbol{v}_1 + \boldsymbol{v}_{2\parallel} + \boldsymbol{v}_{2\perp}\sqrt{1 - \boldsymbol{v}_1^2/c^2}}{1 + \boldsymbol{v}_1\cdot\boldsymbol{v}_2/c^2} \tag{36.26}$$

Das Resultat ist nur für $\boldsymbol{v}_1 \parallel \boldsymbol{v}_2$ symmetrisch in $\boldsymbol{v}_1$ und $\boldsymbol{v}_2$. Die LT sind also (ebenso wie Drehungen) im Allgemeinen nichtkommutativ,

$$\Lambda(\boldsymbol{v}_1)\,\Lambda(\boldsymbol{v}_2) \neq \Lambda(\boldsymbol{v}_2)\,\Lambda(\boldsymbol{v}_1) \qquad (\text{für } \boldsymbol{v}_1 \times \boldsymbol{v}_2 \neq 0) \tag{36.27}$$

37 Lorentztensoren

So wie die 3-Tensoren in Kapitel 21 durch ihr Verhalten unter orthogonalen Transformationen definiert wurden, werden Lorentztensoren oder 4-Tensoren durch ihr Verhalten unter Lorentztransformationen definiert. Die Rechenregeln für Lorentztensoren werden aufgestellt. Diese eher formalen Entwicklungen werden im Folgenden nicht vorausgesetzt; die ersten beiden Seiten dieses Kapitels sollten aber in jedem Fall gelesen werden.

Wir betrachten den vierdimensionalen Raum, der durch kartesische Koordinatenachsen für die Größen

$$\left(x^{\alpha}\right) = \left(x^0, x^1, x^2, x^3\right) = (ct,\, x,\, y,\, z) \tag{37.1}$$

aufgespannt wird. Das Wegelement

$$ds^2 = \eta_{\alpha\beta}\, dx^{\alpha}\, dx^{\beta} \tag{37.2}$$

ist kovariant (also forminvariant) unter Lorentztransformationen (LT). Den vierdimensionalen Raum mit diesem Wegelement bezeichnen wir als *Minkowskiraum.*

Dies kann mit dem dreidimensionalen Raum verglichen werden, der durch die Koordinatenachsen für

$$\left(x_i\right) = \left(x_1, x_2, x_3\right) = (x,\, y,\, z) \tag{37.3}$$

aufgespannt wird. Das Wegelement

$$dl^2 = \sum_{i=1}^{3} \left(dx_i\right)^2 \tag{37.4}$$

ist kovariant unter orthogonalen Transformationen.

In Kapitel 21 haben wir Tensoren des dreidimensionalen Raums als indizierte Größen definiert, die sich unter orthogonalen Transformationen komponentenweise wie die Koordinaten transformieren. Hier definieren wir analog dazu Tensoren des Minkowskiraums als indizierte Größen, die sich unter LT komponentenweise wie die Koordinaten transformieren. Zur Unterscheidung verwenden wir die Bezeichnungen 3- und 4-Tensor.

Der Sinn dieser formalen Definitionen ist folgender: Unter der Annahme der Isotropie des dreidimensionalen Raums dürfen physikalische Gesetze nicht von der

Orientierung des kartesischen KS abhängen. Die Gesetze dürfen daher ihre Form bei orthogonalen Transformationen nicht ändern. Dazu sind die Gesetze als 3-Tensorgleichungen zu formulieren, zum Beispiel $L_i = \sum \Theta_{ij}\, \omega_j$. Nach dem Relativitätsprinzip sind alle IS gleichwertig. Daher darf die Form physikalischer Gesetze nicht vom IS abhängen. Nach Einsteins Relativitätsprinzip müssen die Gesetze ihre Form unter LT beibehalten. Dazu sind die Gesetze als 4-Tensorgleichungen zu formulieren. Diese formale Bedingung genügt in der Regel, um die relativistische Verallgemeinerung eines bekannten nichtrelativistischen Gesetzes zu finden.

Wir nennen jede einfach indizierte Größe V^α, die sich wie die Koordinaten x^α transformiert,

$$V'^\beta = \Lambda^\beta_\alpha\, V^\alpha \tag{37.5}$$

einen *Lorentztensor* 1. Stufe; synonym hierzu verwenden wir die Bezeichnungen Lorentz- oder Vierervektor. Es sei daran erinnert, dass über zwei gleiche Indizes (einer oben, einer unten) summiert wird, und dass griechische Indizes die Werte 0, 1, 2, 3 annehmen können. Unter *Tensor* wird immer die Gesamtheit der indizierten Größen V^α verstanden; für ein bestimmtes α ist V^α dagegen eine einzelne Zahl (gegebenenfalls mit einer physikalischen Einheit multipliziert).

Ein *Lorentztensor* oder 4-*Tensor* N-ter Stufe ist eine N-fach indizierte Größe, die sich wie

$$T'^{\alpha_1 \ldots \alpha_N} = \Lambda^{\alpha_1}_{\beta_1} \ldots \Lambda^{\alpha_N}_{\beta_N}\, T^{\beta_1 \ldots \beta_N} \tag{37.6}$$

transformiert. Ein *Lorentzskalar* oder Tensor 0-ter Stufe ist dann eine nichtindizierte Größe, die unter LT invariant ist. Beispiele für Lorentzskalare sind die Eigenlänge l_0 eines Stabs, das Wegelement ds^2 und die Eigenzeit $d\tau$ einer Uhr. Beispiele für Lorentzvektoren sind x^α und dx^α. Beispiele für einen Lorentztensor zweiter Stufe sind das Produkt $x^\alpha dx^\beta$ und die in (34.11) definierte Größe $\eta_{\alpha\beta}$.

Rechenregeln

Zur Vereinfachung der Schreibweise definieren wir für jeden 4-Vektor V^α durch

$$V_\beta = \eta_{\beta\alpha}\, V^\alpha \tag{37.7}$$

eine zugeordnete indizierte Größe. Insbesondere ist

$$\big(x_\alpha\big) = \big(x_0, x_1, x_2, x_3\big) = (ct, -x, -y, -z) \tag{37.8}$$

Diese Zuordnung erfolgt entsprechend für alle Tensoren, zum Beispiel

$$T_{\alpha\beta} = \eta_{\alpha\alpha'}\, \eta_{\beta\beta'}\, T^{\alpha'\beta'}\,, \quad T^\alpha{}_\beta = \eta_{\beta\beta'}\, T^{\alpha\beta'}\,, \quad T_\alpha{}^\beta = \eta_{\alpha\alpha'}\, T^{\alpha'\beta} \tag{37.9}$$

Die $T^{\alpha\beta\ldots}$ heißen *kontravariante* Komponenten des Tensors, die $T_{\alpha\beta\ldots}$ *kovariante* Komponenten; der Begriff *kovariant* hat daneben die schon bekannte Bedeutung *forminvariant*. Die $T^\alpha{}_\beta$ bezeichnen wir als gemischte Komponenten. Wir verzichten meist auf diese ausführliche Bezeichnung und nennen die indizierte Größe selbst Tensor, oder auch ko- oder kontravarianter Tensor. Bei den gemischten Komponenten ist auf die Reihenfolge der Indizes zu achten, denn im Allgemeinen ist $T^{\alpha}{}_{\beta} \neq T_{\beta}{}^{\alpha}$. Falls der Tensor $T^{\alpha\beta}$ symmetrisch ist, sind die Größen aber gleich und die Indizes können auch übereinander geschrieben werden, $T^{\alpha}{}_{\beta} = T_{\beta}{}^{\alpha} = T_{\alpha}^{\beta}$.

Die Indizes der Transformationsmatrix Λ^{α}_{β} können übereinander geschrieben werden, weil diese Größe kein Tensor ist. Um die Tensordefinition zu erfüllen, müsste Λ ja zuerst einmal in IS und IS′ definiert sein; im Gegensatz dazu ist Λ aber eine Größe, die dem Übergang zwischen IS und IS′ zugeordnet ist. Unbeschadet dieser Einschränkung verhält sich Λ^{α}_{β} aber ähnlich wie ein Tensor; dazu sei etwa auf die Diskussion der 3-Tensoreigenschaften von (36.11) verwiesen.

Aus der Definition (37.6) folgen sofort einige Regeln für die Konstruktion von Tensoren. Wenn S und T Tensoren sind, dann gilt:

1. Addition: $a\, S^{\alpha_1 \ldots \alpha_N} + b\, T^{\alpha_1 \ldots \alpha_N}$ ist ein Tensor der Stufe N; dabei sind a und b Zahlen.

2. Multiplikation: $S^{\alpha_1 \ldots \alpha_N}\, T^{\beta_1 \ldots \beta_M}$ ist ein Tensor der Stufe $N + M$.

3. Kontraktion: $\eta_{\beta\gamma}\, S^{\alpha_1 \ldots\, \beta \ldots \gamma \ldots \alpha_N} = S^{\alpha_1 \ldots\, \beta \ldots}{}_{\beta}{}^{\ldots \alpha_N}$ ist ein Tensor der $(N-2)$-ter Stufe. Insbesondere sind $ds^2 = dx^{\alpha}\, dx_{\alpha}$ und $S^{\alpha}\, T_{\alpha}$ Lorentzskalare.

4. Tensorgleichungen: Gilt $S^{\alpha} = U^{\alpha\beta}\, T_{\beta}$ in jedem IS, so ist $U^{\alpha\beta}$ ein Tensor 2-ter Stufe.

Die Punkte 1 bis 3 folgen unmittelbar aus der Tensordefinition, die 4. Aussage wird wie in (21.19) – (21.21) bewiesen.

Die Matrix $(\eta_{\alpha\beta})$ wurde durch die Zahlenzuweisung in (34.11) definiert. Durch dieselbe Zuweisung definieren wir eine Matrix $(\eta^{\alpha\beta})$:

$$\left(\eta^{\alpha\beta}\right) = \left(\eta_{\alpha\beta}\right) = \begin{pmatrix} 1 & 0 & 0 & 0 \\ 0 & -1 & 0 & 0 \\ 0 & 0 & -1 & 0 \\ 0 & 0 & 0 & -1 \end{pmatrix} \tag{37.10}$$

Die Matrizen $\left(\eta^{\alpha\beta}\right)$ und $\left(\eta_{\alpha\beta}\right)$ sind zueinander invers:

$$\eta^{\alpha\beta}\, \eta_{\beta\gamma} = \delta^{\alpha}_{\gamma} = \begin{cases} 1 & (\alpha = \gamma) \\ 0 & (\alpha \neq \gamma) \end{cases} \tag{37.11}$$

Das vierdimensionale Wegelement kann nun in folgenden Formen geschrieben werden:

$$ds^2 = \eta_{\alpha\beta}\, dx^{\alpha} dx^{\beta} = dx^{\alpha} dx_{\alpha} = \eta^{\alpha\beta}\, dx_{\alpha}\, dx_{\beta} \tag{37.12}$$

Nach den aufgeführten Rechenregeln ist $dx^{\alpha} dx^{\beta}$ ein Tensor 2. Stufe, der durch Kontraktion zum Skalar ds^2 gemacht wird. Die Form $V^{\alpha}\, W_{\alpha}$ ist das Skalarprodukt zweier Lorentzvektoren. Im nächsten Abschnitt wird formal gezeigt, dass $\eta_{\alpha\beta}$ als

Lorentztensor aufgefasst werden kann. Daher ist ds^2 auch der Skalar, der durch zweifache Kontraktion des Tensors $\eta^{\alpha\beta}\, dx^\gamma\, dx^\delta$ entsteht.

Wir berechnen die Transformationseigenschaften der kovarianten Tensoren. Durch Multiplikation mit $\eta^{\alpha\beta}$ können wir (37.7) nach den kontravarianten Komponenten auflösen:

$$V^\alpha = \eta^{\alpha\beta}\, V_\beta \tag{37.13}$$

Die Größen $\eta_{\alpha\beta}$ sind durch Zahlenzuweisung (37.10) festgelegt und hängen damit nicht vom IS ab. Daher transformiert sich ein kovarianter Vektor gemäß

$$V'_\alpha = \eta_{\alpha\beta}\, V'^\beta = \eta_{\alpha\beta}\, \Lambda^\beta_{\ \gamma}\, V^\gamma = \eta_{\alpha\beta}\, \Lambda^\beta_{\ \gamma}\, \eta^{\gamma\delta}\, V_\delta = \overline{\Lambda}_\alpha^{\ \delta}\, V_\delta \tag{37.14}$$

Im letzten Schritt haben wir die Größen $\overline{\Lambda}_\alpha^{\ \delta}$ eingeführt:

$$\overline{\Lambda}_\alpha^{\ \delta} = \eta_{\alpha\beta}\, \Lambda^\beta_{\ \gamma}\, \eta^{\gamma\delta} \tag{37.15}$$

Wir multiplizieren dies mit $\Lambda^\alpha_{\ \epsilon}$:

$$\overline{\Lambda}_\alpha^{\ \delta}\, \Lambda^\alpha_{\ \epsilon} = \eta_{\alpha\beta}\, \Lambda^\beta_{\ \gamma}\, \eta^{\gamma\delta}\, \Lambda^\alpha_{\ \epsilon} = \eta^{\gamma\delta}\, \eta_{\gamma\epsilon} = \delta^\delta_\epsilon \tag{37.16}$$

Im vorletzten Schritt wurde (34.19) verwendet. Analog hierzu gilt

$$\Lambda^\epsilon_{\ \delta}\, \overline{\Lambda}_\alpha^{\ \delta} = \Lambda^\epsilon_{\ \delta}\, \eta_{\alpha\beta}\, \Lambda^\beta_{\ \gamma}\, \eta^{\gamma\delta} = \eta^{\epsilon\beta}\, \eta_{\alpha\beta} = \delta^\epsilon_\alpha \tag{37.17}$$

Im vorletzten Schritt wurde $\Lambda^\epsilon_{\ \delta}\, \Lambda^\beta_{\ \gamma}\, \eta^{\gamma\delta} = \eta^{\epsilon\beta}$ verwendet. Dies folgt aus (34.19), $\Lambda^{\rm T} \eta\, \Lambda = \eta$, wenn man hierin die kontravarianten Komponenten von $\eta = (\eta^{\alpha\beta})$ verwendet.

Aus (37.16) folgen die Rücktransformationen

$$V^\gamma = \delta^\gamma_\beta\, V^\beta = \overline{\Lambda}_\alpha^{\ \gamma}\, \Lambda^\alpha_{\ \beta}\, V^\beta = \overline{\Lambda}_\alpha^{\ \gamma}\, V'^\alpha \tag{37.18}$$

$$V_\gamma = \delta^\beta_\gamma\, V_\beta = \overline{\Lambda}_\alpha^{\ \beta}\, \Lambda^\alpha_{\ \gamma}\, V_\beta = \Lambda^\alpha_{\ \gamma}\, V'_\alpha \tag{37.19}$$

Wir fassen zusammen: Kontravariante Vektoren werden mit $\Lambda^\alpha_{\ \beta}$, kovariante mit $\overline{\Lambda}_\beta^{\ \alpha}$ transformiert. Die jeweils andere Größe vermittelt die Rücktransformation.

Wir gehen noch kurz auf die Matrixschreibweise ein. Für die Matrix $\Lambda = (\Lambda^\beta_{\ \gamma})$ haben wir mit (34.16) vereinbart, dass der obere Index die Zeile angibt, und der untere die Spalte. Wenn wir die rechte Seite von (37.15) als $(\eta\, \Lambda\, \eta)^\delta_\alpha$ schreiben, dann ist α der Zeilenindex der Matrix $\eta\Lambda\eta$, und δ der Spaltenindex. Für $\overline{\Lambda}_\alpha^{\ \delta}$ auf der linken Seite muss dies aber genau anders herum sein. Daher wird (37.15) in Matrixschreibweise zu

$$\overline{\Lambda} = \big(\eta\, \Lambda\, \eta\big)^{\rm T} \tag{37.20}$$

Da nun sowohl in $\Lambda^\delta_{\ \alpha}$ wie in $\overline{\Lambda}_\beta^{\ \alpha}$ der obere Index der Zeilen- und der untere der Spaltenindex ist, entsprechen (37.16) und (37.17) den Matrixgleichungen $\overline{\Lambda}\Lambda = 1$ und $\Lambda\overline{\Lambda} = 1$. Hieraus folgt

$$\Lambda^{-1} = \overline{\Lambda} = \big(\eta\, \Lambda\, \eta\big)^{\rm T} \tag{37.21}$$

Wir diskutieren dieses Ergebnis noch anhand der Spezialfälle einer bloßen Drehung (36.4) und einer bloßen Geschwindigkeitstransformation (36.11). Die jeweiligen Umkehrtransformationen

$$\Lambda^{-1}(\alpha) = \Lambda(\alpha^{\mathrm{T}}) \tag{37.22}$$

$$\Lambda^{-1}(\boldsymbol{v}) = \Lambda(-\boldsymbol{v}) \tag{37.23}$$

können direkt aus (36.4) und (36.11) abgelesen werden (α bezeichnet hier die orthogonale 3×3-Matrix der Drehung). Auf der rechten Seite von (37.20) bedeutet die Multiplikation mit den η's, dass die 00- und ij-Komponenten unverändert bleiben, und dass die $0i$-Komponenten ihr Vorzeichen ändern (also $\boldsymbol{v} \to -\boldsymbol{v}$). Die Transponation vertauscht dann noch die ij-Komponenten; wegen $\alpha^{-1} = \alpha^{\mathrm{T}}$ kehrt dies gerade eine Drehung um.

Minkowski- und Levi-Civita-Tensor

Durch (37.10) sind $(\eta_{\alpha\beta})$ und $(\eta^{\alpha\beta})$ als konstante Matrizen definiert. Tatsächlich können wir diese indizierten Größen auch als Tensoren auffassen und mittransformieren, denn

$$\eta'_{\alpha\beta} \overset{(37.6)}{=} \overline{\Lambda}{}^{\gamma}_{\alpha}\, \overline{\Lambda}{}^{\delta}_{\beta}\, \eta_{\gamma\delta} \overset{(34.19)}{=} \overline{\Lambda}{}^{\gamma}_{\alpha}\, \overline{\Lambda}{}^{\delta}_{\beta}\, \Lambda^{\mu}_{\gamma}\, \Lambda^{\nu}_{\delta}\, \eta_{\mu\nu} = \eta_{\alpha\beta} \tag{37.24}$$

Im letzten Schritt wurden (37.16) und (37.17) verwendet. Der Tensor η wird *Minkowskitensor* genannt. Wegen

$$\eta^{\alpha}{}_{\beta} \overset{(37.9)}{=} \eta^{\alpha\gamma}\, \eta_{\gamma\beta} = \delta^{\alpha}_{\beta} \tag{37.25}$$

ist auch das Kroneckersymbol δ^{α}_{β} ein 4-Tensor. Da η symmetrisch ist, können die Indizes übereinander geschrieben werden, $\eta^{\alpha}{}_{\beta} = \eta_{\beta}{}^{\alpha} = \eta^{\alpha}_{\beta}$.

Eine weitere konstante Größe, die als Tensor im Minkowskiraum aufgefasst werden kann, ist der total antisymmetrische Tensor:

$$\epsilon^{\alpha\beta\gamma\delta} = \begin{cases} +1 & \text{falls } (\alpha, \beta, \gamma, \delta) \text{ gerade Permutation von } (0, 1, 2, 3) \\ -1 & \text{falls } (\alpha, \beta, \gamma, \delta) \text{ ungerade Permutation von } (0, 1, 2, 3) \\ 0 & \text{sonst} \end{cases} \tag{37.26}$$

Für $\det \Lambda = 1$ zeigt man leicht (Aufgabe 37.1), dass dieses *Levi-Civita-Symbol* zugleich ein Tensor im oben definierten Sinn ist, das heißt

$$\epsilon'^{\alpha\beta\gamma\delta} = \Lambda^{\alpha}_{\alpha'}\, \Lambda^{\beta}_{\beta'}\, \Lambda^{\gamma}_{\gamma'}\, \Lambda^{\delta}_{\delta'}\, \epsilon^{\alpha'\beta'\gamma'\delta'} = \epsilon^{\alpha\beta\gamma\delta} \tag{37.27}$$

Die kovarianten Komponenten werden durch

$$\epsilon_{\alpha\beta\gamma\delta} = \eta_{\alpha\alpha'}\, \eta_{\beta\beta'}\, \eta_{\gamma\gamma'}\, \eta_{\delta\delta'}\, \epsilon^{\alpha'\beta'\gamma'\delta'} = -\,\epsilon^{\alpha\beta\gamma\delta} \tag{37.28}$$

definiert.

Tensorfelder

Der Vollständigkeit halber geben wir noch die Definition von Lorentztensorfeldern an; in der Mechanik benötigen wir sie nicht. Die Funktionen $S(x)$, $V^{\alpha}(x)$ und $T^{\alpha\beta}(x)$ sind jeweils ein Skalar-, Vektor- oder Tensorfeld, falls

$$S'(x') = S(x) \tag{37.29}$$

oder

$$V'^{\alpha}(x') = \Lambda^{\alpha}_{\ \beta}\, V^{\beta}(x) \tag{37.30}$$

oder

$$T'^{\alpha\beta}(x') = \Lambda^{\alpha}_{\ \gamma}\, \Lambda^{\beta}_{\ \delta}\, T^{\gamma\delta}(x) \tag{37.31}$$

Hierbei sind die Argumente mitzutransformieren, also $x' = (x'^{\alpha}) = (\Lambda^{\alpha}_{\ \beta}\, x^{\beta})$.

Tensorfelder können nach den Argumenten abgeleitet werden. Wir zeigen, dass sich die partielle Ableitung $\partial/\partial x^{\alpha}$ wie ein kovarianter Vektor transformiert. Es gilt

$$\frac{\partial}{\partial x'^{\alpha}} = \frac{\partial x^{\beta}}{\partial x'^{\alpha}}\, \frac{\partial}{\partial x^{\beta}} \tag{37.32}$$

Da dx^{β} ein Lorentzvektor ist, gilt (37.18), also $dx^{\beta} = \overline{\Lambda}_{\alpha}^{\ \beta}\, dx'^{\alpha}$. Hieraus folgt

$$\frac{\partial x^{\beta}}{\partial x'^{\alpha}} = \overline{\Lambda}_{\alpha}^{\ \beta} \tag{37.33}$$

Damit ergibt sich

$$\frac{\partial}{\partial x'^{\alpha}} = \overline{\Lambda}_{\alpha}^{\ \beta}\, \frac{\partial}{\partial x^{\beta}} \tag{37.34}$$

Also transformiert sich

$$\partial_{\alpha} \equiv \frac{\partial}{\partial x^{\alpha}} \tag{37.35}$$

gemäß (37.14) und ist damit ein kovarianter Vektor. Entsprechend ist

$$\partial^{\alpha} \equiv \frac{\partial}{\partial x_{\alpha}} \tag{37.36}$$

ein kontravarianter Vektor. Aus der Vektoreigenschaft von ∂^{α} und ∂_{α} folgt, dass der *d'Alembert-Operator*

$$\Box \equiv \partial^{\alpha}\partial_{\alpha} = \eta^{\alpha\beta}\,\partial_{\alpha}\partial_{\beta} = \frac{1}{c^2}\,\frac{\partial^2}{\partial t^2} - \Delta \tag{37.37}$$

kovariant unter Lorentztransformationen ist.

Aufgaben

37.1 Levi-Civita-Tensor im Minkowskiraum

Zeigen Sie, dass der Levi-Civita-Tensor ein Pseudotensor 4-ter Stufe ist, also dass

$$\epsilon'^{\alpha\beta\gamma\delta} = (\det\Lambda)\, \Lambda^{\alpha}_{\ \alpha'}\, \Lambda^{\beta}_{\ \beta'}\, \Lambda^{\gamma}_{\ \gamma'}\, \Lambda^{\delta}_{\ \delta'}\, \epsilon^{\alpha'\beta'\gamma'\delta'} \tag{37.38}$$

gleich $\epsilon^{\alpha\beta\gamma\delta}$ ist.

38 Bewegungsgleichung

Wir stellen die relativistische Verallgemeinerung des 2. Newtonschen Axioms auf. Hieraus folgt die relativistische Form der Energie eines freien Teilchens. Die Äquivalenz von Masse und Energie wird begründet.

Das 2. Newtonsche Axiom lautet

$$m\,\frac{d\boldsymbol{v}}{dt} = \boldsymbol{F}_{\mathrm{N}} \qquad \text{(nichtrelativistisch)} \tag{38.1}$$

Für die Kraft haben wir das Symbol $\boldsymbol{F}_{\mathrm{N}}$ anstelle des bisherigen $\boldsymbol{F}$ verwendet. Das hat zwei Gründe: In Teil IX und im Anhang A soll $\boldsymbol{F}$ den räumlichen Anteil der relativistischen Kraft bezeichnen. Außerdem wird die Newtonsche Kraft $\boldsymbol{F}_{\mathrm{N}}$ noch in besonderer Weise spezifiziert.

Das Inertialsystem, in dem das Teilchen die Geschwindigkeit $\boldsymbol{v}(t)$ hat, bezeichnen wir mit IS. Wir betrachten nun das momentane Ruhsystem IS$'$, das sich relativ zu IS mit der konstanten Geschwindigkeit $\boldsymbol{v}(t_0)$ bewegt. In IS$'$ ruht das Teilchen momentan (zur Zeit $t = t_0$). Eine Bewegungsgleichung wie (38.1) bezieht sich auf einen Zeitpunkt und seine Umgebung. In diesem Bereich ($t_0 - dt \le t \le t_0 + dt$) sind die Geschwindigkeiten in IS$'$ beliebig klein. Newtons 2. Axiom ist gut bestätigt für Geschwindigkeiten $v \ll c$. Wir gehen daher davon aus, dass Newtons 2. Axiom in IS$'$ *exakt* gilt:

$$m\,\frac{d\boldsymbol{v}'}{dt'} = \boldsymbol{F}_{\mathrm{N}} \qquad \text{(relativistisch gültig in IS}'\text{)} \tag{38.2}$$

Die Striche beziehen sich auf die IS$'$-Koordinaten $(x'^{\alpha}) = (ct', x', y', z')$. Die Größen m und $\boldsymbol{F}_{\mathrm{N}}$ werden unten spezifiziert. Aus (38.2) können wir die relativistische Bewegungsgleichung in einem beliebigen IS ableiten.

Wie in Kapitel 2 erläutert, impliziert Newtons 2. Axiom die Definition der Masse m und der Kraft $\boldsymbol{F}_{\mathrm{N}}$ als Messgrößen. Wir übernehmen diese Definition, beziehen sie jetzt aber auf (38.2). Dies bedeutet:

$$m \;=\; \text{Masse in IS}' = \text{Ruhmasse} \tag{38.3}$$

$$\boldsymbol{F}_{\mathrm{N}} \;=\; \text{Kraft in IS}' \tag{38.4}$$

Wir definieren die Kraft und die Masse also weiterhin im Newtonschen Sinn, *beziehen diese Definition jetzt aber auf das momentane Ruhsystem.* In der Newtonschen Mechanik sind diese Größen unabhängig vom IS, also $m(\text{IS}) = m(\text{IS}')$ und

$\boldsymbol{F}_{\mathrm{N}}(\mathrm{IS}) = \boldsymbol{F}_{\mathrm{N}}(\mathrm{IS}')$; in diesem Zusammenhang schließen wir wie in (5.19) Reibungskräfte aus. In einer nichtrelativistischen Näherung kann man daher die Unterschiede zwischen der jeweiligen Größe in (38.2) und in (38.1) vernachlässigen. Im relativistischen Fall ist (38.1) aber ungültig; die richtige Gleichung ist (38.2) mit den in (38.3, 38.4) definierten Größen.

Newtons 2. Axiom bezieht sich auf einen Massenpunkt mit der unveränderlichen Eigenschaft „Masse m". Dementsprechend wenden wir die relativistische Gleichung auf Punktteilchen an, die eine konstante Ruhmasse m haben. Dies trifft insbesondere auf Elementarteilchen zu, häufig aber auch auf komplexe Teilchen, die idealisiert als Massenpunkte beschrieben werden.

Die Wechselwirkung des Teilchens mit seiner Umgebung hängt im Allgemeinen vom Ort und von der Zeit ab. Die Newtonsche Kraft ist dann ein Kraftfeld $\boldsymbol{F}_{\mathrm{N}}(\boldsymbol{r}, t)$.

Aus einer gültigen Gleichung in IS$'$ ergibt sich die entsprechende Gleichung in IS durch eine Lorentztransformation; dies folgt aus Einsteins Relativitätsprinzip. Wir können also von (38.2) durch eine Lorentztransformation zu der relativistischen Bewegungsgleichung in einem beliebigen IS kommen. Tatsächlich gehen wir etwas anders vor: Wir stellen eine 4-Vektorgleichung auf, die sich in IS$'$ auf (38.2) reduziert. Diese Gleichung ist dann in IS$'$ gültig; eine Lorentztransformation in ein anderes IS erübrigt sich aber aufgrund ihrer 4-Vektoreigenschaft.

Die Bahnkurve des Massenpunkts in IS kann in folgenden Formen dargestellt werden:

$$x^i = x^i(t) \quad \text{oder} \quad x^\alpha = x^\alpha(\tau) \qquad \text{(Bahnkurve)} \tag{38.5}$$

Dabei ist τ die Zeit, die eine mit dem Massenpunkt verbundene Uhr anzeigt. Nach (35.13) kann τ durch die IS-Zeit t ausgedrückt werden:

$$d\tau = dt\,\sqrt{1 - \frac{\boldsymbol{v}(t)^2}{c^2}} = \frac{dt}{\gamma} \tag{38.6}$$

Die Bahnkurve $x^i(t)$ legt $v^i = dx^i/dt$ und damit $t = t(\tau)$ fest; dadurch sind auch $x^0 = c\,t(\tau)$ und $x^i = x^i(\tau)$ gegeben. In den vier Funktionen $x^\alpha(\tau)$ ist also die gleiche Information enthalten wie in den drei Funktionen $x^i(t)$.

Die naheliegende Verallgemeinerung der Geschwindigkeit $v^i = dx^i/dt$ ist die 4-Geschwindigkeit u^α,

$$u^\alpha = \frac{dx^\alpha}{d\tau} \qquad \text{(4-Geschwindigkeit)} \tag{38.7}$$

Nach (34.17) ist dx^α ein 4-Vektor und $d\tau$ ist nach (35.15) ein 4-Skalar; also ist u^α ein 4-Vektor. Die 4-Geschwindigkeit u^α kann durch die 3-Geschwindigkeit v^i ausgedrückt werden:

$$\left(u^\alpha\right) = \gamma\left(\frac{dx^0}{dt}, \frac{dx^1}{dt}, \frac{dx^2}{dt}, \frac{dx^3}{dt}\right) = \frac{(c, v^1, v^2, v^3)}{\sqrt{1 - v^2/c^2}} = \gamma\left(c, \boldsymbol{v}\right) \tag{38.8}$$

Im letzten Schritt haben wir in einer üblichen Notation die räumlichen Komponenten zu einem Vektor zusammengefasst.

Die naheliegende relativistische Verallgemeinerung der linken Seite von (38.2) ist $m\, du^\alpha/d\tau$. Die in (38.3) spezifizierte Ruhmasse m ist ein 4-Skalar. Daher ist $m\, du^\alpha/d\tau$ ein 4-Vektor. Die zugehörige Kraft muss dann ebenfalls ein 4-Vektor sein, der mit F^α bezeichnet wird. Dies ergibt

$$\boxed{m\, \frac{du^\alpha}{d\tau} = F^\alpha \qquad \text{Bewegungsgleichung}} \tag{38.9}$$

Äquivalente Formulierungen hierzu sind

$$\frac{dp^\alpha}{d\tau} = F^\alpha \quad \text{oder} \quad m\, \frac{d^2x^\alpha}{d\tau^2} = F^\alpha \tag{38.10}$$

Dabei haben wir mit dem 4-Impuls

$$(p^\alpha) = (m u^\alpha) = \left(\frac{mc}{\sqrt{1 - v^2/c^2}}\,, \frac{m\,\boldsymbol{v}}{\sqrt{1 - v^2/c^2}} \right) \qquad \text{(4-Impuls)} \tag{38.11}$$

einen weiteren 4-Vektor eingeführt.

In (38.9) sind m, u^α und τ bereits definiert, während F^α ein noch nicht spezifizierter 4-Vektor ist. Wir bestimmen F^α aus der Bedingung, dass (38.9) in IS′ zu (38.2) wird. Dazu drücken wir $du^\alpha/d\tau$ durch $\boldsymbol{v}$ und $d\boldsymbol{v}/dt$ aus,

$$\left(\frac{du^\alpha}{d\tau}\right) = \gamma \left(\frac{d(\gamma c)}{dt}\,, \frac{d(\gamma\, \boldsymbol{v})}{dt} \right) = \frac{\gamma^4}{c^2}\, \boldsymbol{v} \cdot \frac{d\boldsymbol{v}}{dt}\, (c,\, \boldsymbol{v}) + \gamma^2 \left(0,\, \frac{d\boldsymbol{v}}{dt}\right) \tag{38.12}$$

Im momentanen Ruhsystem IS′ wird dies zu

$$\left(\frac{du'^\alpha}{d\tau}\right) = \left(0,\, \frac{d\boldsymbol{v}'}{dt'}\right) \tag{38.13}$$

Bei der Ableitung ist zu beachten, dass in IS′ zwar $\boldsymbol{v}' = 0$ gilt, nicht aber $d\boldsymbol{v}'/dt' = 0$; deshalb kann man bei der Berechnung von $du'^\alpha/d\tau$ nicht von $(u'^\alpha) = (c, 0)$ ausgehen. Mit (38.13) schreiben wir (38.9) in IS′ an,

$$(F'^\alpha) = m \left(\frac{du'^\alpha}{d\tau}\right) = m \left(0,\, \frac{d\boldsymbol{v}'}{dt'}\right) \overset{(38.2)}{=} (0,\, \boldsymbol{F}_\text{N}) \tag{38.14}$$

Dadurch ist F'^α in IS′ festgelegt. Das IS, in dem sich das Teilchen mit $\boldsymbol{v}$ bewegt, ist von IS′ aus durch eine Lorentztransformation mit $-\boldsymbol{v}$ zu erreichen. Daher gilt

$$F^\alpha = \Lambda^\alpha_{\ \beta}(-\boldsymbol{v})\, F'^\beta\,, \qquad \begin{pmatrix} F^0 \\ F^1 \\ F^2 \\ F^3 \end{pmatrix} = \Lambda(-\boldsymbol{v}) \begin{pmatrix} 0 \\ F_\text{N}^1 \\ F_\text{N}^2 \\ F_\text{N}^3 \end{pmatrix} \qquad \text{(Minkowskikraft)} \tag{38.15}$$

Hierdurch ist F^α als 4-Vektor definiert. Die Größe F^α wird *Minkowskikraft* genannt. Die Kraft $F_{\rm N}^i$ ist die Newtonsche Kraft im momentanen Ruhsystem.

Auf dem Weg zu (38.9) haben wir Größen mit dem Hinweis eingeführt, dass dies die jeweils „naheliegende relativistische Verallgemeinerung" sei. Die Gültigkeit von (38.9) folgt unabhängig von diesem Plausibilitätsargument aus:

1. Gleichung (38.9) ist eine 4-Vektorgleichung.
2. Gleichung (38.9) ist in IS′ gültig.

Wir haben gezeigt, dass die Bewegungsgleichung in IS′ mit (38.2) übereinstimmt, also gültig ist. Dann ergibt sich die richtige relativistische Gleichung in IS aus einer Lorentztransformation. Diese LT muss aber nicht mehr durchgeführt werden, da (38.9) ihre Form unter LT nicht ändert.

Die physikalische Grundlage von Punkt 1 ist Einsteins Relativitätsprinzip und von Punkt 2 die Gültigkeit des 2. Axioms in IS′. Die hieraus gewonnene relativistische Bewegungsgleichung führt zu Vorhersagen, die signifikant von denen aus (38.1) abweichen und experimentell überprüft werden können.

Wir werten noch den Zusammenhang zwischen der Newtonschen Kraft $\boldsymbol{F}_{\rm N}$ und der Minkowskikraft F^α aus. Für die spezielle LT mit $\boldsymbol{v} = v\,\boldsymbol{e}_1$ erhalten wir aus (38.15)

$$\big(F^\alpha\big) = \big(F^0,\, F^1,\, F^2,\, F^3\big) = \left(\gamma\, \frac{v}{c}\, F_{\rm N}^1,\ \gamma\, F_{\rm N}^1,\ F_{\rm N}^2,\ F_{\rm N}^3\right) \tag{38.16}$$

Wir teilen die Newtonsche Kraft $\boldsymbol{F}_{\rm N} = \boldsymbol{F}_{{\rm N}\parallel} + \boldsymbol{F}_{{\rm N}\perp}$ in den zur Geschwindigkeit $\boldsymbol{v}$ parallelen und senkrechten Anteil auf. Aus (38.16) lesen wir dann ab:

$$\big(F^\alpha\big) = \big(F^0,\, \boldsymbol{F}\big) = \left(\gamma\, \frac{v\, F_{{\rm N}\parallel}}{c},\ \gamma\, \boldsymbol{F}_{{\rm N}\parallel} + \boldsymbol{F}_{{\rm N}\perp}\right) \tag{38.17}$$

Dies ist der Zusammenhang zwischen der in (38.4) spezifizierten Newtonschen Kraft und der Minkowskikraft.

Gelegentlich findet man im Widerspruch zu (38.16) die Angabe $F^i = \gamma\, F_{\rm N}^i$. Die Frage des „richtigen" Zusammenhangs kann nicht innerhalb der Newtonschen Theorie entschieden werden, da hierfür die Kräfte $(\gamma\, F_{\rm N}^1,\, F_{\rm N}^2,\, F_{\rm N}^3)$ und $\gamma\,(F_{\rm N}^1,\, F_{\rm N}^2,\, F_{\rm N}^3)$ gleichwertig sind. Aus der (unstrittigen) Form (38.9) folgt jedoch $m\,(0,\, dv'^{\,i}/dt') = (0,\, F'^{\,i})$ im momentanen Ruhsystem IS′. In einer relativistischen Theorie wird man daher dieses $F'^{\,i}$ als „Newtonsche Kraft" bezeichnen [9]. Hieraus folgt dann (38.17).

Anhang A geht ausführlicher auf die unterschiedlichen Angaben zur Relation zwischen der Newtonschen Kraft und der Minkowskikraft ein, die man in der Literatur findet. Die praktische und logische Relevanz dieser Aussagen werden dort eingehend diskutiert.

Als einfaches Beispiel für die relativistische Bewegungsgleichung betrachten wir ein Raumschiff, das so beschleunigt wird, dass der Astronaut (Masse m) mit seinem gewohnten Erdgewicht $m g$ gegen den Raumschiffboden gedrückt wird. Im jeweiligen Ruhsystem IS′ erfährt der Astronaut die Beschleunigung g; die Newtonsche Kraft ist also $F_{\rm N} = m\,g$. Die Bewegung erfolge in 1-Richtung. Wir setzen $d\tau = dt/\gamma$ und $F^1 = \gamma\, F_{\rm N}$ aus (38.16) in (38.9) ein und erhalten:

$$\frac{d}{dt}\,\frac{m\,v(t)}{\sqrt{1-v(t)^2/c^2}} = m\,g \tag{38.18}$$

Die Masse m kann gekürzt werden. Diese Bewegungsgleichung wird in Kapitel 39 gelöst. Für das Raumschiff selbst müsste man eine zeitabhängige Masse und eine entsprechende zeitabhängige Kraft ansetzen; denn durch den Brennstoffverbrauch vermindert sich die Masse des Raumschiffs.

Lorentzkraft

Um die Minkowskikraft F^α konkret aufzustellen, benötigt man eine relativistische Theorie der betrachteten Wechselwirkung. Aus dem Zusammenhang (38.17) kann F^α im Allgemeinen nicht bestimmt werden, weil die in (38.4) definierte Kraft $\boldsymbol{F}_{\rm N}$ nicht oder nicht hinreichend genau bekannt ist.

Es gibt Kräfte, für die eine relativistische Verallgemeinerung nicht möglich ist. Dazu gehören insbesondere die Zwangskräfte, die die Abstände $|\boldsymbol{r}_{\mu\nu}|$ innerhalb eines starren Körpers konstant halten. Wie wir im letzten Abschnitt von Kapitel 35 (Haus-Stab-Experiment) diskutiert haben, steht das Konzept des starren Körpers im Widerspruch zur Speziellen Relativitätstheorie.

Als Beispiel für eine relativistische Theorie beziehen wir uns auf die Elektrodynamik. In diesem Fall können wir den Zusammenhang (38.17) auswerten und die exakte relativistische Gleichung angeben. Dazu müssen wir allerdings die Lorentztransformation der elektromagnetischen Felder als bekannt voraussetzen; an dieser Stelle gehen wir über den Rahmen der relativistischen Mechanik hinaus.

Wir betrachten ein Teilchen mit der Ladung q in einem elektromagnetischen Feld. Das elektrische Feld sei $\boldsymbol{E}$ und das magnetische $\boldsymbol{B}$; wir verwenden das Gaußsche Maßsystem, in dem $\boldsymbol{E}$ und $\boldsymbol{B}$ dieselbe Dimension haben. Im momentanen Ruhsystem IS′ wirkt die Newtonsche Kraft

$$\boldsymbol{F}_{\rm N} = q\,\boldsymbol{E}' \tag{38.19}$$

auf das Teilchen; dabei ist $\boldsymbol{E}'$ die elektrische Feldstärke in IS′. In der Elektrodynamik (Kapitel 22 in [2]) leitet man den Zusammenhang zwischen $\boldsymbol{E}'$ und den Feldern $\boldsymbol{E}$ und $\boldsymbol{B}$ in IS ab:

$$\boldsymbol{E}'_\parallel = \boldsymbol{E}_\parallel\,, \qquad \boldsymbol{E}'_\perp = \gamma\left(\boldsymbol{E}_\perp + \frac{\boldsymbol{v}}{c}\times\boldsymbol{B}\right) \tag{38.20}$$

Der Index $\parallel$ bezeichnet den Anteil des Felds, der parallel zu $\boldsymbol{v}$ ist, der Index $\perp$ den dazu senkrechten. Die Ladung q ist ein Lorentzskalar; sie ändert sich also nicht beim Übergang von IS′ zu IS. Wir setzen $\boldsymbol{F}_{\rm N} = q\left(\boldsymbol{E}'_\parallel + \boldsymbol{E}'_\perp\right)$ auf der rechten Seite von (38.17) ein. Unter Verwendung von (38.20) erhalten wir dann

$$\left(F^{\alpha}\right)=\gamma\left(q\,\frac{\boldsymbol{v}\cdot\boldsymbol{E}}{c}\,,\;q\left(\boldsymbol{E}+\frac{\boldsymbol{v}}{c}\times\boldsymbol{B}\right)\right) \tag{38.21}$$

Wir setzen dies und $d\tau=dt/\gamma$ in (38.9) ein und erhalten:

$$\frac{d}{dt}\,\frac{m\,c^2}{\sqrt{1-v(t)^2/c^2}} = q\,\boldsymbol{v}\cdot\boldsymbol{E} \tag{38.22}$$

$$\frac{d}{dt}\,\frac{m\,\boldsymbol{v}(t)}{\sqrt{1-v(t)^2/c^2}} = q\,\left(\boldsymbol{E}(\boldsymbol{r},t)+\frac{\boldsymbol{v}}{c}\times\boldsymbol{B}(\boldsymbol{r},t)\right) \tag{38.23}$$

Dies sind die gültigen relativistischen Gleichungen für ein geladenes Teilchen in einem elektromagnetischen Feld. Die Felder sind am Ort $\boldsymbol{r}=\boldsymbol{r}(t)$ des Teilchens zu nehmen. Auf der rechten Seite steht die *Lorentzkraft* $\boldsymbol{F}_{\mathrm{L}}=q\,(\boldsymbol{E}+\boldsymbol{v}\times\boldsymbol{B}/c)$.

Wenn wir für $v\ll c$ Terme der Ordnung v^2/c^2 vernachlässigen, wird (38.23) zu

$$m\,\frac{d\,\boldsymbol{v}(t)}{dt}=q\,\left(\boldsymbol{E}(\boldsymbol{r},t)+\frac{\boldsymbol{v}}{c}\times\boldsymbol{B}(\boldsymbol{r},t)\right)\qquad(v\ll c) \tag{38.24}$$

Die Lorentzkraft kann also auch in der Newtonschen Mechanik verwendet werden; die zugehörige nichtrelativistische Lagrangefunktion wurde in (9.46) angegeben. Anstelle der Lorentzkraft $\boldsymbol{F}_{\mathrm{L}}$ könnte man hier auch die Newtonsche Kraft $\boldsymbol{F}_{\mathrm{N}}=q\,\boldsymbol{E}'$ verwenden; denn bis auf Terme der Ordnung v^2/c^2 sind beide Kräfte gleich. Normalerweise wird man die Lorentzkraft vorziehen, weil in ihr die Felder in dem Inertialsystem vorkommen, in dem man rechnet.

Gelegentlich wird die *relativistische Masse*[1]

$$m_{\mathrm{rel}}(v)=\frac{m}{\sqrt{1-v^2/c^2}} \tag{38.25}$$

eingeführt. Diese Größe beschreibt eine mit der Geschwindigkeit zunehmende Trägheit: Wenn zum Beispiel wie in (38.18) eine konstante Kraft auf ein Teilchen wirkt, dann verhält sich die nichtrelativistische Beschleunigung $d\boldsymbol{v}/dt$ so, als ob das Teilchen immer träger wird; mit $v\to c$ geht $d\boldsymbol{v}/dt\to 0$. Im Rahmen der relativistischen Behandlung ist aber zu beachten, dass m ein 4-Skalar ist, während sich $m_{\mathrm{rel}}(v)$ wie die 0-Komponente eines 4-Vektors transformiert.

Gelegentlich wird behauptet, dass man die relativistische Bewegungsgleichung erhält, wenn man in Newtons 2. Axiom $d(m\,\boldsymbol{v})/dt=\boldsymbol{F}_{\mathrm{N}}$ (Masse unter der Zeitableitung) die Ersetzung $m\to m_{\mathrm{rel}}(v)$ vornimmt. Dies ist nur bedingt richtig: Durch diese Ersetzung erhält man $d\,(m\gamma\,\boldsymbol{v})/dt=\boldsymbol{F}_{\mathrm{N}}$. Dies ist in der Ordnung v^2/c^2 inkorrekt, denn aus (38.9) mit (38.17) folgt $d\,(m\gamma\,\boldsymbol{v})/dt=\boldsymbol{F}_{\mathrm{N}\|}+\boldsymbol{F}_{\mathrm{N}\perp}/\gamma\neq\boldsymbol{F}_{\mathrm{N}}$. Sofern man $\boldsymbol{F}_{\mathrm{N}}$ präzise definiert (wie in (38.4)), genügt die Ersetzung $m\to m_{\mathrm{rel}}$ also nicht. Anhang A geht noch näher auf diesen Punkt ein.

---

[1] Für eine ausführliche Behandlung dieses Konzepts sei auf T. Fließbach, *Die relativistische Masse*, Springer Spektrum 2018, verwiesen.

Relativistische Energie

Zur Diskussion von (38.22) nehmen wir an, dass das Teilchen sich in einem elektrostatischen Feld $\boldsymbol{E} = -\operatorname{grad}\Phi(\boldsymbol{r})$ bewegt. Das Teilchen hat dann die potenzielle Energie $q\,\Phi(\boldsymbol{r})$ und die rechte Seite in (38.22) kann folgendermaßen geschrieben werden:

$$q\,\boldsymbol{v}\cdot\boldsymbol{E} = -q\,\frac{d\boldsymbol{r}}{dt}\cdot\operatorname{grad}\Phi = -q\,\frac{d\,\Phi(\boldsymbol{r}(t))}{dt} \tag{38.26}$$

Damit wird (38.22) zu

$$\frac{d}{dt}\left(\frac{m\,c^2}{\sqrt{1-v(t)^2/c^2}} + q\,\Phi(\boldsymbol{r}(t))\right) = 0 \tag{38.27}$$

Hieraus folgt $\gamma\,m\,c^2 + q\,\Phi = \text{const.}$ oder ausführlicher

$$\underbrace{m\,c^2}_{\text{Ruhenergie}} + \underbrace{m\,c^2\,(\gamma-1)}_{\text{Kinetische Energie}} + \underbrace{q\,\Phi(\boldsymbol{r})}_{\text{Potenzielle Energie}} = \text{const.} \tag{38.28}$$

Damit haben wir eine *Erhaltungsgröße* aus den Bewegungsgleichungen abgeleitet. Aus der bekannten Bedeutung von $q\,\Phi$ (potenzielle Energie) folgt, dass es sich um die *Energie* des Teilchens im Potenzial handelt. Die ersten beiden Terme in (38.28) werden zusammen auch als *relativistische Energie* oder *Energie* des freien Teilchens bezeichnet:

$$\boxed{E = \frac{m\,c^2}{\sqrt{1-v^2/c^2}} = \text{relativistische Energie}} \tag{38.29}$$

Im nichtrelativistischen Grenzfall erhalten wir hieraus

$$E = m\,c^2 + \frac{m\,v^2}{2} + \mathcal{O}\left(\frac{m v^4}{c^2}\right) \qquad (v \ll c) \tag{38.30}$$

Als *kinetische* Energie bezeichnet man die Energie, die nötig ist, um das ruhende Teilchen auf die Geschwindigkeit v zu bringen, also

$$E_{\text{kin}} = E(v) - E(0) = \frac{m\,c^2}{\sqrt{1-v^2/c^2}} - m\,c^2 \tag{38.31}$$

Im nichtrelativistischen Grenzfall wird dies zu $E_{\text{kin}} \approx m\,v^2/2$.

Äquivalenz von Masse und Energie

Die Bewegungsgleichungen (38.1), (38.2) und (38.9) beziehen sich auf einen Massenpunkt mit $m = \text{const.}$ Hierfür ist die *Ruhenergie*

$$E_0 = m\,c^2 \qquad \text{(Ruhenergie)} \tag{38.32}$$

nur eine unwesentliche Verschiebung des Energienullpunkts. Diese Aussage bleibt richtig, solange wir uns auf Prozesse beschränken, bei denen die Massenpunkte (Teilchen mit bestimmter Ruhmasse) erhalten bleiben. Die Beziehung (38.32) hat aber eine viel weitergehende Bedeutung, die wir im Folgenden erläutern.

Es ist die Energie E *inklusive der Ruhenergie*, die bei Prozessen in abgeschlossenen Systemen erhalten bleibt; dies folgt in einer allgemeineren Betrachtung aus der Zeittranslationsinvarianz. Für ein System aus N unabhängigen Teilchen bedeutet dies

$$E = \sum_{\nu=1}^{N} E_\nu = \sum_{\nu=1}^{N} E_{\text{kin},\nu} + \sum_{\nu=1}^{N} m_\nu c^2 = \text{const.} \tag{38.33}$$

Die kinetische Energie $\sum_\nu E_{\text{kin},\nu}$ und die Ruhenergie $\sum_\nu m_\nu c^2$ jeweils für sich sind dagegen im Allgemeinen nicht erhalten.

Als Beispiel betrachten wir N Neutronen (Masse m_n) und Z Protonen (Masse m_p), die zunächst (im Anfangszustand) ohne Wechselwirkung untereinander seien. In einem Prozess können sich diese Nukleonen einen Atomkern (Masse M_K) bilden; dies sei der Endzustand. Die Energieerhaltung gilt natürlich während des gesamten Prozesses, der hier nicht weiter spezifiziert wird. Wir betrachten die Energieerhaltung für den Anfangszustand und den Endzustand, da wir hierfür (38.33) verwenden können:

$$\big(N m_\text{n} + Z m_\text{p}\big)\, c^2 = M_\text{K} c^2 + \Delta E' \tag{38.34}$$

Die Größe $\Delta E'$ ist die kinetische Energie des Atomkerns im Endzustand abzüglich der kinetischen Energie der Nukleonen im Anfangszustand. Sofern bei dem Prozess Strahlung abgegeben wird, trägt ihre Energie auch zu $\Delta E'$ bei. Verkürzt (aber zugleich allgemeiner) formulieren wir das Ergebnis als

$$\boxed{\Delta E' = \Delta m\, c^2} \tag{38.35}$$

Diese Aussage wird als *Äquivalenz von Masse und Energie* bezeichnet. Jede Massenänderung impliziert eine zugehörige Änderung der Energieanteile, die nicht in Form von Ruhmasse vorliegt.

Fügen wir $N + Z$ Nukleonen zu einem Atomkern zusammen, so wird im Mittel eine Energie von etwa 8 MeV pro Nukleon frei. Die Gesamtmasse des Atomkerns ist dann nicht $N m_\text{n} + Z m_\text{p}$, sondern um den *Massendefekt* $\Delta m \approx 8\,(N+Z)\ \text{MeV}/c^2$ kleiner. Dieser Massendefekt wird als Energie $\Delta E'$ frei (etwa als kinetische Energie oder als Strahlung). Der Massendefekt pro Nukleon ist für mittelschwere Kerne (um Eisen herum) am größten; deshalb wird bei der Kernspaltung schwerer Kerne und bei der Kernfusion leichter Kerne Energie frei.

Die Aussage (38.35) wir häufig auch in der Form $E = mc^2$ angegeben. Physikalisch relevant ist die Äquivalenz von Masse und Energie aber gerade bei Umwandlungsprozessen; insofern ist eine Angabe mit $\Delta E'$ und Δm adäquat. Wir verwenden hier die Bezeichnung $\Delta E'$ und nicht ΔE, weil sich diese Energieänderung nicht direkt auf die Energie E aus (38.29) bezieht.

Maximale Teilchengeschwindigkeit

Aus

$$E = \frac{m\,c^2}{\sqrt{1 - v^2/c^2}} \xrightarrow{v \to c} \infty \tag{38.36}$$

folgt, dass die Geschwindigkeiten von Teilchen mit einer Masse $m \neq 0$ durch

$$v < c \qquad \text{(Teilchen mit } m \neq 0\text{)} \tag{38.37}$$

beschränkt sind. Dies impliziert auch die Unmöglichkeit eines konkreten IS (etwa eines Raketenlabors) mit $v \geq c$. Solche IS hatten wir bereits in (34.29) ausgeschlossen.

Für ein Teilchen mit endlicher Energie E folgt aus (38.29) $m \to 0$ für $v \to c$. Tatsächlich gibt es masselose Teilchen (Photonen, Neutrinos), die sich mit Lichtgeschwindigkeit bewegen. Aus den Grundannahmen der SRT folgt, dass diese Teilchen in jedem IS Lichtgeschwindigkeit haben, also

$$v = c \qquad \text{(Teilchen mit } m = 0\text{)} \tag{38.38}$$

Es gibt keine Teilchen (oder Vorgänge, die eine Wirkung übertragen), die sich mit Überlichtgeschwindigkeit bewegen.

Relativistischer Impuls

Die Bewegungsgleichung (38.23) kann in der Form

$$\frac{d\boldsymbol{p}}{dt} = q\left(\boldsymbol{E} + \frac{\boldsymbol{v}}{c} \times \boldsymbol{B}\right) \tag{38.39}$$

geschrieben werden, wobei wir den (relativistischen) *Impuls*

$$\boldsymbol{p} = \frac{m\,\boldsymbol{v}}{\sqrt{1 - v^2/c^2}} = \text{Impuls} \tag{38.40}$$

eingeführt haben. Im nichtrelativistischen Grenzfall wird $\boldsymbol{p}$ zum Newtonschen Impuls $\boldsymbol{p}_{\text{N}} = m\,\boldsymbol{v}$,

$$\boldsymbol{p} = m\,\boldsymbol{v} + \mathcal{O}\left(\frac{v^2}{c^2}\right) \approx \boldsymbol{p}_{\text{N}} \qquad (v \ll c) \tag{38.41}$$

Dies legt die Bezeichnung *Impuls* für $\boldsymbol{p}$ nahe. Der tiefere Grund für diese Bezeichnung ist (ähnlich wie bei der Energie), dass in Prozessen im abgeschlossenen System der Gesamtimpuls $\sum \boldsymbol{p}_\nu$ erhalten ist. Formal folgt diese Erhaltungsgröße aus der räumlichen Translationsinvarianz.

Die Komponenten des 4-Impulses (38.11) bestehen aus der (relativistischen) Energie E und dem (relativistischen) Impuls $\boldsymbol{p}$,

$$(p^\alpha) = \left(\frac{m\,c}{\sqrt{1 - v^2/c^2}}\,,\ \frac{m\,\boldsymbol{v}}{\sqrt{1 - v^2/c^2}}\right) = \left(\frac{E}{c}\,,\ \boldsymbol{p}\right) \tag{38.42}$$

Energie-Impuls-Beziehung

Aus (38.42) folgt

$$E^2 = m^2c^4 + c^2\boldsymbol{p}^2 \tag{38.43}$$

Diese Beziehung kann auch aus dem Wegelement ds^2 und der Beziehung (35.15) für die Eigenzeit abgeleitet werden:

$$ds^2 = c^2 d\tau^2 = \eta_{\alpha\beta}\, dx^\alpha dx^\beta \quad \longrightarrow \quad c^2 = \eta_{\alpha\beta}\, u^\alpha u^\beta \tag{38.44}$$

Hieraus folgt

$$\eta_{\alpha\beta}\, p^\alpha p^\beta = m^2c^2 \tag{38.45}$$

Wegen $(p^\alpha) = (E/c,\, \boldsymbol{p})$ ist dies äquivalent zu (38.43).

Wir betrachten die Energie-Impuls-Beziehung im nichtrelativistischen und im relativistischen Grenzfall:

$$E = \sqrt{m^2c^4 + c^2\boldsymbol{p}^2} \approx \begin{cases} mc^2 + \boldsymbol{p}^2/2m & \big(|\boldsymbol{p}| \ll mc\big) \\ c\,|\boldsymbol{p}| & \big(|\boldsymbol{p}| \gg mc\big) \end{cases} \tag{38.46}$$

Die Beziehung (38.43) gilt auch für Teilchen mit verschwindender Ruhmasse, wie Photonen oder Neutrinos,

$$E = c\,|\boldsymbol{p}| \qquad (m = 0) \tag{38.47}$$

Allerdings kann die hier gegebene Ableitung nicht direkt auf masselose Teilchen übertragen werden (wegen $d\tau = 0$ für $m = 0$).

Aufgaben

38.1 Konstanz von $u^\alpha u_\alpha$

Die Anfangsbedingung für $u^\alpha(0)$ erfüllt die Bedingung $u^\alpha u_\alpha = c^2$. Zeigen Sie, dass dann die Lösung $u^\alpha(\tau)$ der Bewegungsgleichung $m\, du^\alpha/d\tau = F^\alpha$ diese Bedingung ebenfalls erfüllt. Dabei ist die Minkowskikraft

$$\big(F^\alpha\big) = \Big(\gamma\,\frac{v\,F_{\text{N}\parallel}}{c},\, \gamma\,\boldsymbol{F}_{\text{N}\parallel} + \boldsymbol{F}_{\text{N}\perp}\Big), \qquad \gamma = \frac{1}{\sqrt{1 - v^2/c^2}} \tag{38.48}$$

durch die Newtonsche Kraft $\boldsymbol{F}_\text{N}$ gegeben.

39 Anwendungen

Wir berechnen die relativistische kinetische Energie zweier kollidierender Teilchen im Labor- und im Schwerpunktsystem. Danach lösen wir die relativistische Bewegungsgleichung für eine konstante Kraft. Anhand dieser Lösung diskutieren wir das sogenannte Zwillingsparadoxon.

Kinetische Energie im Labor- und Schwerpunktsystem

Um ein ruhendes Teilchen auf die Geschwindigkeit v zu bringen, wird die kinetische Energie

$$E_{\text{kin}} = E(v) - E(0) = \frac{m c^2}{\sqrt{1 - v^2/c^2}} - m c^2 \tag{39.1}$$

benötigt. Wir betrachten zwei gleiche Teilchen ($m_1 = m_2 = m$), die aufeinander geschossen werden (Abbildung 39.1). Die Summe

$$K = E_{\text{kin}}(v_1) + E_{\text{kin}}(v_2) \tag{39.2}$$

ihrer kinetischen Energien soll im Schwerpunktsystem (SS) und im Laborsystem (LS) berechnet werden.

Im abgeschlossenen System ist der Schwerpunktimpuls $\boldsymbol{P} = \boldsymbol{p}_1 + \boldsymbol{p}_2$ der beiden Teilchen konstant; der Schwerpunkt bewegt sich also gleichförmig. Daher gibt es ein Inertialsystem, in dem der Schwerpunkt ruht. In diesem *Schwerpunktsystem* SS addieren sich die relativistischen Impulse der beiden Teilchen zu null:

$$\boldsymbol{p}_1(t) + \boldsymbol{p}_2(t) = 0 \qquad \text{(SS)} \tag{39.3}$$

Aus (38.40) und $m_1 = m_2$ folgt dann $\boldsymbol{v}_1(t) = -\boldsymbol{v}_2(t)$.

Solange die beiden Teilchen nicht wechselwirken, sind die Geschwindigkeiten $\boldsymbol{v}_1(t)$ und $\boldsymbol{v}_2(t)$ konstant. Vor der Kollision ist die Geschwindigkeit des Teilchens 2 im SS daher gleich einer konstanten Geschwindigkeit, die wir mit $\boldsymbol{v}_2(-\infty)$ bezeichnen. Durch eine Lorentztransformation mit der Geschwindigkeit $-\boldsymbol{v}_2(-\infty)$ gelangen wir vom SS in ein anderes IS, in dem das Teilchen 2 *vor der Kollision* ruht. Dieses *Laborsystem* LS ist durch

$$\boldsymbol{v}_2'(-\infty) = 0 \qquad \text{(LS)} \tag{39.4}$$

definiert. Die Größen des LS werden durch einen Strich gekennzeichnet.

Abbildung 39.1 Die Streuung zweier Teilchen, 1 und 2, wird im Laborsystem LS (links) und im Schwerpunktsystem SS (rechts) betrachtet. Die Abbildung zeigt die Situation vor der Kollision. Für gleiche Massen sind die Geschwindigkeiten im SS entgegengesetzt gleich, $v_1 = -v_2 = v$.

Das System mit (39.4) heißt Laborsystem, weil man bei einem Laborexperiment meist einen Teilchenstrahl (Teilchen 1) auf ein ruhendes Target (Teilchen 2) schießt. In der theoretischen Behandlung steht dagegen das SS im Vordergrund; so führt die Lösung des Zweikörperproblems zunächst zum Wirkungsquerschnitt im SS (Kapitel 18). Es gibt noch einen anderen Punkt, der das SS auszeichnet: Die kinetische Energie im SS steht zur Anregung anderer Freiheitsgrade zur Verfügung, also insbesondere zur Produktion neuer Teilchen. Bei der Reaktion bleibt der Schwerpunktimpuls $\boldsymbol{P} = \boldsymbol{p}_1 + \boldsymbol{p}_2$ erhalten. Damit steht die Energie $\boldsymbol{P}^2/2M$ nicht zur Erzeugung neuer Teilchen zur Verfügung. Diese 'reservierte' Energie ist im SS minimal (nämlich null). Für die Erzeugung eines Teilchens der Masse M gilt daher die Bedingung

$$K_{\text{SS}} > Mc^2 \qquad \begin{array}{l}\text{(Voraussetzung für die Erzeugung}\\ \text{eines Teilchens der Masse } M)\end{array} \tag{39.5}$$

Neben K_{SS} kann bei einer Umwandlung auch noch die Energie zur Verfügung stehen, die in den Ruhmassen der Teilchen vor der Kollision enthalten ist. Dies spielt aber bei der Erzeugung schwerer Teilchen keine wesentliche Rolle.

Bei der Kollision ist auch der Drehimpuls erhalten, so dass der entsprechende Anteil der kinetischen Energie nicht zur Verfügung steht (auch nicht im SS). Die maximale Energie K_{SS} steht daher nur für die Kollisionen mit Stoßparameter null (also für verschwindenden Drehimpuls) zur Verfügung.

Wir beziehen uns im Folgenden auf die Situation vor der Kollision. Dann sind alle Geschwindigkeiten parallel oder antiparallel zu der Richtung von $\boldsymbol{v}_1 = -\boldsymbol{v}_2$; wir geben daher nur die Komponenten in dieser Richtung an. Wir betrachten zunächst die Geschwindigkeiten im SS:

$$\text{SS}: \quad v_1 = v\,, \quad v_2 = -\,v\,, \quad v_{\text{LS}} = -\,v \qquad (t = -\infty) \tag{39.6}$$

Dabei ist $v = v_1(-\infty) = -v_2(-\infty)$. Der Ursprung vom LS fällt für $t = -\infty$ mit dem Teilchen 2 zusammen; daraus folgt $v_{\text{LS}} = -v$. Eine Lorentztransformation mit $-v$ führt daher vom SS zum LS. Im LS gilt:

$$\text{LS}: \quad v_1' = V\,, \quad v_2' = 0\,, \quad v_{\text{SS}} = v \qquad (t = -\infty) \tag{39.7}$$

Dabei folgt $v_2' = 0$ aus der Definition des LS, und $v_{\text{SS}} = v$ aus der in (39.6) angegebenen Relativgeschwindigkeit zwischen SS und LS.

Die Geschwindigkeit V des Teilchen 1 vor der Kollision soll im Folgenden mit dem Wert von v verknüpft werden. Sie ergibt sich aus der Addition von $v_1 = v$ (Geschwindigkeit des Teilchens im SS) und $v_{\text{ss}} = v$ (Geschwindigkeit von SS). Nach (36.21) gilt hierfür

$$V = \frac{v+v}{1+v^2/c^2} \tag{39.8}$$

und für die zugehörigen Rapiditäten

$$\psi(V) = 2\,\psi(v) \tag{39.9}$$

Wir berechnen die kinetische Energie K im LS und SS und geben jeweils den nichtrelativistischen und den relativistischen Grenzfall an:

$$K_{\text{LS}} = \frac{m\,c^2}{\sqrt{1-V^2/c^2}} - m\,c^2 \approx \begin{cases} m\,V^2/2 & (v \ll c) \\ m\,c^2 \cosh\psi(V) & (\psi \gg 1) \end{cases} \tag{39.10}$$

$$K_{\text{SS}} = \frac{2m\,c^2}{\sqrt{1-v^2/c^2}} - 2m\,c^2 \approx \begin{cases} 2\,(m\,v^2/2) & (v \ll c) \\ 2m\,c^2 \cosh\psi(v) & (\psi \gg 1) \end{cases} \tag{39.11}$$

Im nichtrelativistischen Grenzfall gilt $V \approx 2v$ und

$$K_{\text{LS}} = 2\,K_{\text{SS}} \qquad (v \ll c) \tag{39.12}$$

Für den relativistischen Grenzfall verwenden wir

$$\begin{aligned} \cosh(2x) &= \frac{\exp(2x)+\exp(-2x)}{2} \approx \frac{\exp(2x)}{2} \\ &\approx 2\left(\frac{\exp(x)+\exp(-x)}{2}\right)^2 = 2\,\cosh^2 x \qquad (x \gg 1) \end{aligned} \tag{39.13}$$

Dies ist schon für $x \gtrsim 2$ eine brauchbare Näherung. Mit $\cosh\psi(V) \approx 2\,\cosh^2\psi(v)$ erhalten wir

$$\boxed{K_{\text{LS}} \approx \frac{(K_{\text{SS}})^2}{2m\,c^2} \qquad \big(\psi(v) \gg 1\big)} \tag{39.14}$$

Erzeugung eines Z^0-Teilchens

Wie das folgende Beispiel zeigt, können die Unterschiede zwischen (39.12) und (39.14) sehr groß sein. Wir betrachten die Erzeugung eines Z^0-Teilchens in einer Kollision von Elektronen mit Positronen oder von Protonen mit Antiprotonen,

$$e^+ + e^- \to Z^0 \quad \text{oder} \quad p + \overline{p} \to Z^0 \tag{39.15}$$

Eine Theorie von Glashow, Salam und Weinberg, die in den sechziger Jahren entwickelt wurde, postulierte die Existenz des Z^0–Teilchens. Es sollte eine Masse der

Größe $M(\mathrm{Z}^0) \approx 90$ GeV$/c^2$ und dieselben Quantenzahlen wie das Photon haben. Die Erzeugung des Z^0 ist in einem Experiment mit zwei aufeinander gerichteten Teilchenstrahlen möglich, wenn die Teilchen in jedem Strahl mindestens eine Energie von etwa $E_{\text{kin}} = 50$ GeV haben. In diesem *colliding beam*–Experiment steht die Energie

$$K_{\text{SS}} = 2\,E_{\text{kin}} = 100\,\text{GeV} \tag{39.16}$$

zur Erzeugung neuer Teilchen zur Verfügung. Mit einem solchen Experiment (Proton-Antiproton-Kollision) wurden die Z^0–Teilchen erstmalig im Jahr 1983 am CERN nachgewiesen.

Wollte man das gleiche Experiment im LS[1] ausführen, also etwa einen Teilchenstrahl auf Materie mit praktisch ruhenden Teilchen richten, so müssten die Teilchen im einfallenden Strahl die Energie

$$K_{\text{LS}} = \frac{(K_{\text{SS}})^2}{2mc^2} = \frac{(100\text{ GeV})^2}{2mc^2} \approx \begin{cases} 10^7\text{ GeV} & (\mathrm{e}^+ - \mathrm{e}^-) \\ 5\cdot 10^3\text{ GeV} & (\mathrm{p} - \overline{\mathrm{p}}) \end{cases} \tag{39.17}$$

haben; dabei haben wir $m_{\text{e}}c^2 \approx 0.5$ MeV und $m_{\text{p}}c^2 \approx 1$ GeV verwendet. Im LS ist daher die Erzeugung von Z^0–Teilchen in einem Beschleunigerexperiment in absehbarer Zukunft ausgeschlossen.

Hyperbolische Bewegung

Wir schreiben den räumliche Anteil von (38.9) an, wobei wir $\gamma = dt/d\tau$, $(F^\alpha) = (F^0, \boldsymbol{F})$ und $(u^\alpha) = \gamma(c, \boldsymbol{v})$ berücksichtigen:

$$\frac{d}{dt}\frac{m\,\boldsymbol{v}(t)}{\sqrt{1 - v^2/c^2}} = \frac{\boldsymbol{F}}{\gamma} \tag{39.18}$$

Für eine konstante Kraft betrachten wir eine eindimensionale Bewegung in Richtung der Kraft,

$$\frac{d}{dt}\,\frac{m\,v(t)}{\sqrt{1 - v(t)^2/c^2}} = F_{\text{N}} = \text{const.} \qquad (\boldsymbol{v} \parallel \boldsymbol{F}) \tag{39.19}$$

Wegen $\boldsymbol{v} \parallel \boldsymbol{F}$ gilt hier $\boldsymbol{F} = \gamma\,\boldsymbol{F}_{\text{N}}$, (38.17); dies wurde eingesetzt. Physikalisch kann diese Bewegungsgleichung folgende Fälle beschreiben:

- Ein Teilchen mit der Ladung q wird in einem homogenen und konstanten elektrischen Feld E beschleunigt. Aus (38.23) sieht man, dass die rechte Seite in (39.19) gleich qE ist. In der Newtonschen Kraft $F_{\text{N}} = qE' = qE$ wäre zu berücksichtigen, dass für das parallele Feld $E' = E$ gilt (22.6 in [2]).

[1] Die Systeme SS und LS sind in Abbildung 39.1 definiert. Abweichend hiervon könnte man unter „Laborsystem" auch das System verstehen, in dem der experimentelle Aufbau ruht.

- Ein Raumschiff wird so beschleunigt wird, dass der Astronaut (Masse m) mit seinem gewohnten Erdgewicht mg gegen den Raumschiffboden gedrückt wird. Im jeweiligen Ruhsystem IS′ erfährt der Astronaut die Beschleunigung g; die Newtonsche Kraft ist also

$$F_{\mathrm{N}} = m g \tag{39.20}$$

Für diese Beispiele wird (39.19) zu

$$\frac{d}{dt}\,\frac{v(t)}{\sqrt{1 - v(t)^2/c^2}} = \begin{cases} \dfrac{qE}{m} & \text{Ladung im Feld} \\ g & \text{Raumschiff} \end{cases} \tag{39.21}$$

Wir rechnen mit der unteren Zeile weiter; für den anderen Fall wäre überall g durch qE/m zu ersetzen. Mit der Anfangsbedingung

$$v(0) = 0 \tag{39.22}$$

integrieren wir (39.21) zu

$$\frac{v(t)}{\sqrt{1 - v(t)^2/c^2}} = g\,t \tag{39.23}$$

Wir lösen dies nach $v(t)$ auf,

$$v(t) = \frac{g\,t}{\sqrt{1 + g^2 t^2/c^2}} \approx \begin{cases} g\,t & (t \ll c/g) \\ c & (t \gg c/g) \end{cases} \tag{39.24}$$

Für kleine Zeiten erhalten wir das Newtonsche Resultat $v = g\,t$, für große Zeiten nähert sich v asymptotisch der Lichtgeschwindigkeit (Abbildung 39.2, links).

Wir legen die x-Achse in Richtung der Kraft, also $\boldsymbol{e}_{\|} = \boldsymbol{e}_x$ und $v(t) = dx/dt$. Aus (39.24) und der Anfangsbedingung $x(0) = 0$ folgt dann

$$\boxed{x(t) = \frac{c^2}{g}\left(\sqrt{1 + \frac{g^2 t^2}{c^2}} - 1\right) = \begin{cases} g\,t^2/2 & (t \ll c/g) \\ c\,t - c^2/g & (t \gg c/g) \end{cases}} \tag{39.25}$$

Im x-t-Diagramm (Abbildung 39.2, rechts) ist dies eine *Hyperbel* im Gegensatz zur nichtrelativistischen Parabel $x = g\,t^2/2$. Daher wurde dieser Abschnitt mit *Hyperbolische Bewegung* überschrieben.

Während die Geschwindigkeit sich asymptotisch c nähert, steigt die Energie immer weiter an:

$$E = \frac{m c^2}{\sqrt{1 - v^2/c^2}} = m c^2 \sqrt{1 + \frac{g^2 t^2}{c^2}} \tag{39.26}$$

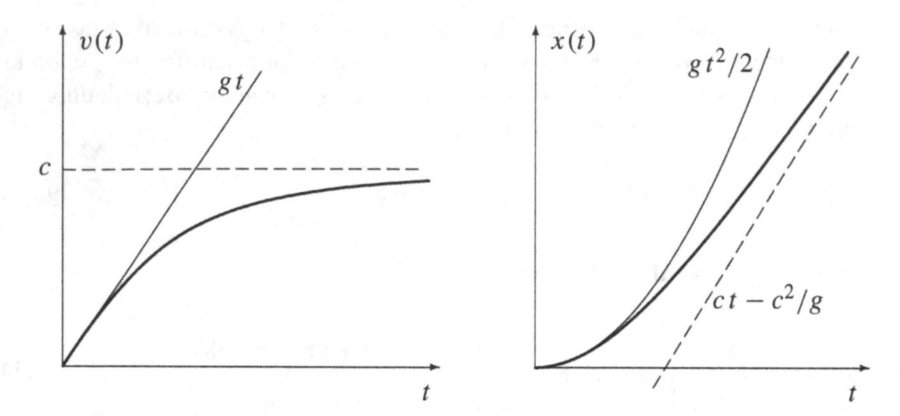

Abbildung 39.2 Geschwindigkeit und Weg als Funktion der Zeit für ein Teilchen, auf das die konstante Kraft $m\,g$ wirkt. Die Geschwindigkeit (links) wächst anfangs linear mit der Zeit an, $v = g\,t$, weicht dann für $t \gtrsim c/g$ deutlich hiervon ab und nähert sich asymptotisch der Lichtgeschwindigkeit. Die klassische Parabelbewegung im x-t-Diagramm (rechts) wird durch eine Hyperbel ersetzt.

Zwillingsparadoxon

Ein Raumschiff werde mit dem für den Astronauten komfortablen Wert $g = 10\,\mathrm{m/s^2}$ von der Erde weg beschleunigt. Diese Beschleunigung wird aufrechterhalten, bis im Raumschiff 5 Jahre vergangen sind. Während der nächsten 5 Jahre Raumschiffzeit wird mit $-g$ gebremst. Danach kehrt das Raumschiff in entsprechender Weise (weitere 5 Jahre mit $-g$, und 5 Jahre mit g) zur Erde zurück. Ein Zwillingsbruder des Astronauten bleibt auf der Erde zurück. Der Astronaut ist nach seiner Rückkehr um 20 Jahre älter, der zurückgebliebene Zwilling ist jedoch wesentlich älter.

Die Grundlagen für die Berechnung der Zeiten wurden im Abschnitt „Bewegte Uhr" in Kapitel 35 angegeben. Dort wurde auch diskutiert, dass die experimentelle Situation für den Uhrenvergleich entscheidend ist. Im hier betrachteten Experiment befindet sich der auf der Erde zurückbleibende Zwilling (näherungsweise) in einem IS, während das Raumschiff ein Nicht-IS darstellt. Das Ergebnis (unterschiedliches Alter der Zwillinge) erscheint nur dann paradox (daher der Name „Zwillingsparadoxon"), wenn man diesen Umstand nicht berücksichtigt.

Wir führen die Rechnung in einem IS durch, in dem die Sonne ruht. Wegen $v_{\mathrm{E}}/c \approx 10^{-4} \ll 1$ ist die Erdzeit t_{E} etwa gleich der IS-Zeit, $t_{\mathrm{E}} \approx t$. Im betrachteten IS führt das Raumschiff während der ersten fünf Raumschiffjahre die berechnete hyperbolische Bewegung aus. Beim Start des Raumschiffs stellen wir eine Erd- und eine Raumschiffuhr auf null, also $\tau = t = 0$. Mit dieser Anfangsbedingung für $\tau = \tau(t)$ integrieren wir

$$d\tau = dt\,\sqrt{1 - \frac{v(t)^2}{c^2}} \stackrel{(39.26)}{=} \frac{dt}{\sqrt{1 + g^2 t^2/c^2}} \tag{39.27}$$

zu

$$\tau = \frac{c}{g}\, \text{arsinh}\, \frac{g\,t}{c} \qquad \text{oder} \qquad t = \frac{c}{g}\, \sinh \frac{g\,\tau}{c} \tag{39.28}$$

Für $g = 10\,\mathrm{m/s^2}$ gilt

$$\frac{c}{g} \approx 0.97\ \mathrm{a} \tag{39.29}$$

wobei a das Einheitszeichen für ein Jahr ist. Damit erhalten wir

$$t \approx 84\,\mathrm{a} \quad \text{für} \quad \tau = 5\,\mathrm{a} \tag{39.30}$$

Während der vier Abschnitte der Reise durchläuft der Verzerrungsfaktor $(1 - v(t)^2/c^2)^{1/2}$ zwischen dt und $d\tau$ die gleichen Werte in gleichen Zeitabschnitten. Daher gilt bei der Rückkehr

$$t \approx 336\,\mathrm{a} \quad \text{und} \quad \tau = 20\,\mathrm{a} \tag{39.31}$$

Der Zwilling auf der Erde ist also um etwa 316 Jahre älter als der zurückkehrende Astronaut.

Aus (39.25) folgt die Entfernung des Raumschiffs zur Zeit $\tau = 5\,\mathrm{a}$,

$$x(\tau = 5\mathrm{a}) = \frac{c^2}{g}\left(\sqrt{1 + \frac{g^2 t^2}{c^2}} - 1\right) \approx 83\,\mathrm{Lj} \tag{39.32}$$

Die maximale Entfernung von der Erde beträgt somit etwa 166 Lichtjahre (Lj). Das heißt, dass die Geschwindigkeit des Raumschiffs fast während der ganzen Reise $v \approx c$ ist. Von der Erde aus betrachtet wird die Geschwindigkeit $v \approx c$ nach etwa einem Jahr erreicht. Die fortwährende Beschleunigung kann diese Geschwindigkeit und damit die schließlich erreichte Distanz nicht wesentlich erhöhen; sie vergrößert jedoch das Verhältnis t/τ.

Experimentell wurde die Relation zwischen t und τ unter anderem mit Flugzeugen überprüft. Bei den hier wesentlich kleineren Effekten muss berücksichtigt werden, dass (i) das Gravitationsfeld den Gang der Uhren ebenfalls beeinflusst (Aufgabe 35.3) und dass (ii) eine Uhr auf der Erde sich nicht (mit der hier notwendigen Genauigkeit) in einem IS befindet. Die Berücksichtigung dieser Effekte führt zu einer Bestätigung der Relation zwischen dt und $d\tau$.

Beschleunigtes Bezugssystem

Die Bezeichnung *Paradoxon* erklärt sich aus folgender Fragestellung: Vom Astronauten aus gesehen bewegt sich die Erde mit $-v(t)$. Damit durchläuft $v(t)^2$ vom Astronauten aus gesehen die gleichen Werte wie in (39.27). Müssten dann nicht die Uhren auf der Erde gegenüber denen im Raumschiff nachgehen?

Die Antwort ist: Dies ist nicht so, denn das Raumschiff stellt kein IS dar. In dem mit dem Raumschiff verbundenen Bezugssystem sind die Gesetze der SRT nicht (jedenfalls nicht in ihrer üblichen Form) gültig. Insbesondere gilt die Beziehung $d\tau = (1 - v^2/c^2)^{1/2}\, dt$ nur in IS, nicht aber im Bezugssystem des Raumschiffs.

Die Bindung von Gesetzen an Bezugssysteme ist nicht überraschend; sie tritt auch hier nicht zum ersten Mal auf. So sind die Newtonschen Axiome nur in IS gültig, nicht aber in einem beschleunigten KS′. Ein Versuch des Astronauten, mit $d\tau = (1-v^2/c^2)^{1/2}\, dt$ den Lauf einer Erduhr zu berechnen, ist analog zum Versuch des Billardspielers, auf einem Karussell die Bahn der Kugel mit den Newtonschen Axiomen zu bestimmen. Ein solcher Versuch scheitert: Die Billardkugel ohne Effet beschreibt keine geradlinige Bahn, wie sie sich aus der (unzulässigen) Anwendung des 1. Newtonschen Axioms ergäbe.

Der Billardspieler auf dem Karussell kann aber folgendes machen: Er geht von den gültigen IS-Gesetzen aus und setzt dort eine Transformation für den Übergang von IS zu KS′ ein. Dies ergibt abweichende Gesetze; es treten Scheinkräfte (Zentrifugal- und Corioliskräfte) auf. Die so modifizierten Gesetze gelten in KS′; sie beschreiben die Bewegung der Billardkugel auf dem Karussell. In diesem Sinn kann die Newtonsche Mechanik in einem beschleunigten KS′ angewendet werden. Dies gilt analog für die relativistische Mechanik und soll hier kurz skizziert werden.

Es sind die Modifikationen in den relativistischen Gesetzen zu finden, die sich bei einer Transformation vom IS zu einem beschleunigten KS′ ergeben. Ausgangspunkt der relativistischen Mechanik war das vierdimensionale Wegelement, das im IS die Form $ds^2 = \eta_{\alpha\beta}\, dx^\alpha dx^\beta$ hat. Wir untersuchen die Form von ds^2 nach einer Transformation vom IS mit den Koordinaten x^α zu einem beschleunigten KS′ mit den Koordinaten x'^α. Wir betrachten speziell ein KS′, das durch folgende Transformation erreicht wird,

$$t = t', \qquad x = x' + \frac{g\,t'^2}{2}, \qquad y = y', \qquad z = z' \tag{39.33}$$

Der Ursprung $x' = 0$ von KS′ bewegt sich in IS mit $x = g t^2/2$. Für $t \ll c/g$ ist dies eine mögliche Transformation in das mit dem Raumschiff verbundene KS′. Wir berechnen ds^2 als Funktion der Koordinaten von KS′,

$$ds^2 = \eta_{\alpha\beta}\, dx^\alpha dx^\beta = c^2 dt'^2 \left(1 - \frac{g^2 t'^2}{c^2}\right) - 2g\,t' dx' dt' - dx'^2 - dy'^2 - dz'^2 \tag{39.34}$$

Dies können wir als

$$ds^2 = g_{\alpha\beta}(x')\, dx'^\alpha\, dx'^\beta \tag{39.35}$$

schreiben. Eine solche Form erreicht man auch für eine *beliebige* Transformation $x'^\alpha = x'^\alpha(x^0, x^1, x^2, x^3)$ anstelle von (39.33).

Die neuen Koordinaten $x'^\alpha = x'^\alpha(x^0, x^1, x^2, x^3)$ haben im Allgemeinen nicht die Bedeutung von IS-Koordinaten, die ja die Längen ruhender Stäbe und die Uhrzeit ruhender Uhren angeben. So ist t' in KS′ nur ein *Zeitparameter*, der Zusammenhang von t' mit der Zeit ruhender Uhren in KS′ muss erst noch hergestellt werden. Insofern ist die Wahl des Zeitparameters t' auch weitgehend willkürlich. Eine ähnliche Willkür besteht auch für die Ortskoordinaten einer allgemeinen Koordinatentransformation $x'^\alpha = x'^\alpha(x^0, x^1, x^2, x^3)$. Die neuen Ortskoordinaten könnten zum Beispiel Kugelkoordinaten sein; dann ist $x'^3 = \phi$ ein Winkel und keine Länge. Die Bedeutung der neuen Koordinaten ergibt sich jeweils aus der Form (39.35) des Wegelements in diesen Koordinaten.

Nach (39.35) wird der Minkowskitensor $\eta_{\alpha\beta}$ in einem beschleunigten KS′ durch die koordinatenabhängigen Größen $g_{\alpha\beta}(x)$ ersetzt. Damit werden auch die relativistischen Gesetze, wie etwa die Bewegungsgleichung, modifiziert. Dies ist, wie bereits gesagt, nicht überraschend; es ist vergleichbar mit dem Übergang von Newtons 2. Axiom zur Bewegungsgleichung im rotierenden System. Ob man die neuen (im Allgemeinen komplizierteren) Gesetze in KS′ benutzen will, ist eine Frage der Zweckmäßigkeit.

Als Beispiel für die Anwendung relativistischer Gesetze in beschleunigten Systemen berechnen wir mit (39.34) die Zeiten von Uhren, die in KS′ oder in IS ruhen. Bei der Transformation haben wir ds^2 durch die neuen Koordinaten ausgedrückt; der Wert und die Bedeutung von ds^2 ändert sich dabei nicht. Nach (35.15) gilt für die Anzeige einer Uhr

$$c\, d\tau = ds_{\text{Uhr}} = \sqrt{ds^2_{\text{Uhr}}} \tag{39.36}$$

Wir können damit den Gang einer beliebigen Uhr sowohl mit der IS- wie mit der KS′-Form von ds^2 bestimmen:

$$d\tau = \begin{cases} \dfrac{1}{c}\sqrt{\eta_{\alpha\beta}\, dx^{\alpha}_{\text{Uhr}}\, dx^{\beta}_{\text{Uhr}}} & \text{(Berechnung in IS)} \\[2ex] \dfrac{1}{c}\sqrt{g_{\alpha\beta}(x'_{\text{Uhr}})\, dx'^{\alpha}_{\text{Uhr}}\, dx'^{\beta}_{\text{Uhr}}} & \text{(Berechnung in KS}'\text{)} \end{cases} \tag{39.37}$$

Wir betrachten speziell eine auf der Erde ruhende IS-Uhr und eine im Raumschiff ruhende KS′-Uhr. Für die Koordinatendifferenziale dieser Uhren gilt:

	IS-Uhr	KS′-Uhr	
Rechnung in IS:	$dx = 0$	$dx = g\,t\,dt$	(39.38)
Rechnung in KS′:	$dx' = -g\,t'\,dt'$	$dx' = 0$	

Für beide Uhren gilt $dy = dz = dy' = dz' = 0$. Damit können wir das Wegelement (also die angezeigte Zeit) beider Uhren sowohl von IS wie von KS′ aus berechnen. Dazu setzen wir die entsprechenden Koordinatendifferenziale und $g_{\alpha\beta}$ aus (39.34) in (39.37) ein:

	IS-Uhr	KS′-Uhr	
Rechnung in IS:	$d\tau = dt$	$d\tau = \sqrt{1 - g^2 t^2/c^2}\; dt$	(39.39)
Rechnung in KS′:	$d\tau = dt'$	$d\tau = \sqrt{1 - g^2 t'^2/c^2}\; dt'$	

Bei der Berechnung der IS-Zeit von KS′ aus ist $dx' = -g\,t'\,dt'$ (für die IS-Uhr) in (39.24) einzusetzen; dabei heben sich die Terme mit g^2 auf. Bei der Berechnung der

KS′-Zeit ist der Faktor $(1 - v^2/c^2)^{1/2}$ (mit $v = v_{\text{Uhr}}$) in der IS-Rechnung gleich dem Faktor $(g_{00})^{1/2}$ in der KS′-Rechnung. Wegen $t = t'$ stimmen die jeweiligen Zeiten überein. Der Astronaut kann also in seinem System KS′ die Uhrzeiten berechnen und findet insbesondere, dass sein auf der Erde zurückgebliebener Zwillingsbruder „schneller" altert.

Relativistische Theorie der Gravitation

In Kapitel 6 haben wir diskutiert, dass aufgrund der Äquivalenz von träger und schwerer Masse die Gravitationskräfte durch einen Übergang in ein geeignet beschleunigtes System KS′ eliminiert werden können. Solche Systeme KS′ sind insbesondere ein frei fallender Fahrstuhl und ein die Erde umkreisendes Satellitenlabor.

Man kann sich nun auf folgenden Standpunkt stellen: Im Satellitenlabor laufen die Vorgänge so ab, als ob kein Gravitationsfeld vorhanden ist. Daher gelten die bekannten relativistischen Gesetze ohne Gravitation, insbesondere gilt $ds^2 = \eta_{\alpha\beta}\, dx^\alpha dx^\beta$. In diesem speziellen Sinn ist das Satellitenlabor ein (lokales) IS. Ein Labor auf der Erde ist relativ zum Satellitenlabor beschleunigt. Die Transformation zum Erdlabor führt daher zur Form (39.35) für ds^2; dabei bezieht sich dieses ds^2 auf Abstände am Ort des Satelliten. Vom Erdlabor aus gesehen herrscht am Ort des Satelliten ein Gravitationsfeld, das nun durch die Felder $g_{\alpha\beta}(x)$ beschrieben wird.

Der hier skizzierte Gedankengang führt zu einer relativistischen Theorie der Gravitation, der *Allgemeinen Relativitätstheorie* von Einstein.

Aufgaben

39.1 Kinetische Energie im Schwerpunkt- und Laborsystem

Die Kollision zweier gleicher Teilchen wird im Schwerpunktsystem (SS) und im Laborsystem (LS) betrachtet:

$$\text{LS:} \quad v_1 = V, \qquad v_2 = 0$$
$$\text{SS:} \quad v_1 = v, \qquad v_2 = -v$$

Berechnen Sie den exakten Zusammenhang zwischen den beiden zugehörigen kinetischen Energien,

$$K_{\rm LS} = \frac{m\,c^2}{\sqrt{1 - V^2/c^2}} - m\,c^2\,, \qquad K_{\rm SS} = \frac{2\,m\,c^2}{\sqrt{1 - v^2/c^2}} - 2\,m\,c^2$$

39.2 Relativistische Bewegung im elektrischen Feld

Ein Teilchen mit der Ladung q bewegt sich in einem homogenen, konstanten elektrischen Feld $\boldsymbol{E} = E_0\,\boldsymbol{e}_x$. Lösen Sie die relativistischen Bewegungsgleichungen (38.23) für die Anfangsbedingungen $\boldsymbol{r}(0) = 0$ und $\boldsymbol{v}(0) = v_0\,\boldsymbol{e}_y$. Welche Bahnkurve ergibt sich in der x-y-Ebene?

39.3 Uhrzeit in beschleunigtem System

In einem Inertialsystem IS (mit den Koordinaten t, x, y, z) oszilliert die Position einer Uhr gemäß $\boldsymbol{r}_{\rm Uhr} = \boldsymbol{e}_x\, a\, \sin(\omega t)$; es gilt $a\,\omega \ll c$. Zur Zeit $t = 0$ wird die Uhr mit einer IS-Uhr (etwa einer Uhr, die bei $\boldsymbol{r} = 0$ ruht) synchronisiert.

Nach einer halben Schwingung ($t = t_0 = \pi/\omega$) ist die bewegte Uhr wieder bei $\boldsymbol{r} = 0$ und wird mit der dort ruhenden Uhr verglichen. Welche Zeitspannen Δt und $\Delta t'$ zeigen die IS-Uhr und die bewegte Uhr an? Berechnen Sie diese Zeitspannen zunächst im IS. Setzen Sie dann eine geeignete Transformation ins Ruhsystem KS′ der bewegten Uhr an, und berechnen Sie die Uhrzeiten in diesem System. Die relativistischen Effekte sollen jeweils in führender Ordnung angegeben werden.

40 Lagrangefunktion

Wir formulieren das Hamiltonsche Prinzip für die relativistische Bewegung eines Massenpunkts. Dabei betrachten wir die kräftefreie Bewegung und die Bewegung in einem elektromagnetischen Feld.

Die Bahnkurve eines Massenpunkts kann durch $x^i(t)$ oder $x^\alpha(\tau)$ beschrieben werden. Der jeweilige allgemeine Ansatz für die relativistische Lagrangefunktion lautet

$$\mathcal{L}_1 = \mathcal{L}_1(\boldsymbol{r}, \boldsymbol{v}, t) \qquad \text{oder} \qquad \mathcal{L}_2 = \mathcal{L}_2(x, u) \tag{40.1}$$

Im Argument von $\mathcal{L}_2$ steht x für x^0, x^1, x^2, x^3 und u für u^0, u^2, u^2, u^3. Über $x^0 = ct$ kann auch $\mathcal{L}_2(u, x)$ von der Zeit abhängen; darin ist eine eventuelle τ-Abhängigkeit enthalten.

Die Funktionen $\mathcal{L}_1$ und $\mathcal{L}_2$ sind keine physikalischen Größen; sie müssen daher auch nicht gleich sein. Sie müssen jedoch dieselben Bewegungsgleichungen ergeben, das heißt die Bedingung $\delta S = 0$ muss gleich sein. Wir schränken die Freiheiten für $\mathcal{L}$ so ein, dass neben δS auch die Wirkung S selbst gleich ist, also dass

$$S = \int_{t_1}^{t_2} dt\ \mathcal{L}_1(\boldsymbol{r}, \boldsymbol{v}, t) = \int_{\tau_1}^{\tau_2} d\tau\ \mathcal{L}_2(x, u) \tag{40.2}$$

Wir betrachten zunächst die Form $\mathcal{L}_1 = \mathcal{L}_1(\boldsymbol{v}, \boldsymbol{r}, t)$ für ein *freies* Teilchen. Für dieses System gelten die allgemeinen Raum-Zeit-Symmetrien. Aus ihnen ergibt sich:

- Homogenität des Raums: $\mathcal{L}_1$ hängt nicht von $\boldsymbol{r}$ ab.
- Homogenität der Zeit: $\mathcal{L}_1$ hängt nicht von t ab.
- Isotropie des Raums: $\mathcal{L}_1$ hängt nur von $\boldsymbol{v}^2$ ab.

Damit erhalten wir

$$\mathcal{L}_1 = f(\boldsymbol{v}^2) \tag{40.3}$$

Wir vergleichen nun die zugehörigen Lagrangegleichungen mit der bekannten relativistischen Bewegungsgleichung im kräftefreien Fall:

$$\frac{d}{dt}\frac{\partial \mathcal{L}_1}{\partial \boldsymbol{v}} = 0 \quad \overset{\text{Vergleich}}{\longleftrightarrow} \quad \frac{d}{dt}\frac{m\,\boldsymbol{v}(t)}{\sqrt{1 - v(t)^2/c^2}} = 0 \tag{40.4}$$

Dies legt die Lagrangefunktion bis auf Konstanten fest:

$$\mathcal{L}_1(\boldsymbol{v}) = \text{const.} \cdot \sqrt{1 - \frac{\boldsymbol{v}^2}{c^2}} + \text{const.} = -\,m c^2 \sqrt{1 - \frac{\boldsymbol{v}^2}{c^2}} \tag{40.5}$$

Die Konstanten wurden so gewählt, dass sich für $v \ll c$ die nichtrelativistische Lagrangefunktion $\mathcal{L}_1 = m\,\boldsymbol{v}^2/2$ ergibt (plus eine additive Konstante). Man beachte, dass $\mathcal{L}_1$ aus (40.5) nicht gleich der kinetischen Energie (39.1) ist; die Form $\mathcal{L} = T - U$ gilt nur im nichtrelativistischen Fall.

Wir betrachten jetzt die alternative Form $\mathcal{L}_2(u, x)$ der relativistischen Lagrangefunktion. Für ein freies Teilchen gelten die allgemeinen Raum-Zeit-Symmetrien:

- Homogenität des Raums: $\mathcal{L}_2$ hängt nicht von x^i ab.
- Homogenität der Zeit: $\mathcal{L}_2$ hängt nicht von $x^0 = ct$ ab.
- Isotropie des Raums und Relativität der Raum-Zeit: $\mathcal{L}_2$ hängt nur von $u^\alpha u_\alpha$ ab.

Die Isotropie des Raums und die Relativität der Raum-Zeit (also die Gleichwertigkeit gedrehter und gegeneinander mit konstanter Geschwindigkeit bewegter IS) bedeuten, dass $\mathcal{L}_2$ forminvariant unter Lorentztransformationen sein muss; es sei daran erinnert, dass die LT die orthogonalen Transformationen umfassen. Damit muss $\mathcal{L}_2$ ein Lorentzskalar sein, kann also nur von der skalaren Kombination $u^\alpha u_\alpha$ der Argumente abhängen:

$$\mathcal{L}_2 = f\big(u^\alpha u_\alpha\big) = f\big(\eta_{\alpha\beta}\, u^\alpha u^\beta\big) \tag{40.6}$$

Wir verwenden hier auch Lorentzvektoren mit unteren Indizes, die durch

$$u_\alpha = \eta_{\alpha\beta}\, u^\beta\,, \qquad u^\alpha = \eta^{\alpha\beta}\, u_\beta \tag{40.7}$$

definiert sind; dabei ist $(\eta^{\alpha\beta}) = (\eta_{\alpha\beta})$ und $\eta^{\alpha\beta}\,\eta_{\beta\gamma} = \delta^\alpha_\gamma$. Die Euler-Lagrange-Gleichungen des Hamiltonschen Prinzips $\delta \int d\tau\ \mathcal{L}_2 = 0$ lauten

$$\frac{d}{d\tau}\frac{\partial \mathcal{L}_2}{\partial u^\alpha} = \frac{\partial \mathcal{L}_2}{\partial x^\alpha}\,, \quad \text{also} \quad \frac{d}{d\tau}\Big(2\, f'\big(\eta_{\alpha\beta}\, u^\alpha u^\beta\big)\, u_\alpha\Big) = 0 \tag{40.8}$$

Nach (38.44) gilt für die Vierergeschwindigkeiten

$$u^\alpha u_\alpha = c^2 \tag{40.9}$$

In (40.8) bedeutet dies $2 f'(\eta_{\alpha\beta}\, u^\alpha u^\beta) = \text{const.}$, so dass dieser Term einfach gekürzt werden kann. Damit wird (40.8) zu $du_\alpha/d\tau = 0$ oder

$$\frac{du^\alpha(\tau)}{d\tau} = 0 \qquad (\alpha = 0, 1, 2, 3) \tag{40.10}$$

Diese Bewegungsgleichungen sind durch die Bedingung (40.9) zu ergänzen.

Die Funktion f in (40.6) ist ohne Einfluss auf die Bewegungsgleichungen. Wir legen diese Funktion über (40.2) fest: Damit (40.2) für beliebige Zeitintervalle gilt, müssen die Integranden $\mathcal{L}_1\,dt$ und $\mathcal{L}_2\,d\tau$ in (40.2) übereinstimmen:

$$\begin{aligned}\mathcal{L}_1(\boldsymbol{v})\,dt &= -mc^2\sqrt{1-\frac{\boldsymbol{v}^2}{c^2}}\;dt = -mc\sqrt{\left(\frac{d(ct)}{d\tau}\right)^2-\left(\frac{d\boldsymbol{r}}{d\tau}\right)^2}\;d\tau \\ &= -mc\,\sqrt{u^\alpha u_\alpha}\;d\tau = \mathcal{L}_2(u)\,d\tau \qquad (40.11)\end{aligned}$$

Damit lautet die Lagrangefunktion $\mathcal{L}_2$ des relativistischen, freien Teilchens

$$\mathcal{L}_2 = -mc\,\sqrt{u^\alpha u_\alpha} \qquad (40.12)$$

Die Bedingung $u^\alpha u_\alpha = c^2$ darf nicht in $\mathcal{L}_2(u)$ selbst eingesetzt werden, denn bei der Variation δS sind auch Bahnen $u^\alpha + \delta u^\alpha$ zugelassen, die diese Bedingung nicht erfüllen. Die Bedingung gilt aber für alle tatsächlich möglichen Bahnen. Sie kann daher in jede physikalische Größe und in die Bewegungsgleichung (hier (40.8)) eingesetzt werden.

Für die Lagrangefunktion (40.12) ist die Wirkung gleich dem Wegintegral für die Bahn des Teilchens,

$$S = \int_{\tau_1}^{\tau_2} d\tau\;\mathcal{L}_2 = -mc\int_{\tau_1}^{\tau_2} d\tau\;\sqrt{u^\alpha u_\alpha} = -mc\int_1^2\sqrt{dx^\alpha dx_\alpha} = -mc\int_1^2 ds \qquad (40.13)$$

Damit ist die Wirkung der einfachst mögliche, lorentzskalare Ausdruck für die Bahn eines Massenpunkts.

Wie bereits mehrfach erwähnt, ist die Wahl einer Lagrangefunktion nicht eindeutig. Die Form (40.12) wurde hier über die Verbindung (40.11) hergeleitet, wobei $\mathcal{L}_1$ so gewählt wurde, dass sich im nichtrelativistischen Grenzfall das vertraute $\mathcal{L}_1 \to m\,\boldsymbol{v}^2/2$ ergibt. Die Wahl (40.12) hat den Schönheitsfehler, dass der verallgemeinerte Impuls $\partial\mathcal{L}_1/\partial u_\alpha$ gleich $-p^\alpha$ und nicht gleich $p^\alpha = m\,u^\alpha$ ist. Um dies zu vermeiden, könnte man das Vorzeichen in (40.12) anders wählen. Dann geht aber die Verbindung (40.11) verloren (es sei denn, man akzeptiert $\mathcal{L}_1 \to -m\,\boldsymbol{v}^2/2$), und das Vorzeichen im Kopplungsterm in (40.19) muss auch geändert werden. Möglich wäre auch die Wahl $\mathcal{L}_2 = m\,u^\alpha u_\alpha/2$; dann geht allerdings die einfache Verbindung mit den Wegelement (40.13) verloren.

Energie- und Impulserhaltung

Das System eines freien Teilchens ist invariant gegenüber den räumlichen und zeitlichen Translationen; dies ist Ausdruck der Homogenität von Raum und Zeit. Für die Lagrangefunktion $\mathcal{L}_2$ leiten wir die aus dieser Symmetrie folgenden Erhaltungsgrößen ab.

Die Symmetrietransformation lautet

$$\begin{aligned} x^{\alpha} &\;\rightarrow\; x^{*\alpha} = x^{\alpha} + \epsilon\, \delta^{\alpha}_{\beta}\,, \qquad & \psi^{\alpha} &= \delta^{\alpha}_{\beta} \\ \tau &\;\rightarrow\; \tau^{*} = \tau\,, & \varphi &= 0 \end{aligned} \tag{40.14}$$

Für jeden Wert $\beta = 0, 1, 2, 3$ ist dies eine einparametrige Transformation. Die Transformation ist analog zu (15.8) und (15.9) angeschrieben, so dass wir die Ergebnisse aus Kapitel 15 übernehmen können. Die Invarianzbedingung (15.12) ist trivial erfüllt, weil $\mathcal{L}_2$ nicht von x^{α} abhängt. Nach (15.19) ergeben sich die Erhaltungsgrößen

$$Q = \frac{\partial \mathcal{L}_2}{\partial u^{\alpha}}\, \psi^{\alpha} = -\frac{m\,c}{\sqrt{u^{\gamma} u_{\gamma}}}\, u_{\alpha}\, \delta^{\alpha}_{\beta} = -m\, u_{\beta} = \text{const.} \tag{40.15}$$

Damit folgt aus der raumzeitlichen Translationsinvarianz die Erhaltung des 4-Impulses,

$$\big(p^{\alpha}\big) = m\,\big(u^{\alpha}\big) = \big(E/c,\, \boldsymbol{p}\big) = \text{const.} \tag{40.16}$$

Bewegung im elektromagnetischen Feld

Um Kräfte in $\mathcal{L}_2$ zu berücksichtigen, benötigen wir eine relativistische Theorie der zugrundeliegenden Kraftfelder. Das Standardbeispiel ist die Elektrodynamik, in der gezeigt wird, dass

$$\big(A^{\beta}(x)\big) = (\Phi,\, A_x,\, A_y,\, A_z) = \big(\Phi(\boldsymbol{r}, t),\, \boldsymbol{A}(\boldsymbol{r}, t)\big) \tag{40.17}$$

ein 4-Vektorfeld ist; dabei steht x für $(x^{\alpha}) = (\boldsymbol{r}, t)$. Die Potenziale Φ und $\boldsymbol{A}$ bestimmen die elektromagnetischen Felder,

$$\boldsymbol{E}(\boldsymbol{r}, t) = -\operatorname{grad} \Phi(\boldsymbol{r}, t) - \frac{1}{c}\, \frac{\partial \boldsymbol{A}(\boldsymbol{r}, t)}{\partial t}\,, \qquad \boldsymbol{B}(\boldsymbol{r}, t) = \operatorname{rot} \boldsymbol{A}(\boldsymbol{r}, t) \tag{40.18}$$

Für die Bewegung eines Teilchens im Feld $A^{\alpha}(x)$ sollte (40.12) einen Zusatzterm erhalten, der von $A^{\alpha}(x)$ abhängt. Da die elektromagnetischen Kräfte proportional zu den Feldern $\boldsymbol{E}$ und $\boldsymbol{B}$ sind, sollte $A^{\alpha}(x)$ linear in der Lagrangefunktion vorkommen. Aus dem Relativitätsprinzip folgt, dass der Zusatzterm ein Lorentzskalar sein muss. Der einzige Lorentzskalar, der linear in $A^{\alpha}(x)$ ist und der mit den sonst in $\mathcal{L}_2$ vorkommenden Größen gebildet werden kann, ist $A_{\alpha}(x)\, u^{\alpha}$. Wir addieren einen solchen Zusatzterm zur freien Lagrangefunktion:

$$\mathcal{L}_2(x, u) = -m\,c\, \sqrt{u^{\alpha} u_{\alpha}} \;-\; \frac{q}{c}\, A_{\alpha}(x)\, u^{\alpha} \tag{40.19}$$

Im Argument dieser Lagrangefunktion kommen die Potenziale nicht vor, da die $A_{\alpha}(x)$ äußere, gegebene Felder sind (und keine Größen, die zu variieren wären). Über das Argument $x = (x^{\alpha})$ von $A_{\alpha}(x)$ hängt $\mathcal{L}_2$ jetzt aber explizit vom Ort und von der Zeit ab. Der Vorfaktor des Zusatzterms ist so gewählt, dass sich das richtige Ergebnis ergibt.

Wir werten die Euler-Lagrange-Gleichungen für (40.19) aus,

$$\begin{aligned} \frac{d}{d\tau}\,\frac{\partial \mathcal{L}_2}{\partial u^\beta} &= \frac{d}{d\tau}\left(\frac{-m\,c\,u_\beta}{\sqrt{u^\alpha u_\alpha}} - \frac{q}{c}\,A_\beta(x)\right) = -m\,\frac{du_\beta}{d\tau} - \frac{q}{c}\,\frac{\partial A_\beta}{\partial x^\alpha}\,\frac{dx^\alpha}{d\tau} \\ &= -m\,\frac{du_\beta}{d\tau} - \frac{q}{c}\,\frac{\partial A_\beta}{\partial x^\alpha}\,u^\alpha = \frac{\partial \mathcal{L}_2}{\partial x^\beta} = -\frac{q}{c}\,\frac{\partial A_\alpha}{\partial x^\beta}\,u^\alpha \end{aligned} \qquad (40.20)$$

Dies schreiben wir als

$$m\,\frac{du_\beta}{d\tau} = \frac{q}{c}\,F_{\beta\alpha}\,u^\alpha \qquad (40.21)$$

Die Ableitungen des 4-Potenzials wurden zum *Feldstärketensor* $F_{\alpha\beta}$ zusammengefasst:

$$(F_{\alpha\beta}) = \left(\frac{\partial A_\beta}{\partial x^\alpha} - \frac{\partial A_\alpha}{\partial x^\beta}\right) = \begin{pmatrix} 0 & E_x & E_y & E_z \\ -E_x & 0 & -B_z & B_y \\ -E_y & B_z & 0 & -B_x \\ -E_z & -B_y & B_x & 0 \end{pmatrix} \qquad (40.22)$$

Damit lauten die räumlichen Komponenten von (40.21)

$$\frac{d\boldsymbol{p}}{dt} = q\left(\boldsymbol{E} + \frac{\boldsymbol{v}}{c}\times\boldsymbol{B}\right) \qquad (40.23)$$

Die Zeitableitung des relativistischen Impulses $\boldsymbol{p} = m\gamma\,\boldsymbol{v}$ ist also gleich der Lorentzkraft. Damit haben wir eine formale Ableitung von (38.23) gegeben.

Wir bestimmen noch die Form $\mathcal{L}_1$, die (40.19) entspricht. Dazu schreiben wir den Potenzialterm aus (40.19) in das Integral in (40.2) und drücken ihn durch die Felder Φ und $\boldsymbol{A}$ aus:

$$-\frac{q}{c}\,A^\beta\,u_\beta\,d\tau = -\left(-q\,\Phi + \frac{q}{c}\,\boldsymbol{v}\cdot\boldsymbol{A}\right)dt \qquad (40.24)$$

Hieraus folgt

$$\mathcal{L}_1(\boldsymbol{r},\boldsymbol{v},t) = -m\,c^2\sqrt{1-\frac{v^2}{c^2}} - q\,\Phi(\boldsymbol{r},t) + \frac{q}{c}\,\boldsymbol{v}\cdot\boldsymbol{A}(\boldsymbol{r},t) \qquad (40.25)$$

Die Euler-Lagrange-Gleichungen ergeben wieder (40.23). In der nichtrelativistischen Mechanik hatten wir die Potenzialterme bereits in (9.47) eingeführt. Aus (40.25) folgt der verallgemeinerte Impuls

$$\boldsymbol{p} = \frac{\partial \mathcal{L}_1}{\partial \boldsymbol{v}} = \frac{m\,\boldsymbol{v}}{\sqrt{1-v^2/c^2}} + \frac{q}{c}\,\boldsymbol{A} \qquad (40.26)$$

Die zu (40.25) gehörige Hamiltonfunktion $H = \boldsymbol{p}\cdot\boldsymbol{v} - \mathcal{L}_1$ lautet dann

$$H(\boldsymbol{r},\boldsymbol{p},t) = c\,\sqrt{m^2c^2 + \left(\boldsymbol{p} - \frac{q}{c}\,\boldsymbol{A}(\boldsymbol{r},t)\right)^2} + q\,\Phi(\boldsymbol{r},t) \qquad (40.27)$$

Andere Felder

Für ein 4-Vektorfeld A^α führt der einfachste Ansatz (40.19) zu einer erfolgreichen physikalischen Theorie. Wir ergänzen diese Betrachtungen durch die einfachsten Ansätze für die Bewegung eines Teilchens in einem Lorentztensorfeld 0-ter und 2-ter Stufe.
Hätten wir ein 4-skalares Feld Ψ anstelle eines 4-Vektorfelds A^α, so wäre

$$\mathcal{L}_2(u, x) = -mc\,\sqrt{u^\alpha u_\alpha} - q\,\Psi(x) \tag{40.28}$$

der einfachste Ansatz.

Für ein 4-Tensorfeld $g_{\alpha\beta}(x)$ ist der einfachste Skalar $g_{\alpha\beta}\,u^\alpha u^\beta$. Ein solcher Zusatzterm ist äquivalent zur Ersetzung von $\eta_{\alpha\beta}$ in $\mathcal{L}_2 = -mc\,(\eta_{\alpha\beta}\,u^\alpha u^\beta)^{1/2}$ durch $g_{\alpha\beta}$, also

$$\mathcal{L}_2(u, x) = -mc\,\sqrt{g_{\alpha\beta}(x)\,u^\alpha\,u^\beta} \tag{40.29}$$

Nach dem Äquivalenzprinzip werden die Gravitationspotenziale durch $g_{\alpha\beta}(x)$ beschrieben (letzter Abschnitt in Kapitel 39). Daher ist (40.29) die Lagrangefunktion für die relativistische Bewegung eines Teilchens im Gravitationsfeld.

Aufgaben

40.1 Erhaltungsgrößen der relativistischen Lagrangefunktion

Bestimmen Sie die Erhaltungsgrößen, die aus der Invarianz von

$$\mathcal{L} = -\,m\,c^2\,\sqrt{1 - v^2/c^2}$$

gegenüber räumlichen und zeitlichen Verschiebungen folgen.

40.2 Relativistische Lagrangefunktion für Teilchen im Feld

Stellen Sie die Euler-Lagrange-Gleichung für die relativistische Lagrangefunktion

$$\mathcal{L}(\boldsymbol{r}, \boldsymbol{v}, t) = -\,m\,c^2\,\sqrt{1 - \frac{\boldsymbol{v}^2}{c^2}} - q\,\Phi(\boldsymbol{r}, t) + \frac{q}{c}\,\boldsymbol{v} \cdot \boldsymbol{A}(\boldsymbol{r}, t) \qquad (40.30)$$

eines geladenen Teilchens im elektromagnetischen Feld auf.

40.3 Relativistische Hamiltonfunktion für Teilchen im Feld

Leiten Sie die relativistische Hamiltonfunktion $H = \boldsymbol{p} \cdot \boldsymbol{v} - \mathcal{L}$ aus der Lagrangefunktion (40.25) ab, und geben Sie die Hamiltonschen Bewegungsgleichungen an.

A Newtonsche Kraft und Minkowskikraft

In jedem Mechanikbuch kommen die Newtonschen Axiome und die zugehörige Newtonsche Kraft $\boldsymbol{F}_{\mathrm{N}}$ *vor*[1]. *In einer modernen Theoretischen Mechanik ist die speziell relativistische Verallgemeinerung unverzichtbar. In der relativistischen Bewegungsgleichung wird die Newtonsche Kraft durch die Minkowskikraft* $(F_\alpha) = (F_0, \boldsymbol{F})$ *ersetzt. Damit stellt sich zwangsläufig die Frage nach dem Zusammenhang zwischen der Newtonschen Kraft* $\boldsymbol{F}_{\mathrm{N}}$ *und dem räumlichen Anteil* $\boldsymbol{F}$ *der Minkowskikraft.*

Für diesen Zusammenhang findet man in Lehrbüchern unterschiedliche Angaben. Wir untersuchen die möglichen Begründungen oder Ableitungen für diese unterschiedlichen Angaben. Hierfür stellt die Lorentzkraft ein instruktives Beispiel dar.

In konkreten Anwendungen verwenden letztlich alle Autoren die korrekten Bewegungsgleichungen. Insofern könnte man die hier diskutierte Frage als bloß akademisch, also ohne praktische Relevanz, abtun. Die Frage des richtigen Zusammenhangs ist aber mit der Logik zur Aufstellung physikalischer Gesetze mit Hilfe von Symmetrieprinzipien verknüpft.

Unterschiedliche Angaben in der Literatur

Die Dynamik eines Massenpunkts wird im nichtrelativistischen Fall durch die Newtonsche Kraft $\boldsymbol{F}_{\mathrm{N}}$ bestimmt, und im relativistischen Fall durch die Minkowskikraft $(F^\alpha) = (F^0, \boldsymbol{F})$. In der Literatur findet man nun zwei verschiedene Angaben für die Relation zwischen diesen Kräften. Für die räumlichen Komponenten lauten diese Alternativen:

$$\text{Version A:} \qquad \boldsymbol{F} = \gamma\, \boldsymbol{F}_{\mathrm{N}} \tag{A.1}$$

$$\text{Version B:} \qquad \boldsymbol{F} = \gamma\, \boldsymbol{F}_{\mathrm{N}\parallel} + \boldsymbol{F}_{\mathrm{N}\perp} \tag{A.2}$$

Hier wurden die Anteile parallel und senkrecht zur Geschwindigkeit $\boldsymbol{v}$ des Teilchens unterschieden, und $\gamma = 1/\sqrt{1 - v^2/c^2}$. Die charakteristischen Merkmale dieser

[1] In den nichtrelativistischen Teilen I bis VIII des vorliegenden Buchs wurde die Newtonsche Kraft mit $\boldsymbol{F}$ bezeichnet. In der relativistischen Behandlung (Teil IX und dieser Anhang) verwenden wir dagegen $\boldsymbol{F}$ für den räumlichen Anteil der Minkowskikraft und $\boldsymbol{F}_{\mathrm{N}}$ für die Newtonsche Kraft. Im nichtrelativistischen Grenzfall ($v/c \to 0$) verschwinden die Unterschiede zwischen $\boldsymbol{F}_{\mathrm{N}}$ und $\boldsymbol{F}$.

T. Fließbach, *Mechanik*, https://doi.org/10.1007/978-3-662-61603-1

beiden Versionen[2,3] sind die gleiche (A) und die unterschiedliche (B) Behandlung der Kraftkomponenten. Die folgende Diskussion untersucht die Alternativen A und B im Hinblick auf ihre mögliche Begründung und auf ihre praktische und logische Relevanz.

Formale Ableitung

Wir leiten die Beziehung zwischen Newtonscher Kraft und Minkowskikraft formal ab. Kapitel 38 enthält diese Ableitung in ausführlicherer Form.

Die grundlegende Überlegung für die Aufstellung relativistischer Gesetze ist: Im Grenzfall $v \to 0$ (momentanes Ruhsystem) sind die Newtonschen Gleichungen auch *relativistisch* gültig. Aus diesen gültigen Gleichungen ergibt dann eine Lorentztransformation (LT) vom momentanen Ruhsystem IS′ in ein beliebiges Inertialsystem (IS) die relativistischen Gleichungen.

In der Regel wird diese Argumentation wie folgt benutzt: Man stellt die lorentzinvarianten Gleichungen auf, die sich für $v \to 0$ auf den Newtonschen Grenzfall reduzieren. Die lorentzinvarianten Gleichungen

$$m\,\frac{du^\alpha}{d\tau} = F^\alpha \tag{A.3}$$

(mit $(u^\alpha) = \gamma(c, \boldsymbol{v})$, $d\tau = dt/\gamma$ und der Masse m) führen im Grenzfall $v \to 0$ zur Newtonschen Form

$$m\,\frac{dv'^i}{dt'} = F'^i \qquad \text{in IS}' \tag{A.4}$$

Im momentanen Ruhsystem IS′ ist das Newtonsche Axiom relativistisch gültig. Also ist die Kraft auf der rechten Seite gleich der Newtonschen Kraft:

$$\big(F'^\alpha\big) = \big(0,\, F'^i\big) = \big(0,\, \boldsymbol{F}_\text{N}\big) \tag{A.5}$$

Die räumlichen Komponenten F'^i wurden zur Newtonschen Kraft $\boldsymbol{F}_\text{N}$ zusammengefasst. Die Minkowskikraft F^α in (A3) ergibt sich hieraus mit Hilfe der bekannten Lorentzrücktransformation $F^\alpha = \Lambda^\alpha_{\ \beta}(-\boldsymbol{v})\, F'^\beta$ (für Einzelheiten sei auf Kapitel 38 verwiesen). Das Ergebnis ist (38.17)

$$\big(F^\alpha\big) = \big(F^0,\, \boldsymbol{F}\big) = \left(\gamma\,\frac{v\,F_{\text{N}\parallel}}{c},\ \gamma\,\boldsymbol{F}_{\text{N}\parallel} + \boldsymbol{F}_{\text{N}\perp}\right) \tag{A.6}$$

[2]Einige Quellen für die Version A sind:

E. Schmutzer, *Grundlagen der Theoretischen Physik*, BI-Verlag 1989, Gleichung (6.7.4)

H. Goenner, *Spezielle Relativitätstheorie*, Elsevier-Spektrum 2004, Gleichung (4.29)

R. M. Dreizler und C. S. Lüdde, *Theoretische Physik 2: Elektrodynamik und spezielle Relativitätstheorie*, Springer 2005, Gleichung (8.55)

H. Günther, *Die Spezielle Relativitätstheorie*, Springer Spektrum 2013, Gleichung (439)

F. Kuypers, *Klassische Mechanik*, 10. Auflage, John Wiley & Sons 2016, Gleichung (25.2-12)

W. Nolting, *Grundkurs Theoretische Physik 4/1: Spezielle Relativitätstheorie*, 9. Auflage, Springer Spektrum 2016, Gleichung (2.47)

Für beide Versionen, A und B, schreiben wir noch einmal die räumlichen Komponenten der Bewegungsgleichung an:

$$\frac{d}{dt}\,\frac{m\,\boldsymbol{v}(t)}{\sqrt{1-v^2/c^2}}=\frac{\boldsymbol{F}}{\gamma}=\begin{cases}\boldsymbol{F}_{\rm N} & \text{Version A}\\[2ex] \boldsymbol{F}_{\rm N\parallel}+\dfrac{\boldsymbol{F}_{\rm N\perp}}{\gamma} & \left\{\begin{array}{l}\text{Version B}\\ \text{Weinberg}^3\\ \text{(A.6)}\end{array}\right.\end{cases}\tag{A.7}$$

Die Bewegungsgleichung (linker Teil) folgt aus (A.3) mit $(F^\alpha)=(F^0,\boldsymbol{F})$, $(u^\alpha)=\gamma(c,\boldsymbol{v})$ und $d\tau=dt/\gamma$.

Die hier präsentierte formale Ableitung führt zur Version B, also zur zweiten Zeile in (A.7). Dennoch ist die Version A (erste Zeile) recht verbreitet[2]. In konkreten Anwendungen verwenden aber auch diese Autoren[2] die korrekten Bewegungsgleichungen; die Gründe hierfür zeigen sich besonders instruktiv am Beispiel der Lorentzkraft.

Lorentzkraft

Eine mögliche Begründung für die Version A geht von der Bewegung im elektromagnetischen Feld aus (elektrisches Feld $\boldsymbol{E}$ und magnetisches Feld $\boldsymbol{B}$). In der Newtonschen Mechanik wirkt auf ein Teilchen (Masse m, Ladung q) die Lorentzkraft:

$$m\,\frac{d\boldsymbol{v}(t)}{dt}=q\left(\boldsymbol{E}+\frac{\boldsymbol{v}}{c}\times\boldsymbol{B}\right)\qquad (v\ll c)\tag{A.8}$$

Die korrekte relativistische Gleichung kann in der Form

$$\frac{d}{dt}\,\frac{m\,\boldsymbol{v}(t)}{\sqrt{1-v(t)^2/c^2}}=q\left(\boldsymbol{E}+\frac{\boldsymbol{v}}{c}\times\boldsymbol{B}\right)\tag{A.9}$$

geschrieben werden. Der Vergleich mit (A.7) ergibt die Minkowskikraft:

$$\boldsymbol{F}=\gamma\,q\left(\boldsymbol{E}+\frac{\boldsymbol{v}}{c}\times\boldsymbol{B}\right)\tag{A.10}$$

Wenn man nun die rechte Seite der Newtonschen Gleichung (A.8) mit $\boldsymbol{F}_{\rm N}$ gleichsetzt, dann wird (A.10) zu $\boldsymbol{F}=\gamma\,\boldsymbol{F}_{\rm N}$. Damit hat man scheinbar Gleichung (A.1), also die Version A, abgeleitet.

---

[3]Einige Quellen für die Version B sind:
S. Weinberg, *Gravitation and Cosmology*, John Wiley 1972, Gleichung (2.3.5)
T. Fließbach, *Mechanik*, 8. Auflage (dieses Buch) und frühere Auflagen, Gleichung (38.17)
F. Scheck, *Mechanik*, 5. Auflage, Springer 1996, Gleichung (4.80)
E. Rebhan, *Theoretische Physik: Relativitätstheorie und Kosmologie*, Spektrum Akademischer Verlag 2012, Gleichung (4.18)

Die hier angeführte Argumentation zugunsten der Version A hat folgendes Problem: Gleichung (A.8) ist zwar eine legitime Newtonsche Gleichung, sie ist aber nicht der Newtonsche Grenzfall $v \to 0$. Im Newtonschen Grenzfall gilt

$$m\,\frac{d\boldsymbol{v}'}{dt'} = q\,\boldsymbol{E}' = \boldsymbol{F}_{\mathrm{N}} \qquad (v' \to 0) \tag{A.11}$$

Dabei ist $\boldsymbol{E}'$ das elektrische Feld im momentanen Ruhsystem IS′ des betrachteten Teilchens. Es gilt[4] $\boldsymbol{E}' = \boldsymbol{E} + (\boldsymbol{v}/c) \times \boldsymbol{B} + \mathcal{O}(v^2/c^2)$. Die Kräfte in (A.8) und (A.11) unterscheiden sich also durch Terme der relativen Größe v^2/c^2. Im Rahmen der Newtonschen Mechanik sind solche Kräfte gleichwertig. Eine Beziehung der Art (A.1) oder (A.2) erfordert aber eine exakte Festlegung der Newtonschen Kraft. Hierfür ist der Newtonsche Grenzfall die eindeutige und adäquate Festlegung. Daher bezeichnen wir die Kraft $q\boldsymbol{E}'$ in (A.11) als Newtonsche Kraft $\boldsymbol{F}_{\mathrm{N}}$.

Die Transformation der Felder vom momentanen Ruhsystem IS′ zu dem IS, in dem sich das Teilchen mit der Geschwindigkeit $\boldsymbol{v}$ bewegt, ist bekannt[4]

$$\boldsymbol{E}' = \boldsymbol{E}'_{\parallel} + \boldsymbol{E}'_{\perp} = \boldsymbol{E}_{\parallel} + \gamma\left(\boldsymbol{E}_{\perp} + \frac{\boldsymbol{v}}{c} \times \boldsymbol{B}\right) \tag{A.12}$$

Hier wurde zwischen den zur Geschwindigkeit $\boldsymbol{v}$ parallelen und senkrechten Anteilen unterschieden. Um von der Newtonschen Kraft $\boldsymbol{F}_{\mathrm{N}} = q\boldsymbol{E}'$ zur Minkowskikraft $\boldsymbol{F} = \gamma q(\boldsymbol{E} + (\boldsymbol{v}/c) \times \boldsymbol{B})$ zu kommen, muss der parallele Anteil mit γ multipliziert werden. Damit erhält man Gleichung (A.2), also die Version B.

Die Bedeutung der exakten Festlegung des Newtonschen Grenzfalls ergibt sich aus zwei Punkten. Zum einen wäre das Ergebnis für die Relation zwischen Minkowskikraft und Newtonscher Kraft willkürlich ohne eine solche Festlegung. Zum anderen folgt eine solche Festlegung aus der Logik, mit der physikalische Gesetze mit Hilfe von Symmetrieprinzipien verallgemeinert werden (übernächster Abschnitt).

Relativistische Masse

Gelegentlich wird die *relativistische Masse*

$$m_{\mathrm{rel}}(v) = \frac{m}{\sqrt{1 - v^2/c^2}} \tag{A.13}$$

eingeführt. Wenn man (A.8) in der Form $d(m\,\boldsymbol{v})/dt = \ldots$ schreibt und m durch $m_{\mathrm{rel}}(v)$ ersetzt, dann erhält man die gültigen relativistischen Gleichungen (A.9). Daher wird diese Ersetzung häufig als Rezept zur Aufstellung der relativistischen Gleichungen angegeben. Die Gültigkeit dieses Rezepts korreliert aber mit der von Version A.

---

[4] T. Fließbach, *Elektrodynamik*, 6. Auflage, Springer Spektrum 2012, Kapitel 22

Ein möglicher Weg zur Version A ist das Rezept $m \to m_{\rm rel}$ für den Übergang von Newton zur relativistischen Bewegungsgleichung:

$$\frac{d}{dt}\big(m\,\boldsymbol{v}(t)\big) = \boldsymbol{F}_{\rm N} \quad \xrightarrow{m \to m_{\rm rel}(v)} \quad \frac{d}{dt}\,\frac{m\,\boldsymbol{v}(t)}{\sqrt{1 - v^2/c^2}} = \boldsymbol{F}_{\rm N} \tag{A.14}$$

Das Rezept $m \to m_{\rm rel}$ ist immer so zu verstehen, dass die Zeitableitung wie links gezeigt auch auf die Masse wirkt.

Gemäß (A.14) führt das Rezept $m \to m_{\rm rel}$ zu $\boldsymbol{F} = \gamma\,\boldsymbol{F}_{\rm N}$ (Version A). Wenn man direkt von Version A ausgeht, $\boldsymbol{F} = \gamma\,\boldsymbol{F}_{\rm N}$, dann erhält man aus der gültigen relativistischen Gleichung (linker Teil in (A.7)) den rechten Teil in (A.14). Version A und das Rezept $m \to m_{\rm rel}$ sind daher für die hier betrachtete Bewegungsgleichung äquivalent.

Wie der oben in (A.3) bis (A.6) gezeigt, führt die korrekte Ableitung zur Version B. Daher kann das Rezept $m \to m_{\rm rel}$ nicht allgemein gültig sein.

Im Spezialfall $\boldsymbol{F}_{\rm N} \parallel \boldsymbol{v}$ stimmen beide Zeilen in (A.7) überein, Version A stimmt dann mit der korrekten Form (Version B) überein. Daher gilt: Für $\boldsymbol{F}_{\rm N} \parallel \boldsymbol{v}$ führt das Rezept $m \to m_{\rm rel}(v)$ zur korrekten relativistischen Bewegungsgleichung.

Wenn man (A.11) in der Form $d(m\,\boldsymbol{v}')/dt' = \ldots$ schreibt und m durch $m_{\rm rel}(v)$ ersetzt, dann erhält man *nicht* die gültigen relativistischen Gleichungen (A.9). Die Ersetzung $m \to m_{\rm rel}(v)$ ist daher kein allgemeingültiges Rezept. Davon abgesehen spiegelt die relativistische Masse wesentliche Züge der relativistischen Bewegung durchaus richtig wider, wie etwa eine divergierende Trägheit für $v \to c$. Alle relevanten Aspekte der relativistischen Masse werden in einem kleinem Buch[5] des Autors behandelt.

Symmetrieprinzipien – Logik der Theoretischen Physik

Bei der Verallgemeinerung von physikalischen Gesetzen spielen Symmetrieprinzipien ein zentrale Rolle: Das allgemeinere Gesetz muss zum einen bestimmten Symmetrien genügen, und zum anderen in einem Spezialfall als gültig bekannt sein. Wir erläutern das am Beispiel der Symmetrieprinzipien *Isotropie des Raums*, *Einsteinsches Relativitätsprinzip* und *Einsteinsches Äquivalenzprinzip*.

1. Wegen der Isotropie des Raums stellt man physikalische Gesetze in Form von 3-Tensorgleichungen auf. Wenn das Gesetz in einem speziellen Koordinatensystem bekannt ist, dann ist die 3-Tensorgleichung aufzustellen, die sich im Spezialfall auf das bekannte Gesetz reduziert.

2. Wegen des Einsteinschen Relativitätsprinzips stellt man relativistische Gesetze in Form von Lorentztensorgleichungen auf. Im nicht-relativistischen Fall muss sich das Gesetz auf das bekannte Newtonsche Gesetz reduzieren.

[5] T. Fließbach, *Die relativistische Masse*, Springer Spektrum 2018

Konkret gilt für die Bewegung eines Teilchens: Die relativistische Bewegungsgleichung ist so aufzustellen, dass sie sich im momentanen Ruhsystem ($v \to 0$) auf den bekannten Newtonschen Grenzfall reduziert.

3. Wegen des Einsteinschen Äquivalenzprinzips stellt man allgemein-relativistische Gesetze in Form von Riemann-Tensorgleichungen auf (in allgemein kovarianter Form). Im Grenzfall ohne Gravitation muss sich das gesuchte Gesetz auf das bekannte SRT-Gesetz reduzieren.

   Das Gravitationsfeld wird durch den metrischen Tensor $g_{\alpha\beta}$ beschrieben. Im Grenzfall $g_{\alpha\beta} \to \eta_{\alpha\beta}$ (konkret im frei fallenden Satellitenlabor) muss sich das ART-Gesetz auf den bekannten SRT-Grenzfall reduzieren.

In (A.3) – (A.6) wurde die korrekte Beziehung (A.2) zwischen der Newtonschen Kraft und der Minkowskikraft abgeleitet. Grundlage dieser Ableitung ist das Einsteinsche Relativitätsprinzip und die Logik der Theoretischen Physik bei der Verallgemeinerung von Gesetzen aufgrund von Symmetrieprinzipien. Im Rahmen dieser Logik muss der bekannte Grenzfall (hier der Newtonsche Grenzfall) exakt festgelegt werden. Diese Festlegung führt zur Version B, sie ist aber inkompatibel mit Version A.

Zusammenfassende Wertung

Akademische Aspekte

Wenn man in (A.8) die rechte Seite mit $\boldsymbol{F}_{\mathrm{N}}$ gleichsetzt, dann führt (A.1), $\boldsymbol{F} = \gamma\, \boldsymbol{F}_{\mathrm{N}}$, zum korrekten Ergebnis (A.9). Das richtige Ergebnis wird aber durch zwei sich kompensierende Ungenauigkeiten erreicht:

1. Erste Ungenauigkeit: Die Newtonsche Gleichung (A.8) ist in diesem Zusammenhang nicht adäquat, weil sie nicht der Newtonsche Grenzfall ist. Ohne genaue Definition der Newtonschen Kraft ist das Ergebnis für die Relation zur Minkowskikraft jedoch willkürlich.

2. Zweite Ungenauigkeit: Die Aussage $\boldsymbol{F} = \gamma\, \boldsymbol{F}_{\mathrm{N}}$ ist nicht allgemein gültig.

Im vorliegenden Fall kompensieren sich diese beiden Ungenauigkeiten.

Diese Kritik hat allerdings auch akademische Züge: Zunächst ist (A.8) ja eine korrekte Newtonsche Gleichung – nur eben nicht der Newtonsche Grenzfall. Für konkrete Rechnungen ist (A.8) die bevorzugte Gleichung; der Grenzfall (A.11) ist hierfür eher unpraktisch. Relativistische Gleichungen werden häufig ohne den expliziten Bezug zum Newtonschen Grenzfall aufgestellt. Und konkrete Anwendungen sind durchweg unabhängig von der hier diskutierten Frage A oder B. Insofern ist die Frage A oder B ohne praktische Relevanz. Die Frage A oder B ist aber mit der Logik zur Aufstellung physikalischer Gesetze mit Hilfe von Symmetrieprinzipien verknüpft.

Logische Aspekte

In der Theoretischen Physik verwendet man folgende Logik für die Verallgemeinerung von Gesetzen:

- In einem Spezialfall ist das Gesetz bekannt.
- Man kennt die Transformationen vom Spezialfall zum allgemeinen Fall.

Dies wurde oben im Abschnitt *Symmetrieprinzipien–Logik der Theoretischen Physik* für verschiedene Symmetrien näher erläutert.

In diesem Anhang ging es um die Aufstellung der relativistischen Bewegungsgleichungen, (A.3) bis (A.6): Der Spezialfall ist der Newtonsche Grenzfall ($v \to 0$), und die Transformationen sind die Lorentztransformationen. Praktisch bestimmt man eine lorentzinvariante Gleichung, die im Grenzfall mit dem bekannten Gesetz übereinstimmt. Das zugrunde liegende Symmetrieprinzip ist das Einsteinsche Relativitätsprinzip.

Die Logik zur Aufstellung allgemeinerer Gesetze aufgrund von Symmetrieprinzipien ist in der Theoretischen Physik von grundlegender Bedeutung. In dieser Logik muss der bekannte Spezialfall exakt definiert werden. Insofern ist die Frage A oder B von logischer Relevanz für den Aufbau der Theoretischen Physik.

Register

Abkürzungen

BS	Bezugssystem
IS	Inertialsystem
KS	Koordinatensystem
LS	Laborsystem
LT	Lorentztransformation
SRT	Spezielle Relativitätstheorie
SS	Schwerpunktsystem

Einheiten

Å	Ångström, $1\,\text{Å} = 10^{-8}\,\text{cm}$
eV	Elektronenvolt
fm	Fermi, $1\,\text{fm} = 10^{-13}\,\text{cm}$
GeV	Gigaelektronenvolt $1\,\text{GeV} = 10^9\,\text{eV}$
J	Joule, $1\,\text{J} = 1\,\text{N\,m}$
N	Newton, $1\,\text{N} = 1\,\text{kg\,m/s}^2$
W	Watt, $1\,\text{W} = \text{J/s}$

Symbole

$=$ const.	gleich einer konstanten Größe
$\equiv$	identisch gleich oder definiert durch
$:=$	dargestellt durch, z. B. $\boldsymbol{r} := (x, y, z)$
$\stackrel{(5.20)}{=}$	ergibt mit Hilfe von Gleichung (5.20)
$\widehat{=}$	entspricht
$\propto$	proportional zu
$\approx$	ungefähr gleich
$\sim$	von der Größenordnung
$= \mathcal{O}(...)$	von der Ordnung oder Größenordnung

A

B

T. Fließbach, *Mechanik*, https://doi.org/10.1007/978-3-662-61603-1

C

D

E

F

L

M

N

O

P

Q

R

S

T

U

V

W

Z

Printed in the United States
By Bookmasters